西门子工业自动化技术丛书

运动控制系统应用及实例解析

组　编　西门子（中国）有限公司
主　编　顾和祥
副主编　曾　斌　闫　磊

机械工业出版社

本书分为四部分，第一部分为运动控制概述，主要讲解了运动控制基本知识、系统组成、类型、特点以及常用名词。第二部分为运动控制功能与应用，介绍了如速度控制、位置控制、转矩平衡、卷曲、飞剪、横切和位置同步等典型应用。第三部分为实例应用解析，涉及印刷、包装、物流、金属加工、汽车和起重等众多行业，每个实例均包括设备概述、系统配置、解决方案及技术要点分析。第四部分为运动控制虚拟调试，通过实例重点介绍了如何运用TIA博途软件、SIMIT软件和NX MCD软件进行产品的选型及虚拟调试。

本书可供从事与运动控制相关的系统集成商、设备制造商、电气工程师以及相关的电气工程技术人员阅读，也可以作为大专院校、高等院校相关专业学生和教师的参考用书。

图书在版编目（CIP）数据

运动控制系统应用及实例解析 / 顾和祥主编 . —北京：机械工业出版社，2021.11（2024.1 重印）
（西门子工业自动化技术丛书）
ISBN 978-7-111-69512-7

Ⅰ. ①运… Ⅱ. ①顾… Ⅲ. ①运动控制 – 控制系统 – 研究
Ⅳ. ① TP24

中国版本图书馆 CIP 数据核字（2021）第 223622 号

机械工业出版社（北京市百万庄大街 22 号　邮政编码 100037）
策划编辑：林春泉　　　　　责任编辑：林春泉
责任校对：张晓蓉　王　延　　封面设计：鞠　杨
责任印制：单爱军
北京虎彩文化传播有限公司印刷
2024 年 1 月第 1 版第 3 次印刷
184mm×260mm · 22 印张 · 528 千字
标准书号：ISBN 978-7-111-69512-7
定价：109.00 元

电话服务　　　　　　　　　网络服务
客服电话：010-88361066　机　工　官　网：www.cmpbook.com
　　　　　010-88379833　机　工　官　博：weibo.com/cmp1952
　　　　　010-68326294　金　　书　　网：www.golden-book.com
封底无防伪标均为盗版　机工教育服务网：www.cmpedu.com

序

当前，中国经济正处于高增长向高质量发展转型的过程中，随着产业结构的升级，我国制造业也将逐步由“中国制造”转向“中国智造”。国家制定了从制造大国转变成制造强国的发展战略。“智能制造”也将成为在未来全球范围内制造行业发展的必然趋势。因此，掌握智能制造核心技术是每个企业在全球化制造行业竞争中站稳脚跟的关键。而运动控制是决定企业能否成功走向智能制造的关键环节，因为运动控制能够提升设备和生产线的智能化，从而达到产品的高效率生产。在某种程度上，对运动控制的理解和使用将会对制造类企业的发展有着深远的影响。现在中国的制造业正处在关键的转型期，数字化技术将给制造业转型带来巨大的助力。西门子公司数字化工业集团将数字化技术应用于传统制造业，这种数字化的解决方案可以缩短产品的研发周期，从而提高企业生产效率，降低其运营成本。数字化技术与运动控制的完美结合，能够使设备更加智能化、柔性化，同时企业能够实现生产数据及设备数据的透明化，以及对设备进行预测性维护。

运动控制不是通过某个或某一类产品来实现的，而是依赖于一个系统，由人机交互、控制器、驱动器、电机、行业相关的独门技术和数字化技术等组成。要求工程技术人员不但要掌握自动化及驱动系统的控制技术，而且还需要掌握一定的大数据分析、AI、边缘计算等 IT 技术。

传统自动化设备开发的流程依次为机械设计、电气设计、逻辑及工艺程序的编写、设备调试。在调试过程中，不断地进行程序逻辑及设备工艺验证，发现机械问题，有时需要进行机械的拆装，甚至重新设计机械，这样必然会导致很长的设备开发周期。

西门子公司利用数字化技术颠覆了这种自动化设备传统的开发流程，推出了基于机电概念设计 NX MCD 软件和 TIA 博途软件综合的解决方案，将数字孪生技术应用于自动化设备的开发。通过虚拟调试，在机械安装之前，就能够进行电气系统、机械系统以及设备工艺的模拟，实现设备的虚拟运行，减少了设备开发周期和开发成本，同时验证了设备柔性化的需求，从而缩短了产品上市时间。

《运动控制系统应用及实例解析》这本书，既有运动控制基本知识的讲解，又有驱动系统的常规功能介绍，还有近 20 个运动控制实际案例的解析和数字化虚拟调试的详细介绍。本书涉及的西门子产品有：数字化软件 NX MCD、SIMIT 等，控制器 SIMOTION D、SIMATIC S7-1200、SIMATIC S7-1500 等，变频器 SINAMICS V20、SINAMICS G120XA、SINAMICS G120C、SINAMICS G120，伺服驱动器 SINAMICS V90、SINAMICS S210、SINAMICS S120，几乎涵盖了目前市场上西门子公司通用运动控制部门所有的驱动产品及工厂自动化部门主流的控制系统，是一本集通用运动控制产品、功能、应用及设备案例为一体的实用参考书。

参加编写的人员为西门子公司通用运动控制部门（GMC）的资深工程师，其中大多数都是在运动控制行业拥有十余年或二十余年以上丰富的一线工作经验。本书是根据西门子公司工程师多年的工作经验和体会编写的，全书简单易懂、深入浅出，非常适用于从事运动控制等相关工作的工程技术人员，以及大专院校电气自动化等相关专业的大学生，也可以作为企业数字化转型过程中的虚拟调试实验指导书。

乔为民

西门子（中国）有限公司运动控制事业部通用运动控制总经理

2021 年 9 月

前言

随着科技、电力电子及计算机技术的发展，尤其是近年来网络的迅猛发展，为运动控制的高速发展提供了非常有利的条件，运动控制将以前的半自动化完全变成全自动化，由单一控制变成多轴多任务控制，产品的质量及生产效率由依赖于人变成了依赖于机器，运动控制越来越受到人们的重视。

无论是传统的制造业，如冶金行业的开卷线及飞剪、造纸行业的张力控制、印刷行业的位置同步及色标追踪、包装行业的纸张及薄膜的分切和复卷等，还是新兴行业，如太阳能行业多晶硅切割的线锯、电池行业的方形卷绕及叠片、物流行业的堆垛机及环穿车等，这些应用中运用了大量的运动控制，运动控制为产品的质量及生产效率提供了最大保障。

运动控制是对产品在生产过程中各个环节更精细、更精准的控制，运动控制的特点是注重系统的响应速度、控制精度、动态反应、同步性及一致性，而且绝大多数产品有多轴控制的需求，需要多个传动轴之间相互配合来完成，而运动控制系统能够很好地协调各轴之间的关系，保证轴与轴之间的同步性，即使出现由于外界负载的变化而产生的系统扰动，运动控制系统也能快速地做出响应，从而保证系统的可靠性和稳定性，而所有的控制指令都是通过软件程序来完成的，非常灵活，为产品的质量、定制化生产以及生产效率等提供了必要的条件。随着数字化技术的不断融合，数字化及大数据将运动控制提升到一个新的高度。

越来越多的人需要对运动控制的应用有一个更系统化的了解，运动控制通常分为通用运动控制和专用运动控制，本书将重点介绍通用运动控制，从实际应用的角度讲述通用运动控制，理论和实际相结合，既有运动控制基本知识，又有运动控制常见的功能分析，还有一些运动控制数字化的内容，并结合大量的实例解析运动控制。本书深入浅出，既能让读者充分了解运动控制的基础知识及典型应用，又能很好地了解各行业生产机械中的运动控制，是一本将运动控制基本知识和实例分析相结合的工程应用类参考书。本书非常适合从事与运动控制相关的系统集成商、设备制造商、电气工程师和其他相关的电气工程技术人员，以及自动控制、电气工程及自动化等相关专业的高等院校师生阅读参考。

本书共分为四部分：第一部分是运动控制概述，主要介绍了运动控制基本知识及系统组成，理解什么是运动控制、运动控制的类型和各自的特点以及一些常用名词。

第二部分是运动控制功能与应用，如速度控制、定位、位置同步、转矩平衡、卷曲、飞剪、横切等常见的功能，从原理分析到实例操作，具有很强的实用性。

第三部分是实例应用解析，实例非常典型，涉及印刷、包装、物流、金属加工等众多行业，每个实例都包括设备概述、系统配置、解决方案以及技术要点分析，内容深入浅出，让读者全面地了解实例解析思路和实现的过程，具有极高的参考价值和实用价值。

第四部分是运动控制虚拟调试，以西门子数字化机电概念设计软件 NX MCD 为例，通过实例重点介绍了如何运用 TIA 博途软件、SIMIT 软件和 NX MCD 软件进行产品的选型及运动控制模拟仿真。

本书在编写过程中，对运动控制的基本知识、常见运动控制的功能以及大量实际案例进行了梳理、研究、归纳和总结。

本书主编为顾和祥、副主编为曾斌、闫磊，参加本书编写的还有唐骥宇、高争华、张贵年、明军、许逸舟、郑磊、张军、王智涛、赖天生、王硕。在此衷心地感谢西门子公司运动控制部通用运动控制应用技术团队，感谢通用运动控制管理层对本书出版的大力支持，感谢为本书出版付出辛勤劳动的所有人。

本书是集运动控制基本知识、功能应用及实际案例分析于一体的应用类参考书，涉及的知识面比较广，由于编写者经验不足，难免会存在错误和不妥之处，敬请读者批评指正。

作者　顾和祥

2021 年 9 月

目录

序

前言

第1章 运动控制概述

自从有生产机械自动化的出现，就有了运动控制的需求，生产自动化要求对机械设备的控制能够根据实际需求而进行自动控制，同时对设备的运行速度、定位精度、重复性有一定的要求，能够生产出符合预期高质量的产品。其实人们日常生活已经离不开运动控制，如早餐牛奶的罐装，锅碗盆等日用品的模具，带有各类图案的书本报刊的印刷，各类布衣的生产、染色及印花，家具的定制，卫生纸的生产制造及后续的分切卷曲，电池的生产线，物流行业的堆垛及输送等，运动控制是一种特殊的系统控制，是将控制器、驱动器及电机完美结合，是将产品的加工需求以程序的形式输入给控制器，控制器将根据给定的指令及当时测量到的实际情况，再通过一系列的控制算法，输出到驱动器，从而控制电机的速度及位置。根据控制的要求，控制器会周期性地对设备的整个运动过程进行动态和精准的控制，控制得好坏会直接影响产品的质量和生产效率。

运动控制是针对工业领域中生产机械的一种特殊的全集成自动化解决方案，它与常见的逻辑控制及过程控制有很大的区别，更注重设备的生产效率和控制精度，以及运动轴的动态反应和多轴之间的一致性，它是集机械、电气、控制理论、计算机及算法等于一体的系统解决方案。运动控制是高端制造业发展的基石，随着国家把高端制造定为国家的发展战略，运动控制在未来生活中越来越受到人们的青睐。

在学习或从事运动控制的过程中，充分理解运动控制的概念以及与运动控制相关的各种名词及专业术语非常重要，尤其是对于刚刚进入该领域的新人来说更是如此。即使对于已经从事运动控制的工程技术人员来说，重温一下这些概念应该对实际工作也会有很大的帮助。

1.1 运动控制的定义

定义运动控制，必须要充分理解“运动”和“控制”两个词的内涵，把两者有机地结合在一起，才能完整地定义运动控制。第一种定义：物体按照预设的要求进行运动，并在运动过程中进行实时的控制；第二种定义：对运动物体的位置、速度等进行实时的控制，使其按照预设的运动参数或运动轨迹进行运动。

举例：如图 1-1 所示，要求物体从 A 点定位到 B 点，运行速度为 1m/s，距离为 3m，定位精度为 ±0.01mm。

控制时需要考虑以下五方面：

1）从 A 到 B 的定位控制，且运行的方向为自左向右；

2）匀速运行速度为 1m/s；

3）定位距离为 3m；

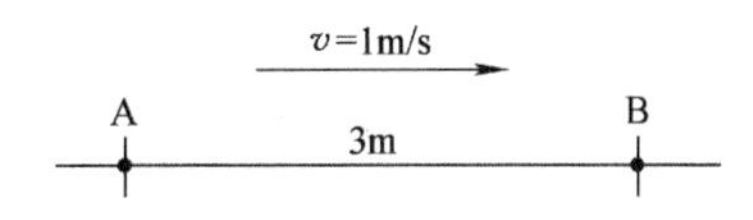

图 1-1　A 点到 B 点的定位控制描述示意图

4）定位精度为 ±0.01mm；

5）虽然没有明确指出加速时间及减速时间，但应要考虑。

物体必须按照上述设定的要求运动，当 v 大于或小于 1m/s 时，系统将自动地调整到 1m/s；如果到达 B 的误差大于 0.01mm，系统将自动地调整到 0.01mm 之内；同时根据实际情况，还应充分考虑加减速段的时间，使其满足需求。

1.2 描述运动控制的三个维度

1.2.1 运动学维度

为了更好地理解运动控制的概念，可以从以下三个不同的维度来理解运动控制：

从运动学角度，常常是指物体的受力、速度及位置。在分析物体实际运动时，不仅仅只关注物体的速度和位置的变化，同时还要关注物体的受力即加速度。如图 1-2 所示，具体分析如下：

AC 段：加速运动，加速度 $a>0$；速度逐步增加，且一直为正，即 $v>0$；位置越来越远离 A，行走距离等于 v 与 t 轴围成的三角形面积。

CD 段：匀速运动，加速度 $a=0$；速度不变，且一直为正，即 $v>0$；位置越来越远离 A，行走距离等于 v 与 t 轴围成的矩形面积。

DB 段：减速运动，加速度 $a<0$；速度逐步减小，且一直为正，即 $v>0$；位置越来越远离 A，行走距离等于 v 与 t 轴围成的三角形面积。

在实际应用中，通常还会考虑各个加速度变化点的时间，即加速度的变化率，如图中的 A、C、D、B 点，这样才能使整个加减速过程更加平滑顺畅。

如图 1-2 所示，在研究运动控制时，常常会借助于物理知识来帮助分析物体的受力状态以及速度、位置的变化。

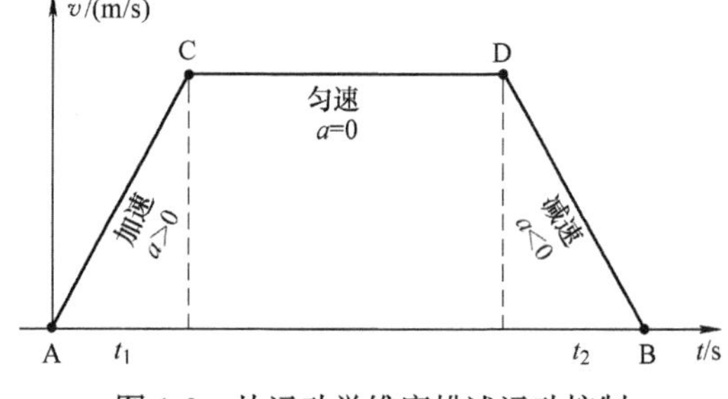

图 1-2 从运动学维度描述运动控制

1.2.2 运动特征维度

物体的运动特征通常表现为单一速度运动、简单运动参数及复杂的运动轨迹。根据不同的应用需求，对物体的速度控制也不同，有些应用只需要速度的简单变化，而有些应用则需要物体根据设定的复杂曲线实时地变化。如图 1-3 所示，具体分析如下：

如图 1-3a 所示，$v=0$，或为一个固定速度运行，如风机、水泵及常用辊道的起动 / 停止。

如图 1-3b 所示，有 2 个加速段、2 个匀速段及 1 个减速段，每段都能运行一段时间，在每段的 v 和 a 虽然都有变化，但相对稳定，比较好控制。

如图 1-3c 所示，在整个时间段，v 和 a 变化非常频繁，是一个变化很复杂的曲线，没有一定的规律，很难控制。对于这样的变化曲线，简单的数学公式很难满足整个变化过程，通常会借助于工具，如：MCD、Matlab、CAM 生成器等。

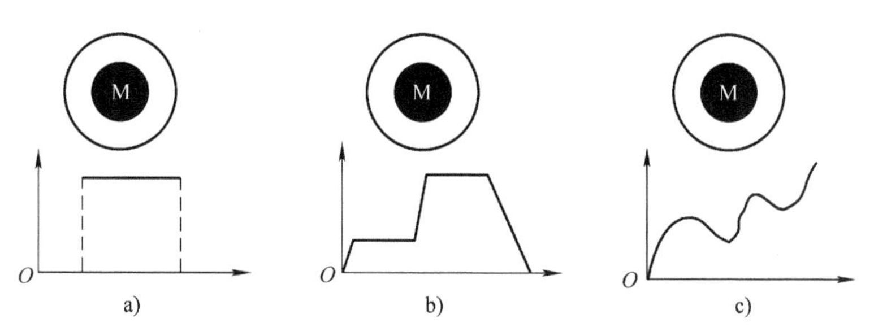

图 1-3 从运动特征维度描述运动控制

由上面的分析可以得出，运动控制常常借助于数学知识和特定的算法，求出物体的运动曲线，有时会用到一些算法软件。

1.2.3 运动轴维度

运动轴通常表现为单轴运动、多轴运动及多轴之间的同步和协调运动。运动控制不仅仅只考虑单个轴的运动，更多的是考虑多个轴的运动。简单的运动控制通常指单轴运动，或多轴各自的运动，轴与轴之间相对独立，没有相互之间的速度和位置拟合关系。但绝大多数的运动控制，通常指多轴运动，且轴与轴之间是相互关联的，常常会有主从跟随或同步的关系。如图 1-4 所示，具体分析如下：

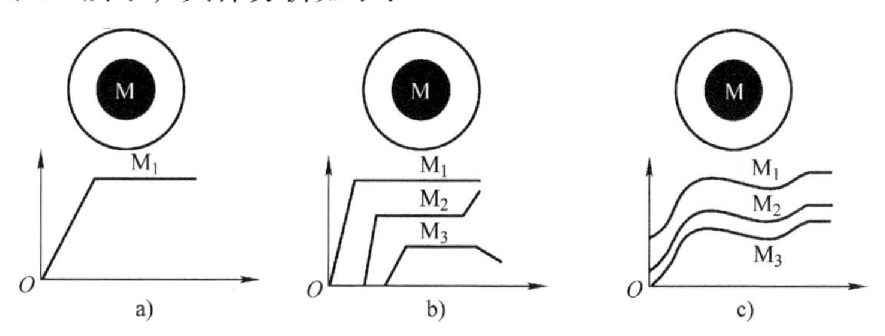

图 1-4 从运动轴维度描述运动控制

如图 1-4a 所示，只有 1 个物体独自运动，和其他轴没有任何关系。

如图 1-4b 所示，有 3 个物体在运动，每个物体按照各自设定的曲线运动，相互独立，3 个曲线之间没有相互关联性。

如图 1-4c 所示，有 3 个物体在运动，物体之间有一定的比例关系（电子齿轮），或按照一定的曲线关系（电子凸轮）在运动，这里的主轴可以是实轴，也可以是虚轴，大多数的运动控制都是这样的运动。

1.3 运动控制常用名词

当我们在分析、理解、使用运动控制时，常常会碰到很多名词，只有充分了解这些名词的真正含义，才能正确地理解和使用。与运动控制相关的名词术语非常多，在此，只介绍实际工作中一些常用的名词，本书中的解释都是基于作者多年的工作经验的总结，很可能和一些书本上讲得不完全一样，仅供你参考，但不会影响实际使用。

1. 速度、加速度、加加速度

速度 v：分转速（r/min 或 r/s），线速度（m/min 或 m/s），角速度（rad/min 或 rad/s）。

加速度 a：速度的变化率，分线加速度（m/s^2）和角速度（rad/s^2）。

加加速度 Jerk：加速度的变化率，分线加加速度（m/s^3）和角加加速度（rad/s^3）。

如图 1-5 所示，t_a 是变加速段时间，它表示的是加速段初始阶段的加加速度时间；t_c 也是变加速段时间，它表示的是加速段结束阶段的加加速度时间；t_b 是匀加速段时间。

当物体运动被定义成旋转轴时，加加速度 Jerk 是加速度的变化率，表示的是加速度变化的快慢，即 $\text{Jerk}=\dfrac{\Delta a}{t}$；而加速度 a 则是速度的变化率，表示的是速度变化的快慢，即 $a=\dfrac{\Delta v}{t}$。在设定运动轨迹时，要有意识地去用加速度和加加速度的概念，否则曲线不光滑，不能满足实际应用的需求。

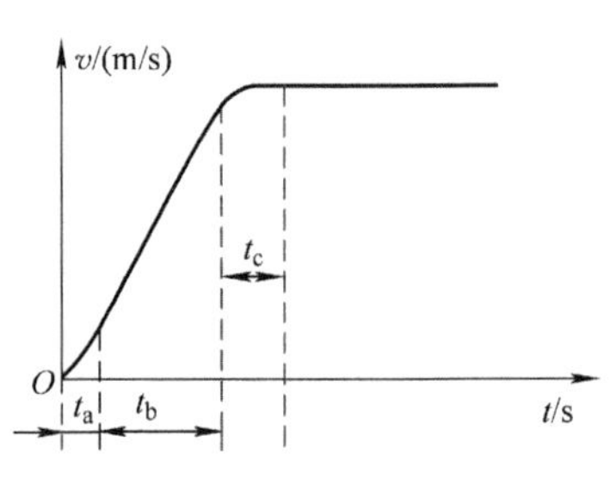

图 1-5 速度、加速度、加加速度

当物体运动被定义成旋转轴时，角速度 ω 与转速 n 的关系为 $\omega=2\pi n$；角速度 ω 与线转速 v 的关系为 $\omega=\dfrac{v}{r}$；角加速 $\alpha=\dfrac{\Delta\omega}{t}$。在设定运动轨迹时，同样需要考虑加速度和加加速度的影响，否则很难能满足实际应用的需求。

2. 额定电流、堵转电流、重载电流、最大电流

额定电流（I_e）：长期连续工作在额定速度及额定转矩所对应的电流。

重载电流（I_H）：重载下的工作电流，需满足重载工作曲线，即 300s 为一个工作循环，60s 工作在 1.5 倍的重载电流，240s 工作在重载电流。

堵转电流（I_0）：长期连续工作在零速（n=0r/min）及堵转矩对应的最大电流。

最大电流（I_{max}）：工作时能承受或被允许的最大电流。

如图 1-6a 所示是重载过载曲线，经常用于重工行业的矢量控制，如造纸、冶金、水泥、矿山等连续工作的行业，变频器正常工作在额定电流以下，但需要有间断性的过载，而且过载时间从几秒到几十秒不等。在选型时，通常由于电机的过载能力要比变频器高，所以对于一些应用常常会按照重载电流来选择变频器，而不是按照额定电流，也就是说用变频器的重载电流对标电机的额定电流。

图 1-6b 和图 1-6c 所示为最大电流的特性曲线，经常用于伺服控制，描述的是电机或伺服驱动器的过载能力，对于一些有高动态或瞬间过载要求的应用来说，这类曲线非常重要，在选型和调试过程中应特别注意该曲线，如快速定位、追同步等应用。

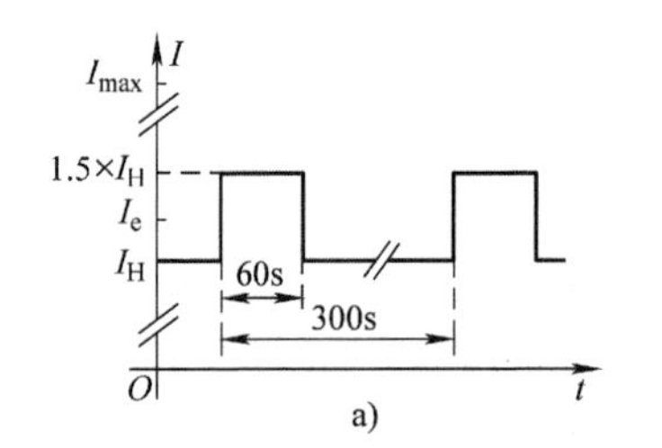

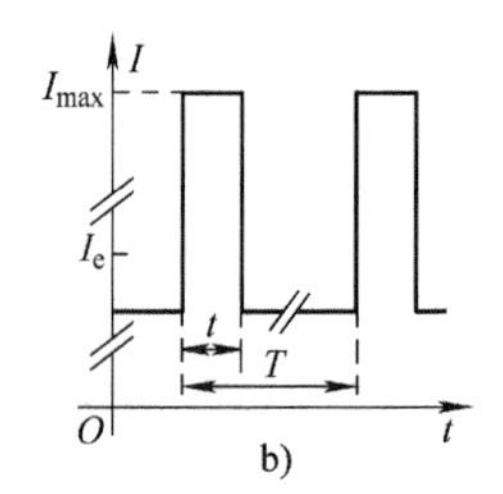

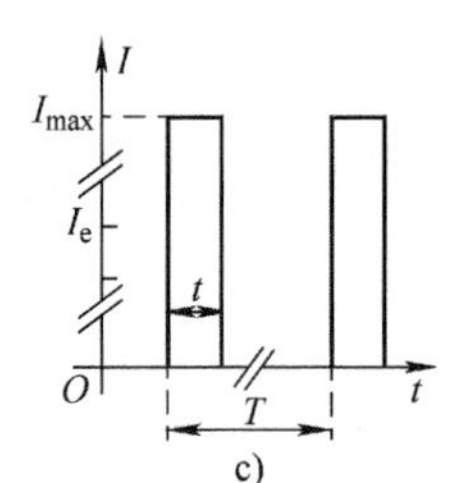

图 1-6 电流特性

对于小功率的伺服驱动器来说，通常 $I_{max}=3I_e$，而对于稍大一点功率的伺服驱动器来说，一般会有 $I_{max}=2I_e$，大功率的一般都是 $I_{max}<2I_e$，又由于同步伺服电动机的过载能力一般都在 3 倍或 3 倍以上的堵转转矩（$\geqslant 3M_0$），而异步伺服电动机的过载能力相对弱一些，所以在选型时，一定要根据具体应用情况，充分考虑伺服电动机和伺服驱动器的不同过载能力，否则就会出现伺服驱动器选择过小或过大的情况。

3. 额定转矩、堵转转矩、最大转矩

额定转矩（M_e）：电机长期连续工作在额定速度所对应的最大转矩，与额定电流 I_e 相对应，即电机工作在额定转矩下需要相对应的额定电流提供。

堵转转矩（M_0）：电机在长期连续堵转时的最大工作转矩，与堵转电流 I_0 相对应。

最大转矩（M_{max}）：电机工作时能承受或被允许的最大转矩，与需要的最大电流 I_{max} 相对应。对于有高动态要求的应用，会非常关注电机的最大转矩和与之对应的伺服驱动器的最大电流，以及过载曲线。

无论是连续运动的矢量控制还是间断运动的伺服控制，要想控制得非常好，必须充分理解 M-n 曲线，西门子公司 1FK7 系列的同步伺服电动机 1FK7100-2AF71 的 M-n 曲线的示意图如图 1-7 所示。

由图 1-7 可以看出，同步伺服电动机 1FK7 的堵转转矩 M_0 比额定转矩 M_e 要大得多，最大转矩 M_{max} 几乎 M_0 是的三倍，并且有一定的弱磁能力。

西门子公司 1PH8 系列的异步伺服电动机 1PH8101- □□ F □□的 M-n 曲线的示意图如图 1-8 所示。

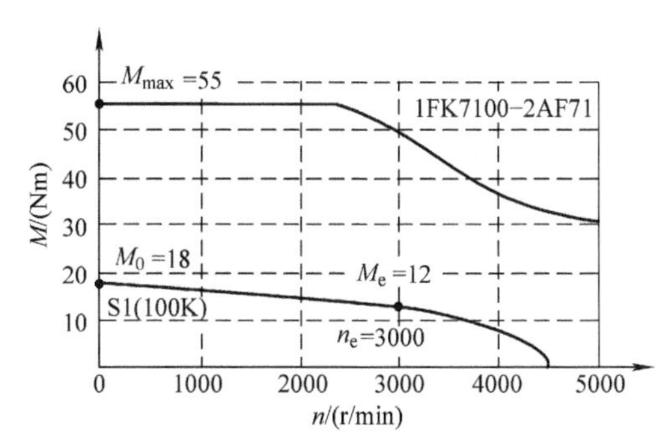

图 1-7 1FK7100-2AF71 的 M-n 曲线示意图

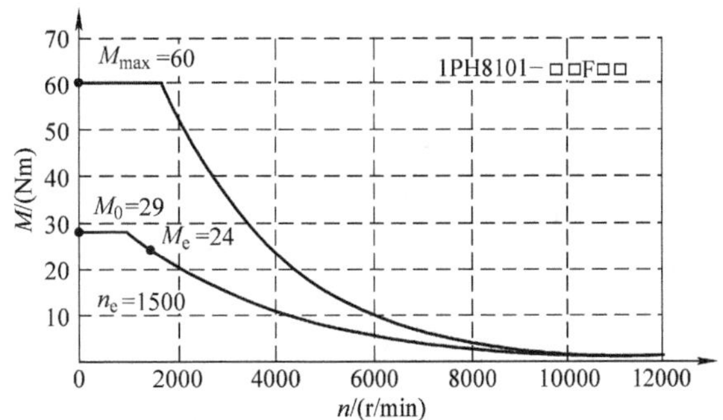

图 1-8 1PH8101- □□ F □□的 M-n 曲线示意图

由图 1-7 和图 1-8 可以看出，通常同步伺服电动机过载能力要比异步伺服电动机强，但异步伺服电动机的调速范围比较宽。在选型和调试过程中，不仅要关注异步伺服电动机的转矩（M_0、M_e、M_{max}），同时还要关注与其对应的电流（I_0、I_e、I_{max}），以及驱动器的电流参数和过载能力，对于异步伺服电动机还应考虑其速度范围宽的能力，这样才能做到万无一失。

4. 额定功率、最大功率

功率的定义是物体在单位时间内所做的功，描述的是物体做功的快慢的物理量。动力学中的计算公式为 $P=\dfrac{M}{t}$，是一个平均功率，而在运动控制中，一般很少使用平均功率公式，经常会用功率的瞬时值的公式来进行计算，具体如下：

$$P=\frac{Mn}{9.55} \quad 或 \quad P=M\omega \quad 或 \quad P=Fv$$

式中 P——功率（W）；

M——转矩（Nm）；

n——转速（r/min）；

ω——角速度（rad/s）；

F——力（N）；

v——转速（m/s）。

额定功率（P_e）：电机工作在额定速度及额定转矩时所对应的功率。

最大功率（P_{max}）：电机工作时能承受或被允许的最大功率。

西门子公司 1PH8 系列的异步伺服电动机 1PH8101- □□ F □□的 P-n 曲线的示意图如图 1-9 所示。

在运动控制的伺服应用中，经常会从速度和转矩两个方面去考虑，而不会单纯地只考虑功率，而一些基础设施如风机、水泵等运用和重工行业的辊道等基本应用，为了选型简单方便，往往会直接从功率入手，这一点和伺服控制有很大的区别，应特别加以注意。

5. 转动惯量

转动惯量（见图 1-10）是指一个物体对于旋转运动的惯性，是物体运动的惯性量值，相当于直线运动的物体的质量。

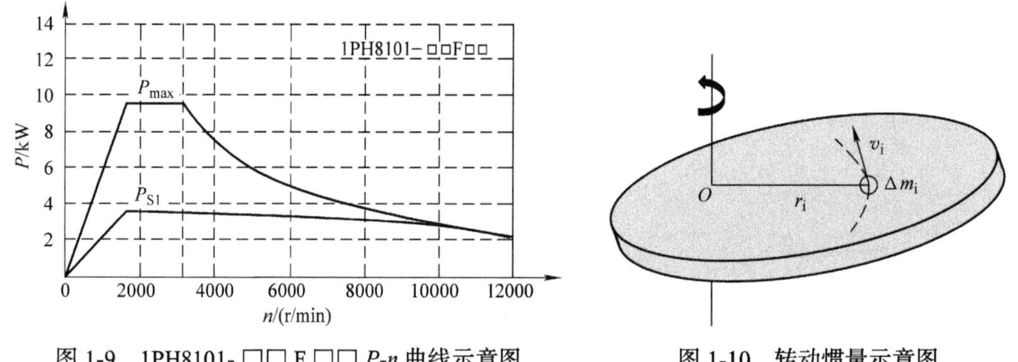

图 1-9　1PH8101- □□ F □□ P-n 曲线示意图　　　　图 1-10　转动惯量示意图

计算公式为 $J=\sum m_i*r_i^2$，单位是 kgm^2。其中，m_i 是质点的质量，r_i 是质点到旋转轴的垂直距离，转动惯量可以理解为所有质点质量与其到旋转轴的距离二次方的乘积的总和。对于形状规则的物体来说，转动惯量的计算可以用标准公式，可以查找相关的资料，而对于不规则的物体，则计算比较复杂。现在有很多机械设计软件、电机选型软件或虚拟调试软件都能自动计算出系统的机械惯量。

对于运动控制来说，在加减速时，经常会考虑转动惯量的影响，因为转动惯量会产生额外的转矩，即 $M=J\alpha$，其中，J 是转动惯量，α 是角加速度。当需要快速跟随或高动态响应时，如果机械的惯量比较大或比电机的惯量大得多，此时由惯量引起的转矩对整个系统的动态影响将会非常大，一般在选型时应根据负载的惯量、电机的惯量及传动比来综合考虑。

图 1-11 列出两个常用模型的惯量，对于其他有规则的负载惯量，可以查阅相关资料。

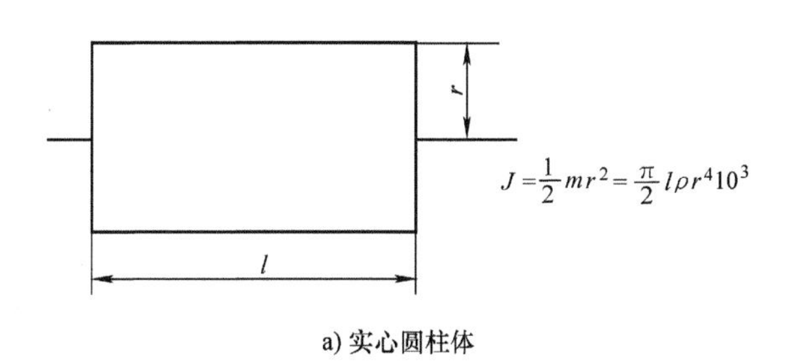

a) 实心圆柱体

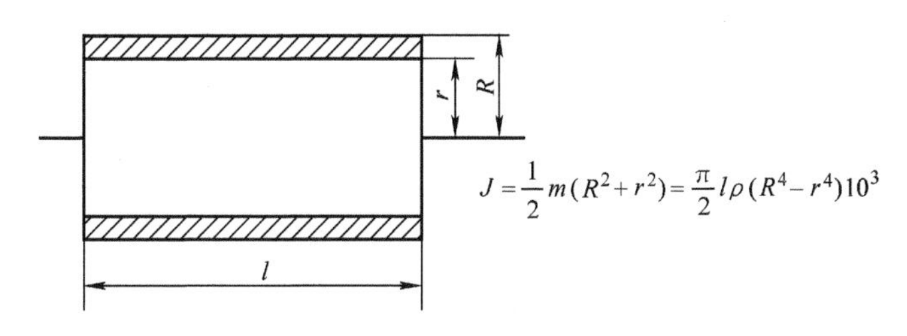

b) 空心圆柱体

图 1-11　典型机械模型的惯量计算示例

J—惯量（kg/m^2）　r—内径（m）　R—外径（m）　l—长度（m）
m—质量（kg）　ρ—密度（kg/dm^3）

6. 齿轮比

在生产机械设备中，为了增大负载转矩和减小负载速度，得到想要的转矩或速度，常常在电机和负载之间加一个降速齿轮箱或传动机构，相反，也可以在电机和负载之间加一个升速传动机构，如图 1-12 所示。

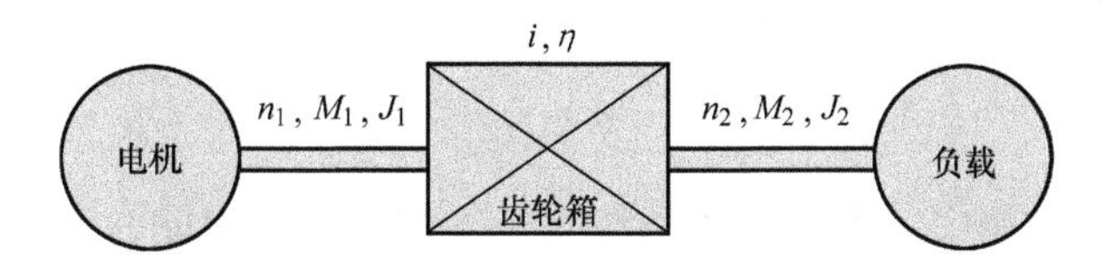

图 1-12　齿轮比示意图

电机侧的 n_1、M_1、J_1 和负载侧的 n_2、M_2、J_2，分别都表示速度、转矩、惯量。i 为齿轮传动比，η 为齿轮机械效率（$\eta<1$），具体关系如下：

传动比：$i=\frac{n_1}{n_2}$，当 $i>1$ 时，降速，反之升速。

转矩：$M_1=\frac{M_2}{i*\eta}$，当 $i>1$ 时，$M_1<M_2$，并与传动比 i 成反比，常常利用降速传动比来提高电机的驱动能力，即用较小的电机产生更大的转矩。

惯量：$J_1=\frac{J_2}{i^2}$，当 $i>1$ 时，$J_1<J_2$，与 i^2 成反比，常利用降速传动比来降低负载惯量的影响，即用较小的电机能够驱动大惯量的负载，所以选择合适的传动比能够减少负载惯量对系统的影响。

正如前面所描述的那样，当物体在加减速运动时，由于物体惯量的影响会产生很大的动态转矩即 $M = J * \alpha$，而惯量与传动比 i^2 成反比，所以惯量受传动比的影响非常大，当负载的惯量远大于电机的惯量时，一定要选择合适的传动比来匹配负载惯量，否则在做运动控制时，加、减速或停车时会遇到很大麻烦，这一点应特别注意。

7. 摩擦转矩

当电机通过传动机构驱动负载时，需要克服电机本身的空载转矩和传动机构的转矩，这一部分称为摩擦转矩，只有电机的电动转矩大于摩擦转矩时，电机才能运转。

摩擦转矩补偿就是额外增加一个附加转矩，用来补偿因电机本身及传动机构的损耗而产生的摩擦转矩，其大小需要在线测量，每当相连接的传动机构发生变化时，都需要重新测量。测量结果是一个转矩 - 速度（*M-n*）曲线，一般需要在整个运行速度范围内去进行测量，测出每个速度采样点相对应的转矩值，然后根据趋势拟合成曲线。这种测量既可以通过上位的 PLC 或运动控制器编辑用户程序来测量，而对于一些高端的驱动器，也可以通过伺服控制器本身集成的摩擦补偿功能来自动完成测量。西门子公司的高端驱动器 SINAMICS S120 就集成了摩擦转矩自动测量功能，图 1-13 为摩擦转矩的示意图。

采样点数	速度/(r/min)	转矩/Nm
1	10	0.34
2	100	0.43
3	400	0.61
4	700	0.72
5	1000	0.8
6	1300	0.87
7	1600	0.93
8	1900	0.98
9	2200	1.1
10	2500	1.17

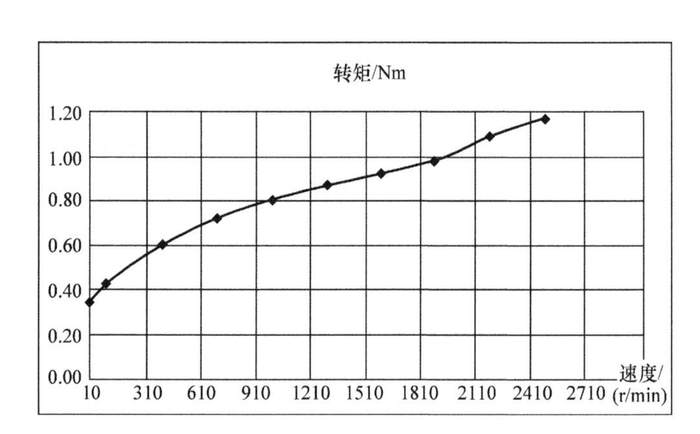

图 1-13 摩擦转矩示意图

在实际伺服控制应用中，摩擦转矩补偿对于某些应用来说非常重要，因为它能够有效地补偿由于电机本身或机械摩擦阻力而损耗的电机转矩。比如张力控制，尤其是最典型的收放应用中的间接张力控制，电机转矩大小的给定完全是根据卷曲的直径和设定的张力计算得来，而没有通过张力传感器来测量材料的实际张力，或浮动辊来测量材料的实际位置。所以，电机转矩大小的给定并没有完全真实反映材料实际张力的大小，尤其是当速度变化过程中，材料的张力会偏离比较大。从图 1-13 可以看出，随着速度的增加 v，摩擦转矩也随之增大 M_f，也就是说，实际上用于材料张力的转矩将会减小 M。此时，如果要保证材料张力不变，就必须增加额外的转矩来补偿摩擦转矩。所以，如果有了摩擦转矩补偿功能，系统会根据补偿曲线随着速度的变化自动补偿转矩，确保材料张力的稳定。

$$M_m = M + M_f$$

式中 M_m——电机转矩（Nm）；

M——负载转矩（Nm）；

M_f——摩擦转矩（Nm）。

8. 开环控制和闭环控制

开环控制和闭环控制是指是否有被控对象的实际值作为反馈，并与设定值相比较得到偏差，根据偏差进行实时控制，使实际值能够无限接近设定值。有实际值反馈的控制称为闭环控制，没有实际值反馈的控制则称为开环控制，如图 1-14 所示。

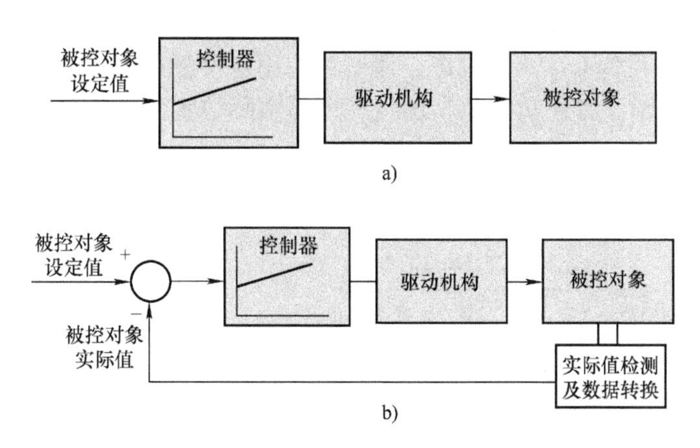

图 1-14　开环控制和闭环控制

由于开环控制缺少被控对象的设定值和实际值相比较再进行偏差控制的环节，所以相对于闭环控制来说，开环控制的精度比较低。比如速度开环控制，它只根据速度的设定值来控制，虽然有很多算法尽量推算速度实际值，但只是推算而不能完全反映实际速度的大小，速度很难达到非常精准。

大多数运动控制的应用，由于需要保证控制精度的准确性和响应的快速性，一般都采用闭环控制。而对于伺服控制的运动控制，常常控制回路有三个环路即电流环、速度环及位置环，所以运动控制能够保证速度和位置的精准且有很快的响应，如图 1-15 所示。

有时为了更快的响应，还会加入速度前馈和转矩前馈，而加入前馈的权重系数可以根据需要来设，通常为 0~100%。图 1-15 是伺服控制系统控制回路的示意图（注：没有标出速度前馈和转矩前馈）。

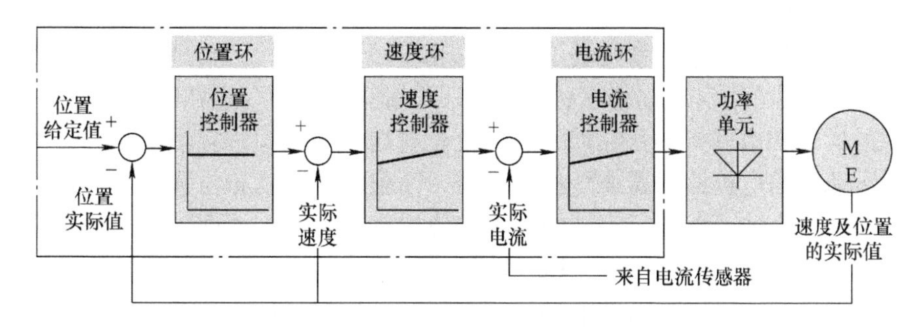

图 1-15　伺服控制系统控制回路示意图

9. 线性轴、旋转轴及模态轴

线性轴通常是指物体的运动轨迹为直线，单位常常设为微米（μm）、毫米（mm）或米（m）等，在直线两端有正负硬限位，称为行程硬限位，即物体在正负方向上被允许运行的最大距离，起保护作用，主要用于保护设备和人。行程限位开关一定要选开关的常闭触点，当物体运行碰到硬限位时，就必须立即停止。一般情况下，正负硬限位之前，常常会设置正负软限位，即行程软限位，这是根据实际应用由系统通过参数设置。图 1-16a 为线性轴的示意图。

旋转轴通常指物体的运动轨迹为圆形或椭圆形等一些封闭图形，单位常常为角度，一般设为度（°）或毫度（0.001°）等，其行程通常为 0.000 ° ~ 360.000°，对于精度要求不高的场合，也可以设为 0.0° ~ 360.0°，但有些应用也可以设成微米（μm）、毫米（mm）或米（m）等。旋转轴没有正负限位，运行一周后实际位置值再重复。图 1-16b 为旋转轴的示意图。

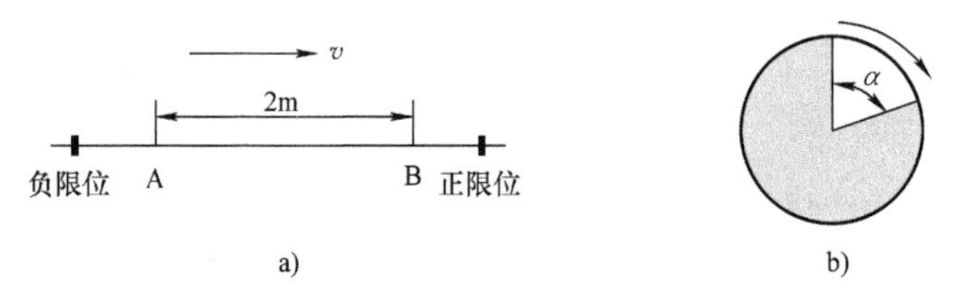

图 1-16　线性轴和旋转轴

模态轴的概念主要是从应用角度去定义的，可以理解为是一种特殊的旋转轴。需要定义轴的模态长度，模态长度可以是任意数值，比如:360.0° 、10000.000°、2000.000mm 等，完全根据实际应用需要来设定，是指轴运行的最大长度值，之后，长度值将进入循环，如：0.0 → 360.0 → 0.0 → 360.0 →···，在飞剪、轮切、卷曲等应用中经常定义模态轴。图 1-17 是模态长度为 360.000° 或 2000.000mm 的模态轴的示意图。

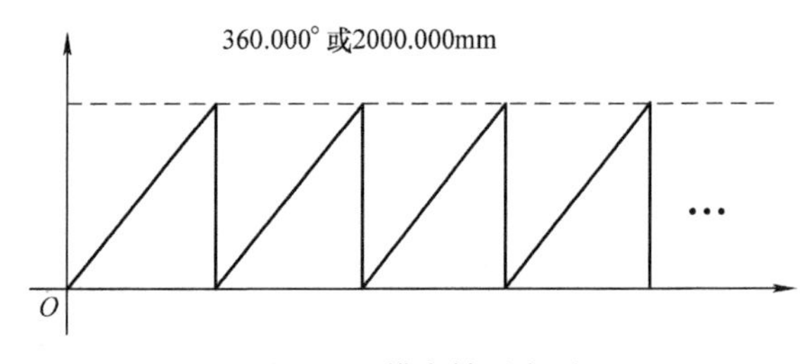

图 1-17　模态轴示意图

模态轴也可以看成是直线轴和旋转轴的扩展，使用好模态轴有时能大大地简化程序的编写，提高效率，有经验的工程师经常会巧用模态轴。

10. 实轴和虚轴

在很多运动控制应用中，常常会遇到实轴和虚轴的概念，尤其是有位置同步要求的应用，所以实轴和虚轴总是伴随着电子齿轮（Gear）和电子凸轮（CAM）。

这里讲的实轴和虚轴指的是它们的速度及位置信号的来源，实轴的速度和位置信号通常是来自于运动轴的电机编码器或外接编码器，而虚轴的速度和位置信号则是由系统或用户应用软件模拟产生的。可见，实轴的速度和位置是真实的，而虚轴的值则是虚拟的，所以实轴的数值常常会受到电磁干扰，以及数据传递的滞后影响，变得不是特别稳定，需要进行一些滤波等适当的处理。而虚轴的数值都是通过模拟计算产生的，是非常稳定并常常会用着同步的主轴，但由于它是理论数值，应考虑它的应用场合。

11. 电子齿轮

电子齿轮（见图 1-18）是从机械齿轮引申而来的，机械齿轮是通过齿轮之间的相互啮合传动运动和动力。根据齿数的不同，它们之间有一定的位置关系，如果两个齿数一样，表示 1 : 1 的位置关系；如果齿数比是 $N_1 : N_2$，则它们之间的位置关系也为 $N_1 : N_2$。

电子齿轮就是利用两根轴之间的位置关系代表齿数，由于电子齿轮的位置关系是通过参数依据需要而自由设定的。电子齿轮比通常是可以动态修改的，为了防止修改后速度的跳变，修改时常常需要用到斜坡发生器。由于电子齿轮比使用起来非常方便，在很多运动控制的应用中，大量使用电子齿轮来代替机械齿轮。

12. 电子凸轮

电子凸轮与电子齿轮类似，也是从机械凸轮引申而来的，凸轮表示的是两根轴之间的位置关系，机械凸轮代表的这种位置关系是预先确定好的，一旦做成，很难修改。而电子齿轮代表的轴与轴的位置关系可以是任意的，通常可以看作是一个多项式，而且完全可以通过参数来设定。如果是正比例函数，其实就是上面提到的电子齿轮，所以说电子齿轮是电子凸轮的一种特殊情况。

在实际应用过程中，通常把有电子凸轮关系的两根轴定义成主轴和从轴，如图 1-19 所示，x 为主轴，y 为从轴。从轴 y 位置值与主轴 x 位置值是一一对应关系。有时为了提高位置跟随的精度，通常将主轴 x 位置细分成更多的位置值，也就是说在 x 轴上取尽可能多的坐标点，同时可以得到更多相对应的 y 轴数值。由于电子凸轮的灵活性，所以在运动控制的高端应用中，几乎都会用到电子凸轮。

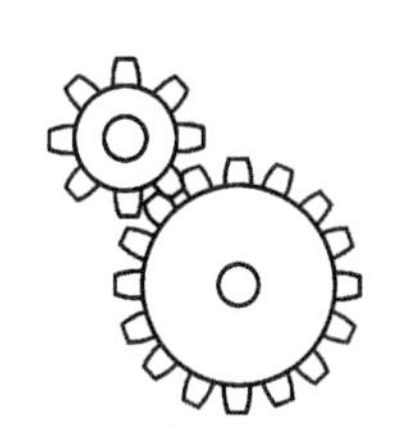

图 1-18　电子齿轮

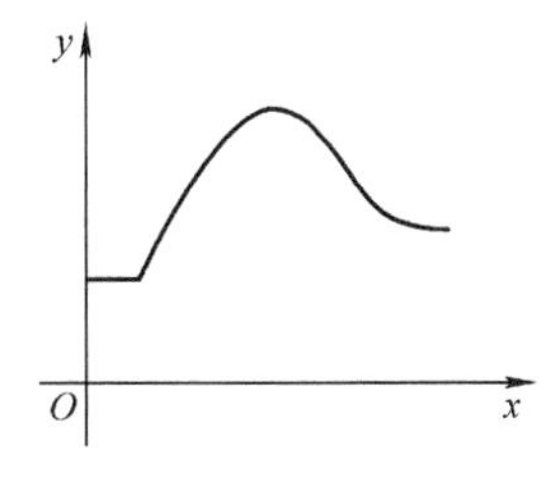

图 1-19　电子凸轮

1.4　运动控制类型及特点

运动控制的分类有很多种，从运动控制系统的专业性角度，可以分为通用运动控制和专用运动控制两大类。通用运动控制是指运动控制系统的通用型，如常见的速度控制、定位控制及同步控制等，冶金、造纸、矿山、化工、纺织、印刷和包装等重工行业及生产机械类设备。专用运动控制的控制器是专用的，最常见的如数控机床等，机床的控制系统集成了大量机床特有的控制算法和专用程序，是通用运动控制器很难做到的。

本书主要介绍通用运动控制，其分类方法很多，本书从实际应用的角度按照风机泵类、传送及进给方式和物料加工及处理三个方面来分类。

1.4.1　风机泵类控制

这类应用大多数用法比较简单，尤其是风机水泵的控制模式为速度开环控制，通常为 V/F 控制模式，常见的三种 V/F 控制模式如图 1-20 所示。

图 1-20a 是线性 V/F 控制，是最基础、最常用的控制模式，可以满足多种常规的应用。图 1-20b 是抛物线性 V/F 控制，一般常用于风机和泵类的平方转矩负载。图 1-20c 是可编程 V/F 控制，可以根据具体的应用需求，灵活地设置 V 和 F 的对应值，可以满足多种应用。

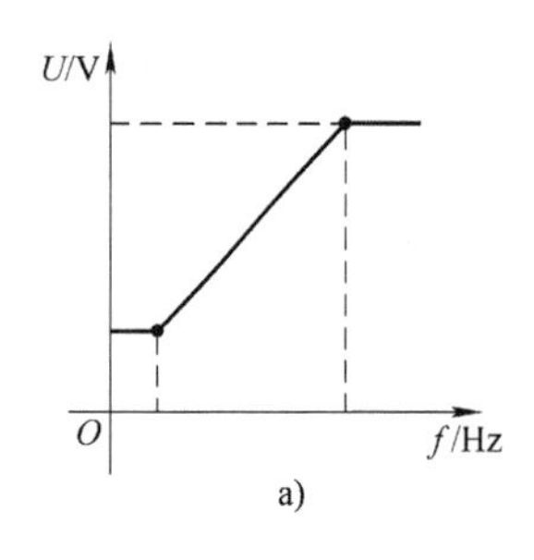

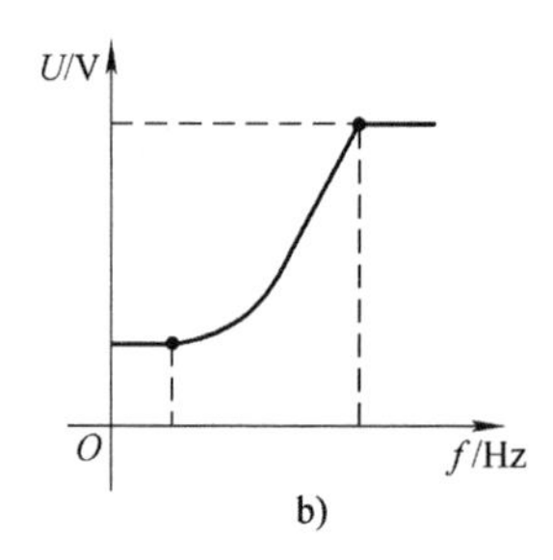

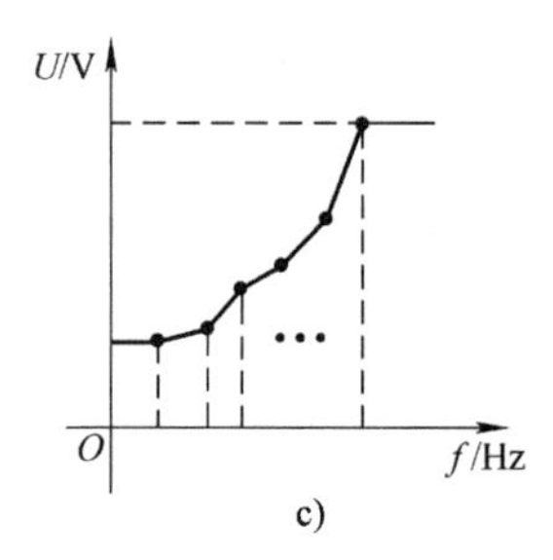

图 1-20 风机泵类控制

V/F 控制模式是纯开环模式，驱动器的输出电压完全由预先设定好的 V/F 曲线来决定，通常和外接什么样的负载没有关系。但有时为了提高控制精度，各驱动器厂家会在 V/F 控制的同时加一些补偿，如转差补偿等。

在各类恒压供水的应用中，为了保证水管里的压力稳定，常常需要增加 PID 调节器压力闭环控制，即将供水管的压力实际值送给 PID 调节器，与压力的设定值进行比较，通过 PID 调节器的闭环控制来调节水泵的速度，从而实现水管压力的稳定。对风机水泵类专用的变频器如西门子公司的 SINAMICS G120X/G120XA 等，一般都会集成 PID 调节器，这样既能实现压力稳定的闭环控制，还能实现多泵切换。

在某些特殊的应用场合，如负载比较特殊，通常的线性或抛物线性 V/F 控制已经很难满足需求。但如果能充分了解负载特性，利用可编程 V/F 控制，合理地设置各对应段的曲线可以起到意想不到的效果，甚至远优越于其他开环控制模式，有丰富经验的应用工程师经常会利用可编程 V/F 控制实现复杂的应用。

对于一些液压泵、计量泵、伺服泵等需要较高的控制要求，通常的 V/F 开环控制已很难满足需求，这时就需要速度闭环，甚至位置及同步控制。近年来伺服泵的应用越来越多，伺服泵的控制既要控制流量又要控制压力，还需要有很高的控制精度和快速响应。西门子公司的 SINAMICS S120 伺服驱动器就非常适合于这类应用，尤其是集成了 DCC 图形编程功能，能够很好地完成伺服泵的应用。而对于一些多轴的伺服压机的控制，由于控制的复杂性，则需要运动控制器的运动控制功能如 Gear、CAM 等并借助于特定的算法来综合协调才能完成。

1.4.2 传送及进给类控制

在工业领域，传送及进给方式的应用到处可见，如带式传送、辊道传送、货物提升、物流分拣、旋转分度盘、包装进料和设备的牵引等。这类应用的控制模式比较多，一般为控制速度稳定和定位准确，有些需要同步功能，如图 1-21 所示。

图 1-21a 是物体传送或设备牵引轴的示意图，该类应用的要求是：在传送物体的过程中，无论物体的体积重量有什么变化，都需要保持运动过程中的速度稳定。常常会使用无编码器的速度开环矢量控制，或电机有测速编码器反馈的速度闭环控制，系统会根据负载的变化做出快速响应进行自动调节，从而保证速度的相对稳定。

图 1-21b 是物体定位控制的示意图，定位控制是运动控制中最常见的一种控制模式，经常使用电机编码器既做速度反馈又做位置反馈，要求物体按照设定的速度到达指定的目标位置并且定位准确。而对于一些特殊的应用，需要用外接位置测量装置做位置反馈，测量物体运动的真实位置，避免由于机械打滑或间隙等引起的误差，这种位置控制相对复杂，

有时需要对信号及控制回路进行适当的处理。

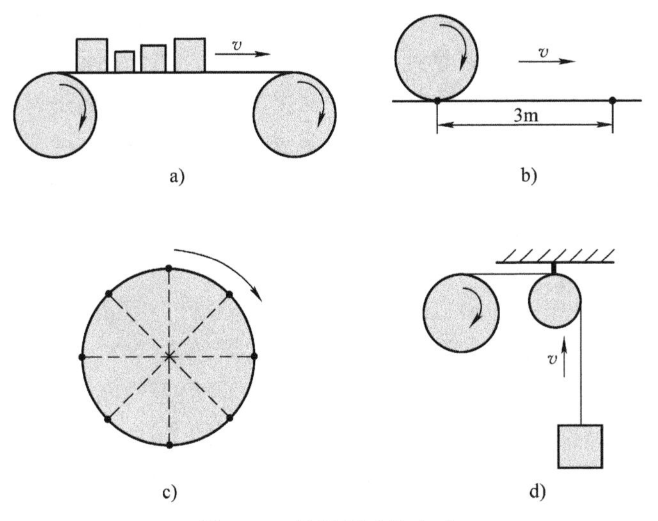

图 1-21　传送及进给方式

图 1-21c 是分度盘控制示意图，是指旋转轴的速度控制或定位控制，这类控制需要注意系统的惯量匹配，否则很难控制。在运行过程中需要保持速度的稳定和定位的准确，要根据实际情况选择合理的电机及机械传动比，并设定合适的加减速时间及加速度和加加速度。定位控制类似图 1-21b 的直线轴定位。

图 1-21d 是货物提升控制的示意图，如港口机械、建筑机械等各类重型机械以及物流堆垛机、电梯等都是典型的提升控制，是指物体在垂直方向的上下运动，要求物体在整个运行过程中非常平稳，无论是吊起货物的起动加速过程，还是中途运行的匀速运动，以及到位时的减速运行，都不能有大的晃动和抖动，否则会有很大的危险，尤其是载人的提升如电梯更是这样。这类控制大多数都是速度闭环控制和定位控制，而且在垂直方向上都会有机械抱闸，以确保在停车或紧急情况下机械及人的安全，所以货物提升的控制不仅需要运动控制等电气方面的知识，还需要有一定的货物、电梯提升等机械方面的专业知识，这样才能做到既安全又可靠。

1.4.3　物料加工及处理类控制

在各类生产机械中，无论是冶金轧机线、开卷线、纸机线、橡胶轮胎线等，还是印刷机、包装机、线缆机、锻压机、纸张及薄膜分切复卷机等，都包含有非常多的物料加工及处理的运动控制。最典型的应用如收放卷、飞剪飞锯、色标追踪等，以及速度同步、电子齿轮、电子凸轮等运动控制功能，如图 1-22 所示。

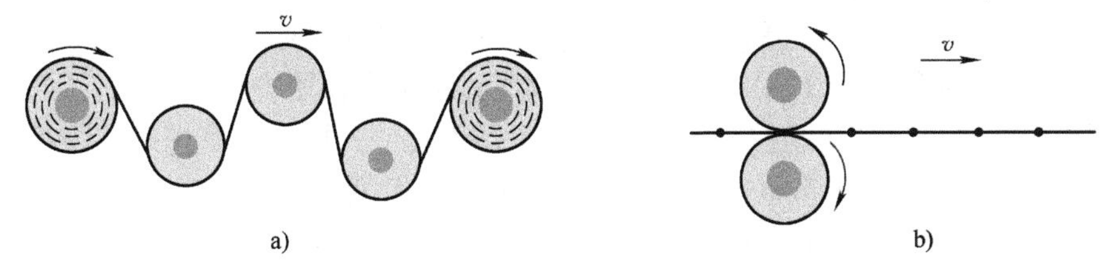

图 1-22　物料加工及处理

图 1-22a 是最典型的收放卷应用，常用在印刷、包装、纸等行业，如常见的纸张及薄膜的分切、复卷及印刷，这类应用需要恒张力和速度同步控制，有时会用到转矩同步和位置同步。应用要求从初始的材料放卷到最后的材料收卷，整个运动过程无论是升降速运动还是匀速运动都要求保持材料张力恒定。由于材料的多样性，特别是有些材料还极易拉伸，设备厂家有各自的具体要求，所以真正要做到全过程恒张力控制，确实难度很大。有人说，工程师学精了收放卷的应用，就相当于找到了工作的铁饭碗，虽然有点夸张，但足以说明收放卷的重要性。鉴于使用的广泛性和重要性，在后面的运动控制典型应用中，将用大量的篇幅深入浅出地讲解收放卷的应用。

图 1-22b 是连续物料加工的示意图，经常会用在印刷、包装、纸、冶金等行业，这类应用更多的是强调转矩、速度、位置的同步和多轴协调的重要性，如冶金行业钢板的飞剪、平板玻璃的动态切割、印刷的套色、糖果包装的热封等都需要电子凸轮等多轴之间的位置同步功能。如果说收放卷应用是最常用、最普遍的应用，那么此类有关位置同步的应用应当属于运动控制中的中高端应用，而这两类应用经常是结合在一起来完成更为复杂的应用。

1.5 运动控制的发展

随着科技及计算机技术的发展，尤其是近年来网络的迅猛发展，为运动控制的高速发展提供了非常有利的条件。各设备制造商为了提高产品的竞争力和市场份额，越来越依赖于运动控制，由于运动控制在提高产品质量和生产效率方面有独特的优势，是其他控制手段很难达到的。随着智能制造及工业 4.0 的不断普及和推广，将给运动控制的发展带来巨大的机遇，未来的运动控制应该是与数字化及智能网络的完美融合。

对于运动控制的发展，不同的人有不同的看法和理解，本书主要从硬件、软件及控制功能方面来分析未来的发展趋势，这些仅代表作者的观点，供大家参考。

1.5.1 硬件及软件的发展

从硬件方面考虑，主要有以下三个特点：

1）模块化：运动控制器和 PLC 部分早已模块化，而变频器及伺服控制器，近些年也有模块化的趋势，尤其是中大型功率段。发展的趋势是控制单元与功率分开，控制单元为通用单元，而功率单元将根据不同的功率段来区分。I/O 模块及编码器模块都是独立的通用模块，根据不同的需求来选用。模块化的使用为产品的制造和生产、应用选型、设备调试、更新换代、维护及服务带来很大的便利。

2）标准化：运动控制的标准化对产品使用厂商来说非常重要，尤其是硬件及网络接口的标准化，如果各产品提供商都按一定的标准制造电气产品，设备厂家在使用产品时就可以根据实际的需求来选择产品，既可以是同一厂商，也可以是不同厂商，由于是标准化产品，所以在某种程度上可以通用，为产品的调试和维护提供了方便。

3）网络化：网络化是运动控制发展的最基本条件之一，网络的高速发展将推动运动控制的发展，运动控制不但能够通过网络实现几十轴甚至几百个轴的几乎无偏差的同步，同时还能够将各轴的运行数据通过网络传递给上层网络及云端，人们可以通过各种 App 知道各类设备的运行数据，没有网络是无法想象的。

从软件方面考虑，主要有以下三个特点：

1）快、准：这是运动控制本身的特点，快速响应及精准控制是两个最基本的条件，尤其是对高速运行及多轴设备的控制更为重要。快是效率的象征，准是精度的体现，既是运动控制标志性的特点，也是智能制造及高端制造所需的。

2）实时性：是指令发出后在很短的时间里做出反应，这个时间越短越好，让实际值能够实时地无限接近设定的指令，于是才能保证系统对设备在运行过程中出现的转矩、速度或位置的变化做出快速响应。

3）自适应：系统能够根据负载的变化自动地做出反应，并且能够自动地调节各特征参数并很好地适应负载的变化，这一点非常重要。由于在运动过程中，负载总是在不断地变化，如负载的重量、加减速时间等，这就要求运动控制有自动适应负载变化的能力。

1.5.2　运动控制功能的发展

随着智能制造和数字化概念的引入，运动控制的功能将会发生很大的变化，除了传统的最基本功能外，应充分考虑用户的体验，这里的用户既包括专业运动控制工程师，也包括设备制造商和设备使用方最终用户的非专业人士，他们的需求和认可将会推动运动控制在控制功能方面的发展，主要表现在以下三个方面：

1）定制化：随着人们生活水平的不断提高，人们对产品的需求也在不断的变化，很难出现一种产品适合所有人，这就需要同一种设备根据用户差异化的需求生产出不同的产品。当把生产效率作为一个重要的指标衡量时，在生产不同产品时能够快速地切换，甚至只需要通过菜单的选择就能够实现。数字化与运动控制的结合能够很好地解决这一问题，西门子公司在这方面已经有了很多应用案例，如：酒瓶瓶身图案的丝网印刷，同一个设备通过菜单选择不同的瓶型，就可以方便、快捷地实现不同瓶型的丝网印刷。

2）多样化、软件化：由于科技和计算机的迅猛发展，出现了大量的算法软件，更多地借助于算法软件实现多样化的控制功能，根据物体运动轨迹的描述，算法软件会自动地计算出最佳的实际运动控制轨迹，完成复杂的运动曲线的计算。如果完全依赖人工计算画出这些运动曲线是很难想象的。近年，西门子公司推出数字化双胞胎项目，借助于MCD和TIA博途等软件进行虚拟仿真，在设备实际安装、调试之前就可以完全仿真真实设备的动作，从而大大缩短了产品的开发周期，提高了生产效率。

3）协调性、同步性：通常的运动控制都是多轴控制，一台设备会有几根轴到几十根轴，对于很复杂的设备，甚至会有上百根轴。它们的运动需要相互协调，有一定的同步性，有时是相互之间动作时序的要求，有时是速度或位置上的同步，有时要求转矩同步。随着高端制造的发展，高端产品的生产特别强调轴之间的协调性和同步性，这对产品的质量是至关重要的。

第2章 运动控制的解决方案

运动控制是针对工业领域中一种特殊的全集成自动化及智能化的解决方案，它与常见的逻辑控制及过程控制有着很大的区别，更注重设备的生产效率和控制精度，以及运动轴的动态反应和多轴之间的一致性。它具有很强的专业性，对从业人员要求具备传动知识、电机原理、控制理论、计算机编程技术以及对各种负载特性的理解等。还需要有一定的综合能力，如软件编程能力、硬件及外围电路的设计能力等。它是集机械、电气、控制、计算机及算法等于一体的系统化解决方案。运动控制是高端制造业发展的基石，随着国家将高端制造定为国家的发展战略，运动控制在人们未来生活中越来越重要。

运动控制的解决方案其实就是一个全面的系统解决方案，为了更好地让读者较为系统地、深入浅出地学习和掌握，本章将介绍运动控制系统的组成、典型应用以及解决方案。

2.1 运动控制系统的组成

在实际应用中，运动控制通常以系统的形式存在，大致分为以下几个部分：

人机界面——是将生产及工艺数据通过人机界面传递给控制器，从而控制整个设备按照工艺需求去运行，同时也将生产过程的实际数据及机器的运行状态实时地反馈给操作人员，是一个操作人员和设备互动的工作平台。一个非常友好且客户定制化的人机界面，应该是智能的同时又是高效的。

控制器——是运动控制的核心部分，是控制整个设备的大脑。不仅要完成整机所有的逻辑控制，而且还要完成所有轴的运动控制。既要和上位的人机界面进行数据交互，还要与下位的驱动器实现运动控制。在某种程度上来说，控制器的性能对运动控制的控制精度和控制性能有很大的影响。

通信网络——网络是连接各部件的桥梁，网络的速度直接影响控制性能，由于科技的快速发展，目前的工业网络基本能够胜任运动控制的需求，快速的通信网络为运动控制提供了必要的条件。

驱动系统——包括驱动器和电机两部分，驱动器是运动的驱动者，电机是运动的执行机构，驱动系统将根据控制器发来的运动指令去控制电机驱动负载做相应的运动。

由于应用的不同，在此介绍的驱动器绝大多数是伺服控制器，也有通用变频器，电机大多数是同步伺服电动机和异步伺服电动机，有时也会用直线电机、转矩电机或者普通三相异步电动机等。高性能的驱动系统能够快速、无滞后和准确地驱动实际负载跟随运动指令，这一点非常重要，体现了驱动系统的高动态性。

驱动器和电机应尽可能地选用同一品牌，尤其是控制的同步伺服电动机，因为同一品牌的驱动器中集成了各种类型的电机数据，也就是说，电机的模型数据更精准，控制起来既方便又准确，能够达到非常好的效果。

外接I/O及传感器模块——外接I/O模块是整个系统与外界信号的接口，通过这些模块，外界信号与运动控制系统之间可以进行信息交换。

传感器模块通常为编码器接口模块，实现物体运动的实时速度及位置信息与控制器之间的相互交换，从而能够有效地实现闭环控制。

典型的运动控制系统如图2-1所示。

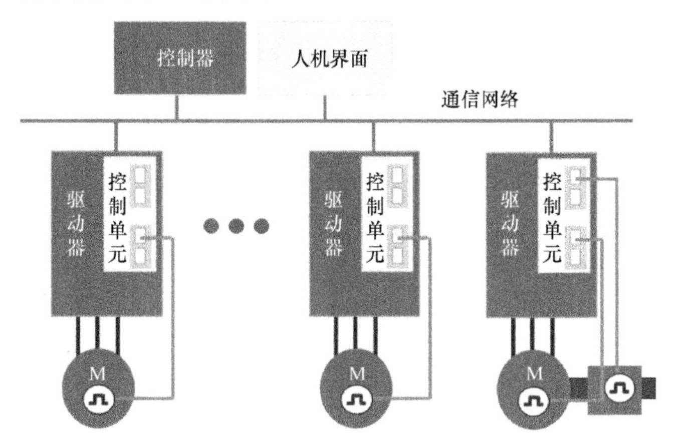

图2-1　典型的运动控制系统

2.2　运动控制的典型应用

在实际应用中，运动控制有很多种，最常见和典型的应用如：卷曲、飞剪、轮切、套色对标、角同步等。本节将简单介绍，在第二部分将详细介绍，在第三部分将介绍实际应用案例分析。

2.2.1　卷曲应用

卷曲应用非常广泛，如冶金行业的开卷机、纺织行业的浆纱机、造纸行业的复卷机、包装行业的分切机、电池行业的卷绕机和印刷行业的印刷机等。卷曲示意图如图2-2所示。

卷曲有一个共同的特点：对张力进行动态控制，随着收卷或放卷的直径不断变化，材料表面的张力保持稳定。

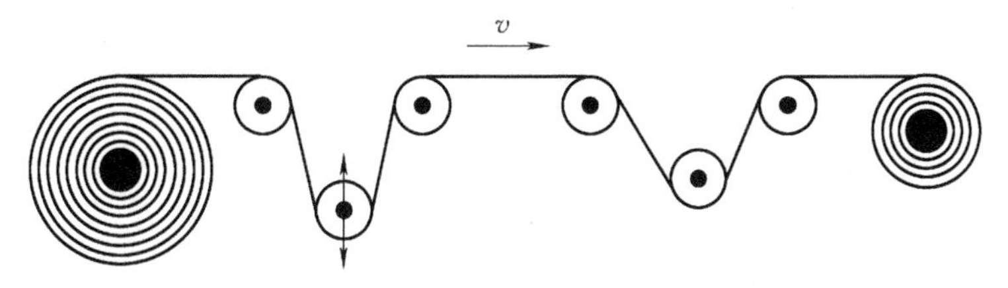

图2-2　卷曲示意图

2.2.2　追同步应用

追同步的应用通常是指飞剪、飞锯、轮切、套色对标等。其中动态的剪、锯、切在金属板、纸张及玻璃等加工过程中经常使用，动态是要求在物料运行过程中进行相应的加工处理，这样会大大提高生产效率。而套色对标则大量应用在包装、印刷等行业，要求系统在材料运行过程中，根据色标的位置和当前理想位置的比较做出相应的位置调整。飞剪、飞锯、轮切、套色对标示意图如图 2-3 所示。

这些功能都有一个共同特点：在材料运行过程中，根据材料的实际速度和位置，系统将做出相应的调整。由于是动态的，这就需要控制系统将信号检测、曲线计算、动态响应等充分地结合在一起，才能很好地完成这类的应用，但有一定的难度。详细介绍请参阅第二部分，第三部分有实际应用案例解析。

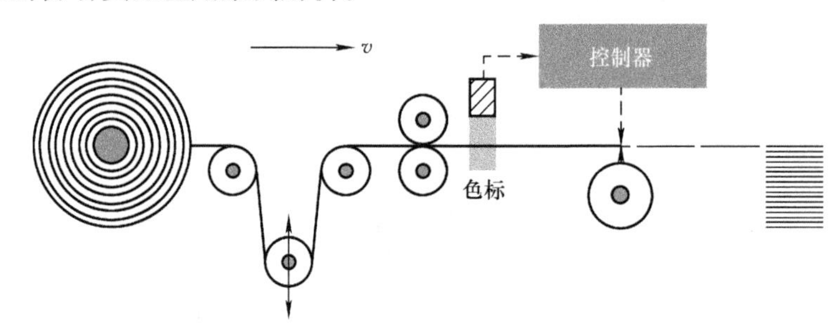

图 2-3　飞剪、飞锯、轮切、套色对标示意图

2.2.3　角同步应用

角同步的应用通常表现为电子齿轮（Gear）、电子凸轮（CAM）。角同步是指位置同步，在运行过程中位置环一直参与其中，也就是说相关联的两根轴或多根轴在运行过程中，相互之间时刻保持一定的位置关系，如图 2-4 所示。

电子齿轮（Gear）表示的是轴与轴之间的纯比例关系，类似正比例函数。而电子凸轮（CAM）则是轴与轴之间的多项式关系，这种关系也可以通过描点的方式来实现。在中、高端运动控制应用中，经常会用这两种功能完成轴的复杂功能。在第二部分将有详细介绍，在第三部分结合应用案例解析。

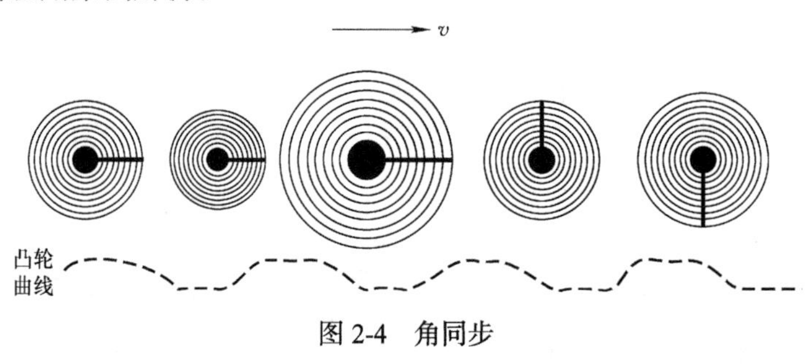

图 2-4　角同步

2.3　运动控制的功能实现

运动控制的解决方案及实现途径有两大类：一种是驱动器本身集成了运动控制功能，驱动器既是驱动器又是运动控制器，比较适合于轴比较少的系统；另一种是运动控制功能的算法及控制完全由控制器来协调完成，控制器可以是通用 PLC、运动控制 PLC、专用运动控制器及集成运动控制软件的工控机等。

2.3.1 驱动器集成运动控制功能

随着科技的发展，CPU的处理速度越来越快，又由于驱动器的模块化设计理论，现在越来越多的驱动器厂家已将控制部分和功率单元分开，并且还集成了运动控制功能。一个控制单元（CU）可以控制多个功率单元，即一个控制单元（CU）可以控制多根轴，如西门子公司的SINAMICS S120伺服驱动器，1个CU最多可以控制6根伺服轴或矢量轴，而且可以实现轴之间的同步等较为复杂的运动控制功能，如图2-5所示。

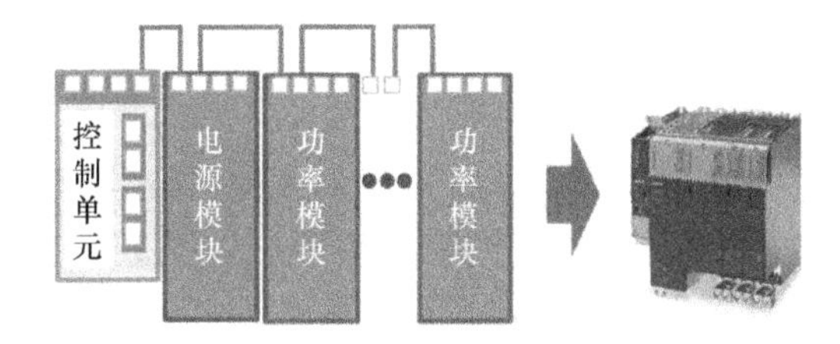

图2-5 驱动系统

由于多个驱动器的信息都在一个CU里，如：电流、转矩、速度、位置以及各轴的控制信号和运动状态等，即在同一个CU里，可以快速地读写和处理与之相连接的各个轴的数据，于是大大简化了通过控制器完成轴与轴之间的数据交互，从而缩短了轴与轴之间、轴与外接信号之间的数据交互时间。对于数量较少轴之间的运动控制系统，尤其是对不超过3根轴的系统，既方便又非常实用。

由于这种应用具有快速、简便的特点，可以大胆地预测，在不久的将来会有越来越多的驱动器生产厂家将会考虑一个CU的多轴控制，并集成部分运动控制功能，这种运动控制功能很有针对性而且是开放的，有经验的应用工程师可以自行扩展和开发。于是可以缓解控制器因轴多而运行速度缓慢的压力，让控制器更多地承担一些协调、通信及边沿计算等与数字化相关的控制。

2.3.2 控制系统实现运动控制功能

通过控制器实现运动控制功能，要求每根轴和控制器之间通过高速网络进行数据交互，并且需要有等时同步功能，如图2-6所示。

由于所有驱动器的相关数据都在同一个控制器中，所以完成任意轴与轴之间的数据交互和运动控制关系比较容易，尤其对于轴比较多的运动控制系统。同时，由于所有轴都需要在同一时间段与控制器进行数据交换，而且数据传递的速度非常快且有等时要求，通常为1~4ms，有时甚至小于1ms，这就给控制器的性能带来很大的挑战。随着控制轴数的增加或等时同步时间的需求越来越小，控制器的性能必须大幅度提高，才能更好地向高端运动控制方向发展。

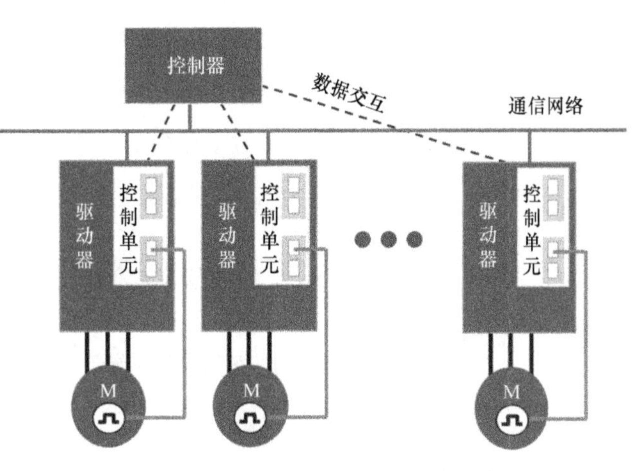

图2-6 通过控制器实现运动控制功能

随着科技的发展和智能化的需求，控制器处理数据的能力和速度将越来越快，同时控制的轴数也在不断增加，用控制器实现运动控制功能将成为发展的主流。

第3章 基于驱动器的控制功能

运动控制功能是一种形式的系统控制功能，是借助于控制器或运动控制器及驱动系统实现的，所以，作为运动控制工程师不仅要掌握控制器的各种控制方法及功能块的含义，而且还要精通驱动系统的各种控制方法及相关功能。由于科技的发展，特别是芯片和网络技术的快速发展及各种算法软件的出现，除了常规的电流环和速度环等在驱动器中实现外，大部分运动控制功能既可以通过控制器实现，也可以在驱动器中实现。本章将重点介绍基于驱动器的常规控制功能。

3.1 V/F 控制

3.1.1 V/F 控制概述

V/F 控制称为恒压频比控制，是通用的开环控制方法，应用最为广泛，也是最简单的变频器控制方法。在许多动态特性要求较低的应用中大量采用 V/F 控制，例如：风机、电泵、传送带等。在 V/F 控制下，变频器无需速度反馈和电流实际值，只需要使用较少的电机数据便可运行。

V/F 控制原理使电动机内的磁通量保持恒定，磁通量与励磁电流成比例，或者与压频比成比例。异步电动机产生的转矩 M 与磁通量 Φ 和电流的乘积成比例，因此为了在给定的电流下产生尽可能大的转矩，电动机必须在恒定且尽可能大的磁通量下工作，为了保持磁通量恒定，必须使电压和频率成比例变化，以保持恒定的励磁电流，如图 3-1 所示。

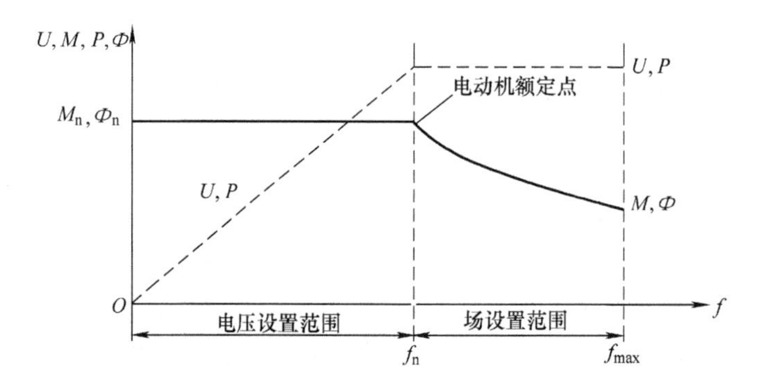

图 3-1 变频器控制异步电动机运行的特性曲线

M_n—电动机的额定转矩 Φ_n—电动机的额定磁通量 f_n—电动机的额定频率

f_{max}—电动机的最大频率 U—电动机的电压 P—电动机的功率

3.1.2 控制要点

V/F 控制对电机参数依赖不大，其主要包括 3 个功能：V/F 特性曲线、电压提升、转差补偿和谐振抑制，如图 3-2 所示。在调试过程中，应根据不同的负载类型合理地使用。

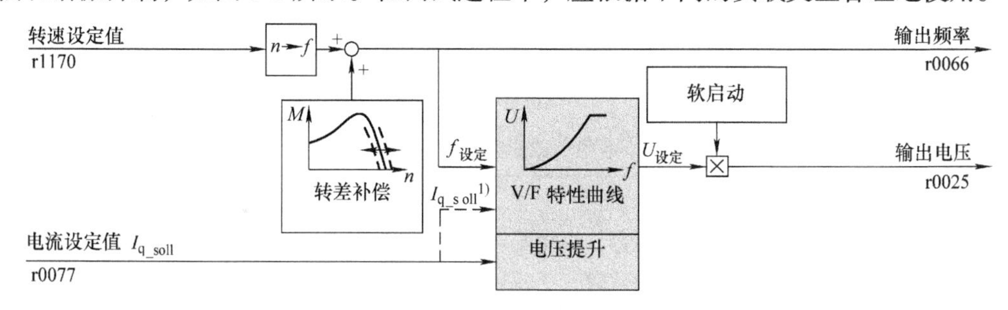

图 3-2 V/F 控制的简易功能图

1. 选择合适的 V/F 特性曲线

V/F 特性曲线一般有线性、抛物线、可编程三种曲线，根据负载转矩与速度特性的不同，可以通过参数选择不同的曲线，如图 3-3 所示。

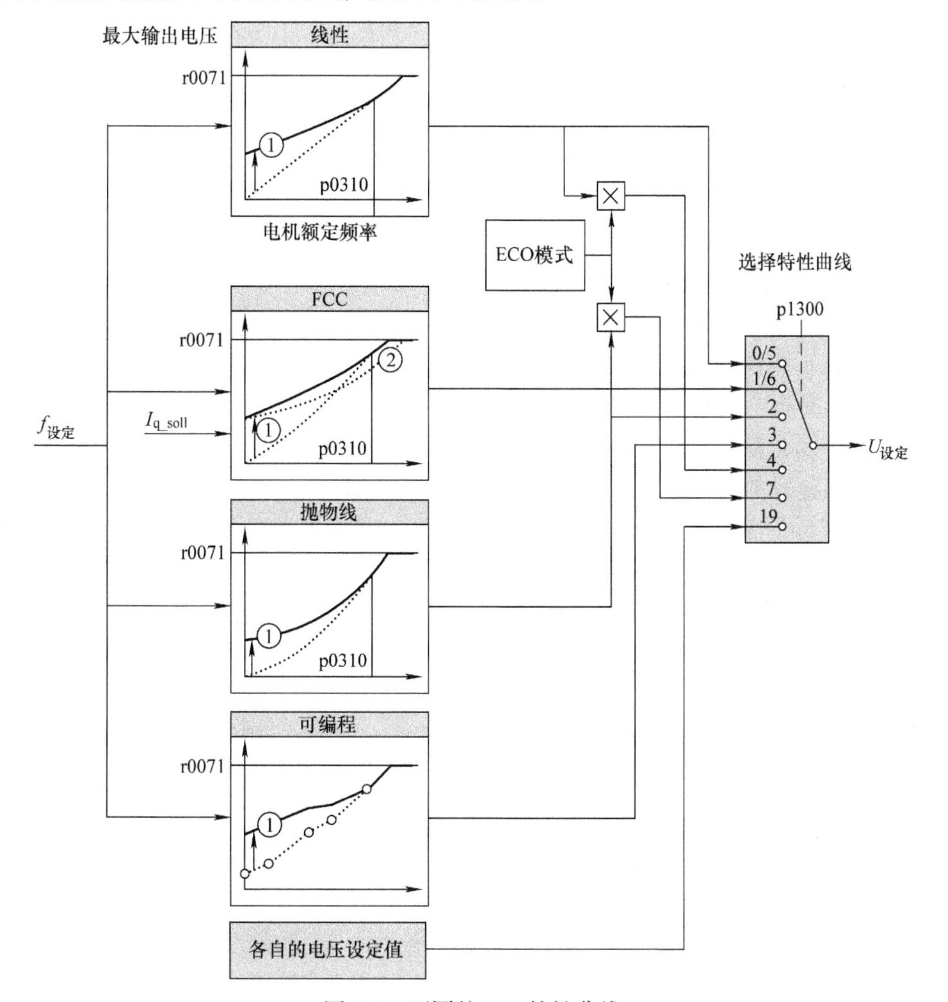

图 3-3 不同的 V/F 特性曲线

在线性特性曲线下，可以提供附加的磁通电流控制（FCC），即变频器补偿电机定子电阻中的压降，在速度较低时调节电机电流，根据负载变化控制电压的提升，从而达到更高的速度精度。线性特性曲线以及抛物线特性曲线都可以提供附加的节能（ECO）模式，即在某些负载下，当速度达到设定值并保持 5s 后，变频器将会降低输出电压，以达到节能的目的。

不同的负载特性可选择不同的 V/F 特性曲线，见表 3-1。

表 3-1　不同负载选择的 V/F 特性曲线

负载特性	应用示例	注　释	V/F 特性曲线
需要的转矩不依赖于速度	输送带、偏心螺杆泵、压缩机、挤压机、离心机、搅拌机	变频器可补偿定子电阻所导致的电压损耗。前提条件：正确设置了电机数据，快速调试后执行了电机数据的检测	线性
			带有磁通电流控制（FCC）的线性特性曲线
需要的转矩随速度的升高而升高	叶轮泵、径向通风机、轴流式通风机	电机和变频器的损耗比线性特性曲线少	抛物线
低动态且速度恒定的应用	叶轮泵、径向通风机、轴流式通风机	当达到速度设定值并保持 5s 时，变频器会降低输出电压。相比抛物线特性曲线，ECO 模式可节省电能	ECO 模式
变频器必须维持电机速度尽可能的恒定	纺织工业中的驱动	达到最大电流极限后，变频器会降低输出电压，而不是频率	频率精确的特性曲线
可设置 V/F 特性曲线			可设置的特性曲线
采用独立电压设定值的 V/F 特性曲线		频率和电压之间的关系不是在变频器内计算得出，而是由用户给定	独立电压设定值

2. 设置 V/F 控制的电压提升

在一些应用场合，例如在零速时需要进行异步电动机的励磁，需要保持电动机转矩，或产生起动转矩、加速转矩及制动转矩等。此时可在电机速度较低时为 V/F 特性曲线设置电压提升，从而提高电机起动特性，如图 3-4 所示。

① p1310 持续起动电流（升压值），可补偿因电缆太长而导致的电压损耗和电阻损耗。

② p1311 加速时的起动电流（升压值），可在电机加速时提供额外转矩。

③ p1312 起动时的起动电流（升压值），只为电机接通后的第一个加速过程提供额外转矩。

电压提升会对所有的 V/F 特性曲线生效，过高的电压提升将导致电机输出绕组发热，进而跳闸，因此在设置电压提升时，应根据不同的负载特性设置不同的提升电压值。

3. 转差补偿与谐振抑制

1）转差补偿：转差补偿可使异步电机的速度设定值保持恒定，不受负载影响，在负载跃变时将自动提升或减小设定频率，类似于闭环控制的转矩预控，如图 3-5 所示。

2）谐振抑制：在转差补偿后还有一路叠加的谐振抑制，在简易功能图上并没有体现，谐振抑制可以抑制空载运行中可能出现的有功电流波动。在使用同步电机时，通常在低速区 V/F 控制才比较平稳，而在高速区可能会出现振动，此时必须设置相应的参数将振动阻尼作为预设值激活，并且在多数应用中不得进行修改。若发现具有干扰效应的起振特性，可以较小幅度地逐步增大 p1338 的值，并分析其对系统造成的影响，如图 3-6 所示。

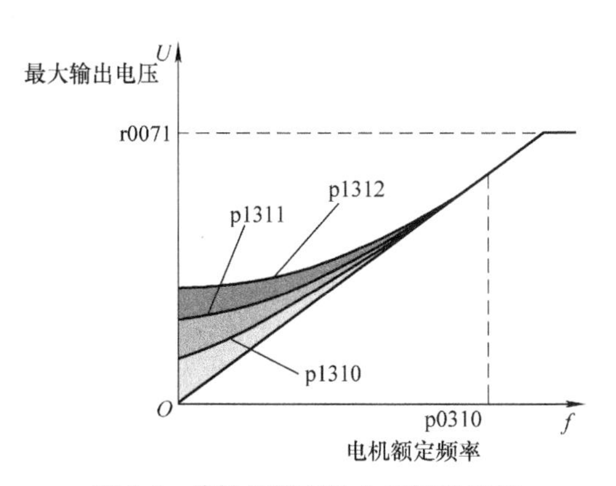

图 3-4 线性特性下的电压提升示例

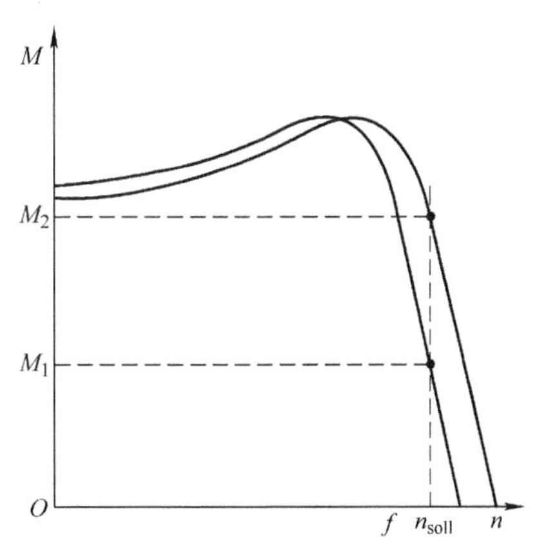

图 3-5 转差补偿

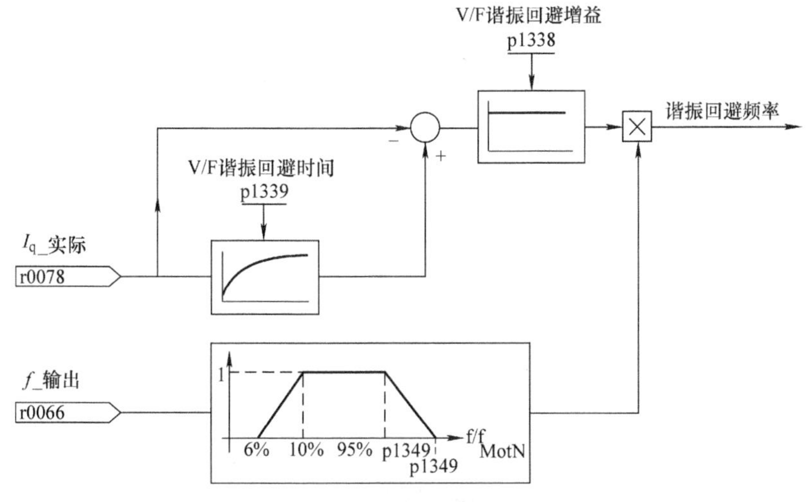

图 3-6 谐振抑制

3.1.3 V/F 控制调试示例

本节以西门子 SINAMICS G120XA 变频器为例，如图 3-7 所示，简要地介绍如何通过面板调试 V/F 控制的相关参数。SINAMICS G120XA 变频器是西门子专门为驱动风机或泵应用而研发的，对基础设施领域泵和风机应用进行了优化并开发了许多专用功能，可使用智能连接模块通过无线通信或 IOP-2 智能操作面板进行调试，设置简便、快捷。

图 3-7 SINAMICS G120XA 变频器产品外形

1. 变频器简易调试步骤（见图 3-8）

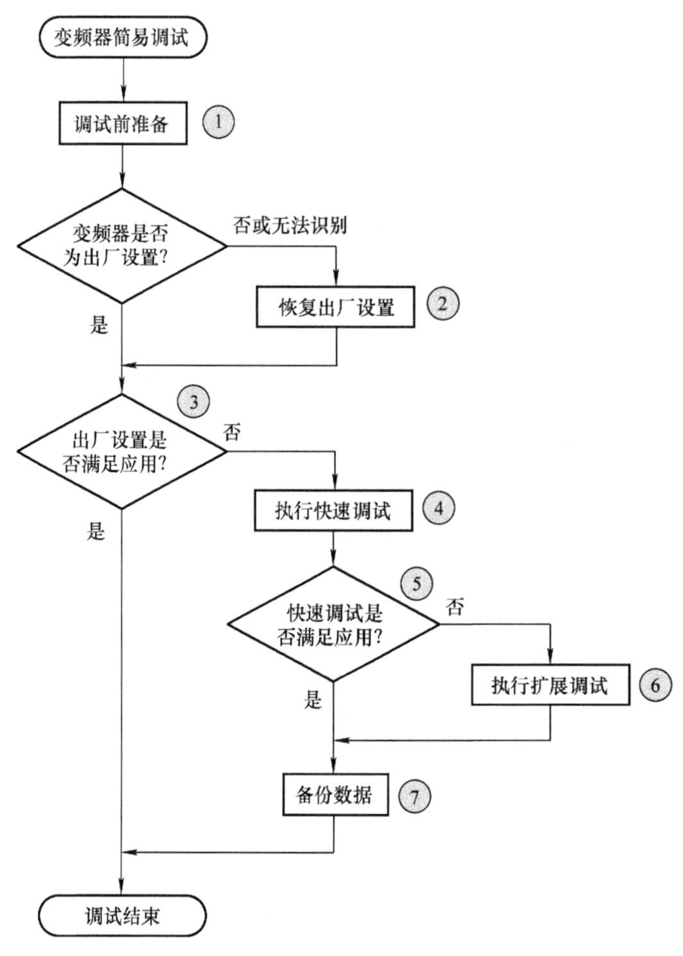

图 3-8　SINAMICS G120XA 变频器简易调试步骤

① 了解工艺应用类型、电机数据、外部接线等。

② 初次调试时建议恢复出厂设置。

③ 出厂设置满足应用需求时可直接运行。

④ 快速调试时主要设置电机数据、输入与输出端子设置等。

⑤ 应用类型是否需要其他变频器功能。

⑥ 使能其他变频器功能，如级联控制、多泵控制等，并调试相关功能参数。

⑦ 永久保存备份变频器参数设置。

2. 快速调试设置

智能操作面板在变频器运行中应用非常广泛，其不仅可以调试和设置参数还可以实时地监控变频器的各种状态，如电机电流、电机速度、输出电压、输出频率等，对操作人员维护、点检设备时记录设备运行状态提供了便利。SINAMICS G120XA 变频器操作面板如图 3-9 所示，通过操作面板设置变频器 V/F 控制的主要参数。

变频器初次上电时，一般会进入快速启动界面，在快速启动界面进行变频器的一些常规设置，如电机数据，包括电机额定电压、电流、功率、速度等；加减速时间；I/O 设置，包括模拟控制、本地/远程模拟控制、USS控制等。也可以通过设置菜单进入快速启动界面，具体操作步骤如图3-10所示。

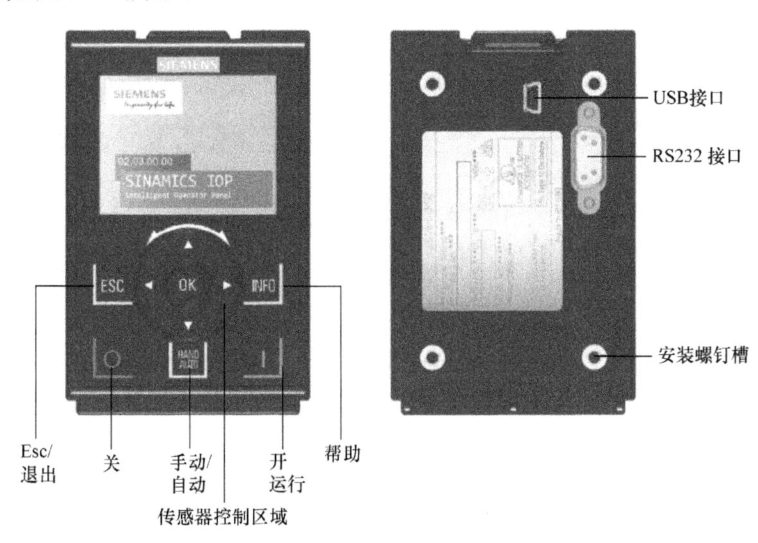

图3-9 SINAMICS G120XA 变频器操作面板

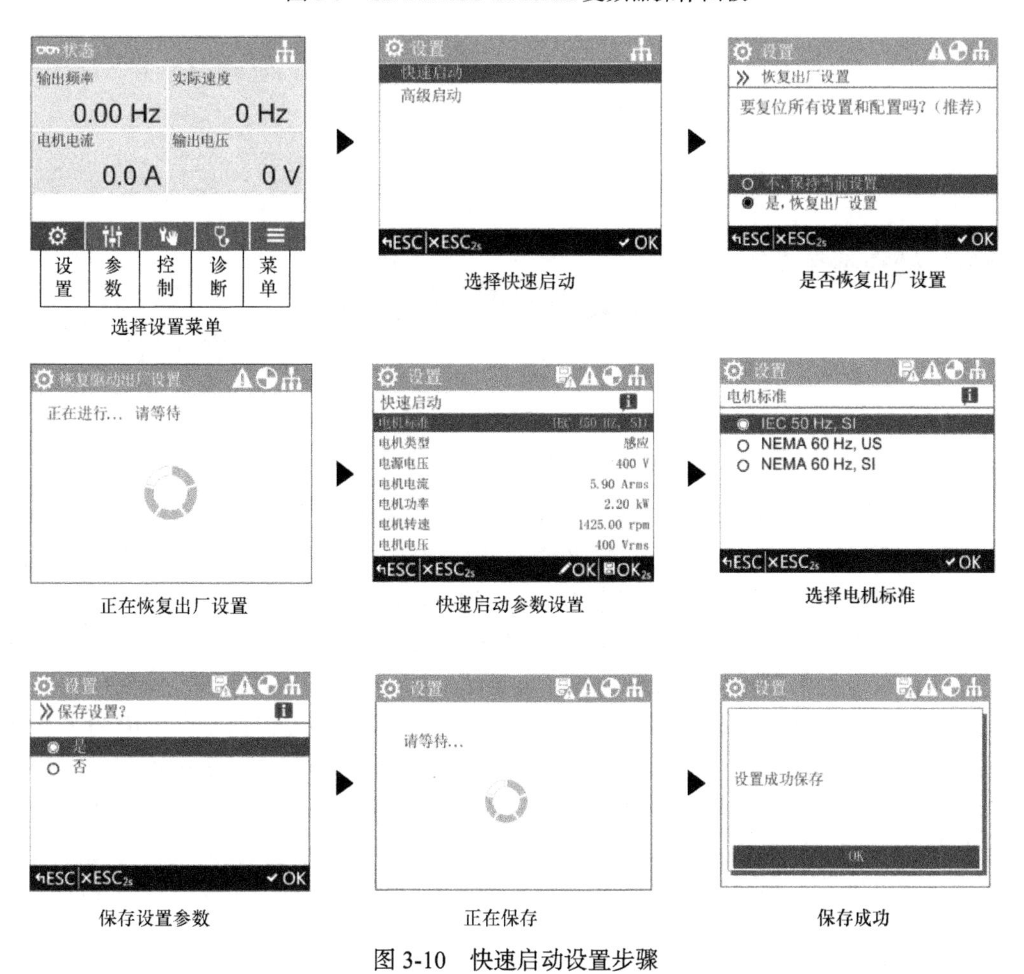

图3-10 快速启动设置步骤

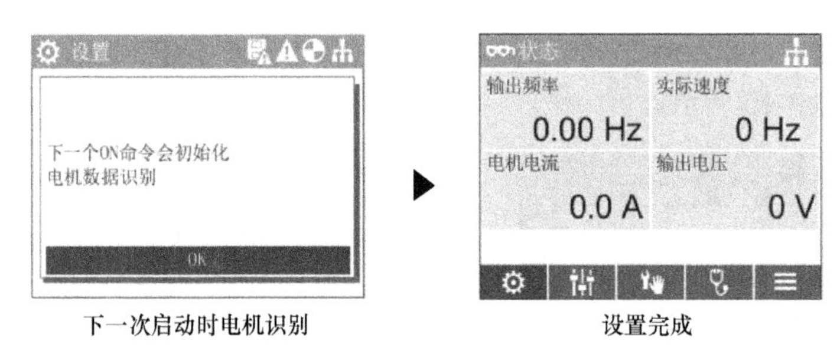

下一次启动时电机识别　　设置完成

图 3-10　快速启动设置步骤（续）

SINAMICS G120XA 变频器为了提高控制性能，会默认进行电机数据的识别。对于 V/F 控制来说，其对电机数据依赖不强，因此简单应用、初次使用时，采用出厂设置，关闭电机数据识别即可起动电机运行，当然为了提高控制性能，最好进行电机数据的相关设置。

V/F 控制的相关设置需要通过参数设置，具体步骤如图 3-11 所示。

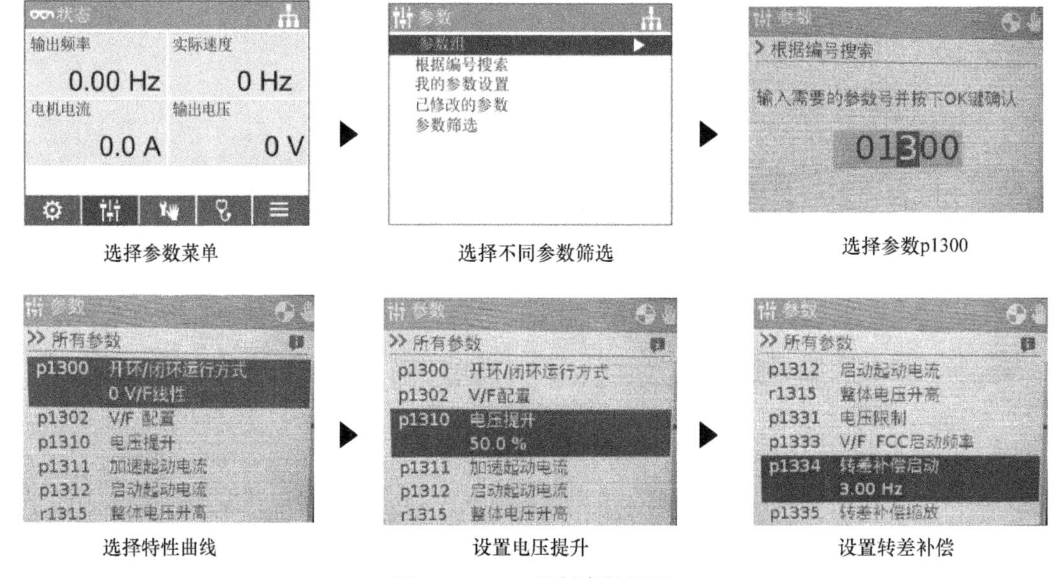

选择参数菜单　　选择不同参数筛选　　选择参数p1300

选择特性曲线　　设置电压提升　　设置转差补偿

图 3-11　V/F 控制参数设置

① 通过参数 p1300 选择不同的特性曲线，例如：0 为线性 V/F，2 为抛物线 V/F。

② 通过参数 p1310、p1311、p1312 设置不用的电压提升。电压升高的幅度随频率的升高而减小，这样在达到电机额定频率时也可以达到电机的额定电压。

③ 设置转差补偿相关参数，p1334 为转差补偿的启动频率、p1335 为转差补偿缩放。其中 p1335 以百分比的方式设置转差补偿的设定值，参考 r0330（额定转差率）。

以上简单介绍了 V/F 控制的参数设置步骤，在实际应用中应根据不同的应用类型选择不同的参数调试。简单的应用可以不进行任何设置直接通电使用，但是一些较为复杂的应用，需要注意应根据不同的负载特性选择不同的特性曲线，激活不同的控制功能。例如在控制大惯量负载时，应设置合理的电压提升，并且关闭转差补偿及谐振抑制功能，以防止输出频率频繁的变化。通常在控制同步电机时需要打开谐振抑制功能以达到高速时的平稳运行，在纺织行业中通常应关闭转差补偿和谐振抑制来维持电机速度的恒定。

SINAMICS G120XA 变频器针对风机和水泵应用开发了许多专用功能，如级联控制、多泵控制、霜冻保护、冷凝保护、气穴保护、注水和清堵等，感兴趣的读者可以阅读 SINAMICS G120XA 变频器操作说明书。

3.2　开环速度矢量控制

3.2.1　开环速度矢量控制概述

V/F 控制方式是控制变频器输出的三相交流电的电压幅值和频率，并没有对相位进行控制，因此在负载突然增大时，电机速度会变慢，但是变频器的输出频率仍然保持不变。此时电机会产生瞬时失步，从而引起转矩和速度振荡，经过较长时间后，在更大的转差保持平衡，这个回复过程很慢，因此 V/F 控制适用于控制精度和动态响应要求不高的应用类型。

对于控制要求较高的应用，需要加入相位的控制，此时就需要用矢量控制。矢量控制的基本思想就是将交流电动机经过坐标变换等效为直流电动机，然后参考直流电动机的控制方法进行控制器设计，再经过相应的反变换，进而控制交流电动机。交流电动机模型由于多变量、非线性、强耦合的原因，控制要复杂得多，其转矩控制特性比较差。而直流电动机的励磁和电枢部分可以单独调节，在励磁恒定的情况下，只需控制直流电动机的电枢电流即可实现对电动机转矩的控制，因此具有良好的转矩特性。

西门子公司的工程师 F.Blaschke 于 20 世纪 70 年代首次提出矢量控制理论，其等效变换有以下三个步骤：

1）将交流电动机等效为直流电动机：将交流电动机的三相定子电流 i_a、i_b、i_c 通过三相 - 二相变换转换为静止坐标系下的交流电流 i_α、i_β。

2）对速度、磁场两个分量进行独立控制：将静止坐标系下的交流电流 i_α、i_β 通过磁场定向旋转变换转换为旋转坐标系下的直流电流 i_d、i_q，其中 i_d 即等效为直流电动机的励磁电流，i_q 即等效为与转矩成正比的电枢电流。

3）对直流电动机进行变频调速控制：根据直流电动机的控制方法求得直流电动机的控制量，然后进行坐标反变换还原为对交流电动机的控制，将直流电流转换为交流电流，再转换为三相定子电流以完成对交流电动机的矢量控制。等效的交流电动机绕组和直流电动机绕组如图 3-12 所示。

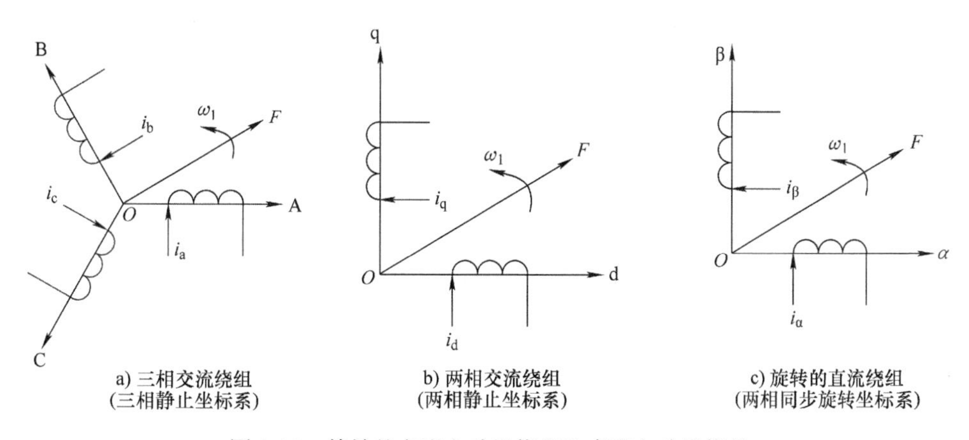

图 3-12　等效的交流电动机绕组和直流电动机绕组

3.2.2 开环速度矢量控制控制要点

矢量控制是将异步电动机的定子电流矢量分解为产生磁场的电流分量（励磁电流）和产生转矩的电流分量（转矩电流）分别加以控制，并同时控制两分量间的幅值和相位，即控制定子电流矢量。矢量控制时，对电动机参数的依赖很大，所以必须对电动机做旋转自整定，自整定前，必须设置正确的电动机参数，控制系统是一个以转矩做内环、速度做外环的双闭环系统，它既可以控制电动机的速度，也可以控制电动机的转矩，如图 3-13 所示。

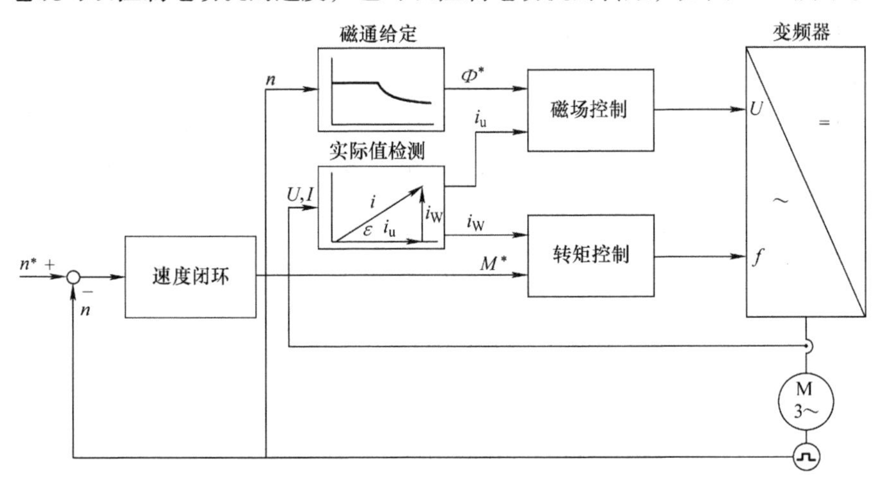

图 3-13 矢量控制的简易功能图

1. 矢量控制和 V/F 控制切换

开环速度矢量控制也称为不带编码器的矢量控制（Sensorless Vector Control，SLVC），这种控制方式实际磁通量或电动机的实际速度原则上须通过一个电气电动机模型计算得出，该模型借助电流或电压进行计算。在 0Hz 左右的低频区内，模型无法足够精确地计算出电动机的速度，因此在低频范围内这种控制方式会从矢量控制切换为 V/F 控制。

V/F 控制和矢量控制之间的切换是由时间条件和频率条件（p1755、p1756 和 p1758）决定的，如图 3-14 所示。

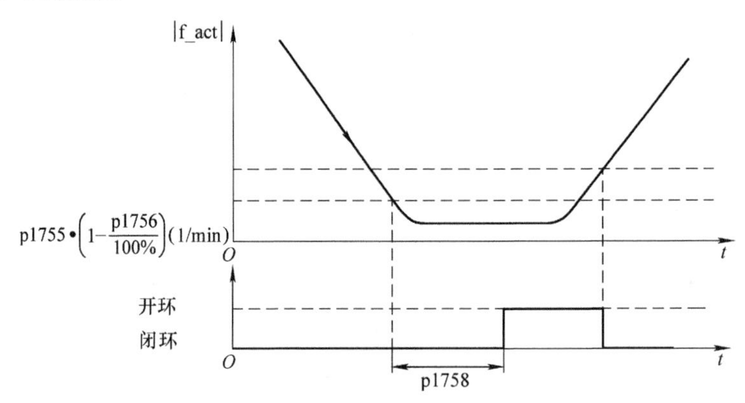

图 3-14 SLVC 的切换前提

2. 静态转矩设置

可以拖动电机反向负载的称为主动负载，例如提升机、起升机构等。当主动负载采用无编码器的矢量控制时，因为在零速时为开环控制，在开环控制中模型计算出的速度实际值与设定值相同，因此此时变频器并不输出转矩，因此需要进行静态转矩的设置：p1610 静态转矩设定值（无编码器）（出厂设置为 50%），以保证变频器在零速时能够输出一个大于负载的转矩，如图 3-15 所示。

对于主动负载在低速范围内的加速过程，由于开环控制响应较慢，因此也可以依据所需的转矩上限设置加速附加转矩 p1611。如果驱动的负载转动惯量几乎保持恒定，请优先使用 p1496 加速前馈控制这种方法，而不是增大加速附加转矩 p1611。驱动的负载转动惯量可通过旋转测量确定。

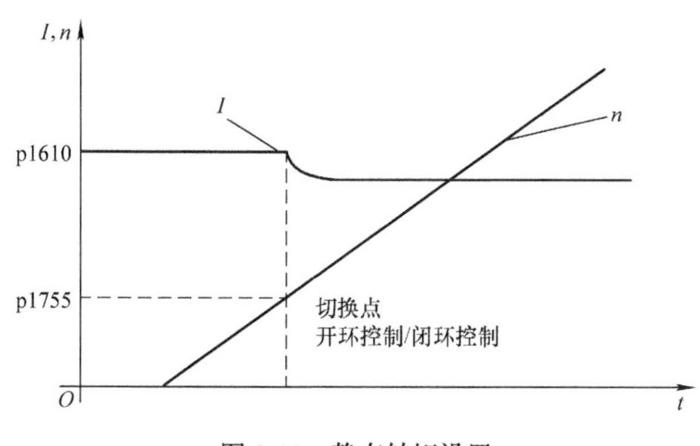

图 3-15　静态转矩设置

3.2.3　开环速度矢量控制调试示例

本节以西门子 SINAMICS G120C 变频器为例，简要介绍如何通过西门子驱动调试软件 Starter 调试无编码器矢量控制的相关参数。SINAMICS G120C 是西门子驱动 SINAMICS 系列的紧凑型变频器，其将控制单元和功率模块集于一体，得益于其紧凑的机械设计和高功率密度，SINAMICS G120C 变频器能够内置于控制箱和开关柜中，从而节省空间。SINAMICS G120C 变频器融合了多种特性，应用范围广泛，能够实现对交流异步电动机的持续速度控制，可应用于多种工业领域，例如输送带、混料机、挤出机、泵、风机、压缩机以及简单的搬运机械等。SINAMICS G120C 变频器产品外形如图 3-16 所示。

图 3-16　SINAMICS G120C 变频器产品外形

西门子驱动调试软件 Starter 用于西门子 SINAMICS 系列大部分驱动装置的调试，能够实现在线监控、修改参数、本地控制、电机识别和优化、脚本编程、驱动控制图表（DCC）编程、故障检测和复位以及跟踪记录等强大调试功能，将复杂的参数转化为详细的功能图，如图 3-17 所示，使得从输入到输出的控制流程一目了然，大大提高了调试者的效率，也使得调试者对于变频器内部的控制逻辑有了深入的了解。关于该软件的详细介绍，可参考西门子 SINAMICS Starter 入门指南。

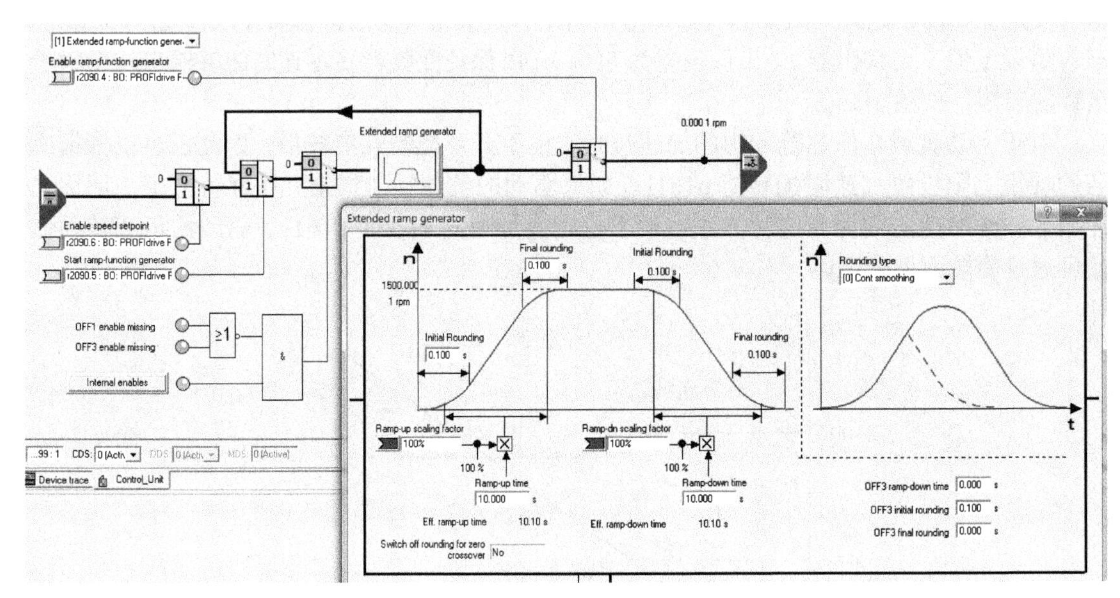

图 3-17 Starter 软件中的斜坡函数功能图

对于无编码器的矢量控制的调试可分为以下步骤：

1. 应用类型和控制模式的选择

采用无编码器的矢量控制，首先要选择动态驱动控制（DDC），该应用类型会自动地选择无编码器的矢量控制模式。双击左侧菜单栏的“Configuration”，单击右侧“Wizard”标签，通过配置向导进行应用类型的选择，如图 3-18 所示。

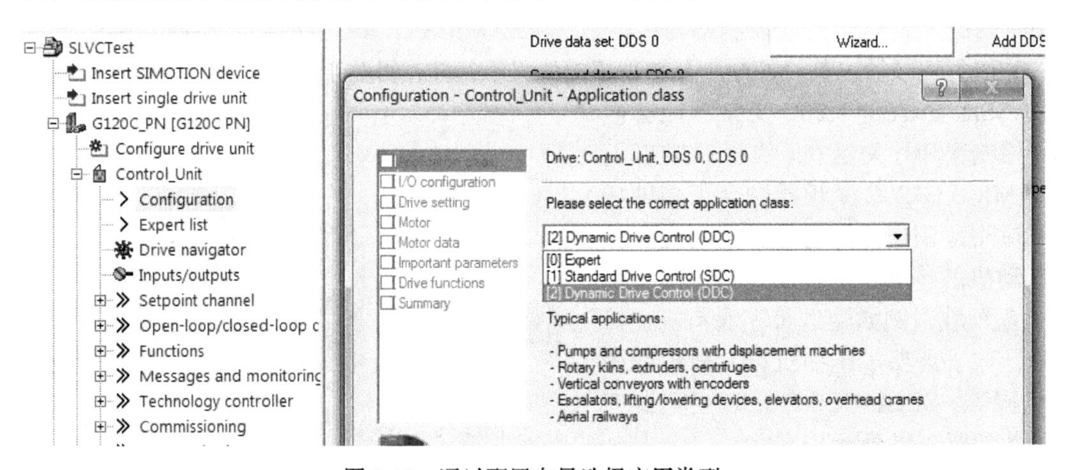

图 3-18 通过配置向导选择应用类型

也可以在应用类型中选择专家模式（Expert），在接下来的控制模式中选择 20（无编码器的矢量控制），如图 3-19 所示。

也可以通过左侧“Expert list”的参数列表，通过参数进行应用类型和控制模式的选择，如图 3-20 所示，这两种设置方式是相同的。

在参数列表更改应用类型时，需要设参数 p10=1，进入快速调试模式，如图 3-21 所示。

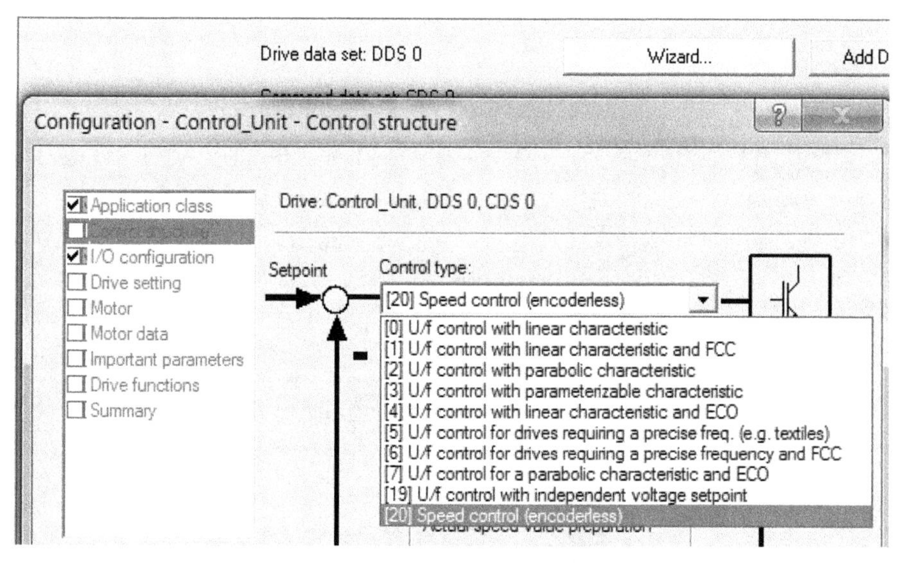

图 3-19　配置向导选择控制模式

p96		Application class	[2] Dynamic Drive Control (DDC)
p100		IEC/NEMA mot stds	[0] Expert
p124[0]	P	CU detection via LED	[1] Standard Drive Control (SDC)
p133[0]	M	Motor configuration	[2] Dynamic Drive Control (DDC)

p1300[0]	D	Open-loop/closed-loop control operating mode	[20] Speed control (encoderless)	Ready to run
p1351[0]	D	CO: Motor holding brake starting frequency	[0] U/f control with linear characteristic	
p1400[0]	D	Speed control configuration	[1] U/f control with linear characteristic and FCC	
p1401[0]	D	Flux control configuration	[2] U/f control with parabolic characteristic	
r1438		CO: Speed controller speed setpoint	[3] U/f control with parameterizable characteristic	
p1452[0]	D	Speed controller speed actual value smoothing time (sen...	[4] U/f control with linear characteristic and ECO	
p1470[0]	D	Speed controller encoderless operation P-gain	[5] U/f control for drives requiring a precise freq. (e.g. textiles)	
p1472[0]	D	Speed controller encoderless operation integral time	[6] U/f control for drives requiring a precise frequency and FCC	
p1475[0]	C	CI: Speed controller torque setting value for motor holdin...	[7] U/f control for a parabolic characteristic and ECO	
			[19] U/f control with independent voltage setpoint	
			[20] Speed control (encoderless)	

图 3-20　通过参数列表选择应用类型和控制模式

p10	Drive commissioning parameter filter	[1] Quick commissioning	Read
p15	Macro drive unit	[0] Ready	
r18	Control Unit firmware version	[1] Quick commissioning	
r20	Speed setpoint smoothed	[2] Power unit commissioning	
r21	CO: Actual speed smoothed	[3] Motor commissioning	
r22	Speed actual value rpm smoothed	[5] Technological application/units	
r24	Output frequency smoothed	[15] Data sets	
r25	CO: Output voltage smoothed	[29] Only Siemens int	
r26	CO: DC link voltage smoothed	[30] Parameter reset	
r27	CO: Absolute actual current smoothed	[39] Only Siemens int	
		[49] Only Siemens int	
		[95] Safety Integrated commissioning	

图 3-21　修改调试模式

2. 电机数据设置

因为无编码器的矢量控制需要根据电机数据进行计算并建立电气电机模型，因此电机的数据一定要根据电机铭牌设置正确。如前面所示，可以通过配置向导进行电机数据的设置，也可以通过参数列表进行设置，如图 3-22、图 3-23 所示。

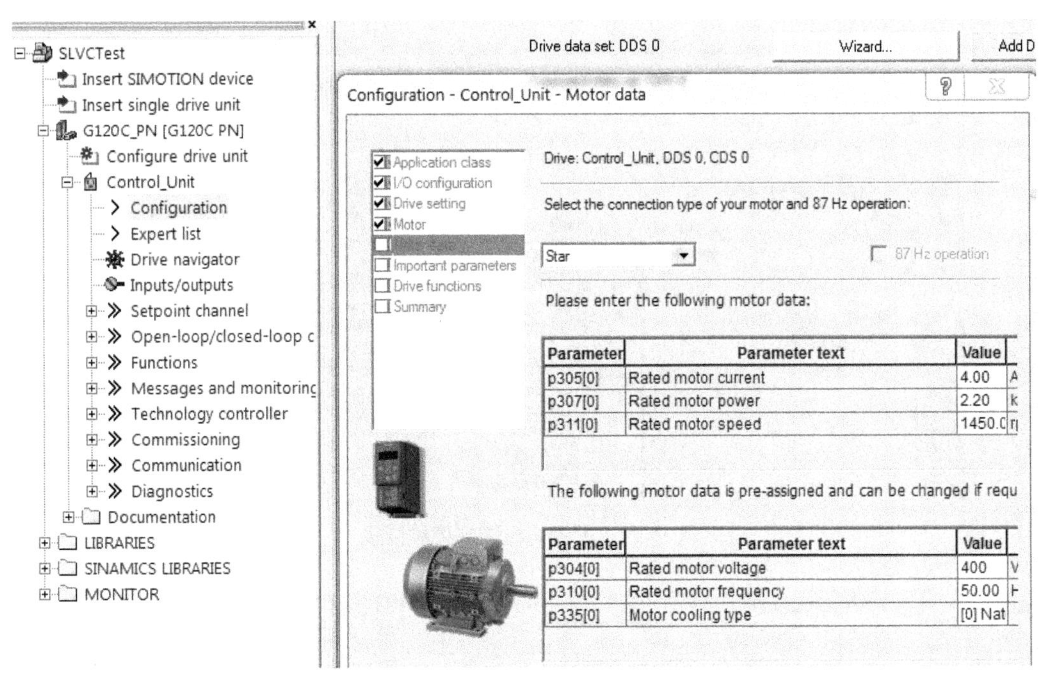

图 3-22　通过配置向导输入电机数据

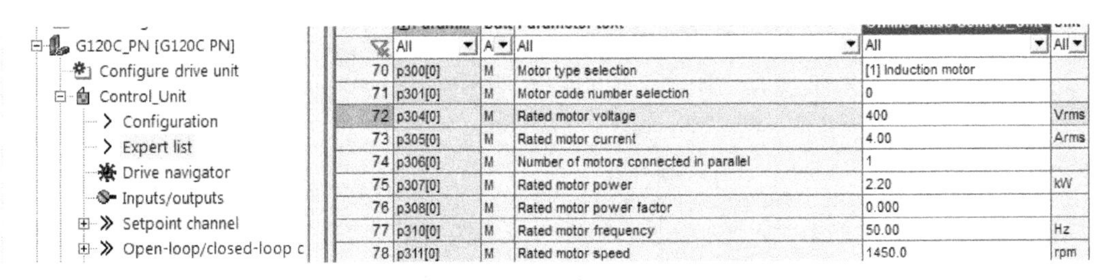

图 3-23　通过参数列表输入电机数据

（1）电机识别和自动优化

电机铭牌的参数相对于电机模型的建立是有限的，因此变频器还需要通过计算和自动优化等措施获得充足的电机数据以建立正确的电机模型。

主要分为三个步骤：

1）自动计算电机参数：通过已输入的电机铭牌数据，自动计算电机其他相关数据，例如：电机转动惯量、冷态电机定子电阻、冷态电机转子电阻、电机总电感、电机热模型、电机励磁时间、最大电流、最大速度、参考速度和参考电流等。

双击左侧菜单栏“Commissioning”选项下的“Identification/optimization”，通过右侧下拉列表选择“Complete calculation of the motor/control parameters”，如图 3-24 所示，或者通过修改参数 p340=1。

2）电机静态测量：对于无编码器的矢量控制电机模型，定子的电阻尤为重要，而通过铭牌数据估算的定子电阻等数据并不准确，因此需要向电机通电并通入一定电流，测得准确的定子电阻、转子电阻等等效电路数据，如图 3-25 所示。

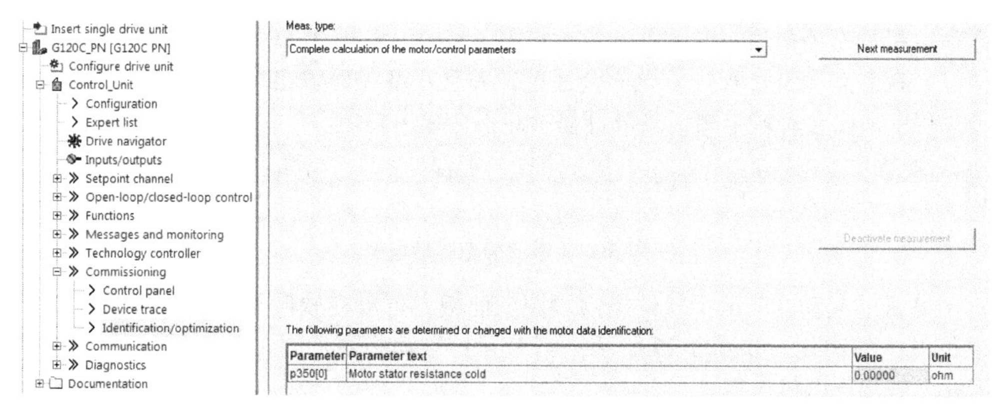

图 3-24　电机识别的选择

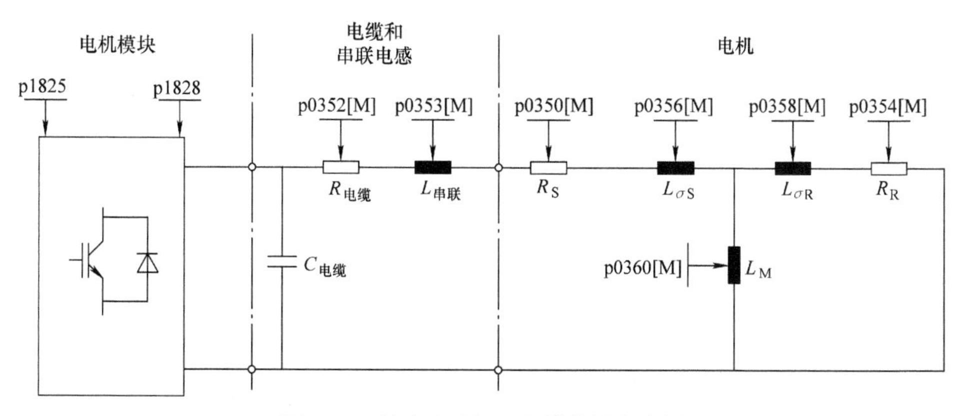

图 3-25　异步电动机和电缆等效电路图

与上一步自动计算电机参数相同，在下拉列表中选择“Stationary measurement”并激活，在下一次变频器起动时就会自动进行电机静态测量，如图 3-26 所示。如果已知电机动力电缆的电阻，最好在静态测量前输入 p352，这样会提高无编码器的矢量控制在低速度下的特性。

Meas. type:

Stationary measurement　　Next measurement

The following parameters have to be configured before the measurement:

Parameter	+	Parameter text	Value	Unit
p352[0]		Cable resistance	0.00000	ohm
p625[0]		Motor ambient temperature during commissioning	20	°C
p1909[0]	+	Motor data identification control word	00000000H	

Status: --　　Activate measurement

The following parameters are determined or changed with the motor data identification:

Parameter	Parameter text	Value	Unit
p350[0]	Motor stator resistance cold	0.00000	ohm

图 3-26　电机静态测量

激活电机静态测量后，变频器会输出报警 A7991，如图 3-27 所示，测量结束后，报警自动消除。在静态测量过程中，电机会通电，并且在变频器输出端子上会有电压，电机轴在检测过程中最多会旋转半圈，测量过程中并不会输出转矩。

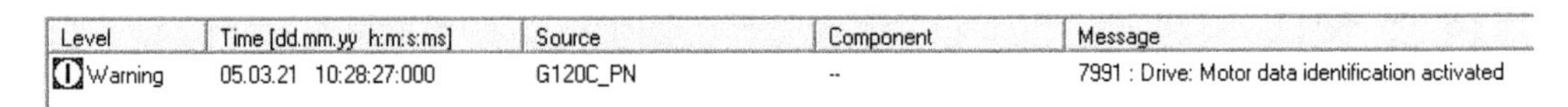

Level	Time [dd.mm.yy h:m:s:ms]	Source	Component	Message
Warning	05.03.21 10:28:27:000	G120C_PN	--	7991 : Drive: Motor data identification activated

图 3-27 激活静态测量报警

对于电机的起动，Starter 软件提供了控制面板，可以在软件上控制电机的起停，大大地方便了电机的优化，如图 3-28 所示，当离开控制面板页面时，控制使能信号会自动失效，因此无需担心电机失控。

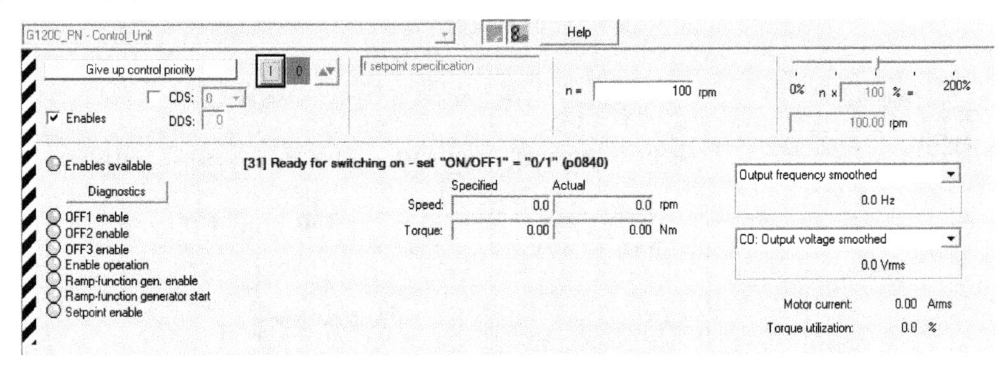

图 3-28 软件控制面板起停电机

3）电机动态测量：通过上面两个步骤，矢量控制的电机模型已经准确建立，但是负载的转动惯量等特性并未测得，因此还需要进行电机的动态测量，又称为电机旋转测量，如图 3-29 所示，激活步骤与上两步相同。相应的激活旋转测量后，变频器会输出 A7980 报警，并在下一次变频器起动时执行旋转测量，测量结束后，报警自动消除，如图 3-30 所示。执行旋转测量时，电机会快速转动，因此应注意操作人员和设备的安全。可以通过参数 p1965 来设置执行旋转测量时电机的速度，该值出厂设置为 40% 的额定速度。

电机旋转测量会测定负载的转动惯量，并根据转动惯量设置速度控制器，还会测量异步电动机饱和特性曲线和额定励磁电流，从而明显地改善转矩精度，执行电机旋转测量一般分为两步：

① 接入负载前，执行完整的旋转测量。异步电动机空载可以得到更准确的饱和特性曲线和额定励磁电流。

② 接入负载后，再次执行速度控制器优化，这样可以基于已经改变的负载转动惯量更准确地设置速度控制器。

当调试时，电机已经接入负载且不方便拆除时，可以执行简化的旋转测量。在电机首次接通时测量出转动惯量、励磁电流和饱和特性曲线。通过设置参数 p1959.12=1，激活简化测量，设置 p1959.13=1，选择测量结束后直接进入运行状态而不是停止。在简化的旋转测量中，励磁电流和转动惯量的检测精度较低。

（2）设置静态转矩

矢量控制为双闭环控制系统，它的内环为电流环，外环为速度环。电流控制器在初次调试时会自动地设置，能够充分满足大部分应用的需求，正常运行中无需再进行设置。

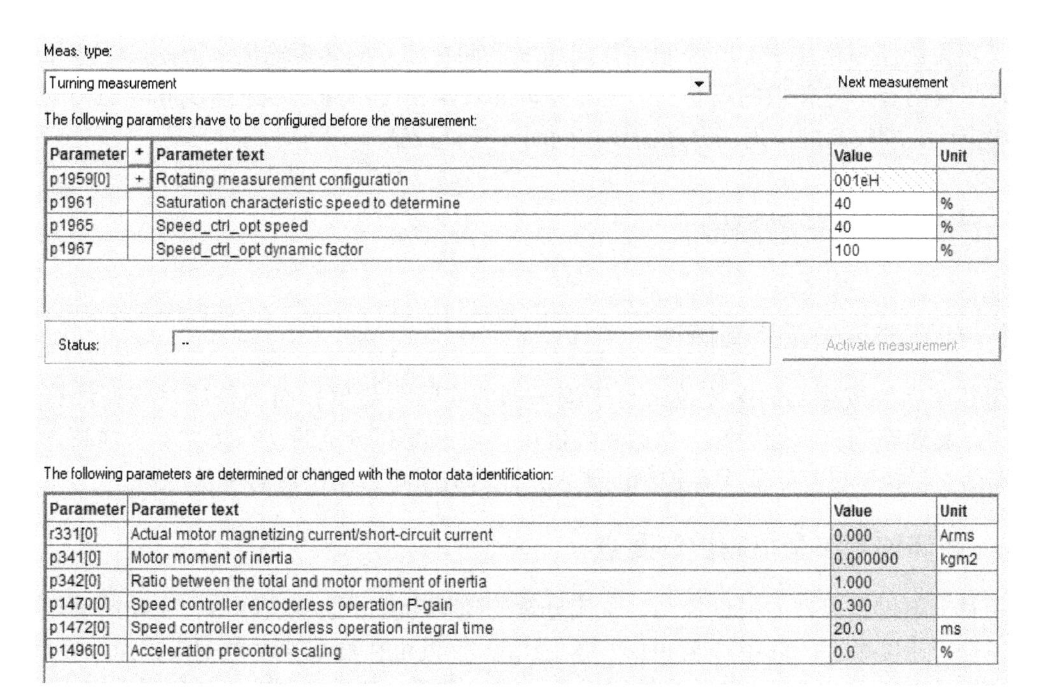

图 3-29　电机旋转测量

Level	Time [dd.mm.yy h:m:s:ms]	Source	Component	Message
Warning	05.03.21 10:29:59:000	G120C_PN	--	7980 : Drive: Rotating measurement activated

图 3-30　激活旋转测量报警

在 Starting current 中进行静态转矩的设置。根据零速时最大负载的转矩来设置 p1610，由于开环响应较慢，可以设置一些加速转矩 p1611，以提高低速时控制的响应速度，如图 3-31 所示。

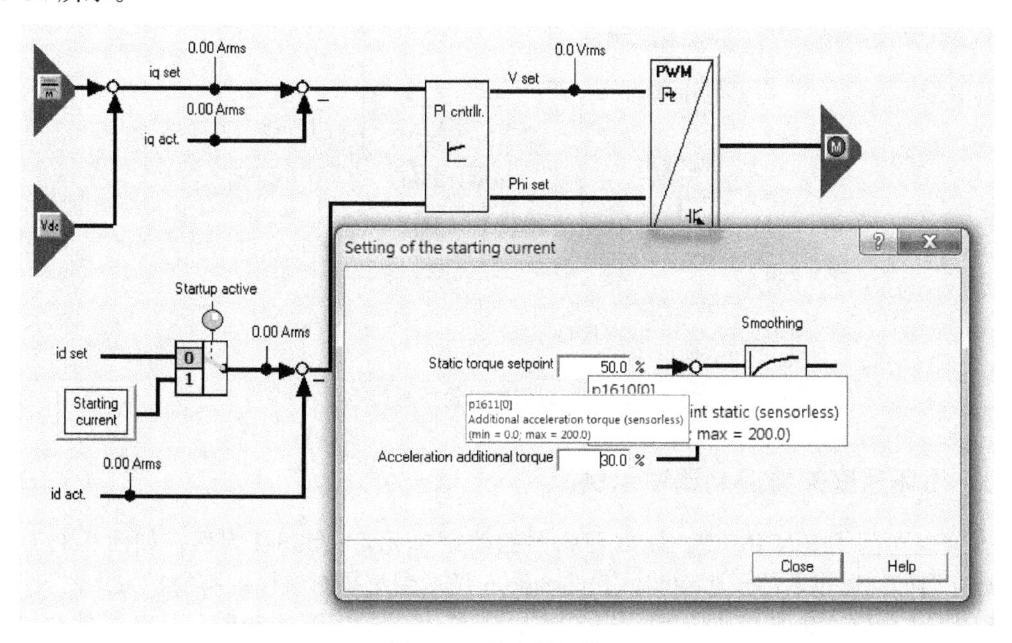

图 3-31　静态转矩设置

开环矢量控制相比于 V/F 控制在任何速度下都有较好的转矩输出，因此广泛应用于一些对转矩输出有一定要求的场合，但是其速度和转矩精度不高，对于速度和转矩精度以及动态响应性要求较高的应用场合还需要用到闭环矢量控制。

3.3 闭环速度矢量控制

3.3.1 闭环速度矢量控制概述

闭环速度矢量控制的速度值来自于编码器的实际测量值，而不是通过模型计算得出的，因此其动态响应特性更好。在运动控制中，对速度和转矩的动态特性要求很高，不带编码器的矢量控制已经不能满足控制的要求，此时应采用带编码器的矢量控制。

3.3.2 闭环速度矢量控制控制要点

相对于不带编码器的矢量控制，电流分量的建模考虑了速度实际值，驱动的动态特性明显提升，速度可在闭环中降至 0Hz（静止状态），也可在额定速度范围内保持恒定转矩，因此其不需要开环闭环切换和静态转矩设置。带编码器的矢量控制功能图如图 3-32 所示。

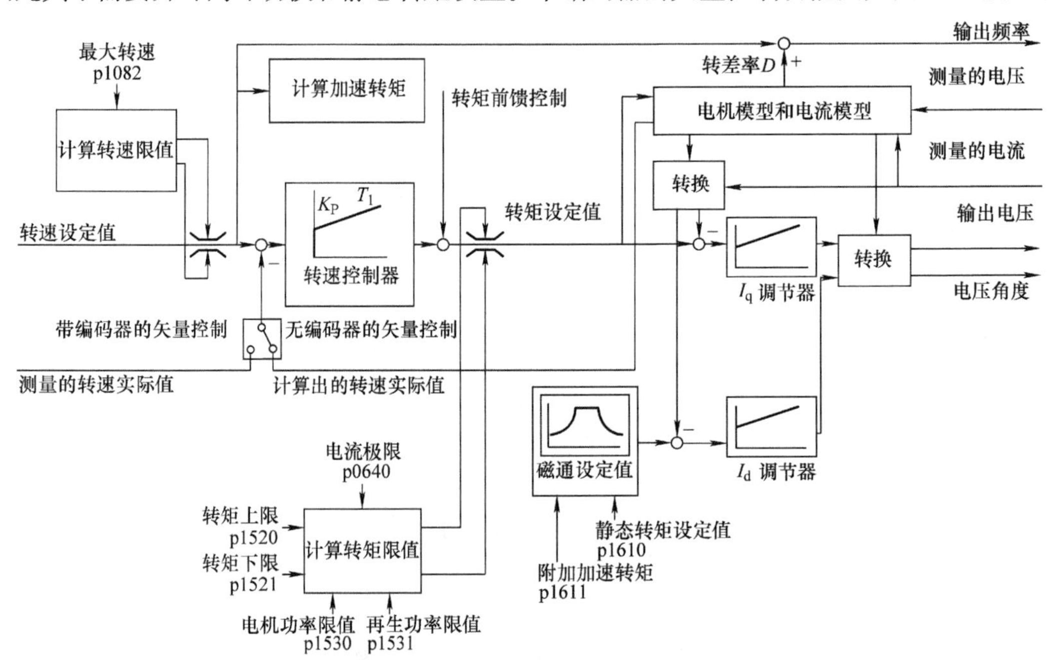

图 3-32 带编码器的矢量控制功能图

3.3.3 闭环速度矢量控制调试示例

本节以西门子 SINAMICS G120 变频器的控制单元 CU250S-2 为例，如图 3-33 所示，简要地介绍如何通过西门子驱动调试软件 Starter 调试带编码器矢量控制的相关参数。

SINAMICS G120 变频器是西门子 SINAMICS 系列通用型变频器，具有模块化结构，主要包括两个功能单元：控制单元和功率单元。控制单元用于控制或监控功率单元及电机，选择控制模式，与上位的控制器通信。功率单元包括整流及逆变部分，用于对电机供电。用户可以根据具体应用自由搭配不同的控制单元与功率模块。

控制单元CU250S-2有两路编码器接口，适应于对速度控制有高要求以及有定位需求的应用。

带编码器的矢量控制，其基本调试步骤与无编码器的矢量控制类似，在此不再赘述。不同的是其增加了编码器的设置。

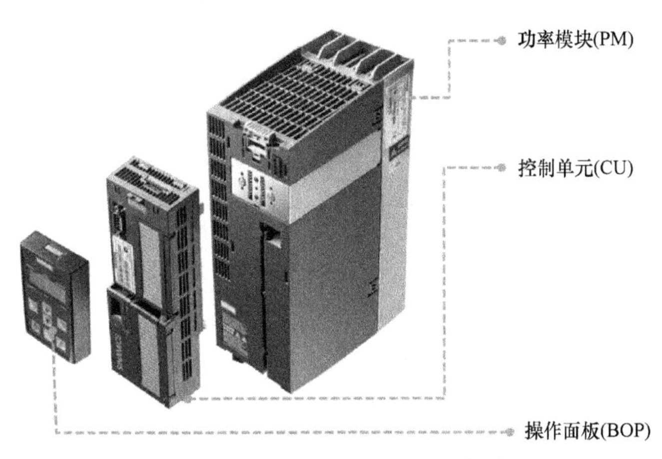

图3-33　SINAMICS G120变频器

1. 编码器设置

本节所介绍的控制单元CU250S-2提供了两路编码器接口，其中端子支持旋转变压器和HTL编码器，SUB-D接口支持HTL/TTL编码器和SSI编码器。图3-34所示为HTL编码器1的设置，图3-35所示为SSI编码器2的设置。

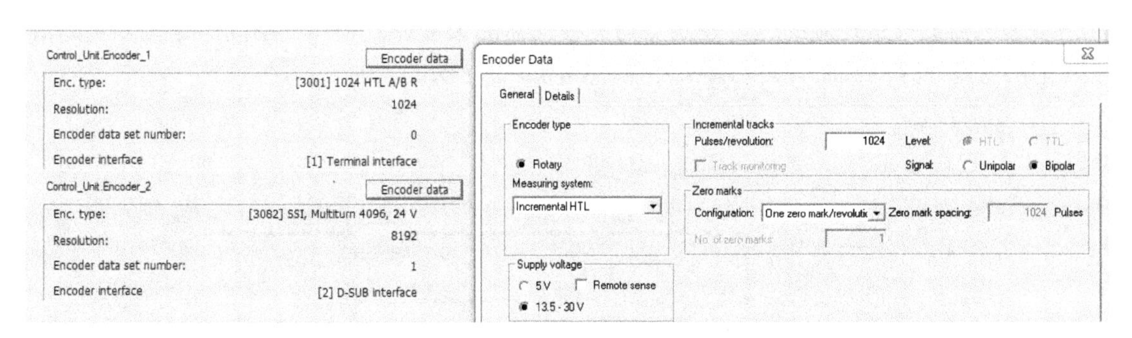

图3-34　HTL编码器1的设置

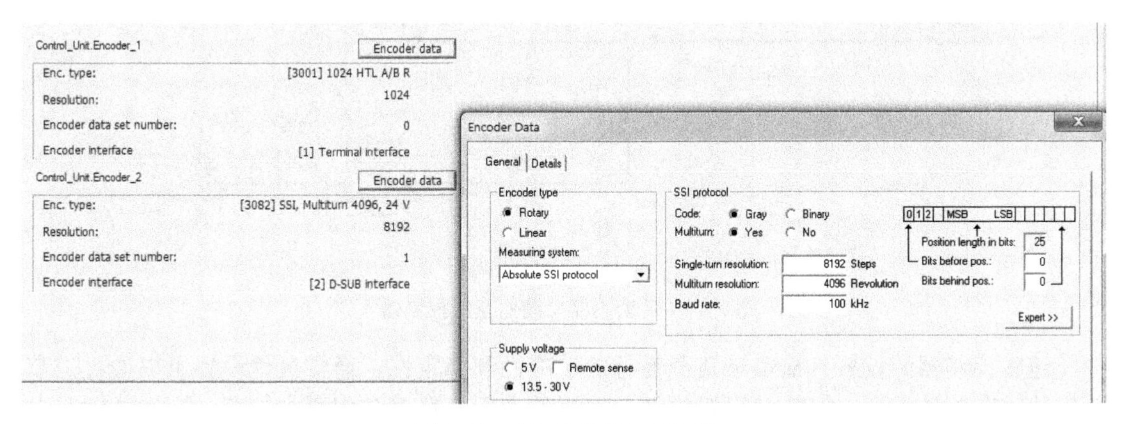

图3-35　SSI编码器2的设置

编码器反馈通道可以通过参数 p410 对编码器实际值进行取反，也可以通过 p1441 设置编码器实际值的滤波时间，如图 3-36 所示。在实际应用中，由于存在外部干扰量，通常会设置一定的滤波时间，例如 1ms。

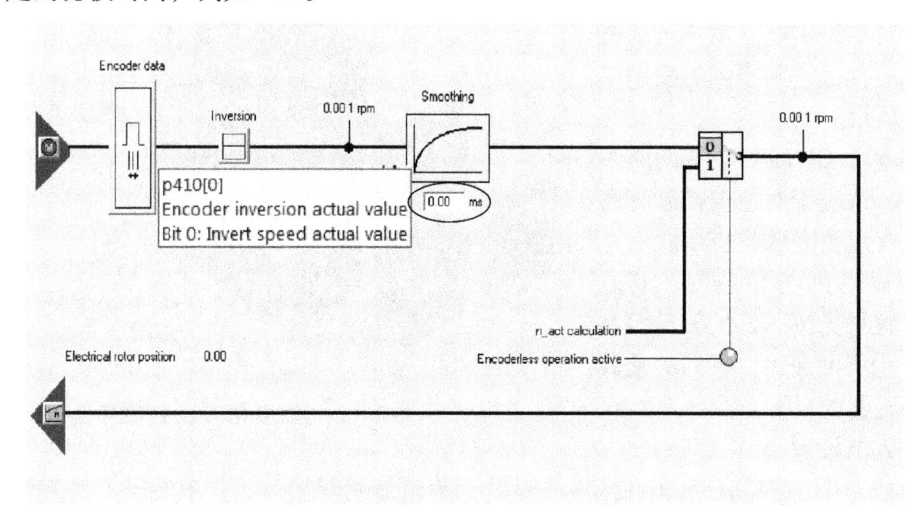

图 3-36 编码器的反馈通道

2. 速度控制器的手动优化

带编码器的矢量控制的速度控制器与无编码器的矢量控制一样，不同的是速度实际值的反馈由模型计算值换成了编码器实际值，如图 3-37 所示。

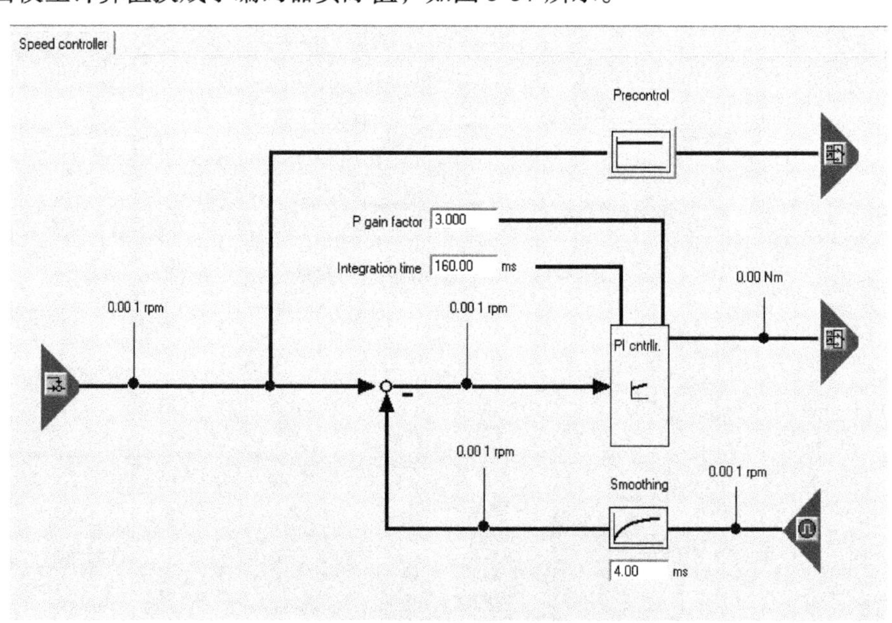

图 3-37 带编码器反馈的速度控制器

速度控制器的设置直接影响负载运行的响应性和稳定性，通常最优设置可以通过上节电机的动态测量得到，但带编码器的矢量控制的应用一般对精度要求较高，有时的动态自动优化不能完全满足要求，此时就需要手动优化。

如果电机显示出以下性能，则表示速度控制器设置较好。如图 3-38 所示，速度设定值（虚线）随着设置的斜坡上升时间和圆弧而升高，速度实际值紧随设定值，无超调。

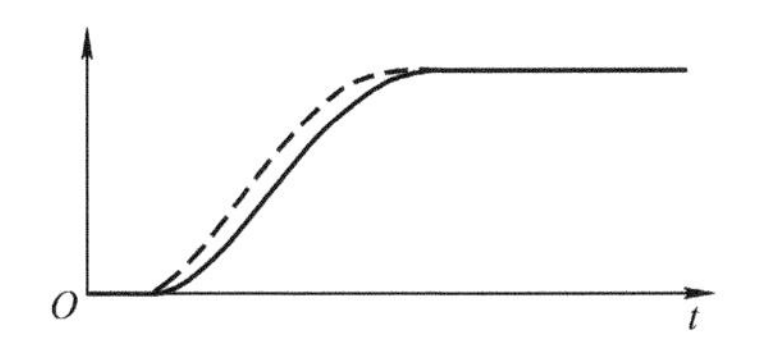

图 3-38 速度设定值与实际值跟踪较好

速度实际值跟随设定值较差如图 3-39 所示，此时就需要手动优化速度控制器，手动优化有很多种方法，主要是选择合适的增益 K_p 和积分时间 T_n，下面的方法供参考。

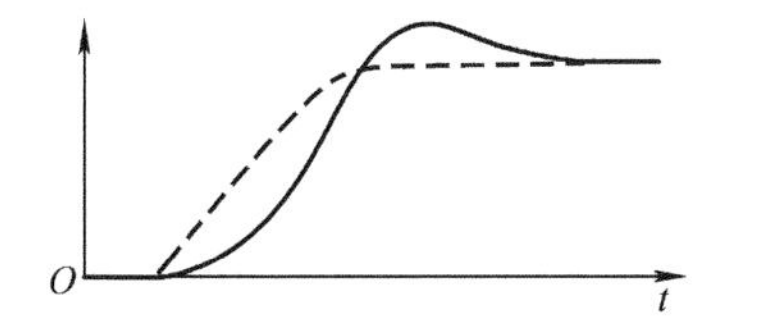

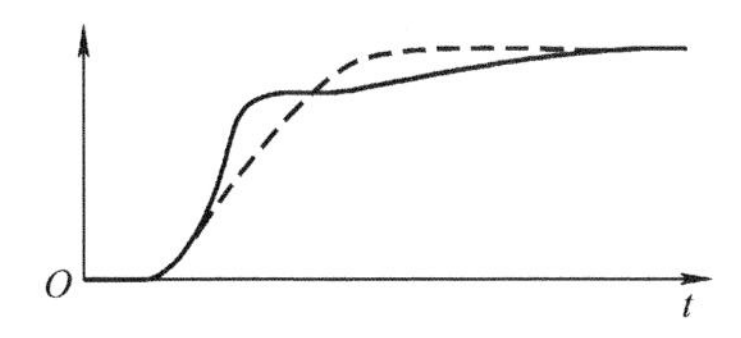

图 3-39 速度设定值与实际值跟踪较差

如果设置了转动惯量，可通过自动参数设定（p0340 = 4）自动计算速度控制器的增益 K_p 和积分时间 T_n。此时控制器参数根据对称最优化确定如下：

$T_n = 4T_s$

$K_p = 0.5 \times r345 / T_s = 2 \times r345 / T_n$

T_s 为短延迟时间的总和（p1442）; r345 为电机的额定起动时间，即电机从静止以额定转矩加速到额定速度的时间，是机械总转动惯量 J 的标度。

$$r345 = J\frac{2\pi v_n}{60M_n} = p0341p0342\frac{2\pi p0311}{60r333}$$

式中 p0341——电机的转动惯量；

p0342——总转动惯量和电机转动惯量的比例；

p0311——电机的额定速度；

r333——电机的额定转矩。

如果在这些设置下产生振动，应手动降低速度环控制增益 K_p，或适当地增加速度实际值平滑时间或增大速度环控积分时间 T_n。

最简单的手动设置速度控制器的方法是先通过 K_p 和速度实际值平滑时间确定动态响应，于是可以尽可能地减少积分时间。此时必须注意，即使在弱磁范围中控制也要保持稳定。

为了抑制由速度控制器引起的振动，通常需要适当地提高速度实际值的平滑时间，或者降低控制器增益，或延长积分时间。

可以通过 Starter 软件跟踪功能来实时地监控速度控制器的调试效果，采样时间最短可以设置为 0.5ms，如图 3-40 所示。Starter 软件跟踪速度曲线如图 3-41 所示。

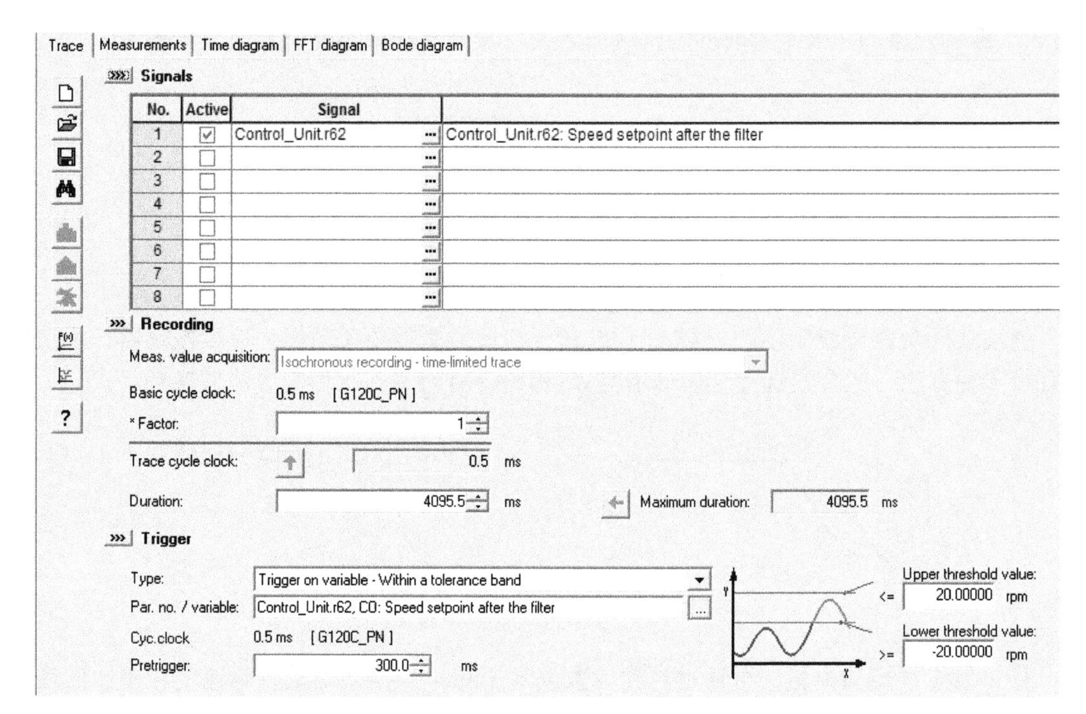

图 3-40 Starter 软件跟踪功能的设置

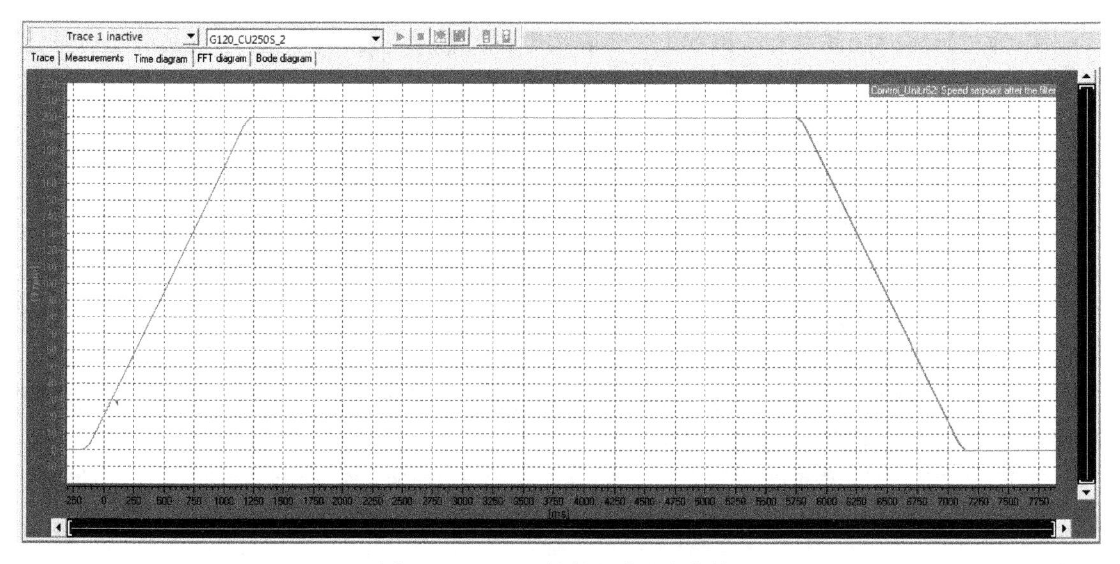

图 3-41 Starter 软件跟踪速度曲线

Starter 软件的跟踪功能非常强大，可以根据需要设定函数跟踪，如图 3-42 所示，可以设定函数 $1-$2，曲线 1- 曲线 2，即速度给定值与速度实际值的差。也可以跟踪二进制位功能，如图 3-43 所示，可以跟踪输入端子每个位的状态。详细介绍可参考西门子 SINAMICS Starter 入门指南。

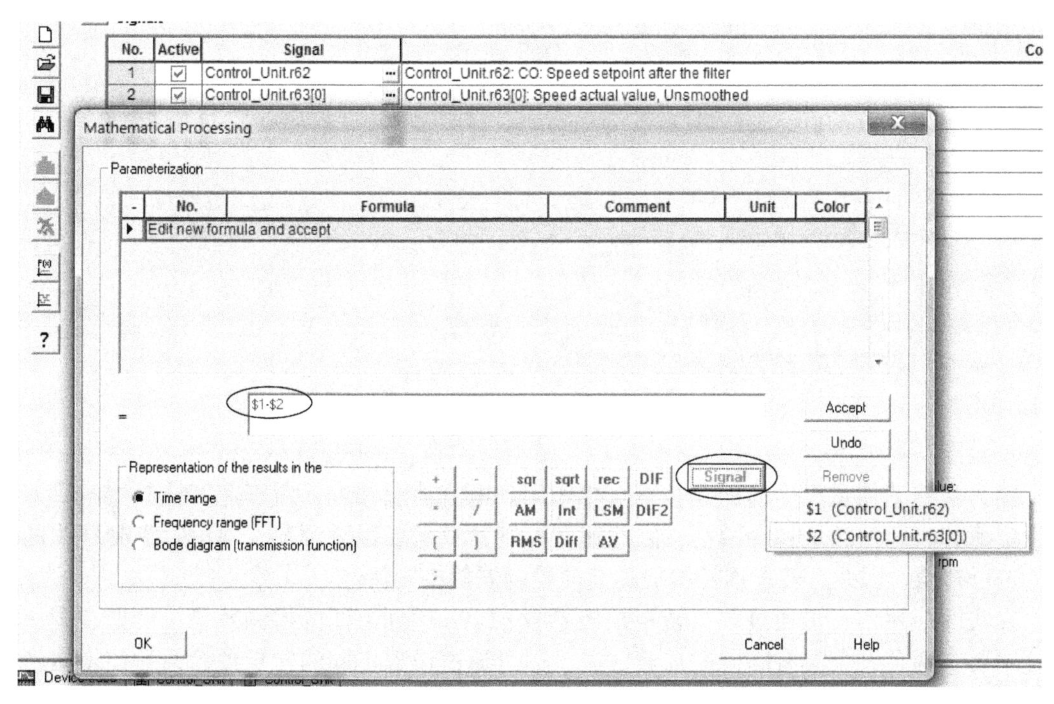

图 3-42　调试软件跟踪设定函数功能

3 Control_Unit.r722 Control_Unit.r722: CU digital inputs status

Parameterization of Bit Tracks

Bit track	Signal	Bit	Designation
Track 1	Control_Unit.r722	0	DI 0 (T. 5)
Track 2	Control_Unit.r722	1	DI 1 (T. 6)
Track 3			
Track 4			
Track 5			

图 3-43　调试软件跟踪二进制位功能

3. 速度控制器的前馈控制

速度控制器的前馈控制，即转矩预控，通过速度设定值和转动惯量计算加速转矩 M_{acc}，并将其预连接到电流控制器。

$$M_{acc} = \mathrm{p1496J}\frac{d_n}{d_t} = \mathrm{p1496p341p342}\frac{d_n}{d_t}$$

式中　p1496——转矩预控系数（%）；

p341——电机转动惯量；

p342——总转动惯量与电机转动惯量的比例。

加速转矩计算值 M_{acc} 通过适配环节跳过速度控制器直接作为附加的控制量连接到电流控制器上，即直接由电流控制器预先控制，如图 3-44 所示。

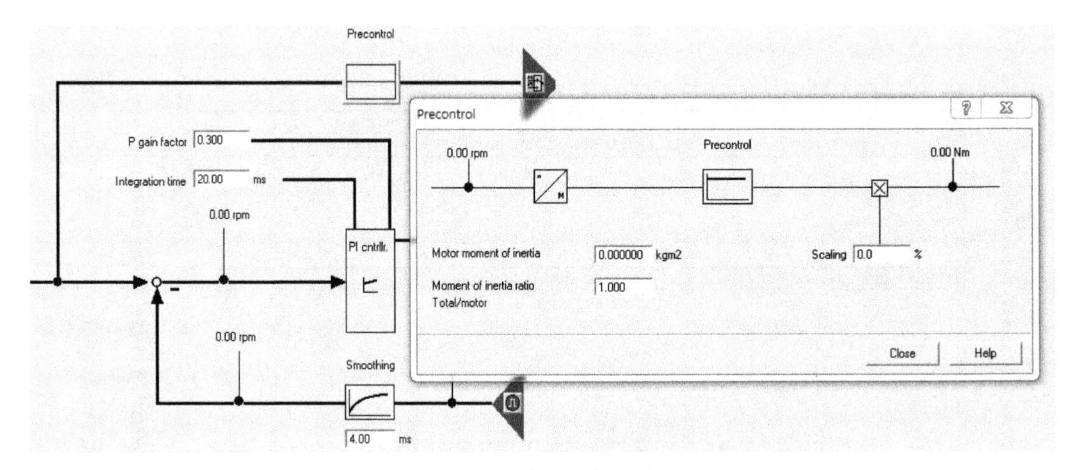

图 3-44 转矩预控通道

因为由转动惯量产生的加速转矩直接作用到电流控制器上，对于速度控制器的输入速度设定值和实际值的偏差会减小，因此速度控制器只需要稍微调节，即可对控制环中的干扰量进行补偿。因此，转矩预控将提高速度控制器的控制特性。

在实际应用中，可通过调整转矩预控系数 p1496 达到不同的控制效果，例如在同一个系统中要求两台设备具有同样的加速效果，即可通过设置不同的转矩预控系数使得两台设备加速效果一致。

矢量控制方法的提出具有划时代意义，现在已成为运动控制中应用最广泛的控制方法之一。它使交流电机的控制能够像直流电机一样，对转矩和速度进行精确的控制，具有系统响应快、控制灵活等诸多优点。交流电机控制精度的提高使得直流电机维护复杂等缺点逐渐显现，从而使得交流电机逐步取代了直流电机并得到了广泛的应用。

3.4 定位控制

3.4.1 定位控制概述

定位控制是运动控制中最常用的控制方法，是指运动对象根据控制器指令的要求，按照设定的速度和方向从设定位置运行并准确地停止在目标位置。由于其应用广泛，因此很多驱动器都在内部集成了简单的定位控制器。西门子一些驱动器也在内部集成了简单的定位控制器，称为基本定位器（Epos），E 是德语词 Einfache（简单的）的缩写。

基本定位器（Epos）是西门子驱动器常用的高级功能，用于线性轴和旋转轴的绝对定位或相对定位，在伺服控制和矢量控制模式中基本定位器均可用。基本定位器需要使用位置控制器的功能，因此激活基本定位器会自动激活位置控制器，其所需的 BICO 参数互联会自动进行。

3.4.2 定位控制要点

简单定位控制一般分为两部分，位置控制器和基本定位器如图 3-45 所示。

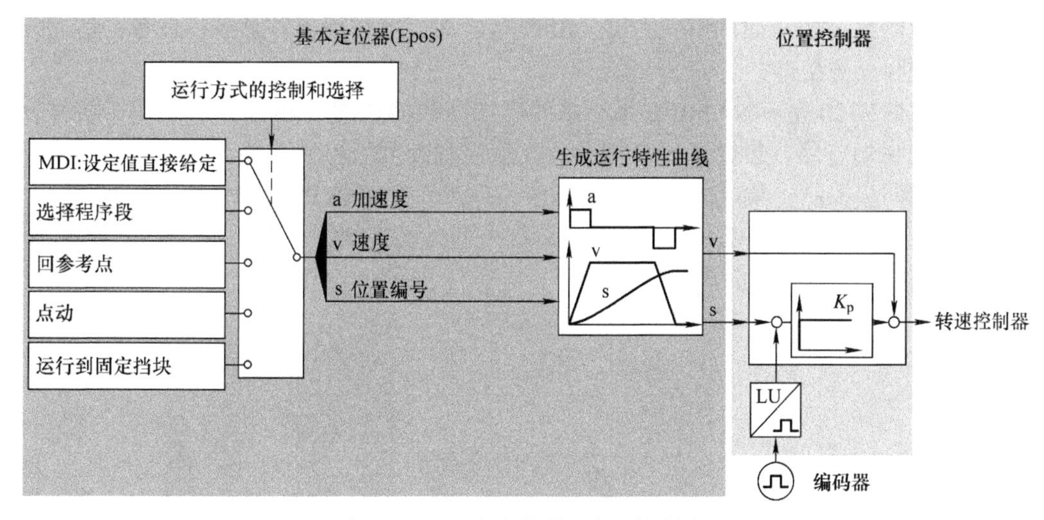

图 3-45 基本定位器和位置控制器

1. 位置控制器

位置控制器一般是指轴位置的闭环控制，在传统的双闭环控制系统的速度环之外增加位置环，它主要包括：

1）编码器实际值的处理：将编码器值转化为位置值。

2）位置控制器：PI 控制器，包括限制、速度前馈等。

3）位置值监控：包括静态监控、定位监控、动态跟随误差监控。

2. 基本定位器

基本定位器更像是一个算法，位置给定、速度给定及加速度给定经过这个算法送入位置控制器的输入。这个算法可计算出轴的运行特性，使轴以最佳的方式移动到目标位置，类似于速度给定通道的斜坡函数发生器，但比斜坡函数复杂。通过它可以在驱动内部实现轴的简单定位，其主要包括以下功能：

1）点动（Jog）：手动方式移动轴至目标位置，包括速度和位置两种方式。

2）回零（Homing）：定义轴的参考点，包括设置零点、主动回零和被动回零。

3）极限值：限制轴的速度、加速度、加加速度、位置等，包括软限位和硬限位。

4）程序步（Traversing blocks）：编写运行程序步，按要求自动连续执行，通常有 64 个程序步。

5）直接设定值输入（Direct setpoint input）：轴一直按照设定的速度连续运行。有时也称为设置模式（Setup），与 MDI 相对应。

6）定位（MDI）：点到点的定位控制。MDI 是从机床上引用过来的，意思是手动数据输入（Manual Data Input），轴根据手动设定的位置和速度等数据定位控制，而不是根据数控的 NC 程序运行。

3.4.3 定位控制调试示例

本节以西门子 SINAMICS S120 变频器为例，简要介绍如何通过调试软件 Starter 调试定位控制的相关参数。SINAMICS 是西门子全集成自动化的驱动集成系统，是全球唯一真正面向整套驱动系统的全面的解决方案。其产品丰富，可应用于各种驱动任务，适用于工业领域的机械和设备制造。

SINAMICS S120 是 SINAMICS 系列中的高端变频器如图 3-46 所示，适用于机械设备制造等领域的高端应用。集成了 V/F 控制、矢量控制和伺服控制功能，同时还能够实现定位控制和位置同步控制；集成的驱动控制图表（DCC）能够像 PLC 一样编写控制程序，在某种程度上，SINAMICS S120 既是驱动器又是小型运动控制器。有关 SINAMICS S120 产品的详细信息，请参阅相关资料。

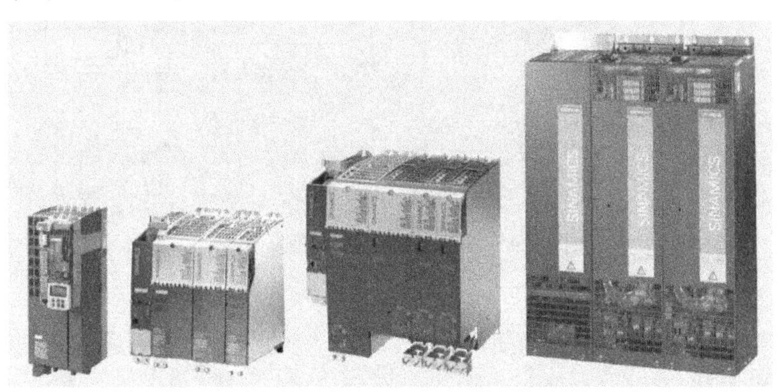

图 3-46　SINAMICS S120 变频器产品

SINAMICS S120 变频器的调试和其他的驱动器驱动有一些区别，尤其对于多轴的 SINAMICS S120 变频器系统，一个 SINAMICS S120 变频器控制单元 CU320-2 可以控制多达 6 根矢量轴或伺服轴，各功率单元和编码器模块等组件之间通过 Drive-CLiQ 相连接，并连接到 CU320-2 上。如果电机带 Drive-CLiQ 接口，可以通过在线模式，读取与 CU320-2 相连接的所有模块数据和电机数据，而不需要像普通变频器那样，需要输入每个电机电流、电压、速度等参数。如果电机不带 Drive-CLiQ 接口，则需要在离线的模式下，输入电机的相关数据。

与在驱动系统的静态优化和动态优化方面讲到的闭环速度矢量控制的调试方法类似，在此不再赘述。本节主要介绍伺服控制模式下位置控制器和基本定位器的设置。

1. 激活基本定位器

在 Starter 调试软件离线模式下，双击左侧菜单栏的“Configuration”，单击右侧“Configure DDS”标签，通过配置向导选择“Function modules”下面的“Basic positioner”激活基本定位器，配置完成后，编译并在线下载至驱动即可，如图 3-47 所示。

激活基本定位器会自动激活位置控制器，SINAMICS S120 变频器中位置控制器的默认扫描周期为 1ms，最快可以设置为 62.5μs，它可以独立于 EPOS。在驱动器中单独激活，以实现更定制化的运动控制功能。右键单击驱动对象属性在功能模块选项卡中可选择激活位置控制器，如图 3-48 所示。

激活基本定位器后，在驱动对象下会出现工艺（Technology），该选项下有基本定位器和位置控制。基本定位器包括极限值（Limit）、点动（Jog）、回零（Homing）、程序步（Traversing blocks）、直接设定值给定（Direct setpoint specification）、手动数据输入（MDI）。位置控制包括机械数据（Mechanics）、实际值处理（Actual position value preparation）、位置控制器（Position controller）和监控（Monitoring），如图 3-49 所示。

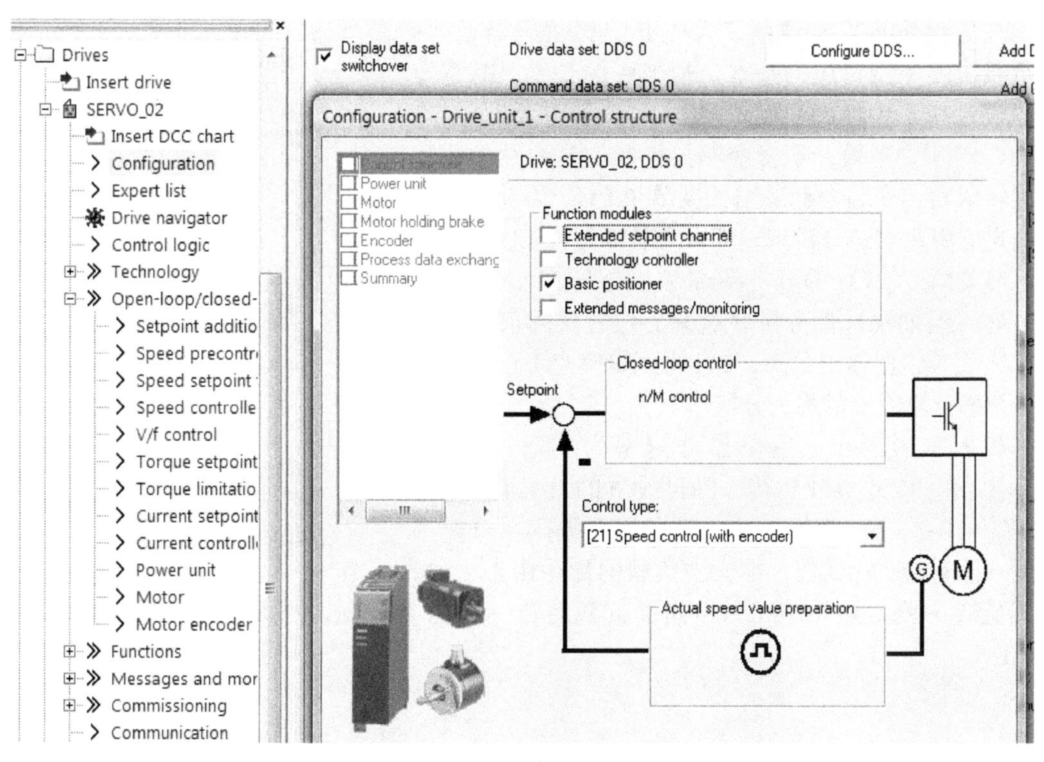

图 3-47　激活基本定位器

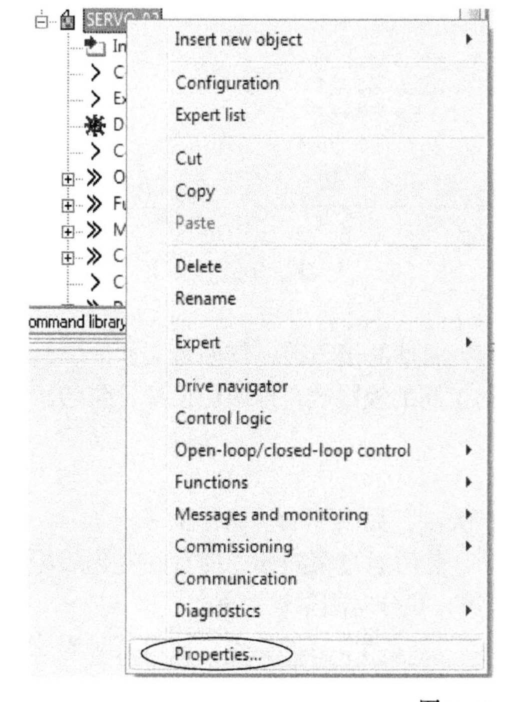

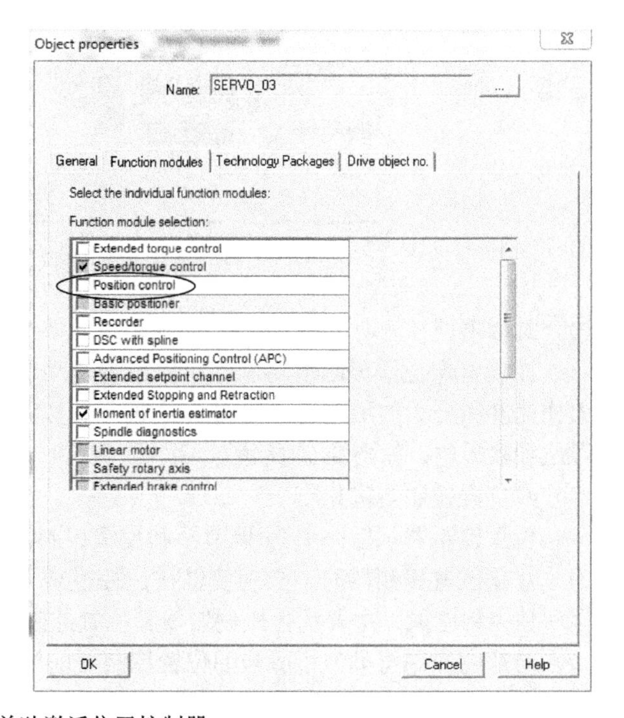

图 3-48　单独激活位置控制器

2. 机械系统设置

在优化位置控制器前，首先要定标编码器信号，即负载旋转一圈对应的基本定位器中的长度，基本定位器通过一个中性的长度单位 LU（LengthUnit）换算出轴的实际位置值，不管变频器控制的是线性位置还是旋转角度，变频器都采用长度单位 LU。因此，首先应确定应用要求的分辨率，即一个长度单位 LU 对应多少距离或角度。LU 的分辨率越高，位置控制的精度也就越高，但如果选择分辨率过高，位置实际值可能溢出，导致变频器输出故障，LU 的分辨率应小于从编码器分辨率计算得出的最大分辨率。

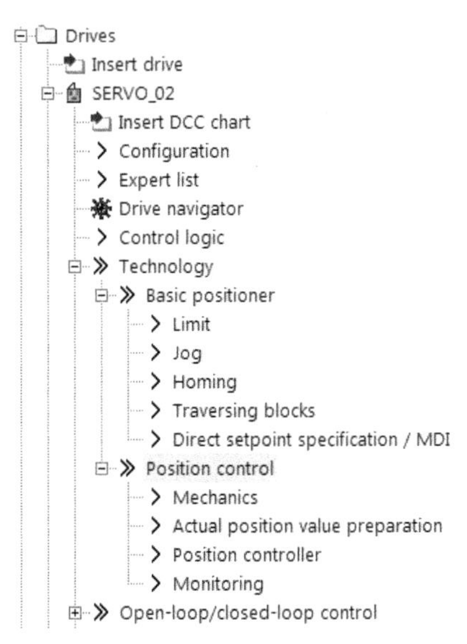

图 3-49 基本定位器功能

如图 3-50 所示，编码器分辨率为 512，细分分辨率为 2^{11}，因此负载旋转一圈可设置的最大 LU 数为 $512*2^{11}=1048576$。根据轴的传动比以及编码器分辨率设置一圈对应的 LU 数，本例中负载的传动比为 1∶1，负载旋转一圈对应 10000LU，如果负载旋转一圈为 100mm，那么该设置的分辨率就为 0.01mm。

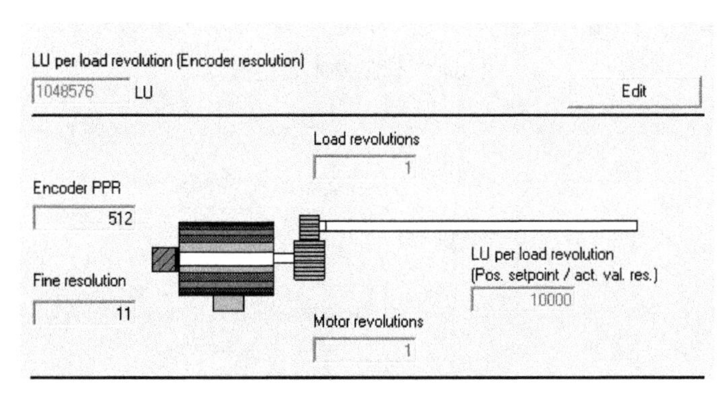

图 3-50 设置机械数据

3. 极限值

在基本定位器极限值功能中可以设置运动对象运行属性的极限值，例如最大速度、最大加速度和最大加加速度，如图 3-51 所示，以及运动范围的极限值，即限位设置，包括硬限位和软限位，如图 3-52 所示。

4. 位置控制器优化

位置控制器包括一个 PI 调节器和位置控制器前馈控制，如图 3-53、图 3-54 所示。

优化位置控制器时，必须使轴在位控模式下移动，然后通过跟随误差的时间变化等特性评估控制性能，主要优化比例增益和位置控制器前馈，积分时间常设为 0。

与速度控制器类似，适当的位置控制器前馈可以减小 PI 调节器的偏差，使得其对于控制环中的干扰量响应更快。

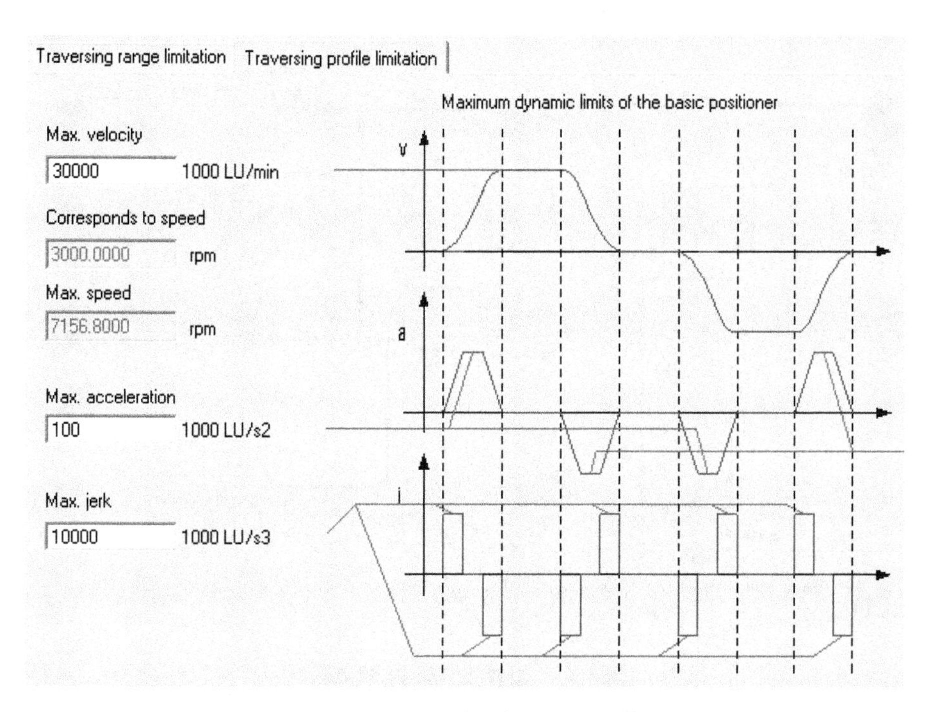

图 3-51　最大速度和加速度极限值

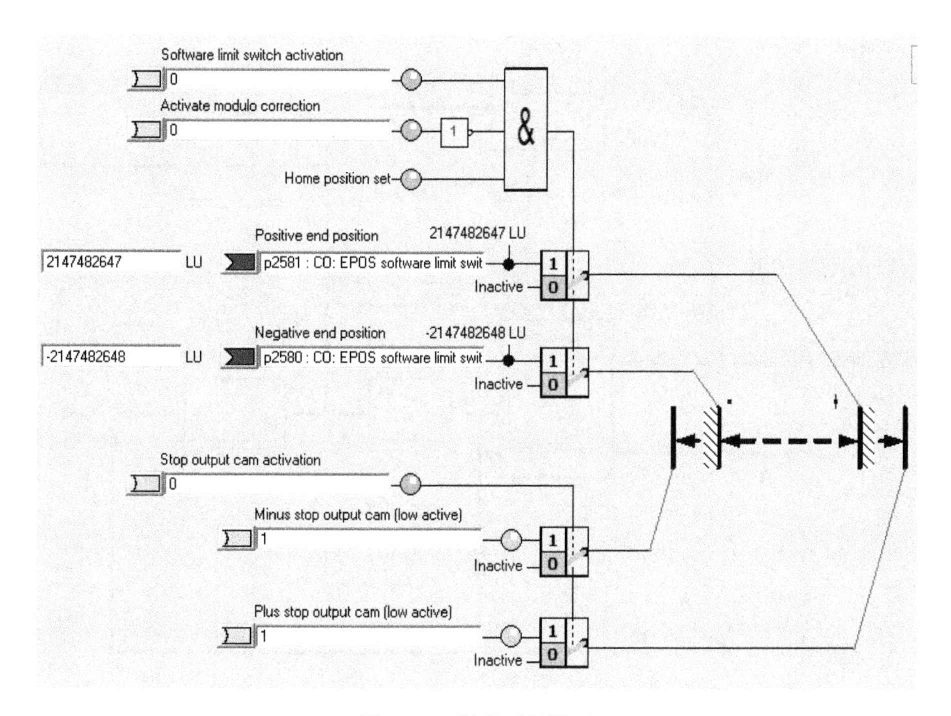

图 3-52　限位开关设置

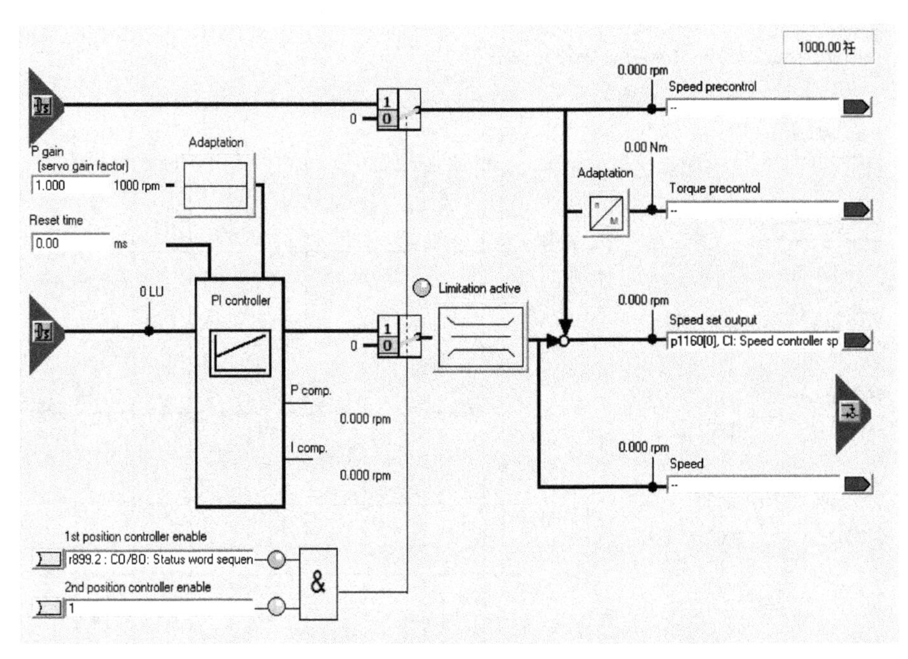

图 3-53　位置控制器 PI 调节器

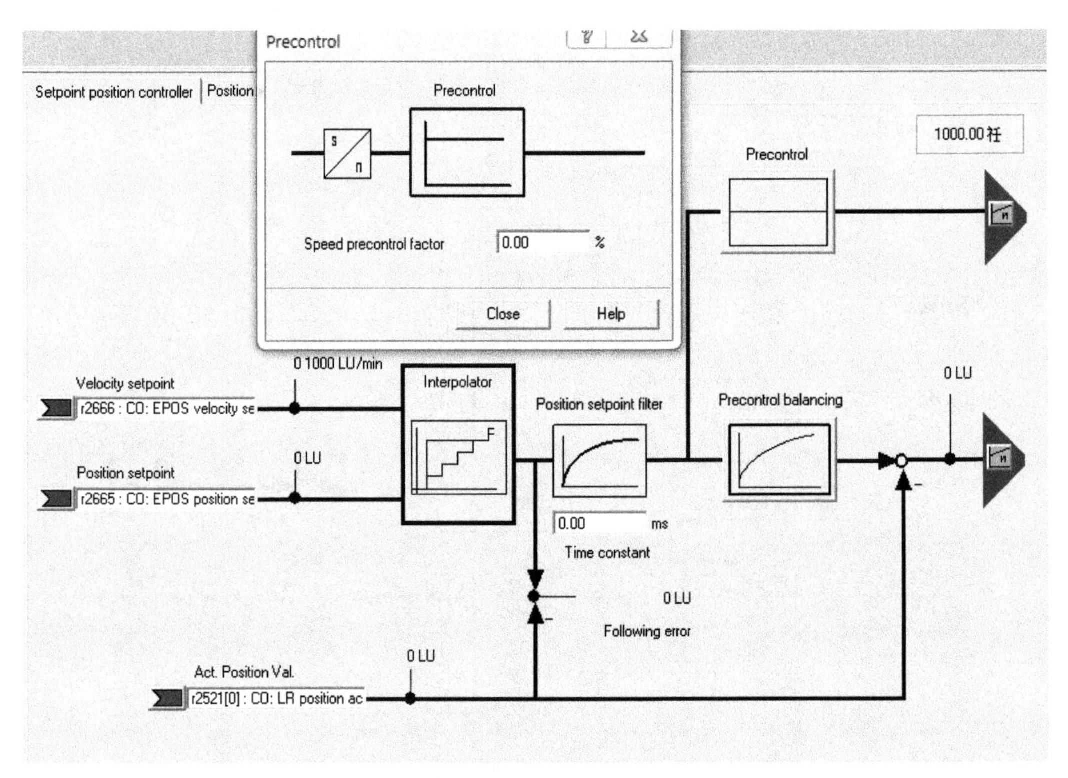

图 3-54　位置控制器前馈控制

5. 监控误差设置（见图 3-55）

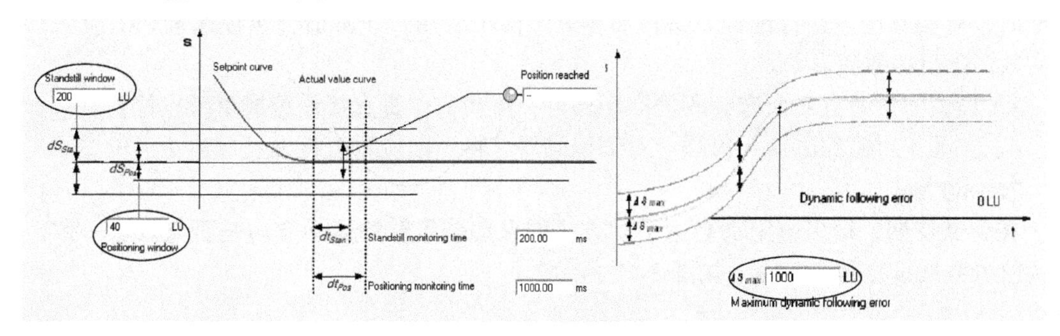

图 3-55 监控误差设置

在监控功能中，可以设置静止误差、定位误差和跟随误差，当运动对象运行过程中或者到达位置时，这些误差达到设定值，基本定位器就会输出响应的故障，如 F07452，即跟随误差过大故障。

6. 回参考点设置（见图 3-56）

回参考点是定位控制中最常用的功能之一，是联系机械位置与电气位置的桥梁。机械系统上电后，必须建立机械零点的绝对位置基准，这一过程称为回参考点，又称回零。当使用增量编码器检测位置时，变频器断电后位置值会丢失。在重新通电后变频器无法再确定轴位置和机器之间的关联，此时就需要执行回参考点，回参考点后变频器可以再次建立电气零点和机器零点之间的关联。当使用绝对值编码器作为位置检测时，在断电后位置值不会丢失，但需要检查整个行程是否已经超出绝对编码器的圈数，同时也需要标定一下参考点位置。

基本定位器提供 4 种回参考点方法，可通过回零功能进行设置，如图 3-56 所示：

1）主动回参考点：仅限增量编码器，使轴按照预设好的回零步骤进行主动回参考点，这是最常用的一种方法。需要规定回零方向、速度及回零位置值、偏置值等。

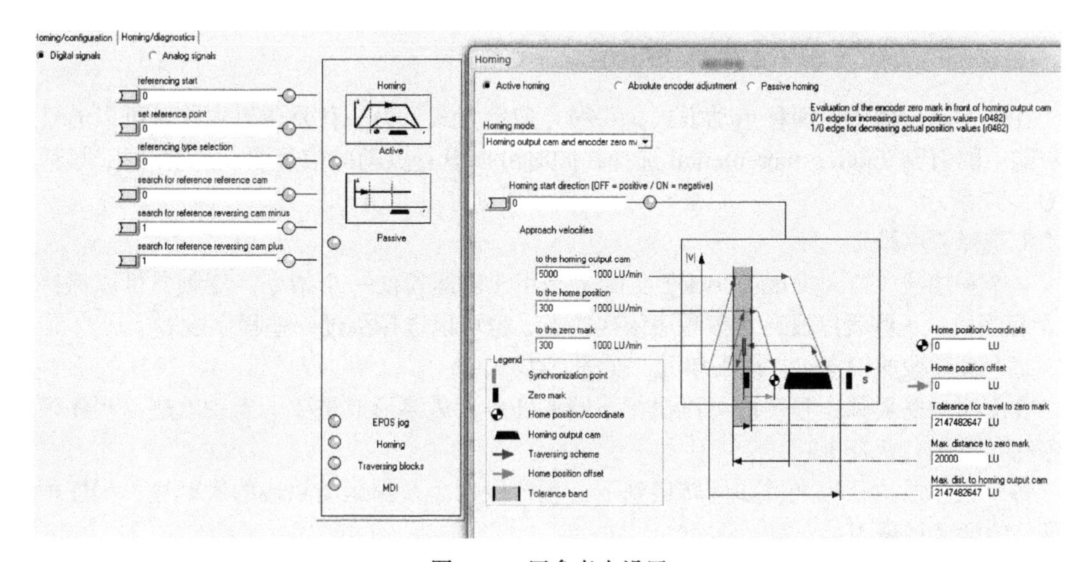

图 3-56 回参考点设置

2）被动回参考点：所有编码器类型均可，变频器在运行过程中，当碰到回零开关的上升沿时，对实际位置进行设置。这种回零方式简单实用，非常适合于往返运动的应用，能够有效消除机械累积误差。

3）设置回参考点：所有编码器类型均可，将当前位置直接设置成参考点位置。

4）校准绝对值编码器：仅限绝对值编码器，将当前位置直接设置成参考点位置。

7. 手动方式

在调试初期，很多应用都会用手动方式即点动确定轴的运动方向是否与设置一致，或轴的机械数据设置是否正确，如图 3-57 所示。

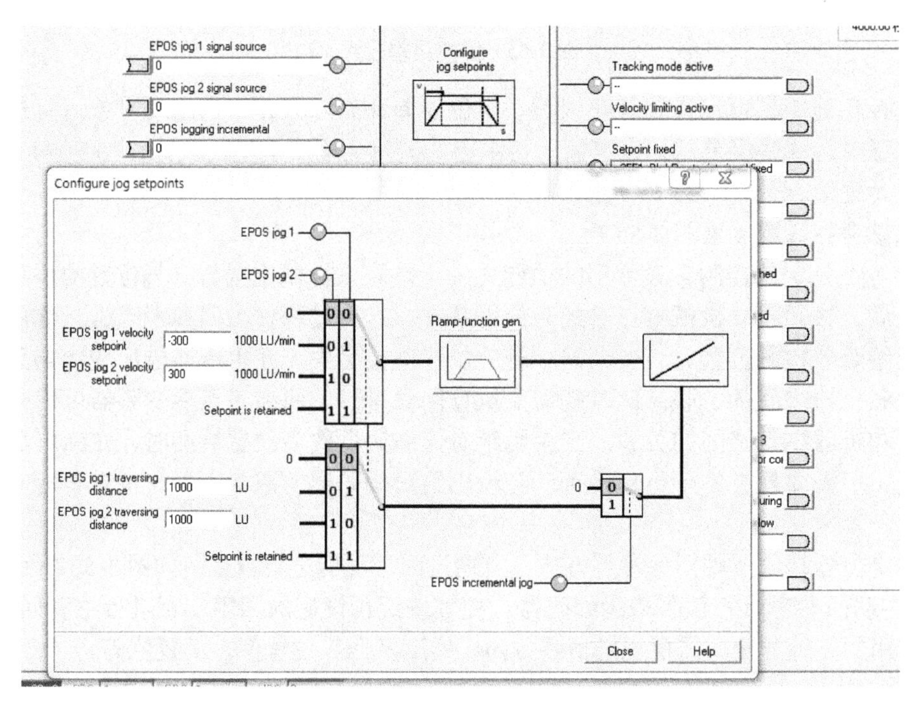

图 3-57 点动功能设置

在基本定位器中有两种点动方式，一种是速度方式，另一种是位置方式，可以通过点动功能中的引脚 jogging incremental 选择，同时可以设置点动的信号源、速度和相对行程，如图 3-57 所示。

8. 选择程序段

一个程序段（Travsering block）实际上是用于轴运行的一个指令，变频器可以保持有 64 个程序段，这些程序段通常按顺序依次执行，也可以选择跳过一些程序段。

每个程序段的设置包含以下单元，见表 3-2。

在应用中需要每个程序段可以执行不同的任务，最终形成需要的运动轨迹，程序段的任务和参数含义见表 3-3。

每个程序段执行完之后如何转接到下一程序段也关系到运动轨迹的准确性，程序段转接条件的含义见表 3-4。

在基本定位器中，可通过程序段功能进行相应设置，如图 3-58 所示。

表 3-2　每个程序段的设置单元

单　　元	含　　义		
号	程序段编号，在 0~15 之间，控制信号可以二进制代码选择每个程序段		
任务	定位任务：可以为变频器指定多个任务。其中的一些任务还需要设定参数。见表 3-3		
参数			
模式	定位模式：相对于起点定位还是相对于机器零点定位		
位置编号	目标位置		
速度	v	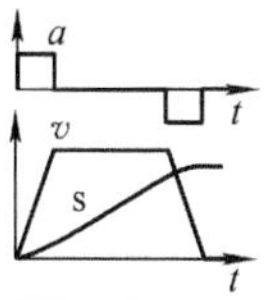	运行特性值
加速度	a		
减速度	- a		
转接条件	转到下一个程序段的条件。见表 3-3		

表 3-3　程序段的任务和参数含义

任　　务	参　　数		含　　义
POSITIONING	—		• 轴以绝对方式还是相对方式定位 • 带模数补偿的旋转轴在正向还是负向绝对定位
FIXED_STOP	扭力（N）或转矩（0.01Nm）		轴移动到一个固定挡块： • 线性轴用低扭力夹紧 • 旋转轴用低转矩夹紧
ENDLOS_POS; ENDLOS_NEG	—		轴以设定速度移动到运行范围正向末端或负向末端
WAITING	时间（ms）		等待
GOTO	号		变频器跳转到指定的程序段号
SET_O,RESET_O	1	置位输出 1	置位或者复位变频器的内部信号： • 输出 1：r2683.10 • 输出 2：r2683.11 这些信号可以和变频器的数字量输出连在一起或者和现场总线定位状态字的位 10 和 11 连在一起
	2	置位输出 2	
	3	置位输出 1 和 2	
JERK	0	无效	激活或取消激活加加速度限制
	1	生效	

表 3-4　程序段转接条件的含义

条　　件	含　　义	程序段
CONTINUE_ WITH_STOP	轴到达目标位置且静止后，变频器执行下一个程序段	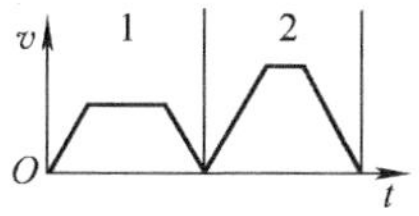
CONTINUE_ON- THE-FLY	变频器在到达制动点后进入下一个程序段	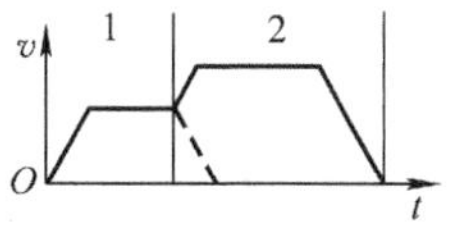

（续）

<table>
<tr><th>条　件</th><th colspan="3">含　义</th><th>程序段</th></tr>
<tr><td>CONTINUE_EXTERNAL</td><td rowspan="3">变频器收到外部信号后执行下一个程序段</td><td colspan="2">没有收到外部信号时，变频器的工作方式和“CONTINUE_ON-THE-FLY”一样</td><td></td></tr>
<tr><td>CONTINUE_EXTERNAL_WAIT</td><td rowspan="2">没有收到外部信号时，变频器结束完当前程序段，继续等待外部信号</td><td>—</td><td></td></tr>
<tr><td>CONTINUE_EXTERNAL_ALARM</td><td>一旦轴静止，变频器便发出报警A07463</td><td></td></tr>
<tr><td>END</td><td colspan="3">达到目标位置后，变频器结束当前程序段。变频器不再继续执行下一个程序段</td><td></td></tr>
</table>

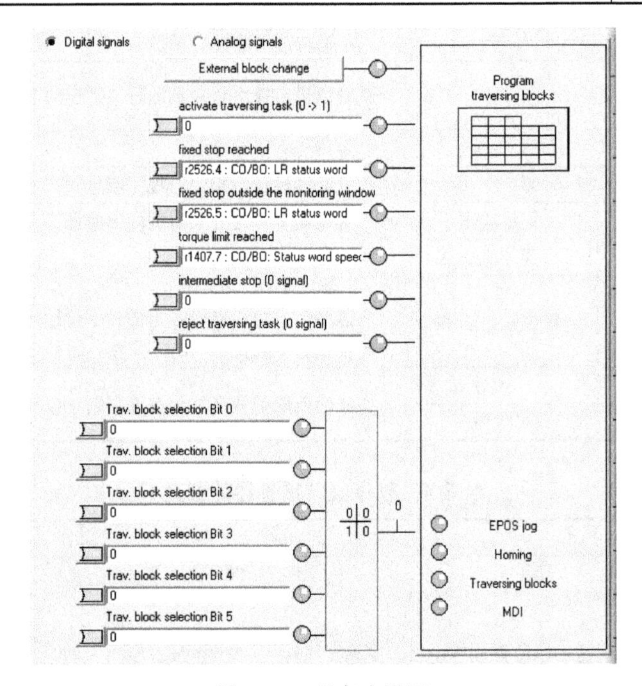

图 3-58　程序步设置

9. 运行到固定停止点

运行到固定停止点为程序段的一个功能，利用该功能，变频器可使一个机器部件向另一个固定部件移动，并用设定转矩将这两个部件夹在一起。如图 3-59 所示，可以在程序段中选择运行到固定停止点任务，在任务参数 p2622 中设置夹紧转矩，还可以设定运动参数，如位置、速度、加速度倍率和减速度倍率。另外，可以为固定点设置一个监控窗口，防止在驱动离开固定点停止后超出该范围运行。

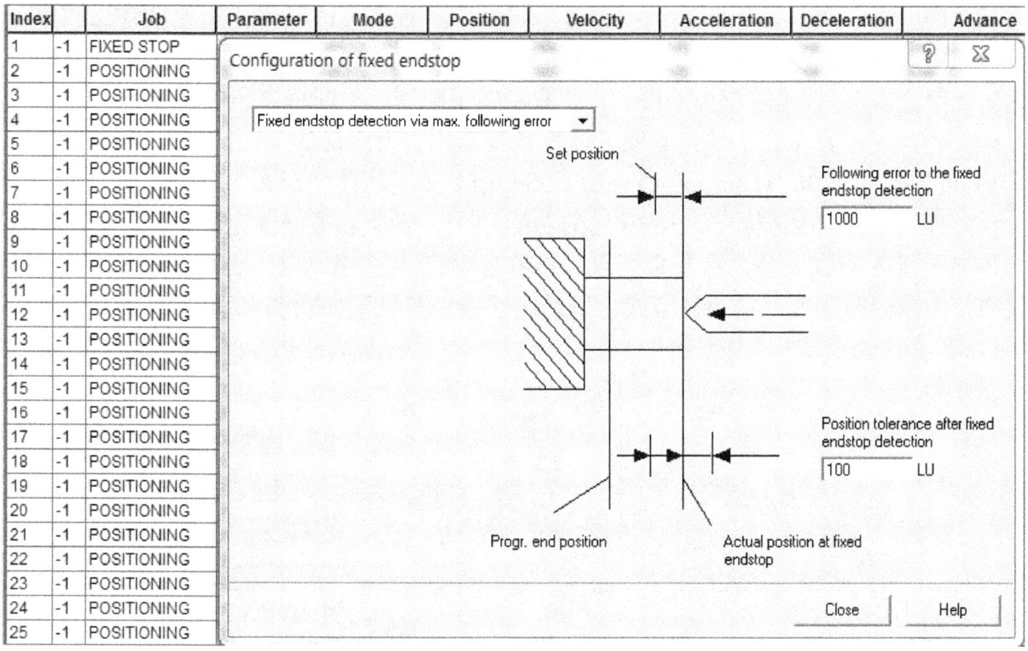

Index		Job	Parameter	Mode	Position	Velocity	Acceleration	Deceleration	Advance
1	-1	FIXED STOP							
2	-1	POSITIONING							
3	-1	POSITIONING							
4	-1	POSITIONING							
5	-1	POSITIONING							
6	-1	POSITIONING							
7	-1	POSITIONING							
8	-1	POSITIONING							
9	-1	POSITIONING							
10	-1	POSITIONING							
11	-1	POSITIONING							
12	-1	POSITIONING							
13	-1	POSITIONING							
14	-1	POSITIONING							
15	-1	POSITIONING							
16	-1	POSITIONING							
17	-1	POSITIONING							
18	-1	POSITIONING							
19	-1	POSITIONING							
20	-1	POSITIONING							
21	-1	POSITIONING							
22	-1	POSITIONING							
23	-1	POSITIONING							
24	-1	POSITIONING							
25	-1	POSITIONING							

图 3-59　运行到固定挡块设置

在定位运行中，如果执行的运动程序段带 FIXED STOP 指令，则开始运行到固定停止点，轴从初始位置出发，以设定的速度逼近目标位置，目标位置必须远远位于固定停止点后方，即轴要在静止前到达固定停止点。在运行过程中，转矩限制、加速度 / 减速度倍率和速度倍率一直生效，但动态跟随误差监控失效。一旦驱动向固定停止点运行或位于固定停止点上，状态位 r2683.14“运行到固定停止点生效”便置位。

一旦轴压住机械固定停止点，驱动中的闭环控制将增加转矩值继续移动此轴，该值将一直增加到极限值，然后保持不变。根据二进制互联输入 p2637（已到达固定停止点）的设置，通过外部传感器或最大跟随误差两种方法来确定轴已到达固定挡块。外部通过二进制互联输入 p2637 上的信号被置位了，即“已到达固定停止点”（p2637 ≠ r2526.4）；或者当跟随误差超出了最大滞后误差，此时状态位 r2683.12（已到达固定停止点）置位。

在检测到固定停止点后，只要二进制互联输入 p2553 保持置位，驱动便保持“总速度设定值”r2562。速度闭环会根据存在的速度设定值保持设定转矩，固定停止点内达到了设定的夹紧转矩后，状态位 r2683.13 便置位。

一旦识别出“已到达固定停止点”状态，该任务便结束。程序段切换方式由任务设定决定。驱动会停留在固定停止点上，直到执行下一个定位任务或进入 JOG 方式。在下一个 WAITING 任务中，夹紧转矩也生效。如果设置了继续条件 CONTINUE_EXTERNAL_WAIT，驱动便一直停留在固定停止点上，直到外部给出一个继续执行的信号。在驱动停留在固定停止点的期间，位置设定值会跟踪实际值，即两个数值相等。固定停止点监控和控制器使能都生效。

如果轴到达固定停止点后，脱离该位置且超出了为此设定的监控窗口 p2635，则状态位 r2683.12 复位，同时速度设定值会设为 0，并输出故障信息 F07484（固定停止点超出监控窗口），故障响应为OFF3（紧急停止）。监控窗口可以由参数p2635设定。此时可以设置正向或负向的监控窗口，但必须设置合适，确保一旦轴脱离固定停止点，便输出故障。如果直到激活制动，都没有检测到“已到达固定停止点”信号，则输出故障信息F07485（未到达固定停止点），故障响应为OFF1；并取消转矩限制，中断程序段执行。

运行到固定停止点在工件夹紧或套筒拧紧等应用中有广泛的运用。

10. 设置模式（Direct setpoint input或Setup）和手动数据输入（MDI）模式

设置模式和手动数据输入是最常用的功能之一，驱动器根据设定的位置、速度、加速度、加加速度等参数运动，这些数据既可以在驱动器上直接设定，也可以在PLC上设定，通过通信传输给驱动器，这两种模式可以动态切换，其设置如图3-60所示。

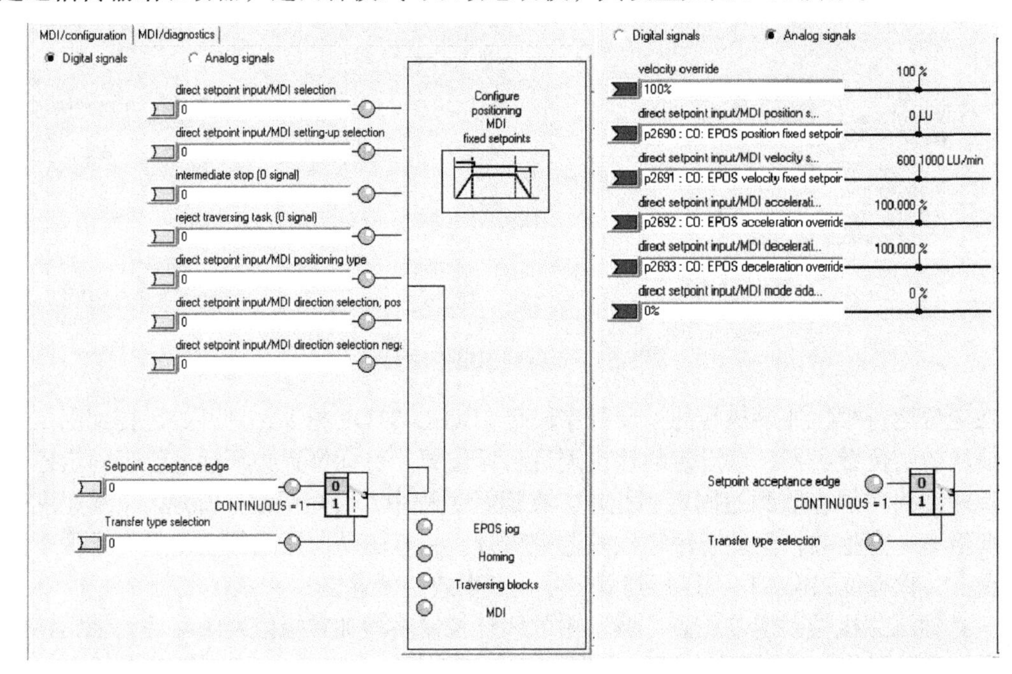

图3-60 为1MDI设置

该功能主要包括以下参数：

1）“direct setpoint input/MDI selection”：信号为1时，功能被激活。

2）“direct setpoint input/MDI setting-up selection”：两种模式选择

0：MDI定位模式，即轴按设定的参数定位。

1：Setup设置模式，即轴按设定的速度移动。

3）“intermediate stop”立即停车

0：立即生效，按照设定的减速度立即停车。

1：不生效。

4）“reject traversing task”取消正在运行的程序：

0：立即生效，按照设定的最大减速度立即停车。

1：不生效。

5）“direct setpoint input/MDI positioning type”定位模式

0：相对定位。

1：绝对定位（轴必须已经回参考点）。

6）设置模式的轴运动方向：

"MDI direction selection，positive" = 1：正向。

"MDI direction selection，negative" = 1：负向。

两个位相同时，轴停止。

7）"Transfer type selection" 数据传递模式：

1：连续接收模式，位置设定值可以动态修改，但不支持相对定位。

0：通过 "Setpoint acceptance edge" 使修改值生效。

设置速度倍率、加速度倍率、减速度倍率，可在运行中修改。

基本定位器 EPOS 能够提供高性能且精确的定位功能，它的灵活性高、适应性强，可广泛用于各种定位应用。该定位器操作简单，可在调试和生产期间轻松地完成各种定位任务，并且具有出色的综合监控功能。

3.5　驱动器集成的常用功能

3.5.1　V_{dc} 控制器

西门子变频器大多为电压源型直流母线的 PWM 变频器（AC-DC-AC），变频器的输入端为整流单元，整流单元通过三相交流电供电，整流单元输出经过直流回路的电容滤波后成为稳定的直流母线电压，输出端的逆变器采用 PWM（脉宽调制）方式，将直流母线电压转换成电压和频率都可变的三相交流电，通过改变电压和频率就可以连续而准确地改变所连接的三相电机的速度。直流母线电压的稳定不仅关系到变频器电子开关元器件的寿命，也关系到输出电压和频率的稳定，因此直流母线电压过高或者过低都会输出故障停机。

V_{dc} 控制器通过调节电机速度控制直流母线电压，延缓停机时间。当电源断电时，直流母线就会欠电压，由于电容的存在，直流母线电压会逐渐下降，到达欠电压阈值后输出欠电压故障。当电机运行在发电状态时，变频器回馈式运行，供给直流母线的电能过多，直流母线就会过电压，到达过电压阈值后输出过电压故障。V_{dc} 控制器在使用矢量控制或者 V/F 控制模式时，是默认激活的，而在伺服控制模式下 V_{dc} 控制器是默认不激活的。

V_{dc} 控制器会自动调节直流母线电压，从而避免发生故障，其分为 V_{dc_max} 控制器和 V_{dc_min} 控制器。两者采用共同的 PID 调节器，借助动态系数可以单独设置 V_{dc_max} 和 V_{dc_min} 控制，当变频器工作在 V/F 控制模式下，其控制功能如图 3-61 所示。

1. V_{dc_max} 控制器

对于没有回馈能力的电源模块，当电机在制动过程中，可能会导致直流母线电压增大到故障阈值，此时可激活 V_{dc_max} 控制器，以避免因直流母线过电压而导致故障停机。

激活 V_{dc_max} 控制器后，当直流母线电压达到 V_{dc_max} 接通电压后，变频器会通过增加速度设定值从而延长下降时间，消耗直流母线能量如图 3-62 所示。当一台电源模块为多台电机模块供电时，只能在具有大转动惯量的电机模块上激活 V_{dc_max} 控制器，如果在多台电机模块上激活，在参数设置不理想的情况下，可能会使 V_{dc_max} 控制器的功能相互冲突，驱动可能会变得不稳定，各驱动可能会不按计划加速。

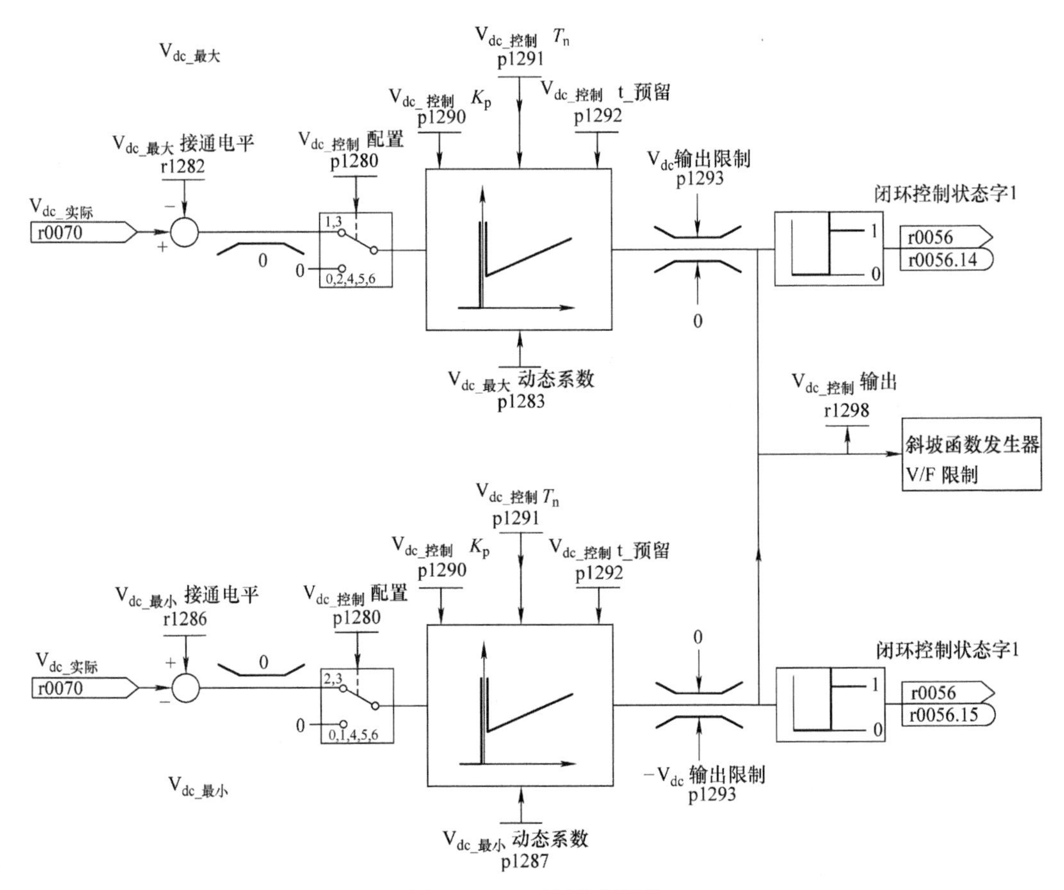

图 3-61 V_{dc} 控制功能图

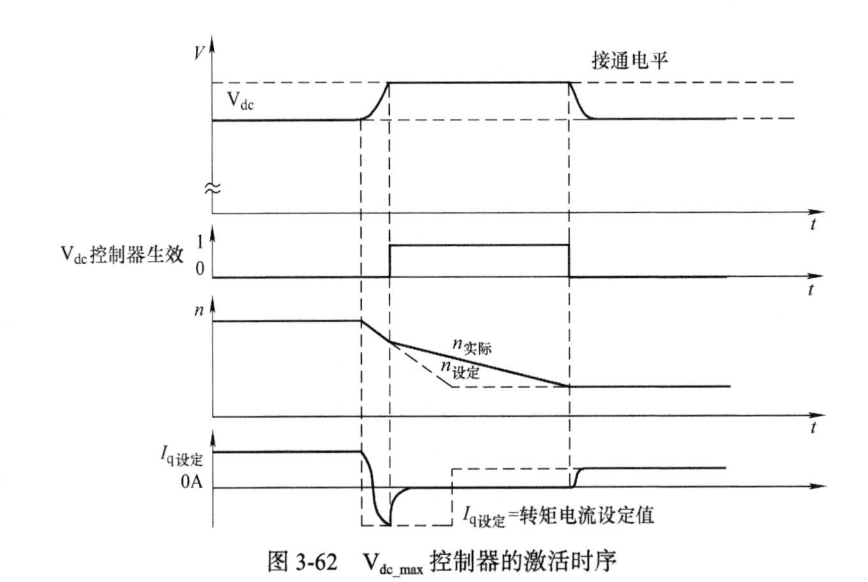

图 3-62 V_{dc_max} 控制器的激活时序

2. V_{dc_min} 控制器

V_{dc_min} 控制器也称为动能缓冲，在出现短暂的电源断电时，可通过控制电机减速，将电机中的动能回馈到直流母线，延缓直流母线电压的下降，从而延迟驱动器报直流母线欠电压故障，以便进行可控的紧急停机或者等待电源恢复。V_{dc_min} 控制器的激活时序如图 3-63 所示。

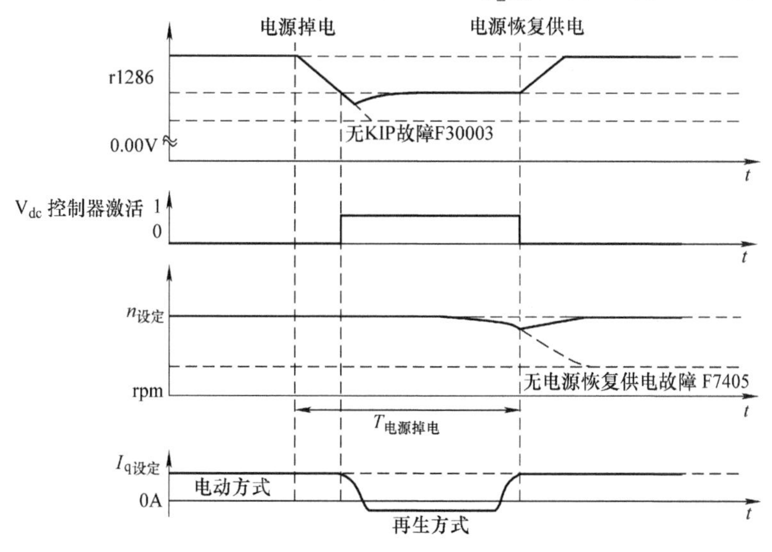

图 3-63　V_{dc_min} 控制器的激活时序

电源断电后，直流母线电压低于 V_{dc_min} 接通电压时，V_{dc_min} 控制激活，此时变频器会控制电机速度不断降低，向直流母线回馈能量，从而调节直流母线电压，使它保持稳定。电源一旦恢复，直流母线电压再次上升，超过 V_{dc_min} 接通电压 5% 后，V_{dc_min} 控制再次失效，电机继续运行。如果电源没有恢复，电机速度会继续降低，一旦达到参数设定阈值，便根据参数设定做出反应。若在时间阈值到达后电源电压没有恢复，会触发故障 F07406，在该故障中可以设定所需响应，默认响应为 OFF3。

3. 西门子变频器相关参数

在 V/F 控制模式下，通过参数 p1280 选择激活相关的 V_{dc} 控制器。但在矢量控制模式下，通过参数 p1240 选择激活相关的 V_{dc} 控制器，如图 3-64 所示。

p1280[0]	D	Vdc controller configuration (U/f)	[1] Enable Vdc_max contr	Operation	3
⊞p1281[0]	D	Vdc controller configuration	[0] Inhibit Vdc ctrl		
r1282		Vdc_max controller switch-in level (U/f)	[1] Enable Vdc_max controller		
p1283[0]	D	Vdc_max controller dynamic factor (U/f)	[2] Enable Vdc_min controller (kinetic buffering)		
			[3] Enable Vdc_min controller and Vdc_max controller		

p1240[0]	D	Vdc controller configuration (vector control)	[1] Enable Vdc_max contr	Operation	3
r1242		Vdc_max controller switch-in level	[0] Inhibit Vdc ctrl		
p1243[0]	D	Vdc_max controller dynamic factor	[1] Enable Vdc_max controller		
p1245[0]	D	Vdc_min controller switch-in level (kinetic bu...	[2] Enable Vdc_min controller (kinetic buffering)		
			[3] Enable Vdc_min controller and Vdc_max controller		

图 3-64　V_{dc} 控制器的激活

- p1240[0...n]：V_{dc} 控制器或 V_{dc} 监控的配置；
- r1242：V_{dc_max} 控制器的接通电平；
- p1243[0...n]：V_{dc_max} 控制器的动态系数；

- p1245[0...n]：V_{dc_min} 控制器的接通电平（动能缓冲）;
- r1246：V_{dc_min} 控制器的接通电平（动能缓冲）;
- p1247[0...n]：V_{dc_min} 控制器的动态系数（动能缓冲）;
- p1250[0...n]：V_{dc} 控制器的比例增益；
- p1251[0...n]：V_{dc} 控制器的积分时间；
- p1252[0...n]：V_{dc} 控制器的预调时间；
- p1254：V_{dc_max} 控制器自动检测接通电平；
- p1256[0...n]：V_{dc_min} 控制器的响应（动能缓冲）;
- p1257[0...n]：V_{dc_min} 控制器的速度阈值；
- r1258 CO：V_{dc} 控制器输出。

V_{dc} 控制器适用于要求平稳运行，对速度要求不高的应用场合，例如大惯量风机，要求停机时不触发过电压故障，可以使能 V_{dc_max} 控制器，减速过程中直流母线电压过高时可自动延长斜坡减速时间，或者在一些环保应用场合，要求电源故障时变频器能够不停机以便及时切换备用电源，此时可以使能 V_{dc_min} 控制器。

在大多数应用场合时对 V_{dc} 控制器应小心使用，因为当激活后变频器并不会按照给定的速度运行，此时负载速度是不可控的，在矢量控制和 V/F 控制模式下是默认使能，这也是很多应用场合输出速度曲线与给定速度曲线不一致的原因。

3.5.2 PID 工艺控制器

PID（Proportion Integration Differentiation 比例、积分、微分）调节器的应用非常广泛，PID 也是非常经典的控制算法，小到一个芯片的温度控制，大到运载火箭的飞行速度和飞行姿态，都可以使用 PID 控制。在运动控制中，大量采用了 PID 控制算法，除了常规的温度、压力、液位、流量等控制外，在张力、位置、速度等控制系统也都采用了 PID 控制算法。当无法得到被控对象精确的数学模型只能通过经验和现场调试来确定控制系统的参数时，最适合采用 PID 控制。PID 控制示意图如图 3-65 所示。

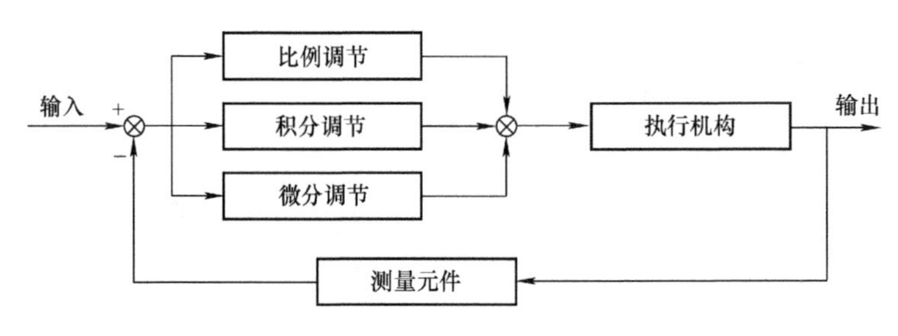

图 3-65 PID 控制示意图

$$U(t)=k_{\mathrm{p}}\mathrm{gap}(t)+k_{\mathrm{i}}\frac{1}{T_{\mathrm{I}}}\int\mathrm{gap}(t)d_{\mathrm{t}}+k_{\mathrm{d}}\frac{T_{\mathrm{D}}d_{\mathrm{gap}(t)}}{d_{\mathrm{t}}}$$

以简单的水箱液位控制系统为例，分别介绍比例调节、积分调节、微分调节的作用及影响。

1. 比例调节

向水箱中注水，假设水箱初始水位为0.2m，目标水位为1.0m，单纯的比例调节算法就是每次加水量为目标水位与当前水位差的比例倍数，$U(t) = k_p\text{gap}(t)$。假设 k_p 取0.5，那么第一次加水 t_1 时刻，$\text{gap}(t_1) = 1.0–0.2=0.8$，加水量就为 $U(1) = 0.5 \times 0.8 = 0.4$。下一个时刻 t_2 时，当前水位就是 $0.2 + 0.4 = 0.6$，继续加水，加水量就为 $U(2) = 0.5 \times (1.0 - 0.6)=0.2$。如此循环下去，就会将水位加到1.0m的目标水位，而 k_p 的大小就决定了加水的快慢，也就是会影响系统的响应速度，如图3-66所示。

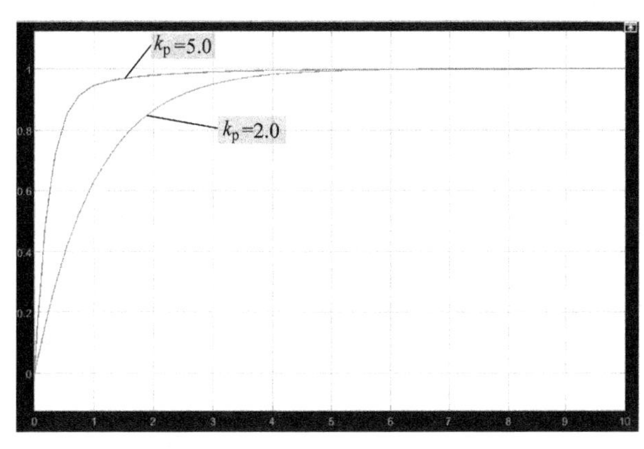

图3-66　PID控制比例影响

单纯的比例调节存在不足，它无法消除系统的稳态误差。依然通过上面的例子来说，如果在加水的过程中还存在一个水龙头同时在放水，假设每次加水的过程会放掉0.1m高度的水，还是采用上面的比例调节，当水位加到0.8m时，这一时刻比例调节的输出就为 $U(t) = 0.5 \times (1.0 - 0.8) = 0.1$m，此时加水量与放水量相同，水箱的水位将不会再变化，无法达到目标的1.0m水位，这就是系统的稳态误差，也称为静态误差。要消除系统的稳态误差就需要引入积分调节。

2. 积分调节

$$U\left(t_{\mathrm{I}}\right)=k_{\mathrm{i}}\int \mathrm{gap}\left(t\right)\mathrm{d}t$$

积分调节会将前面若干次的误差进行累积，所以可以很好地消除稳态误差。通过上面的例子来说，第一次的误差 $\text{gap}(t_1)$ 为0.8，第二次的误差 $\text{gap}(t_2)$ 为0.4，至此累积误差 $\int \mathrm{gap}(t)\mathrm{d}t = 0.8 + 0.4 = 1.2$，积分调节会将累积误差 $\int \mathrm{gap}(t)\mathrm{d}t$ 乘以积分环节系数 k_i 叠加到系统输出上。

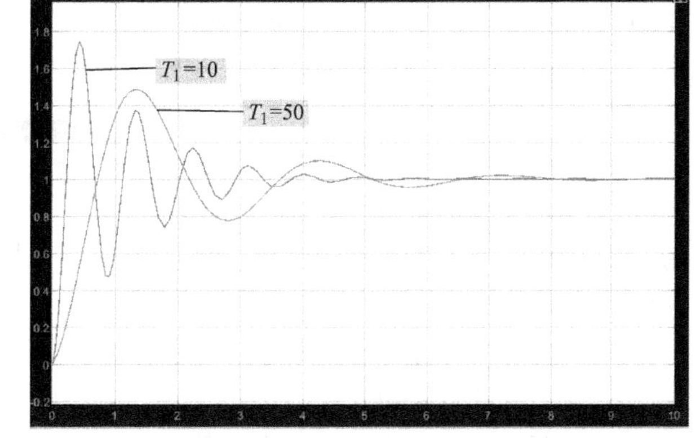

图3-67　PID控制积分的影响

单纯的比例调节并不会产生超调，因为越靠近目标水位，比例调节的输出就会越小，加入积分调节后，当到达目标水位时，此时积分调节的累积误差最大，即输出最大就会产生超调。

积分时间常数 T_I 越大，积分环节系数 k_i 就越小，积分控制环节就越不敏感。增大积分时间有利于减小超调，减小振荡，使系统的稳定性增加，但系统静态误差消除时间会变长，如图3-67所示。

积分控制可以有效地消除系统稳态误差，进一步分析，假设放水量不是固定值而是时刻变化的值，此时系统就不再稳定，需要引入微分控制。

3. 微分调节

$$U\left(t_{\mathrm{D}}\right)=k_{\mathrm{d}}\frac{T_{\mathrm{D}}d_{\mathrm{gap}(t)}}{\mathrm{d}t}$$

微分控制的主要作用就是在响应过程中抑制偏差向任何方向的变化。比例调节和积分调节都是事后调节，即发生误差后才进行调节，而微分调节则是事前预防调节，即一发现输出有变大或变小的趋势，马上输出一个阻止其变化的控制信号。微分常数不能过大，否则会使响应过程提前制动，延长调节时间，很容易引起系统的振荡，因此大多数情况下并不使用，如图 3-68 所示。

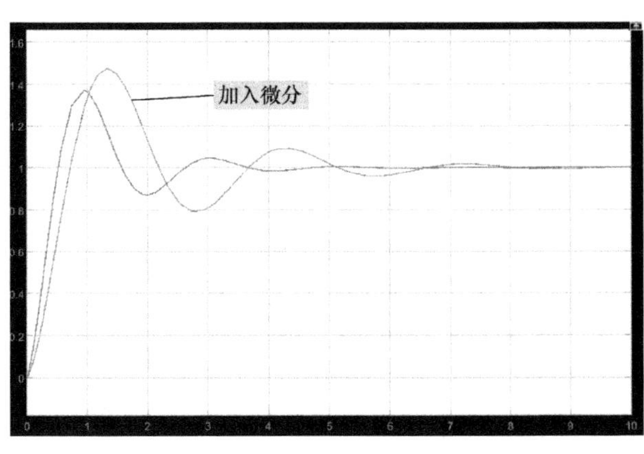

图 3-68　PID 控制微分的影响

4. PID 控制

大多数情况下，PID 控制应用在离散系统下，此时 PID 控制可以简化为

$$U(t)=k_{\mathrm{p}}\mathrm{gap}(t)+k_{\mathrm{i}}\frac{T}{T_{\mathrm{i}}}\sum_{n=0}^{t}\mathrm{gap}(n)+k_{\mathrm{d}}\frac{T_{\mathrm{D}}}{T}[\mathrm{gap}(t)-\mathrm{gap}(t-1)]$$

PID 控制是一个系统控制过程，其参数整定互相影响，普遍经验总结的结论并不一定完全适用某个具体的系统。例如，通常情况下过大的比例系数会引起系统较大的超调，并产生振荡，但当积分调节出现超调时，增大比例系数也会对超调的抑制更加明显，如图 3-69 所示。因此，在实际应用中应根据负载不同的特性调整相应的 PID 参数。

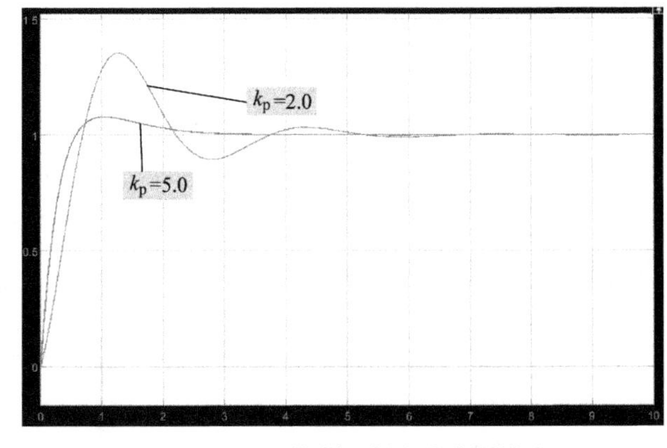

图 3-69　PID 控制比例积分共同影响

5. 西门子驱动内 PID 工艺控制器

西门子变频器自带的 PID 工艺控制器（见图 3-70）在运动控制中应用广泛，可以用来控制多种过程数据，如压力、温度、液位和流量等。

备注：同时满足两个条件时，工艺控制器会采用初始值：

- 工艺控制器提供主设定值；
- 工艺控制器的斜坡函数发生器输出端还没有达到初始值。

PID 工艺控制器设置的主要参数包括：

- p2200：工艺控制器使能（出厂设置：0）；

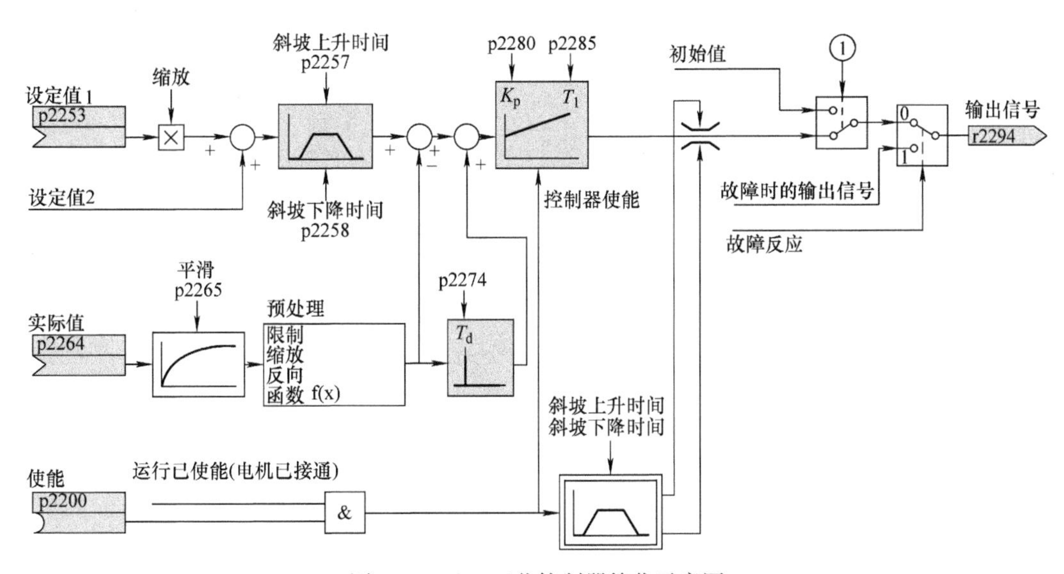

图 3-70 PID 工艺控制器简化示意图

- r2294：工艺控制器的输出信号；
- p2253：工艺控制器设定值 1（出厂设置：0）；
- p2264：工艺控制器实际值（出厂设置：0）；
- p2257，p2258：工艺控制器的斜升时间和斜降时间（出厂设置：1s）；
- p2274：工艺控制器的微分时间常数 T_d（出厂设置：0.0s）；
- p2280：工艺控制器的比例增益 K_P（出厂设置：1.0）；
- p2285：工艺控制器的积分时间 T_I（出厂设置：30s）。

PID 工艺控制器以其结构简单、稳定性好、调试方便、工作可靠等优势在工业控制中得到了广泛应用。有关各参数的详细说明，请参阅相关产品说明书。

3.5.3 摩擦特性曲线

在许多应用（如带齿轮电机或传送带的应用）中不能忽视负载的摩擦转矩，摩擦特性曲线可以补偿电机和工作设备产生的摩擦转矩，变频器提供在速度控制器条件下带摩擦转矩的前馈控制转矩设定值的方法，前馈控制根据速度变化降低了速度超调，提高了速度控制器的控制性能，如图 3-71 所示。

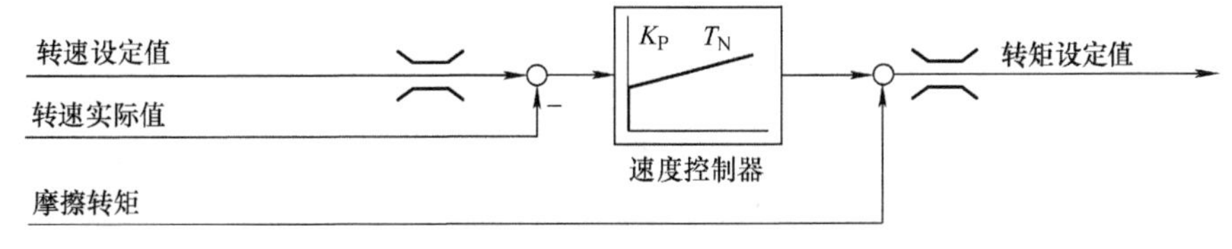

图 3-71 带摩擦转矩补偿的转速控制器前馈控制

摩擦特性曲线由 10 个坐标点加以拟合而成，每个坐标点由速度值和转矩值组成。变频器会根据摩擦特性曲线上 10 个坐标点的值，在不同的速度下输出相对应的摩擦转矩，如图 3-72 所示。

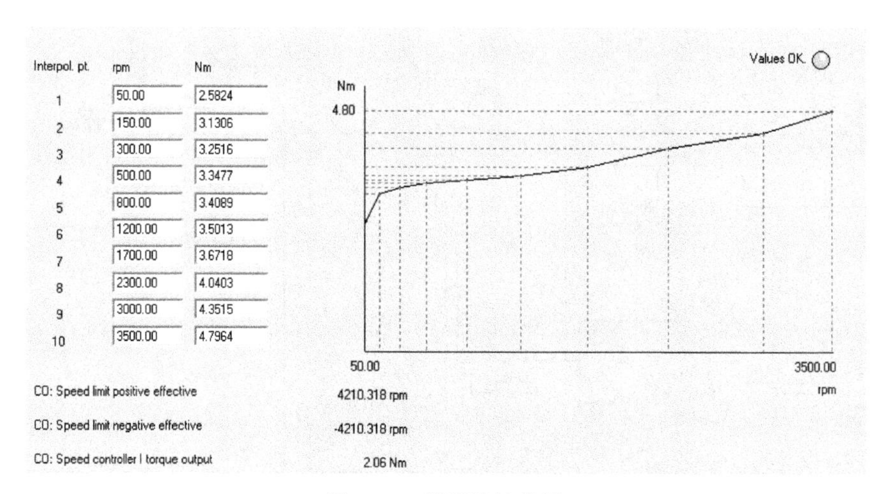

图 3-72 摩擦特性曲线

西门子驱动器可以自动地记录摩擦特性曲线，步骤如下：

① 设置 p3845 = 1：变频器先后在两个旋转方向上使电机加速，并计算正方向和负方向上的测量结果。

② 接通电机（ON/OFF1 = 1）。

③ 变频器使电机加速。在测量期间，变频器发出报警 A07961。当变频器计算出所有摩擦特性曲线上的控制点（无故障代码 F07963）时，变频器停止电机。此时已成功记录了摩擦特性曲线。

如果激活了摩擦特性曲线（p3842 = 1），变频器会将摩擦特性曲线 r3841 的输出直接添加到转矩设定值上，如图 3-73 所示。

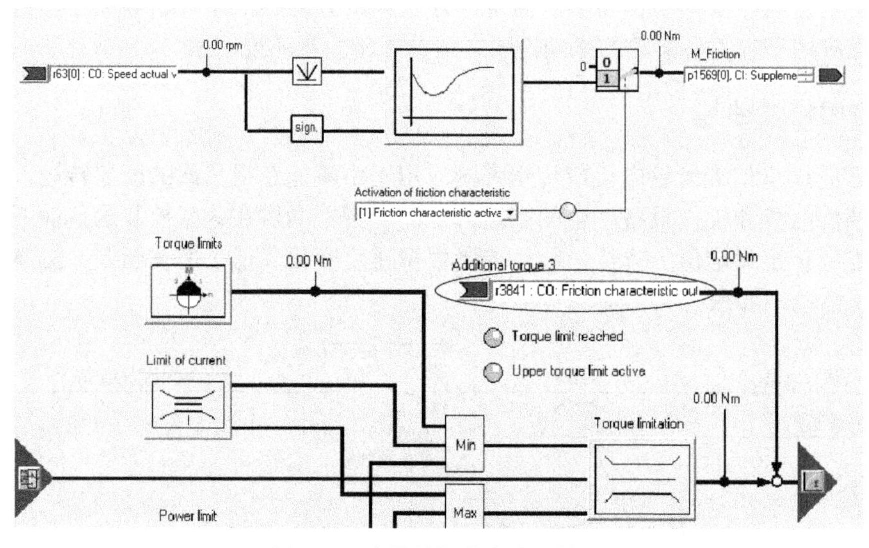

图 3-73 摩擦特性曲线输出转矩

摩擦特性曲线也是运动控制系统中常用的功能，可以通过驱动系统本身计算，或在运动控制器内计算，不管用哪种方式都可以自动计算出负载在不同速度下的摩擦转矩，并将摩擦转矩直接输出至转矩设定值，以提高系统的动态响应性能。

3.6 驱动器集成的软件编程功能

3.6.1 自由功能块

1. 概述

在很多应用中，变频器的控制都要运用逻辑运算功能块，这些功能块将多个状态信号和控制信号关联在一起以搭建简易的逻辑控制来满足应用的简单需求，例如可以搭建开抱闸功能，将变频器运行信号和输出电流大于某一阈值信号共同作为开抱闸的信号输出，也可以搭建延时关抱闸功能，将关抱闸信号通过延时功能块再输出到关抱闸输出继电器。除了逻辑运算功能块，还包括时间功能块、存储功能块、开关功能块、控制功能块和复杂控制块，这些统称为自由功能块。

变频器主要提供以下自由功能块：

- 逻辑运算：AND、OR、XOR、NOT；
- 存储器：RSR（RS-Flip-Flop）、DSR（D-Flip-Flop）；
- 时间继电器：MFP（脉冲发生器）、PCL（脉冲缩短）、PDE（ON 延迟）、PDF（OFF 延迟）、PST（脉冲延长）；
- 算术运算：ADD（加法器）、SUB（减法器）、MUL（乘法器）、DIV（除法器）、AVA（绝对值）、NCM（比较器）、PLI（云形曲线）；
- 调节器：LIM（限制器）、PT1（平滑）、INT（积分器）、DIF（微分器）；
- 选择开关：NSW（模拟）、BSW（二进制）；
- 限值监视器：LVM。

自由功能块作为驱动器的常用功能在大多数变频器上都能免费使用。自由功能块是基于变频器的参数设置，每个功能块设置了 5 类参数即输入参数、输出参数、设置参数、顺序组中的执行顺序。其中顺序组是驱动系统内的自由功能块组，以相同的采样时间并在确定的时间点进行计算，如图 3-74 所示。

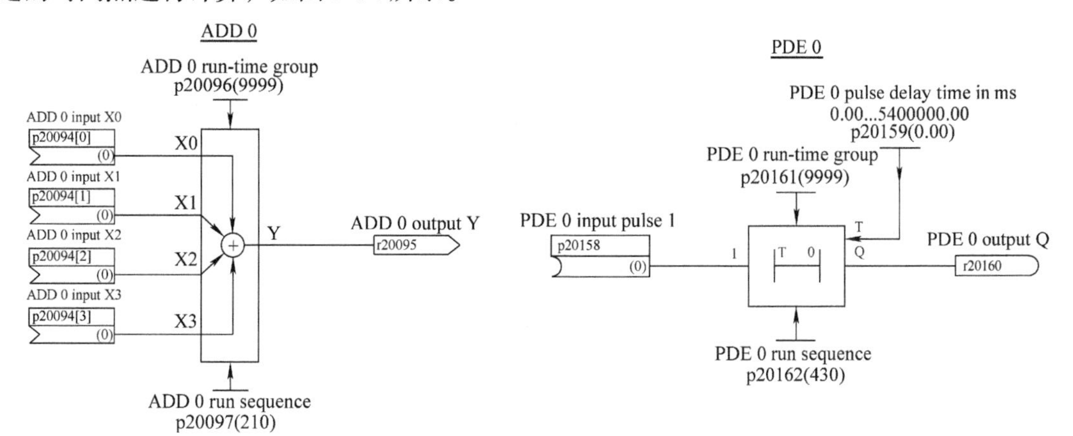

图 3-74 自由功能块示例

由于每个自由功能块分配了一组参数，变频器中自由功能块的调用数量有一定限制，每个功能块只能用一次。例如：变频器有 3 个加法器，如果已经配置了 3 个加法器，则无法再添加更多的加法器。

2. 采样时间

自由功能块的采样时间由顺序组参数决定，每个功能块都有一个顺序组参数，出厂设定值为 9999，即不计算且不执行功能块。顺序组会被分成一个固定顺序组和多个自由顺序组，固定顺序组在系统运行中的固定位置调用，唯一的固定顺序组（P20000[x]=9003）在设定通道前进行分配，并在设定值通道（P0115[3]）的采样时间中进行计算。自由顺序组通过其采样时间来定义。

如果两个或多个顺序组分配了同一采样时间，顺序组就按照其编号顺序运行，例如分配了顺序组 P20000[0]=P20000[3]=P20000[9]，计算顺序是：先计算顺序组 0，然后计算顺序组 3，最后计算顺序组 9。

顺序组的采样时间是基础采样时间的整数倍，基础采样时间分为硬件基础采样时间（r20002）和软件基础采样时间（r20003），不同的驱动对象类型有不同的硬件基础采样时间，请参阅相关说明书。

3. 执行顺序

每个自由功能块的执行顺利在出厂设置中都有预设，一个顺序组中连续的功能块可以通过更改这些值优化执行顺序。

一个执行顺序的参数值只能在驱动对象上使用一次。在顺序组中会先计算执行顺序值较小的功能块。

4. 激活自由功能块

在一些驱动对象中，自由功能块是默认激活的，例如前面提到的 SINAMICS G120C 变频器，SINAMICS G120 CU250S-2 变频器。而在 SINAMICS S120 伺服驱动器中，自由功能块需要通过驱动调试软件 Starter 在离线模式下激活，如图 3-75 所示。

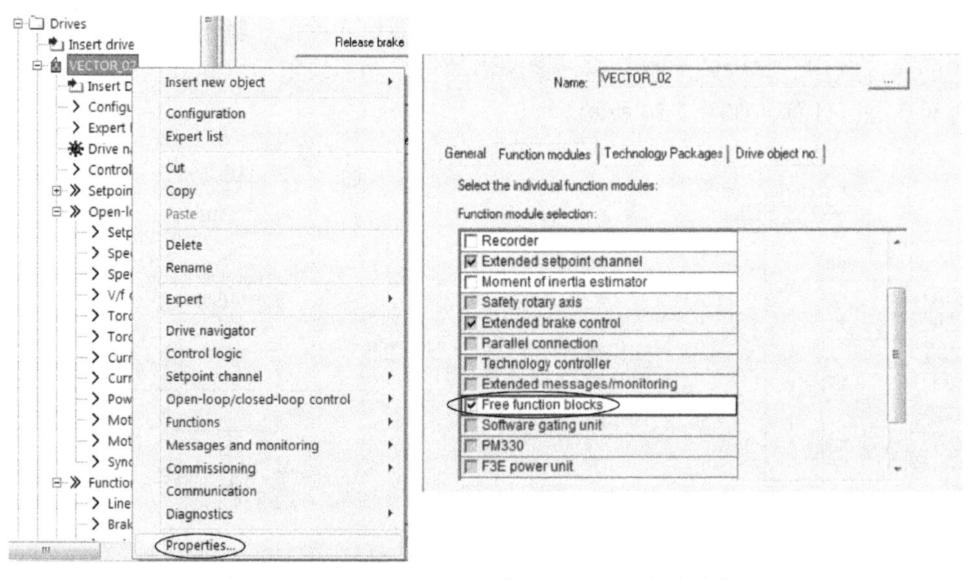

图 3-75 SINAMICS S120 伺服驱动器激活自由功能块

右键单击驱动对象属性，在“Function modules”选项卡中，选择“Free function blocks”，在线下载后即可激活驱动对象自由功能块。

5. 示例

自由功能块在调试软件中以参数的形式存在，并没有功能图化，因此调试时并不直观。搭建自由功能块时，可先搭建逻辑功能图，再根据功能图设置相关参数，可以大大降低参数连接的错误。

以开抱闸控制为例，首先对转矩实际值取绝对值，然后与参考转矩的 80% 比较，如果转矩实际值的绝对值大于参考转矩的 80%，认为变频器输出转矩已经满足最大的负载转矩，此时经过开通延时功能块，经过 100ms 延时输出开关量信号，该信号通过与功能块和变频器运行使能信号同为 1 时输出到变频器的继电器输出，如图 3-76 所示。与功能块共有 4 个开关量输入信号，工厂设置都为 0，因此在使用时，对于不使用的开关量输入需要置 1。

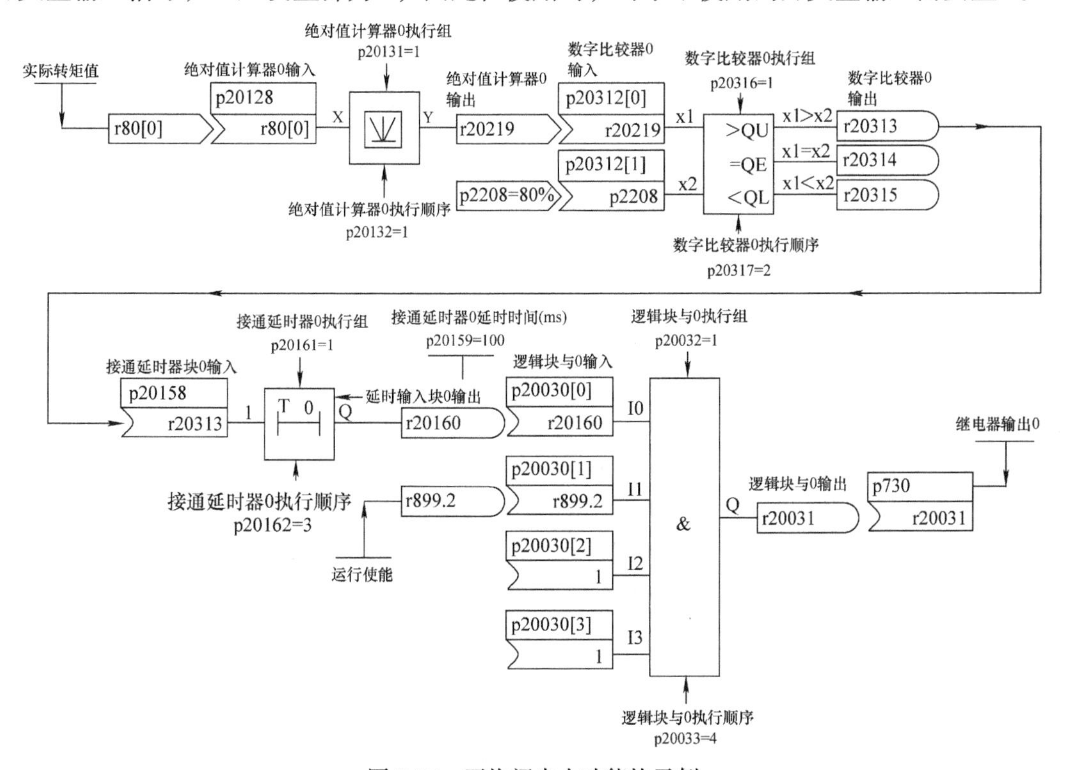

图 3-76 开抱闸自由功能块示例

根据上面的功能图，可以方便地设置自由功能块的相关参数如下：

- p20128 = r80[0]；p20131 = 1；p20132 = 1；
- p20312[0] = r20219；p20312[1] = 0.8；p20316 = 1；p20317 = 2；
- p20158 = r20313；p20159 = 100；p20161 = 1；p20162 = 3；
- p20030[0] = r20160；p20030[1] = r899[2]；p20030[2] = 1；p20030[3] = 1；
- p20032 = 1；p20033 = 4；
- p730 = r20031。

自由功能块的使用简单、快捷，在许多应用中得到了广泛使用，在驱动系统中完成了最简易的逻辑控制，其输入、输出信号的计算处理与驱动系统的采样时间保持一致，避免了信号的采集延迟，提高了信号处理的精度。

3.6.2 驱动控制图表（DCC）功能

1. 概述

驱动控制图表（Drive Control Chart，DCC），是西门子专为 SINAMICS 驱动系统和 SIMOTION 运动控制系统提供的一种可编程的环境，用图形化的编程语言（Control Flow Chart，CFC）实现与驱动系统相关的功能，DCC 能够借助自由使用的控制块、算法块及逻辑块对设备功能进行图形化的配置和扩展，完成特定的工艺需求。

相比于自由功能块，DCC 提供了更多、更复杂的控制功能块，并且对可用功能块的数量没有限制，这个数量只受 SINAMICS 驱动系统或 SIMOTION 运动控制系统性能的限制。

DCC 通过预先定义好的库选择功能块，直接拖放并对其进行图形化互连，即可实现开环和闭环控制。功能块库提供了大量控制块、算法块、逻辑块和扩展的开环闭环控制功能块，其所有的通用逻辑功能均可用于二进制信号的逻辑运算选择，除驱动控制外，还可以简单地配置轴的功能、PI 控制器和斜坡函数发生器等。

DCC 由两部分组成：DCC 编辑器和 DCC 功能库。DCC 编辑器是一种基于 CFC 的编程系统，它提供了一个编程平台，在这个平台上，用户可以从功能块库里拖放和自由组合各种功能块，实现所要求的功能。

DCC 的基本功能库包括：

- 逻辑功能（Logic）：逻辑与、或、非、定时、计数、脉冲、选择开关等。
- 运算功能（Arithmetic）：加 / 减 / 乘 / 除、最大 / 最小值、数值取反、20 点 XY 坐标取值等。
- 数据类型转换（Conversion）：位→字、字→位、整数 / 实数 / 字之间的转换等。
- 闭环控制（Closed-loop）：P/PI 控制器、积分器、斜坡函数发生器等。
- 工艺功能（Technology）：直径计算、惯量计算、摇摆功能、CAM 控制器等。
- 系统功能（System）：数据取样、读写参数等。

2. 激活 DCC

激活 DCC 需要以下 4 个步骤：

1）给 CF 卡添加工艺包：该过程需要在线操作，步骤如图 3-77 所示。

① 右键单击相应的驱动单元，选择“Select technology packages”。

② 在相应功能库的 Action 选项中，选择“Load into target device”。

③ 单击“Perform actions”按钮。

④ 添加完成后 Action 选项会自动返回至“No action”，Result 选项会显示“OK”。

2）导入库文件：在插入 DCC 图表时会要求导入相应的库文件，导入库文件的步骤如图 3-78 所示。若不导入库文件，打开的 DCC 编辑器没有功能块，如图 3-79 所示。

① 双击“Insert DCC chart”，单击“OK”。

② 选择相应的功能库，移到右边。

③ 单击“Accept”。

④ 导入完成后会自动打开 DCC 编辑器，已包含库中的功能块。

3）分配执行组采样周期：编写的 DCC 程序只有分配执行组并为其设置采样周期后，控制系统才能执行。与自由功能块类似，DCC 的执行组也分为固定执行组和自由执行组，固定执行组其采样时间与系统功能绑定，如：在位置环之前，开关量输入之前等；自由执行组其采样时间可设为硬件基础采样时间（r21002）或软件基础采样时间（r21003）的整数倍，最小采样周期为1ms。

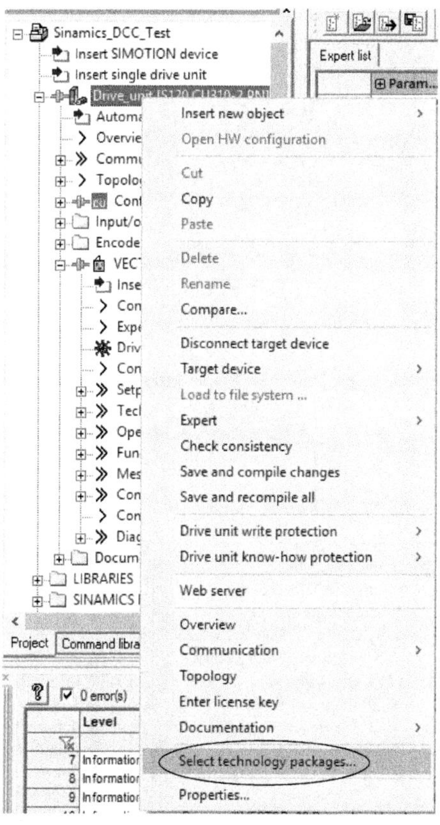

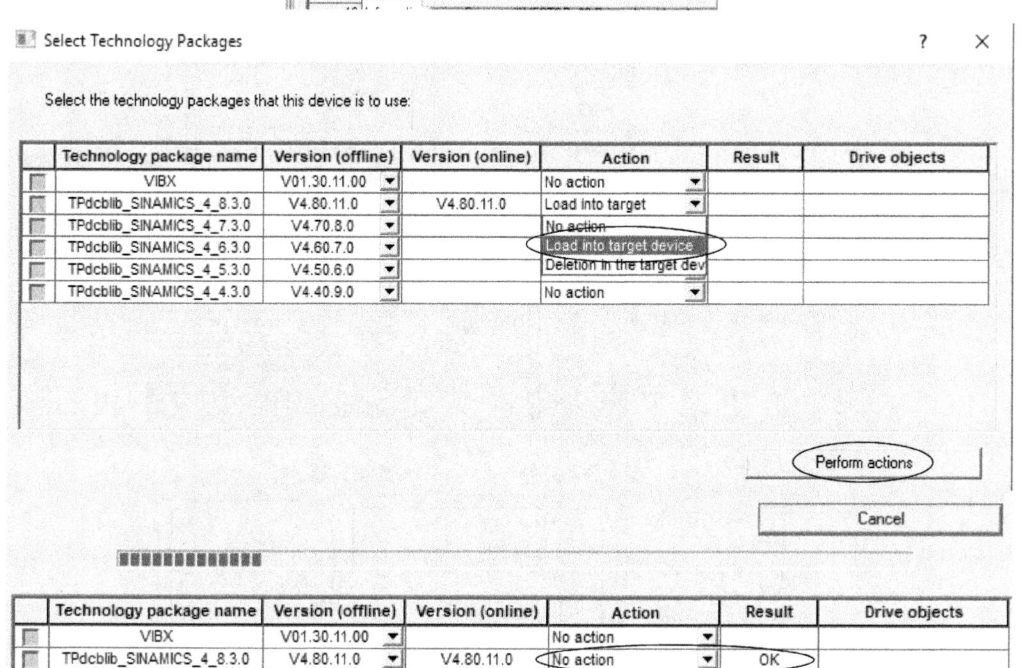

图3-77　给CF卡添加工艺包

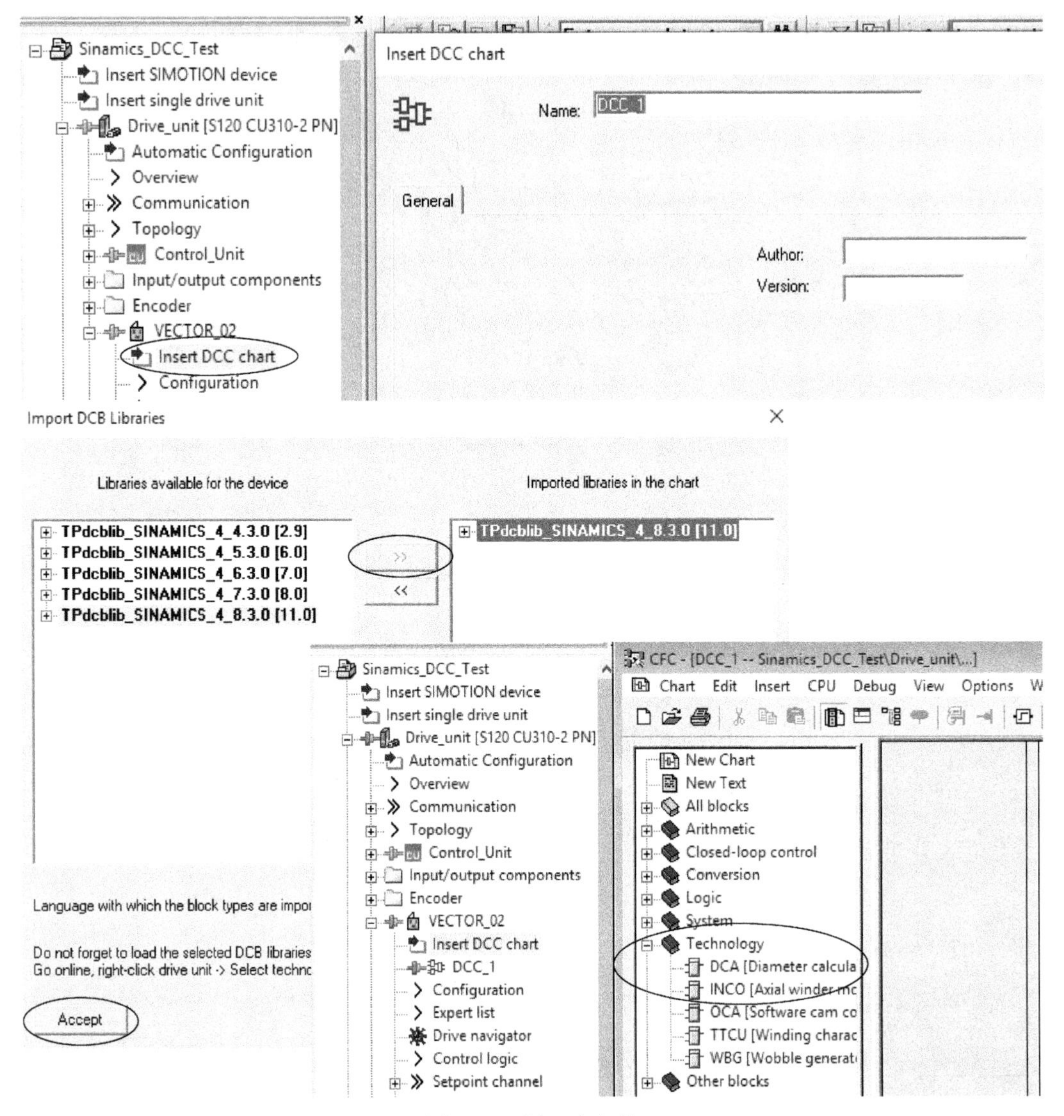

图 3-78 导入库文件

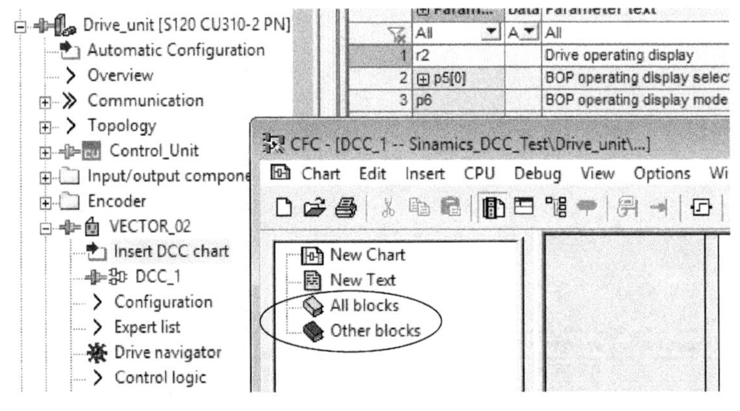

图 3-79 未导入库的编辑器

分配执行组采样周期步骤如图 3-80 所示。

① 右键单击“DCC chart”，选择“Set execution groups”。

② 在弹出来的选项卡中选择合适的采样周期。

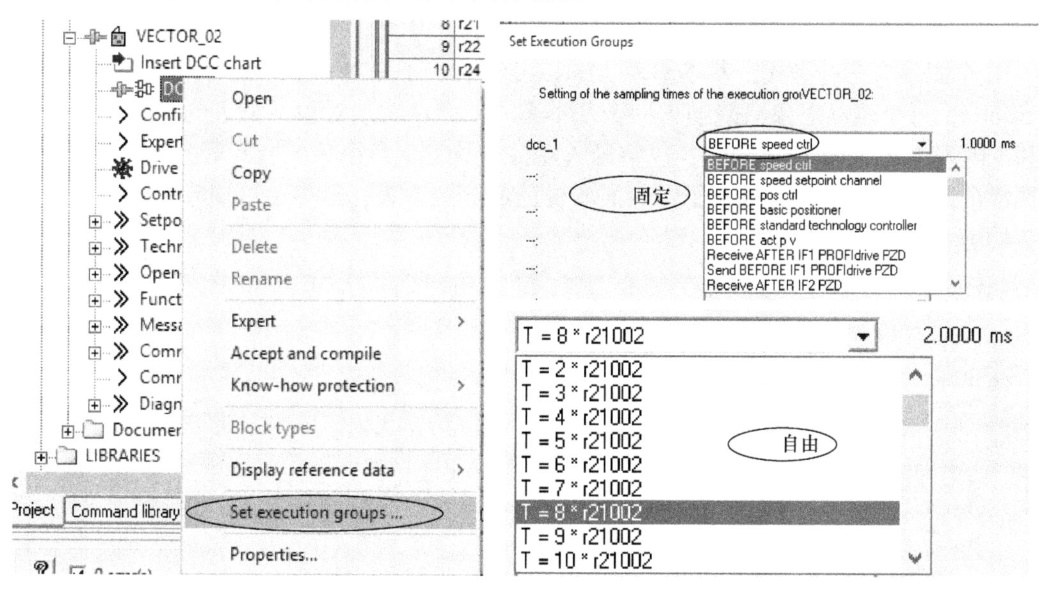

图 3-80　分配执行组周期

4）编译下载：编译下载如图 3-81 所示，也可在线编程、编译下载，但是任何改动都需重新编译下载。

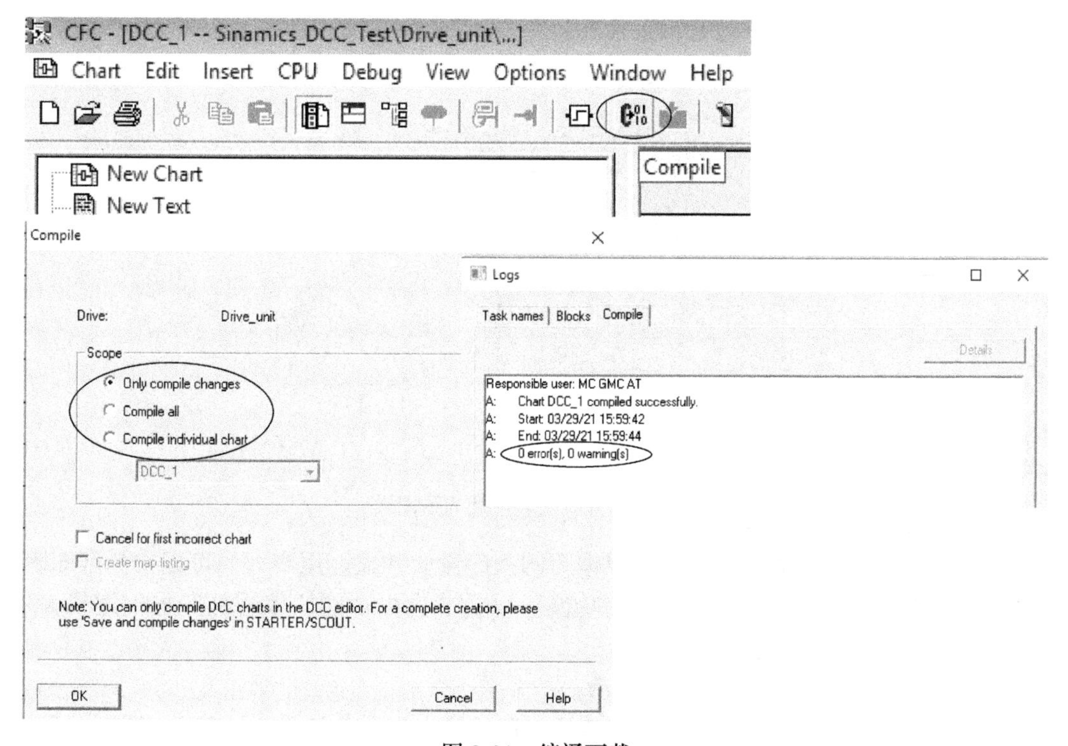

图 3-81　编译下载

① 在 DCC 编辑器中单击编译“Compile”按钮。

② 选择编译方式，有三种编译方式：只编译更改的部分、编译全部、编译单独的图表。

③ 编译日志中会显示编译错误。

3. DCC 编辑器编程示例

DCC 图表有三种形式，基本图表（Basic Chart）、子图表（subchart）、分区图表（chart partition），每个驱动对象只能插入一个基本图表，即在驱动对象下插入的是基本图表；每个基本图表包含 26 个分区图表，以字母 A, B, C…命名；每个分区有 6 页，如图 3-82 所示。每页都可使用子图表，而每个子图表又有自己的分区图表，最多可以嵌套 7 层子图表，如图 3-83 所示。

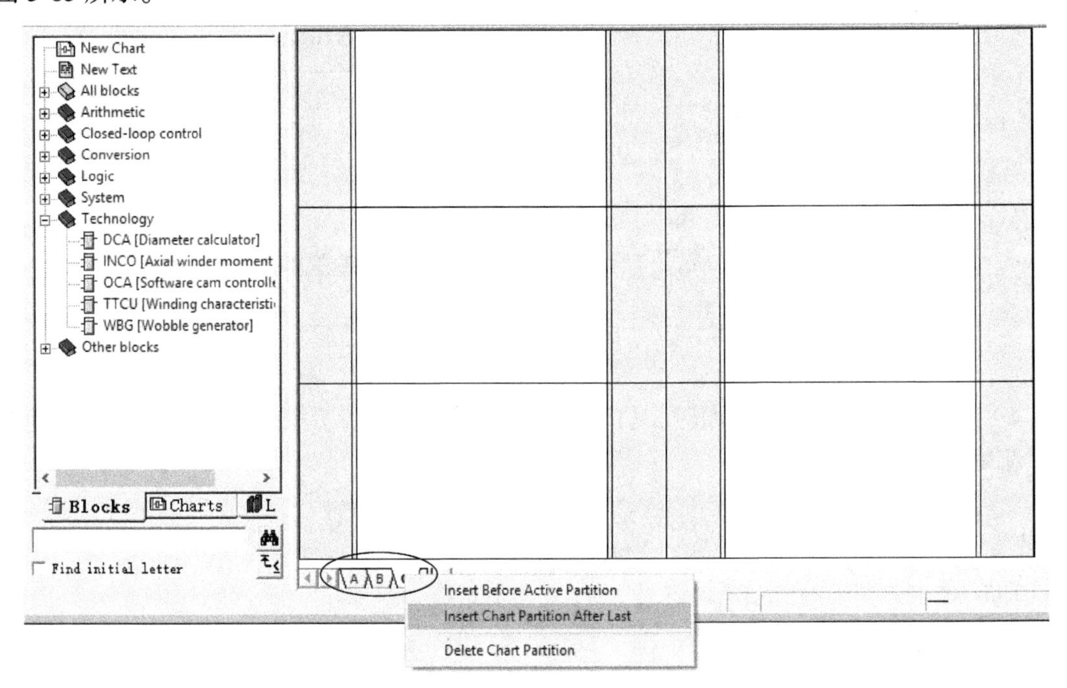

图 3-82　子图表和分区图表

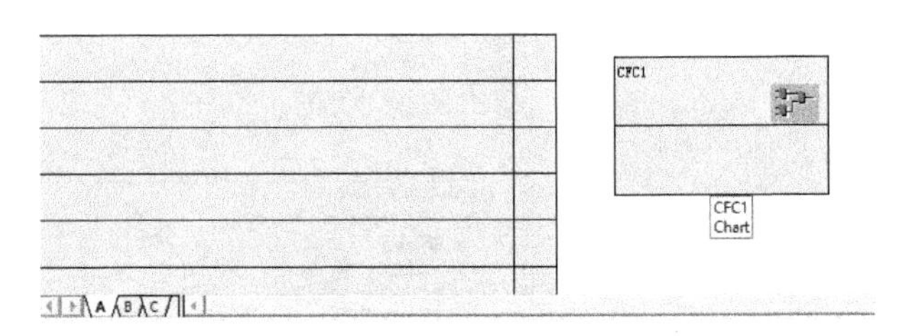

图 3-83　分区图表内插入子图表

从图表的设置可以看出，DCC 可以编写的程序量非常大。用户开始可以在分区图表内通过搭建不同的功能块实现不同的控制功能。以上节自由功能块编写的开抱闸逻辑为例，其采用 DCC 编程的主要步骤如下：

1）编写功能块逻辑：如图 3-84 所示。

① 在左边的功能库中选择需要的功能块，通过拖曳的方式拉入右边的分区图表中。

② 选择“New Text”插入文本，作为功能块或图表的注释。

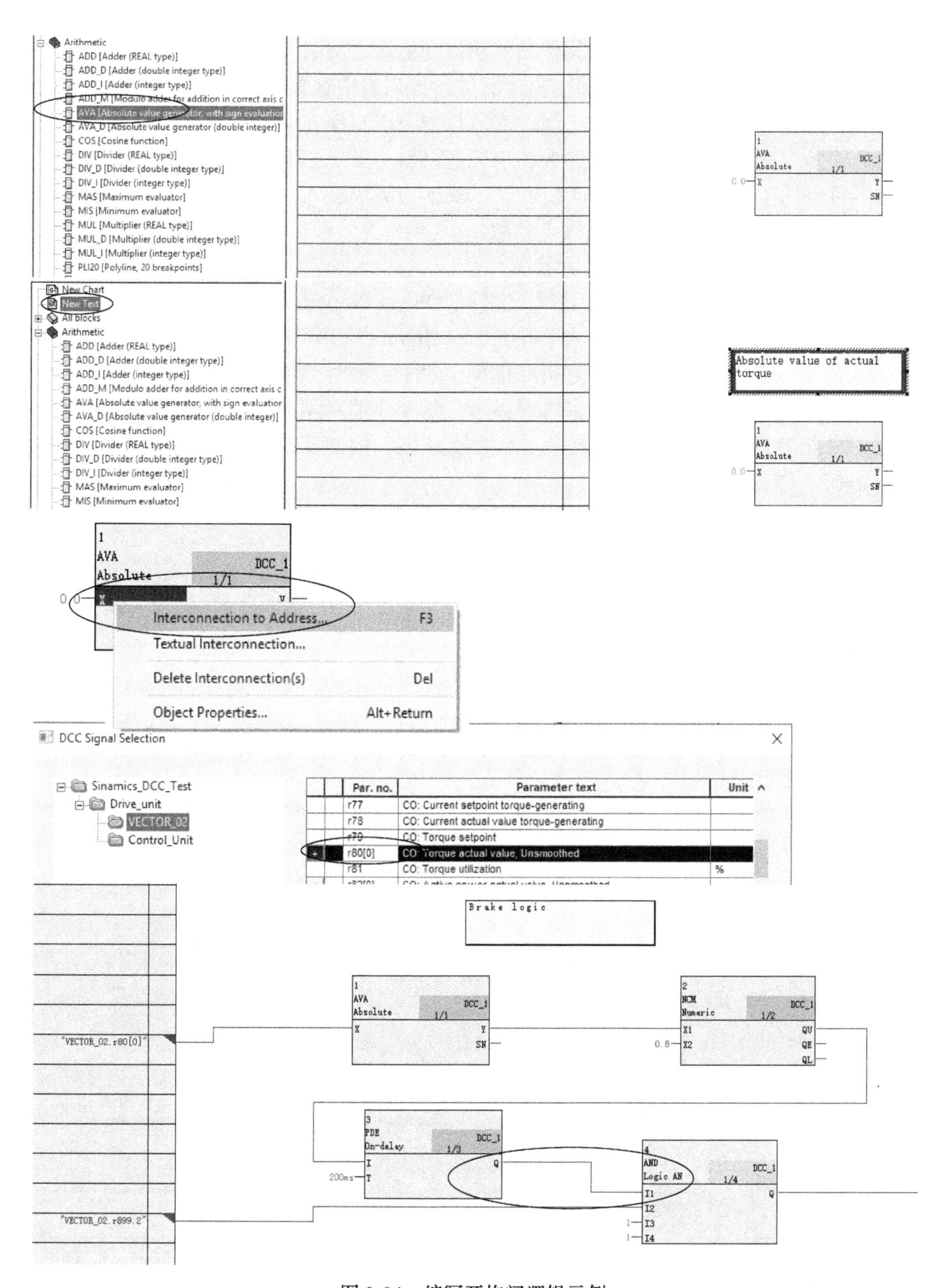

图 3-84　编写开抱闸逻辑示例

③ 右键单击输入或输出引脚，选择“Interconnection to Address”连接至相应的驱动参数。

④ 选择相应的驱动参数，此处为转矩实际值。

⑤ 采用同样的方式插入所需的其他功能块，功能块之间引脚互连。

2）功能块参数声明：为了能够在驱动器的参数列表中查看或修改 DCC 中的功能块参数，需要对其进行声明，于是用户在调试或运行中可以直接在驱动器的参数列表中，对相关的功能块参数进行修改。功能块参数的声明有两种方式：直接赋值型和 BICO 型，直接赋值型不可以用于参数互连而 BICO 型可以，根据功能块输入输出的不同，其在参数列表中生成相应的 P（可修改）和 r（只读）参数。

功能块参数声明步骤如图 3-85 所示：

① 右键单击需要声明的功能块引脚，选择“Object Properties”属性栏。

② 在“Comment”注释栏中输入“@02 NCMInput2”，其中 @ 为参数定义符，02 为参数号，NCMInput2 为参数名，此为直接赋值型。每个参数号只能用一次，编程时并不会监测到参数号重复使用，但编译时会有错误提示。每个驱动对象都有一个参数段为自定义参数预留，始自 21500，在该声明参数中，参数号为 02，因此其在驱动对象中生成的参数号为 21500+02，即 21502。

③ 在 @ 后加入 * 号表示 BICO 型参数声明。

④ 声明后驱动器内的参数列表。

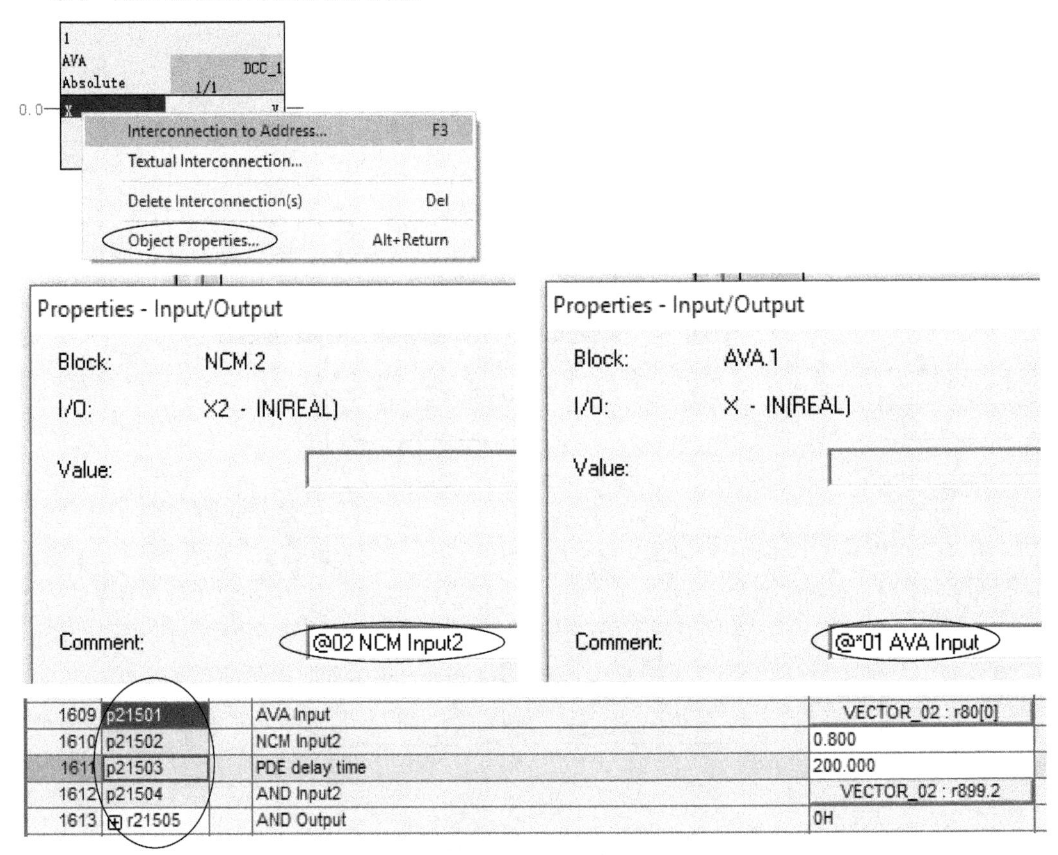

图 3-85　功能块参数声明

3）分配执行组：按照上节介绍的分配执行组即可，每新建一个基本图表，系统都会自动建立一个与之同名的执行组，这个基本图表内的所有块都自动地分配到该执行组，通常情况下，功能块的插入顺序即为该执行组内功能块的执行顺序。

为了降低驱动系统运算负荷，可能需要在一个 DCC 程序下设置多个执行组，将动态要求不高的功能块放在采样时间较长的执行组，每个基本图表可最多分配 10 个执行组，插入新的执行组其步骤如图 3-86 所示。

① 在 DCC 编辑器内单击“Run Sequence”。

② 右键单击相应的 DCC 基本图表，选择“Insert Runtime Group”，插入执行组。

③ 将某些动态要求不高的功能块拖入新的执行组 Logic。

④ 设定执行组采样时间时即出现新的执行组“Logic”。

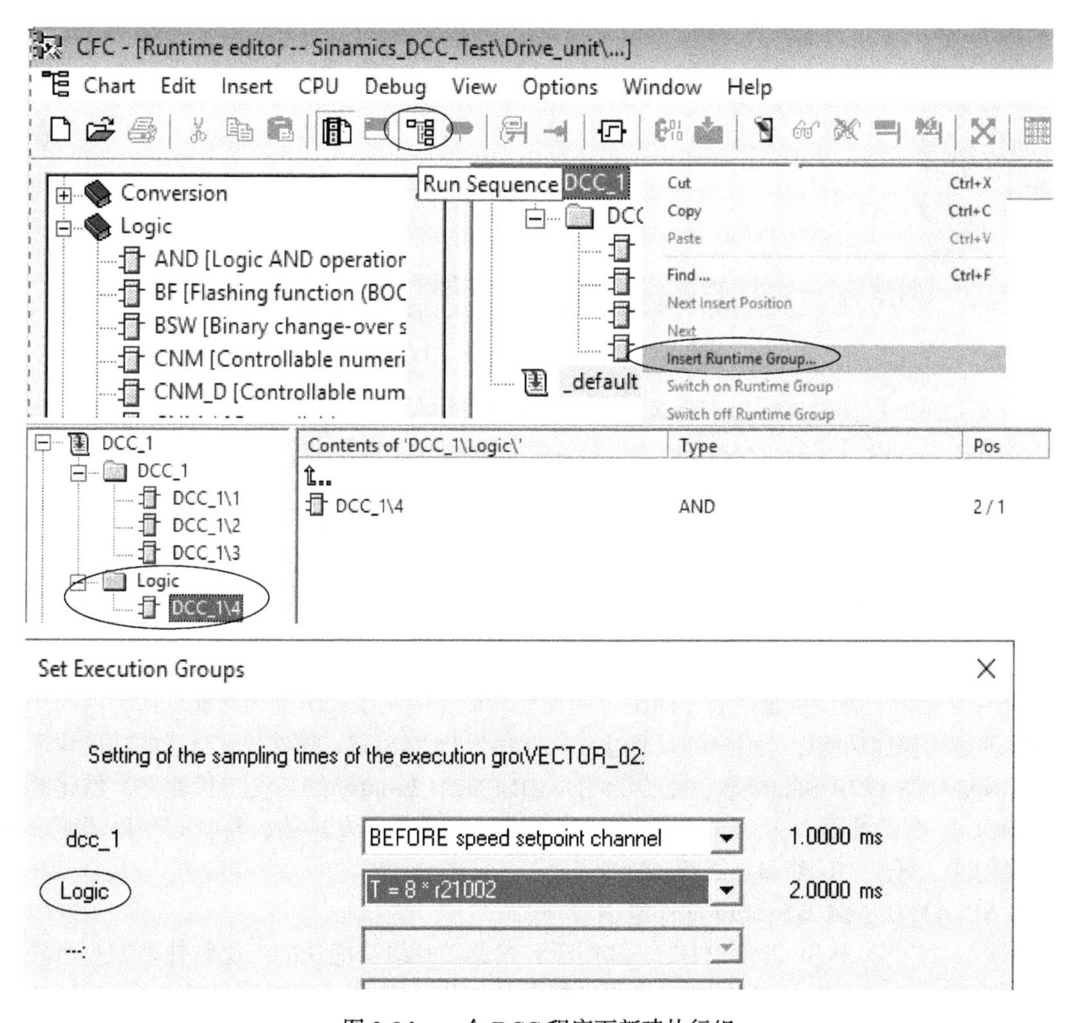

图 3-86　一个 DCC 程序下新建执行组

4）运行结果：由于实验设备的电机都是空载，其实际转矩很小，因此在测试中采用给定速度作为电机实际转矩的替代，可以在参数列表中直接修改，如图 3-87 所示。应注意的是与自由功能块相同，其比较值都会转化为参考值的百分比，该例中参考速度值为 2000r/min，因此其逻辑为当给定速度大于 0.2 即 400r/min 时，经过延时 200ms 后输出到抱闸继电器，其运行结果如图 3-88 所示。

1609	p21501	AVA Input	VECTOR_02 : r62
1610	p21502	NCM Input2	0.200
1611	p21503	PDE delay time	200.000
1612	p21504	AND Input2	VECTOR_02 : r899.2
1613	⊞ r21505	AND Output	0H

图 3-87 DCC 开抱闸逻辑测试参数

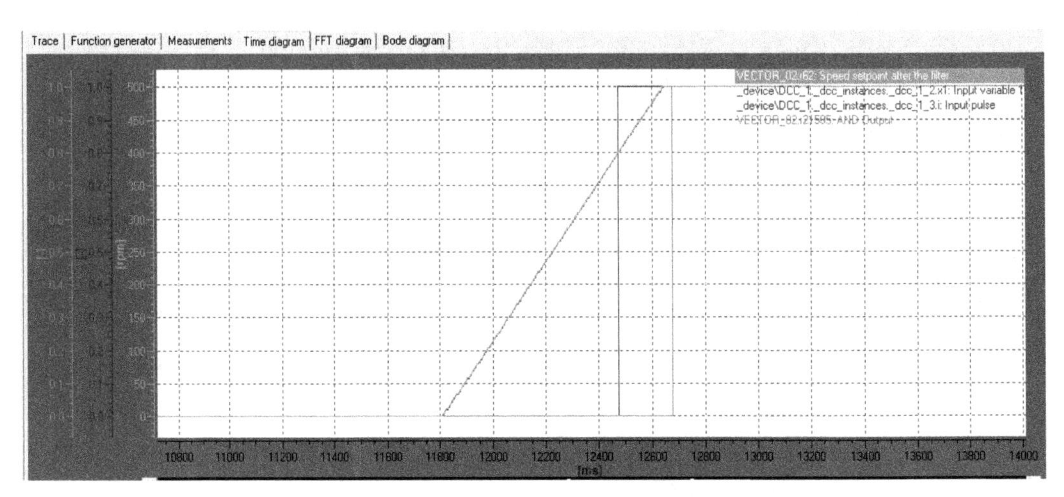

图 3-88 DCC 开抱闸逻辑运行结果

通过上面的示例可以看出，DCC 相比于自由功能块更方便、更直观，其功能也远比自由功能块强大。西门子公司也在 DCC 平台开发了众多运动控制功能库，例如定位控制、电子齿轮 / 凸轮控制、飞剪、飞锯、收放卷等。这些运动控制功能库的介绍、库文件、示例程序等都可以在西门子技术支持网站下载。运动控制功能通过 DCC 在驱动系统就地处理，可以节省上位控制器资源，提高控制器整体性能，并且支持模块化运动控制系统概念。

3.6.3 通过 SINAMICS DCB Studio 软件创建 DCC 功能块库

上一节介绍了驱动控制图表（DCC）的强大功能，提供了众多标准功能块库和西门子公司开发的运动控制功能库。用户可以通过 SINAMICS DCB Studio 软件开发自己的功能块库。

SINAMICS DCB Studio 软件是专为用户创建 DCB Library 的工程工具软件，创建的块作为 DCB 扩展库可用于在 DCC 的程序开发。该软件提供了友好的、易学的编程环境，同时提供创建、开发、诊断和测试等功能。

1. SINAMICS DCB Studio 软件概述

SINAMICS DCB Studio 软件是一款用于开发驱动高级功能块的工程软件，用户可用该软件创建属于自己专有技术的 DCB（驱动控制块）库，并且可以编写各种功能的 DCB 功能块，这些功能块可以在 SINAMICS DCC 编程环境中作为扩展功能块导入并且使用。

SINAMICS DCB Studio 软件基于 Eclipse 编程环境，采用通用的 C/C++ 高级语言，主要特点如下：

- 程序块使用 C/C++ 高级语言编写；
- 可为程序块创建在线帮助，使用基于博图 SINAMICS DCC 版本时，还可以创建中文帮助文件；

- 可以离线调试，对程序进行异常分析；
- 利用程序块生成 DCB 库；
- 通过压缩 DCB 库优化 DCC 库的性能；
- 自动进行功能块运行时间测量；
- 基于英语的编程环境。

此外，SINAMICS DCB Studio 软件的重要系统功能如下：

- 参数的读写与 DCB 标准库的 WRP 和 RDP 相当；
- 报警信息的触发、复位和查询与 DCB 标准库的 STM 块类似；
- 与 DCB 标准库相比，可使用 24 字节的 NVRAM 内存的保持存储区；
- 可读出 DCC 运行组的采样时间；
- 可读出控制单元 CU 的序列号；
- 可读出 CF 存储卡的序列号；
- 编写的 Functions 可作为 global function ；
- 支持更多的标准 C 语言的功能库（math.h,ctype.h,stdlib.h,string.h,stdio.h）。

SINAMICS S120 变频器在各种高级功能应用中，用到的 GMC Library 就是基于 SINAMICS DCB Studio 软件开发的，这是西门子公司为客户提供的，为客户打开了基于 SINAMICS S120 变频器驱动平台开发运动控制的新篇章。

目前，支持 SINAMICS DCB Studio 软件开发的 DCB 扩展库的硬件如图 3-89 所示。

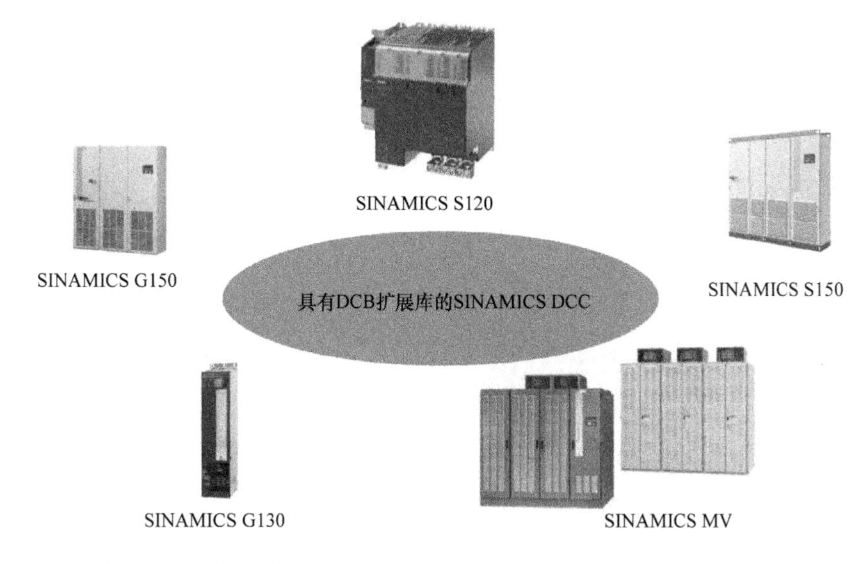

图 3-89　支持 SINAMICS DCB Studio 软件开发 DCB 扩展库的硬件平台

2. SINAMICS DCB Studio 软件应用与案例

1）软件界面：SINAMICS DCB Studio 软件提供人性化的编程界面，该界面是基于 Eclipse 编程环境，如图 3-90 所示。

2）建立项目：打开 SINAMICS DCB Studio 软件，单击“File”→“New”→“DCB Project”输入项目名称，如：logic。如图 3-91 所示。

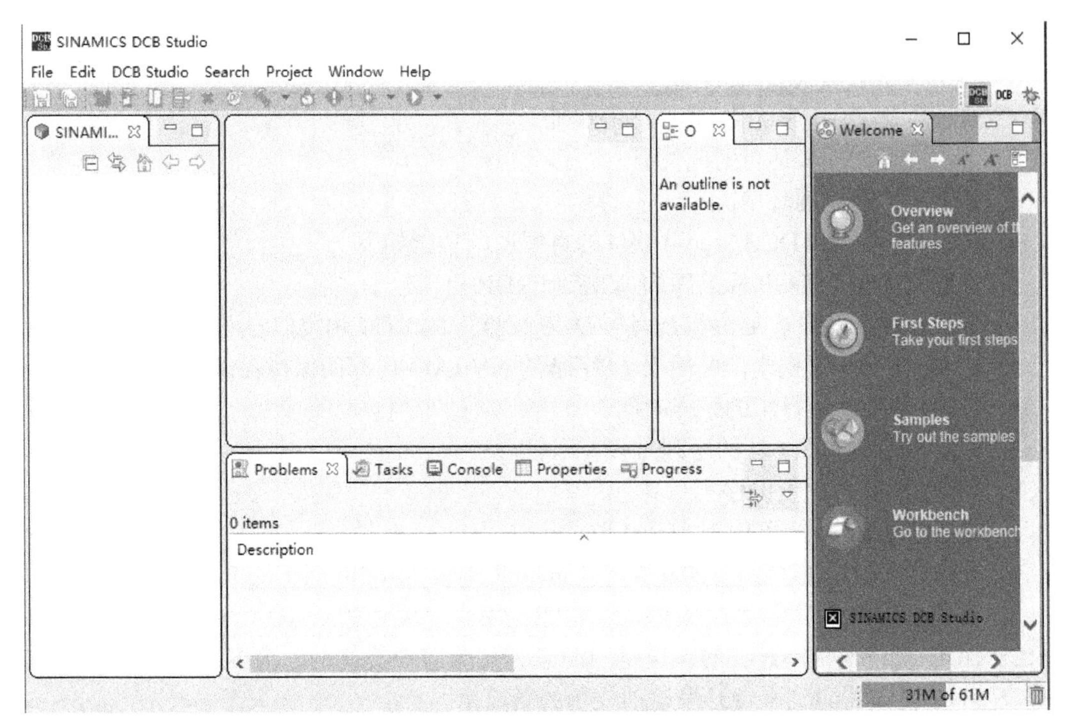

图 3-90　软件界面

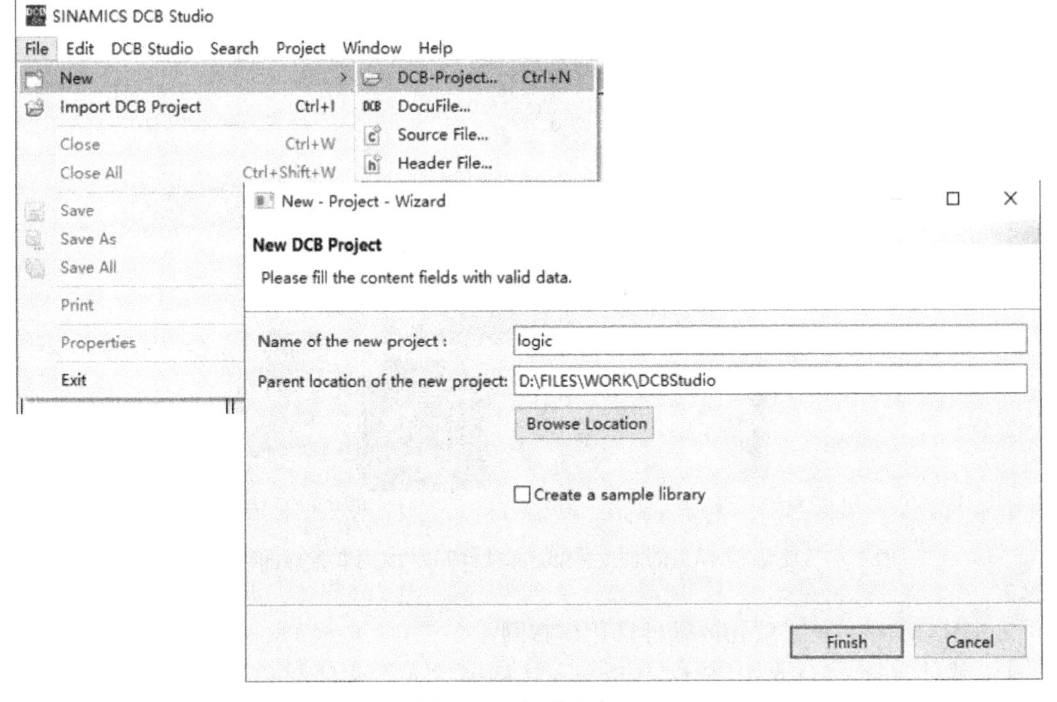

图 3-91　新项目建立

如果用户不熟悉 SINAMICS DCB Studio 软件的使用，通过勾选“Create a sample library”，还可以选择创建样例库，于是项目创建后会自动添加一个样例在里面，可以通过学习样例开发自己的 DCB 库。

3）在项目里面创建 Library 和 Block：SINAMICS DCB Studio 软件单击左侧项目视图的“USER”，右键选择“Add a new DCB Library”，弹出对话框后输入新的 Library 的名字，如：logic_libray，确定创建 DCB 库；右键单击“LIB:logic_libray”，选择“Add a Drive Control Block”，弹出的对话框后输入名称，如：“and”，可新建 DCB；具体步骤如图 3-92 所示。

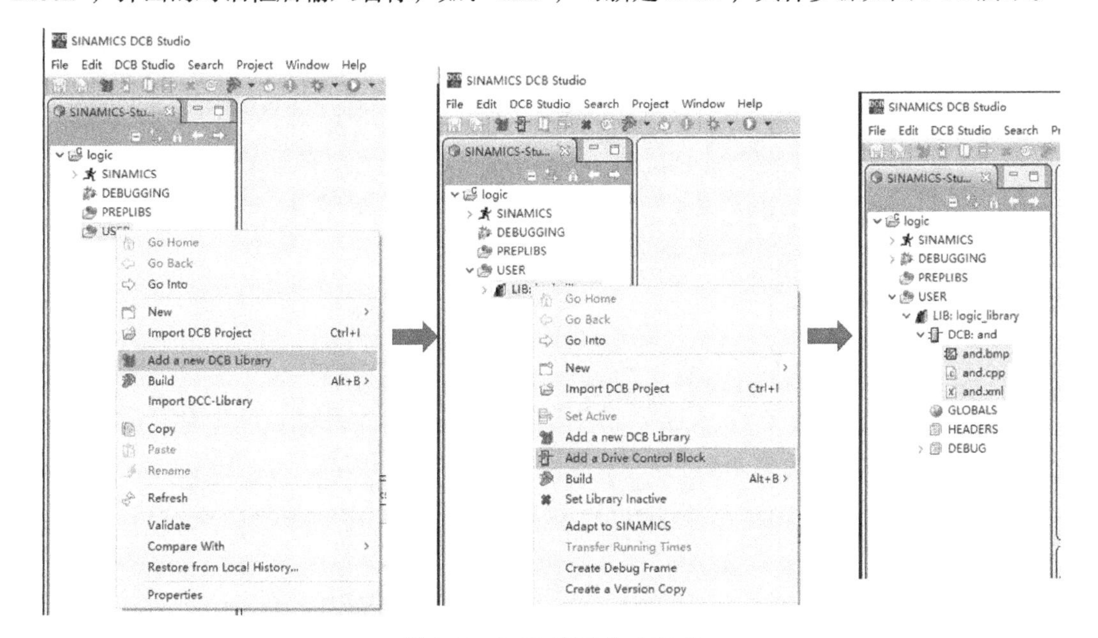

图 3-92　DCB 库以及 DCB 块

新建的 DCB 包含以下三个文件：

- and.bmp--- 定义 block 的图标。
- and.cpp--- 编写 block 程序代码。
- and.xml--- 定义 PINS，local data，calculation time。

新建的 DCB 的输入输出引脚是通过”and.xml”文件定义的，如图 3-93 所示，为 block 定义了三个引脚“IN1”“IN2”和“OUT”。

完成输入输出定义后，可以在 and.cpp 编写程序代码，本例中实现逻辑“与”功能如图 3-94 所示。

程序完成后可以进行离线编译，分析程序是否存在异常，如图 3-95 所示，右键单击左侧视图的“logic_library”，选择“Build”→“SINAMICS”，库就会进行编译。编译完成之后，在左侧视图中的“SINAMICS”选项中就会出现生成的库文件，如图 3-95 所示。

4）扩展库文件的导入和使用：生成的库文件可以在 SCOUT、STARTER 以及 SINAMICS DCC TIA 软件中进行安装，安装完成之后可以和西门子 SINAMICS S120 变频器高级应用一样，在编程中使用。

下面对在 TIA 博途软件中 SINAMICS DCC 导入扩展库进行简单说明。

第一步：新建 portal 项目

在项目左侧视图中双击“添加新设备”，添加 SINAMICS S120 变频器设备，如图 3-96 所示。

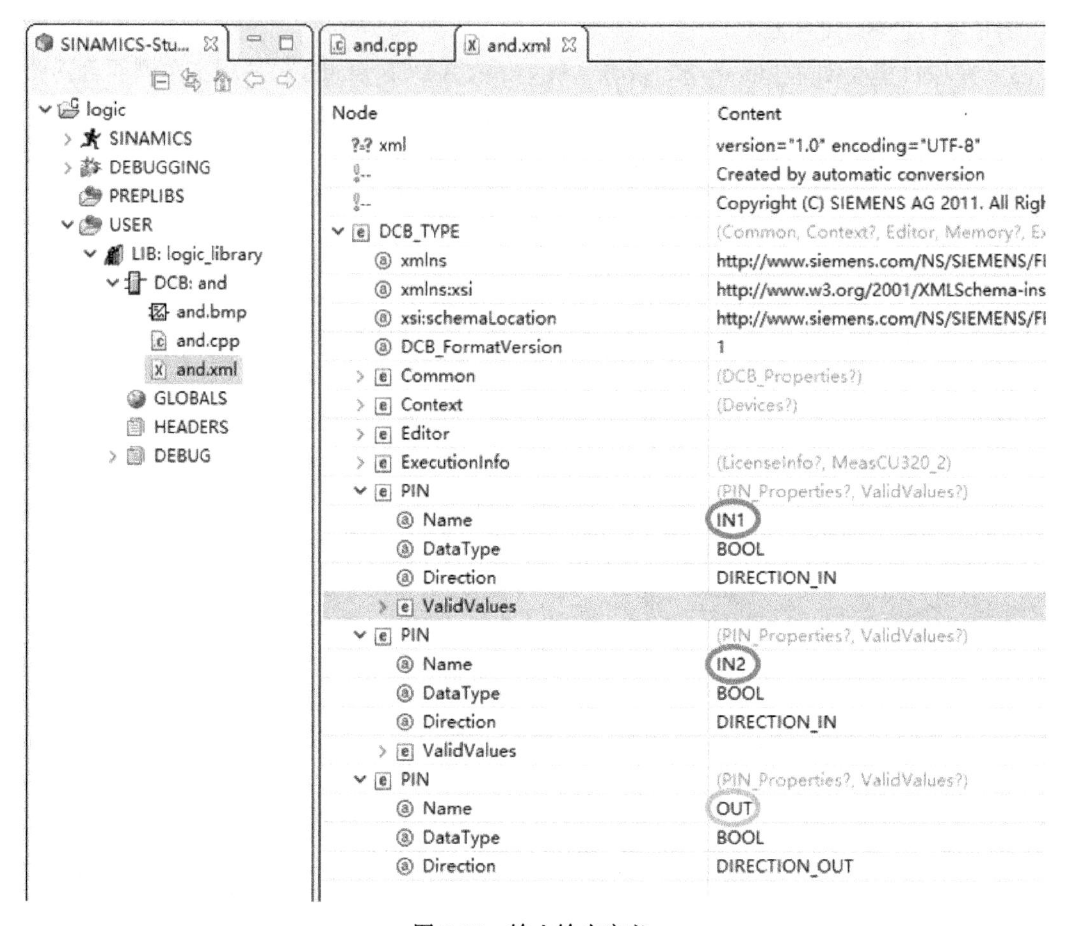

图 3-93 输入输出定义

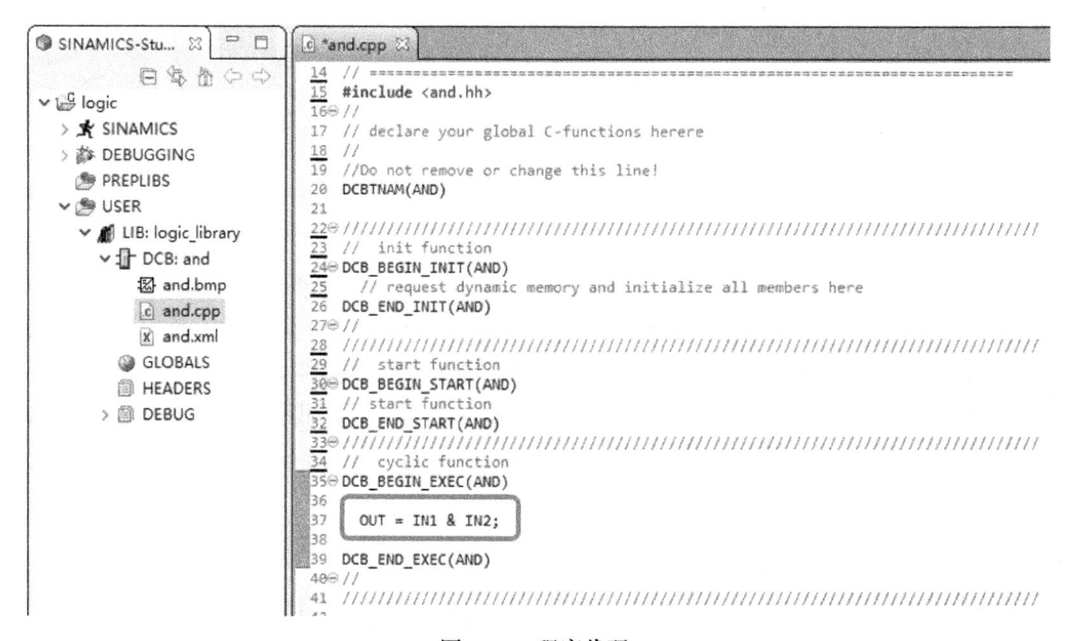

图 3-94 程序代码

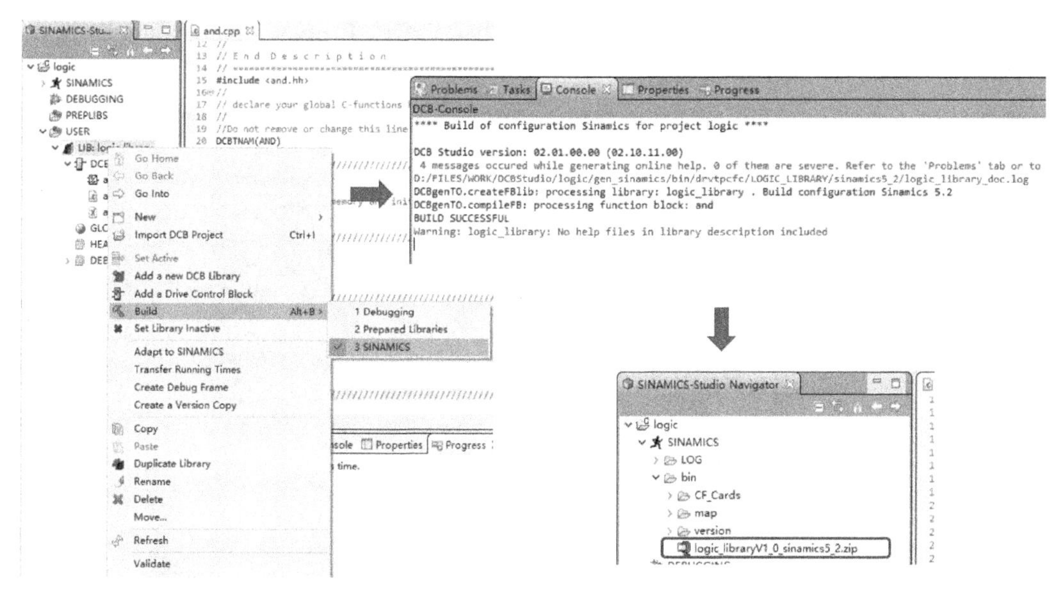

图 3-95 离线编译

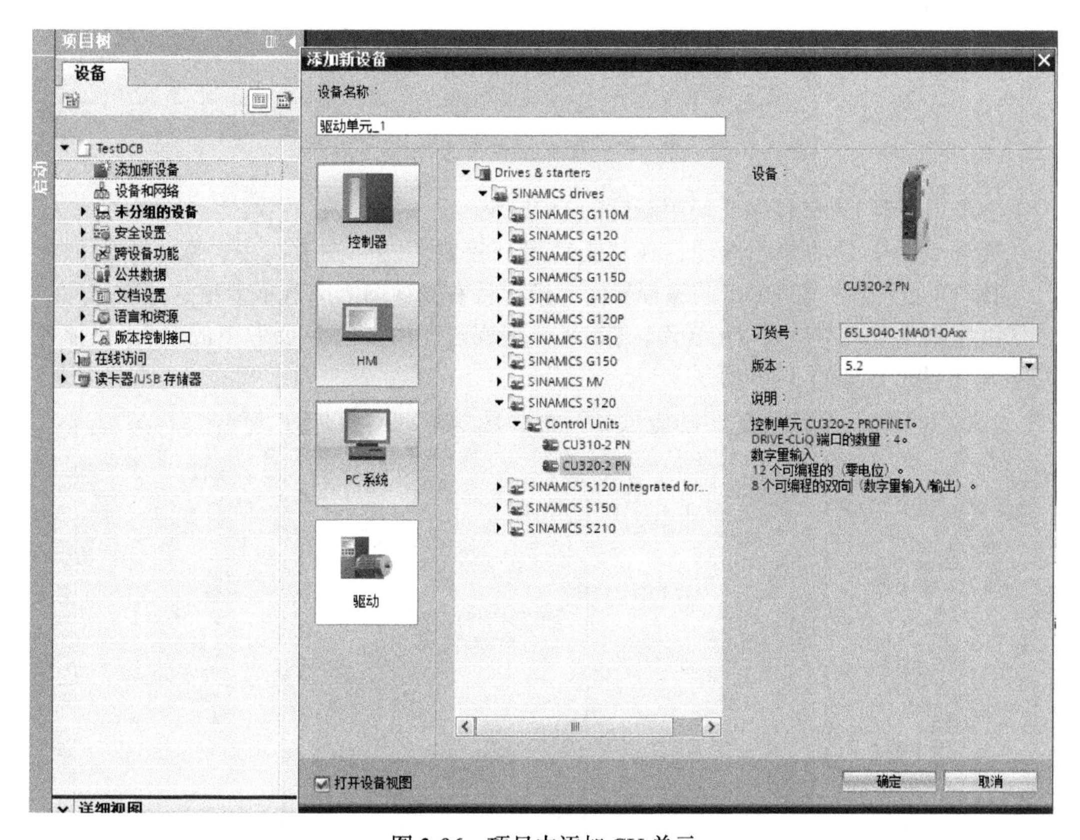

图 3-96 项目中添加 CU 单元

第二步：导入 DCB 扩展库

在项目右侧视图中，选择“库”选项，在项目库视图中右键单击“项目库”，选择“正在导入 DCB Extension 库…”，在弹出的导入扩展库的窗口中，选择 SINAMICS DCB

Studio 软件生成的 zip 格式的库文件，路径一般为“..\< 项目 >\gen_sinamics\bin”，选择库文件后单击“打开”，如图 3-97 所示。

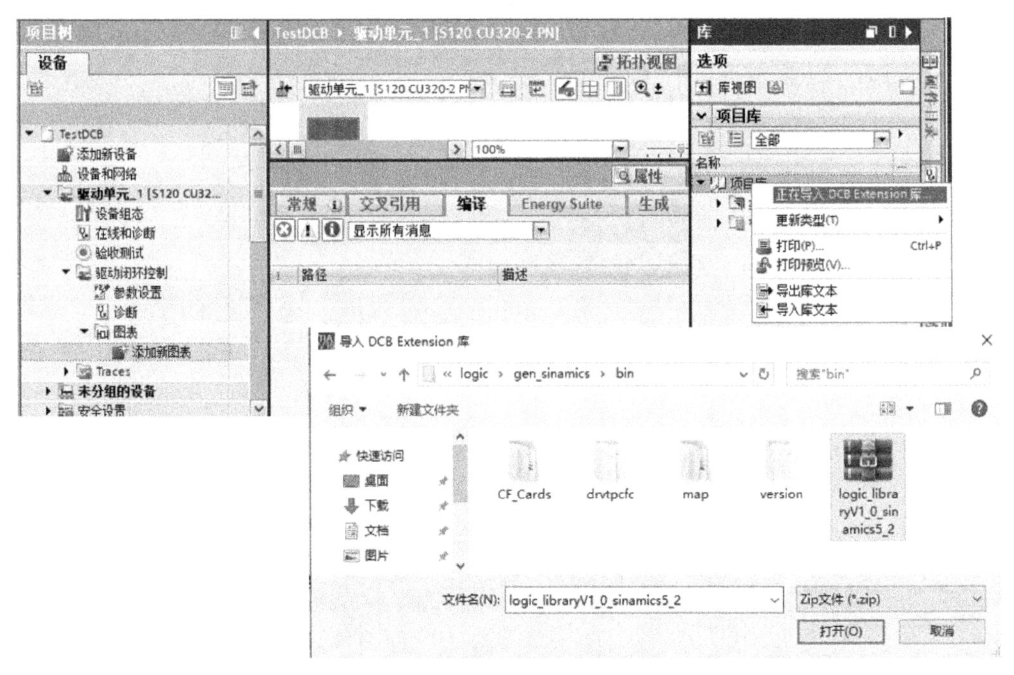

图 3-97　导入 DCB 扩展库

第三步：新建 DCC 程序，调用新建的 DCB 块

在展开项目中驱动单元选项，在“驱动闭环控制”→“图表”中，双击“添加新图表”，创建 DCC 程序，在 DCC 的编程界面，把项目右侧视图的库选项卡中的“项目库”展开，可以看到第二步导入的 DCB 库，在 DCC 编程过程中，将扩展库中的 DCB 块拖拽到 DCC 程序中即可，如图 3-98 所示。

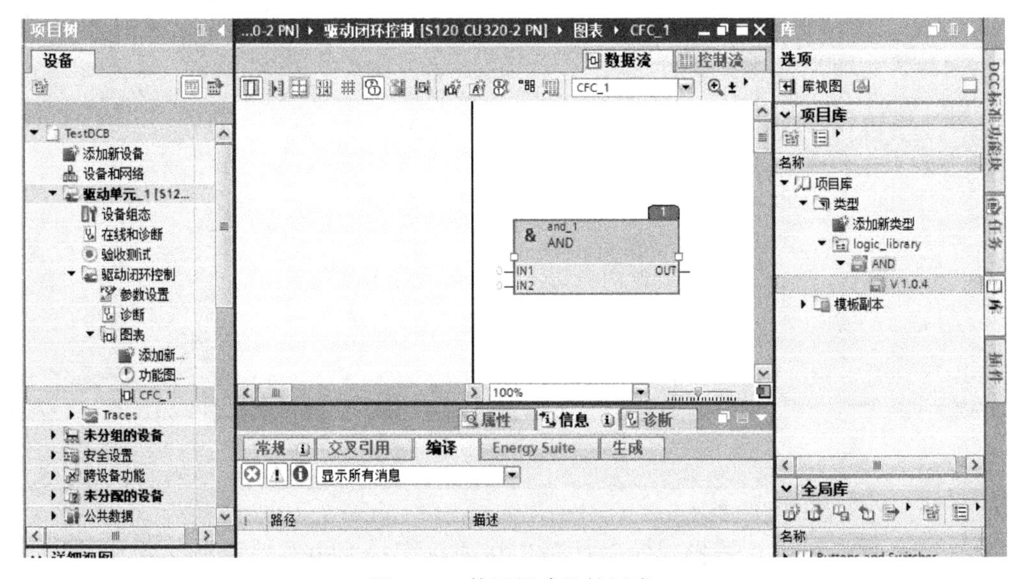

图 3-98　使用新建的扩展库

第4章 基于系统的运动控制功能

第3章介绍了在运动控制系统中常用的驱动系统内部集成的功能，由于驱动系统的性能和运算能力有限，并不能满足复杂运动控制系统的需求，因此大部分运动控制系统都需要有单独的运动控制器。运动控制器主要分为三类，一类是专用的运动控制器，例如西门子SIMOTION系列，另一类是基于PC的Open controller，例如西门子的S7 1515SP系列，最后一类是PLC。专用控制器在风电、光伏、机器人、成型机械等行业应用广泛，PC-based运动控制器在电子、电池等行业广泛应用，PLC在冶金、橡胶、汽车等行业大量应用。

运动控制器一般包括运动轨迹规划和位置反馈闭环，运动轨迹规划实际是设置运动对象在整个运动过程中的速度、加速度、加加速度、位置等的运动轨迹，最优的运动轨迹不但可以改善运动对象运行的精度，而且还可以降低运动对象对转动系统以及机械传递元件的要求。本章将从运动控制系统层面介绍运动控制常用的一些功能。

4.1 定位功能

定位功能是运动控制系统最基本、最常用的功能，在第3章已经介绍了有关集成在驱动器内的定位功能。本节将从运动控制系统层面介绍两种类型的定位功能，一种是基于驱动系统内部集成的定位功能，通过运动控制器控制驱动内的定位控制；另一种是基于运动控制器的定位功能，定位控制借助于运动控制器，在驱动器内未集成位置环。

4.1.1 驱动器内集成的定位功能

在3.4章节已介绍了集成在驱动系统内的定位控制，本节将介绍如何通过上位控制器控制驱动系统内的定位控制。在驱动器内部激活基本定位功能（Epos）后，可以通过上位的控制器实现系统的定位功能。以西门子S7-1500和SINAMICS V90为例，基于控制器侧控制程序、驱动器侧参数定义以及它们之间的通信报文类型，通常有以下三种方式：

1）调用西门子标准功能块FB284，通信用西门子标准111报文；

2）编程人员根据需要来写程序，调用通用功能块，通信用西门子标准111报文；

3）通过PLC S7-1500创建TO，通信用西门子标准105报文。

本节主要以1）、3）为例来讲解定位功能。

功能块FB284是西门子应用工程师基于S7-1500和标准111报文开发的定位专用功能块，是对SINAMICS驱动器内置的基本定位器（EPOS）进行控制。该功能块可以控制驱动系统内基本定位器的所有功能，包括设置零点、主动回零、被动回零、相对定位、绝对定位、设置模式、点动、点动增量、程序步等，其功能块引脚如图4-1所示。

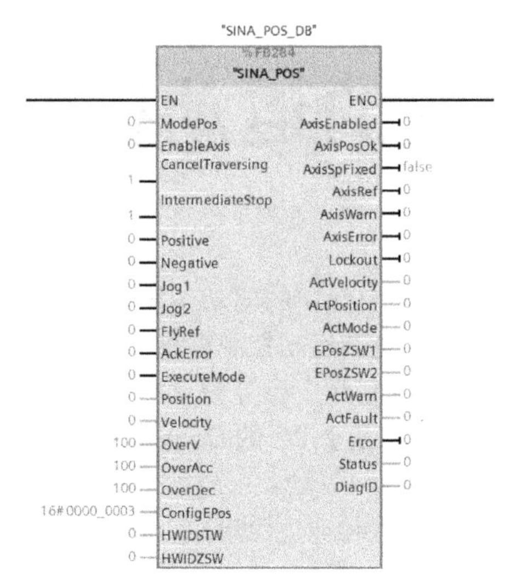

图 4-1 FB284 引脚

1. FB284 的输入接口

输入接口包括 19 个不同数据类型的输入，功能块的初始配置期间，这些输入均设置有初始值。详细说明见表 4-1。

表 4-1 FB284 输入接口说明表

输入信号	类型	默认值	含 义
ModePos	INT	0	运行方式： 1 = 相对定位 2 = 绝对定位 3 = 根据设置执行定位 4 = 回参考点过程 5 = 设置回参考点位置 6 = 运行程序段 0 - 15/63（G120/S120） 7 = 点动 8 = 点动增量
EnableAxis	BOOL	0	开关指令：0 = OFF1，1 = ON
CancelTraversing	BOOL	1	0 = 拒绝激活状态的运行作业，1 = 不拒绝
IntermediateStop	BOOL	1	0 = 激活状态的运行指令中断，1 = 无中间停止
Positive	BOOL	0	正方向
Negative	BOOL	0	负方向
Jog1	BOOL	0	Jog 信号源 1
Jog2	BOOL	0	Jog 信号源 2
FlyRef	BOOL	0	0 = 取消主动回参考点，1 = 选择主动回参考点
AckError	BOOL	0	故障应答
ExecuteMode	BOOL	0	激活运行作业 / 接收设定值 / 激活回参考点功能
Position	DINT	0[LU]	适用于运行模式“直接设定值指定 /MDI”的位置设定值（单位 [LU]）或适用于运行模式“运行程序段”的运行程序段编号
Velocity	DINT	0[LU/min]	MDI 运行模式所适用的速度（单位 [LU/min]）

（续）

输入信号	类型	默认值	含　义
OverV	INT	100[%]	所有运行模式的速度倍率有效：0~199%
OverAcc	INT	100[%]	加速度倍率有效 0~100%
OverDec	INT	100[%]	减速度倍率有效 0~100%
ConfigEPos	DWORD	3h	请参见相对定位
HWIDSTW	HW_IO	0	设定值槽中 S7-1200/1500 PLC 上的符号名称或硬件 ID，该硬件 ID 位于设备视图或系统常量的模块属性中
HWIDZSW	HW_IO	0	实际值槽中 S7-1200/1500 PLC 上的符号名称或硬件 ID，该硬件 ID 位于设备视图或系统常量的模块属性中

HWIDSTW是通信连接的标识符，必须与硬件组态中的报文硬件标识符一致，如图4-2所示。

西门子报文 111, PZD-12/12 ; 伺服 [SIEMENS telegram 111, PZD-12/12; SERVO]

常规　IO 变量　系统常数　文本

显示硬件系统常数

名称	类型	硬件标识符
SINAMICS-S120-CU320-2PN~DO_伺服_1~西门子报文111__PZD-12_12 : 伺服	Hw_SubModule	269

图 4-2　硬件标识符设置

在输入端口中，主要有控制信号、设定数据及硬件标识符等，这些信号将完成对驱动器的行为控制，如：启动 / 停车、速度快慢及方向、位置等，下面将重点介绍两个常用且很重要的端口信号：ModePos 和 ConfigEPos。

（1）ModePos

用于选择激活不同的基本定位器功能，共有 8 种模式选择，每个模式之间的关系如图 4-3 所示。有些模式之间可以互相切换，如果选择了不能互相切换的模式，轴会处于停止状态。图 4-3 为各个模式间切换可能性的原理图。

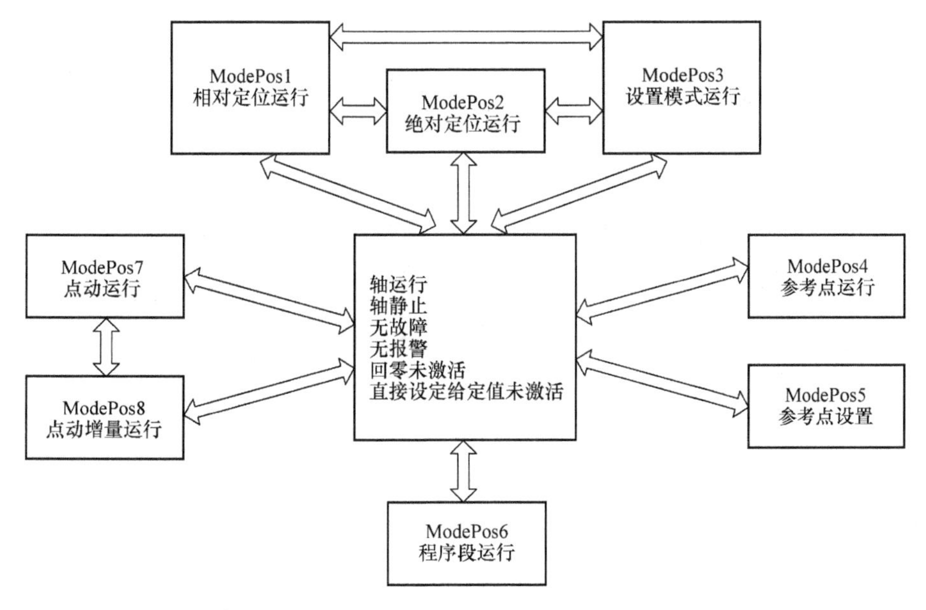

图 4-3　ModePos 切换

（2）ConfigEPos

用于基本定位功能的信号控制，例如：OFF2/OFF3、EPOS 的连续设定值输入等，其数据类型为 Dword，各个位的含义见表 4-2。

表 4-2　信号控制表

ConfigEPos	含　义	PZD	驱动中的互联（报文 111）	默认值
位 0	OFF2（1= 无脉冲禁用）	1	r2090.1=p844[0]	1
位 1	OFF3（1= 无斜坡停止）	1	r2090.2=p848[0]	1
位 2	软限位开关（激活 =1）	3	r2092.14=p2582	0
位 3	停止挡块（激活 =1）	3	r2092.15=p2568	0
位 4	测头输入边沿评估	3	r2092.11=p2511[0]	0
位 5	测头输入选择	3	r2092.10=p2510[0]	0
位 6	信号源参考标记	3	r2092.2=p2612	0
位 7	外部程序段切换（通过总线）	1	r2090.13=p2633	0
位 8	连续设定值接收 MDI（激活 =1）	2	r2091.12=p2649	0
位 9	DDS 位 0	4	r2093.0=820[0]	0
位 10	DDS 位 1	4	r2093.1=821[0]	0
位 11	DDS 位 2	4	r2093.2=822[0]	0
位 12	DDS 位 3	4	r2093.3=823[0]	0
位 13	DDS 位 4	4	r2093.4=824[0]	0
位 14	驻停轴已选定	4	r2093.7=p897	0
位 15	—	—	—	—
位 16	预留 - 可按需使用	1	r2090.14	0
位 17	预留 - 可按需使用	1	r2090.15	0
位 18	预留 - 可按需使用	2	r2091.6	0
位 19	预留 - 可按需使用	2	r2091.7	0
位 20	预留 - 可按需使用	2	r2091.11	0
位 21	预留 - 可按需使用	2	r2091.13	0
位 22	预留 - 可按需使用	3	r2092.3	0
位 23	预留 - 可按需使用	3	r2092.4	0
位 24	预留 - 可按需使用	3	r2092.6	0
位 25	预留 - 可按需使用	3	r2092.7	0
位 26	预留 - 可按需使用	3	r2092.12	0
位 27	预留 - 可按需使用	3	r2092.13	0
位 28	预留 - 可按需使用	4	r2093.5	0
位 29	预留 - 可按需使用	4	r2093.6	0
位 30	预留 - 可按需使用	4	r2093.8	0
位 31	预留 - 可按需使用	4	r2093.9	0

例如激活连续设定值输入功能，则各个位需要设置为 00000000000000000000000010000011，需要输入的字就是 103H，正常情况下需要 OFF2/OFF3 置 1，即输入为 3H。

相对定位模式下不能选择连续给定值输入功能，否则驱动会报故障 F7488，如图 4-4 所示。

Level	Time [dd.mm.yy h:m:s:ms]	Source	Component	Message
Fault	11.02.00 14:08:22:676	Drive_unit_1 : SERVO_02	--	7488 : EPOS: Relative positioning not possible

图 4-4　连续模式下相对定位故障

其余输入端口与常用的定位功能无异，不做过多介绍。

2. FB284 的输出接口

FB284 的输出接口可显示运动对象的一些运动状态，方便用户监控、维护，其具体含义见表 4-3。

表 4-3　FB284 输出接口说明表

输出信号	类型	默认值	含　义
AxisEnabled	BOOL	0	驱动已准备就绪，可以接通
AxisPosOk	BOOL	0	已到达轴目标位置
AxisSpFixed	BOOL	0	1 = 设定值固定 （注意：信息取决于 SINAMICS 固件： SINAMICS S/G120 FW <4.8/<4.7.9 传输参数 r2199.02. SINAMICS S/G120 FW ≥ 4.8/ ≥ 4.7.9 传输参数 r2683.2 SINAMICS V90 PN 传输参数 r2683.2
AxisRef	BOOL	0	回参考点位置设置
AxisWarn	BOOL	0	驱动报警有效
AxisError	BOOL	0	驱动发生故障
Lockout	BOOL	0	禁止接通
ActVelocity	DINT	0	当前速度（标准化 40000000h = 100% p2000）
ActPosition	DINT	0[LU]	当前位置（单位 LU）
ActMode	INT	0	当前处于激活状态的运行模式
EPosZSW1	WORD	0	EPos ZSW1（二进制矩阵）状态
EPosZSW2	WORD	0	EPos ZSW2（二进制矩阵）状态
ActWarn	WORD	0	当前报警编号
ActFault	WORD	0	当前故障编号
Error	BOOL	0	1 = 存在组故障
Status	INT	0	16#7002：无故障 – 程序段正在运行 16#8401：驱动器故障 16#8402：禁止接通 16#8403：浮动回参考点功能无法启动 16#8600：DPRD_DAT 错误 16#8601：DPWR_DAT 错误 16#8202：选择的运行模式不正确 16#8203：设定值参数不正确 16#8204：选择的运行程序段编号不正确
DiagID	WORD	0	扩展通信错误 → SFB 调用错误

4.1.2 示例：西门子 S7-1200 PLC 控制 SINAMICS V90 伺服驱动器实现基本定位

首先需要在驱动系统中激活位置控制器并进行驱动系统的优化，各驱动器的驱动参数优化可参阅相关资料。

SINAMICS V90 伺服驱动器是西门子研发的基本型伺服驱动系统，其包括 SINAMICS V90伺服驱动器和SINAMICS S-1FL6伺服电动机如图 4-5 所示，其功率范围从0.05~7.0kW 以及单相和三相的供电系统，使其广泛应用于各行各业，同时该伺服系统可以与西门子 PLC 进行完美配合实现丰富的运动控制功能。

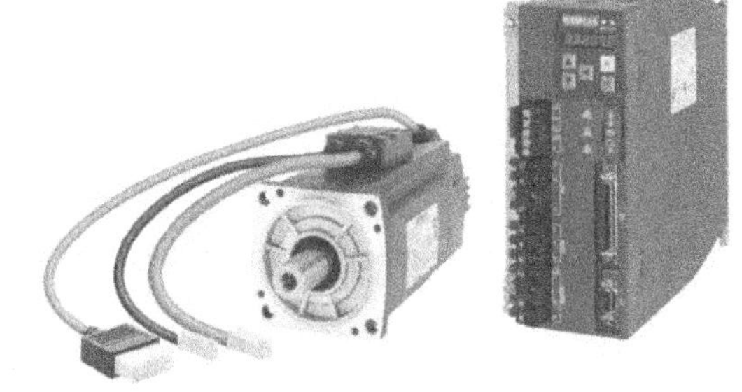

图 4-5 SINAMICS V90 伺服驱动系统产品外形

SINAMICS V90 伺服驱动器根据不同的应用可以选择脉冲序列版本或 PROFINET 通信版本。其内部集成了制动电阻，可消耗掉再生能量确保电动机能够快速停止，不需要额外的制动电阻即可满足大部分应用。由于其与前面介绍的 SINAMICS G120、SINAMICS S120 都在 SINAMICS 平台研发，因此其控制理念和调试思路与前面介绍类似，但调试与设置与前面介绍的 STARTER 差别较大。下面将简单介绍 SINAMICS V90 伺服驱动器的调试步骤。

1. SINAMICS V90 伺服驱动器的调试

1）打开 SINAMICS V90 伺服驱动器的专用调试软件 V-Assistant，选择在线模式，将控制模式选为“基本定位器控制（EPOS）”，如图 4-6 所示。

2）报文设置选择“111 ：西门子报文 111，PZD-12/12”，如图 4-7 所示。

3）选择一键优化。

4）选择 Copy ram to rom，将参数永久保存。

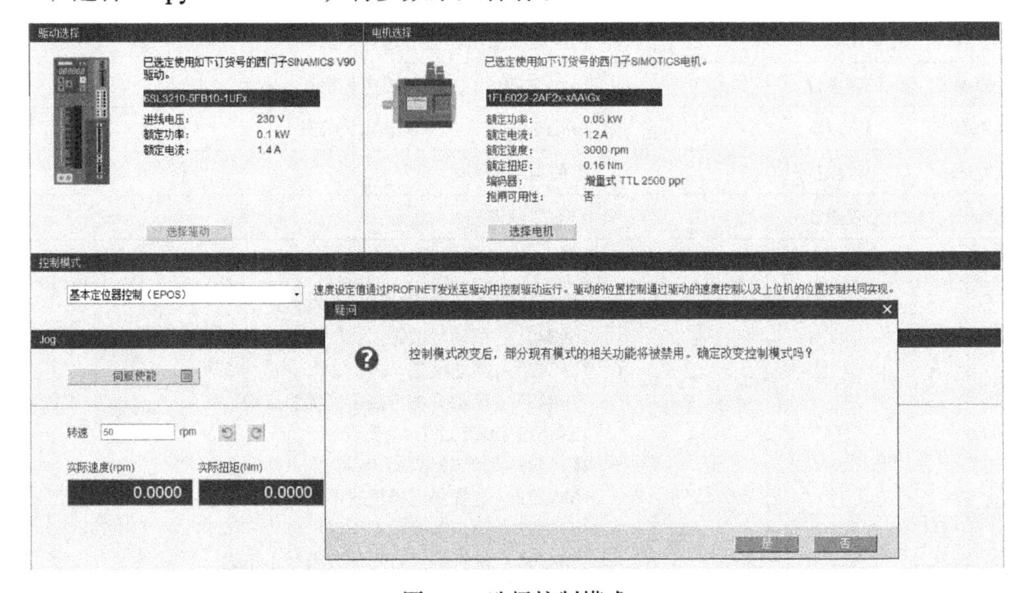

图 4-6 选择控制模式

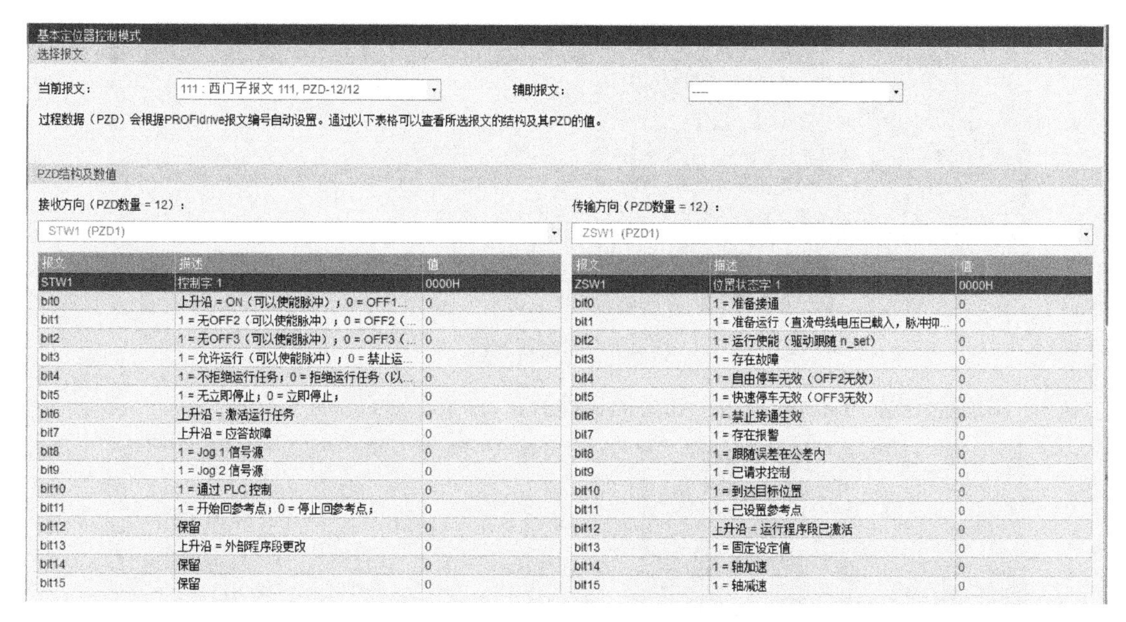

图 4-7　选择西门子报文 111

对于 SINAMICS V90 伺服驱动器的调试，可以利用自带的一键优化对驱动系统进行优化，但有时需要进行一些手动优化的调整，其优化思路与前面介绍一致，本节不再过多介绍。

2. S7-1200 PLC 的调试

调试 S7-1200 PLC 需要用到 TIA 博途软件，TIA 博途软件平台是西门子基于全集成自动化理念在自动化领域的新一代工程技术软件，它是业界第一款采用统一工程组态环境的自动化软件，它将所有自动化软件工具集成在统一的开发环境中，一个软件可以包含所有自动化任务。该系统架构在各种设备间建立连接并实现最大互操作性，通过直观化的用户界面、高效的导航设计以及可靠的技术实现周密整合的效果，全方位提高调试和生产效率。TIA 博途软件平台内包含所有控制器、人机界面和驱动器等。

TIA 博途软件平台采用标准界面设计，集成各种智能技术，TIA 博途软件中的每个软件编辑器均采用标准的外观版面和导航设计效果，无论是硬件配置、逻辑编程还是人机界面设计，功能、属性和库均根据所需的操作进行最直观的显示。

对于数据的处理，以往不同的软件工具数据无法共享，而 TIA 博途软件平台数据可以在各种编辑器之间轻松地传送，一个变量只需定义一次，即可供所有编辑器使用，整个项目具备最高程度的数据一致性、互用性、可重用性和透明性。

对于未来技术的发展，TIA 博途软件平台的设计采用了最佳方式，以便今后所有的软件开发都可以无缝集成。

下面将简单地介绍在本节中利用 TIA 博途软件调试 PLC 的步骤：

1）设置调试计算机 PG/PC 接口和本地 IP 地址，尽量与硬件设备 S7-1200 PLC IP 地址处于同一网段。

2）创建新项目，如图 4-8 所示，可在 TIA 博途软件中启动导航页面直接创建，也可在项目视图创建。

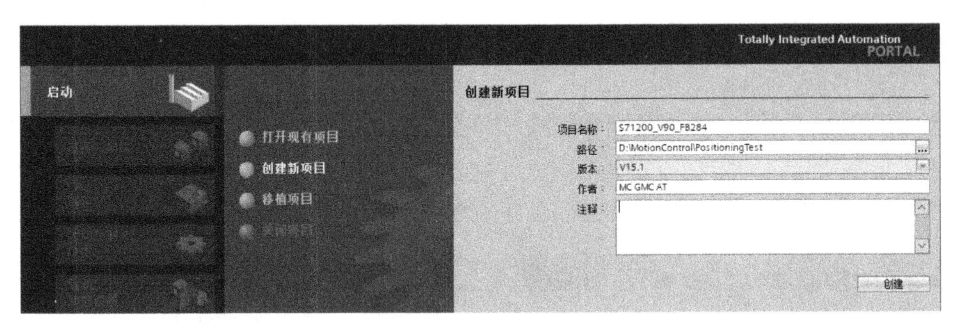

图 4-8　创建新项目

3）添加控制器 S7-1200 PLC，如图 4-9 所示。

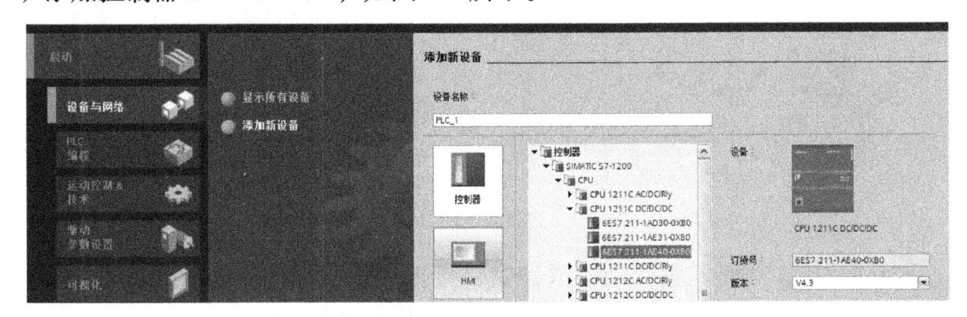

图 4-9　添加控制器 S7-1200 PLC

4）安装驱动 GSD 文件，如图 4-10 所示。

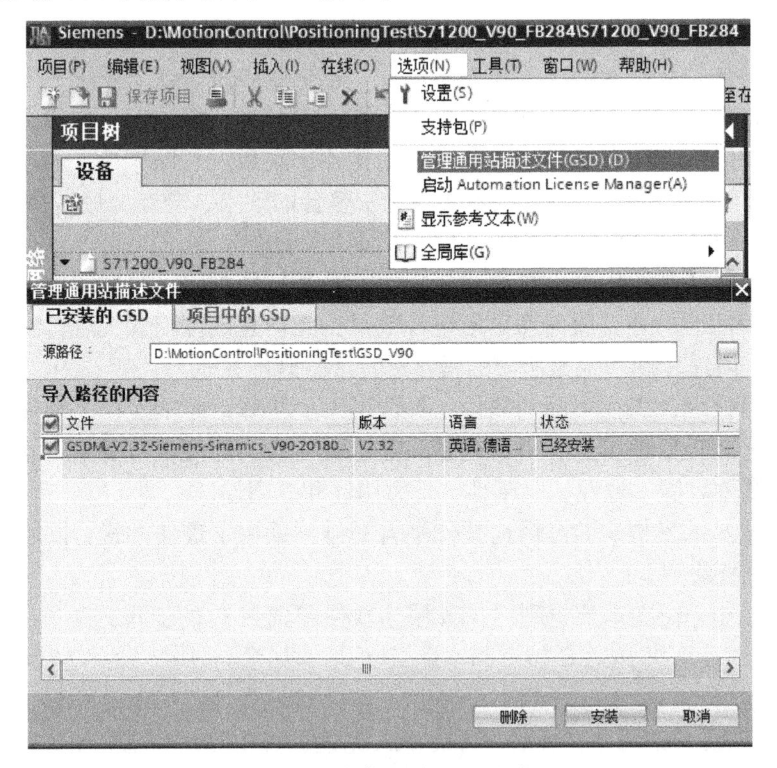

图 4-10　安装驱动 GSD 文件

5）在设备和网络中插入驱动设备，如图 4-11 所示。

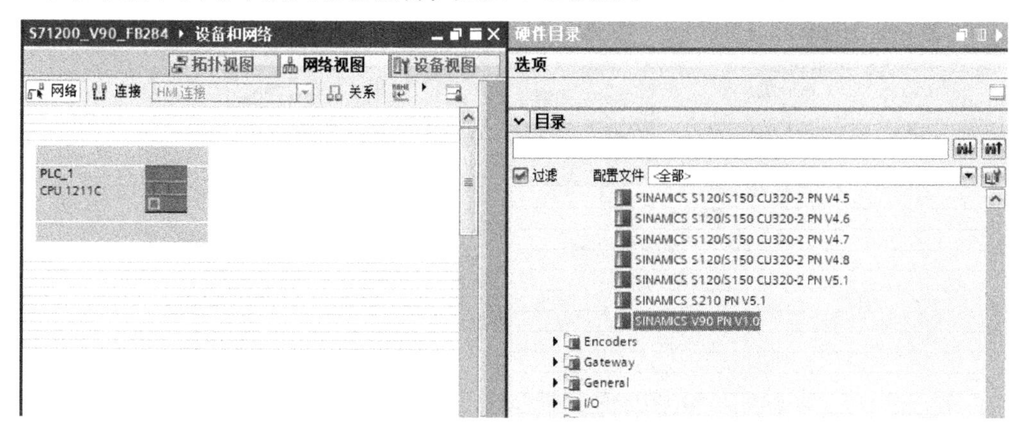

图 4-11　插入驱动设备

6）配置网络，分配 IP 地址和网络设备名称，如图 4-12 所示。

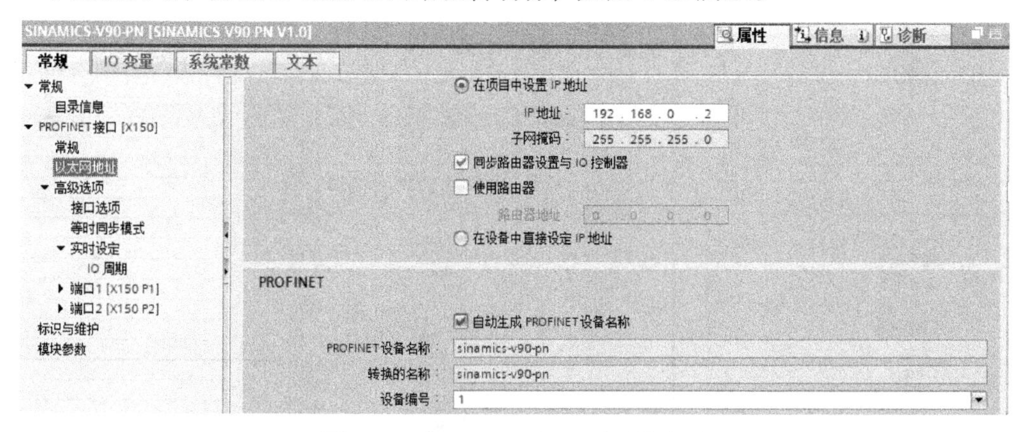

图 4-12　分配 IP 地址和网络设备名称

7）插入西门子报文 111，如图 4-13 所示。

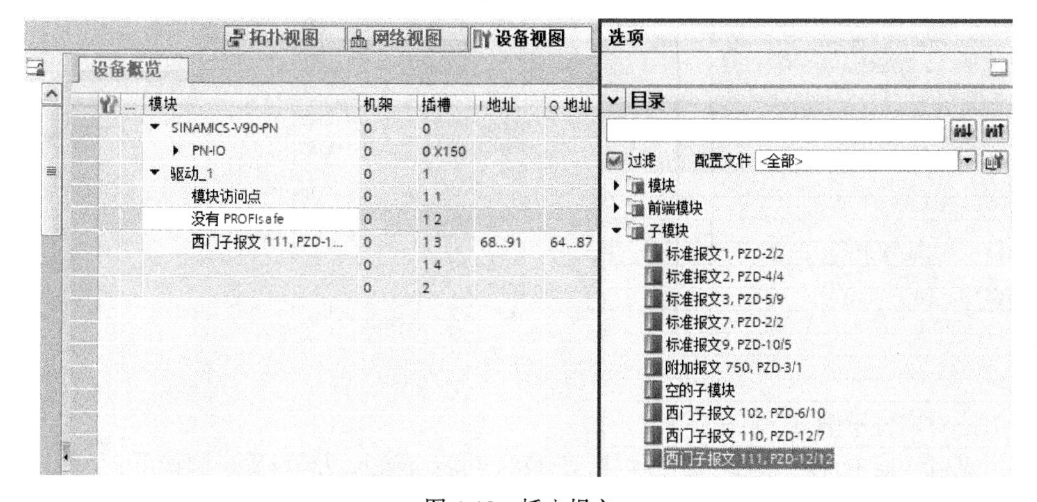

图 4-13　插入报文

8）在驱动库 Drive_Lib_S7_1200_1500 中选择 SINA_POS（FB284）插入，如图 4-14 所示。FB284 示例如图 4-15 所示。

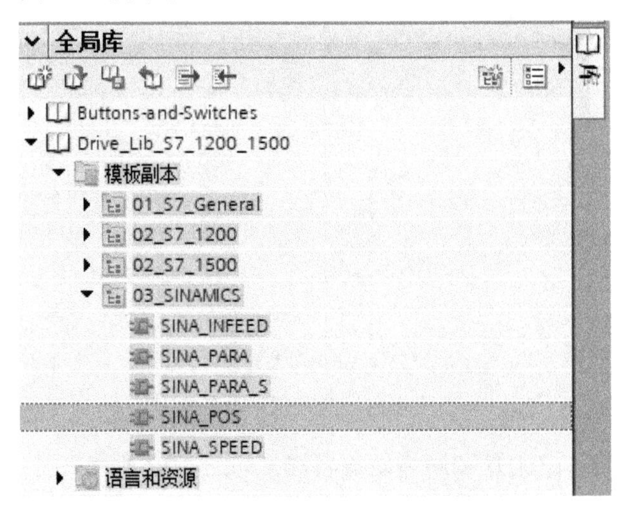

图 4-14　插入 FB284 功能块

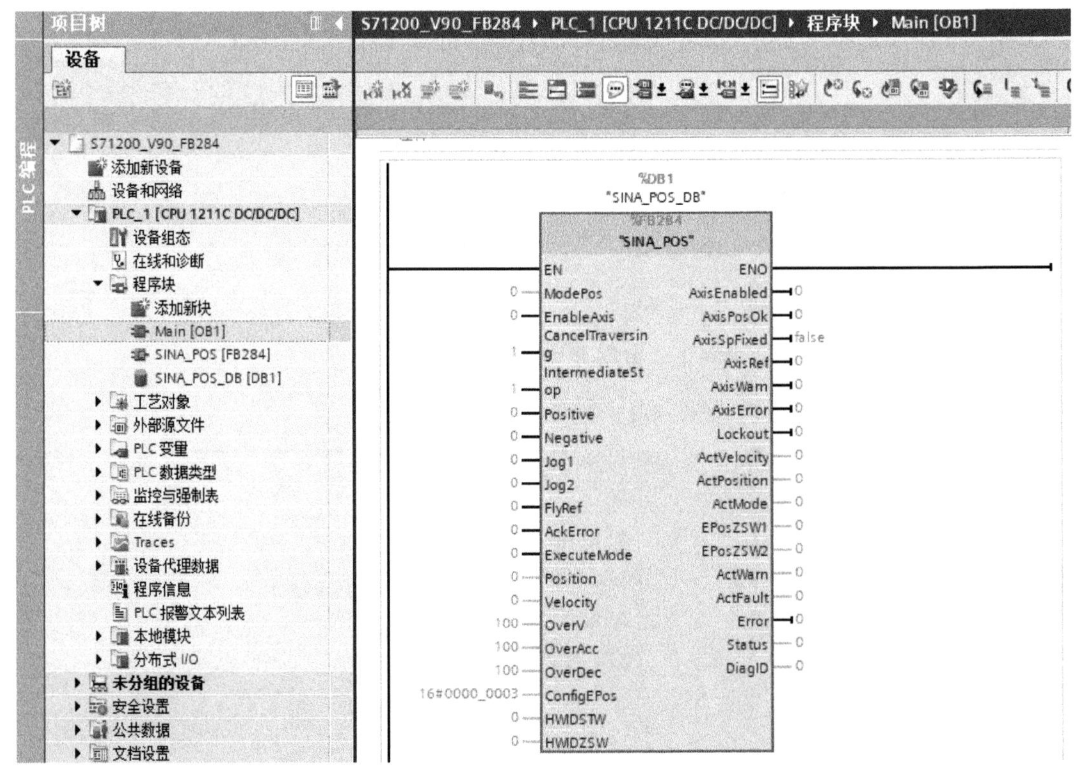

图 4-15　FB284 示例

3. 绝对定位示例

以定位功能中常用的绝对定位示例，FB284 功能块输入引脚设置步骤如下：

1）利用 ModePos=2 选择该运行模式。

2）通过“EnableAxis”启动设备。

3）轴必须回到参考点，或者设置编码器参考点。

4）若选择了高于3的模式，则轴便会处于静止状态。可以随时在MDI运行模式（1、2、3）中进行切换。

5）通过输入“Position”“Velocity”“OverV”（速度倍率）、“OverAcc”（加速度倍率）、“OverDec”（减速度倍率）指定运行路径和动态响应。

6）必须将运行条件“CancelTraversing”和“IntermediateStop”设置为“1”。Jog1和Jog2无效，必须设置为“0”。

7）在绝对定位中，根据通向目标位置的最短路径来确定运行方向。输入“Positive”和“Negative”为“0”。

8）通过“ExecuteMode”的上升沿启动运行。

时序如图4-16所示：

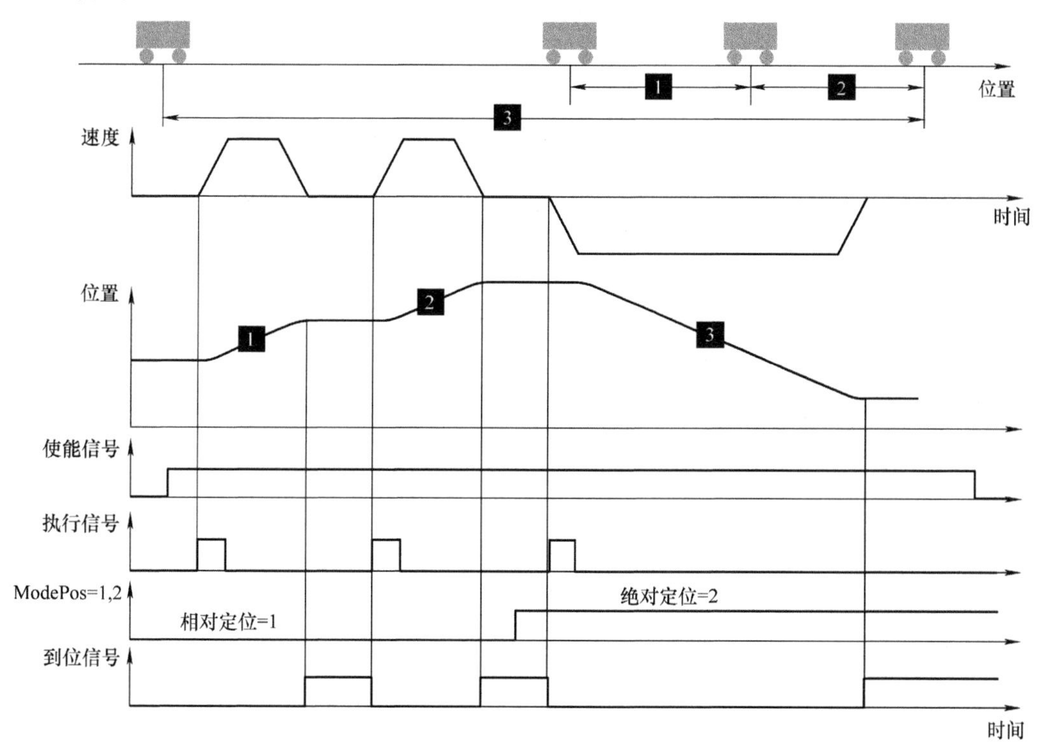

图4-16　FB284示例

如果是模态旋转轴，可通过“Positive”或“Negative”实现设置运行方向。同时选择“Positive”和“Negative”时，轴会立即停止并输出报警或故障。若为线性轴，则该选择无效，忽略即可。

该功能块利用Busy指示当前的指令处理情况，并通过Done确认成功到达目标位置AxisPosOK。若在运行期间出现故障，则Error输出信号便处于激活状态。

可通过“ExecuteMode”用新指令实时替换当前运行的指令。这仅适用于“ModePos”1、2、3的运行模式。如图4-17所示。

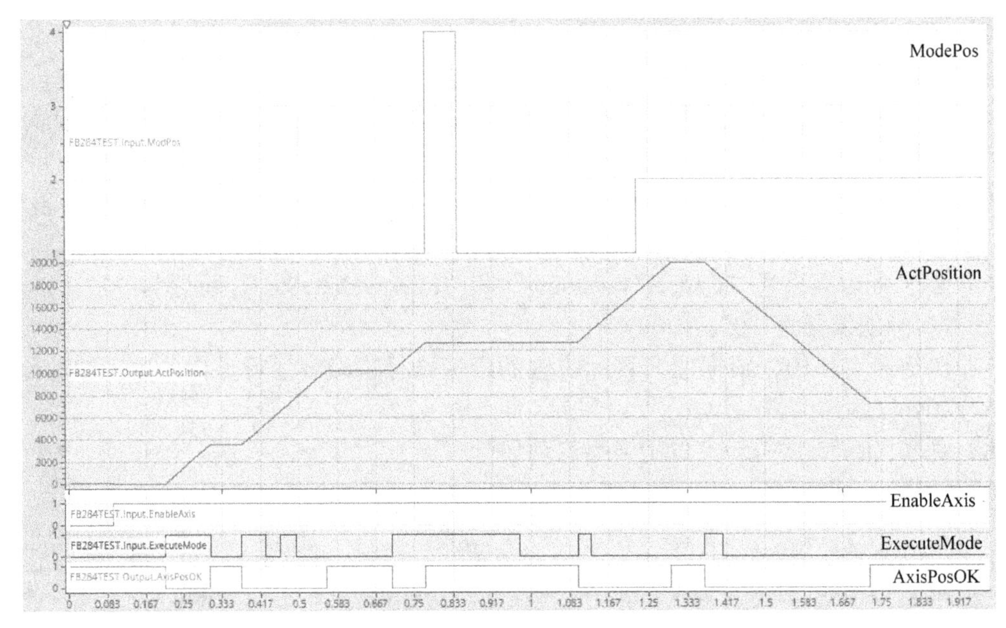

图 4-17　命令刷新时序

输入信号“CancelTraversing”和“IntermediateStop”在除 Jog 之外的所有运行模式下均具有相关性，且在运行 EPos 时必须都设为“1”。

若将“CancelTraversing”位设置为“0”，则轴会按照最大减速度时间执行快速减速停止，并取消当前的作业任务。可在静止状态下切换模式。

若将“IntermediateStop”位设置为“0”，则轴会按照当前设定的减速度执行减速停止。作业数据不会遭拒，也就是说，设置为“1”时，轴仍可按照原作业继续运行。可在静止状态下切换模式，如图 4-18 所示。

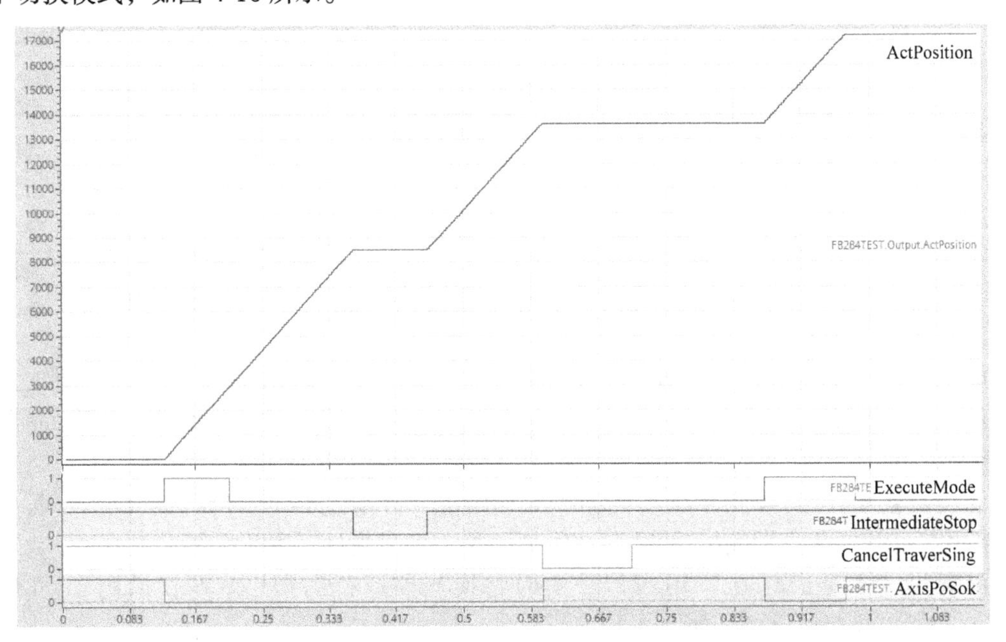

图 4-18　任务取消时序

输入信号“OverV”为所有运行模式的速度倍率，范围为0~199%，可在运行状态中实时修改，如图4-19所示。

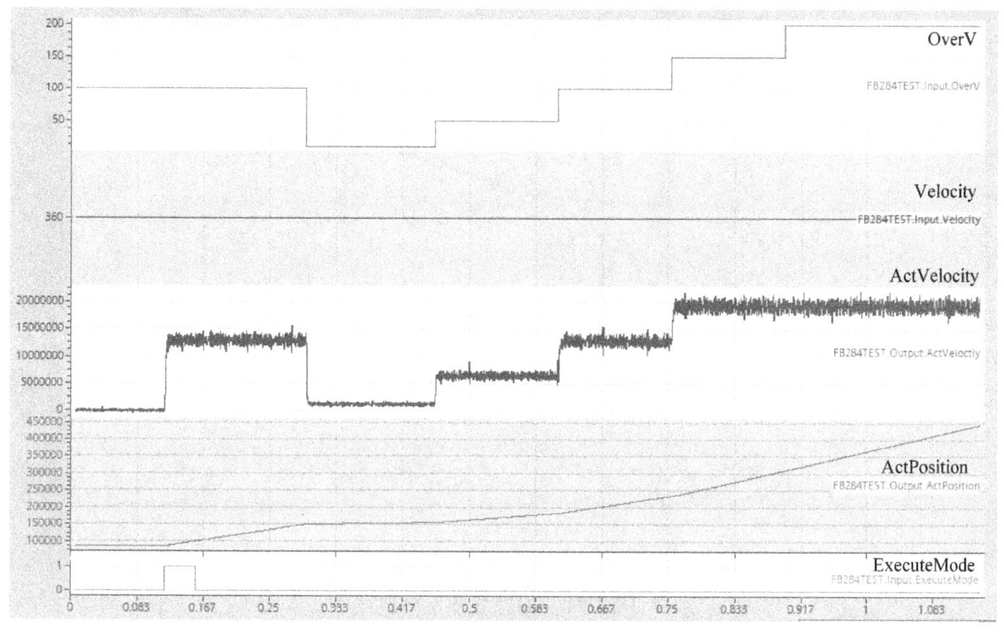

图4-19　速度倍率修改

输入信号“OverAcc”和“OverDec”为最大加速度倍率和最大减速度倍率，范围为0~100%，加速度和减速度只能在驱动中基本定位器的Limit中设置，无法通过FB284修改，如图4-20所示。

与“OverV”不同的是加速度倍率和减速度倍率的修改生效与ConfigEpos有关，若配置为连续设定值输入则可以在运行中实时修改生效，如图4-20所示，若未配置连续设定值输入，则需要ExecuteMode上升沿触发生效，如图4-21所示。

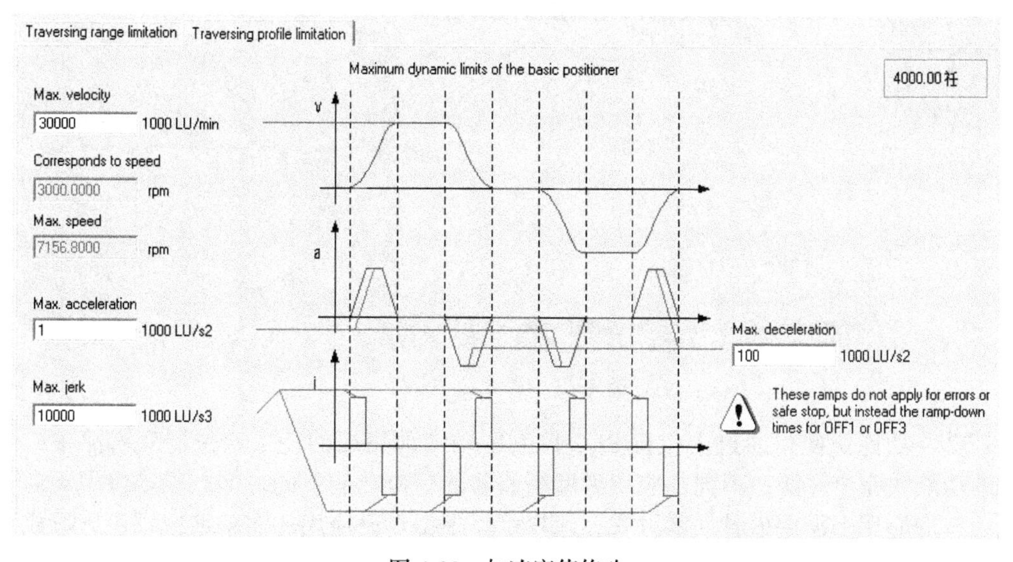

图4-20　加速度值修改

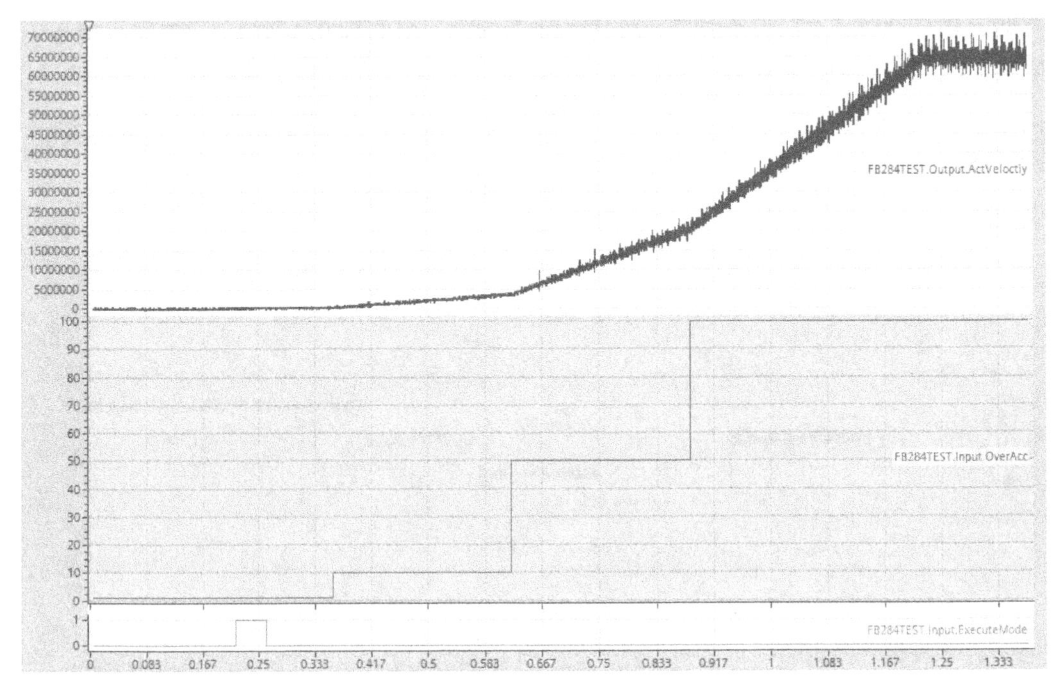

图 4-21　加速度倍率修改

驱动运行实例如图 4-22 所示。

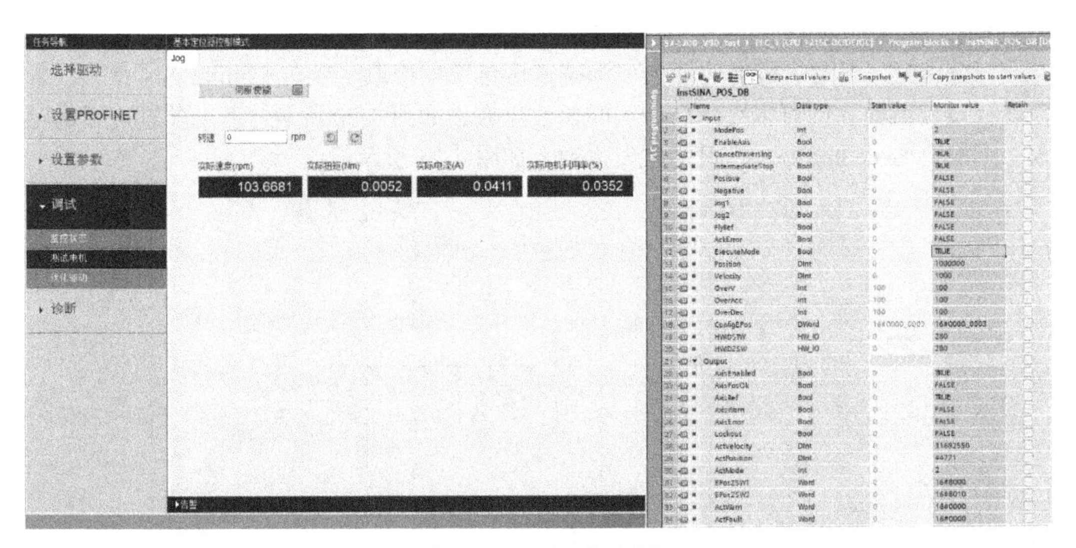

图 4-22　驱动运行实例

FB284 功能块使得通过上位机 PLC 控制驱动内部集成的基本定位器变得简单，而且 FB284 功能块完全开源，不同的应用类型所需要的定位功能不同，例如很多应用不需要程序段，有的应用不需要多种回零方式，用户可以根据自己应用的需求增减程序，形成自己的运动控制定位块。

4.1.3　控制器通过工艺对象 TO 实现定位功能

1. 概述

集成于驱动内部的定位功能可以应用于简单的运动控制系统，但是受限于驱动系统资源的限制，对于较为复杂且灵活多变的运动控制的需求就很难满足要求。此时需要采用运动控制器的定位功能，其信息处理能力更强，开放程度更高，可编程性更灵活，方便用户根据特殊的工艺要求和技术要求进行编程调试。

2. 工艺对象

在西门子 S7-1200 PLC、S7-1500 PLC 中可以组态工艺对象，工艺对象提供了对运动对象的运动轨迹规划和闭环位置处理。工艺对象代表控制器中的实体对象（如驱动器），在用户程序中通过运动控制指令可调用工艺对象的各个功能。工艺对象可对实体对象的运动进行开环和闭环控制，并反馈状态信息，如当前位置、当前速度等。工艺对象包括速度轴工艺对象、定位轴工艺对象、同步轴工艺对象、输出凸轮工艺对象、凸轮轨迹工艺对象和凸轮工艺对象等。

创建带有 PROFIdrive 驱动装置或模拟量驱动接口的工艺对象“定位轴”（Positioning Axis）时，PLC 系统将自动创建用于处理工艺对象的组织块 OB91 和 OB92。其中，MC-Servo [OB91] 是进行位置控制器相关的计算；MC-Interpolator [OB92] 则是评估运动控制指令、生成设定值和监控功能。这两个组织块彼此之间出现的频率关系始终为 1 : 1。MC-Servo [OB91] 总是在 MC-Interpolator [OB92] 之前执行。根据控制要求与系统负载的不同，用户可以更改设定相应的运动控制应用循环时间和组织块的优先级。在组织块属性的“常规 > 循环时间”（General > Cycle Time）中，可设置调用 MC-Servo [OB91] 的运动控制应用循环。工艺对象与驱动器数据传输如图 4-23 所示。

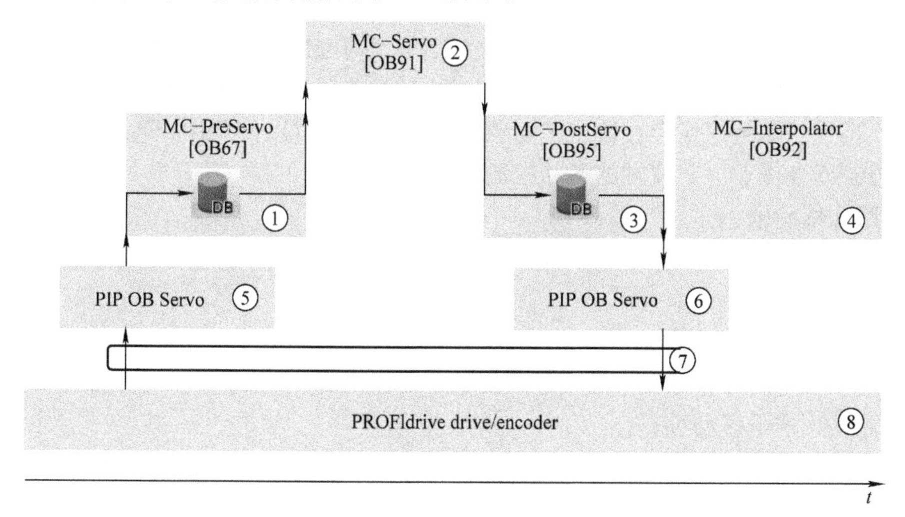

图 4-23　工艺对象与驱动器数据传输

图 4-23 中，①“MC-PreServo”在“MC-Servo”之前调用。在“MC-PreServo”的用户程序中，将输入报文中的内容从过程映像分区“PIP OB Servo”⑤传送到数据接口的数据块中。在“MC-PreServo”的其他用户程序中，可对该报文的输入区域进行处理或评估。

② 组织块“MC-Servo”用于计算位置控制器。在“MC-Servo”开始时，将从数据接

口的数据块内读取驱动装置或编码器的输入报文（① →②）。在“MC-Servo”结束时，将驱动装置或编码器的输出报文写入数据接口的数据块内（② →③）。

③“MC-PostServo”在“MC-Servo”之后调用。在“MC-PostServo”的用户程序中，可对该报文的输出区域进行处理或评估。在“MC-PostServo”的用户程序结束时，将输出报文的内容从数据块的数据接口传送到过程映像分区“PIP OB Servo”⑥中。

④ 在每个运动应用循环中，都会在“MC-PostServo”之后调用组织块“MC-Interpolator”。

在“MC-Interpolator”中，将对运动控制指令进行评估，为下一个运动应用循环生成设定值并对工艺对象进行监视。

⑤ 输入过程映像分区“OB 伺服 PIP”将在运动应用循环中进行更新。

⑥ 输出过程映像分区“OB 伺服 PIP”将在运动应用循环中进行更新。

⑦ 通过控制器、驱动装置或编码器的 I/O 地址，进行报文交换。

⑧ PROFIdrive 驱动装置或 PROFIdrive 编码器。

3. 定位轴工艺对象组态参数

定位轴工艺对象是包含机械的物理驱动器在 TIA 博途软件中的映射。因此，定位轴工艺对象包括以下参数组态：

- PROFIdrive 驱动器 / 模拟量输出的选择选项和驱动器接口的组态。
- 机械参数和驱动器（机器或系统）的传动比参数。
- 位置限制和定位监控的参数。
- 动态和归位的参数。
- 控制回路的参数。

4. 定位轴工艺对象控制命令

创建工艺对象时会自动生成该工艺对象的数据块（DB），定位轴工艺对象的组态保存在该工艺对象的数据块中，该数据块也将作为用户程序和 CPU 固件间的接口。在用户程序运行期间，当前的轴数据保存在该工艺对象的数据块中，可以使用用户程序启动 CPU 固件中的运动控制指令作业。定位轴的运动控制指令包括：

- 启用和禁用轴；
- 绝对定位轴；
- 相对定位轴；
- 以设定的速度移动轴；
- 按运动顺序运行轴命令（自 V2 工艺版本起，仅限 PTO）；
- 在点动模式下移动轴；
- 停止轴；
- 参考轴；设置参考点；
- 更改轴的动态设置；
- 连续读取轴的运动数据；
- 读取和写入轴变量；
- 确认错误。

可以通过运动控制指令的输入参数和轴组态确定命令参数。该指令的输出参数将提供有关状态和所有命令错误的最新信息。

通过工艺对象的变量，可读取组态数据和当前的轴数据。通过用户程序，可更改工艺对象的单个可更改变量（如当前的加速度）。

PLC 内工艺对象的组态将运动控制系统内驱动器和执行机构形成轴的概念，通过控制轴来实现运动控制功能。

5. 等时同步通信模式

工业通信（特别是用在工厂自动化时）要求准时和确定的数据传输，西门子开发的 PROFINETIO 网络协议可以满足时间性很强的 IO 用户数据的循环交换，PROFINET IO 不使用 TCP/IP，而是使用实时通信（RT）或等时同步实时通信（IRT）来实现预留时间间隔内同步数据交换。PROFINET IO 针对时间性很强的过程数据提供了两种实时支持性能级别，一种是通过 RT 传输方法，数据通过优先的以太网帧来传输，可以确保自动化技术中要求的确定性，实现的更新时间可≥ 250μs；另一种是针对高准确性以及等时同步过程提供了 IRT，IRT 是一种同步通信协议，用于在 PROFINET 设备之间循环交换 IRT 数据。

IRT 通过预留带宽的方式可确保在预留的同步时间间隔内传输 IRT 数据，而不受其他高网络负载（例如，TCP/IP 通信或其他实时通信）的影响。具备 IRT 功能的 PROFINET 是预留时间间隔内同步的通信。IRT 允许控制时间性强的应用，例如通过 PROFINET 的运动控制，高精度确定性可获得最高的控制质量，因而可精确定位轴。

IRT 通信的前提条件是同步域内所有 PROFINET 设备在分配共用时基时具有同步周期。通过此基本同步，在同步域内可实现 PROFINET 设备的传输周期同步。

使用 IRT 通信组态 PROFINET IO 的前提条件是具有包括一个 IO 控制器和至少一个 IO 设备的 IO 系统、已经组态了 IO 系统的拓扑并且这些设备支持 IRT。

基于 IRT 通信的前提条件，西门子公司开发了等时同步模式，在 PROFINET IO 上进行等时同步操作。在等时同步模式下运行的系统，其快速而可靠的响应时间取决于能否即时提供所有数据，而这一切的根本是相等的循环时间。

等时同步模式功能可确保以恒定的时间间隔同步以下操作：

- 通过分布式 I/O 进行信号采集和输出；
- 通过 PROFINET IO 进行信号传输；
- 在 CPU 中，程序以与 PROFINET IO 相等的循环时间执行。

于是系统将以恒定的时间间隔对输入信号进行采集、处理并将输出信号输出。等时同步模式可确保过程响应时间精确重现与定义，并可确保与分布式 I/O 等时同步地进行信号处理。

使用等时同步模式可实现高精度控制，其具备以下特点：

- 通过恒定的、可计算的死区时间，优化控制环路；
- 响应时间确定且具有可靠的再现性；
- 输入数据的一致（同时）读取；
- 输出数据的一致（同时）输出。

等时同步系统以固定的系统循环周期获取测量值和过程数据，并与该过程同步处理信号和输出。原则上，在必须同步获取测量值、调整移动步伐、定义并同时执行过程响应时，等时同步模式即会彰显出它的优势，等时同步模式过程数据传输的基本时间顺序如图 4-24

所示。

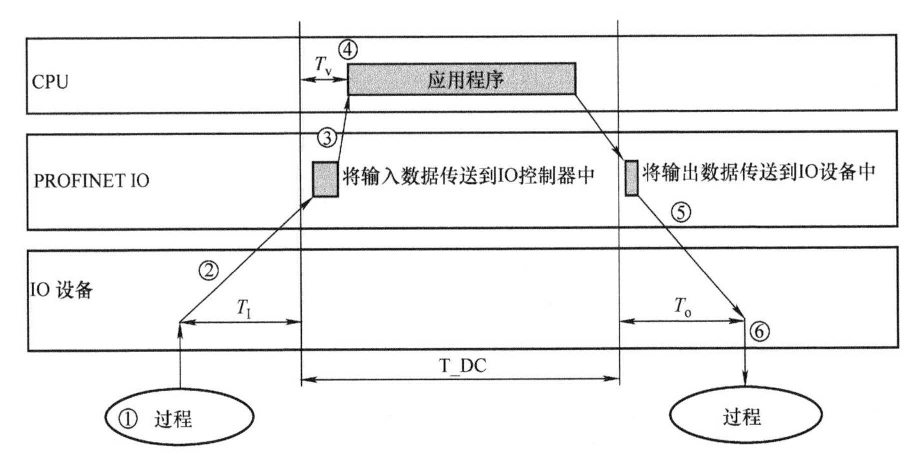

图 4-24 等时同步过程数据传输

T_DC—数据循环（Time_DataCycle） T_I—读入输入数据的时间

T_o—用于将输出数据输出的时间 T_V—已组态的延迟时间

过程数据处理时间顺序如下：

① 过程中的测量值采集；

② 输入数据的等时同步读入；

③ 通过子网将输入数据传输到 IO 控制器（CPU）；

④ 在 CPU 的等时同步应用中进行进一步处理；

⑤ 通过子网将输出数据传输到输出 IO 设备；

⑥ 输出数据的等时同步输出。

等时同步模式为确保所有的输入数据可供在下一个 PROFINETIO 循环开始时通过子网传输，将 I/O 读入周期的开头会提前时间 T_I。T_I 是输入的“闪光灯”，在这一瞬间将读取所有的同步输入，可通过 T_I 补偿模数转换、背板总线时间等。提前时间 T_I 可由 TIA 博途软件组态，也可由用户手动组态，由 TIA 博途软件自动分配提前时间 T_I，当使用默认设置时，TIA 博途软件可确保设置常用的最小 T_I。

子网将输入数据传输到 IO 控制器 /DP 主站，启动应用程序与周期同步，也就是会在可组态延时时间 T_v 后调用等时同步模式中断 OB。等时同步模式中断 OB 中的用户程序定义过程响应，并及时为下一个数据循环的开始提供输出数据。数据周期（发送时钟 /DP 周期时间）的长度始终由用户来组态。

T_o 是对 IO 设备 /DP 从站中的背板总线和数模转换进行补偿的时间。T_o 则是输出的“闪光灯”，在这一瞬间将输出已同步的输出。时间 T_o 可由 TIA 博途软件组态，也可由用户组态。TIA 博途软件自动分配时间 T_o 时，TIA 博途软件将自动计算出常用的最小 T_o。

等时同步模式可用于各种应用，可显著提高控制指令的响应并提高生产加工的精度，大大降低过程响应时间内可能出现的波动。由于处理时间确定，因而设备的循环时间得以改进，与此同时，由于所有顺序的时间均可准确再现，即便快速过程也可实现可靠控制。随着循环时间的不断缩短，系统的处理速度进一步提高，从而极大地降低了生产成本。

4.1.4　示例：西门子 S7-1500 PLC 通过工艺对象与 SINAMICS V90 伺服驱动器实现定位功能

驱动 SINAMIC V90 伺服驱动器的设置与上节类似，不同的是控制模式选择速度控制，报文选择西门子报文 105。

1. 安装 SINAMICS V90 伺服驱动器支持包

TIA 博途软件项目的建立与 PLC 的基本设置也与上节类似，本节不做过多介绍。因为需要用到西门子 105 报文，因此需要安装 SINAMICS V90 伺服驱动器的支持包，如图 4-25 所示，在选项菜单中选择支持包，在打开的选项卡中可以选择本地的支持包也可以选择从互联网上下载。

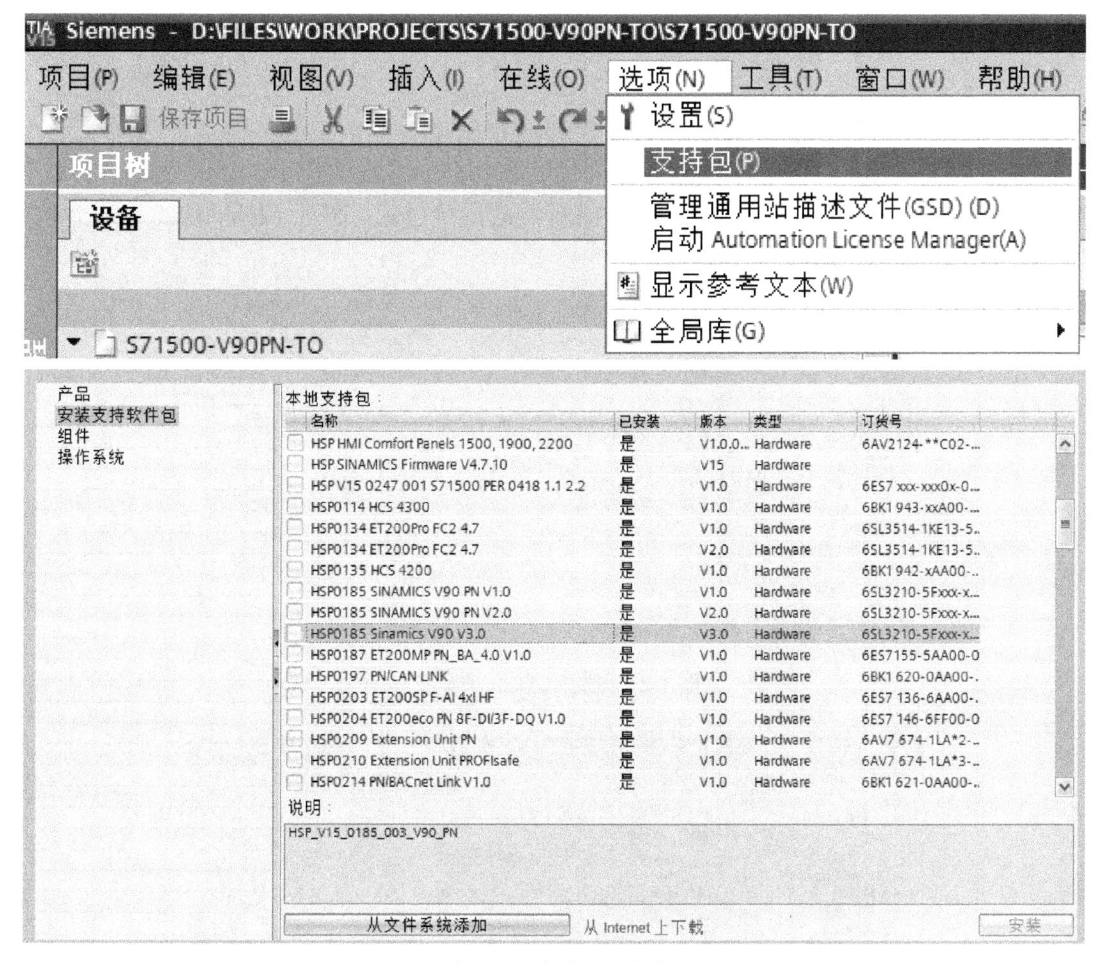

图 4-25　支持包的安装

需要注意的是，在安装过程中会提示关闭 TIA 博途软件，此时需要手动关闭 TIA 博途软件，并继续安装支持包，安装完成后重启 TIA 博途软件，即可完成安装。

在安装完成后，即可在硬件组态中找到相应的 SINAMICS V90 伺服驱动器驱动装置，如图 4-26 所示，可以在搜索栏输入关键字进行搜索，插入对应的驱动装置后，会自动选择西门子 105 报文。

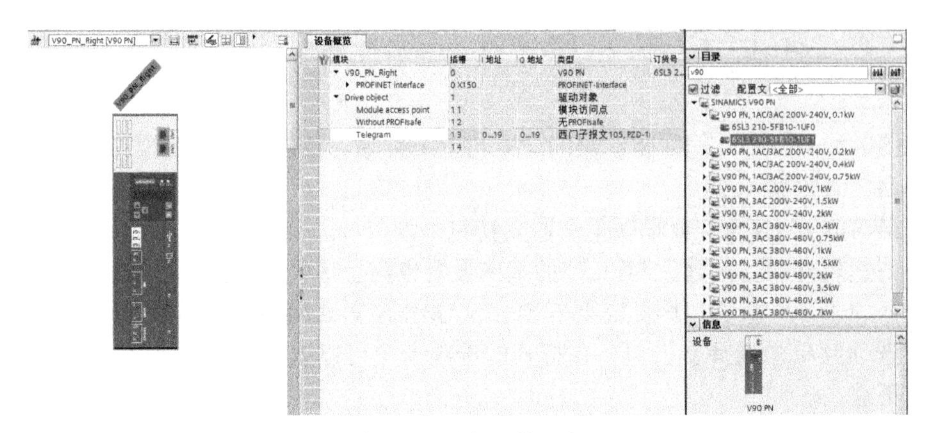

图 4-26　选择硬件组态

2. 选择等时同步模式

为了提高运动控制系统的动态响应性和控制精度，本例中选择等时同步模式，如图 4-27、图 4-28 所示，在 SINAMICS V90 伺服驱动器的常规属性中，实时设定选项卡下选择 IRT 通信模式，并在等时同步模式中选择等时同步模式，对于 SINAMICS V90 PN 的通信时间，其最短为 2ms。

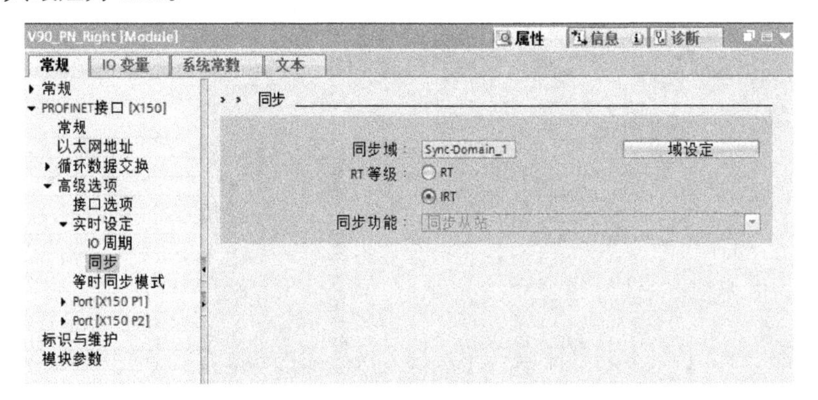

图 4-27　选择 IRT 同步等级

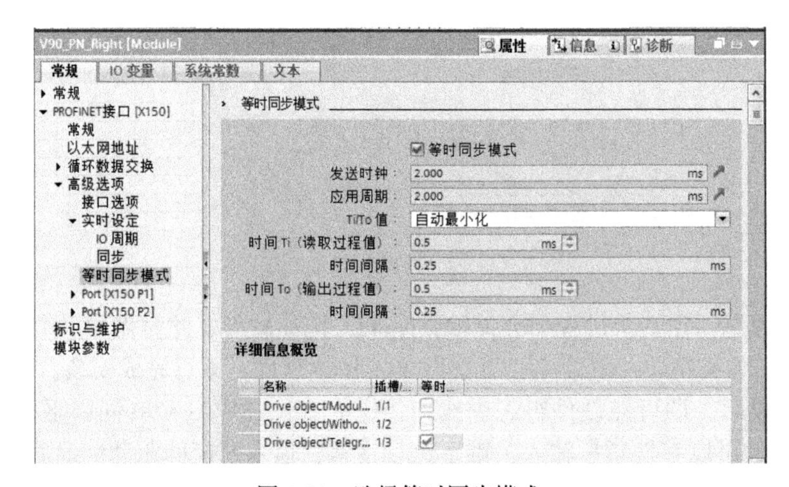

图 4-28　选择等时同步模式

3. 定位轴工艺对象配置

在工艺对象菜单下，新增对象，选择定位轴，可以单击下方定位轴工艺对象，打开帮助文档查看定位轴工艺对象的详细介绍，如图 4-29 所示。

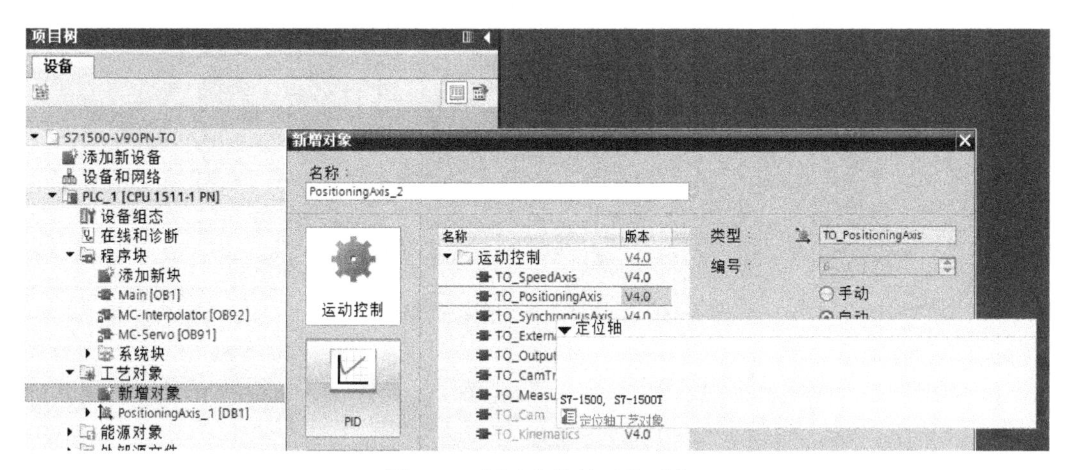

图 4-29　新建定位轴工艺对象

新建工艺对象后会自动弹出配置界面，在驱动装置界面中选择对应的驱动装置，即在硬件组态中配置的相应通信报文，如图 4-30 所示。

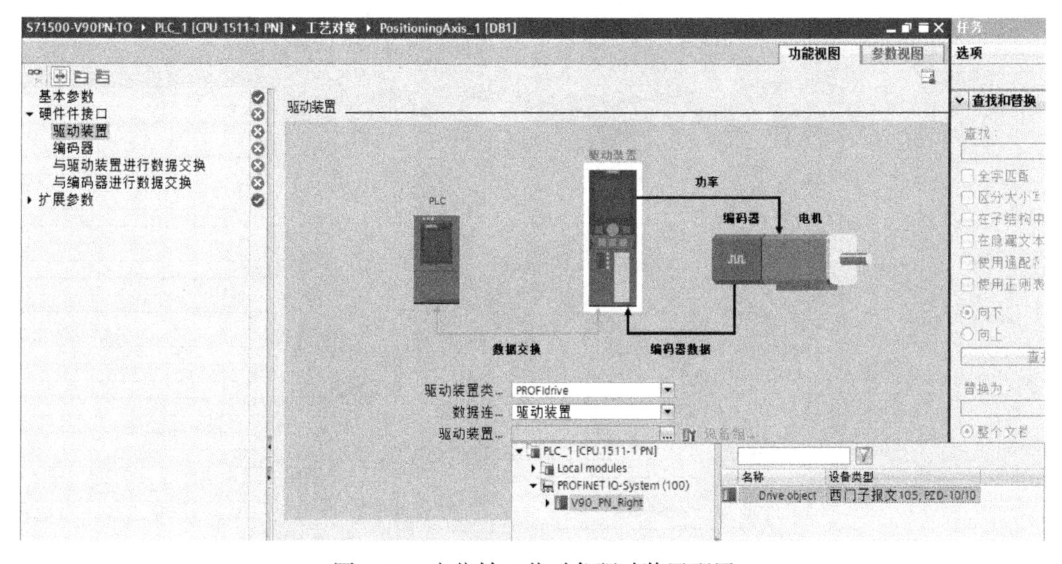

图 4-30　定位轴工艺对象驱动装置配置

选择对应的报文后，编码器配置、与驱动装置进行数据交换和与编码器进行数据交换会自动配置，如图 4-31、图 4-32 所示。

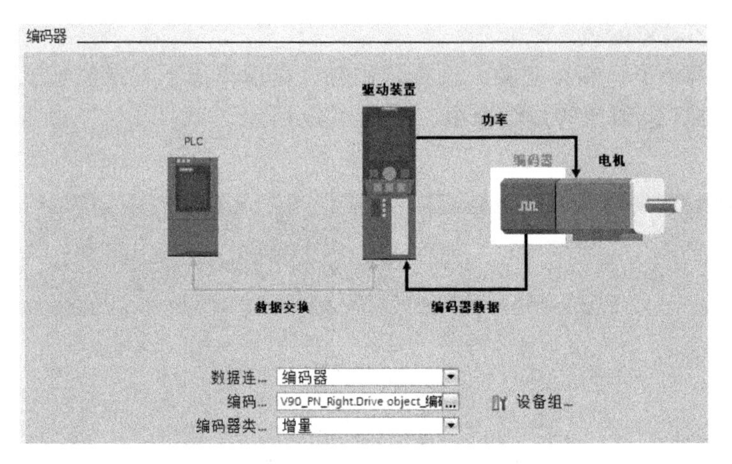

图 4-31 定位轴工艺对象编码器配置

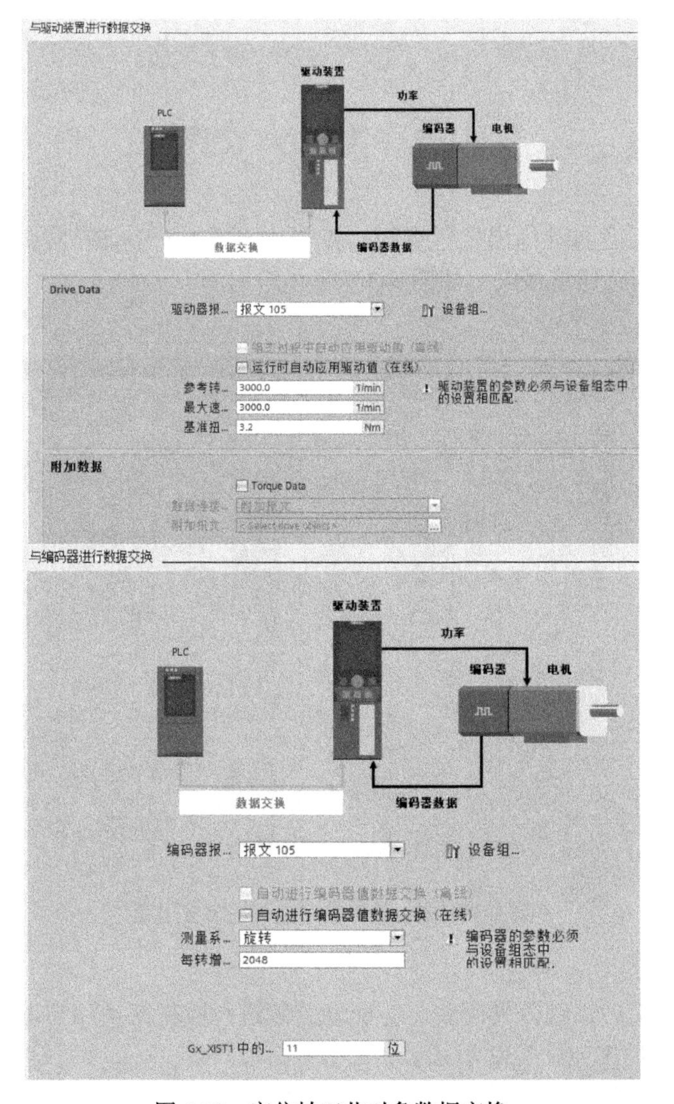

图 4-32 定位轴工艺对象数据交换

在与驱动装置进行数据交换和与编码器进行数据交换选项卡中，默认为在线自动进行交换，也可以选择手动填写相关数据，如参考转速、参考转矩、编码器脉冲等，一定要保证这些数据的准确性，因为在运动对象运动轨迹规划的运算中会以这些参考数据为基础，因此这些数据如果有错误将会造成运动轨迹和运动属性与实际不符。

对于定位轴工艺对象扩展参数的设置（见图4-33），与前面所介绍的基本定位器的参数设置类似，包括机械数据、限制数据、监视数据、动态默认值等，在此不做详细介绍。

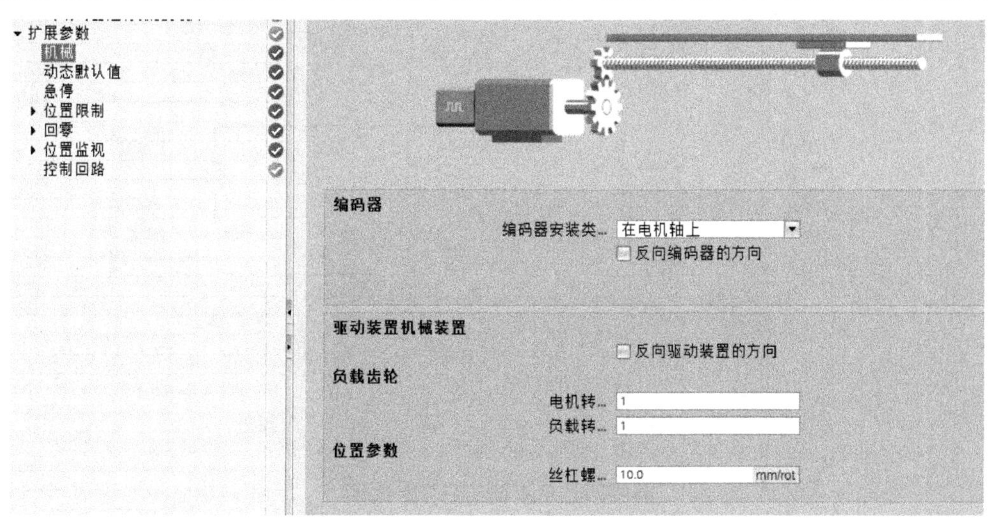

图4-33 定位轴工艺对象扩展参数设置

4. 定位轴工艺对象本地控制和优化

配置完工艺对象后，可以在调试选项卡中选择轴控制面板，进行工艺对象的本地控制，如图4-34所示。用户可以通过点动、回零等功能确认工艺对象的参数配置、与驱动装置和编码器的数据交换是否正确。

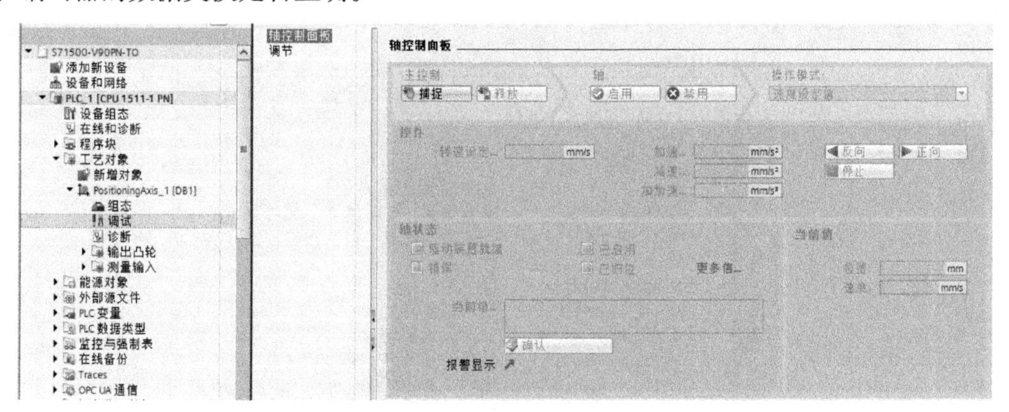

图4-34 定位轴工艺对象控制面板

定位轴可以正常运行后，可以通过调试界面的优化界面进行定位轴位置控制器的优化，如图4-35所示。可以通过设定速度和加速度以及目标位置等信息，观察设定位置和实际位置的偏差，如果跟随特性不理想，可通过调节增益或者位置控制器的前馈等再次进行测试。通常会利用TIA博途软件的Trace曲线功能进一步优化速度环和位置环等各参数。

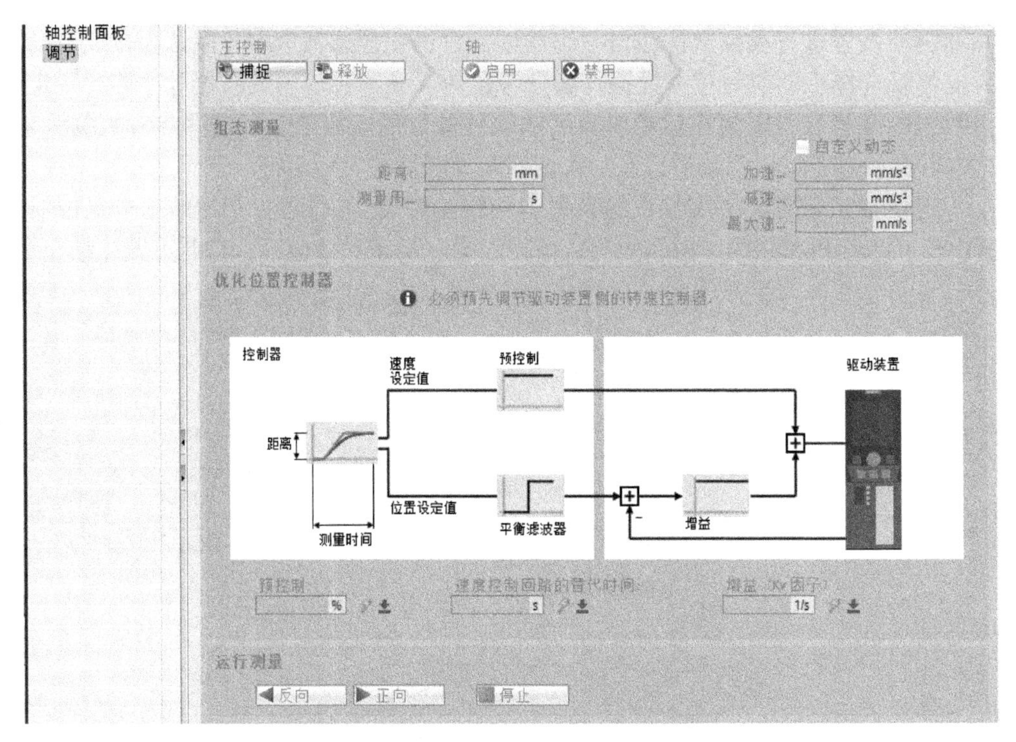

图 4-35　定位轴工艺对象优化

5. 选择运动控制指令

优化完定位轴后，即可在组织块中添加相应的运动控制指令进行运动控制系统的定位控制。

根据不同的控制器可以选择不同的运动控制指令，例如，TCPU 可以选择凸轮控制的相关指令，而普通 PLC 无法选择这类指令，可以单击下方的文档文件在 TIA 博途软件的帮助文档中查看对应运动控制指令的详细介绍，如图 4-36 所示。

图 4-36　选择运动控制指令

如图 4-37 所示，在进行轴运动前，需要先通过 MC_POWER 指令进行轴使能，该运动指令不但使能工艺对象而且也对驱动系统进行使能，将对应的工艺对象直接拖动到功能块的轴引脚即可连接响应工艺对象或者输入工艺对象的背景数据块。在进行绝对定位前，还需要进行回零操作。

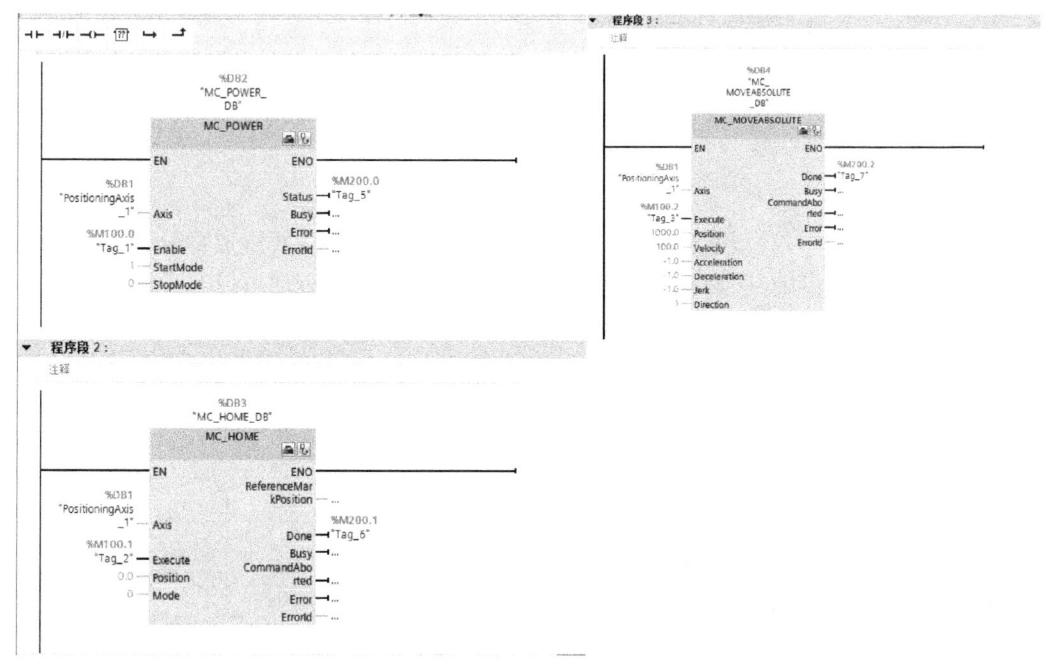

图 4-37 运动控制指令

如图 4-38 所示，用户可以通过工艺对象、运动指令的背景数据块以及组织块等进行监控。也可以通过 TIA 博途软件的 Trace 功能进行变量的跟踪。

33	▼ MC_MOVEABSOLUTE_Insta...	MC_MOVEABSOLUTE		
34	▼ Input			
35	Axis	TO_PositioningAxis		
36	Execute	Bool	false	TRUE
37	Position	LReal	0.0	1000.0
38	Velocity	LReal	-1.0	100.0
39	Acceleration	LReal	-1.0	-1.0
40	Deceleration	LReal	-1.0	-1.0
41	Jerk	LReal	-1.0	-1.0
42	Direction	Int	1	1
43	▼ Output			
44	Done	Bool	false	TRUE
45	Busy	Bool	false	FALSE
46	CommandAborted	Bool	false	FALSE
47	Error	Bool	false	FALSE
48	ErrorId	Word	16#0	16#0000
49	InOut			
50	Static			

图 4-38 DB 块在线监控

在 TIA 博途软件中，西门子公司开发了大量运动控制指令和运动控制库对工艺对象进行控制，例如收放卷库、飞剪库、飞锯库等，而且在 TIA 博途软件中提供了详细的帮助文档，对软件的使用和运动控制指令进行了详细说明，方便用户通过这些库的使用满足各种复杂的应用类型，这些运动控制库在各行各业已经得到了广泛的运用。工艺对象和等时同步通信模式的运用使得西门子上位机 PLC 系统与西门子驱动系统组成了强大的运动控制系统，这种类型的运动控制器已经越来越受到用户的青睐。

4.2 电子齿轮（Gear）同步

4.2.1 应用场合

在运动控制系统中，齿轮传动（见图 4-39）是执行机构的重要组成部分，应用非常广泛。机械齿轮是依靠齿的啮合传递能量的轮状机械零件。齿轮传动可以实现改变运动对象的速度、转矩、方向等功能。对于传动比准确、传动效率高的机械齿轮，其结构复杂，加工难度高。随着伺服电动机的迅速发展，越来越多的机械齿轮传动被带有电子齿轮的伺服系统取代，例如传统汽车的变速箱结构复杂，制造难度大，现在电动汽车中采用伺服电动机的无级变速取代了传统的变速箱。

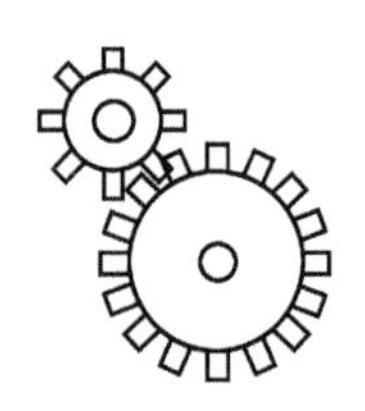
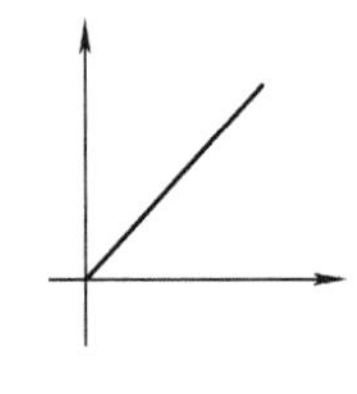

图 4-39　齿轮传动

电子齿轮采用可编程的齿轮传动比实现两个轴或多个轴的运动耦合，电子齿轮主要应用在两个或多个传动设备同步运行时，由于其无法对电机转矩进行放大，因此在许多需要大转矩的应用场合，机械齿轮由于体积小、成本低的优点仍然有广泛的应用。电子齿轮的齿轮比修改简单、快捷，增加了整个运动控制系统的柔性，相应地减少了机械结构，同时齿轮比也可以设成分数形式，因此增加了运动控制系统的运动精度。

在运动控制系统的调试中，如果采用齿轮传动，应注意转速和转矩的变换。根据能量守恒定律，齿轮传动两侧的功率是相同的，根据功率公式，$P = \dfrac{M \times n}{9550}$，因此齿轮两侧的转速比与齿轮比成反比，其输出转矩与齿轮比成正比。

电子齿轮同步一般分为主轴（引导轴）和从轴（跟随轴），在调试过程中应根据工艺要求设置合适的传动比，以及同步过程持续的时间和距离，以保证从轴在要求的时间和位置与主轴达到同步状态。同步过程也称为追同步，追同步的持续时间和距离与开始同步时主轴和从轴的运动状态以及追同步设置的动态值有关。

根据不同的同步方式，电子齿轮同步一般分为相对同步和绝对同步。

1）相对同步：电子齿轮的相对同步也称为电子齿轮的线速度同步，这种同步方式只关注从轴的速度与主轴的速度同步，保持相对位置的关系不变，而对于其绝对位置没有要求。但这里的线速度同步是有位置参与的，与传统意义上变频器的速度同步有本质的区别。

2）绝对同步：电子齿轮的绝对同步也称为绝对位置同步，这种同步方式需要关注从轴与主轴的实际位置，从轴在特定的位置与主轴在特定的位置同步，因此这种同步方式应根据两个轴同步的位置计算同步开始的时间。通常情况下也有两种方式来追同步：

① 通过从轴的动态参数　这种追同步方式根据从轴特定的动态参数计算到达同步位置所需要的距离和时间，从而在主轴的特定位置开始追同步。

② 通过主轴的运动距离　这种同步方式在主轴的设定位置开始追同步，主轴到达同步位置时从轴同时到达同步位置，从而达到同步状态。

4.2.2　示例：西门子 S7-1500T PLC 与 SINAMICS S210 伺服驱动系统实现电子齿轮同步

1. SINAMICS S210 伺服驱动系统简介

本例将以西门子 PLC S7-1500T 作为上位控制器和 SINAMICS S210 伺服驱动系统（见图 4-40）作为伺服驱动系统为例，介绍在运动控制系统中，上位运动控制器如何实现电子齿轮同步功能。

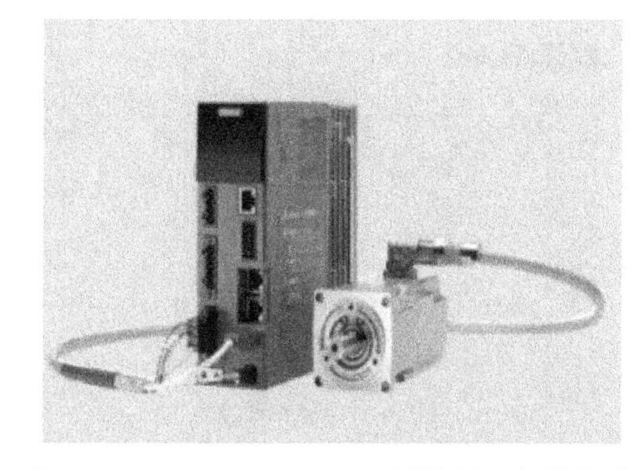

图 4-40　SINAMICS S210 伺服驱动产品外形

SINAMICS S210 伺服驱动系统是西门子研发的高动态伺服驱动系统，其包括 SINAMICS S210 伺服驱动器和 SIMOTICS S-1FK2 伺服电动机，其功率范围从 0.05~7.0kW，有单相和三相的供电系统。SINAMICS S210 伺服驱动系统采用先进的单电缆连接技术，即驱动器与电机之间的连接只有一根电缆，动力电缆与编码器电缆等都集成于一根电缆内。其支持网页调试，无需安装任何软件即可轻松地完成调试。其性能和动态响应高，适用于中端运动控制应用，广泛应用于机器人行业、包装、搬运抓取、木工、塑料加工以及数字印刷等行业。

2. 主值互连

西门子 PLC TIA 博途软件的使用、硬件组态、工艺对象的设置等在前面已经详细介绍过，本节不再赘述。在组态工艺对象时，从轴定义为同步轴，需要选择主值互连，即将从轴与主轴相耦合，耦合类型有两种方式，一种是设定值，另一种是实际值，由于干扰量的存在，实际值会有波动，因此大多数情况会选择设定值，如图 4-41 所示。

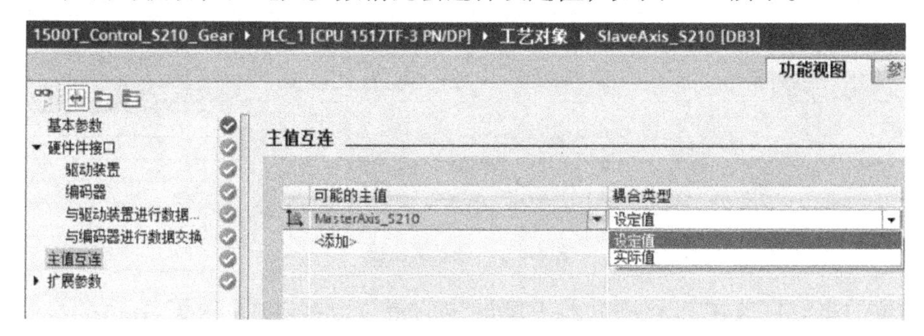

图 4-41　SINAMICS S210 伺服驱动器主值互连

3. 相对同步（速度同步）

如图 4-42 所示，调用速度同步指令 MC_GEARIN，连接主轴和从轴，设置传动比，设置追同步的动态值，当加速度、减速度、加加速度设置为 −1.0 时，采用的是工艺对象中组态的扩展参数中的动态默认值，如图 4-43 所示，在其他的运动指令中也是如此。

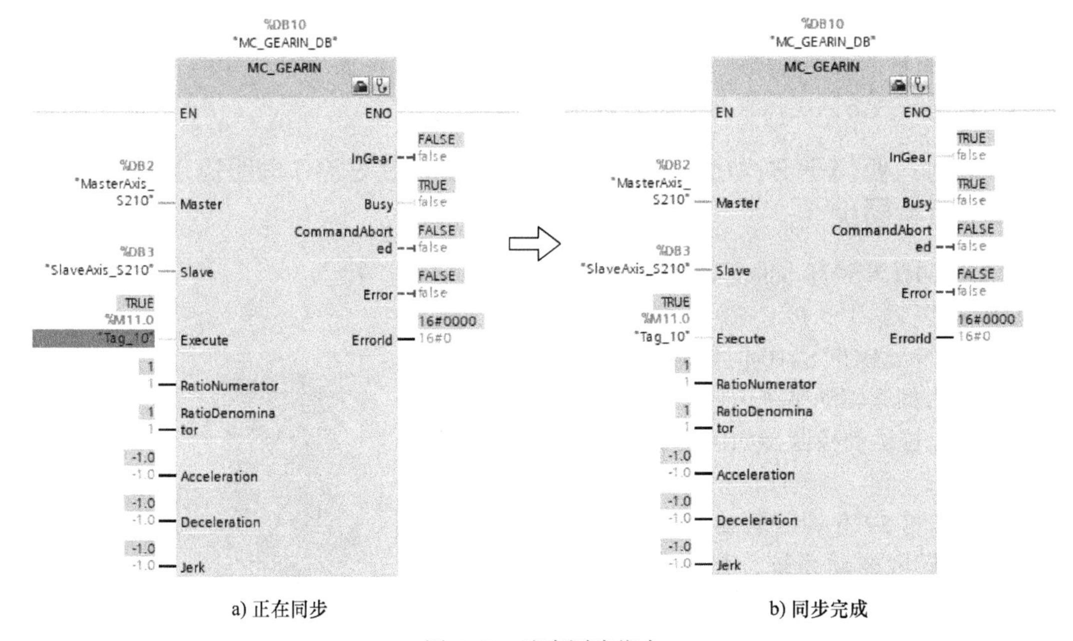

a) 正在同步　　b) 同步完成

图 4-42　速度同步指令

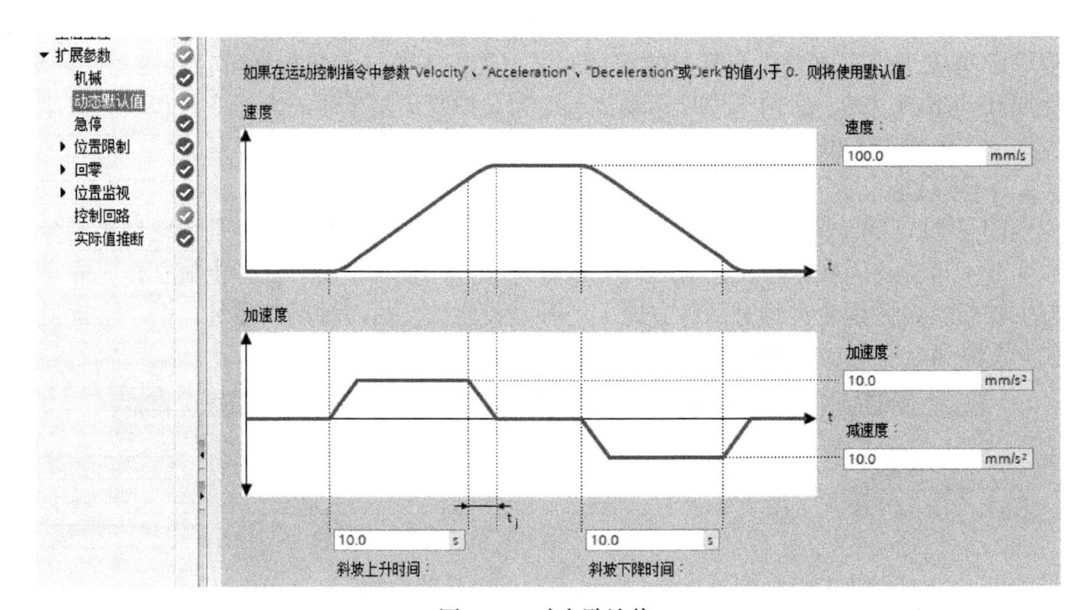

图 4-43　动态默认值

应注意的是，目前在 PLC 中并没有解同步的指令，可以通过 MC_Halt 指令停止从轴来解同步，如图 4-44 所示。

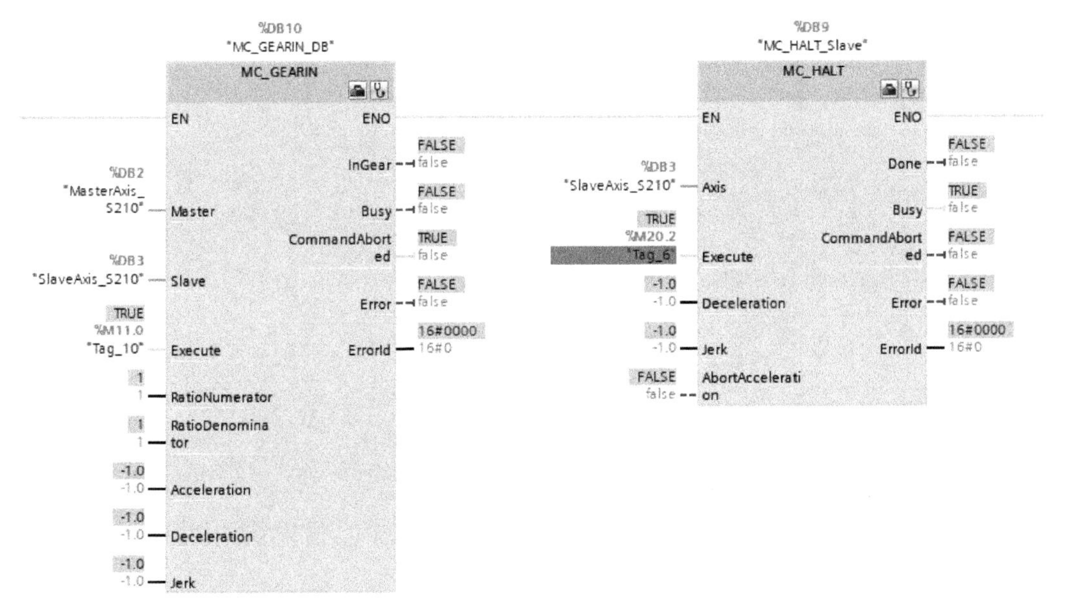

a) 正在停止

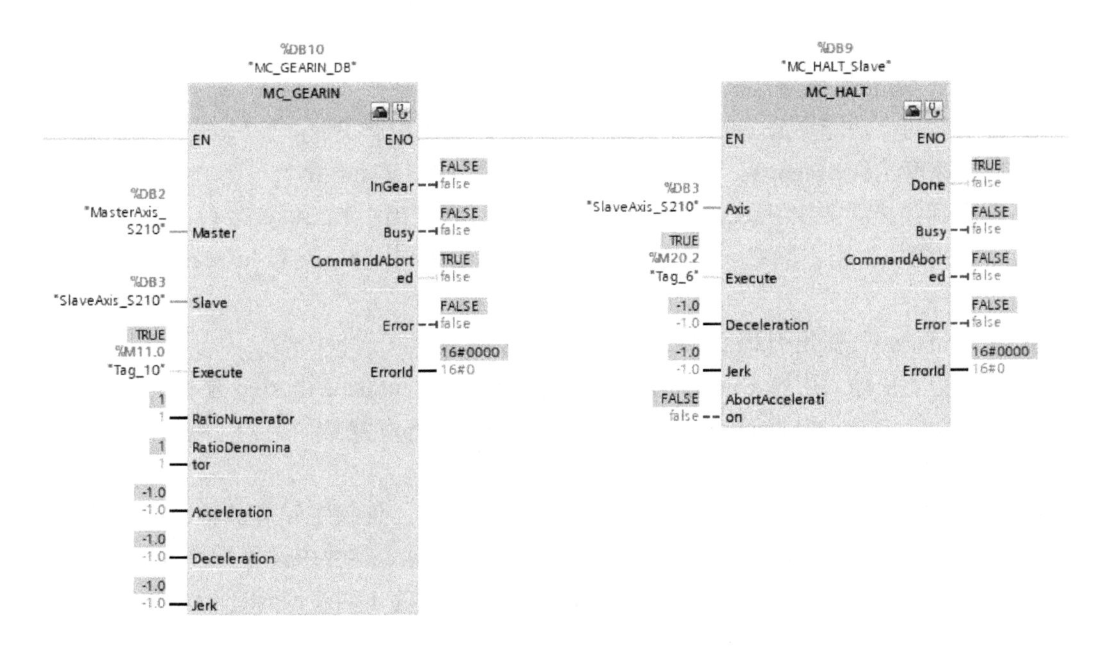

b) 停止完成

图 4-44　停止命令解同步

其相对同步与解同步时序图，如图 4-45 所示。

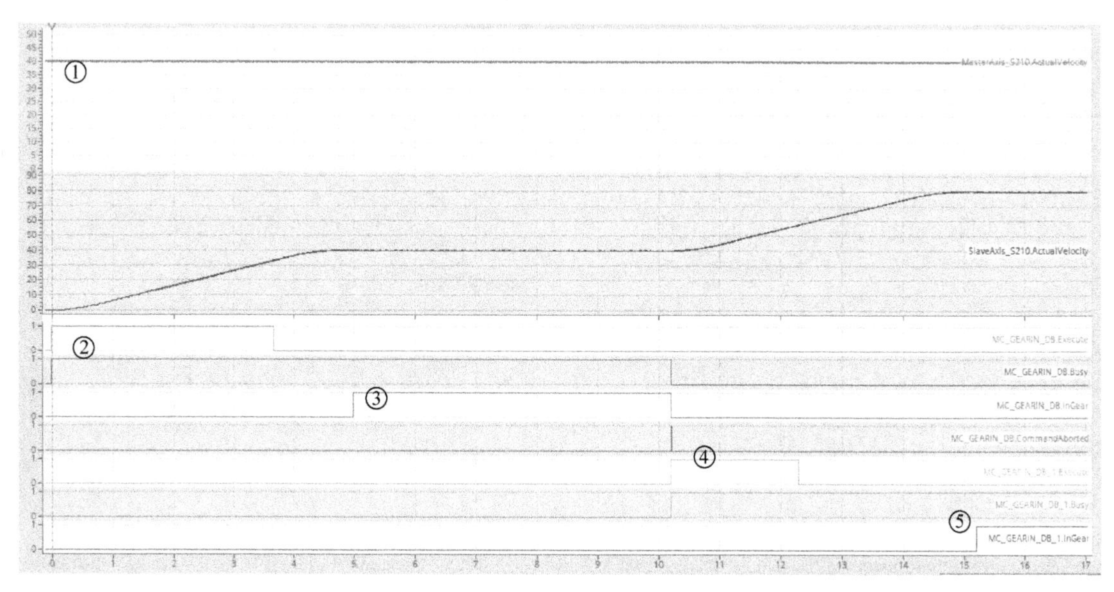

图 4-45　速度同步时序图

本示例中，主轴以 40mm/s 的速度运行，从轴与主轴的传动比均为 1∶1，通过停止指令 MC_Halt 来解同步。其时序逻辑如下：

① 主轴以 40mm/s 速度运行。

② 检测到同步功能块 Execute 执行命令上升沿，输出引脚 Busy 置 1，并启动从轴。

③ 从轴速度达到 40mm/s，进入同步状态，输出引脚 InGear 置 1。

④ 检测到停止功能块 Execute 执行命令上升沿，其输出引脚 Busy 置 1，并中止同步功能块，同步功能块输出引脚 CommandAborted 置 1，输出引脚 Busy 和 InGear 置 0。同时开始停止。

⑤ 从轴停止，其输出引脚 Done 置 1，Busy 置 0。

⑥ 同步功能块输入引脚 Execute 置 0，其输出引脚 CommandAborted 置 0。

⑦ 停止功能块输入引脚 Execute 置 0，其输出引脚 Done 置 0。

4. 位置同步

如图 4-46 所示，调用位置同步指令 MC_GEARINPOS，连接主轴和从轴，设置传动比，设置主轴同步位置和从轴同步位置，在 SyncProfileReference 参数中设置为 0 即为使用动态参数追同步，设置为 1 即为使用主轴距离追同步。当设置为 1 时，MasterStartDistance 参数可以设置追同步的主轴距离。SyncDirection 同步方向，1 为正方向，2 位负方向，3 位最短距离，可运行从轴反向。

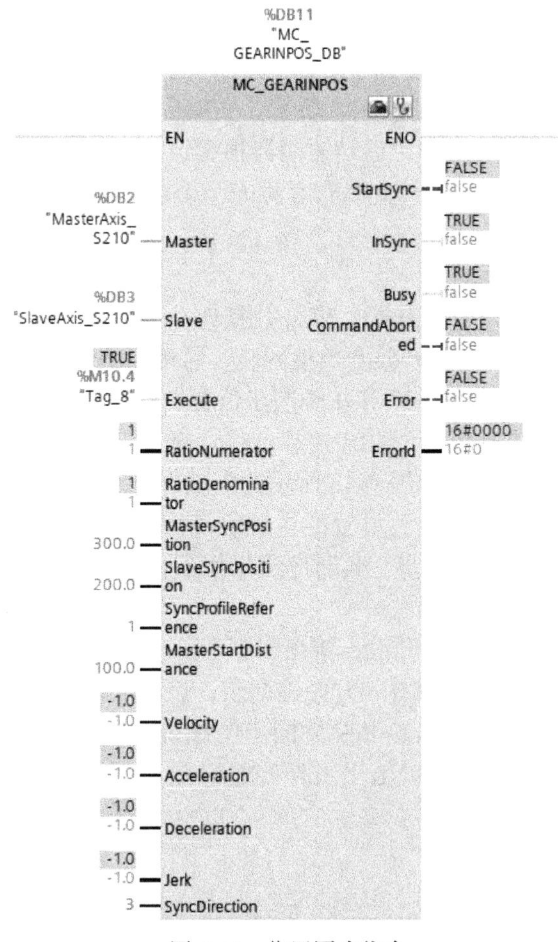

图 4-46　位置同步指令

其位置同步时序图，如图 4-47 所示。

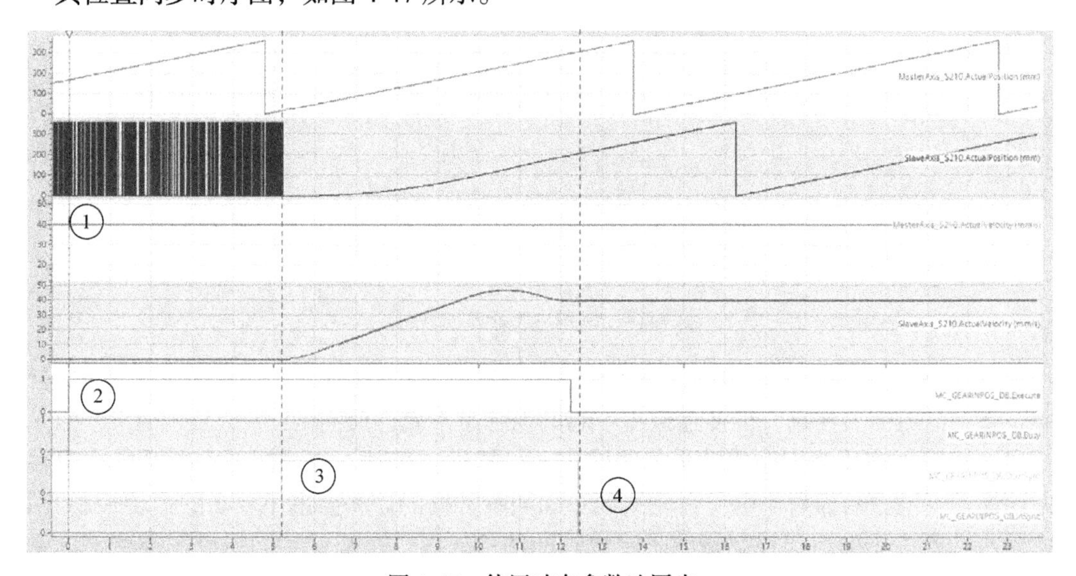

图 4-47　使用动态参数追同步

与速度同步不同的是，在使用位置同步时，运动控制器会计算开始追同步的位置，因此输出状态引脚会增加开始同步的状态。

在使用动态参数追同步时，如图 4-47 所示，主轴以 40mm/s 的速度运行，从轴在主轴位置为 180 附近时接收到同步指令，运动控制器根据设置的动态参数进行计算，判断从轴无法在主轴位置 300 处完成同步，因此从轴在第二个模态周期内主轴位置 10 附近开始追同步。其时序逻辑如下：

① 主轴以 40mm/s 速度运行。

② 检测到 Execute 执行命令上升沿，输出引脚 Busy 置 1。

③ 通过内部计算在主轴位置 10 处开始追同步，启动从轴，输出引脚 StartSync 置 1。

④ 到达设定的主轴同步位置 300 和从轴同步位置 200 后，且从轴与主轴以设定的传动比运行，完成同步，进入同步状态，输出引脚 InSync 置 1，同时 StartSync 置 0。

在使用主轴距离追同步时，如图 4-48 所示，主轴以 40mm/s 的速度运行，从轴在主轴位置为 180 附近时接收到同步指令，设置的主轴距离为 100，因此在距离主轴同步位置还有 100 距离的位置 200 处开始追同步。其时序逻辑如下：

① 主轴以 40mm/s 速度运行。

② 检测到 Execute 执行命令上升沿，输出引脚 Busy 置 1。

③ 通过内部计算在主轴位置 200 处开始追同步，启动从轴，输出引脚 StartSync 置 1。

④ 到达设定的主轴同步位置 300 和从轴同步位置 200 后，且从轴与主轴以设定的传动比运行，完成同步，进入同步状态，输出引脚 InSync 置 1，同时 StartSync 置 0。

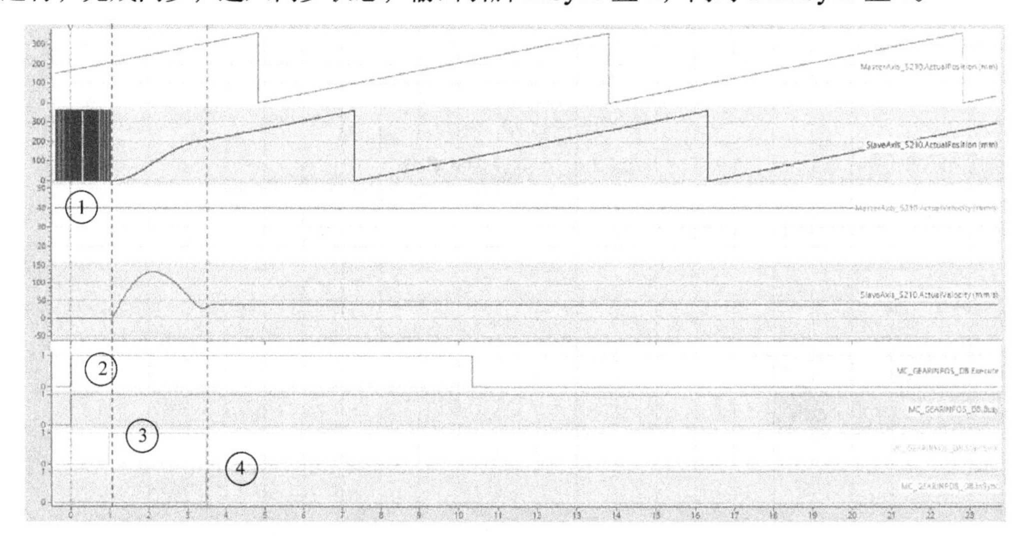

图 4-48　使用主轴距离追同步

如图 4-49 所示，当同步方向设置为最短距离时，追同步时，从轴有可能先反向运行。因此，在调试时需要注意，很多连接在一起的设备是不允许反向的。

电子齿轮的应用为多个传动设备的同步运行提供了基础，也是运动控制系统中非常重要的功能。运动控制器对于电子齿轮追同步和同步数据的计算会占用较多的运动控制资源，因此同步轴所占用的运动控制资源是定位轴的两倍，用户在配置不同的应用类型时，要关注运动控制资源是否足够。

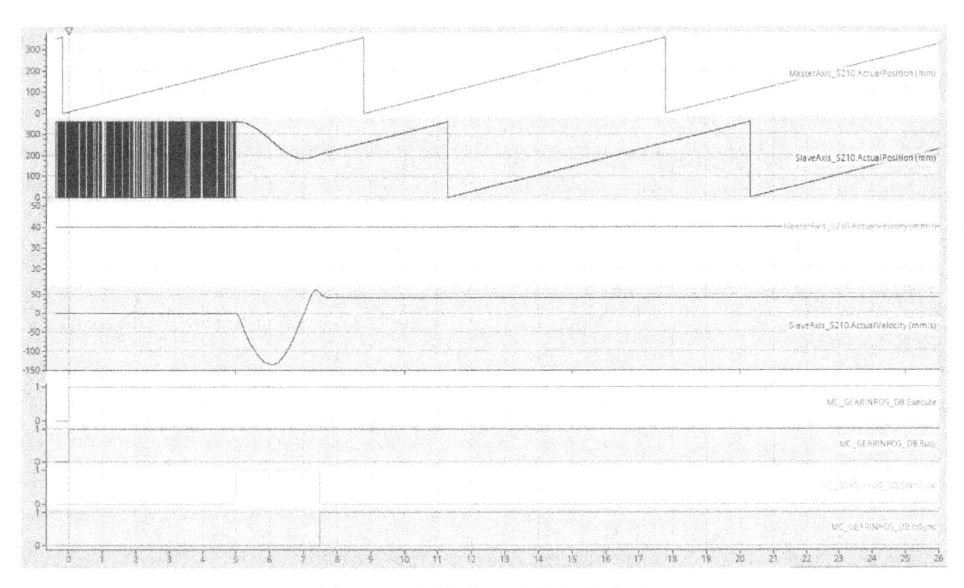

图 4-49　同步方向为最短距离时

4.3　电子凸轮（CAM）同步

4.3.1　定义及基本概念

电子凸轮同步与机械式凸轮同步相对应，它表示的是主从对象之间工艺关系，通常为非线性传递关系，主对象的值和从对象的值按照设定的曲线关系运行。主对象可以是实轴、虚轴或编码器对象，从对象是一个同步实轴或虚轴。主对象也称为主轴，主轴位置值称为主值；从对象称为从轴，从轴位置值称为从值，如图 4-50 所示。

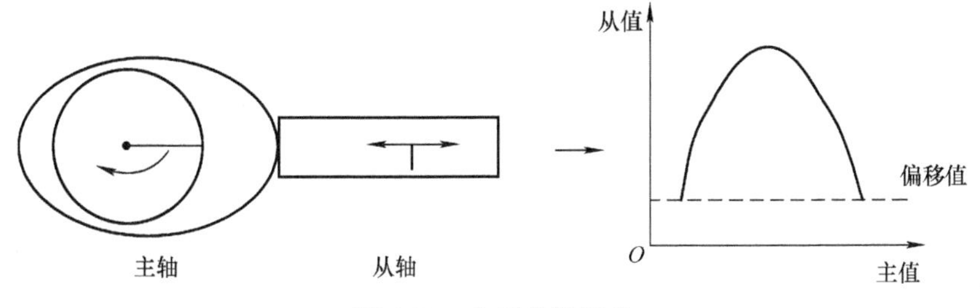

图 4-50　电子凸轮同步

1. 凸轮同步方式

对于凸轮同步，需要了解一些相关的知识，如主从轴的绝对位置和相对位置、循环凸轮和非循环凸轮、立即同步和参考位置同步等，这些知识的理解对于实现凸轮同步非常重要。

（1）主从值的绝对方式和相对方式

如图 4-51 所示的凸轮曲线，横轴表示主轴位置即主值，纵轴为从轴位置即从值。横轴和纵轴的值都可以分别定义为绝对方式和相对方式，绝对方式是相对于各自坐标轴的绝对坐标原点，相对方式是相对于当前位置坐标点。同样一条凸轮曲线，在选择主值和从值同步方式不同时，执行的结果也不同。

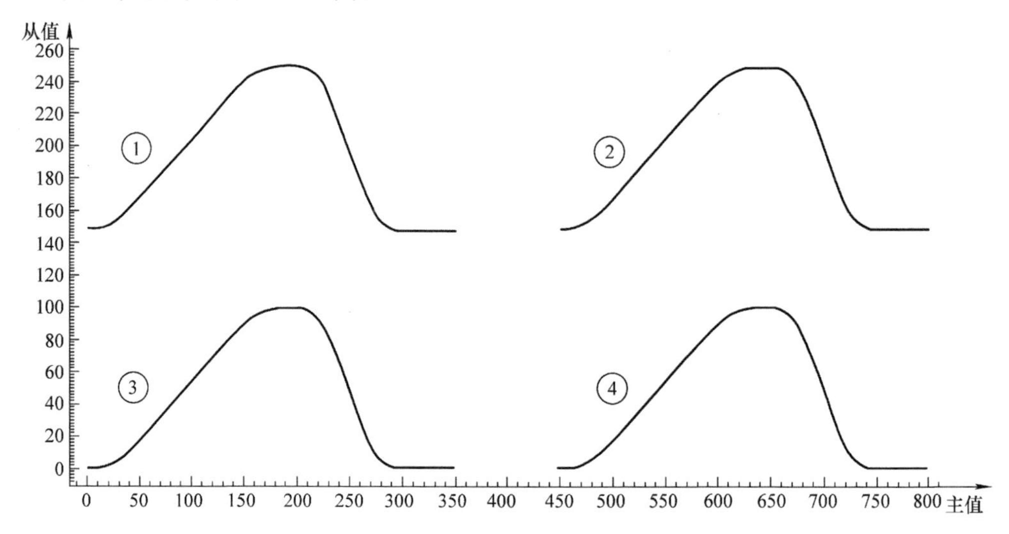

图 4-51 主值和从值绝对相对凸轮同步组合

在图 4-51 中，①主值绝对而从值相对：主值从绝对零点开始，从值从当前位置开始。

② 主值相对而从值相对：主值从当前位置开始，从值从当前位置开始。

③ 主值绝对而从值绝对：主值从绝对零点开始，从值绝对零点开始。

④ 主值相对而从值绝对：主值从当前位置开始，从值绝对零点开始。

（2）凸轮非循环和循环模式

在凸轮同步过程中，可以通过同步功能块的引脚 CammingMode 定义凸轮同步方式为非循环和循环模式。

非循环凸轮同步是指凸轮在定义的主值范围内只执行一次同步运动，当达到凸轮终点时，凸轮同步结束，不再执行，其运动曲线示意图如图 4-52 所示。

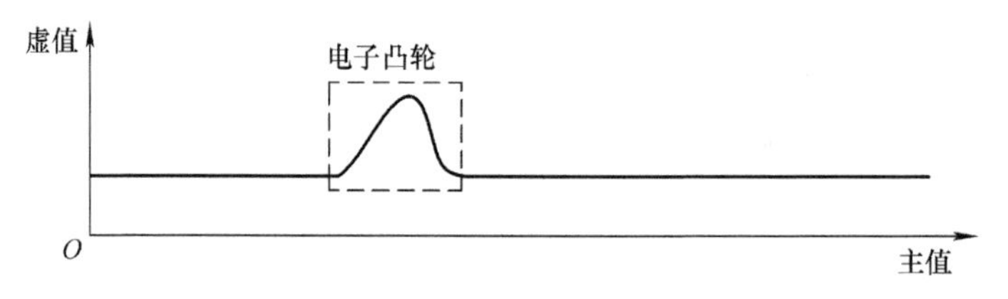

图 4-52 非循环凸轮同步

循环凸轮同步是指在凸轮定义的区间内反复循环执行凸轮同步，直到解同步命令触发，否则凸轮同步无限循环执行，其运动曲线示意图如图 4-53 所示。

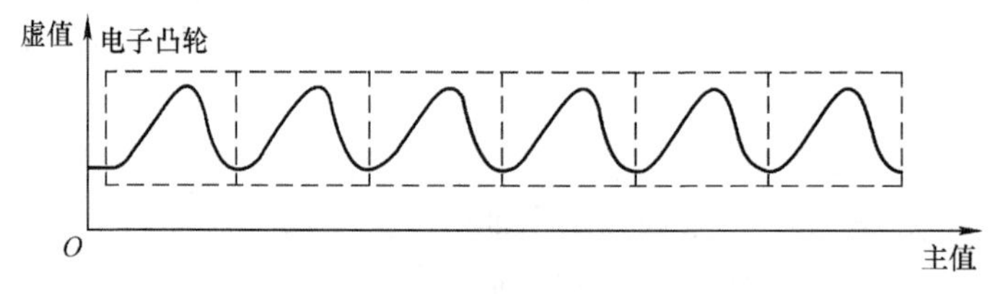

图 4-53 循环凸轮同步

（3）立即同步和参考位置同步方式

同步方式是指在同步命令发出时，从轴立即按照设定的速度和加速度等参数去追踪同步位置，即与主轴同步，从轴追踪的距离与它当前速度和加速度等参数有关，如图 4-54 所示。

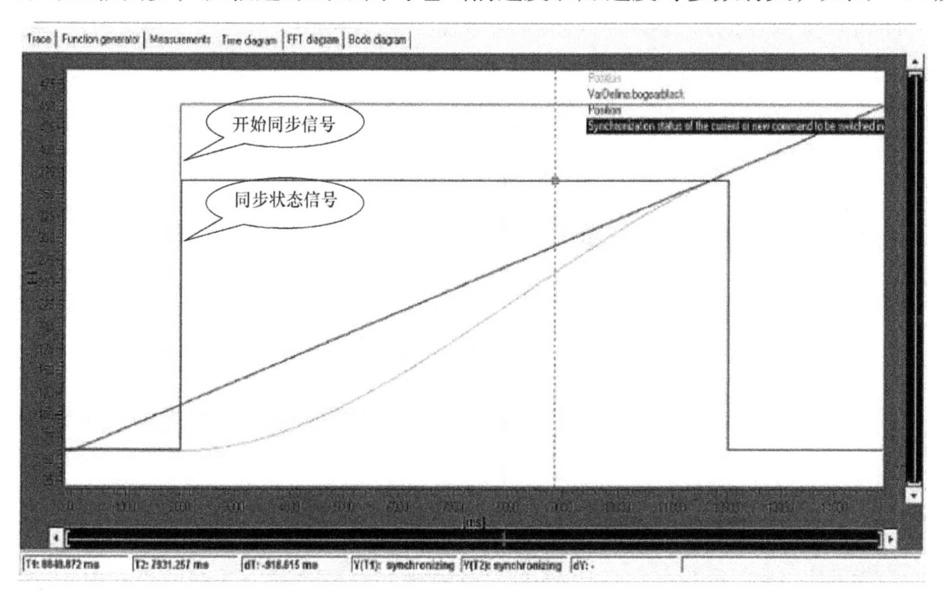

图 4-54　立即同步

基于参考位置的同步是指同步命令发出后，在主轴指定的位置完成同步，即从轴的运动必须保证在设定的同步位置完成同步，所以从轴并不立即同步，而是需要根据当前的速度等参数系统自动计算所要运行的轨迹，以确保在同步位置点完成同步，如图 4-55 所示。在不同的控制器中，关于同步的方式还有很多种类型，具体请参考同步命令功能块的使用说明，此处不再一一列举。

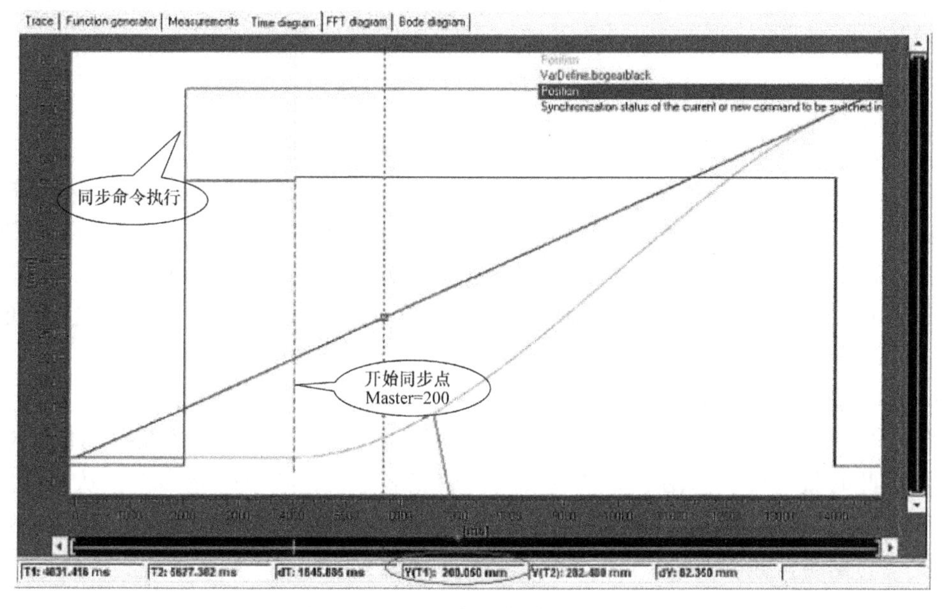

图 4-55　基于参考主轴位置同步

2. 凸轮曲线

凸轮曲线对于运动控制来说非常重要，它表述了主对象和从对象之间的位置关系，即表达了主从之间的非线性关系曲线。在某种程度上，凸轮曲线直接影响运动控制的质量。

在执行同步操作之前，需要先创建凸轮曲线。根据主从之间的工艺关系，凸轮曲线的创建一般包括以下 3 种方式。

（1）手动插点

对于已知主从值之间的位置关系，且其间的关系不需要改动，即主从值之间的关系永远保持不变，可以通过直接插点的方式生成凸轮曲线。

一般是在凸轮对象中双击，将会显示凸轮曲线绘制界面，通过手动绘制或者输入主值和从值的具体数值创建，如图 4-56 所示。该种方式创建凸轮曲线简单直观易理解，但是它只能在该界面中修改，不能通过参数修改。

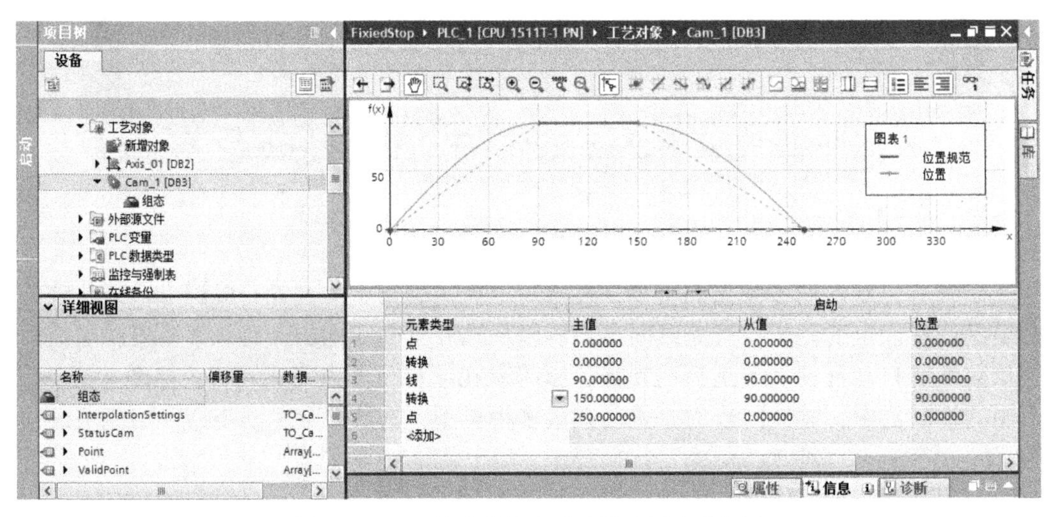

图 4-56 TIA 博途软件中手动插点创建示意图

（2）通过标准库应用程序生成

对于已知几个关键主从值之间的位置关系，且点与点之间可以通过多次样条曲线插补，在必要的时候可以通过修改参数实现凸轮曲线的改变，可以采用标准封装的程序库实现，如图 4-57 所示。该方式可以通过修改参数实现对凸轮曲线的重新创建，点与点之间的位置关系通过设定的插补方式进行插点。具体的实现方式可以参考西门子相关凸轮曲线创建手册。

（3）通过基本功能块生成

对于已知关键主从值之间的位置关系，且主从值之间需要严格按照一定的函数关系一一对应，此时就需要按照函数关系尽可能多取点的方式，点取得越多，主从值之间的同步精度越高。可以通过函数关系生成主从值对应的数值数组，然后通过基本功能块插补实现凸轮曲线的创建，如图 4-58 所示。

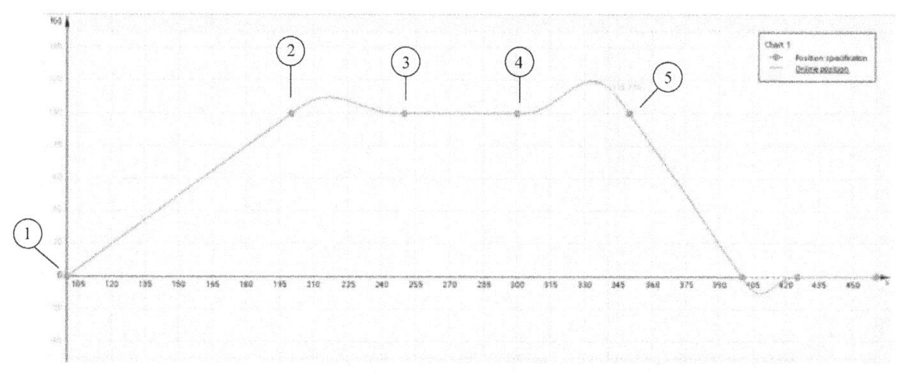

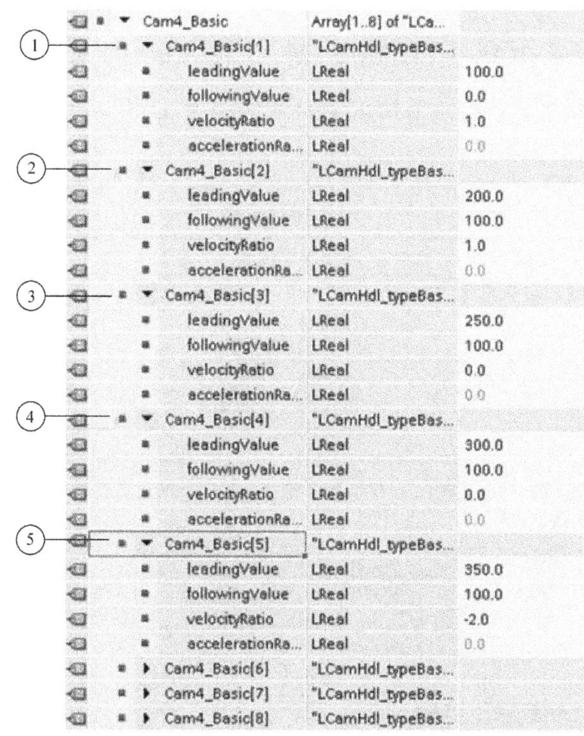

Cam4_Basic	Array[1..8] of "LCa...	
Cam4_Basic[1]	"LCamHdl_typeBas...	
leadingValue	LReal	100.0
followingValue	LReal	0.0
velocityRatio	LReal	1.0
accelerationRa...	LReal	0.0
Cam4_Basic[2]	"LCamHdl_typeBas...	
leadingValue	LReal	200.0
followingValue	LReal	100.0
velocityRatio	LReal	1.0
accelerationRa...	LReal	0.0
Cam4_Basic[3]	"LCamHdl_typeBas...	
leadingValue	LReal	250.0
followingValue	LReal	100.0
velocityRatio	LReal	0.0
accelerationRa...	LReal	0.0
Cam4_Basic[4]	"LCamHdl_typeBas...	
leadingValue	LReal	300.0
followingValue	LReal	100.0
velocityRatio	LReal	0.0
accelerationRa...	LReal	0.0
Cam4_Basic[5]	"LCamHdl_typeBas...	
leadingValue	LReal	350.0
followingValue	LReal	100.0
velocityRatio	LReal	-2.0
accelerationRa...	LReal	0.0
Cam4_Basic[6]	"LCamHdl_typeBas...	
Cam4_Basic[7]	"LCamHdl_typeBas...	
Cam4_Basic[8]	"LCamHdl_typeBas...	

图 4-57　通过标准应用库生成凸轮曲线

```
FOR INDEX :=0 TO pointNumber BY 1 DO
    error_number := _addpointtocam(
        cam :=actCam ,  //which cam
        campositionmode := ACTUAL, //scaling and offset
        leadingrangeposition := interpolationPoints[index].X_pos,
        followingrangeposition := interpolationPoints[index].Y_pos);
END_FOR;

error_number := _interpolatecam(
    cam := actCam ,  //which cam
    campositionmode := ACTUAL, //scaling and offset
    leadingrangestartpointtype := LEADING_RANGE_START, //from starting point
    leadingrangestartpoint := 0.0,  //start point ;not use
    leadingrangeendpointtype := LEADING_RANGE_END,  //from end point
    leadingrangeendpoint := 360.0,  //end point ;not use
    cammode := camMode,
    interpolationmode := interpolationMode);
```

图 4-58　在 SCOUT 中实现多点凸轮曲线的创建

3. 实现同步过程的步骤

实现一个凸轮同步，一般需要以下几个步骤：

1）分别创建主从对象；

2）根据工艺要求创建凸轮曲线；

3）主值互连；

4）建立同步；

5）同步运行；

6）解同步。

将在下文以实例的方式阐述以上步骤的实现过程。

4.3.2 示例：西门子 S7-1500 PLC 和 SINAMICS V90 伺服驱动器实现凸轮同步

该实验可以在仿真环境中进行，也可以通过实验设备进行，本文以仿真为例，简述该操作过程见表 4-4。

表 4-4 仿真操作步骤

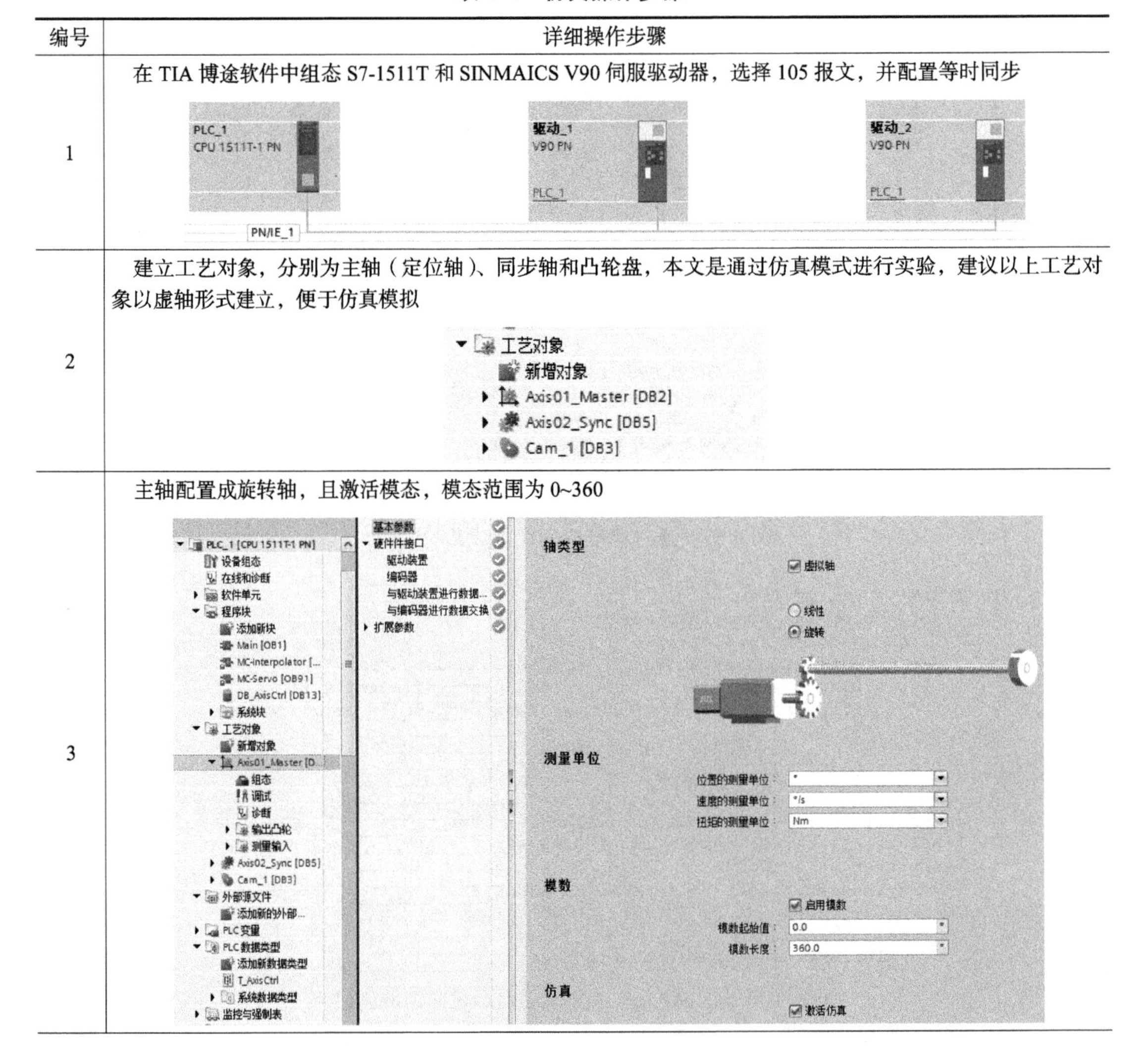

编号	详细操作步骤
1	在 TIA 博途软件中组态 S7-1511T 和 SINMAICS V90 伺服驱动器，选择 105 报文，并配置等时同步
2	建立工艺对象，分别为主轴（定位轴）、同步轴和凸轮盘，本文是通过仿真模式进行实验，建议以上工艺对象以虚轴形式建立，便于仿真模拟
3	主轴配置成旋转轴，且激活模态，模态范围为 0~360

（续）

<table>
<tr><th>编号</th><th>详细操作步骤</th></tr>
<tr><td>4</td><td>从轴配置成直线轴，可以不激活模态
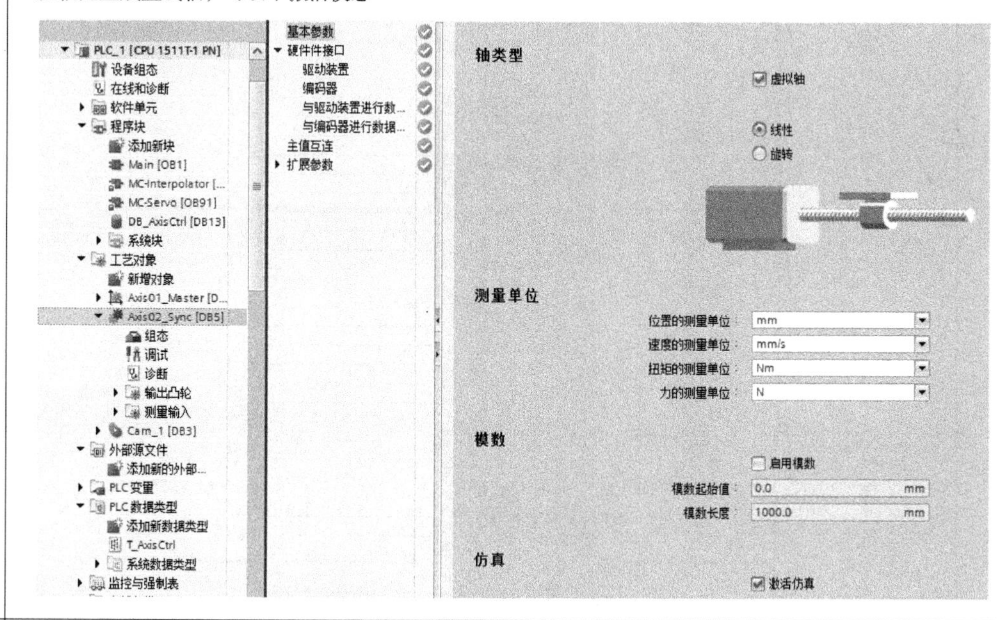
</td></tr>
<tr><td>5</td><td>手动创建凸轮曲线如下图所示
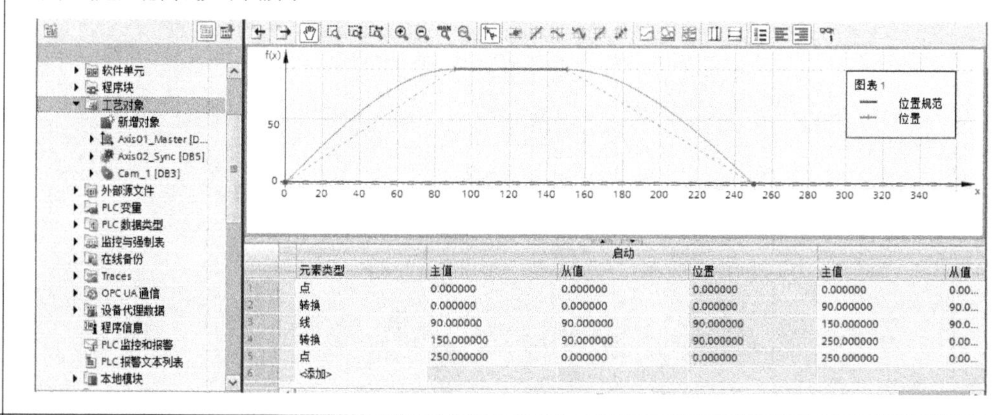

<table>
<tr><th></th><th colspan="6">启动</th></tr>
<tr><th></th><th>元素类型</th><th>主值</th><th>从值</th><th>位置</th><th>主值</th><th>从值</th></tr>
<tr><td>1</td><td>点</td><td>0.000000</td><td>0.000000</td><td>0.000000</td><td>0.000000</td><td>0.00...</td></tr>
<tr><td>2</td><td>转换</td><td>0.000000</td><td>0.000000</td><td>0.000000</td><td>90.000000</td><td>90.0...</td></tr>
<tr><td>3</td><td>线</td><td>90.000000</td><td>90.000000</td><td>90.000000</td><td>150.000000</td><td>90.0...</td></tr>
<tr><td>4</td><td>转换</td><td>150.000000</td><td>90.000000</td><td>90.000000</td><td>250.000000</td><td>0.00...</td></tr>
<tr><td>5</td><td>点</td><td>250.000000</td><td>0.000000</td><td>0.000000</td><td>250.000000</td><td>0.00...</td></tr>
<tr><td>6</td><td><添加></td><td></td><td></td><td></td><td></td><td></td></tr>
</table></td></tr>
<tr><td>6</td><td>编写轴基本运动程序，轴使能、轴复位、轴暂停、轴运动等，以轴使能块为例，做好各个功能块引脚的变量连接
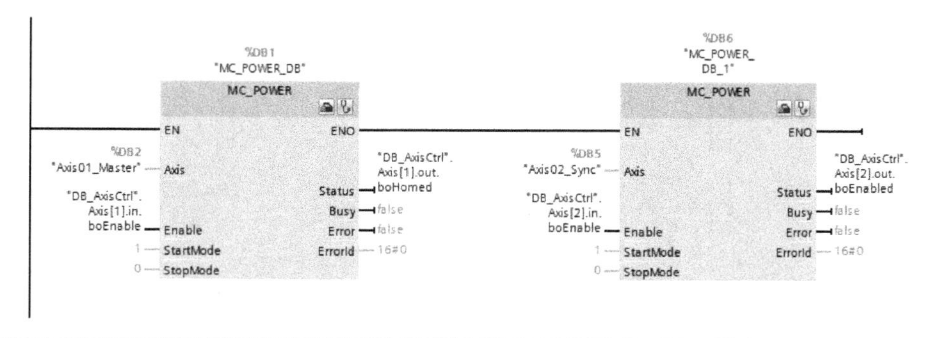
</td></tr>
</table>

（续）

<table>
<tr><th>编号</th><th>详细操作步骤</th></tr>
<tr><td>7</td><td>插入凸轮插补功能块和凸轮同步功能块，在执行凸轮同步之前需要执行凸轮曲线插补功能块
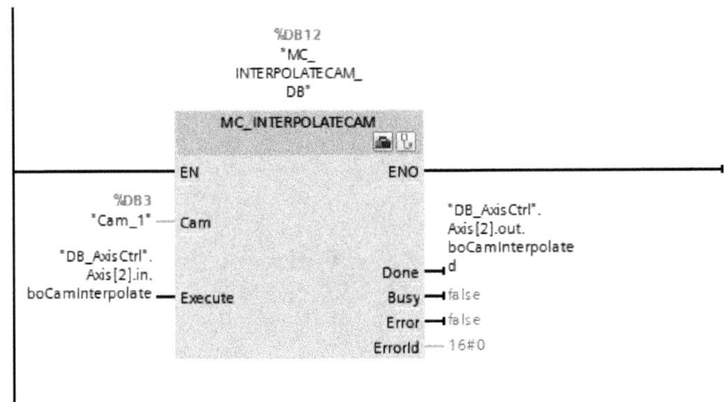

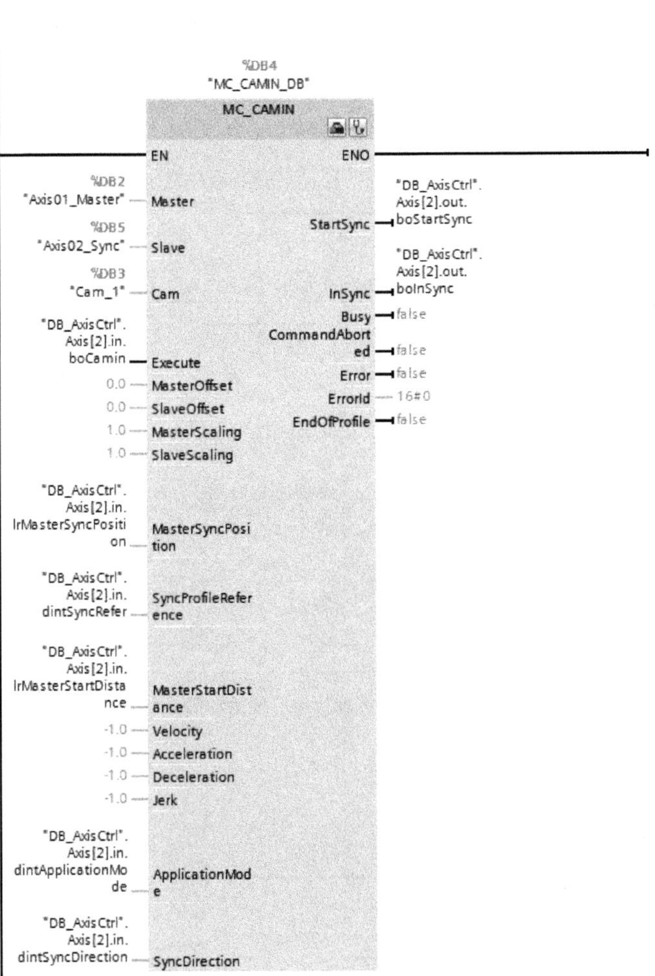
</td></tr>
</table>

（续）

<table>
<tr><th>编号</th><th>详细操作步骤</th></tr>
<tr><td>8</td><td>
立即同步方式：
1）SyncProfileReference=2 直接凸轮同步
2）ApplicationMode=1 凸轮循环模式
3）SyncDirection=3 最短距离方式
在①处，启动主轴运行，主轴按给定 100°/s 开始运行，从轴仍处于静止状态
在③处，启动从轴同步命令，从轴立即同步，按照设定的凸轮曲线运行，同时④处同步状态显示为 true，表示同步完成
在⑤处，去除从轴同步命令，从轴并没有解除同步，而是仍然处于同步运动中
在⑥处，触发从轴暂停命令，从轴同步状态解除且从轴立即停止运行
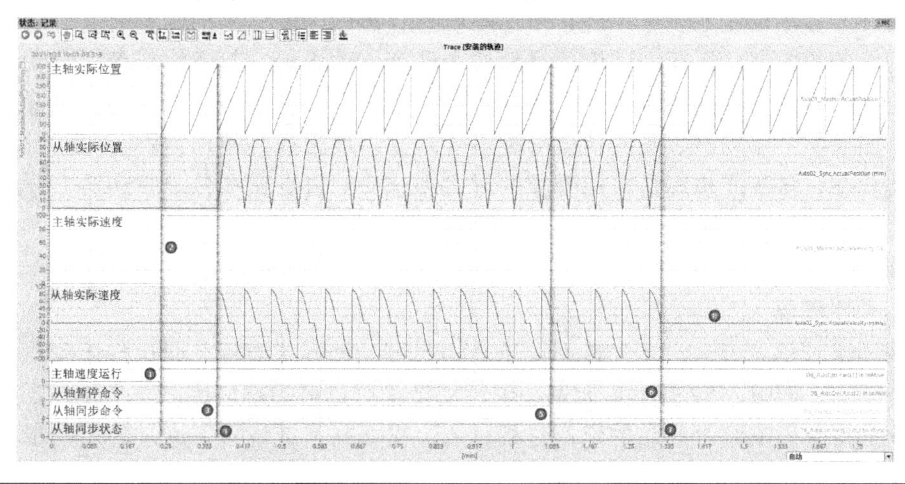

</td></tr>
<tr><td>9</td><td>
参考位置同步方式：
1）SyncProfileReference=1 参考位置同步
2）MasterSyncPosition=50 主轴同步位置
3）MasterStartDistance=200 主轴同步距离
4）ApplicationMode=1 凸轮循环模式
5）SyncDirection=3，最短距离方式
在①处，预先给定从轴同步命令，但从轴处于静止状态，并不运动
在②处，启动主轴运动，主轴按给定 100°/s 开始运行，仍处于静止状态。当主轴实际位置距离主轴同步位置 50° 为 200° 时，从轴开始运动，当主轴实际位置到达主轴设定位置 50° 时，即
在③处，从轴同步状态输出，从轴按照设定曲线同步运行
在④处，触发从轴暂停命令，从轴同步状态解除且从轴立即停止运行
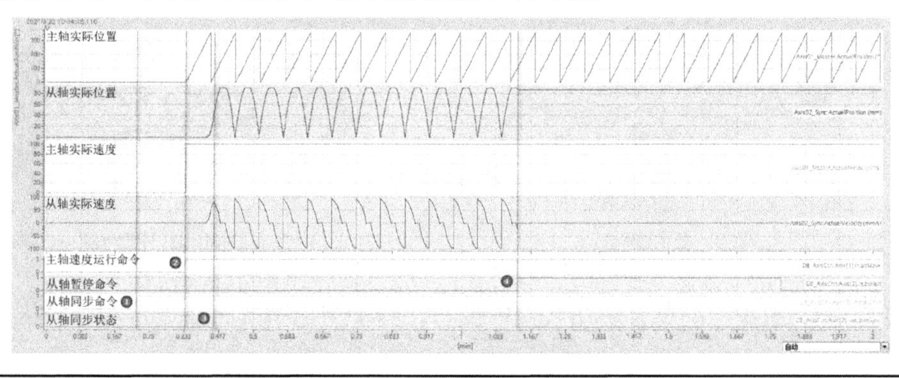

</td></tr>
</table>

凸轮同步是运动控制的一个重要标记，它能将复杂的问题简单化，但凸轮曲线的创建不但需要了解生产工艺，还有理解运动过程中的各种运动状态，避免有过大的冲击，这样才能生成最优的凸轮曲线。随着科技的发展，也可以利用一些算法软件工具来生成凸轮曲线。

4.4 转矩同步

4.4.1 应用场合

在许多运动控制系统中，经常由于驱动器容量的限制，采用两个或多个电机驱动同一个传动设备的方案，还有一些应用类型要求多个传动设备一起工作或者耦合在一起。对于这些应用类型的运动控制系统，需要在各个机械耦合轴之间均衡转矩，且保持同样的运行速度。如果各个驱动器之间的负载分配不受控制，那么这些驱动器就会相互对抗，从而进入过载状态。转矩同步即是采用受控的方式和定义的百分比在各个驱动器上分配完整的机械负载，在变频器应用中也经常称为转矩的主从控制。

耦合轴存在于许多现实生活的应用中，根据连接方式的不同，一般分为：

1. 柔性耦合

使用这种耦合方式，多个传动设备之间通过某种方式连接，而这种连接是弹性的，且是有限度的，如图 4-59 所示。如果一个传动设备对材料的拉动比另一个强，张力可能会发生变化，将会影响整个产品的生产过程，还会损坏材料或设备，通过转矩同步正确分配负载可以避免这种情况的发生。

2. 刚性耦合

这种耦合方式，电机通过刚性机械装置如滚轮、齿轮等相互连接，迫使它们以相同的速度转动，如图 4-60 所示。在刚性连接下，电机的速度稍有不同将会导致速度快的电机拖动速度慢的电机，速度慢的电机试图不断地制动轴，而另一个会加速对抗，从而会导致两者过载，这种情况下也需要转矩同步，保证负载均匀地分配在各个驱动器上。

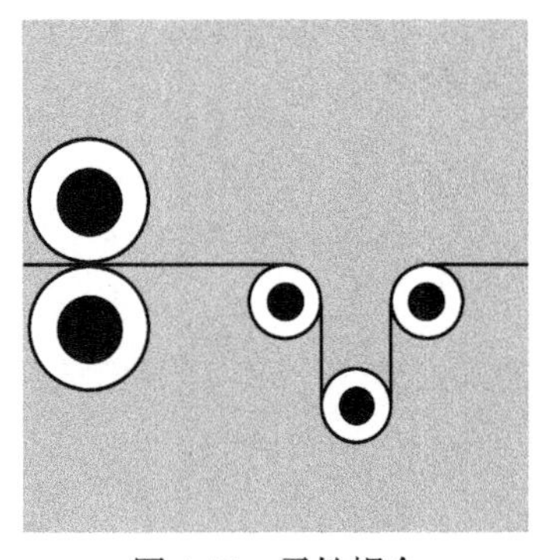

图 4-59 柔性耦合

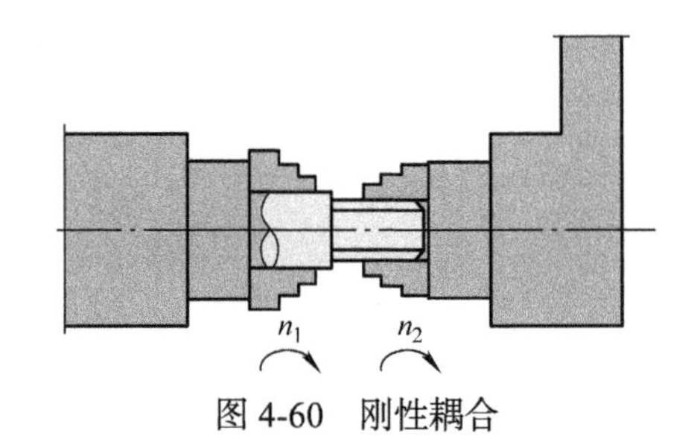

图 4-60 刚性耦合

如图 4-61 所示，当没有启用转矩同步时，两个驱动系统将会进行对抗，从而导致系统效率降低。

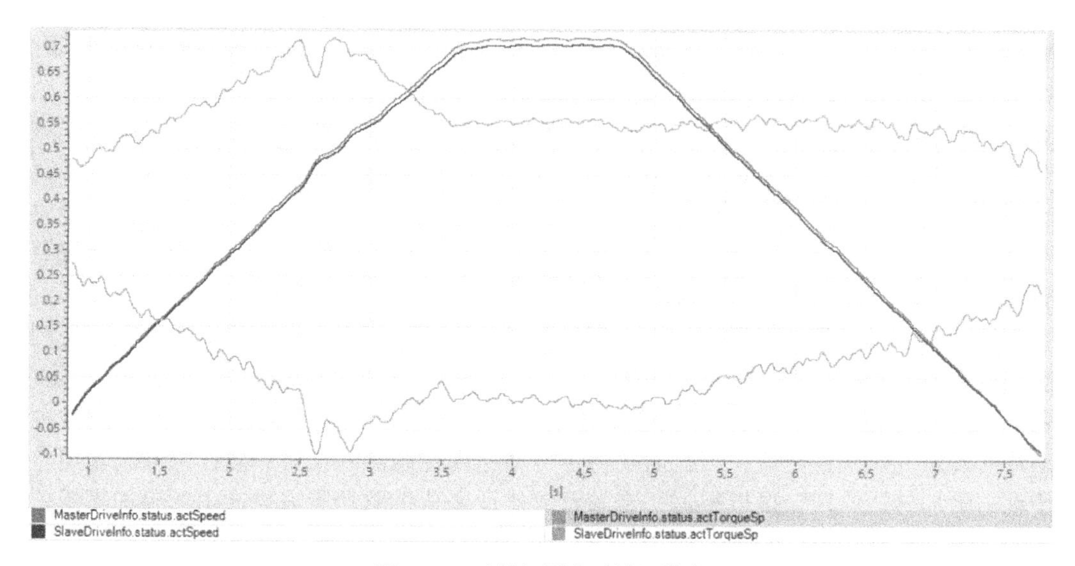

图 4-61　无转矩同步时转矩输出

如图 4-62 所示，当启用转矩同步功能时，两个驱动系统输出力矩基本一致，从而提高驱动系统使用效率。

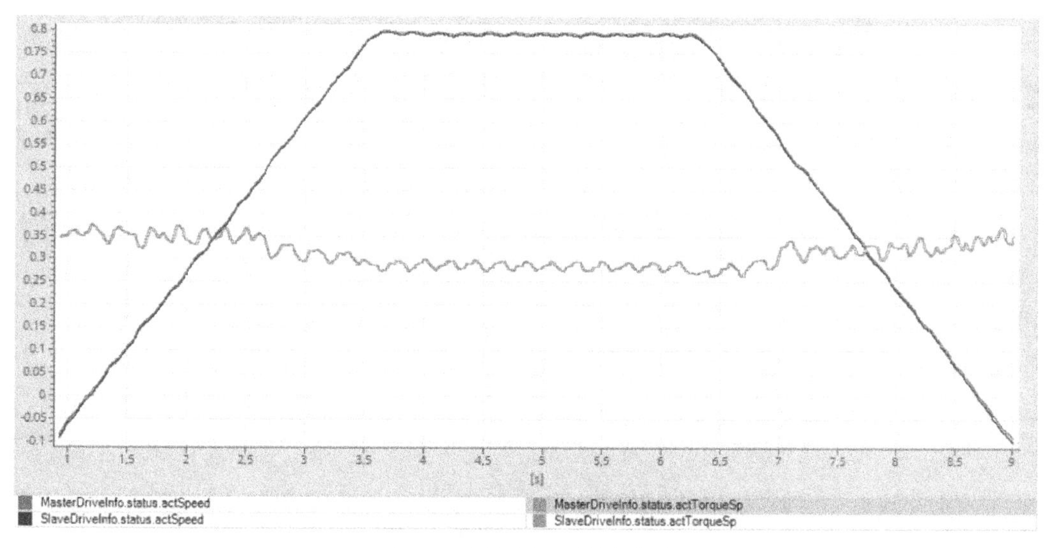

图 4-62　转矩同步时转矩输出

4.4.2　控制方案

对于机械耦合轴来说，仅仅保持相同的设定速度是不够的。由于生产公差、驱动机械设备的滑移、检测速度时与测量有关的偏差以及与操作有关的磨损，使得相同的给定速度下，机械设备的实际速度会稍有偏差，这也是驱动器需要转矩同步主从控制的原因。

根据机械耦合方式的不同，转矩同步有几种不同的控制方式。

1. 直接转矩控制

直接转矩控制方案主要应用于刚性耦合方式，当驱动机械设备的两个电机通过机械硬联轴器连接在一起，如齿轮、同轴等，此时机械硬连接器使得两个电机保持相同的速度，这种机械结构多采用直接转矩控制方案。

直接转矩控制的控制策略是将主机驱动设定在速度模式工作，为整个机械设备提供正确的设定速度，从机驱动设定在转矩模式工作，并将主机驱动的转矩设定值作为从机驱动的转矩给定值，以保证系统运行时，从机驱动转矩始终与主机驱动转矩一致，从而避免两个电机转矩对抗。该方式的特点是从机驱动转矩始终跟随主机驱动转矩，整个系统按照主机驱动的速度环运行，转矩响应比较快。

由于从机驱动工作在转矩模式下，当机械硬连接断开时，将导致从机速度无法控制而直接加速到最大速度，从而造成设备飞车，损坏设备。因此，可以在从机驱动添加速度环，只是从机驱动速度环采用纯 P 控制器工作。在这种工作模式下，从机驱动器不能对主机驱动器的转矩变化快速响应，因此需要将主传动速度控制器的积分分量作为补充转矩作为从传动的附加转矩给定。可以根据一定的百分比设置从机驱动所需要输出的附加转矩，如图 4-63 所示。

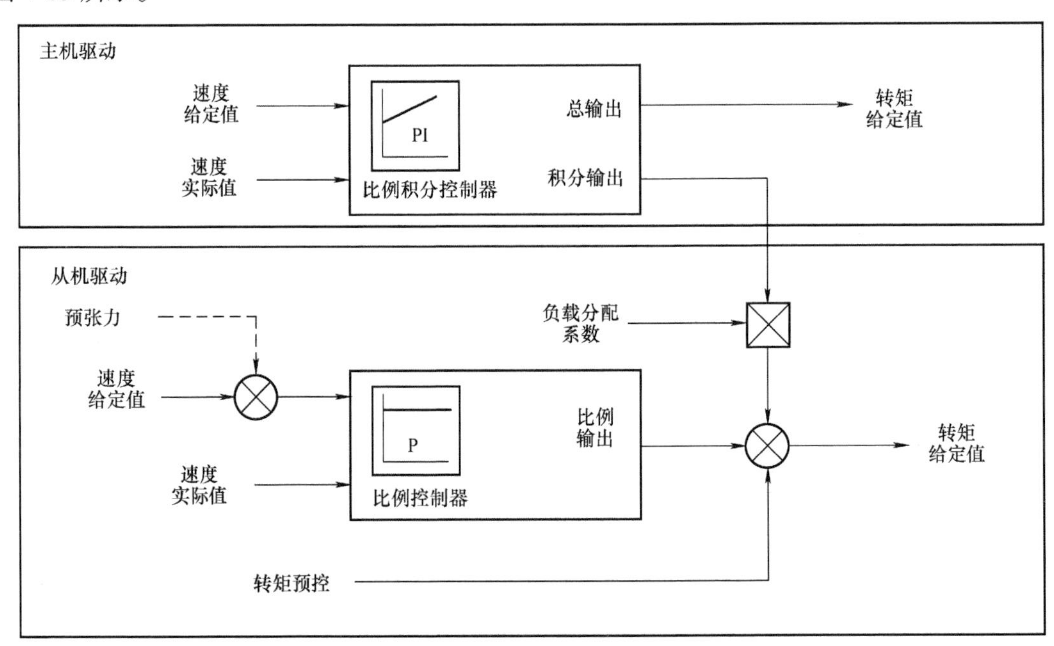

图 4-63 直接转矩控制功能图

2. 速度偏差和转矩限幅

速度偏差与转矩限幅的控制方案主要应用于电机之间柔性耦合方式，当多个传动设备通过材料连接在一起，如钢带、纸带、皮带等，在生产过程中，多个传动设备需要保持运行线速度一致，而且要保证各个电机之间的力矩同步，否则会造成材料的张力变化，从而影响材料的质量，甚至拉断材料。速度偏差和转矩限幅控制功能图如图 4-64 所示。

在这种控制方案中，主机驱动和从机驱动都工作在速度模式，主从轴的速度设定值相同，从机驱动在此基础上附加 +/−5%−10% 左右的速度偏差（与运行方向有关，附加速度大小由实际情况决定），使得从机驱动的速度略快于主机驱动，然后将主机驱动的转矩值连接到从机驱动的转矩限幅上。运行后，由于柔性材料的存在，从机驱动略快于主机驱动，使得材料迅速拉紧，从而使得从轴的速度控制器饱和，输出的转矩受转矩限幅限制，于是从机驱动的转矩就会跟随主机驱动的转矩，从轴速度受到连接材料的牵引，与主轴速度相同。由于主机驱动和从机驱动均工作在各自的速度环模式下，因此当发生材料断裂或轴断裂时，并不会发生飞车现象。

该控制方案的特点是启动瞬间主轴、从轴的速度环都起作用，张力的建立比较平缓，避免系统产生振荡。在运行过程中既保证了速度及转矩的分配，也对系统进行了保护。

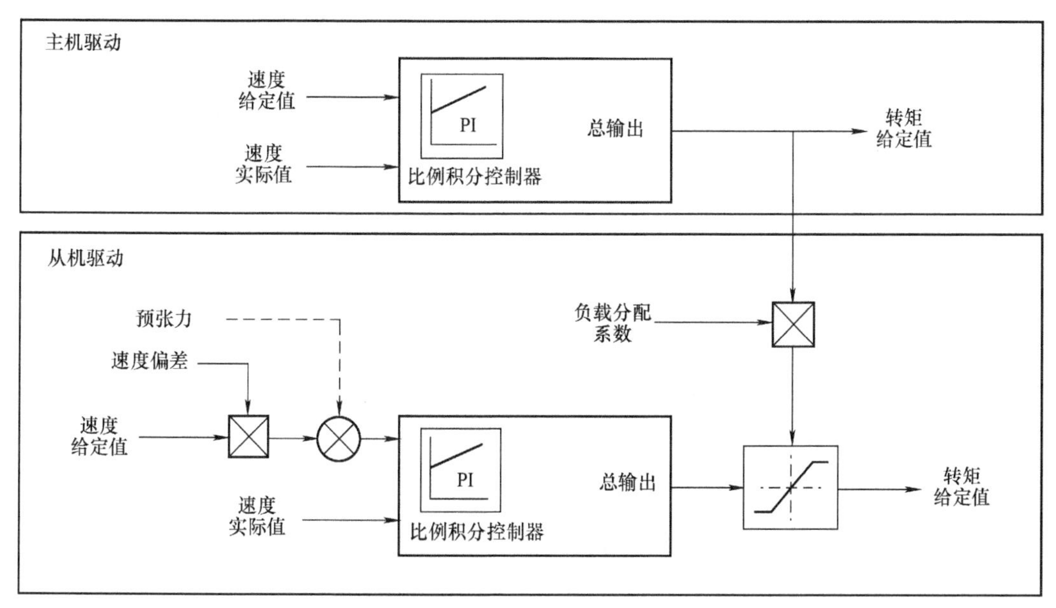

图 4-64　速度偏差和转矩限幅控制功能图

3. 软化和补偿

软化控制方案会在负载转矩增加时，按比例地降低转速设定值。如图 4-65 所示，通过软化功能，从机驱动器的速度设定值根据负载转矩的增大而成比例地减小。以西门子驱动器 SINAMICS S120 伺服驱动器或 SINAMICS G120 变频器为例，对于 5% 的下降因子，如果负载转矩为额定扭矩，则会导致速度设定点降到 95%，如果负载转矩为额定扭矩的一半，则会降低到速度设定点的 97.5%。因此，软化补偿功能经常在驱动器上实现，它的响应周期非常快。当它与主驱动的转矩设定值相关联时，也可以实现有效的负载分配，软化机械连接。

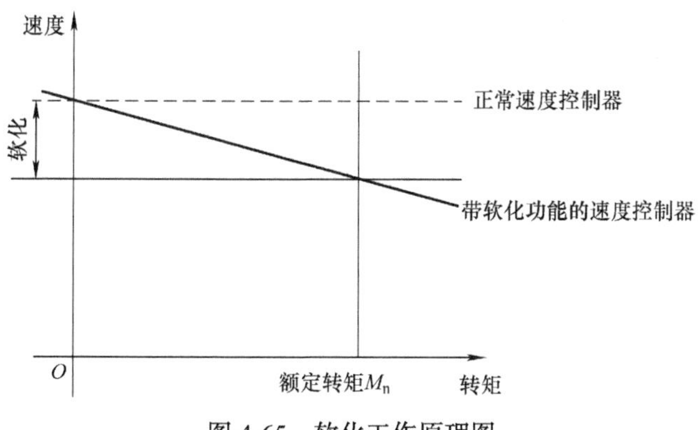

图 4-65　软化工作原理图

软化功能既可以单驱动器独立使用，也可以用作主从控制。当从机驱动器采用了软化功能，有时为了实现主从的负载分配，应将主机驱动器的转矩设定值作为补偿因子叠加到从机驱动器的软化分量上。如图 4-66 所示，加入补偿因子后，会使从机驱动器的转速设定值下降曲线在原来的曲线位置上移，从而使从机驱动器能够提供与主机驱动器相同的负载转矩。

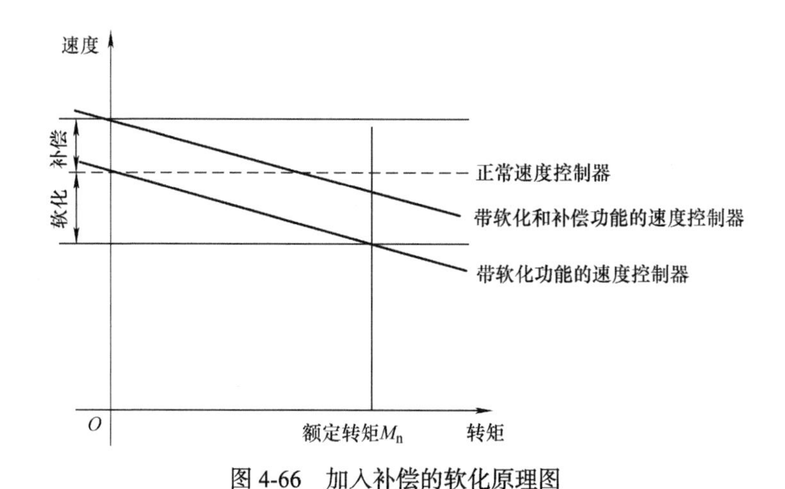

图 4-66　加入补偿的软化原理图

软化和补偿功能框图如图 4-67 所示，通常软化系数和补偿系数相同，可通过从机驱动器速度控制器的积分分量调试软化系数。

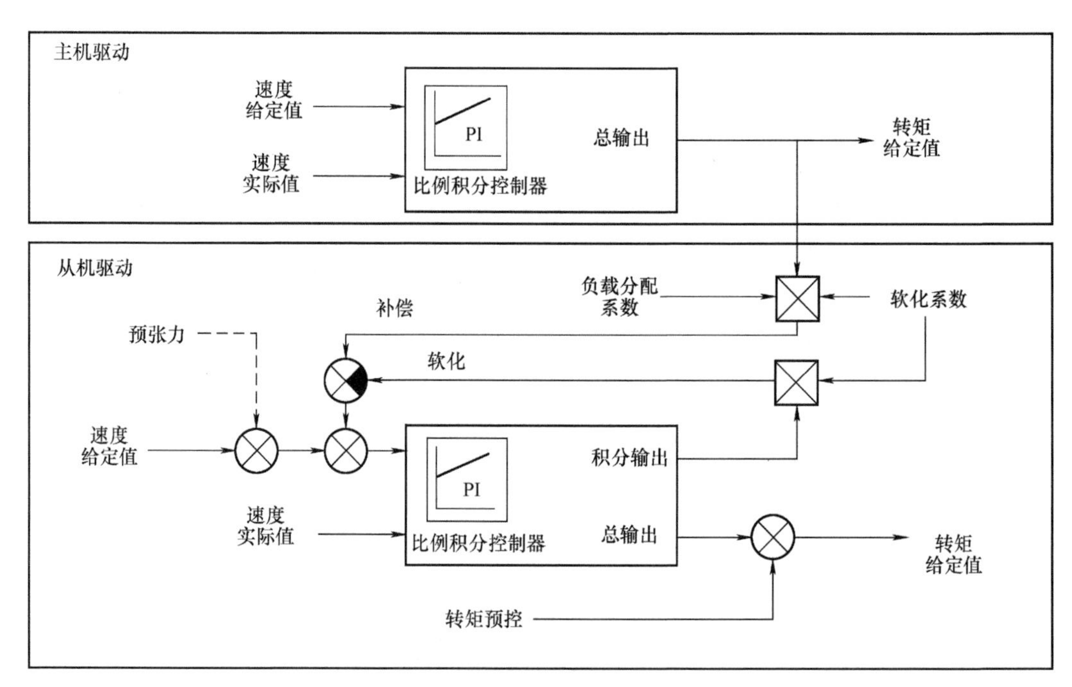

图 4-67　软化和补偿功能框图

4.4.3 示例：西门子 S7-1500 PLC 与 SINAMICS S120 伺服驱动器实现转矩同步

本节将以西门子 S7-1500 PLC 和 SINAMICS S120 伺服驱动器为例，介绍如何在实际应用中配置转矩同步。

前面提到了西门子针对各种不同的应用类型开发了许多使用方便的功能库，本例中也将使用西门子开发的负载分配功能库来实现转矩同步，帮助用户对功能库的使用有大致的了解，负载分配库相对简单，也为用户以后使用复杂的功能库提供了基础。

1. 插入负载分配功能库

本例采用的是压缩库，因此应在菜单选项中的“全局库”选项中选择“恢复库”，打开对话框，选择库文件即可。恢复库文件后在右侧库选项卡中，全局库下面就有插入的负载分配库，LLoadSharing_V1.1，如图 4-68 所示。

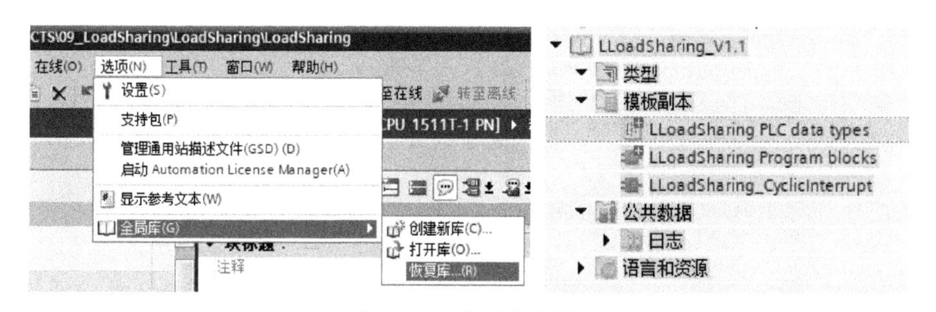

图 4-68 恢复库文件

插入库文件后，将库文件中的数据类型、功能块、示例程序拖入到项目文件对应的数据类型、程序块中，如图 4-69 所示。负载分配功能库主要包括驱动信息、驱动状态、驱动设置的 3 个数据类型，负载分配控制、驱动通信的功能块，以及调用功能块的一个组织块。

在负载分配控制功能块中，通过“enable”引脚，使能驱动器和负载分配，在“masterActive”和“slaveActive”引脚可以选择单独使能一个驱动，“speed”引脚输入驱动器运行的转速，“mode”引脚可以选择负载分配的 3 种模式：1 为直接转矩控制方式，2 为速度偏差和转矩限幅方式，3 为软化和补偿方式。

在该功能块中，主要通过通信报文将各个转矩同步模式相应的参数根据不同的模式写入主从驱动器中，因此驱动内的转矩限幅、转矩给定、软化补偿转矩等来自报文，如图 4-70 所示，并且将转矩设定值和转矩实际值发送至功能块，如图 4-71、图 4-72 所示。

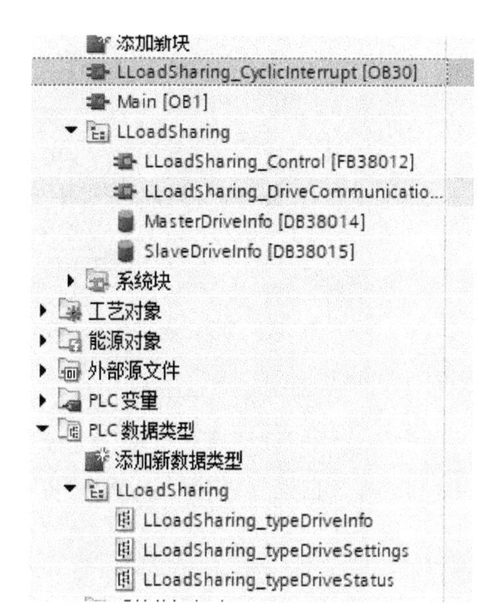

图 4-69 项目中的库功能块

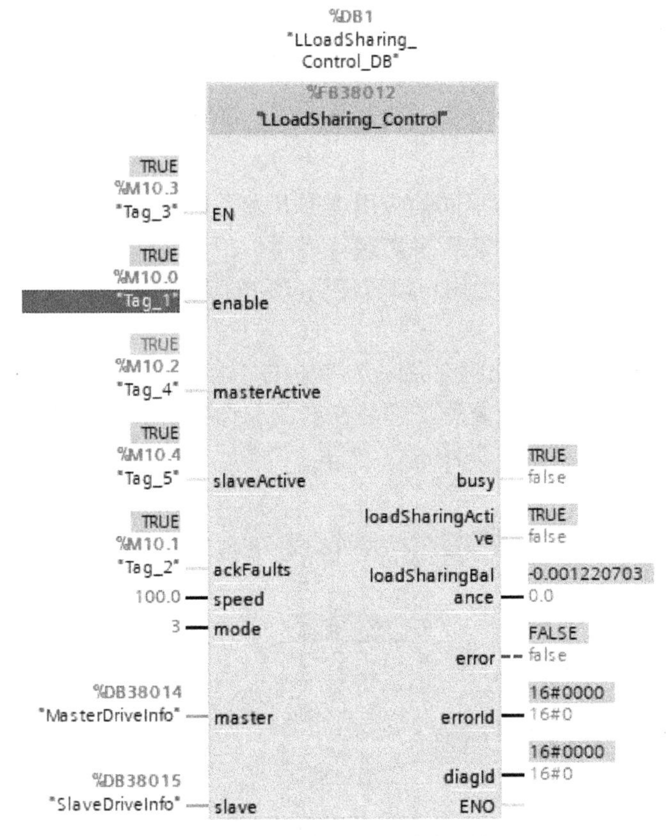

图 4-70　负载分配控制功能块

Receive direction | Transmit direction | Connector binector converter | Binector connector converter

Telegram configuration: [999] Free telegram configuration with BICO　Change

Hide inactive interconnections

Delete unused interconnections

PZD

PROFIdrive

PZD	Value	Format	Interconnection
1	0000	hex	--
1 2	0000_0000	hex	--
2	0000	hex	p1070[0], CI: Main setpoint
2 3	0000_0000	hex	--
3	0000	hex	--
3 4	0000_0000	hex	--
4	0000	hex	p1523[0], CI: Torque limit lower
4 5	0000_0000	hex	--
5	0000	hex	p1522[1], CI: Torque limit upper
5 6	0000_0000	hex	--
6	0000	hex	p1503[0], CI: Torque setpoint

图 4-71　驱动接收报文

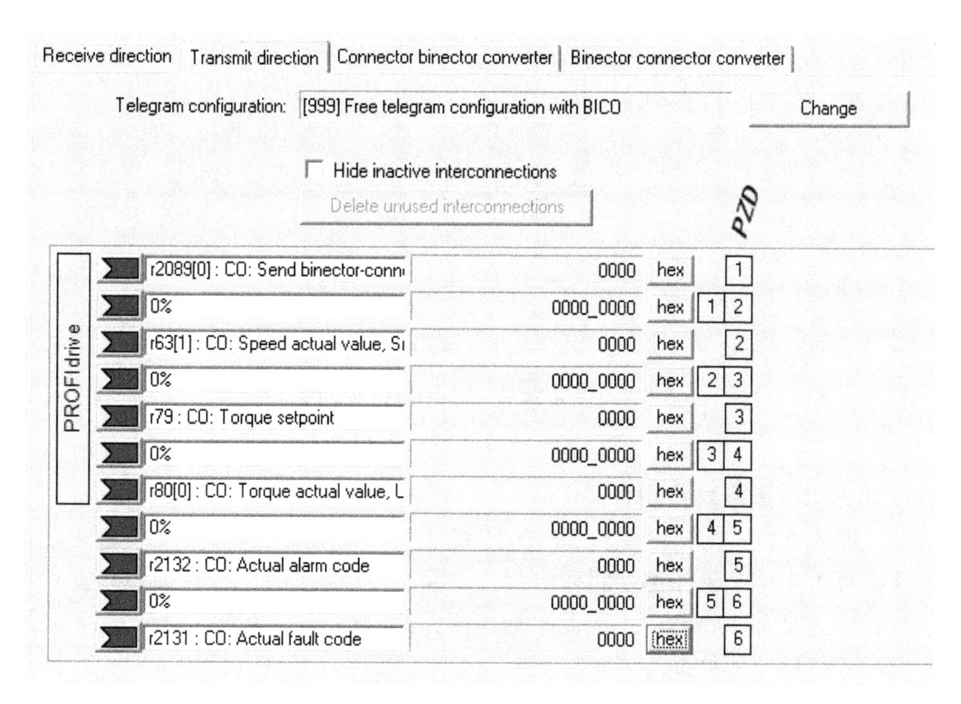

图 4-72　驱动发送报文

功能块内逻辑与上一节介绍的功能图一致，接下来将分别介绍。

2. 直接转矩控制方式

当 Mode 选择 1 时，通过使能，从轴激活转矩控制，且转矩给定值由功能块通过报文给出，在功能块中，将主轴的转矩设定值发送给从轴的转矩给定值，如图 4-73 所示。

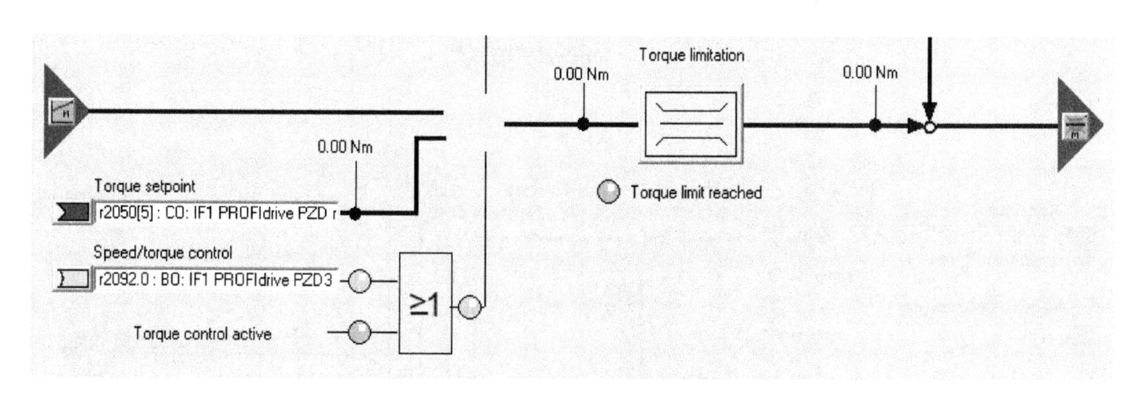

图 4-73　从轴激活转矩控制

如图 4-74 所示，在 Mode1 模式下运行，从轴的转矩设定值来自于主轴的转矩设定值，因此其转矩实际值与主轴的转矩实际值一致。但是本例中的实验设备并没有硬连接，只是两个独立的转盘，因此从轴直接转矩控制时，其速度并不可控，从图中可以看到，从轴的速度与主轴速度有很大差异。在功能块中对这种情况进行了故障处理，当从轴速度与主轴速度相差较大时，将会关闭使能，并输出故障，这样在实际应用中可以避免因硬连接的断裂造成的从轴飞车，从而对设备起到一定的保护作用。

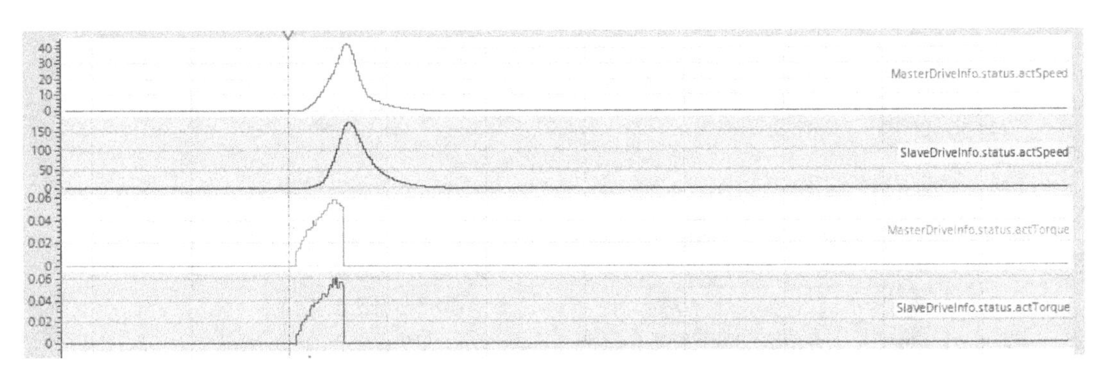

图 4-74 Mode 1 运行

3. 速度偏差和转矩限幅控制方式

当 Mode 选择 2 时，为速度偏差和转矩限幅模式，该模式下主从轴都为速度闭环控制，从轴的速度略高于主轴来确保速度闭环饱和，从轴的转矩限幅来自于主轴的转矩给定。

功能块设定速度为 100rpm㊀，因此主轴速度为约 100rpm，如图 4-75 所示，从轴的速度为约 105rpm，如图 4-76 所示。

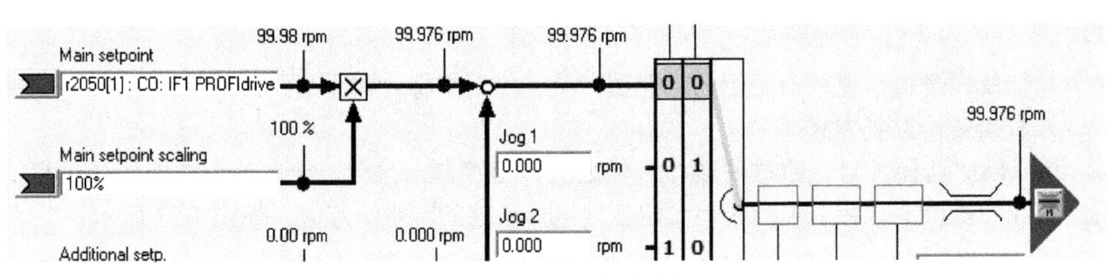

图 4-75 Mode2 主轴速度

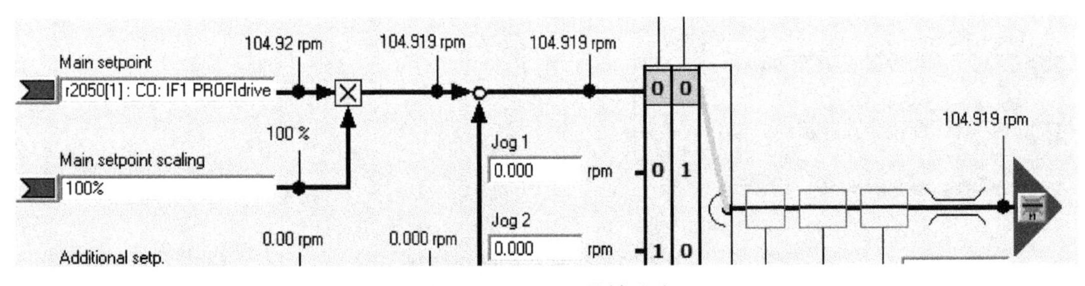

图 4-76 Mode2 从轴速度

从轴的转矩限幅来自于主轴的转矩给定，默认转矩限幅为 1.5Nm，由于空载运行，主轴的转矩给定值很小，为 0.03Nm，如图 4-77 所示，在实际运行中，速度闭环饱和，从轴一直运行在转矩限制点。Mode2 运行曲线如图 4-78 所示。

㊀ rpm 为非标准单位，应为 r/min。

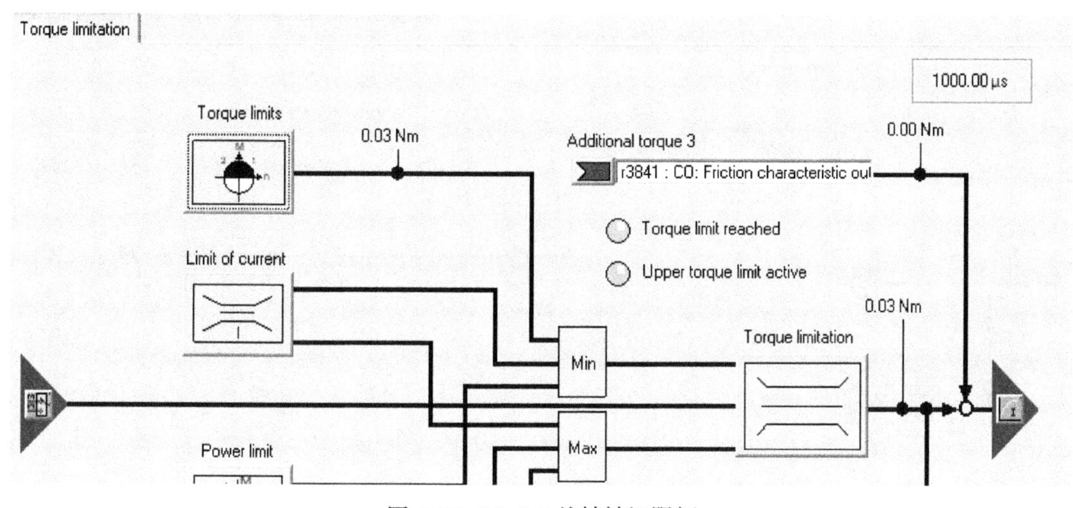

图 4-77 Mode2 从轴转矩限幅

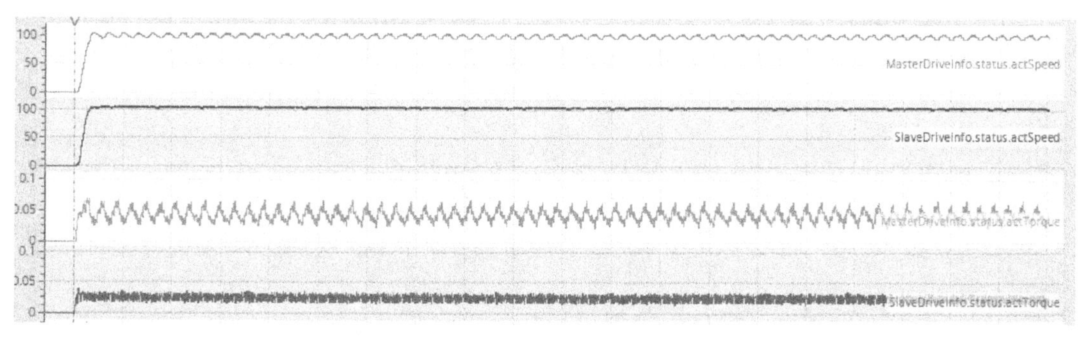

图 4-78 Mode2 运行曲线

由于本例中所采用的实验设备空载运行，主从轴的转矩输出非常小，转矩给定值相对波动较大，因此转矩分配并不明显，但是从驱动的运行可以看出，转矩分配已经起作用，速度偏差和转矩限幅已经正确计算并发送。

4. 软化和补偿方式

在该模式下，需要在从轴驱动中选择软化功能来源于转矩给定值，如图 4-79 所示。可根据不同的应用类型选择不同的来源方式。

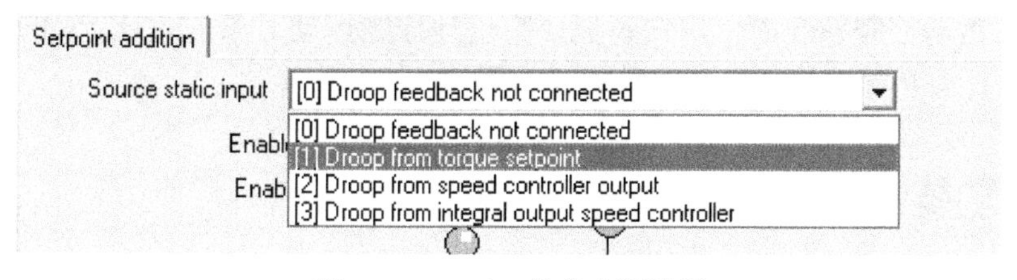

图 4-79 Mode3 软化来源选择

如图 4-80 所示，当选择 Mode=3 后，将激活软化功能，并且软化补偿转矩来自于功能块的计算，从图中可以看出经过软化计算后，将 −2.5r/min 的速度叠加到从轴的速度给定中。

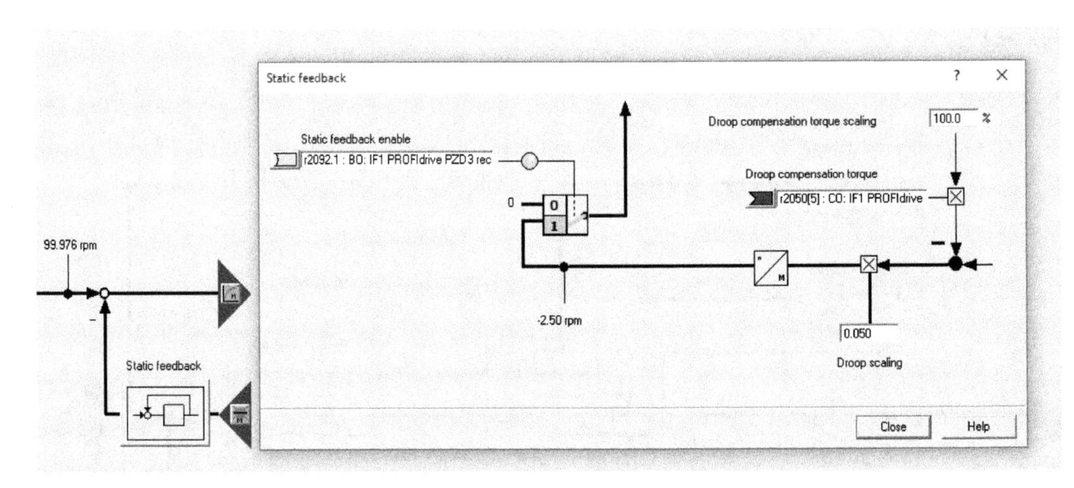

图 4-80 Mode3 激活软化功能

如图 4-81 所示，在 Mode3 模式运行中，从轴的速度会有一些波动，因此软化功能适用于刚性连接的两台或多台驱动设备，可以在主从轴都激活软化功能，也可以只在一个轴上激活，其可以补偿同轴刚性连接的机械误差，例如不同的辊轮直径会有偏差。

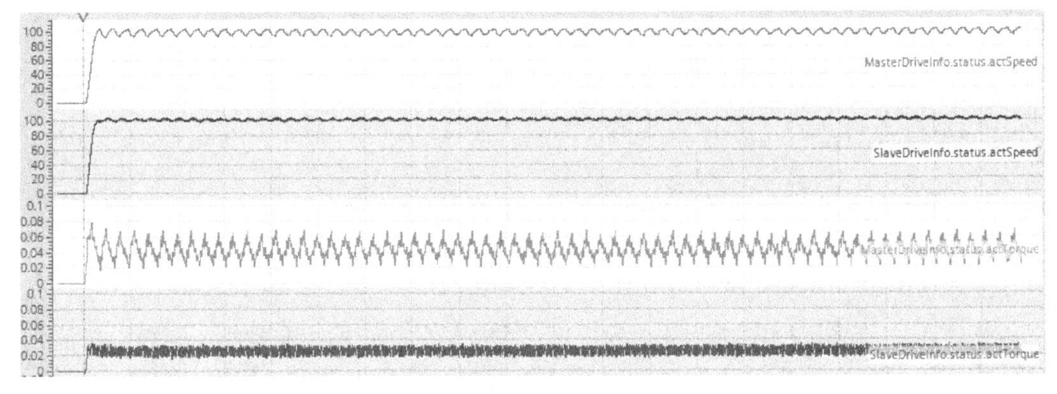

图 4-81 Mode3 运行曲线

在许多运动控制系统中，力矩同步均有广泛的应用。在许多生产过程中，不但要保证速度、位置的同步，还要保证力矩同步，例如纸、钢带、薄膜的生产，其材料表面张力的波动直接影响产品的质量。在一些切割设备中，其切割线的波动也直接影响材料的切割质量。因此，在运动控制系统中，用户不但要精确地控制运动对象的表征运动属性，例如速度、位置等，还要精确地控制运动对象的受力属性。

4.5 夹紧功能

4.5.1 功能概述

在生产设备中，拧紧和夹紧功能（Travel to Fixed Endstop）也是重要的工艺需求之一。它是通过轴的旋转或直线运动，以力闭环的方式，给予工件恒定的压力或转矩，如常见的螺钉拧紧、上料过程中的夹紧、不同材质原件间的贴合等应用场景。

在西门子控制系统中，该功能称之为 Travel to Fixed Endstop，使用该功能需要设定一个夹紧转矩，当夹具运行过程中碰到挡块或物体后，电机会继续运行，直到电机转矩达到设定的夹紧转矩，同时会维持夹紧状态，并且返回一个状态值，以便进行下一步工序，如图 4-82 所示。

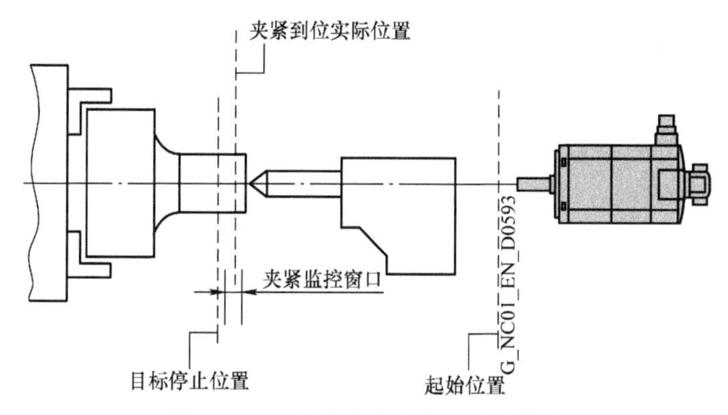

图 4-82 夹紧过程中的位置关系描述

由以上描述可知，Travel to Fixed Endstop 功能的使用应满足以下两个条件：

1）在运动过程中，位置环一直处于激活状态。

2）电机转矩到达设定的限幅值，即激活限幅功能后，当设定转矩大于限幅值时，实际转矩无法达到设定值，而是被限制在限幅值处，如图 4-83 所示。

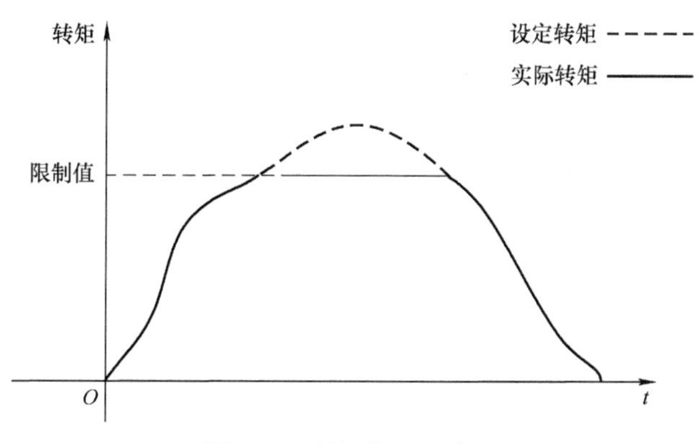

图 4-83 转矩限幅示意图

本文将结合西门子控制和驱动系统，以西门子 S7-1500 PLC 和 SINAMICS V90 伺服驱动器为例，阐述如何实现该夹紧工艺。

4.5.2 示例：西门子 S7-1500 PLC 和 SINAMICS V90 伺服驱动器实现夹紧工艺

西门子 PLC 可以通过 EPOS 或工艺对象 TO 轴两种方式实现对驱动的控制，因此本文将基于这两种方式阐述夹紧工艺的实现过程。

1. 通过 EPOS 实现夹紧工艺

（1）相关参数概述

在 EPOS 模式下，关于 Travel to Fixed Endstop 参数主要是在驱动中进行设置的，在 PLC 侧，通过 FB284 调用 traversing block 功能实现轴的定位和运动。在 V-ASSISTANT 软件中支持 16 组 traversing block。合理设置 traversing block 中的 p2617~p2623 各组参数，就可以实现轴的运动，如图 4-84 所示框中参数组。

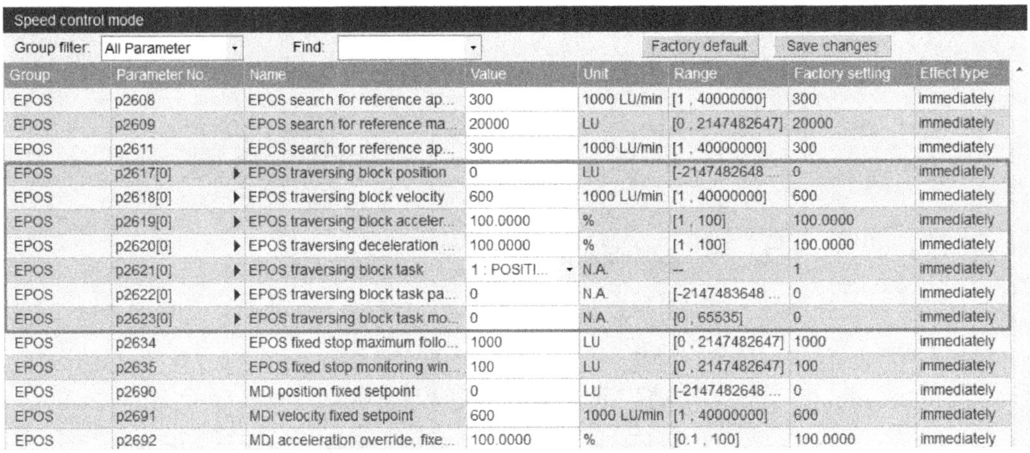

Speed control mode

Group filter: All Parameter　　Find:　　Factory default　　Save changes

Group	Parameter No.	Name	Value	Unit	Range	Factory setting	Effect type
EPOS	p2608	EPOS search for reference ap...	300	1000 LU/min	[1 , 40000000]	300	immediately
EPOS	p2609	EPOS search for reference ma...	20000	LU	[0 , 2147482647]	20000	immediately
EPOS	p2611	EPOS search for reference ap...	300	1000 LU/min	[1 , 40000000]	300	immediately
EPOS	p2617[0]	EPOS traversing block position	0	LU	[-2147482648 ...	0	immediately
EPOS	p2618[0]	EPOS traversing block velocity	600	1000 LU/min	[1 , 40000000]	600	immediately
EPOS	p2619[0]	EPOS traversing block acceler...	100.0000	%	[1 , 100]	100.0000	immediately
EPOS	p2620[0]	EPOS traversing deceleration ...	100.0000	%	[1 , 100]	100.0000	immediately
EPOS	p2621[0]	EPOS traversing block task	1 : POSITI...	N.A.	--	1	immediately
EPOS	p2622[0]	EPOS traversing block task pa...	0	N.A.	[-2147483648 ...	0	immediately
EPOS	p2623[0]	EPOS traversing block task mo...	0	N.A.	[0 , 65535]	0	immediately
EPOS	p2634	EPOS fixed stop maximum follo...	1000	LU	[0 , 2147482647]	1000	immediately
EPOS	p2635	EPOS fixed stop monitoring win...	100	LU	[0 , 2147482647]	100	immediately
EPOS	p2690	MDI position fixed setpoint	0	LU	[-2147482648 ...	0	immediately
EPOS	p2691	MDI velocity fixed setpoint	600	1000 LU/min	[1 , 40000000]	600	immediately
EPOS	p2692	MDI acceleration override, fixe...	100.0000	%	[0.1 , 100]	100.0000	immediately

图 4-84　traversing block 模式需要设置的参数组

1）设定位置和速度，通过 p2617 和 p2618 设定 block 的定位位置和速度。

2）设定加速度和减速度，通过 p2619 和 p2620 设定 block 的运行加速度和减速度。

3）设定运行任务，通过 p2621 设定 block 的运行模式见表 4-5，可以通过图 4-84 中选中 p2621 后，通过勾选的方式，对应行 block 的运行任务。

表 4-5　设定运行任务

Parameter number	Value	Decription
p2621[0...15]	1（default）	POSITIONING
	2	FIXED STOP
	3	ENDLESS_POS
	4	ENDLESS_NEG
	5	WAITING
	6	GOTO
	7	SET_O
	8	RESET_O
	9	JERK

4）设定数值大小，通过 p2622 设定对应运行任务的目标值大小。

5）设定运行任务模式，通过 p2623 设定对应 block 的运行模式，如图 4-85 所示。通过单击图中蓝色表格处，在弹框处设定不同的运行模式，设定完成后，单击“OK”，即完成该参数的设置。

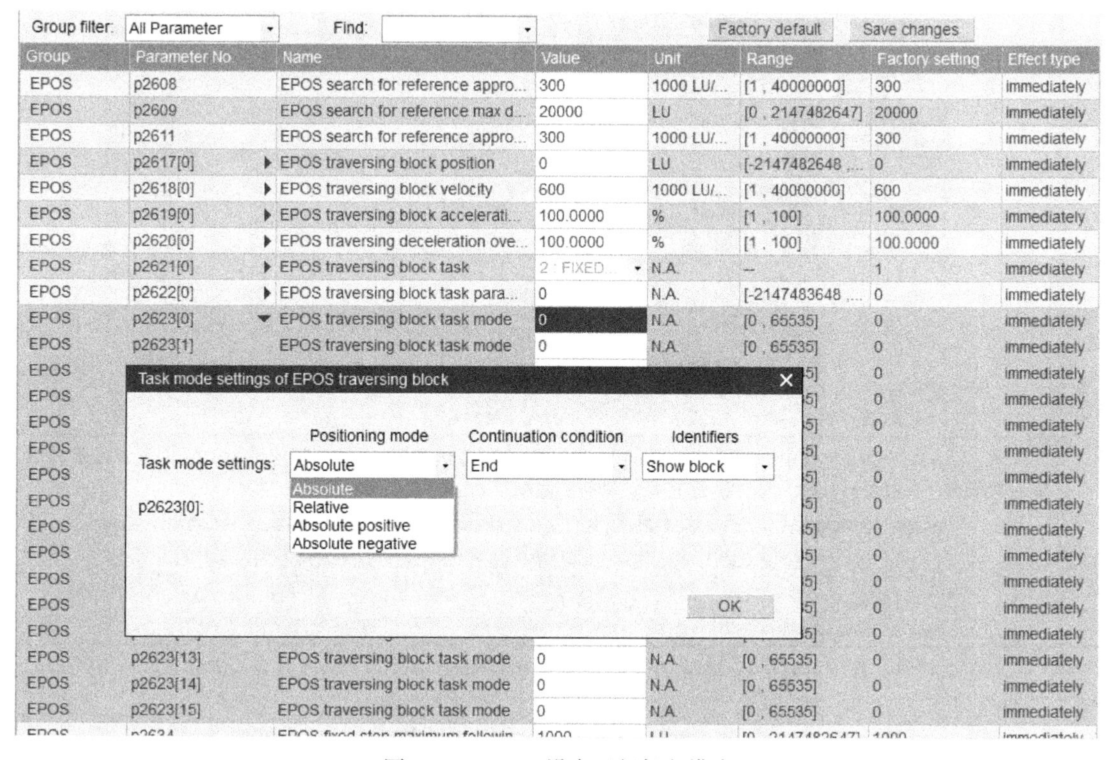

图 4-85　p2623 设定运行任务模式

（2）功能实现

在实验之前，应准备 SINAMICS V90 伺服驱动器和 SIMATICS S7-1500 PLC 各一套，在计算机上安装好 TIA 博途 V15 以上版本软件、V-ASSISTANT 软件等，具体功能测试操作步骤见表 4-6。

表 4-6　功能测试操作步骤

编号	详细操作步骤
1	在 TIA 博途软件中，组态 SIMATICS S7-1500 PLC 和 SINAMICS V90 伺服 驱动器，选择 111 报文
2	在 V-ASSISTANT 软件中，选择控制模式为 EPOS 模式

（续）

<table>
<tr><th>编号</th><th>详细操作步骤</th></tr>
<tr><td>3</td><td>在 V-ASSISTANT 软件中，配置 traversing block ，选择第 0 组参数，p2621 配置成 Fixed Stop
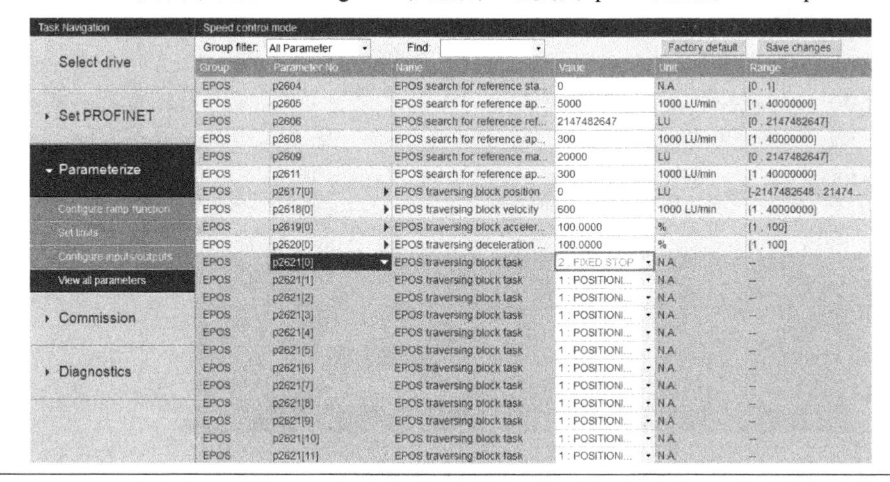
</td></tr>
<tr><td>4</td><td>在 V-ASSISTANT 软件中，配置 traversing block ，选择第 0 组参数，p2622 数值设为 10，即设定拧紧转矩的限幅值，该处参数单位为 %，设为 10 时，即转矩限幅为 0.1Nm
Task Navigation　Speed control mode
Select drive　Set PROFINET
Group filter: All Parameter　Find:　Factory default　Save changes
Group | Parameter No | Name | Value | Unit | Range | Factory setting
EPOS | p2620[0] | EPOS traversing deceleration ... | 100.0000 | % | [1..100] | 100.0000
EPOS | p2621[0] | EPOS traversing block task | 2 : FIXED STOP | N.A. | -- | 1
EPOS | p2622[0] | EPOS traversing block task par... | 10 | N.A. | [-2147483648..21474... | 0
EPOS | p2622[1] | EPOS traversing block task par... | 0 | N.A. | [-2147483648..21474... | 0</td></tr>
<tr><td>5</td><td>在 TIA 博途软件中，编写 FB284 程序，通过调用 traversing block 执行程序块，查看帮助执行 traversing block 功能
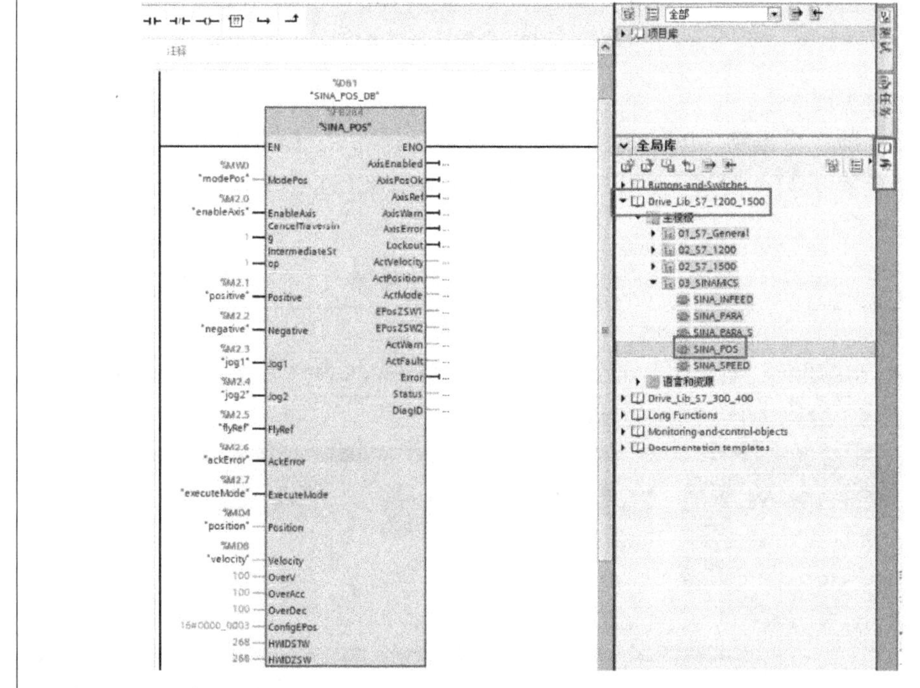

注意：如果运行任务选择的是绝对运行模式，需要先通过 FB284 执行轴找零操作</td></tr>
</table>

（续）

编号	详细操作步骤
6	在完成程序编写后，即可执行 traversing block 0
7	通过 V-ASSISTANT 软件中的 trace 功能，获取实际的速度和转矩曲线，图中红色为实际转矩 r80，绿色曲线为 r63，在最终阶段，红色曲线在 0.1Nm 处，绿色曲线速度变为 0，实现了转矩限幅和保持的目的

2. 通过工艺对象实现夹紧工艺

（1）相关参数概述

在西门子 PLC 控制系统中，基于工艺对象 TO 方式时，驱动侧只需要配置成速度环，与位置环相关的参数位于 PLC 侧，基于这种模式，所有的位置和转矩设定值均通过 PLC 下发给驱动器。通过轴组态和功能块实现 Travel Fixed Endstop 功能。

在 TIA 博途 V14 版本软件以后，组态工艺对象，可以通过功能块“MC_TorqueLimiting”实现对转矩限幅和夹紧功能的实现，图 4-86 所示为该功能块的引脚定义。

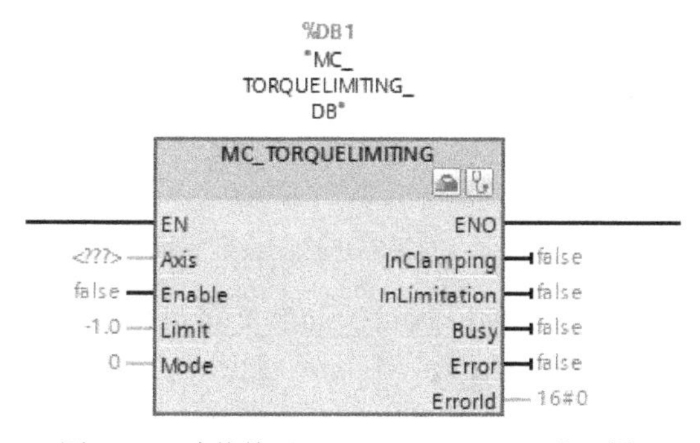

图 4-86 功能块“MC_TorqueLimiting”引脚

该功能块支持两种工作模式，可以通过输入引脚 Mode 进行切换。当 Mode 为 0 时，该功能块用于转矩限幅设定；当 Mode 为 1 时，该功能用于挡块夹紧检测。在模式 0，该功能块适用于速度轴、位置轴和同步轴；在模式 1 下，由于 Travel Fixed Endstop 需要判断位置跟随误差区间，在运动中是需要位置检测的，因此该模式下只能适用于位置轴和同步轴工艺对象。

在工艺对象组态中，需要设置转矩限值和固定停止检测的相关参数，在转矩限值中设置如图 4-87 所示。在该处转矩限值可以选择负载侧或电机侧有效两种模式，当选择负载侧且工艺对象为直线轴时，负载为直接力，即单位为 N；当选择电机侧有效时，无论工艺对象为直线轴还是旋转轴，都是以电机端的转矩值为限幅值，因此单位为 Nm。

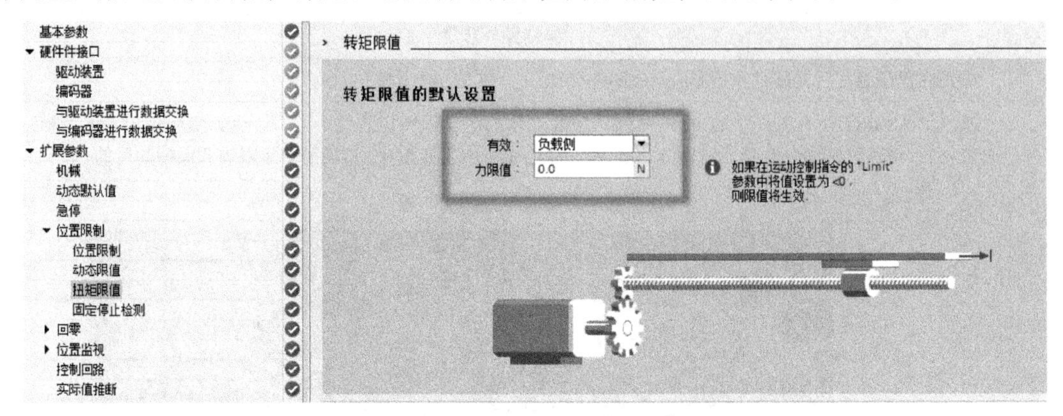

图 4-87 工艺对象组态 - 转矩限值

在启用固定停止检测功能后，需要在工艺对象组态的固定停止检测选项处，合理设置定位容差和跟随误差。图 4-88 所示为相关参数的设定界面，在图中可以看出，位置设定值是大于实际挡块所在的位置，固定停止检测的跟随误差必须小于跟随误差监控设置的误差。

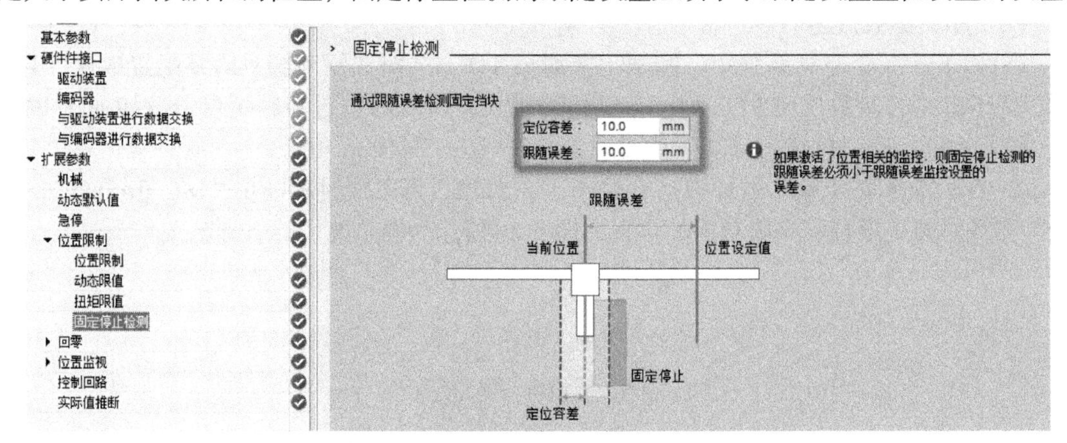

图 4-88 固定停止检测设定界面

完成以上参数设定后，固定停止检测与运动的关系可以通过功能块“MC_TorqueLimiting”的帮助文档中的时序图进一步理解，其时序如图 4-89 所示。

通过功能块“MC_TorqueLimiting”和“MC_MoveVelocity”实现对工艺对象 TO_1 固定停止检测功能。功能块“MC_TorqueLimiting”工作在模式 1，即固定停止检测功能模式，通过输出接口 InClamping 和 InLimitation 分别监控固定停止的状态和转矩限幅状态。功能块“MC_MoveVelocity”是运动控制速度模式，是在位置环激活下的速度运行模式，即输入引脚 PositionControlled 置 1，因为固定停止检测需要检测实际的跟随误差是否在设定值的范围内，才判定固定停止状态到达。

结合时序图可知，时间①时，功能块“MC_TorqueLimiting”将通过 En_1 进行初始化。激活转矩限幅，并执行作业“MC_MoveVelocity”。此时“MC_TorqueLimiting.Enable” = TRUE，转矩限制仍在激活状态。当达到跟随误差的限值②时，“MC_MoveVelocity”作业被中止，此时 Abort = TRUE 。驱动装置保持在固定挡块位置处（夹紧），该轴的实际位置位于定位容差范围内。作业“MC_MoveVelocity”将通过两个变量“Execute” = TRUE 和 Direction_2 = TRUE 再次调用，且轴将按照恒定速度沿相反方向运动，达到定位容差③时，夹紧力减小。转时间④时，转矩限制取消。

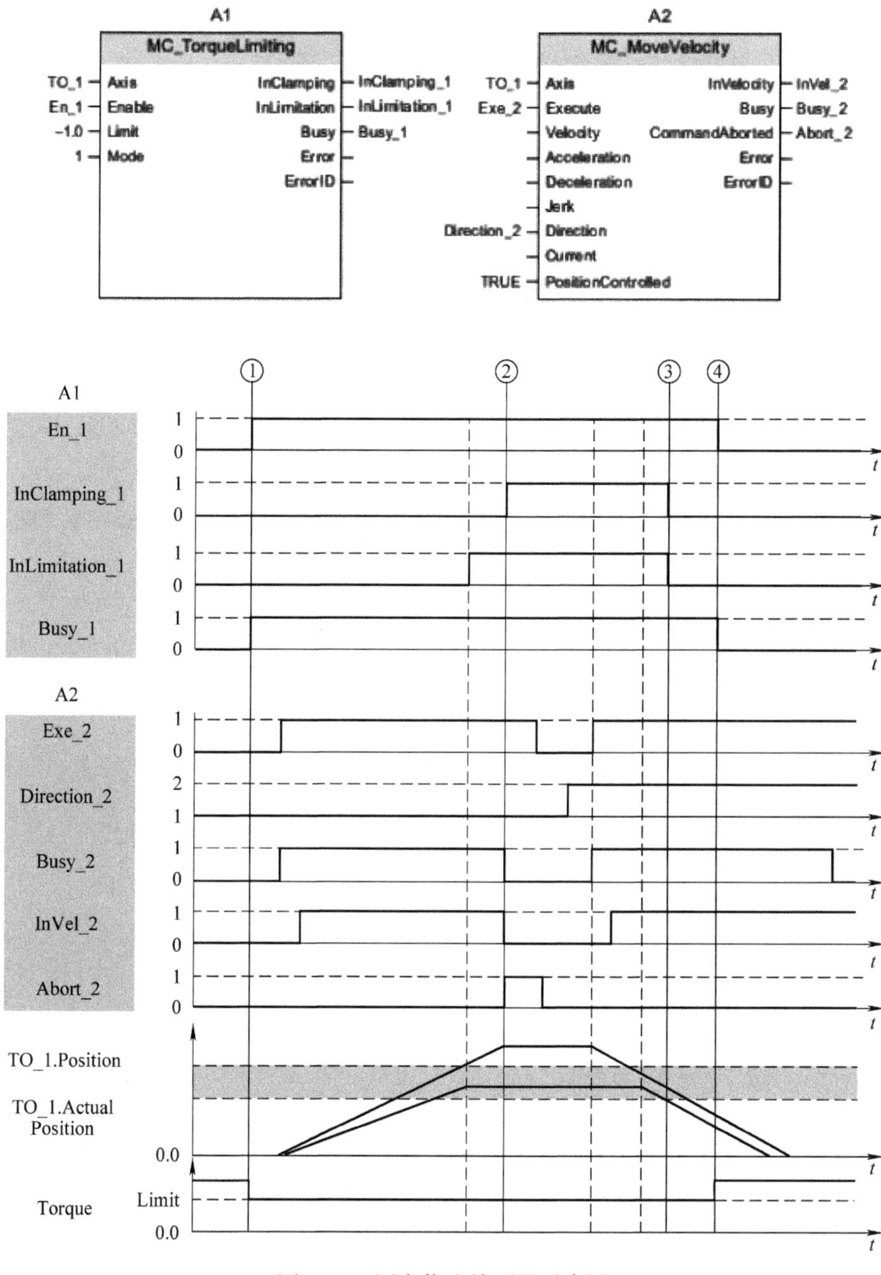

图 4-89 固定停止检测的时序图

（2）功能实现

在实验之前，需要准备 SINAMICS V90 伺服驱动器和 SIMATICS S7-1500 PLC 各一套，计算机上安装好 TIA 博途 V15 以上版本软件，V-ASSISTANT 软件等常用软件。具体功能测试步骤见表 4-7。

表 4-7　功能测试步骤

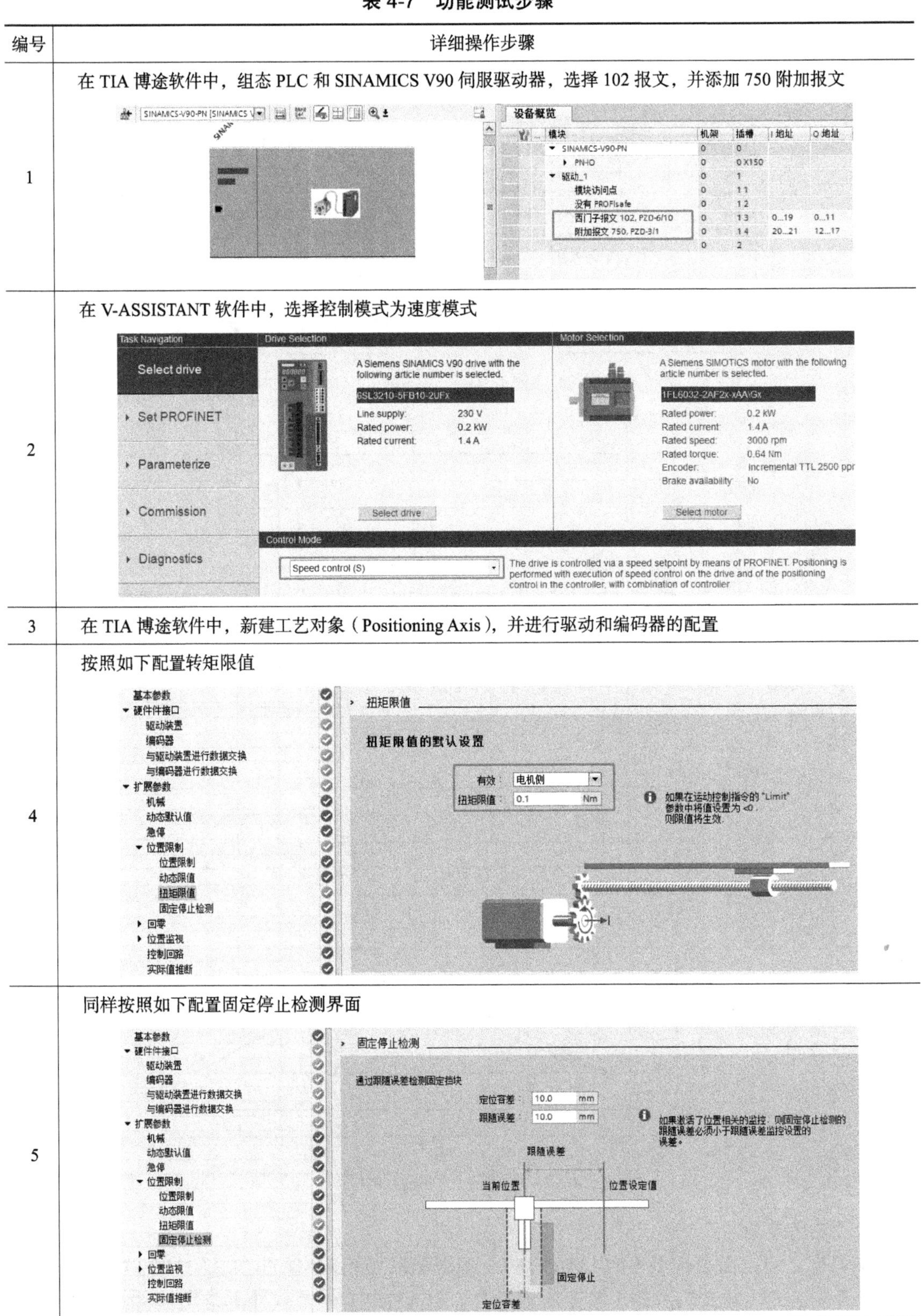

编号	详细操作步骤
1	在 TIA 博途软件中，组态 PLC 和 SINAMICS V90 伺服驱动器，选择 102 报文，并添加 750 附加报文
2	在 V-ASSISTANT 软件中，选择控制模式为速度模式
3	在 TIA 博途软件中，新建工艺对象（Positioning Axis），并进行驱动和编码器的配置
4	按照如下配置转矩限值
5	同样按照如下配置固定停止检测界面

（续）

<table>
<tr><th>编号</th><th>详细操作步骤</th></tr>
<tr><td>6</td><td>在 TIA 博途软件中，添加轴使能、复位、找零、转矩限制和相对运动等功能块，并做好对应功能块接口的连接，如下所示
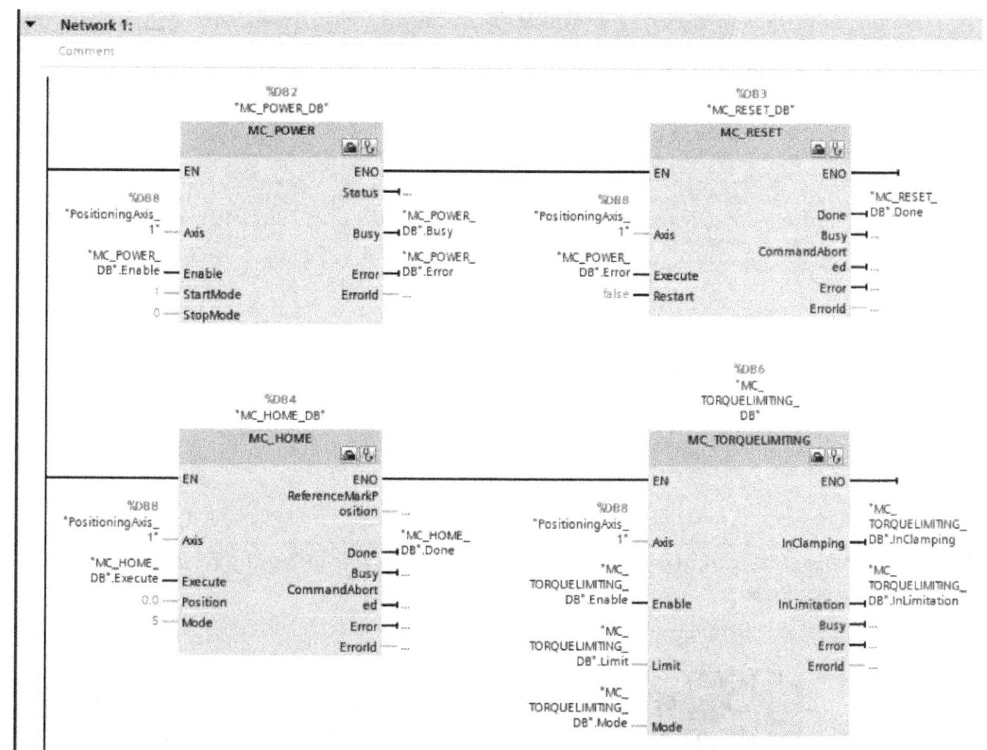
</td></tr>
<tr><td>7</td><td>编译程序，并将程序下载到 PLC，同时在 V-ASSITANT 软件中检查驱动配置，并下载到驱动中，在 V-ASSISTANT 软件中，Trace 实际转矩 r80 和实际转速 r63</td></tr>
</table>

（续）

<table>
<tr><th>编号</th><th>详细操作步骤</th></tr>
<tr><td>8</td><td>在 TIA 博途软件中，在监控表中添加以下变量并激活在线检测功能 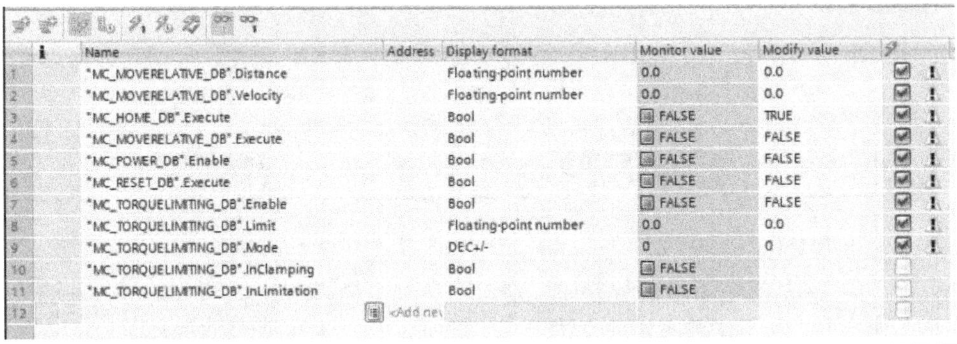
<table>
<tr><th></th><th>i</th><th>Name</th><th>Address</th><th>Display format</th><th>Monitor value</th><th>Modify value</th><th></th><th></th></tr>
<tr><td>1</td><td></td><td>"MC_MOVERELATIVE_DB".Distance</td><td></td><td>Floating-point number</td><td>0.0</td><td>0.0</td><td>☑</td><td>!</td></tr>
<tr><td>2</td><td></td><td>"MC_MOVERELATIVE_DB".Velocity</td><td></td><td>Floating-point number</td><td>0.0</td><td>0.0</td><td>☑</td><td>!</td></tr>
<tr><td>3</td><td></td><td>"MC_HOME_DB".Execute</td><td></td><td>Bool</td><td>FALSE</td><td>TRUE</td><td>☑</td><td>!</td></tr>
<tr><td>4</td><td></td><td>"MC_MOVERELATIVE_DB".Execute</td><td></td><td>Bool</td><td>FALSE</td><td>FALSE</td><td>☑</td><td>!</td></tr>
<tr><td>5</td><td></td><td>"MC_POWER_DB".Enable</td><td></td><td>Bool</td><td>FALSE</td><td>FALSE</td><td>☑</td><td>!</td></tr>
<tr><td>6</td><td></td><td>"MC_RESET_DB".Execute</td><td></td><td>Bool</td><td>FALSE</td><td>FALSE</td><td>☑</td><td>!</td></tr>
<tr><td>7</td><td></td><td>"MC_TORQUELIMITING_DB".Enable</td><td></td><td>Bool</td><td>FALSE</td><td>FALSE</td><td>☑</td><td>!</td></tr>
<tr><td>8</td><td></td><td>"MC_TORQUELIMITING_DB".Limit</td><td></td><td>Floating-point number</td><td>0.0</td><td>0.0</td><td>☑</td><td>!</td></tr>
<tr><td>9</td><td></td><td>"MC_TORQUELIMITING_DB".Mode</td><td></td><td>DEC+/-</td><td>0</td><td>0</td><td>☑</td><td>!</td></tr>
<tr><td>10</td><td></td><td>"MC_TORQUELIMITING_DB".InClamping</td><td></td><td>Bool</td><td>FALSE</td><td></td><td>☐</td><td></td></tr>
<tr><td>11</td><td></td><td>"MC_TORQUELIMITING_DB".InLimitation</td><td></td><td>Bool</td><td>FALSE</td><td></td><td>☐</td><td></td></tr>
<tr><td>12</td><td></td><td><Add ne\</td><td></td><td></td><td></td><td></td><td>☐</td><td></td></tr>
</table></td></tr>
<tr><td>9</td><td>在监控表中，设定目标位置为 1000mm，设定速度为 5mm/min，激活 Fixed stop 功能，即设置 “MC_Torque-Limiting”，Mode 为 1，使能轴</td></tr>
<tr><td>10</td><td>执行轴找零操作，即把当前值设为零点，然后使能转矩限制功能块，执行相对运动指令，轴开始运动，当轴到达固定停止检测范围后，转矩限制功能块的输出引脚即变为 TRUE
<table>
<tr><td>"MC_TORQUELIMITING_DB".InClamping</td><td>Bool</td><td>TRUE</td><td>☐</td></tr>
<tr><td>"MC_TORQUELIMITING_DB".InLimitation</td><td>Bool</td><td>TRUE</td><td>☐</td></tr>
</table></td></tr>
<tr><td>11</td><td>同时，可以查看 V-ASSISTANT 软件中的 Trace 的曲线，实际转矩到达设定值 0.1Nm，实际速度接近 0，达到固定停止并保持的目的
</td></tr>
</table>

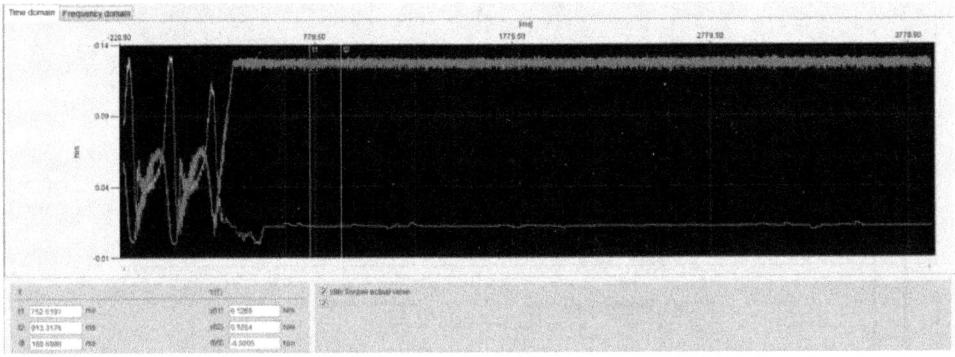

4.6 卷曲功能

正如在前面第 2 章 2.2 节描述的那样，卷曲功能被广泛地应用在各行业的生产机械设备中，本节将全面、详细地介绍卷曲功能，在第三部分有实际案例解析。

4.6.1 系统组成

卷曲功能主要是围绕收卷和放卷展开，根据不同的机型及张力控制类型会有不同的组成。主要机械部分包括放卷、牵引辊、被动辊、收卷等，有些机器如分切机还包括纠偏单元、浮动辊或张力辊、刀槽辊、展平辊、收边等。

1）放卷部分是将材料从母卷中放出，通常为主动放卷和被动放卷两种形式。主动放

卷是由电机驱动控制放卷辊，将材料主动放出，要求在整个放卷过程中保持张力稳定。

2）牵引辊是整个系统的动力辊，将放卷的材料牵引并过渡到收卷侧，通常将牵引辊的线速度看作为生产线的速度，要求在运行过程中保持稳定的速度。在加减速过程中，牵引辊会有一定的电动力或制动力，而在匀速运行过程中，牵引辊的受力比较小。

3）收卷部分是将牵引过来的材料按照设定的张力和长度收起来，并要求张力稳定、计长准确、卷子端面整齐、材料无拉伸等。收卷在整个卷曲过程中非常关键，控制得好与坏直接影响最终的结果。

4）通常将浮动辊安装在放卷附近，作为材料的张力反馈，通过检测浮动辊的上下动态位置来判断材料张力的大小，位置值将作为放卷速度的修正值来微调放卷电机的速度，从而保证张力的稳定。

5）张力传感器的作用与浮动辊十分类似，它能够直接反映张力的变化，通过微调收卷电机的速度从而达到张力稳定。卷曲机械示意图如图 4-90 所示。

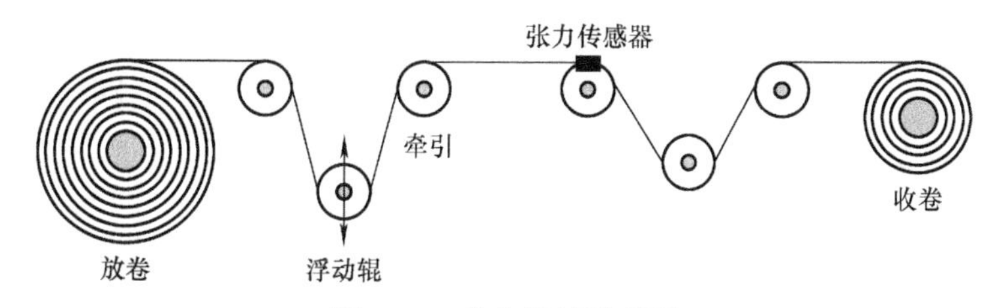

图 4-90　卷曲机械示意图

卷曲功能的运动控制部分，主要有控制器如 PLC、I/O 模块、驱动器、电机等。由于收放卷工作时的特殊性，即收卷工作在电动状态，而放卷工作在制动状态，所以在驱动器选型配置时，强力建议收放卷的应用采用整流加逆变的形式，即采用公共直流母线，如图 4-91 所示。这样能够大大节约能源，在某些应用中，如复卷机和分切机采用整流回馈的模式，每年节约下来的电费非常可观。在欧洲，这种整流回馈模式已经成为标配。

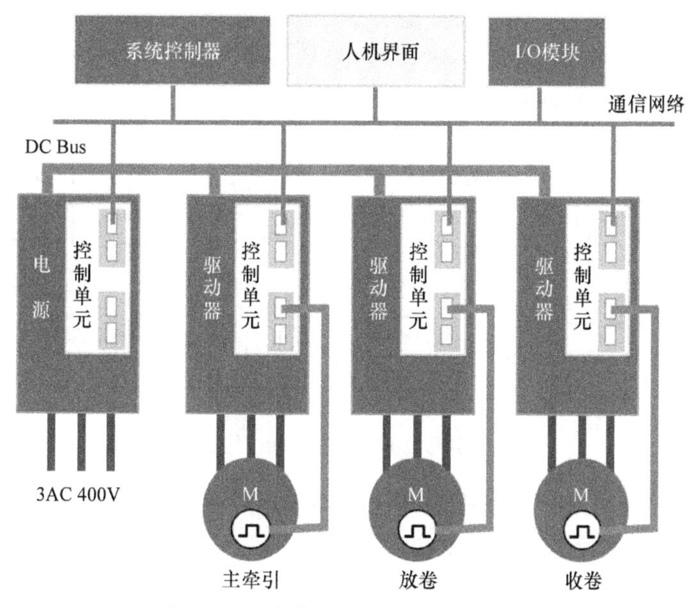

图 4-91　卷曲运动控制部分示意图

卷曲功能中的张力控制和直径计算对整个卷曲质量来说至关重要，本小节将重点介绍。

4.6.2 卷曲常用的三种张力控制方式

在卷曲应用中，有三种最常用的张力控制方式：间接张力控制、直接张力控制和浮动辊位置控制，下面将以收卷为例阐述这三种控制方式，放卷控制与收卷非常类似。

在张力控制中，经常会用速度控制下的转矩限幅代替纯转矩模式，因为纯转矩控制模式在空载及断料的情况下，容易造成飞车，必须加以控制。有些人也常使用转矩控制下的速度限制，但由于收卷的最小直径和最大直径跨度比较大，如从 96mm 到 1200mm，这就要求速度限制必须能够实时地修改，否则也会造成飞车。由于速度控制模式转矩极限不存在飞车现象，因此这种控制模式常被用于张力控制。

1. 间接张力控制

这是一种开环张力控制模式，没有实际张力检测装置，张力的大小完全由收卷电机的转矩来体现，而转矩是张力设定值与收卷半径的乘积，同时需要考虑摩擦转矩和加减速时的加减速力矩。让电机工作在速度模式，通过实时控制速度环的转矩限幅值来控制收卷张力，即让速度环工作在饱和状态，实时调节转矩限幅值，从而控制收卷张力的大小。随着收卷的卷径增大和力矩限幅值的逐步增大，电机的转矩也随之增大，从而保证了材料的张力不变。间接张力控制传动如图 4-92 所示。

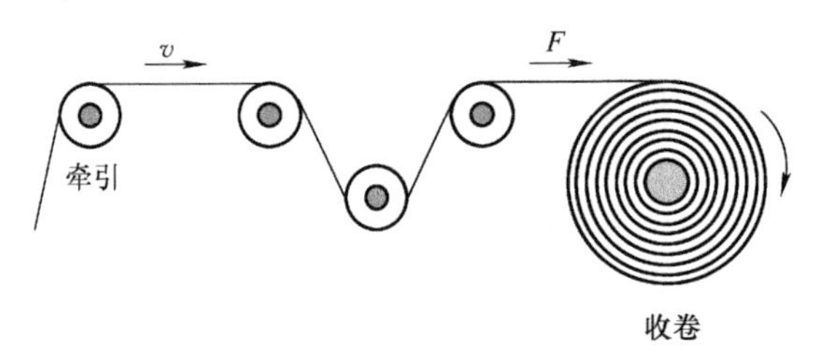

图 4-92 间接张力控制传动示意图

间接张力的控制过程如图 4-93 所示。

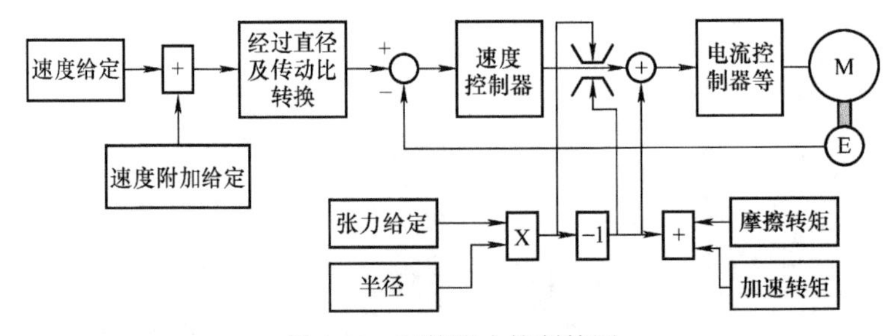

图 4-93 间接张力控制简图

电机转矩由三部分组成：转矩极限值、摩擦转矩及由加减速引起的加速转矩。当加减速时间比较长时，可以忽略加速转矩，如 100s 等

$$M = M_m + M_f + M_a$$

式中　M——电机转矩（Nm）；
M_m——电机转矩极限值（Nm）；
M_f——摩擦转矩（Nm）；
M_a——加速转矩（Nm）。

M_m 转矩极限值是由设定张力产生的，由设定材料张力、收卷实际直径、电机与负载的传动比以及传动机构的机械效率为 η 决定的，其计算公式为

$$M_m = F \times \frac{D_{act}}{2} \times \frac{1}{i \times \eta}$$

式中　F——设定张力（N）；
D_{act}——收卷实际直径（m）；
i——电机与负载的传动比；
η——机械效率。

在实际应用中，常常将摩擦转矩和加速转矩全部叠加到转矩极限上。

摩擦转矩 M_f 是通过速度转矩曲线（M-n）测量得到，详细介绍请参阅前面的摩擦转矩内容，在很多情况下，也可将摩擦转矩作为转矩极限的一部分。

加速转矩是由生产线的加减速过程而引起的，与负载及电机惯量及角加速度有关，有时也将加速转矩直径叠加到转矩极限上，其计算公式为

$$M_a = \left(\frac{J_v}{i^2 \times \eta} + J_m \right) \times \alpha_m$$

式中　J_v——负载惯量（kgm^2）；
J_m——电机惯量（kgm^2）；
α_m——角加速度（rad/s^2）；
η——机械效率。

对于间接张力控制，速度环必须一直工作在饱和状态，电机速度给定计算如下：

$$n_{set} = i \times (v + v_0) \times \frac{1}{\pi \times D_{act}}$$

式中　n_{set}——电机速度给定（r/min）；
v——材料运行的速度（m/min）；
v_0——附加速度（m/min）；
D_{act}——收卷实际直径（m）；
i——电机与负载的传动比。

根据上述公式算出的 n_{set} 作为收卷电机的速度给定，M 作为电机的转矩值，从而保证电机在匀速及加减速过程中的材料张力的稳定。

2. 直接张力控制

这是闭环张力控制，需要安装张力传感器来测量实际张力，作为实际张力反馈，从而

进行闭环调节。由于测量的是实际张力，所以控制精度相对比较高，但由于干扰及测量装置本身精度的问题，容易引起张力的波动，控制起来有一定的难度，所以在实际控制过程中，有时需要对测量信号进行适当的处理。

根据控制手段的不同，又分为两种控制模式：一种是速度调节，另一种是转矩限幅值调节。当工作在速度调节模式时，张力控制器的输出作为速度的附加给定，微调电机的速度给定值，从而控制张力。当工作在转矩限幅值调节模式时，输出作为转矩极限的附加给定，微调电机的转矩限幅值从而达到控制张力的目的。直接张力控制如图 4-94 所示。

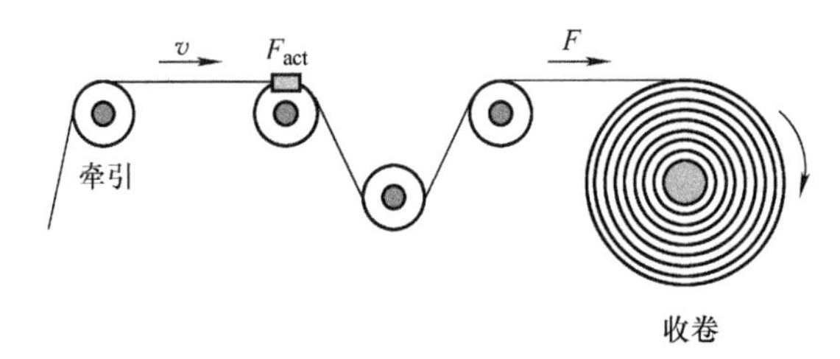

图 4-94　直接张力控制示意图

速度调节模式，即张力控制器的输出作为速度的附加给定时，其控制框图如图 4-95 所示。

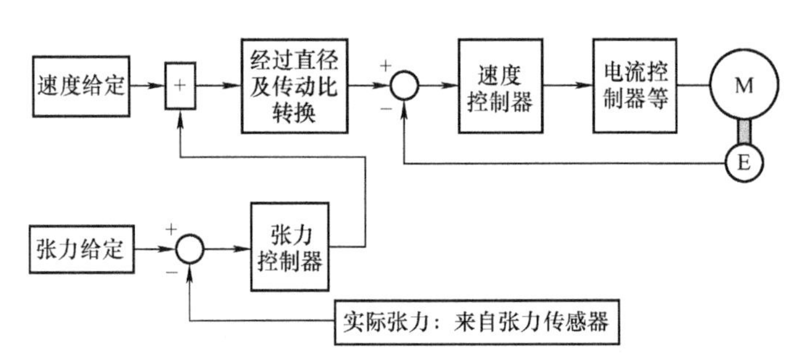

图 4-95　张力控制器的输出作为速度的附加给定

收卷电机的速度给定 n_{set} 为

$$n_{set}=i\times\left(v+\Delta v\right)\times\frac{1}{\pi\times D_{act}}$$

式中　n_{set}——电机速度给定（r/min）；

v——材料运行的速度（m/min）；

Δv——附加速度（m/min）；

D_{act}——收卷实际直径（m）；

i——电机与负载的传动比。

在实际调试过程中，不但要防止电机给定速度的突变，而且也要注意 Δv 只是一个很小的调节量，需要有一定的限幅，而不能直接作为速度主给定，否则会给调试带来一些麻烦。

转矩限幅值调节模式，即张力控制器的输出作为转矩极限的附加给定时，控制框图如图 4-96 所示。

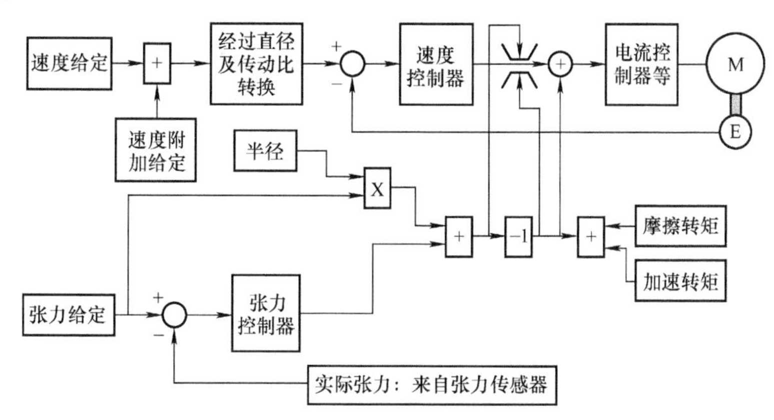

图 4-96 张力控制器的输出作为转矩限幅值的附加给定

控制过程和上述的间接张力控制有点类似，也需要一个附加的速度给定，转矩限幅值的调整是根据张力设定值和实际值差的 PID 输出共同作用，此时的电机的转矩极限值为

$$M_{\mathrm{m}}=\left(F\times\frac{D_{\mathrm{act}}}{2}+\Delta M\right)\times\frac{1}{i\times\eta}$$

式中 M_{m}——电机转矩极限值（Nm）；

ΔM——附加转矩（Nm）；

F——设定张力（N）；

D_{act}——收卷实际直径（m）；

i——电机与负载的传动比；

η——机械效率。

由于张力控制器的输出参与了张力控制，所以能够保证材料在运行时，实际张力和设定张力保持一致，且精度比较高。

3. 浮动辊位置控制

这是闭环张力控制，需要安装浮动辊或摆杆，通过它们的实际位置来检测实际张力，作为张力闭环的反馈值，从而进行闭环调节。

实际张力的大小通过浮动辊的位置间接获得，浮动辊在材料的拉动下上下移动，通过气缸或伺服电动机控制浮动辊或摆杆的张力，电位器或伺服电动机转动的角度反映浮动辊或摆杆的实际位置。根据比较浮动辊的实际位置与设定位置的差值，进行实时地自动调节收卷电机的速度，从而保持张力稳定。由于浮动辊有一定的缓冲作用，相对于前面的直接张力控制来说，调试相对容易一些。

当浮动辊的实际位置一直保持在设定位置上且很稳定，表示设定张力与实际张力值相等且张力比较稳定。当浮动辊在设定位置的上方或下方，表示设定张力与实际张力不等，此时需要自动调节收卷电机的速度，保持浮动辊回到设定位置，如图 4-97 所示。

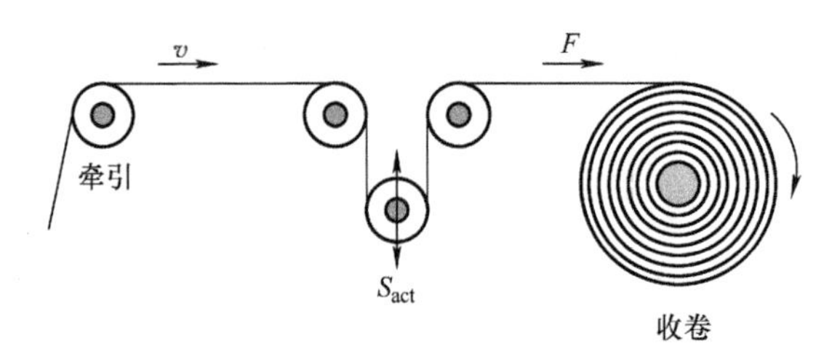

图 4-97　浮动辊位置控制示意图

通过浮动辊位置来控制张力，其控制框图如图 4-98 所示。

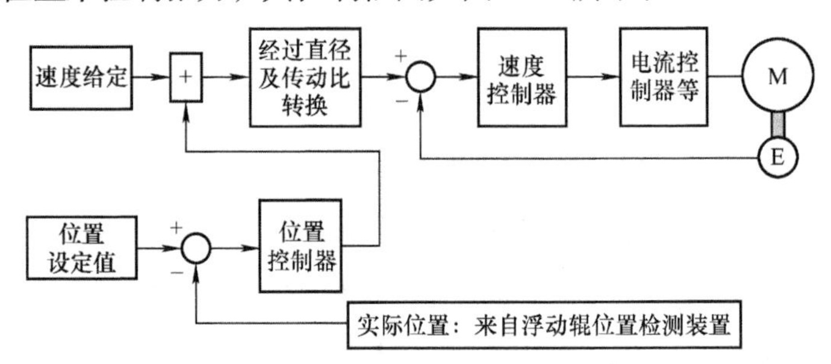

图 4-98　浮动辊位置控制示意图

控制方法和上述的直接张力控制的第一种控制模式类似，通过位置控制器的输出作为速度的附加给定，收卷电机的速度给定 n_{set} 为

$$n_{set}=i\times\left(v+\Delta v\right)\times\frac{1}{\pi\times D_{act}}$$

由于浮动辊的位置控制器的输出参与了速度给定，从而保证材料在运行时的实际张力和设定张力保持一致，如果控制得当，材料在加减速及匀速运行过程中浮动辊都能保持不动。

4.6.3　卷曲功能的实时卷径计算

实时卷径的准确性和稳定性将直接影响张力的精度和稳定，最终影响产品的质量，尤其对于间接张力控制更为重要，因为它没有张力测量装置，实际张力值完全靠电机的转矩间接获得，而卷径是否准确直接影响电机转矩。

卷径计算有很多种计算方法，可以根据不同的材料和控制方法来选择相应的计算方法。但最重要的是必须想方设法让实时卷径在整个运行过程中，保持相对稳定，不要经常出现跳变，尤其是在加减速时，所以经常会用各种滤波的手段来保持卷径的稳定。下面重点介绍 4 种常用的卷径计算方法。

1. 实时速度计算法

这种方法很直接也比较常用，根据实际线速度、电机转速以及传动比直接计算得出实际卷径。它不依赖初始卷径的精度，但由于线速度和电机速度都是瞬时值，因此受速度波动影响比较大，尤其在低速时误差会更大，同时在加减速时也会产生一定的误差，所以在这些阶段需要做适当的处理，如 PT1 滤波、平均值滤波、线性化等。实际卷径的计算公

式为

卸料后的第一次运行时：$D_{act}=D_0$

正常运行时：$D_{act}=\dfrac{i\times v_{act}}{\pi\times n_{act}}$

式中 D_{act}——实际卷径（m）；

D_0——初始卷径（m）；

v_{act}——实际线速度（m/min）；

n_{act}——实际电机转速（r/min）；

i——电机与负载的传动比。

2. 积分法

最常用的积分法是利用弧长与弧度的关系算出直径，弧长是线速度的积分，而弧度是角速度的积分，其实相当于是计算平均值。积分既可以对固定的时间也可以对收放卷固定的圈数对应的时间进行，积分的设定非常重要，应根据不同的材料和具体的应用来设定。

卸料后的第一次运行时：$D_{act}=D_0$

正常运行时，按照以下公式计算实际卷径：

弧长：$l=v\times\Delta t$

弧度：$\alpha=\dfrac{\omega\times\Delta t}{i}$

卷径：$l=v\times\Delta t$

式中 D_{act}——实际卷径（m）；

l——收卷弧长（m）；

v——收卷线速度（m/s）；

α——收卷弧度（rad）；

ω——收卷电机角速度（rad/s）；

Δt——时间（s）；

i——收卷电机与负载的传动比。

Δt 的设定常常是收卷转过一定圈数的时间，如 5 圈等，由于收卷的直径会越来越大，所以 Δt 是不固定的，而且会越来越长。而圈数的设定常常会根据材料的厚度来定，当材料比较薄时，可以设定多一点圈数；材料比较厚时，设定少一点圈数。

当然，Δt 的设定也可以设定成一个固定时间，但需要综合考虑最大和最小直径，以及最大和最小速度等因素，应该不如圈数更合理、更方便。

积分法也可以利用线速度和转速的积分来计算直径，这里的积分含义与上面完全一样，计算公式如下：

正常运行时：$D_{act}=\dfrac{i\times\int v}{\pi\times\int n_{act}}$

3. 厚度叠加法

这种方法是基于初始直径和材料的厚度，根据收卷的圈数或长度来叠加厚度，收卷每转一圈卷径增加两倍厚度，从而得出实时卷径值，所以计算出来的卷径非常稳定，不会受低速和加减速的影响。但缺点是，必须很准确地知道初始卷径值，而且要求材料的厚度比较均匀，否则计算出来的卷径不准确。假设初始卷径为 D_0，材料的厚度为 d，则实时卷径为

卸料后的第一次运行时：$D_{act}=D_0$

正常运行时：$D_{actn}=D_{act(n-1)}+2d$

式中 D_{act}——实际卷径（m）；

D_0——初始卷径（m）；

D_{actn}——第 n 圈对应的实时卷径（m）；

d——材料厚度（m）。

4. 直接测量法

这种方法是通过位移传感器直接测得卷径，这是最直接也是最好的方法。缺点是增加一定的费用及需要有适当的安装位置。

4.7 横切和飞剪

横切或者飞剪系统是将输送线上的连续物料剪切成给定的长度，或在固定的长度处热封或压印等工艺过程，该切断长度是可以通过在线修改或通过传感器识别标印校准，其工作示意图如图 4-99 所示。主要适用于包装、印刷、冶金等。如图 4-100 是不同横切系统的设备实例。

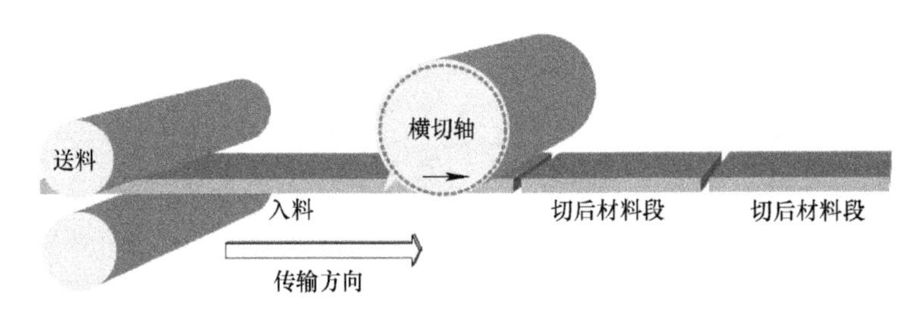

图 4-99 横切系统工作示意图

瓦楞纸横切机

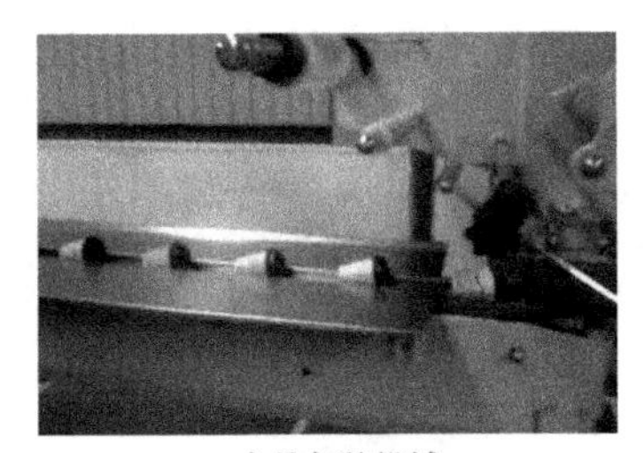

食品包装机械

图 4-100 横切系统设备实例

4.7.1　系统组成与工艺

1. 横切系统的组成及原理（见图 4-101）

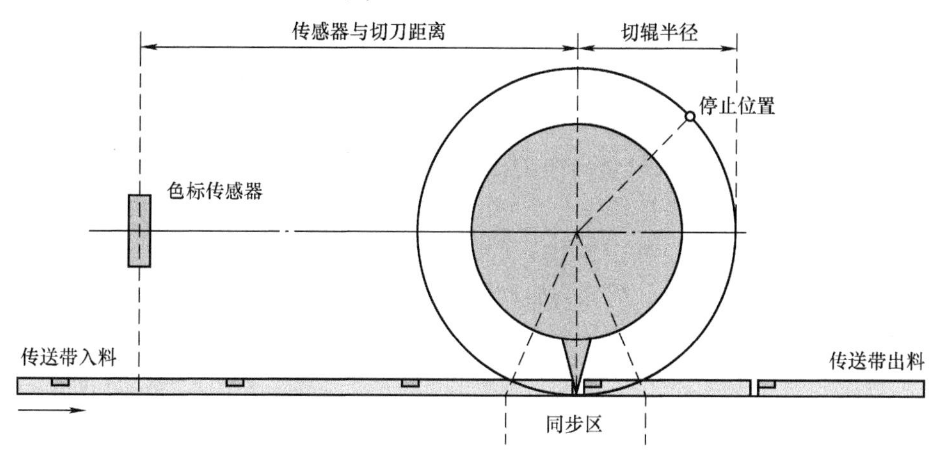

图 4-101　横切系统示意图

在一般的横切系统中，主要由传输线、横切轴、外部编码器、标印识别传感器等部件组成。

1）传输线是用于物料的传输，分为入料和出料两段，一般是通过普通的变频器速度控制。

2）横切轴是一个装有切刀的圆周轴，这是实现运动控制的关键轴。在切割区域，切刀的线速度与传输线速度一致，从而实现对物料的切断作业，在圆周上的切刀数量及位置应根据工艺情况进行安装。

3）外部编码器是用于检测传输线的实际速度，但物料在传输线上传输，可能由于一些原因如打滑等，会导致检测到实际线速度和与物料的实际线速度有一定的偏差，所以需要进行一些适当的处理。

4）标印传感器是用于设备在传输线上物料的标印，通过识别标印记录物料的长度或位置，在标印处切断物料。

2. 横切工艺

（1）刀周

刀周一般是指横切轴的周长，对于多刀系统也可以理解为在横切轴上刀与刀之间的间距。在横切系统中，因刀的个数不同，此处刀周的含义略有变化，对于只有 1 把刀的系统，刀周为横切轴的周长，当有 n 把刀时，刀周为横切轴的周长除以 n，刀的布局、个数和刀周如图 4-102 所示。

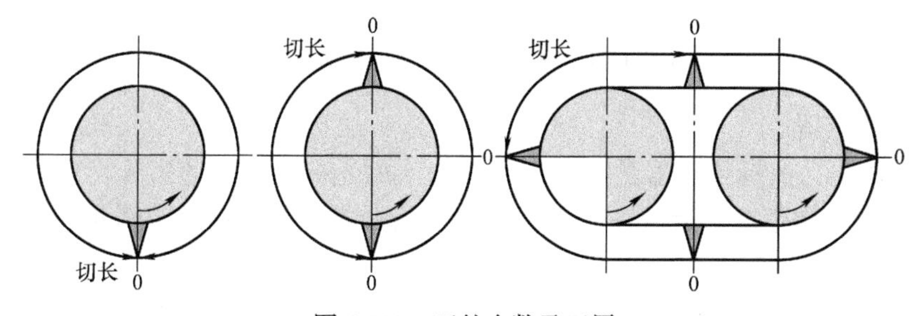

图 4-102　刀的个数及刀周

本文以横切刀轴上只有 1 把刀为例，因此刀周就是横切刀轴的周长，刀的个数为 1。

（2）同步域与非同步域

由刀周概念可知，通常在剪切点时定义为刀的零点，此时刀的瞬时线速度与所被剪切材料的线速度是一致的，否则会因速度不一样产生非正常切割。横切轴机械尺寸通常是固定的，而切割的材料长度会根据需要来定，这就需要满足切割材料大于刀周的切长、等于刀周的切长及小于刀周的切长作业，所以刀轴就存在同步区域和非同步区域，如图 4-103 所示。为了进一步理解，本文将同步区域又细分为启动同步域和停止同步域，也称进入同步域和离开同步域。

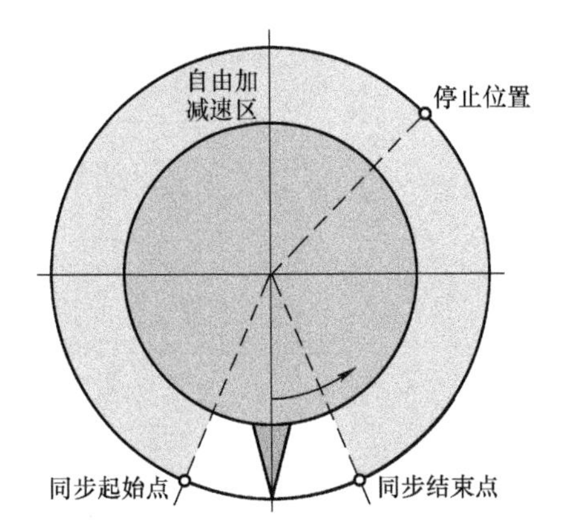

图 4-103　刀轴各个区域示意图

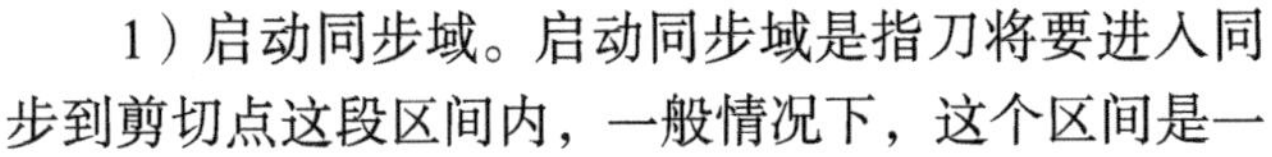

1）启动同步域。启动同步域是指刀将要进入同步到剪切点这段区间内，一般情况下，这个区间是一个变量，可以通过改变这个变量的大小，指定刀进入同步点的时刻，也可以指定进入同步区时速度相对于剪切点的百分比。

2）停止同步域。停止同步域是指刀从剪切点到将要离开同步这段区间内，一般情况下，这个区间也是一个变量，可以通过改变这个变量的大小，指定刀离开同步点的时刻，也可以指定离开同步区时速度相对于剪切点的百分比。

3）非同步域。非同步域是指除同步域以外的区域，在这段区域内，刀轴的速度会根据切长与刀周的关系变化而变化。在非同步域内，一般情况下刀轴的运动会分为以下三种情况：

- 当切长小于刀周时，刀轴会通过先加速后减速的方式进入同步域。
- 当切长等于刀周时，刀轴一般匀速运动。
- 当切长大于刀周时，刀轴是通过先减速后加速进入同步区域，甚至出现一短暂的停止，然后加速进入同步区域。

如图 4-104 所示，图中横轴代表切长，纵轴代表刀周，两端属于同步区域，左下角是停止同步区域，右上角是起始同步区域，中间一段属于非同步区域，在以上三种情况内，非同步区域内，刀轴会根据切长与刀周的关系可能加速、减速或停止运动。

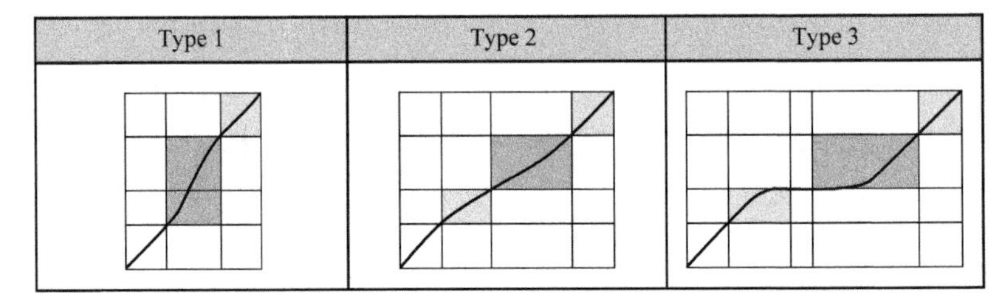

图 4-104　同步区和非同步区域内刀轴运动的变化

（3）追标传感器

在图 4-101 中，追标传感器是用来识别纸张上的光标标记，通过光标识别触发控制器自动计算两个光标的距离，然后进行切断作业，该方式相比设定固定切长，是为了提高系统的剪切精度。

一般情况下，光标传感器的安装位置与刀轴中心的间距是固定的，通常在这段距离之间只有一个光标，可以读取切长后进行切割，但当其之间有多个光标时，需要进行移位存储，否则切长作业就是不正确的。

（4）凸轮曲线

在一个横切系统内，一般包含3个凸轮曲线，分别为起始段、正常横切段、停止段凸轮曲线，有时停止段凸轮曲线也可以不使用，通过特定区间解同步的方式实现。其中，起始段凸轮曲线一般是刀从180°到剪切点360°的位置，然后在同步区域接入正常横切段的凸轮曲线，停止凸轮曲线一般是刀从剪切点0~180°的位置，也是在同步区域实现正常横切凸轮到停止凸轮曲线的切换。具体的凸轮曲线切换过程如图4-105所示。

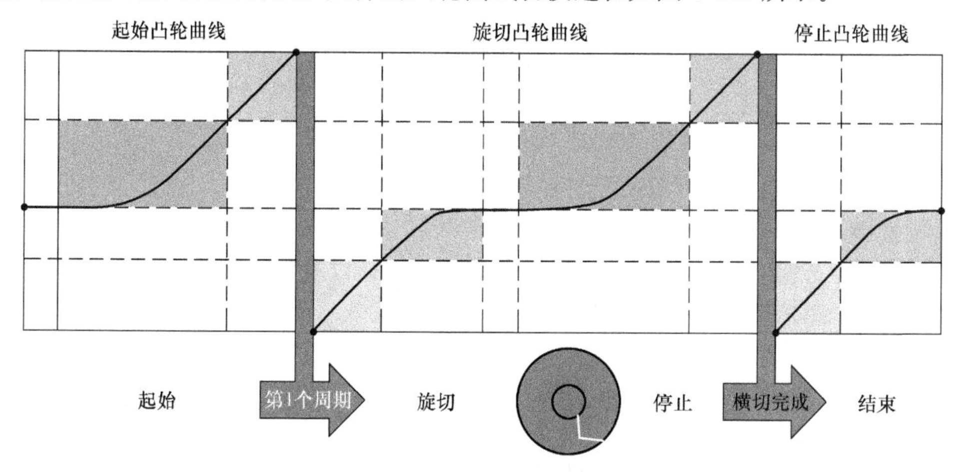

图4-105 凸轮曲线切换过程

在正常生产中，横切时的凸轮曲线如图4-106所示，横轴表示切长，纵轴表示刀周，在该曲线中一共分为5个小部分，其中Ⅰ和Ⅴ段分别是停止同步区域和起始同步区域，该段内刀的线速度和材料的线速度是一致的；在Ⅱ，Ⅲ和Ⅳ段属于非同步区域，在此区间内，刀轴的速度因切长和刀周的关系而改变。

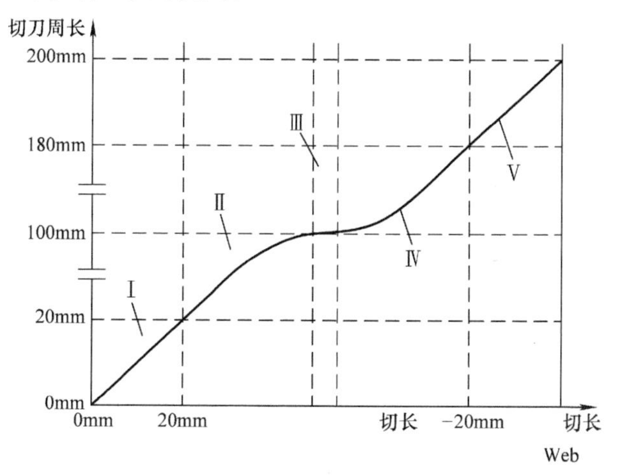

图4-106 横切时的凸轮曲线

3. 横切系统的控制

根据横切系统的组成和工艺描述，横切系统的各部件之间的控制关系如图4-107所示。

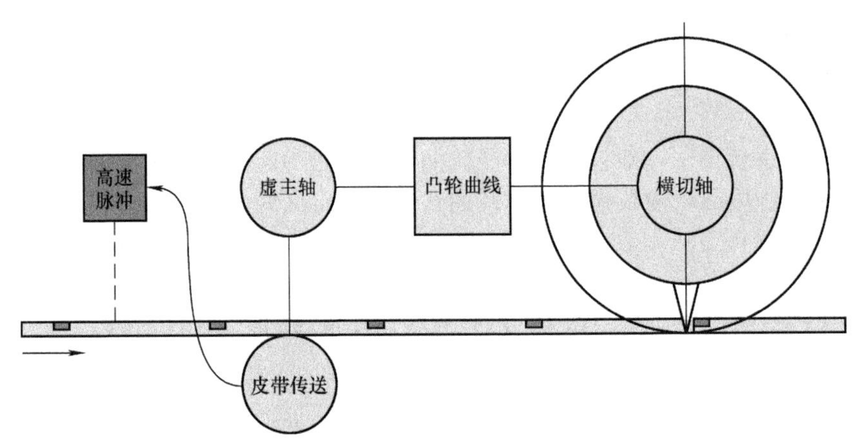

图 4-107 横切系统各部件之间的控制关系示意图

通过图 4-107 描述，在横切系统中各部件的控制关系为：

1）横切轴（Axis Cross Cutter）一般设为旋转轴，模态长度为 0~360°。

2）虚主轴（Axis Virtual Master）即线性同步主轴，设为虚轴，与横切轴通过凸轮曲线凸轮同步，与传输线之间是电子齿轮同步。

3）传输线为系统中的实际主轴，通过编码器实测其线速度。

4）高速测量是测量标印的实际位置，当需要根据物料的标印进行切断时，需要通过高速测量计算切断长度。

5）凸轮盘（CamDisc）是虚主轴与横切轴之间的同步曲线，按照横切工艺过程，该凸轮曲线分为一个起始凸轮曲线、两个横切凸轮曲线和一个停止凸轮线。

4.7.2 示例 1：西门子 SIMOTION 和 SINAMICS S120 伺服驱动器实现横切功能

关于西门子 SIMOTION 和 SINAMICS S120 伺服驱动器实现横切工艺，在西门子全球技术支持中心有官方的库文件及操作说明，本文将结合该库文件和实际的调试经验，以瓦楞纸为例，简述实现横切功能的步骤和注意事项，见表 4-8。

表 4-8 实现横切功能的步骤和注意事项

编号	详细操作步骤
1	将西门子官方的 LRKLib 库插入到 SIMOTION SCOUT 中，可以通过已有工程复制对应的库到新工程中，也可以通过在工程导航中，在“库”右侧单击导入文件的形式导入库文件

（续）

编号	详细操作步骤
2	根据对横切工艺的理解，结合文档理解库文件，然后适当地引用库文件的内容，也可以只引用凸轮计算功能，同步和横切的逻辑功能，个人编写程序完成 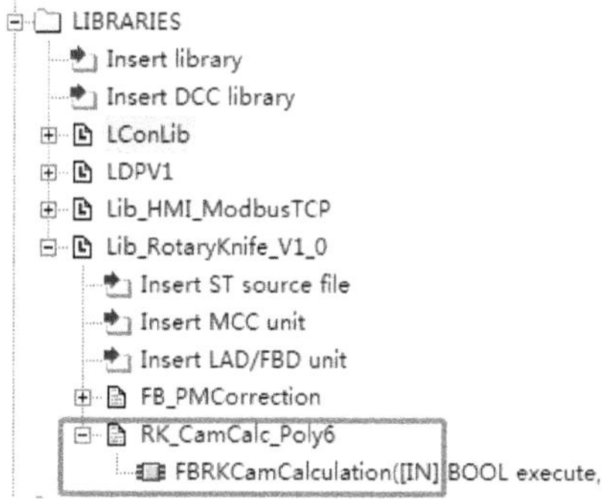 LIBRARIES Insert library Insert DCC library LConLib LDPV1 Lib_HMI_ModbusTCP Lib_RotaryKnife_V1_0 Insert ST source file Insert MCC unit Insert LAD/FBD unit FB_PMCorrection RK_CamCalc_Poly6 FBRKCamCalculation([IN] BOOL execute,
3	自动上传或手动添加驱动，并通过驱动调试面板进行驱动器的调试，添加好通信报文，对于双驱或多驱的横切设备，还需要进行主从控制的调试 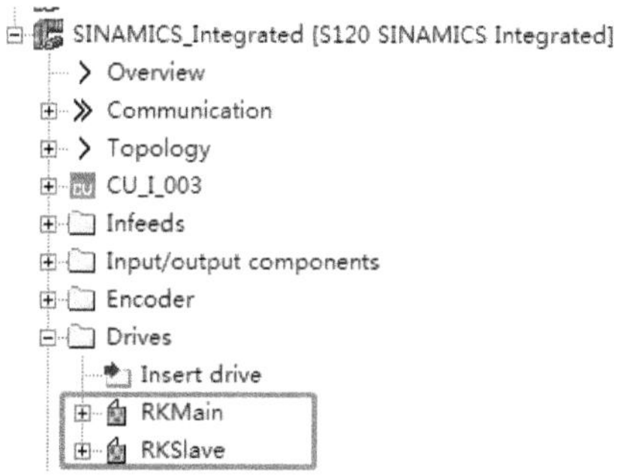 SINAMICS_Integrated [S120 SINAMICS Integrated] Overview Communication Topology CU_I_003 Infeeds Input/output components Encoder Drives Insert drive RKMain RKSlave
4	组态工艺对象，添加主虚轴、横切轴、编码器对象（远近编码器）、CAM 曲线（StartCAM、Cam01 和 CAM02）一般是将主虚轴和编码器配置成直线轴，横切轴配置成旋转轴 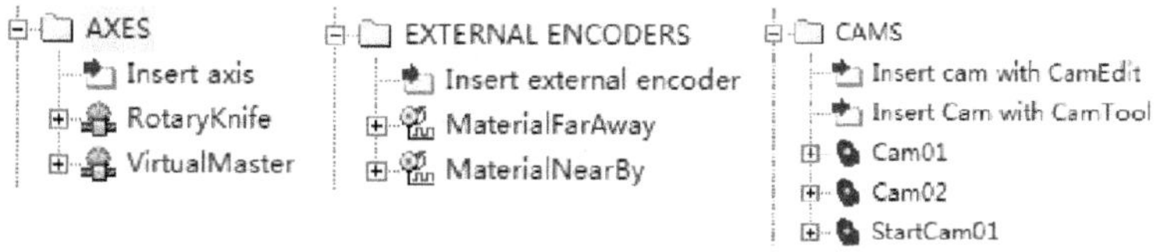 AXES Insert axis RotaryKnife VirtualMaster EXTERNAL ENCODERS Insert external encoder MaterialFarAway MaterialNearBy CAMS Insert cam with CamEdit Insert Cam with CamTool Cam01 Cam02 StartCam01
5	配置同步关系，按照下图配置同步关系，其中虚主轴与横切轴之间是凸轮同步关系，它们之间存在 3 条 CAM 曲线关系，分别是 StartCam，Cam01 和 Cam02，StartCam 是用于启动时的凸轮曲线，Cam01 和 Cam02 是运行时的凸轮曲线，当 Cam01 在执行同步时，Cam2 重新计算生成，可以实现在运动中改变切长。编码器对象用于采集材料输送的实际线速度，其与主虚轴是 1∶1 的齿轮同步关系，当无材料时，可以直接给定主虚轴速度，模拟生产 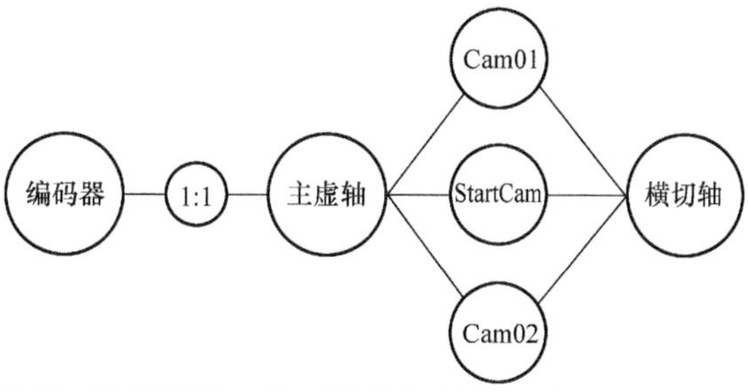 编码器 1:1 主虚轴 Cam01 StartCam Cam02 横切轴

（续）

<table>
<tr><th>编号</th><th>详细操作步骤</th></tr>
<tr><td>5</td><td>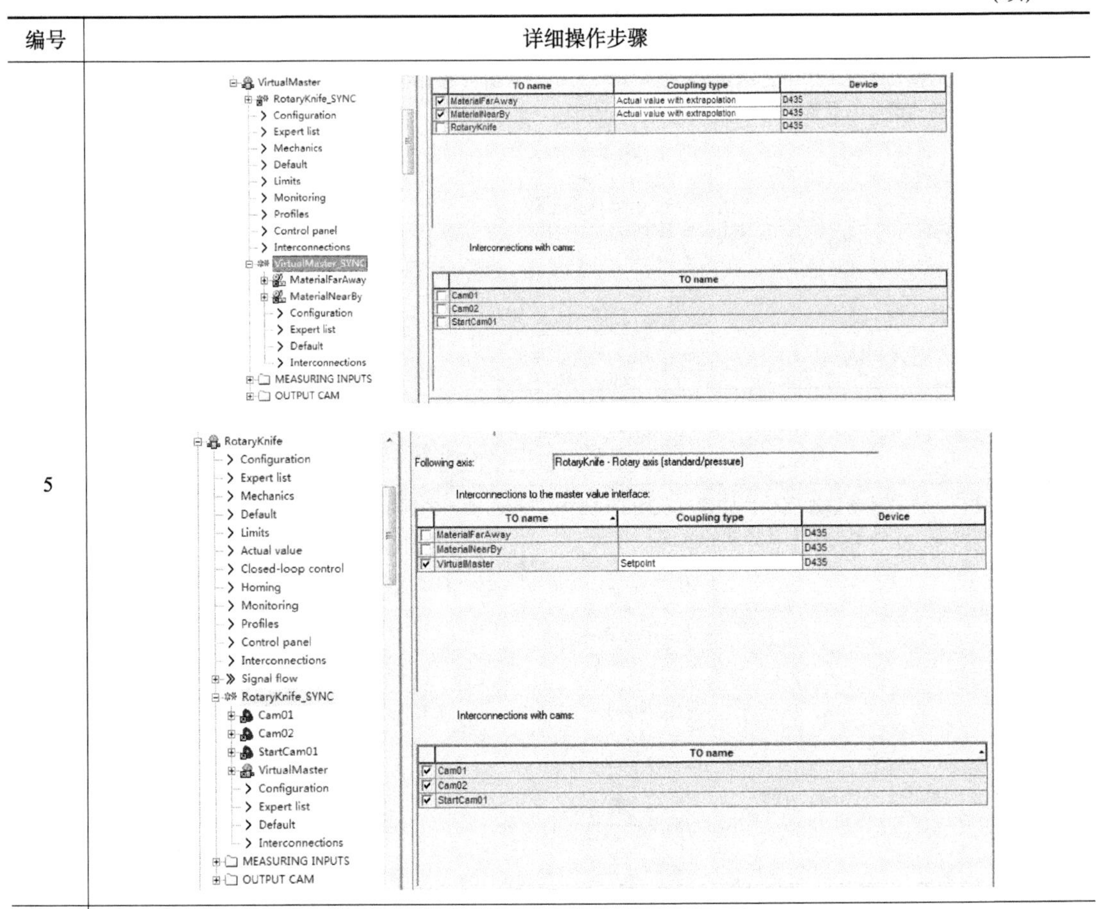
</td></tr>
<tr><td>6</td><td>根据横切工艺流程，编写运动控制程序，主要包括轴使能、横切轴回零、同步关系、封装凸轮计算程序、IO 逻辑程序等
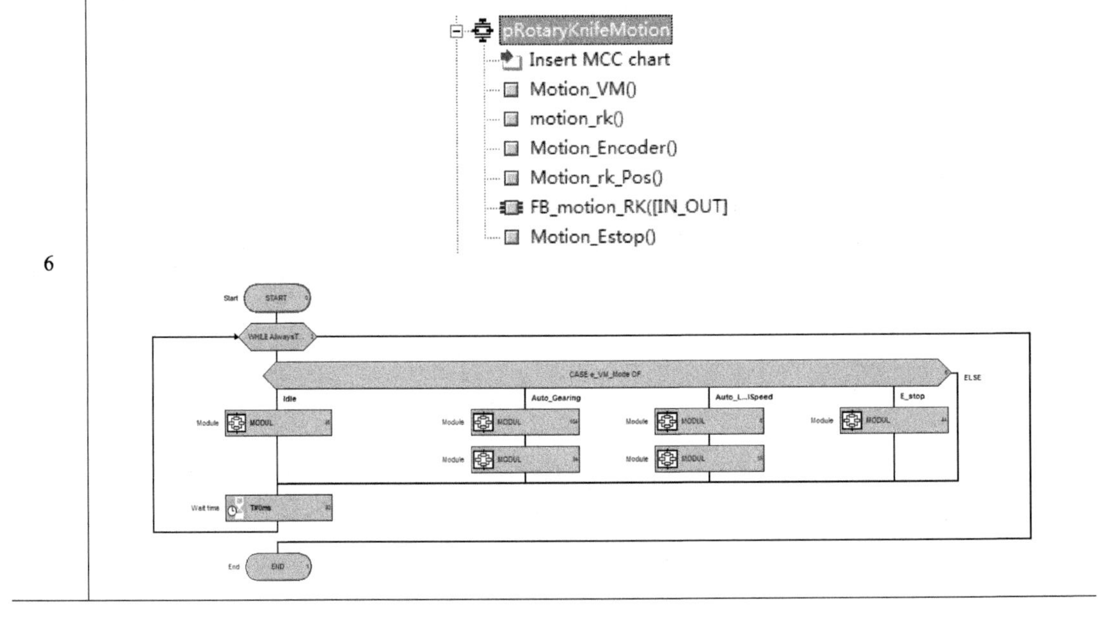
</td></tr>
</table>

（续）

<table>
<tr><th>编号</th><th>详细操作步骤</th></tr>
<tr><td>7</td><td>
在运动过程中，编写凸轮曲线的计算和凸轮切换的程序

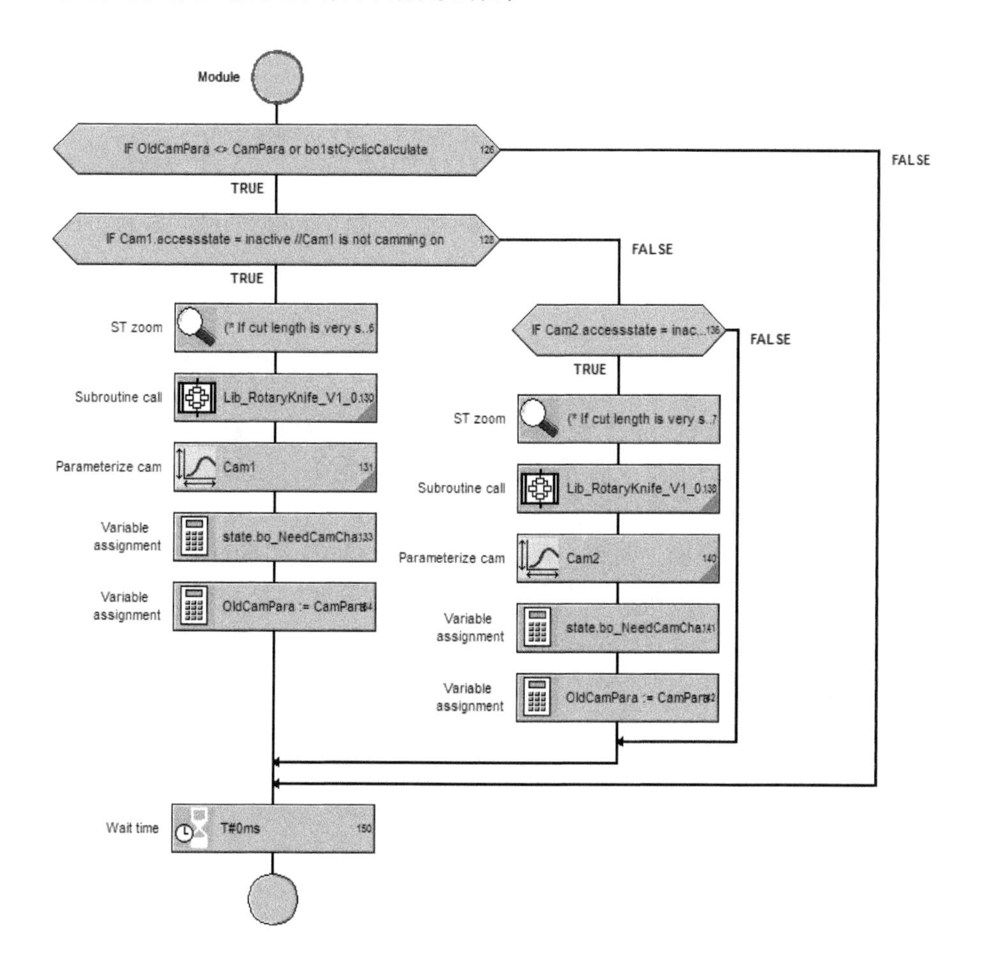

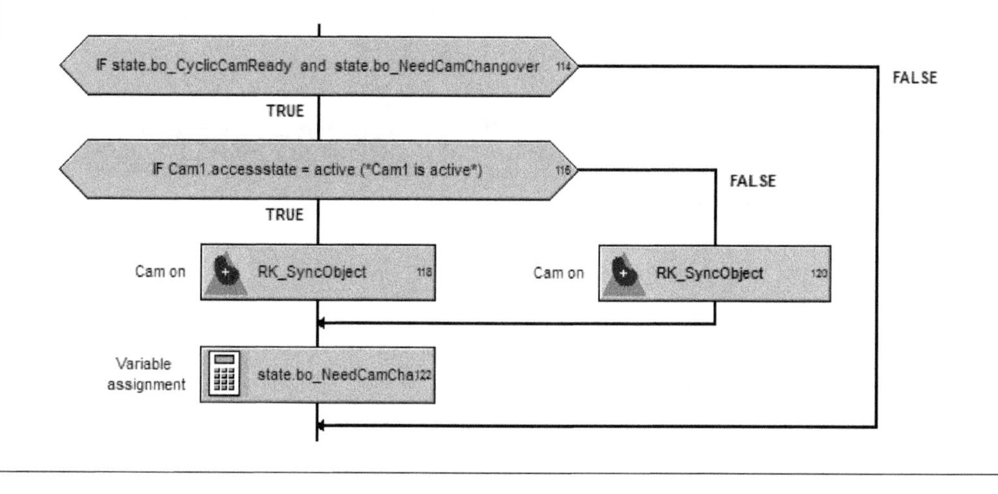

</td></tr>
</table>

（续）

编号	详细操作步骤
8	模拟调试，可以通过直接给定虚主轴速度，模拟横切过程，观察横切曲线和切长变化时的同步变化 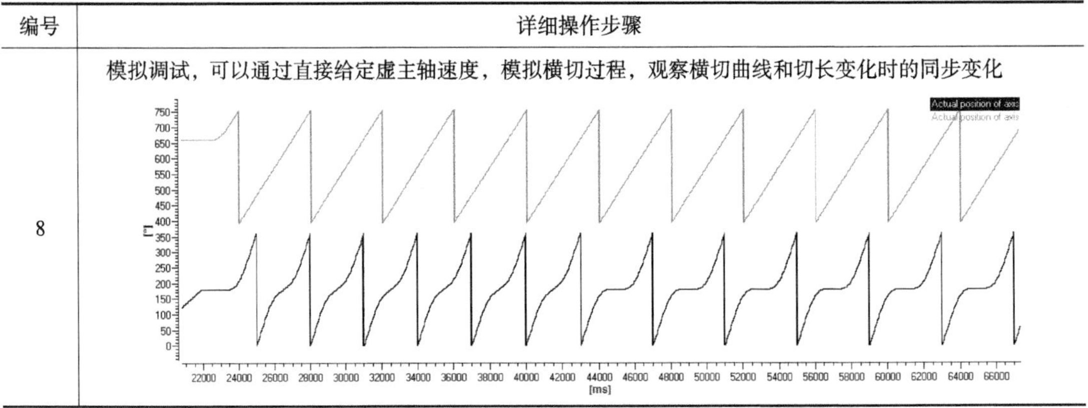

4.7.3 示例 2：西门子 S7-1500T 和 SINAMICS S120 伺服驱动器实现横切功能

同样，关于西门子 S7-1500T 和 SINAMICS S120 伺服驱动器实现横切工艺，在西门子全球技术支持中心有官方的库文件及操作说明，本文将结合该库文件和实际调试经验简述实现横切功能的步骤和注意事项见表 4-9。

本文是以库文件的模型为基础，阐述了基于 S7-1500T 和 SINAMICS S120 伺服驱动器实现横切功能的过程，其系统如图 4-108 所示。

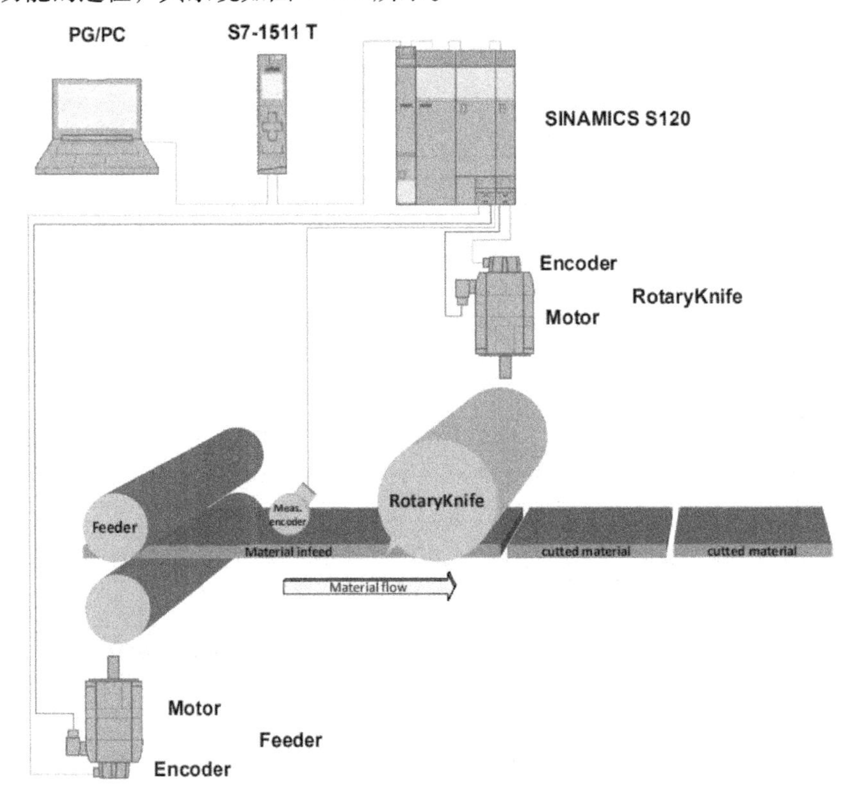

图 4-108　S7-1500T 和 SINAMICS S120 伺服驱动器系统架构图

表 4-9 实现横切功能的步骤和注意事项

编号	详细操作步骤
1	在西门子官网，下载LRotaryKnife库，导入到TIA博途软件中，通过“选项”→“全局库”→“打开库”，找到下载的库的文件目录，打开即可 LRotaryKnife_V1.1.0_V15_20191023_V15.1 类型 模板副本 LRotaryKnife_Blocks LRotaryKnife_HMI LRotaryKnife_Tags LRotaryKnife_Types 公共数据 语言和资源
2	在LRotaryKnife库中，包含常用的功能块、HMI接口功能块，相关的变量定义和数据类型定义等，根据需要复制相关的库文件到程序中 PLC_1 [CPU 1511T-1 PN] 设备组态 在线和诊断 程序块 添加新块 Main [OB1] MC-Interpolator [OB92] MC-Servo [OB91] LAxisCtrl_Blocks LRotaryKnife_Blocks 系统块 PLC数据类型 添加新数据类型 LAxisCtrl_Types LRotaryKnife_Types BasicTypes TO_Struct 系统数据类型
3	在TIA博途软件中，完成PLC和驱动的组态，完成驱动的基本配置和报文的添加，可以在Startdrive中完成驱动的调试 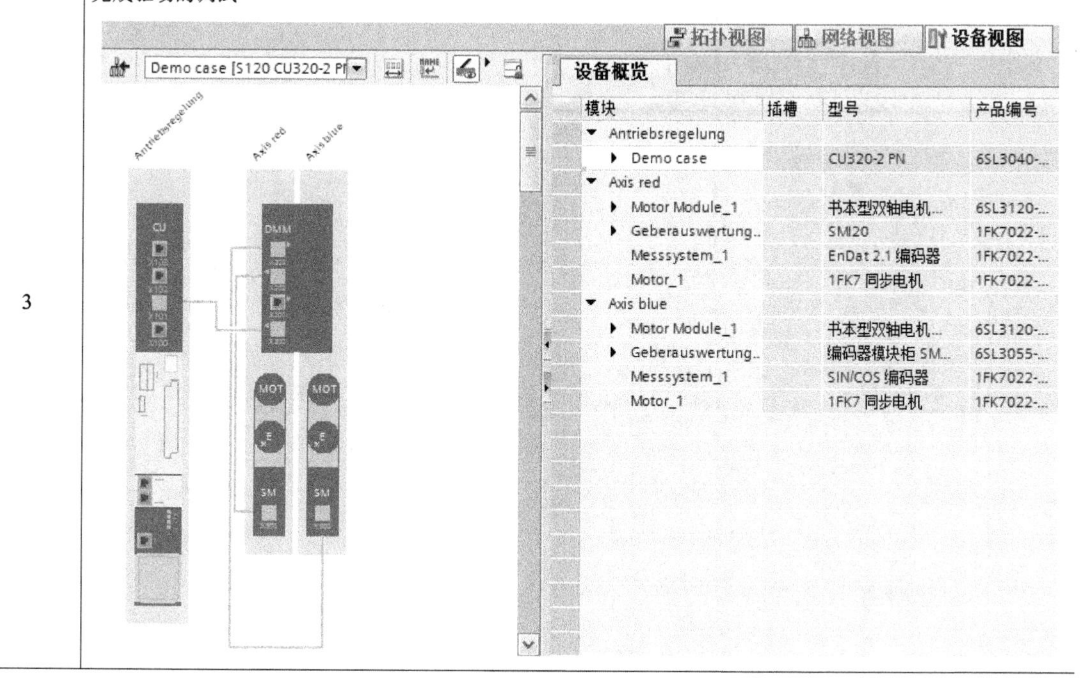

（续）

编号	详细操作步骤
4	组态工艺对象，在该库文件说明中，材料的传输轴也为伺服轴时可以作为材料传输的实主轴，也可以采用外部编码器作为材料传输的速度检测，因此该工艺对象的相互关系为，材料输送轴或编码器对象与辅助主虚轴之间1:1齿轮同步，辅助主虚轴与横切轴之间通过Cam1、Cam2和Cam3凸轮同步

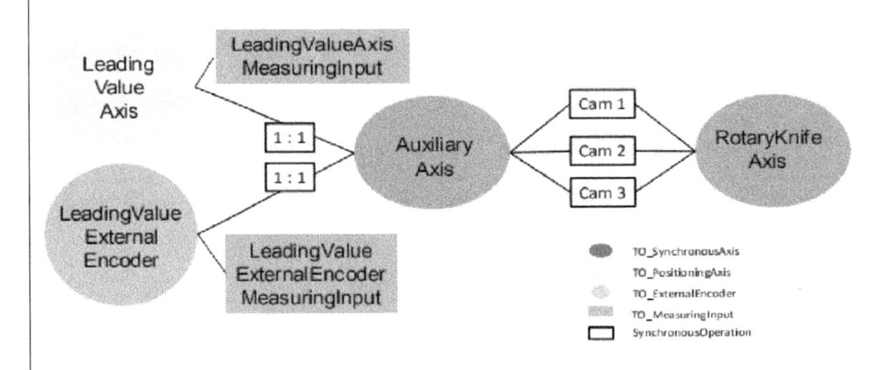

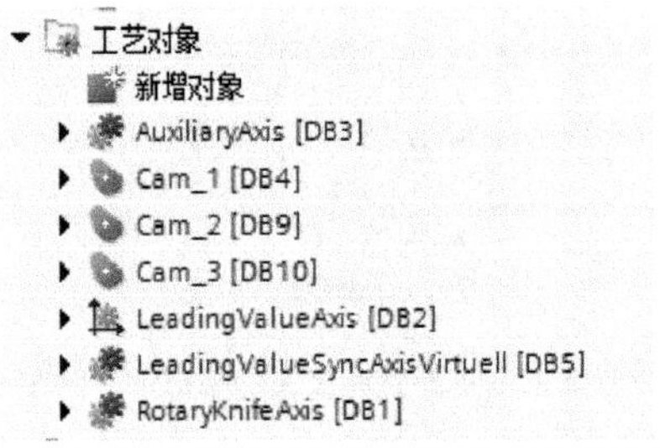

工艺对象
新增对象
AuxiliaryAxis [DB3]
Cam_1 [DB4]
Cam_2 [DB9]
Cam_3 [DB10]
LeadingValueAxis [DB2]
LeadingValueSyncAxisVirtuell [DB5]
RotaryKnifeAxis [DB1]

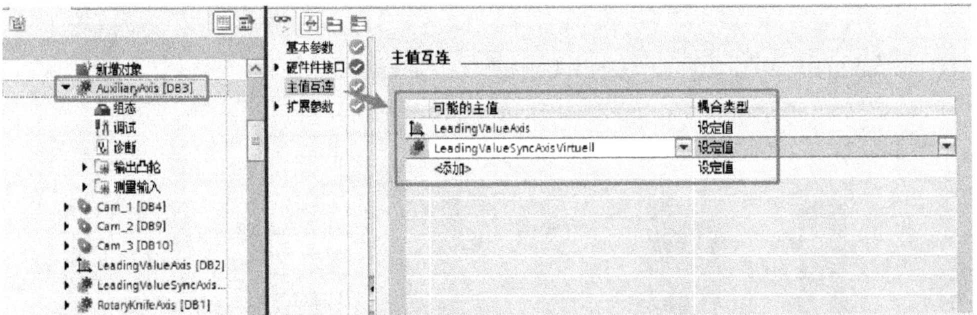

基本参数
硬件件接口
主值互连
扩展参数

主值互连

可能的主值	耦合类型
LeadingValueAxis	设定值
LeadingValueSyncAxisVirtuell	设定值
<添加>	设定值

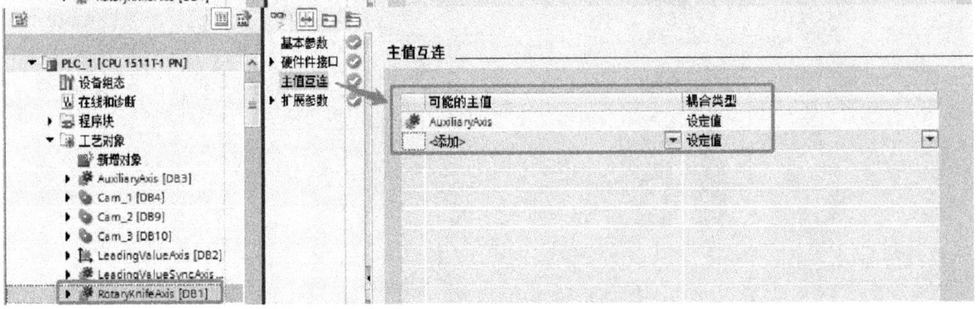

PLC_1 [CPU 1511T-1 PN]
设备组态
在线和诊断
程序块
工艺对象

主值互连

可能的主值	耦合类型
AuxiliaryAxis	设定值
<添加>	设定值

(续)

编号	详细操作步骤
5	完成工艺对象后，即可以编写程序，根据从对横切工艺的理解，可以采用横切库的程序逻辑，也可以只用横切库的凸轮计算程序，横切外围逻辑和同步程序根据个人的理解编写程序，本文在此不做详细地描述，个人编程可以参考上文基于 SIMOTION 与 SINAMICS S120 伺服驱动器的实现方式，也可以参考横切库中的程序架构进行编程 注意：横切库的 LRK_RotaryKnife 功能块比较复杂，应反复理解其输入输出引脚的定义和接口信号传递的过程，以减少调试时间，提高调试效率
6	结合横切库中的 HMI 界面，经过反复调试，最终可以将横切库通过模拟方式进行运行，得到的运行曲线如下图所示。其中蓝色为横切轴的实际位置，粉色曲线为其速度曲线 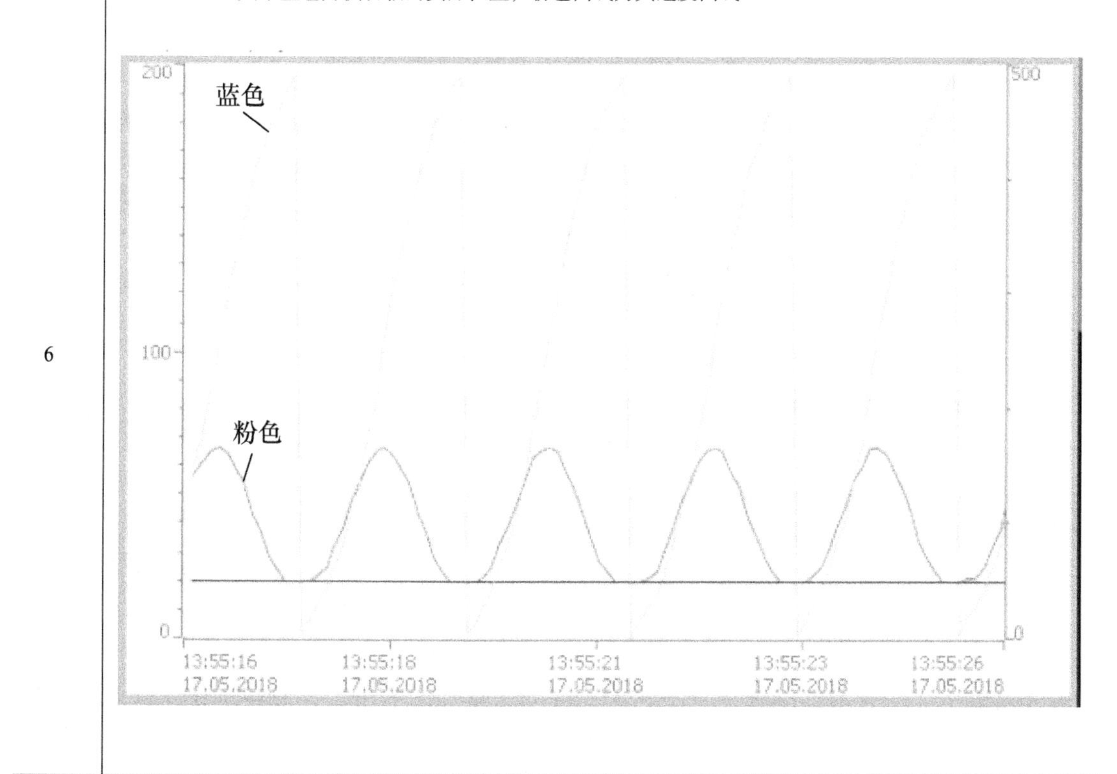

第5章 实例应用1

5.1 全自动丝网印刷烫金一体机

5.1.1 丝网印刷机设备概述

1. 设备简介

丝网印刷有着批量大、价格便宜、色彩鲜艳、保存期长、交货快等优势，被越来越多的行业认可，应用广泛。在家用电器的电路板，纺织品上的花纹，T恤、文化衫、鞋上的图案，电冰箱、电视机、洗衣机面板上的文字，陶瓷、玻璃、墙地砖上的装饰；各种商业广告像电器、包装、户外、固定、流动等广告平台；在包装装潢业中网印高档包装盒、包装瓶、烟包、酒包方面，特别是超大型外包装和产品外形装饰——丝网印刷应用非常广泛，与我们的生活紧密相连。

丝网印刷是指用丝网作为版基，并通过感光制版方法，制成带有图文的丝网印版，如图5-1所示。丝网印刷由五大要素构成，丝网印版、刮板、油墨、印刷台以及承印物。利用丝网印版图文部分网孔可透过油墨，非图文部分网孔不能透过油墨的基本原理进行印刷。印刷时在丝网印版的一端倒入油墨，用刮板对丝网印版上的油墨部位施加一定压力，同时向丝网印版另一端匀速移动，油墨在移动中被刮板从图文部分的网孔中挤压到承印物上。

图5-1 丝网印刷原理

本文介绍了一种集印刷与烫金工艺为一体的全自动印刷机，该设备主要实现对玻璃瓶表面图案的印刷，玻璃瓶的形状各异，主要可分为圆形瓶、方形瓶、椭圆瓶等，如图5-2所示。

图5-2 设备整机及部分瓶型

该设备的整体机构构成如图5-3所示，其结构为圆盘式多工位形式，主要由大盘主体、上下料工位、视觉定位、火焰处理、6组印刷单元（烫金单元）、6组LED光固单元等16个工位构成。

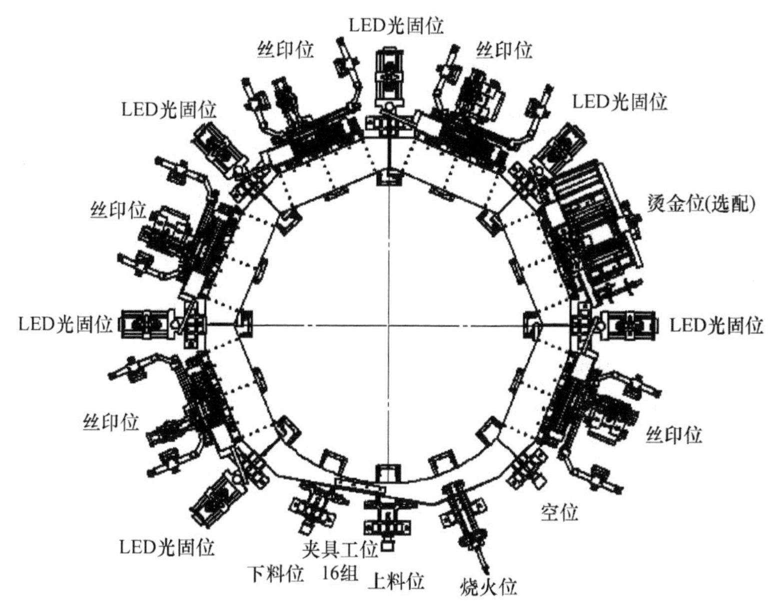

图 5-3 设备整体机构构成

1）大盘主体：在大盘主体上安装有16个夹瓶夹具，每个夹具均有一个电机，可使得夹装好的瓶子可以绕轴旋转，通过转盘转动实现16个工位的依次交替传送，实现同一个瓶子依次完成在不同工位下进行上料、视觉定位、火焰处理、印刷/烫金、UV固化、下料等整个工艺流程。

2）上下料工位：上下料工位由两个2D并联机械手构成，通过规划机械手路径，上料机械手完成瓶子从上料传送带到上料夹瓶工位上料流程，下料机械手完成从大盘下料工位将已加工完成的瓶子取放到下料传送带下料流程。

3）视觉定位：在生产加工圆形瓶子时，从传送带上抓取瓶子，瓶子的姿态角度在0～360°均有可能，但印刷的起始位置需在瓶身虹膜线指定位置处，为了确保每个待印刷的瓶在印刷起时位置一致，在上料工位需要增加视觉拍照功能，在完成上料后，下一工位开始旋转拍照后的偏差值，同时将该位置设为0，以保证所有后续所有工位的印刷基准是一致的。

4）火焰处理：预加热功能，为了保证印刷质量，需要在印刷之前，对瓶子进行加热，使得后续印刷时，油墨能够更好地附着在瓶身上，通过转瓶电机的旋转，让点火装置喷出火焰，火焰触及瓶身达到预加热的效果。

5）印刷单元：每个印刷单元由印刷升降、网版横移、刮刀横移和转瓶工位构成，通过这几个轴的协调运动实现对圆瓶、方瓶、椭圆瓶及其他瓶型表面的印刷效果。

6）烫金单元：每个烫金单元由烫金升降、烫金横移、烫金收卷和转瓶工位构成，同样是通过这几个轴的协调运动实现对圆瓶、方瓶、椭圆瓶及其他瓶型表面的烫金。

7）UV固化：在完成印刷后，为了快速将油墨烘干并附着在瓶身上，同时防止下一工位印刷流程影响前一工位的印刷图案，在两个印刷单元中间增加UV固化工位，通过UV灯照射，达到油墨快速烘干的目的。

设备在运行过程中，首先通过上料机械手将瓶子夹送到大盘的上料夹瓶工位，大盘逆时针旋转依次将待加工的瓶子传送到16个工位，依次完成上料、视觉定位、火焰处理、印刷单元（烫金单元）、UV固化，最后转到下瓶工位处，由下瓶机械手将印刷成型瓶取放到出料传送带上，依次循环，继续旋转至上瓶工位完成下一个瓶子的上料过程。

在设备生产过程中，大盘每转一个工位，会有一定时间静止，用来给每一个工位时间去完成相应的动作，当工位动作完成后，大盘转至下一个工位，在大转盘转动过程中，16个工位各自完成相应的准备工作，并且不得干扰大转盘的转动，当大盘每一个转瓶位都装有瓶子时，大盘每转一个工位，生产完成一个成品瓶。

2. 控制要求

1）支持瓶型：圆瓶、方瓶和椭圆瓶；

2）印刷速度：最高60瓶/min；

3）印刷精度：± 0.2mm；

4）支持同一工位印刷和烫金切换；

5）支持手动印刷和自动印刷功能；

6）无件不印；

7）支持特殊瓶型的开发。

5.1.2 丝网印刷机电气系统配置

根据设备工艺的要求，控制器采用SIMOTION D455运动控制器、SINAMICS S120伺服驱动器和SINAMICS S210伺服驱动器，其硬件架构如图5-4所示。控制器、驱动器、ET200SP以及触摸屏通过PN相连接，用触摸屏实现命令给定和状态显示等人机交互功能。

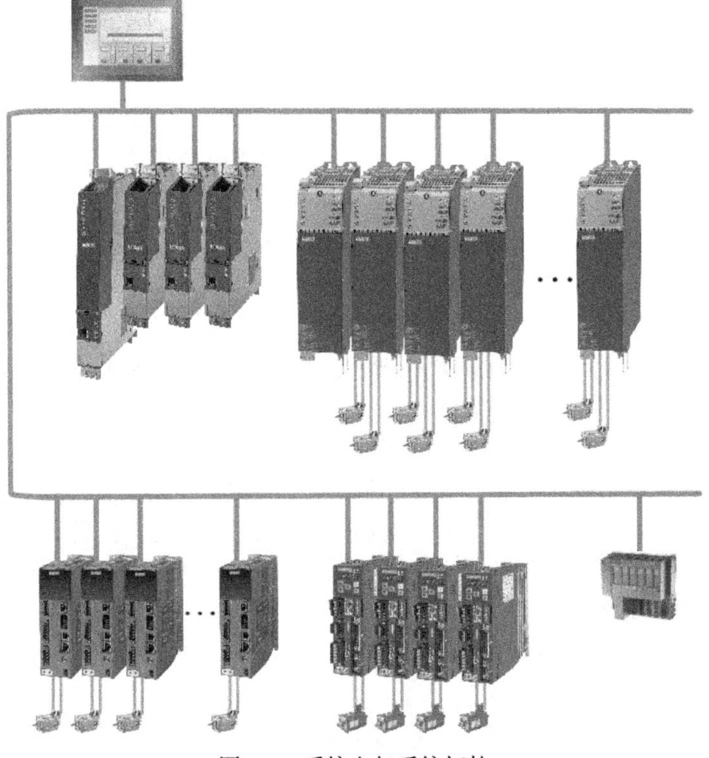

图5-4 系统电气系统拓扑

5.1.3 丝网印刷机运动控制解决方案

如图 5-3，根据工艺要求：运动控制的对象主要包括 1 个大盘电机、2 个上下料机械手、16 个转瓶电机、6 组丝印单元（印刷升降、网版横移、刮刀横移）、3 组烫金单元（烫金升降、烫金横移、烫金收卷），且机械手单元、丝印单元、烫金单元可以选择工作或不工作。

根据以上工艺指标和工艺动作流程，各轴之间的关系如图 5-5 所示。首先建立一个主虚轴，由于每个单元需要独立工作，所以每个单元都需建一个单元虚轴，该单元里的所有实轴与该单元虚轴同步。当整个单元被选择时，该单元虚轴与主虚轴同步。转瓶单元相对独立，在工作过程中，根据工艺要求，分别与主虚轴、印刷单元虚轴、烫金单元虚轴或者上、下料单元虚轴进行同步。

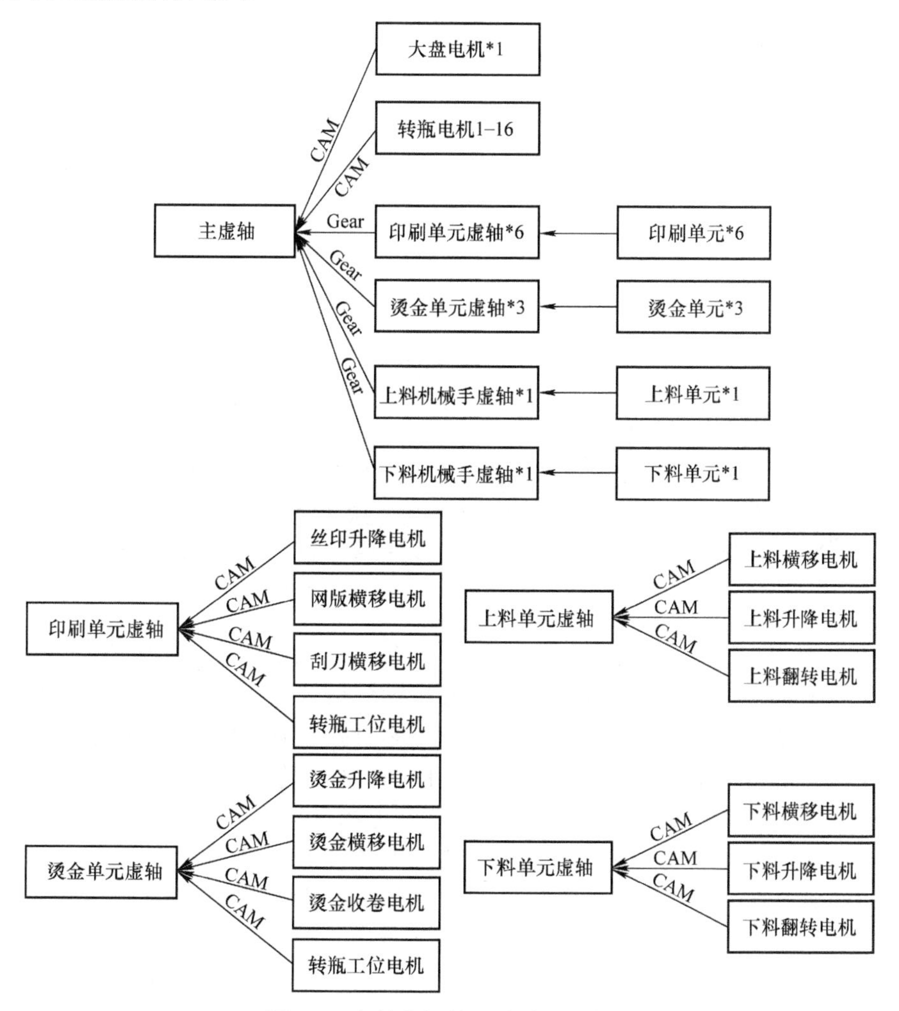

图 5-5 各轴之间的运动关系示意图

1. 大盘控制

此处大盘为整机的基准部件，在整个控制中，分为大盘旋转和印刷作业两大部分。其中在大盘旋转时，各个单元恢复到相应单元的初始状态；在大盘停止转动时，各个单元开始相应单元的作业。

大盘控制的快慢直接影响整机的运行效率，按照工位数目，将大盘划分为16等份，即每个工位相差22.5°。大盘每转22.5°依次切换不同的转瓶工位。由于大盘直径大，负载重，惯量大，所以必须充分考虑大盘转动的加减速及匀速阶段的时间，以确保大盘能够平滑地跟踪主虚轴，保证整个系统的精度。

2. 转瓶工位控制

在大盘上有16个转瓶工位电机，逆时针编号为1-16，由于转瓶工位是随着大盘公转而自转，因此转瓶电机在转到不同的单元工位下，需要按照该单元的要求进行旋转运动。即每个转瓶电机需要随着转盘的转动切换到不同工位下对应的同步关系及同步曲线，并在合适的时机与该单元虚轴同步。

转瓶曲线共分为上下料工位、视觉定位工位、火焰处理工位、印刷单元工位、烫金单元工位、UV固化工位等，但由于各个工位存在不同的区别，因此本文创建了16个转瓶工位CAM曲线。

3. 上下料工位

上瓶和下瓶的机械结构一致，上瓶机构通过机械手将入料传送带传来的酒瓶抓取，夹送至大盘的转瓶位，并通过气动夹具的配合将酒瓶固定，完成上瓶动作；下瓶则相反，将固定在大盘下料转瓶位的酒瓶抓取，夹送到出料传送带上，完成下瓶动作。上瓶动作的抓取位和上料位实际机构如图5-6所示。

图5-6　机械手取瓶和放瓶实际效果

上下瓶机构为标准的2D-Delta机械手，通过3个电机控制，分别命名为X、Y、Z，其中X轴负责机械结构的前后移动，Y轴负责机械结构的上下移动，Z轴负责机械手臂末端夹具的旋转运动，首先通过X、Y、Z的移动，将机械结构移动到上料传送带的夹取位置，通过触发气动夹爪夹紧瓶子，夹紧后X、Y轴移动，Z轴转动，将夹好的瓶子放入大盘的转瓶位，此时上瓶动作全部完成，下瓶动作流程与之相反。

上下料的动作快慢直接决定了整机的速度及生产效率，所以对于X、Y、Z动作路径的规划要做到平滑精细，并且由于瓶型的不同，需要在触摸屏中调参数来满足不同瓶型的路径规划。

针对机械手的控制，在该控制中做了如下处理，由于该机械手是标准的2D-Delta，因此使用标准的Path对象，然后通过标准的函数控制机械手移动，但由于机械手的动作需要跟大盘的旋转保持同步关系，为了确保控制的一致性，本文将机械手的运行轨迹通过离散采集数据的方式记录各个机械手轴相对于主虚轴（0～360°）的位置关系，然后重新创建CAM曲线，采用与主虚轴同步的方式实现对机械手的控制。在Scout中，机械手模型及创建后的凸轮曲线如图5-7所示。

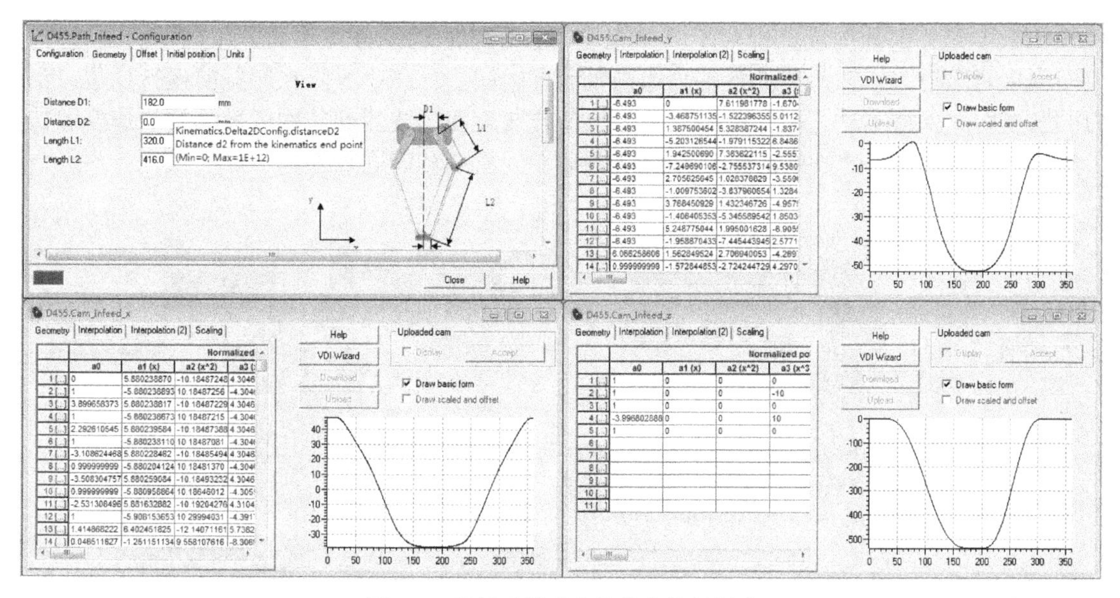

图 5-7 机械手模型和凸轮曲线得创建

4. 视觉定位工位

在瓶子生产过程中，由于生产工艺的要求，会在瓶身处留有虹膜线，印刷的图案一般以虹膜线两侧为基准，形成对称图案，因此一般可以将虹膜线作为印刷的基准，同时为了确保基准的正确性，一般在瓶底处也留有缺口，作为标识，因此在机械手上料的过程中，通过触发视觉拍照，识别瓶底缺口的标志，确认各个瓶子的位置，在通过下一工位的定位和设零处理，是可以实现对瓶子的基准重新定义，如图 5-8 为拍照机构示意图。

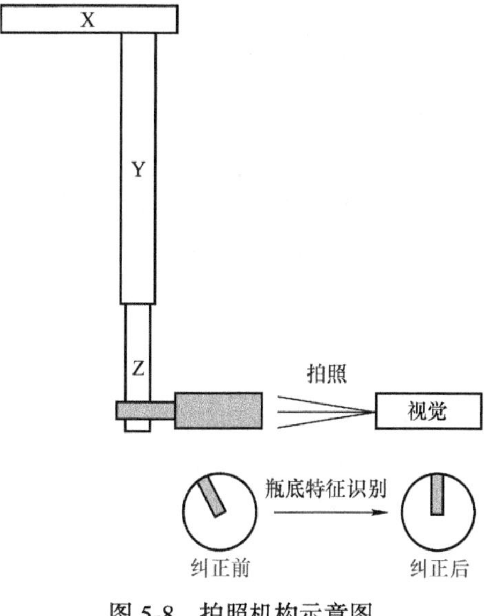

图 5-8 拍照机构示意图

因此，在该视觉定位实现的过程中，在视觉软件中通过模板识别功能标识出相应的标记，通过 TCP/IP 的通信方式，实现 SIMOTION 运动控制系统和视觉控制器的通信，在机械手抓瓶姿态运行到拍照视野内，SIMOTION 触发相机拍照，返回拍照结果，SIMOTION 通过反馈结果进行相应处理，视觉的定位结果和数据反馈如图 5-9 所示。

5. 火焰处理工位

火焰处理工位是通过点燃燃气阀，阀喷出的火焰向瓶身表面持续加热一周。其控制流程为当转盘到位后，启动阀门点燃，同时转瓶工位按照设定的 CAM 曲线，持续旋转一周或多周，从而实现瓶体表面加热的目的。

6. 印刷单元

印刷单元是实现该设备的主要单元。单个印刷单元由印刷升降、网版横移、刮刀横移、转瓶单元等部分构成。针对不同的瓶型，各个轴的动作方式不同，如在印刷圆瓶时，以印刷单元虚轴为主轴，其他各轴与印刷单元虚轴同步，印刷升降在印刷前运行到位，刮刀在圆瓶中间保持不动，在印刷时，需要保证转瓶表面的线速度与网版横移的线速度保持一致，从而实现印刷的效果，如图 5-10 为丝印单元机构和印刷效果。

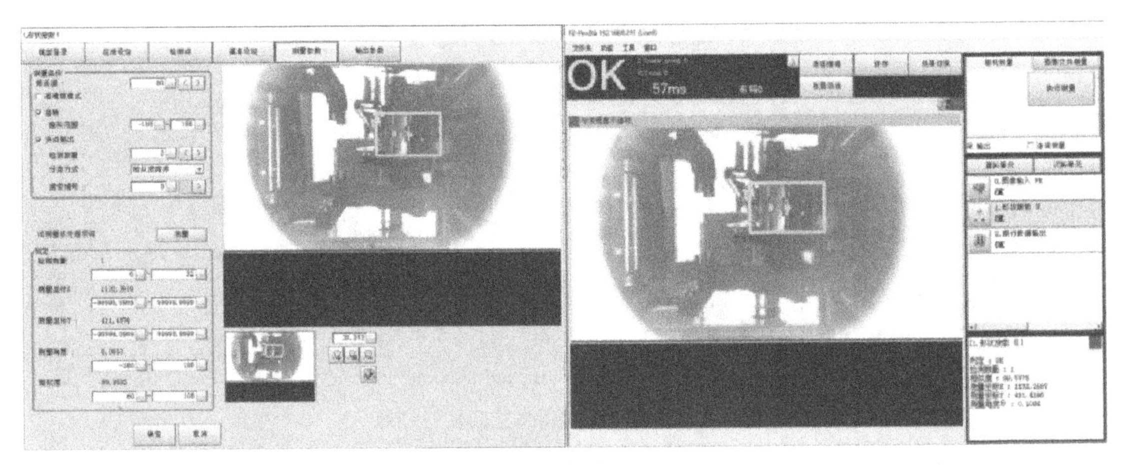

图 5-9　视觉定位结果和数据反馈

图 5-10　丝印单元机构和印刷效果

以圆瓶的印刷流程为例，整个印刷过程的控制过程如图 5-11 所示。

1）当大盘夹着瓶子还没有到达印刷工位时，网版和刮刀通过网版升降电机抬起一段距离，等待大盘转到工位，保证在大盘转动过程中，网版不与瓶子产生机械干涉，避免机械碰撞。

2）当大盘将要转到印刷工位的同时，网版升降电机同时下降到印刷位置，保证印刷动作的实效性。

3）当转瓶位到达时，网版同时到达，此时开始印刷，转瓶位自转运行，网版横移电机和刮刀横移电机带着网版和刮刀同步运动，将油墨均匀挤压到瓶身上，实现印刷动作。

4）印刷完毕，网版升降电机抬起，大盘带着瓶子离开印刷工位，进入下一工位。

经过 4 步动作循环往复，实现对瓶身的印刷目的。在此过程中，应设计好合理的同步曲线，保证转瓶，网版升降，网版横移，刮刀同步运行都在瓶子外周的切点上。

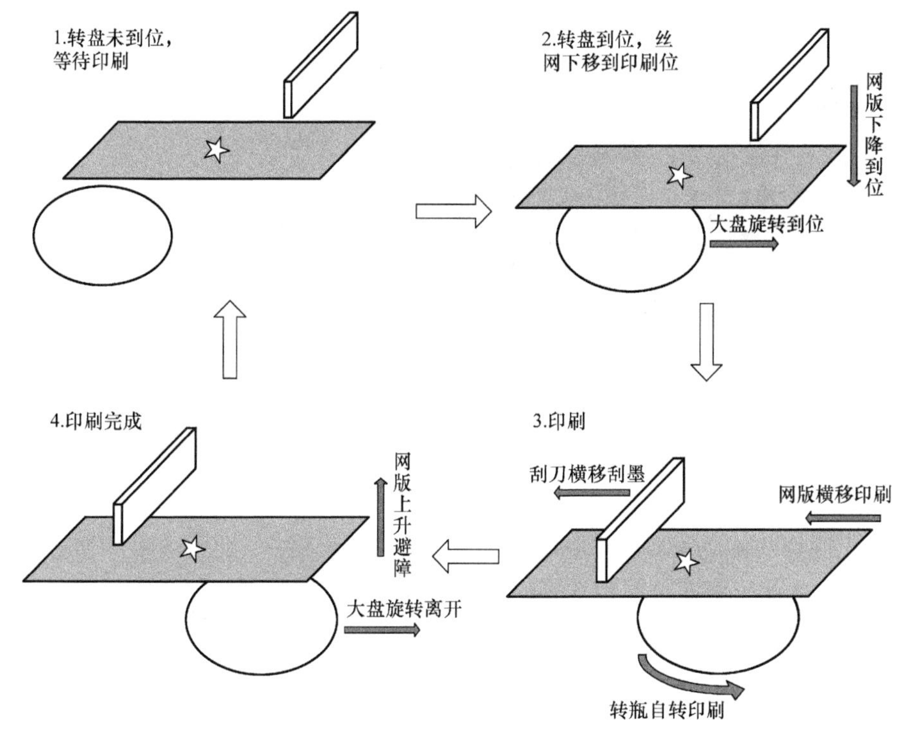

图 5-11 丝印单元流程

对圆瓶印刷流程可以按照上述的流程，在大盘转动过程中，各轴均运行到印刷起始位置，在大盘运行到位后，印刷轴和转瓶轴同步，直到印刷完成，开始下一个循环。

7. UV 固化

瓶子每经过一个印刷单元印刷，必须及时对瓶身印出的图案进行固化处理，否则在下一次印刷时，图案会因为没有固化而被刮花，造成废品，所以烘干固化环节必不可少，烘干固化如图 5-12 所示。

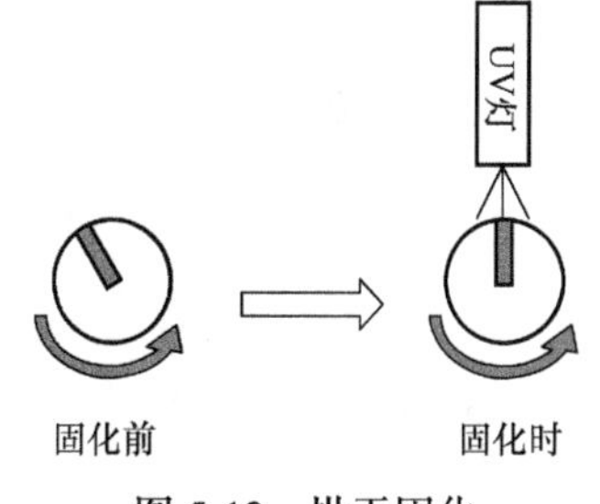

图 5-12 烘干固化

8. 烫金单元

烫金是另外一种图案附着方式，烫金需要和印刷结合，首先在瓶身印一层光油，与印刷流程一样，在下一个工位进行烫金。烫金就是将金附着在产品上，具体实现方式是通过加热下压方式将金箔纸上的金转移。

该设备的烫金单元由烫金升降、烫金横移、烫金收卷、转瓶单元、胶辊、烫金加热、金箔纸等部分构成。其中烫金加热是给胶辊加热，以满足在烫金过程中，胶辊接触金箔纸后可以快速实现金的转移，烫金加热部分采用加热管，利用 PID 控制方式，实现对温度的控制。金箔纸放卷是通过普通力矩电机控制确保纸路一直处于拉直状态。烫金升降、烫金横移、烫金收卷、转瓶单元的组合运动，实现对不同瓶型的烫金作业。

对不同的瓶型各个轴的动作方式也不同，如在烫金圆瓶时，以印刷单元虚轴为主轴，其他各轴与印刷单元虚轴同步，烫金升降在烫金前运行到位，然后保持不动，在烫金时，需要保证转瓶表面的线速度与烫金收卷的线速度一致，从而实现金箔纸上的金转移到瓶身的效果，烫金机和烫金效果如图 5-13 所示。

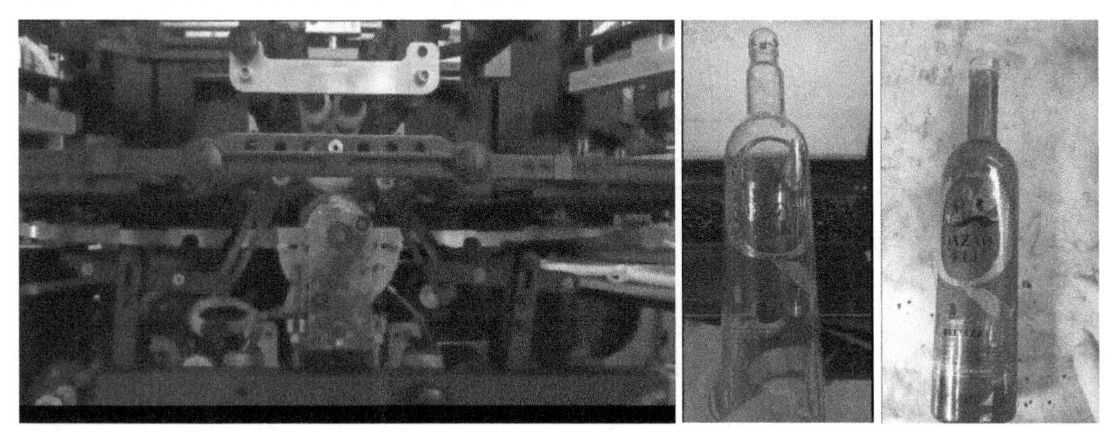

图 5-13 烫金机和烫金效果

同样，以圆瓶烫金为例描述烫金实现过程如图 5-14 所示，圆瓶烫金不需要横移机构，横移只要保持在中间位置即可，烫金升降、烫金收卷和转瓶电机与对应印刷单元虚轴同步。

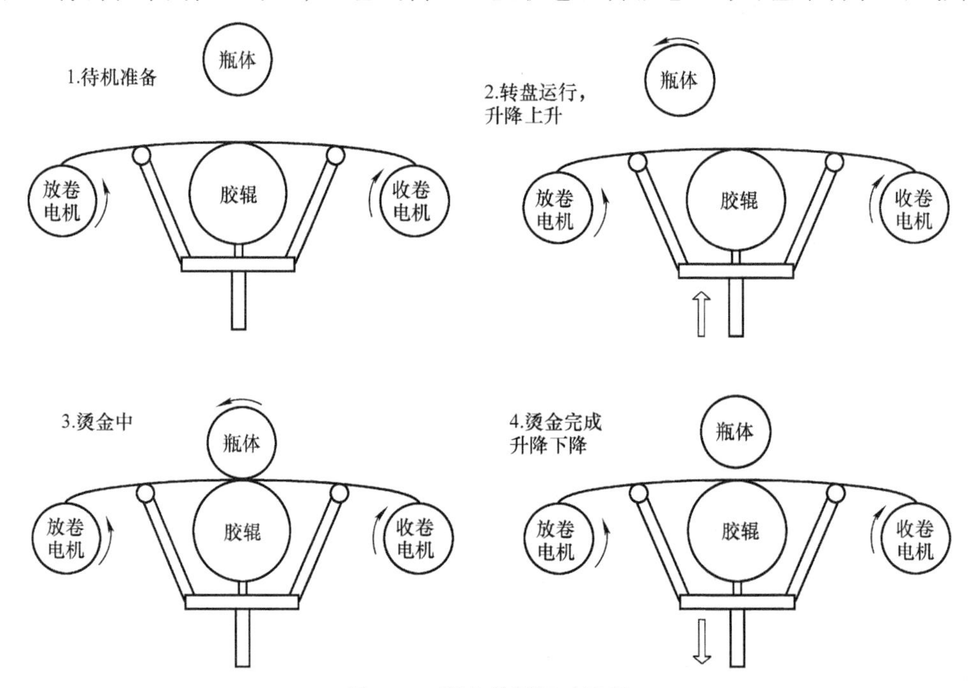

图 5-14 烫金单元运动流程

烫金加热单元加热到设定温度，烫金放卷电机工作正常。

在大盘电机运动过程中，烫金升降准备运动，当大盘运动到位时，烫金升降运行到胶辊与瓶体接触位置。

瓶体按照设定参数开始转动，同时烫金收卷开始收卷，确保烫金收卷的线速度和瓶体运转的线速度一致。

烫金行程完成后，烫金升降快速降落到初始位置，烫金完成。

对圆瓶烫金可以按照上述流程，在大盘转动过程中，各轴均运行到烫金起始位置，在大盘运行到位后，收卷轴和转瓶轴同步，直到烫金完成，开始下一个循环，烫金单元各轴的 CAM 曲线如图 5-15 所示。

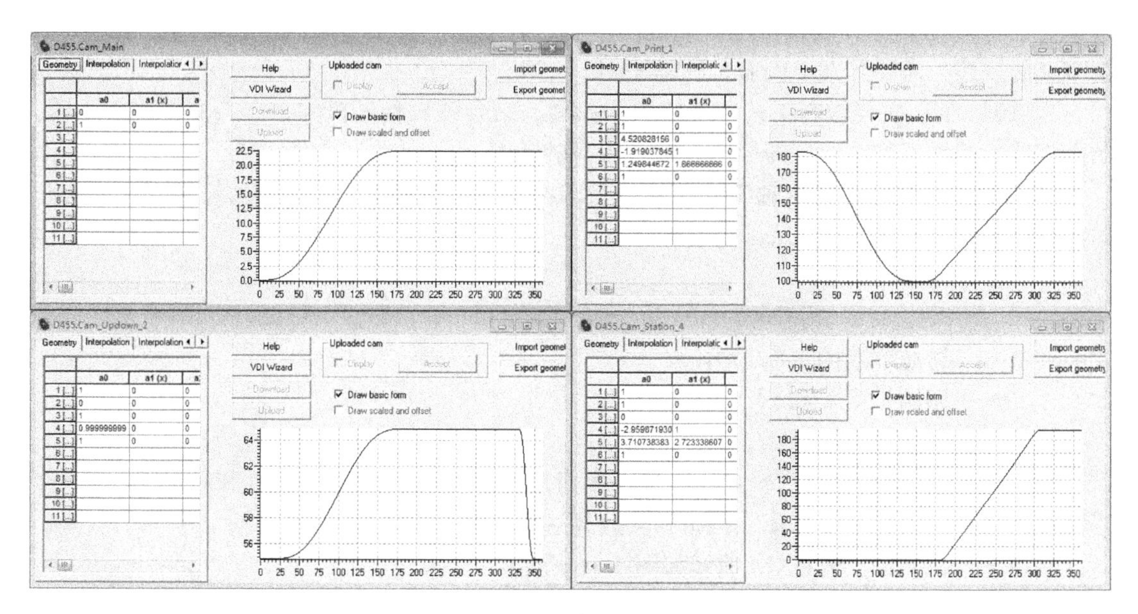

图 5-15　烫金单元 CAM 曲线

5.1.4　丝网印刷机运动控制技术要点解析

1. 无件不印功能

在设备生产过程中，可能会出现如下情况：

1）设备由于上料传送带输送瓶子时，瓶子在传送带上摆放不规律，上瓶单元不是每次都能抓到瓶子，偶尔会出现空瓶的情况。

2）当空瓶出现时，印刷单元依旧进行印刷动作，油墨被刮刀挤压但是挤压下的油墨没有附着在瓶子上，导致堵版，造成下一个瓶子印刷质量不合格。

3）UV 灯在没有瓶子的情况下依然点亮，由于没有装遮光板，导致 UV 灯损坏。

针对上述现象，提出了无瓶不印的功能，即如果该单元没有瓶，则不进行相应的动作，只有检测到瓶子后，才按照设定的程序运行该工位动作。

实现的方法：在上料单元添加一个光电传感器，以检测该工位是否有瓶，当大盘旋转一个工位后，根据光电开关信号判断相应的轴是否需要同步或 UV 灯是否开启。

2. 手自动功能

对各单元的调试须具备手动操作和自动联动等两种模式，在手动模式下，各单元可以独立进行参数的设置和调试。在自动模式下，需要根据勾选的单元进行联动。

在手动模式下，可以实现点动测试和周期测试功能，点动测试激活时，该单元按照程序设定的同步关系和 CAM 曲线进行运行。周期测试激活时，该单元执行一次凸轮循环，完成一个动作过程。

在自动模式下，按照程序的主逻辑顺序，依次判断上下料单元、点火功能、印刷单元 1-6、烫金单元 2-5 是否选择。如果选择，则根据设置的参数进行解同步、凸轮曲线创建、挂同步等流程执行，直到各个单元同步，开始启动主虚轴，系统开始运行。

3. 开发瓶型算法

在前文中已表述，该设备应有支持圆形瓶、方形瓶、椭圆形瓶的印刷与烫金功能。根据本文的描述，需要开发不同瓶型的算法。

1）圆形瓶：根据印刷工艺，圆瓶属于曲面，结合该设备的机构特点，需要刮刀不动，丝网与转瓶的线速度一致，即可实现圆形瓶身的印刷。

丝网轴为直线轴，转瓶轴为旋转轴，在印刷阶段，丝网横移的距离 L（印刷长度）和转瓶转动度数 ∂ 关系满足如下即可：

$$\partial = L/(\pi D)\times 360$$

式中　∂——转瓶转动的角度（°）；

　　　L——印刷长度（mm）；

　　　D——圆瓶瓶身的直径（mm）。

由于网版的行程较大，本文中均是在大盘旋转过程中，升降、网版和转瓶开始运动，当转盘运行到位的同时，升降、网版和转瓶到达印刷起始位置。

圆瓶 - 印刷单元各轴 CAM 曲线如图 5-16 所示。

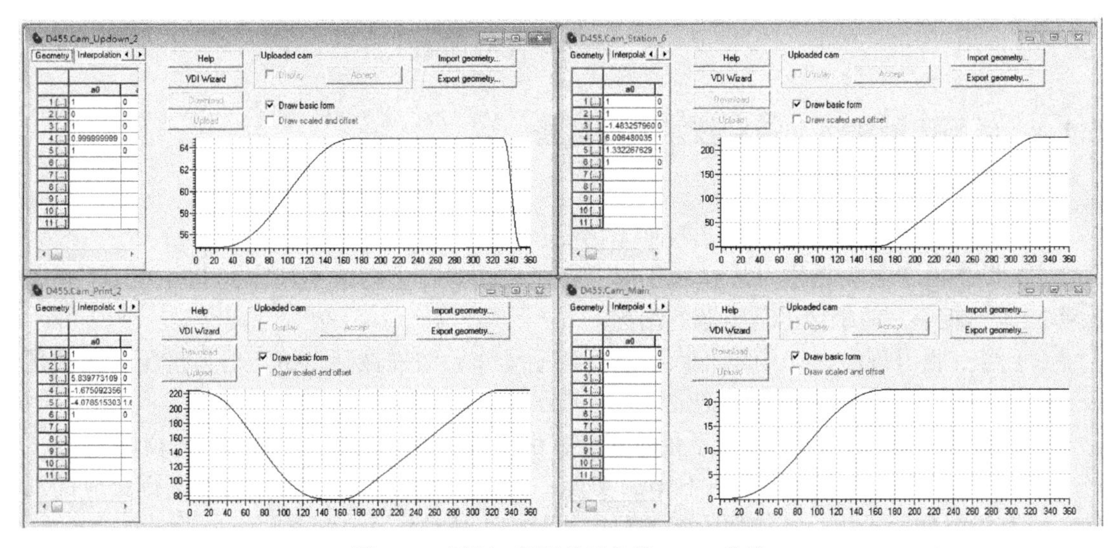

图 5-16　圆瓶 - 印刷单元各轴 CAM 曲线

2）方形瓶：在项目伊始，方瓶仅需印刷平面处，且一般只需印刷两个平面，该工艺要求为典型的丝网印刷工艺，即产品不动，丝网平铺在产品表面，刮刀横向移动即可，方瓶 - 印刷单元各轴 CAM 曲线如图 5-17 所示。

3）椭圆形瓶：椭圆形瓶是一种特殊瓶形，在印刷时，网版横移、印刷升降、刮刀横移均需跟随转瓶电机角度的变化而变化，否则无法完成印刷，对此需要求解出各个轴随着转瓶角度的变化关系式，从而创建凸轮曲线。

在图 5-18 中，X-O-Y 为电机工作坐标系，Y 为升降电机方向，X 为刀电机方向；椭圆为从顶点逆时针旋转 α 角度后的状态，a 值为长轴长度，b 值为短轴长度；求出 h 值为升降电机运动距离，d 值为刮刀电机运动距离。

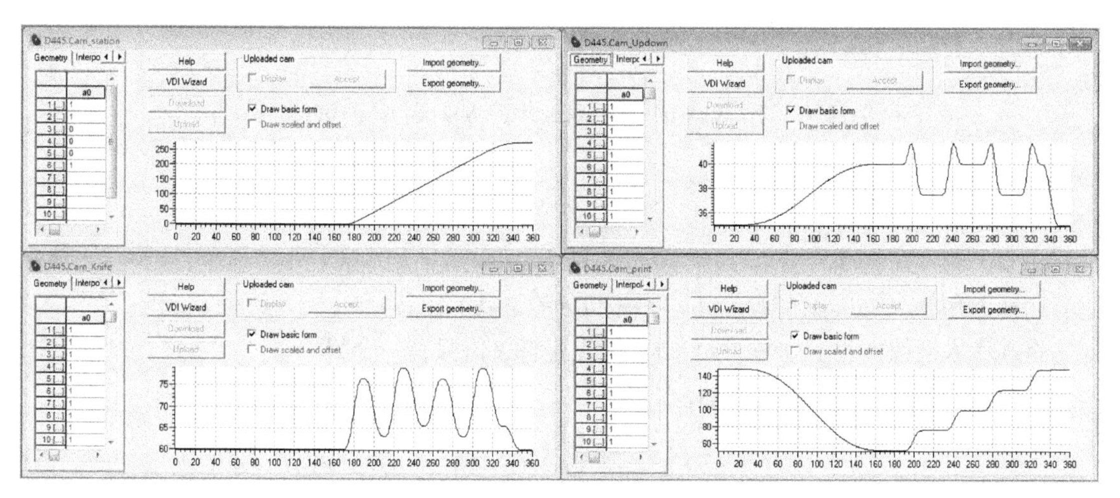

图 5-17　方瓶 - 印刷单元各轴 CAM 曲线

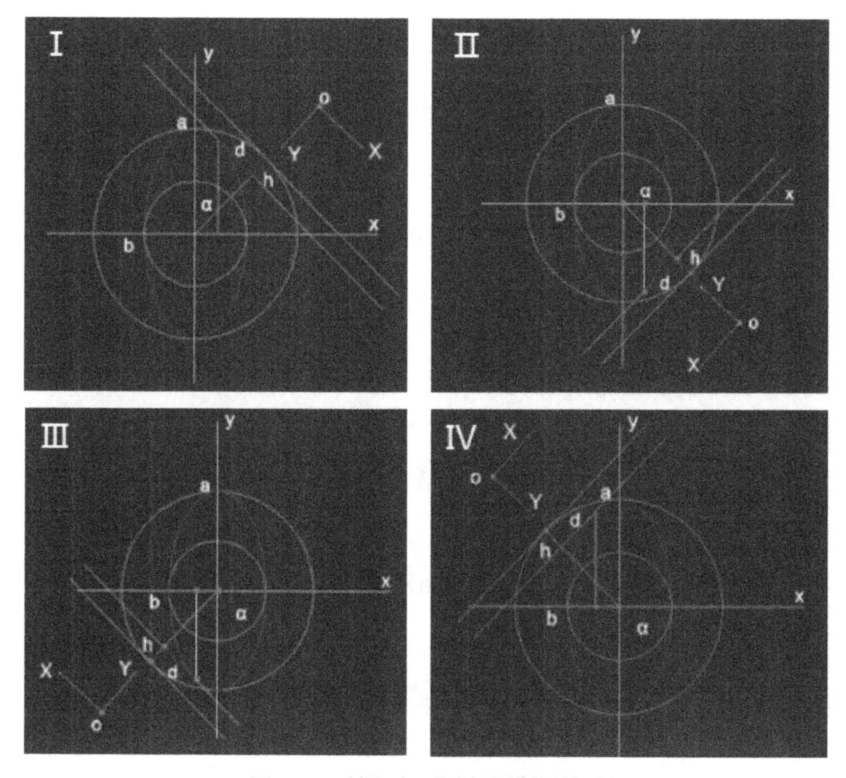

图 5-18　转瓶在不同象限位置关系

解：

① $\alpha=0$ 时，$h=0$，$d=0$；

② $0<\alpha<90°$ 时：$\sin\alpha>0$，$\cos\alpha>0$，$\tan\alpha>0$

切线方程：$y=kx+c$，其中 $k=-\tan\alpha$；$c=(a-h)/\cos\alpha>0$；

将其代入椭圆方程 $y^2/a^2+x^2/b^2=1$，切点坐标 x 值只有一个解

求出：$h=a-\cos\alpha\sqrt{a^2+b^2\tan\alpha^2}$

$$x=-2b^2kc/2(b^2k^2+a^2)=b^2\tan\alpha(a-h)/\cos\alpha(b^2\tan\alpha^2+a^2)$$

所以：$d=(a-h-x/\sin\alpha)\tan\alpha$

③ $\alpha=90°$ 时，$h=a-b$，$d=0$；

④ $90°<\alpha<180°$ 时：$\sin\alpha>0$，$\cos\alpha<0$，$\tan\alpha<0$

切线方程：$y=kx+c$，其中：$k=-\tan\alpha$；$c=(a-h)/\cos\alpha<0$；

将其代入椭圆方程 $y^2/a^2+x^2/b^2=1$，切点坐标 x 值只有一个解

求出：$h=a+\cos\alpha\sqrt{a^2+b^2\tan\alpha^2}$

$$x=-2b^2kc/2(b^2k^2+a^2)=b^2\tan\alpha(a-h)/\cos\alpha(b^2\tan\alpha^2+a^2)$$

所以：$d=-(a-h-x/\sin\alpha)\tan\alpha$

⑤ $\alpha=180°$ 时，$h=0$，$d=0$；

⑥ $180°<\alpha<270°$ 时：$\sin\alpha<0$，$\cos\alpha<0$，$\tan\alpha>0$

切线方程：$y=kx+c$，其中：$k=-\tan\alpha$；$c=(a-h)/\cos\alpha<0$；

将其代入椭圆方程 $y^2/a^2+x^2/b^2=1$，切点坐标 x 值只有一个解

求出：$h=a+\cos\alpha\sqrt{a^2+b^2\tan\alpha^2}$

$$x=-2b^2kc/2(b^2k^2+a^2)=b^2\tan\alpha(a-h)/\cos\alpha(b^2\tan\alpha^2+a^2)$$

所以：$d=(a-h-x/\sin\alpha)\tan\alpha$

⑦ $\alpha=270°$ 时，$h=a-b$，$d=0$；

⑧ $270°<\alpha<360°$ 时：$\sin\alpha<0$，$\cos\alpha>0$，$\tan\alpha<0$

切线方程：$y=kx+c$，其中：$k=-\tan\alpha$；$c=(a-h)/\cos\alpha>0$；

将其代入椭圆方程 $y^2/a^2+x^2/b^2=1$，切点坐标 x 值只有一个解

求出：$h=a-\cos\alpha\sqrt{a^2+b^2\tan\alpha^2}$

$$x=-2b^2kc/2(b^2k^2+a^2)=b^2\tan\alpha(a-h)/\cos\alpha(b^2\tan\alpha^2+a^2)$$

所以：$d=-(a-h-x/\sin\alpha)\tan\alpha$

关于网版横移的位移大小，近似于椭圆的弧长，计算过程如下：

将 $y=\rho\cos\alpha$，$x=\rho\sin\alpha$ 代入椭圆公式 $y^2/a^2+x^2/b^2=1$

得到：$\rho=ab/\sqrt{a^2\sin\alpha^2+b^2\cos\alpha^2}$

将角度 α 细分为 $\theta=1°$，弧长为：$1=\sum_1^{360}\rho\theta$

在转瓶开始旋转时，从 0 ~ 360° 每隔 1° 计算并插点。在大盘旋转过程中，升降、网版和转瓶开始运动，当转盘运行到位的同时，升降、网版和转瓶到达印刷起始位置，计算并生成 CAM 曲线如图 5-19、图 5-20 所示。

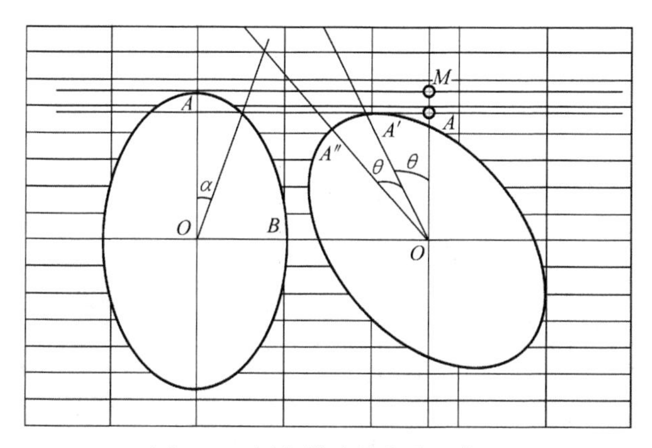

图 5-19　网版横移的位移示意图

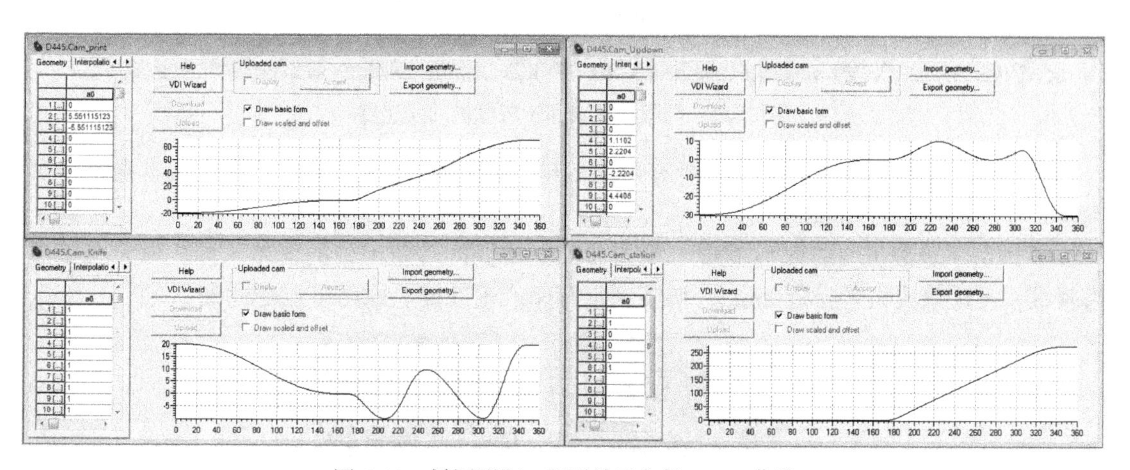

图 5-20　椭圆形瓶 - 印刷单元各轴 CAM 曲线

4. 印刷精度

在项目初期阶段，在圆瓶印刷时，印刷套印精度一直存在偏差，具体排除偏差的步骤如下：

1）检测大盘的精度和跟随误差：通过查看跟随误差，其误差在 ±0.002° 以内，确认大盘电机定位精度没有问题。

2）检测瓶子底座和瓶子的配合：检查瓶子在旋转过程中是否存在转动的可能性，通过在上料后做标记，印刷完成后，再次检查标记，发现不存在微小的滑动现象，确认了没有转动的可能性。

3）检查网版横移和转瓶跟随误差：检查网版横移和转瓶的跟随误差，发现转瓶跟随误差在 ±0.05° 以内；用同样方式检测其他单元的印刷轴，产生套印偏差的原因不在于网版横移和转瓶电机的跟随误差。

4）检查网版横移的线速度和转瓶线速度：在排除了大盘电机、网版电机和转瓶电机的跟随误差后，需要进一步确认在印刷段是否存在网版横移和转瓶线速度不一致的可能性。于是 Trace 网版横移和转瓶的线速度。

如图 5-21 所示，蓝色为网版印刷 2 和其中一个轴的速度，在匀速阶段，其中印刷 2 的线速度为 61.7mm/s，轴的旋转速度为 98.2°/s，瓶身的直径为 72mm，转瓶表面的线速度为

98.2/360*（72*3.1415）= 61.7mm/。用同样方法检查其他轴，结果一致，因此可以判断套印产生的偏差不在此处。

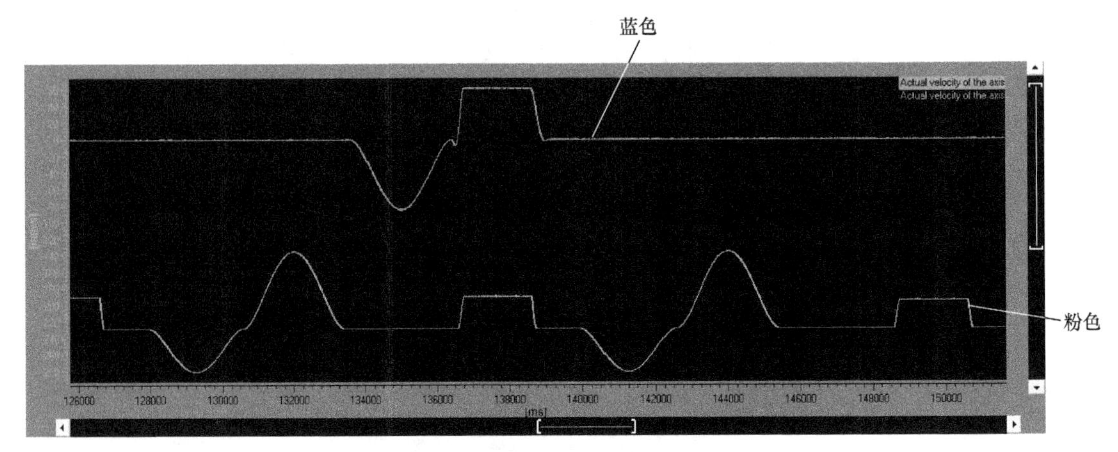

图 5-21　网版横移轴和转瓶电机的线速度

5）机械偏差：在分析了几乎所有可能的电气控制原因后，又回归到机械本身，再次确认大盘的定位偏差和重复精度。

通过用千分表反复打表后发现（见图 5-22）不同的转瓶工位的偏差不同，以一个工位为基准，发现最大偏差接近 2mm，初步判定套印产生的偏差原因可能在此处。

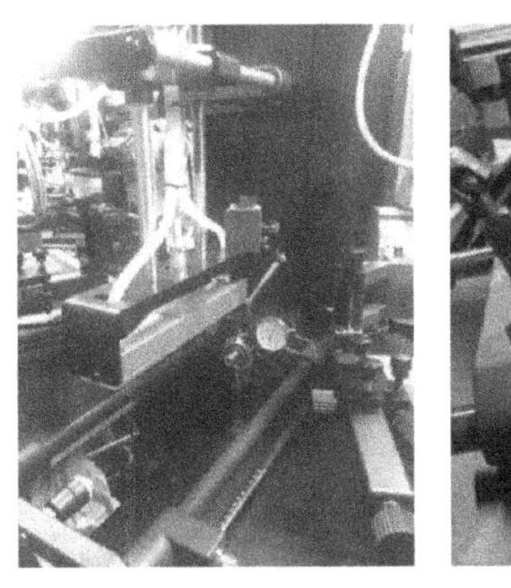

图 5-22　千分表安装打表位置

经过团队成员分析讨论后，最终的解决办法是通过添加补偿，以消除该偏差的存在，最终解决了套印偏差的问题

5. 虚拟调试

数字化虚拟调试在工业生产制造中的应用，改变了传统生产制造的过程，提高了生产效率，缩短了产品上市时间，从而提高了产品的竞争力。而虚拟调试是数字化双胞胎的重要组成部分。

在运动控制领域，通过 NX MCD 软件的虚拟调试，在机器设备安装之前就能提前模拟机器机械动作和整机运行，能够完成模拟各种复杂的运动曲线。因此，通过虚拟调试，不仅能够检查机械干涉，还能够提前测试运行程序，进而缩短工程师在现场的调试时间，通过验证各种复杂运动的算法，为产品向高端进一步开发以及产品的柔性化、智能化生产提供有利的条件。

本项目在实施之前，通过NX MCD软件建立设备的机电仿真模型，并在SCOUT中搭建程序，通过可视化模型可以展示设备的运行效果，如图5-23所示。

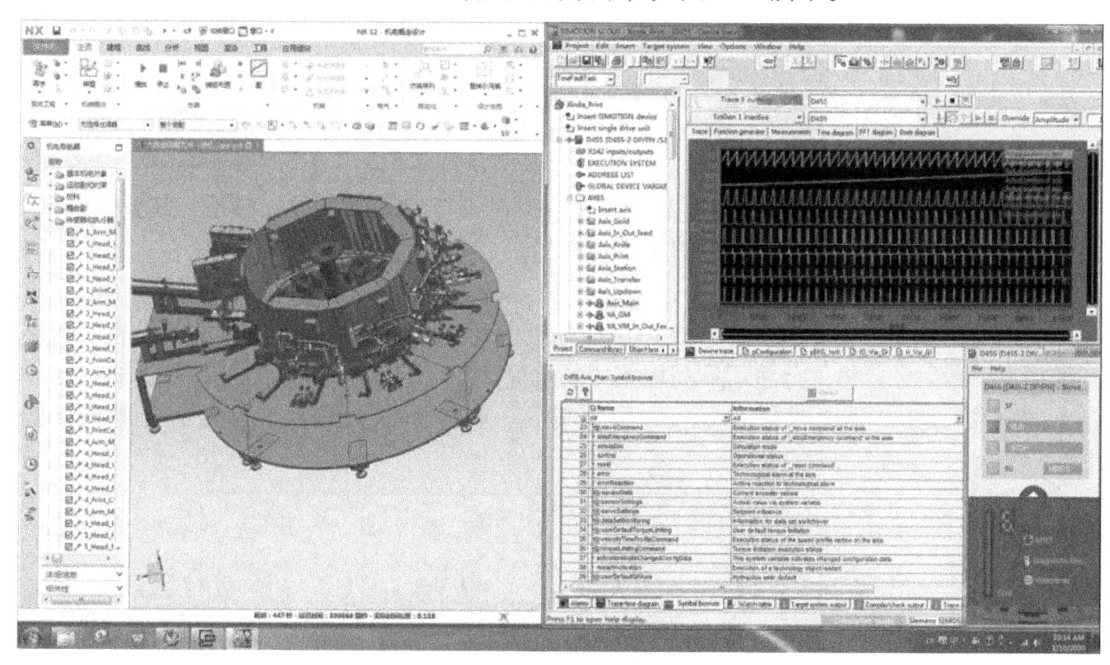

图5-23 利用NX MCD软件进行虚拟仿真

在项目实施过程中，充分利用MCD虚拟仿真的特点，对不同瓶形的算法进行修正和验证，缩短了开发周期和节约了大量测试时间，如图5-24所示。

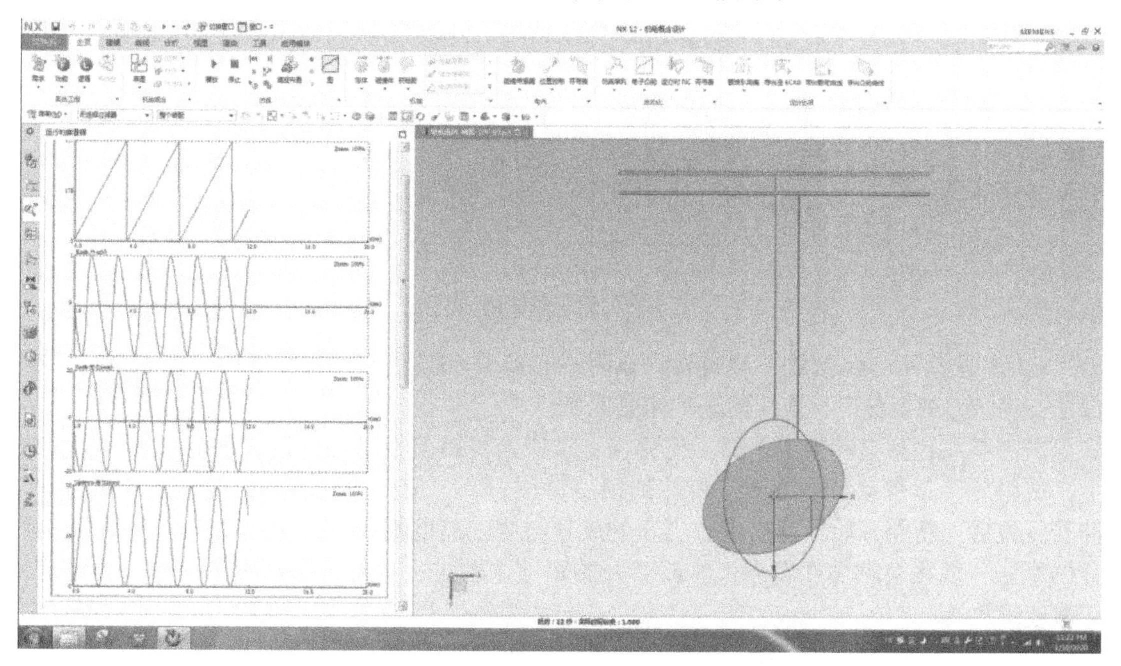

图5-24 利用NX MCD软件进行算法的修正和验证过程

有关数字化及 NX MCD 软件虚拟调试的相关内容，请参阅本书第 12 章。

5.2 凹版印刷机

5.2.1 凹版印刷机设备概述

1. 设备简介

凹版印刷机广泛用于轻工、烟草、包装、建材等行业，可以印刷钱币、邮票、纸张、塑料薄膜、纺织品、金属箔、真空镀铝纸等产品。

凹版印刷机印刷时，印版滚筒全版面着墨，刮墨刀将版面上空白部分的油墨刮清，留下图文部分的油墨，然后过纸，由压印滚筒在纸的背面压印，使凹下部分的油墨直接转移到纸面上，最后经收纸部分将印刷品堆集或复卷好。

凹板印刷机主要由收放卷单元、牵引单元、印刷单元、烘干单元等部分组成，如图 5-25 所示。

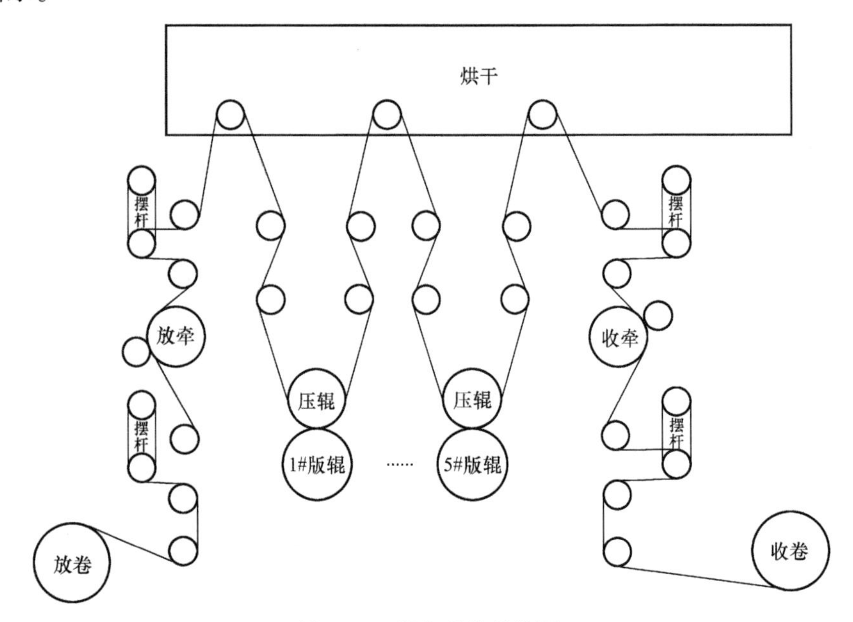

图 5-25　设备总体结构图

1）放卷单元：包括放料旋转架、放卷轴、切刀、摆杆等，主要用户提供原材料，在保证一定张力的情况下，连续的送到印刷区域。

放卷单元包括自动换卷，其工艺流程：操作人员提前将空白材料的新卷放置在放卷轴上，放料旋转架带动新卷旋转，旋转到预切料位置 A，带有切刀的放料接料架开始伸开，伸开到位后，新卷开始预速启动，当新的放卷与主轴速度相同时，切刀动作，切下正在运行的纸张，纸张会粘贴在新卷上，新卷开始跟随主轴进行放卷，保证设备放卷张力稳定，正常连续放卷。

2）印刷单元：包括版辊、墨盘、刮墨刀、压辊、被动辊等组成。主要是根据版辊上的图案在空白的材料上完成印刷。

印刷工艺流程：设备膜预张紧以保证初始张力，启动设备，各色组压辊依次下压，使材料和版辊之间有一定的压力，设备开始加速，各版辊轴高速同步运行，当套印系统信号抓取材料上色标有误差时，各版辊进行同步角调整，保证套印的准确。

3）烘干单元：主要是利用电或者蒸汽的热风使油墨快速干燥。

4）收卷单元：包括收料旋转架、收卷轴、切刀、摆杆等。

2. 控制要求

1）最高运行速度为150m/min；

2）设计为双工位收放卷，要求完成双工位不停机自动切换，最小卷径为90mm，最大卷径为800mm；

3）印刷精度为 ±0.05mm；

4）张力控制精度为 ±2N；

5）更换不同产品，有预套准功能；

6）可用范围广，最大版辊周长为2m。

5.2.2　凹版印刷机电气系统配置

为了满足客户需求，采用SIMOTION D435运动控制器，11台SINAMICS S120伺服驱动器系统的硬件架构，ET200SP I/O以及KTP1200触摸屏，所有部件通过PROFINET网络相连接，如图5-26所示。

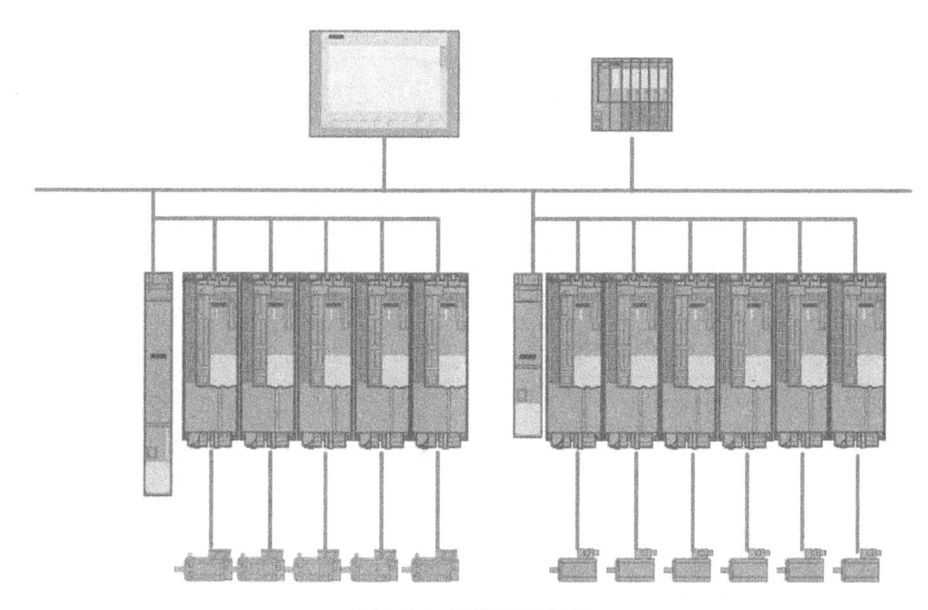

图5-26　硬件网络架构

5.2.3　凹版印刷机运动控制解决方案

整个程序架构和思路主要是基于西门子公司SIMOTION Print Standard和Converting Lib。VA_GM为整个系统的主虚轴，牵引轴和收放卷轴分别与主虚轴同步，VA_LM为从虚轴，与主虚轴同步，同时用来控制印刷轴，各个印刷轴与VA_LM同步，其同步架构如

图 5-27 所示。

设备控制主要分为三部分：牵引控制、印刷控制、收放卷控制。

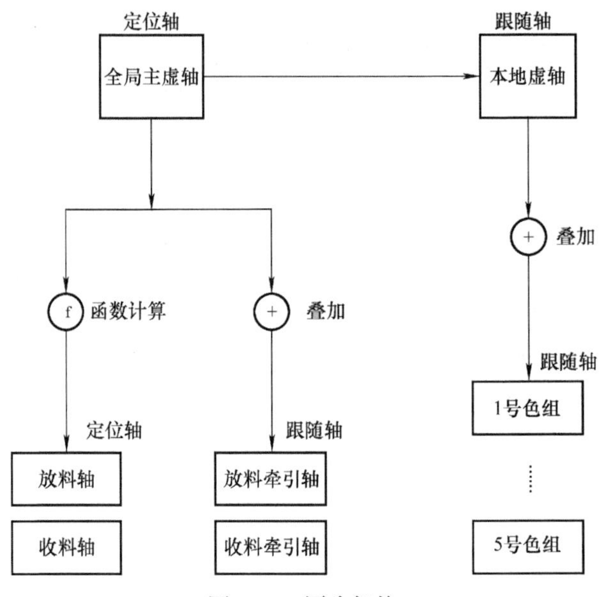

图 5-27　同步架构

程序架构如图 5-28 所示。

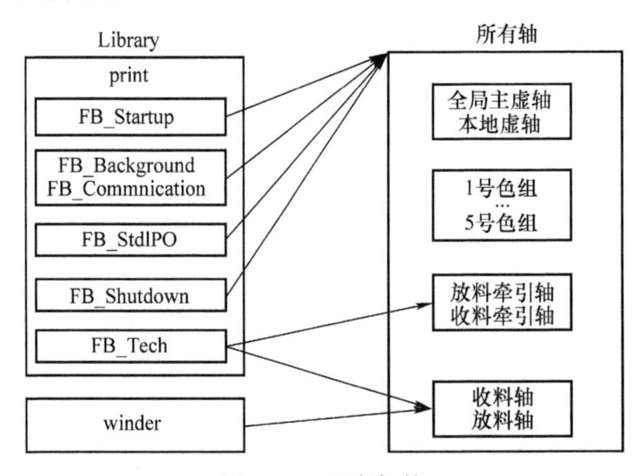

图 5-28　程序架构

1. 牵引控制

牵引辊在正常运行过程中，压辊压下与牵引辊接触并压紧材料，通过其他过辊包角和压辊压力的调节隔断张力，使牵引辊此处张力不受前后状态的影响，从而带动材料传送，通过摆杆控制张力，一般摆杆由低摩擦气缸控制，通过精密调压阀调节气压，达到控制纸张张力的目的，如图 5-29 所示。

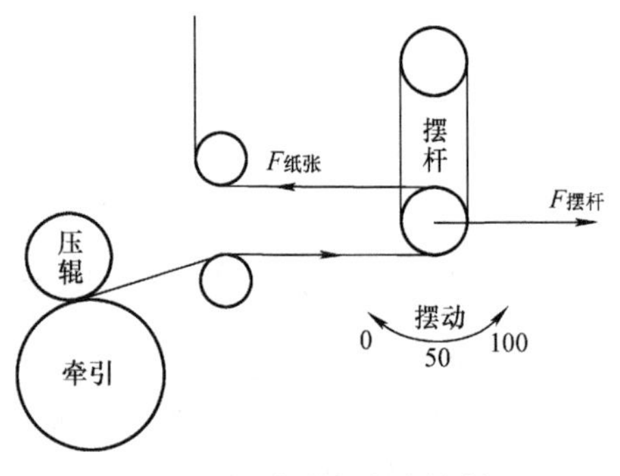

图 5-29　牵引辊张力控制

在设备运行过程中，张力始终保持恒定，即摆杆一直处在垂直位置。当摆杆偏离垂直位置时，系统PID会对牵引辊速度进行实时微调，从而使摆杆又重新回到垂直位置。

对于牵引辊处的张力来说，在正常情况下匀速运动时，PID调节器输出稳定，张力一般比较稳定。但是在加减速过程中，会有一些波动，可以通过力矩预控或优化PID输出的方式改善这一现象。

2. 印刷控制

印刷色组的控制直接影响产品质量的好坏，通常每组印刷单元的印版上会有十字线等标记来判断套色的精度，通过高速相机采集印刷图案，一幅图案拍一张照片，印刷单元能够根据图案纵、横向调整印版，这种调整可以通过电机自动调整，也可以通过调整机械进行手动调整，本设备横向调整是手动调整，纵向调整是自动调整。

电机采用增量型编码器，每次上电先要回零，零点确定之后可以上版，每套版上版的顺序和每个色组上版的角度都是固定的。为了得到最佳的套印效果，应注意以下几点：

1）在印刷过程中，所有色组跟随虚轴同步。

2）以第一色组为基准，第一色组始终保持匀速运行。根据印刷图案调整其余各色组的位置，通过位置叠加的方式给到各个色组电机，最终达到印刷所需的同步角度。

3）将每个色组调整后的相对偏移值分别记录到程序参数中，以便下次换版时先走到同步角度，再开始同步，而不需要重新套色。

4）在套色过程中，通常会根据轴的跟随误差判断是否由电气引起的套色误差。如图5-30所示。

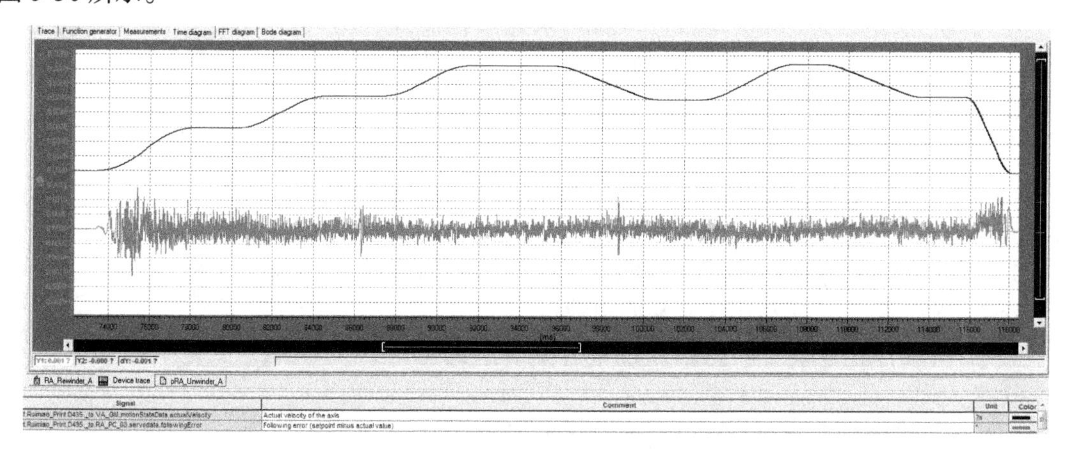

图5-30 色组三跟随误差

图5-30中上方曲线为整机速度曲线，下方为色组三电机跟随误差，可以看到在加减速和匀速过程中色组三的跟随误差曲线，最大值为0.001°，均值在0.0005°。如果以最大值计算，版轴周长为1400mm，则0.001°相当于0.001/360*1400 = 0.00388mm，与要求的0.05mm差了一个数量级，所以电机跟随引起的套色误差可以忽略不计。

3. 收放卷控制

收放卷控制的最终目的是为了保证在材料运行过程中，材料张力保持稳定。控制的关键点在于：张力控制和卷径计算。

张力控制与前面的牵引辊控制类似，通过摆杆的PID输出来调节收放卷的速度，从而实现张力稳定。

卷径计算采用了积分法，原理是根据材料在一定圈数转过的弧长和角度之间的关系计算出直径。

$$D_{act}=2\times\frac{i\times\int v}{\int\omega}$$

式中 D_{act}——实际卷径（m）；

v——收卷线速度（m/s）；

ω——收卷电机角速度（rad/s）；

i——收卷电机与负载的传动比。

由于通过积分法计算出的直径相对比较稳定，所以在印刷中常常用积分法来计算直径。

5.2.4 凹版印刷机运动控制技术要点解析

1. 收放卷不停机接料的张力控制

设备为双工位收放料，需要在不停机状态下自动换料以提高生产效率，而换料的关键是在换料过程中保持张力稳定，不要出现断料现象，从而减少废品率。下面以放料为例阐述该自动换料过程，收料过程类似。

对于放料来说，旧料是小卷径，新料是大卷径，放料过程如图 5-31 所示。

1）在新料上贴好胶带，通过机械旋转架将两轴位置旋转，使旧料卷放出的材料到达合适的位置，即能与新料卷能够接触的位置，此时压辊和裁刀位于旧料卷上方，等待动作执行。

2）新料卷设定好卷径并以旧料卷相同的线速度预先驱动，方向与放料方向相同，到达同步状态。

3）当速度一致时接料开始，压辊压下，将旧料与新卷上胶带接触，裁刀快速动作将后端旧料裁掉。

4）旧料轴停止运动，新料轴经过短暂调节达到正常生产状态。

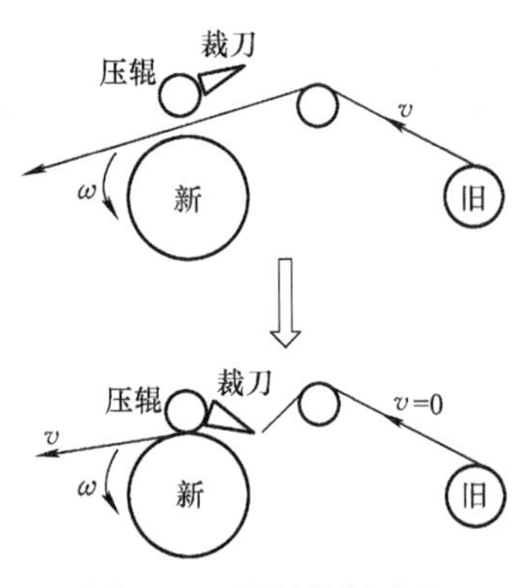

图 5-31 放料接料过程

在放料、接料的过程中，经常会遇到如下问题：

1）接料出现断料情况，接料失败。

2）接料后张力波动过大导致废料增多，严重情况会导致停机。

针对以上问题，在调试过程应做以下处理：

1）新料轴在预驱动的过程中需要保持卷径稳定，不能计算，并且关闭 PID 调节器。

2）在准备裁切时，压辊压下使旧料与新料接触，确保新料轴自转两圈使旧料与新料粘住后再落下裁刀。

3）当接料刚刚完成时，打开卷径计算和 PID 调节器，摆辊由于换料，不可避免地出现波动，需要在这一阶段降低卷径的频繁波动。

图 5-32a 为未经过调整前的 Trace 曲线，可以看到当裁刀动作后，摆杆以 50 为中心，波动在 45 ~ 60 之间，波动较为明显，并伴随着卷径的频繁变化，导致整个系统不那么稳

定。图5-32b为经过调整后的Trace曲线，当压辊压下后，新料旋转两圈后裁刀动作，动作完成后摆杆非常稳定，卷径没有波动现象。

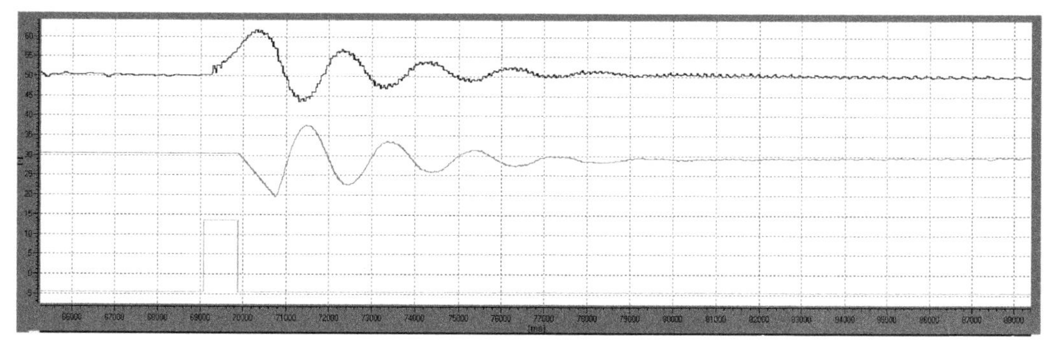

a) 接料时摆辊波动

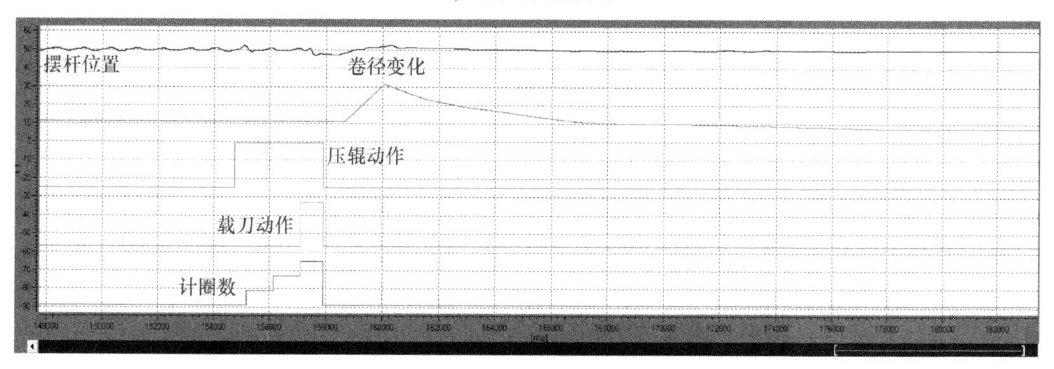

b) 接料时摆辊稳定

图5-32　Trace曲线

2. 色组套色耦合

色组套色时调整电机的方式有两种：

1）给出需要调整的位置量，按既定速度做一次位置叠加。

2）持续叠加微小的速度调整量，达到调整位置的目的。

第一种方式适用性较广，可以适用于刚开始套色，偏差比较大的情况，进行比较大范围的位置调整，也可以用于小偏差的纠正，只需输入位置调整量及调整方向即可满足要求。但是在调整中一般需要抬起印刷压辊防止损坏，此时材料有可能缺少油墨导致图案没有印上。

第二种方式一般适用于偏差较小的情况，通过点动按钮调节版辊速度，由于速度限制较低，一般调整过程中不需要抬起印刷压辊，不影响印刷图案。

针对第二种方式，由于版辊和印刷压辊没有脱离，材料在两者中间，在调节版辊速度的时候材料也会被相对向前或向后带跑，而机组式机器印刷色组间纸路较长，如果第二色组调整引起纸路变化，产生的结果必然会影响第三色组，当纸路到达第三色组时，开始做出调整，那么从第二到第三这一段纸路有可能都是废品，尤其是在换料过后，虽然最终能够调整回来，但是往往会产生上百米的废料，因此需要加入色组套色之间的耦合来消除这一现象。

通常第一色组为基准值不进行调整，从第二色组开始调节，将2345色组调整进行耦合，即对后面色组的调整需要充分考虑前面色组的调整量。利用印刷包中的标准的 DRD（Dynamic Register Decoupling，动态色标解耦）功能，进行色组套色耦合控制，能够达到很好的效果，如图 5-33 所示。

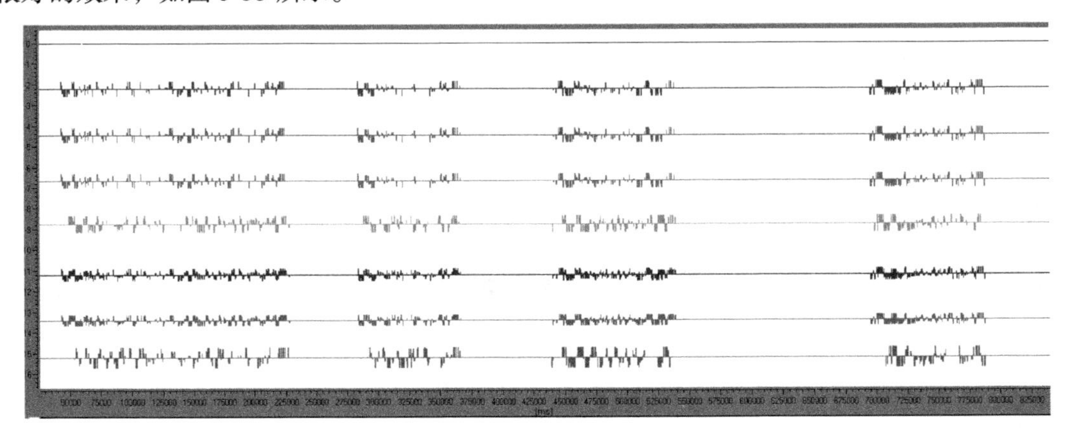

图 5-33 DRD 调整曲线

通过以上分析我们可以得出结论，采用耦合方式可以对前一色组的调整进行提前计算，使下一色组提前针对上一色组的调整也做出相应的调整，有助于快速调整整体套色，减少废料的产生。

5.3 机组式柔版印刷机

5.3.1 柔版印刷机设备概述

1. 设备简介

机组式柔板印刷机常用于纸张、编织袋等材料表面的印刷。其工艺过程是将待印刷材料的图案，根据印刷工艺进行拆色后，得到需要印刷的单色图案，各单色图案经激光刻版制成树脂等材质的柔性版，再将柔性版粘贴到各色组版辊上。机组式柔版印刷机如图 5-34 所示。

图 5-34 机组式柔版印刷机

印刷过程：成卷的印刷材料经过放卷系统均匀稳定地展开，通过储料系统可以起到缓冲作用，然后经过入纸牵引辊，印刷材料进入各色组印刷工序，由套色系统保障各色组图案准确实现套印，套印完成后经出牵引辊后进入收卷工序，完成印刷成品的收卷。

2. 控制要求

1）生产速度达 300m/min。

2）印刷精度达 ±0.02mm。

3）设备具有预套准功能，避免更换版辊后人工对版的繁琐操作。

4）采用张力闭环控制方式，印刷材料张力波动控制在 1kg 以内。

5）自动定长停机功能，根据客户需求，达到设置印刷指定长度或版数后自动停机。

6）将各驱动器的运行状态和报警故障，以及各轴驱动电机的电流和转矩实时地显示在人机界面上。

7）具备整机点动运行功能。

8）电子齿轮同步控制，更换完版辊和印版后，只需更改对应版周参数即可实现不同版周产品的印刷。

5.3.2 柔版印刷机电气系统配置

9 色机组式柔版印刷机，采用 SIMOTION D445 运动控制器 + SINAMICS S120 伺服驱动器解决方案，详细拓扑图如图 5-35 所示。

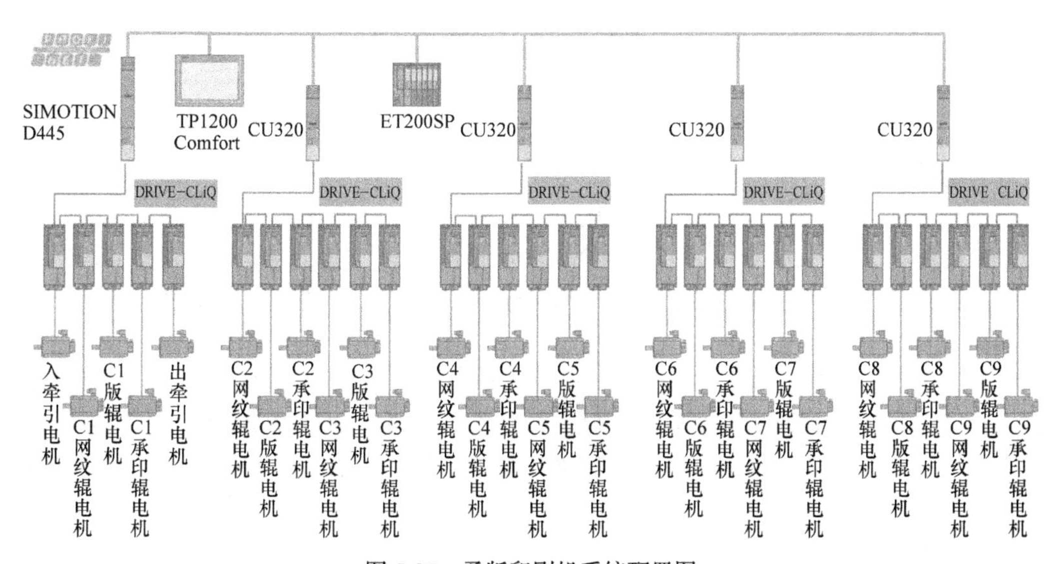

图 5-35 柔版印刷机系统配置图

5.3.3 柔版印刷机运动控制解决方案

机组式柔版印刷机组成：放卷系统、自动接纸系统、储料系统、入牵引、印刷色组、出牵引、收卷系统等。另外还有色组加热烘干、鼓风、引风、除尘、UV 光源等辅助系统，如图 5-36 所示。

1. 放卷系统

放卷系统，属于被动放卷。由气刹车、放料牵引辊、张力传感器等组成。用于将成卷的印刷材料均匀、稳定地展开，如图 5-37 所示。

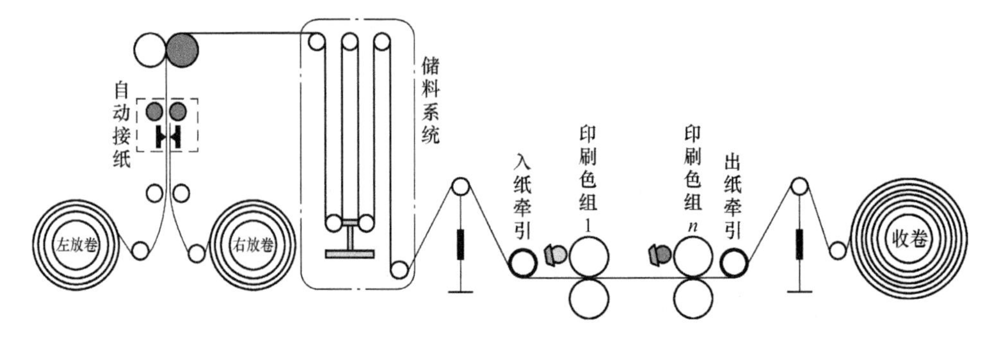

图 5-36 机组式柔版印刷机结构图

放卷牵引辊转速设定值为设备实时印刷生产速度。根据当前储料系统浮动辊位置反馈叠加一个速度。根据张力传感器反馈构成张力闭环控制，如图 5-38 所示。

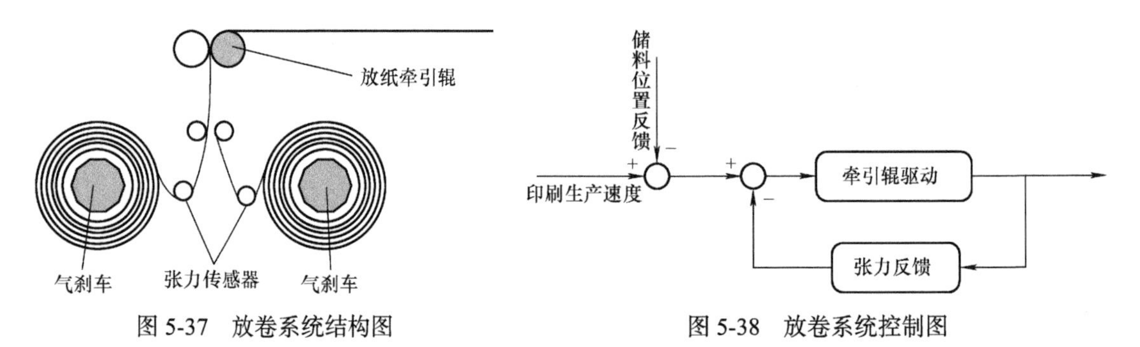

图 5-37 放卷系统结构图　　图 5-38 放卷系统控制图

2. 自动接纸系统

自动接纸系统位于放卷系统之后，放纸牵引辊之前。主要用于两个放卷工位在切换时进行裁剪粘接，如图 5-39 所示。采用两个放纸工位的设备，当一侧放纸即将结束时需要切换到另一放纸工位，没有自动接纸系统时需要停机后切换，自动接纸系统可以保证不停机完成切换。

首先，要切换放纸工位时，先降低印刷生产速度（一般低于 100m/min），放纸牵引辊停止，此时储料系统的纸张继续放出，保证设备在接纸过程中可以正常印刷。接纸系统切刀动作，切断当前放纸工位纸张，手动启动放纸牵引辊，完成纸张粘贴动作，将另一放纸工位的纸张粘贴上，完成粘贴后，放纸牵引辊启动自动模式，工位完成切换，自动接纸结束。自动接纸控制流程如图 5-40 所示。

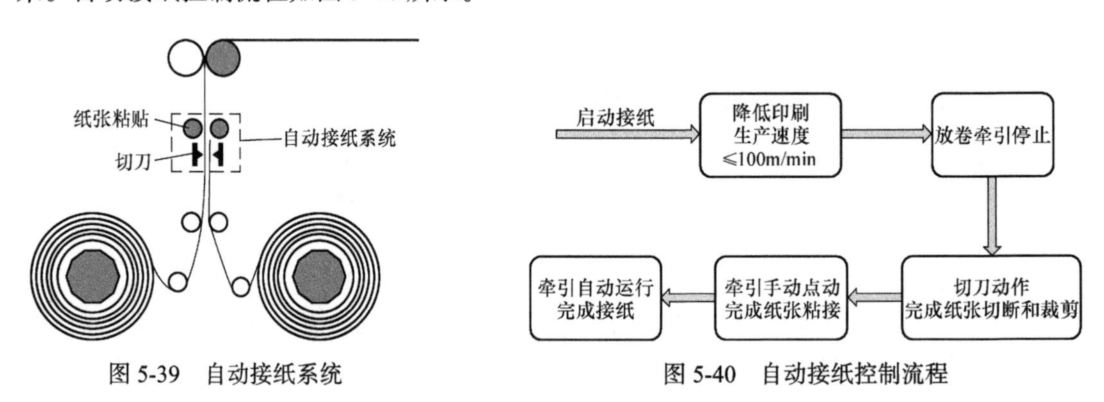

图 5-39 自动接纸系统　　图 5-40 自动接纸控制流程

3. 储料系统

储料系统用于印刷材料的缓冲，主要由一组浮动辊和引导辊组成。浮动辊安装于浮动平台上，平台根据纸张张力要求适当增加配重，从而实现纸张在储料系统的张力稳定。同时储料装置安装位置传感器，将浮动平台的位置反馈给放卷系统，用于调节放卷速度，控制浮动平台位置在一定范围内。

4. 入牵引和出牵引

在印刷材料经过放卷和储料后通过入牵引辊进入各色组印刷工序，入牵引主要用于隔离前段放卷和储料环节张力波动，保障后段各色组印刷环节材料张力的稳定。出牵引主要用于隔离后段收卷环节张力波动，保障前段各色组印刷环节材料张力稳定。

印刷材料在印刷过程中要求张力保持恒定，如放卷侧和收卷侧的张力波动较大，极易引起印刷材料的张力波动，将无法保证印刷质量。在运行过程中，印刷材料在入牵引辊和出牵引辊处由压辊将印刷材料压紧，通过调节入牵引辊和出牵引辊的速度实现纸张张力的调节，如图5-40所示。

入牵引辊和出牵引辊除了跟随主虚轴同步信号外，还叠加了各自张力控制PID控制器输出信号，张力控制PID控制器接收输入的张力给定值，同时接收张力传感器反馈的印刷材料实际张力，PID控制器对张力给定值和传感器反馈值进行PID运算后输出控制信号，输出信号叠加到入牵引辊和出牵引辊，通过微调入牵引辊和出牵引辊的速度实现张力闭环控制，如图5-41所示。

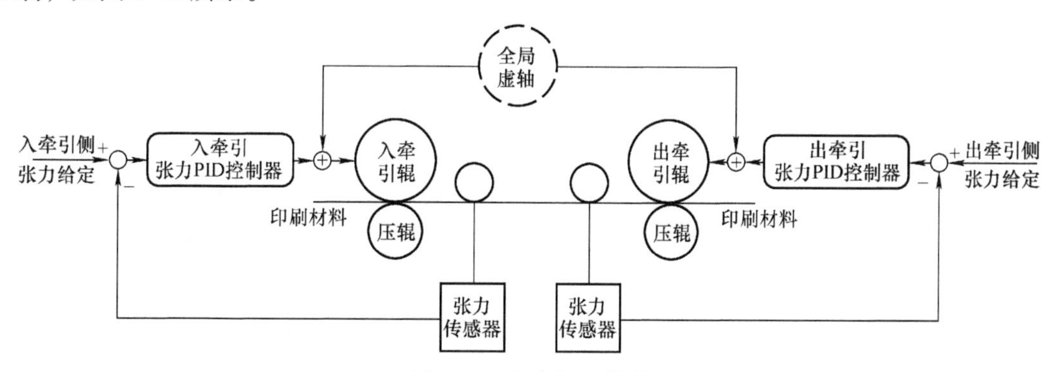

图5-41 张力闭环控制

5. 印刷色组

每个印刷色组主要有承印辊、版辊、网纹辊、封闭式墨盒组成，如下图5-42所示。

在印刷过程中，封闭式墨盒紧贴网纹辊，随着网纹辊旋转，油墨均匀涂抹在网纹辊表面，当网纹辊与版辊上的印版接触时，将油墨传递到印版上，再借助于版辊的旋转，当版辊与印刷材料接触时，将油墨印在印刷材料上。

为了保证印刷质量，要求网纹辊、印版、印刷材料的线速度保持一致，否则将影响印刷质量，因此要求网纹辊、版辊、承印辊时刻保

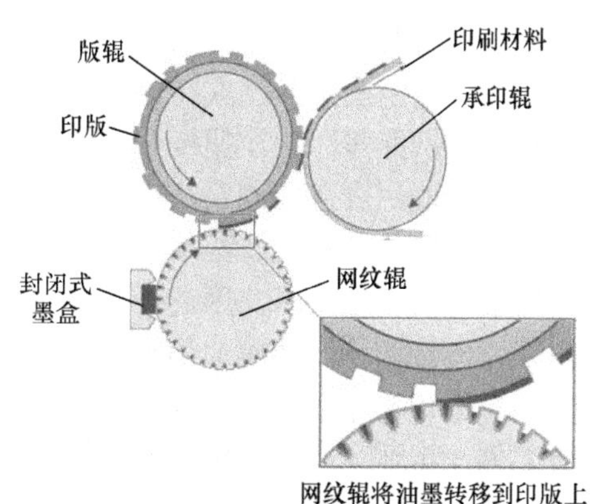

图5-42 印刷色组结构图

持同步。另外，像机组式柔版印刷机这种较长纸路的印刷机，还需具备套印控制才能保证套印的精度。

（1）同步控制

入牵引辊、出牵引辊以及各色组的网纹辊、版辊、承印辊在运行过程中要求满足表面线速度的一致性，否则影响套印精度甚至无法实现套印功能。各同步轴之间的关系如图 5-43 所示，入牵引辊、出牵引辊和各色组的承印辊同步全局虚轴，各色组的版辊同步本地虚轴，各色组的网纹辊同步本色组的版辊。

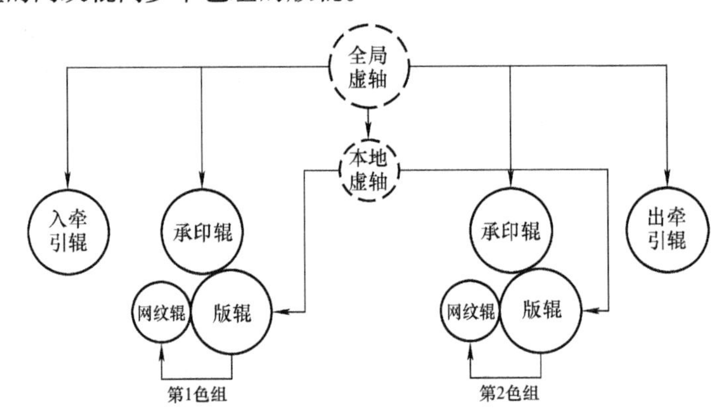

图 5-43　同步关系

（2）套色控制

在多色印刷中，图像通常被拆分成四种基本颜色（黄色、品红色、青色、黑色）。另外，还会根据客户的要求增加一种或几种专色，如图 5-44 所示。

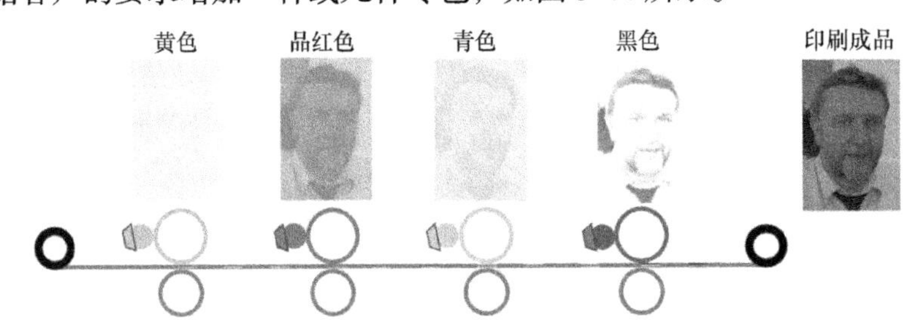

图 5-44　套色示意图

在印刷过程中，每个色组在印刷材料上施加一种颜色，要求各色组图案印刷在印刷材料上的位置要保持一致。在一些纸路短、生产速度低、张力波动小的印刷机型中可以不使用套色控制系统。但对于机组式柔版印刷机这类纸路较长的机型，必须使用套色控制系统才能保证印刷套印的精度要求。因此，每个色组除了印刷的图案以外，还会印刷一组附加信息，即色标。色标是套色控制系统进行套印控制的基础，每个色组会安装一套光电传感器（电眼），用于检测当前色组色标与基准色标的位置偏移，如图 5-45 所示。

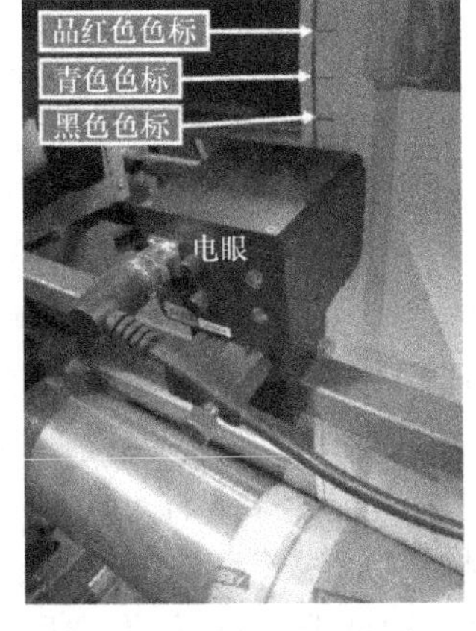

图 5-45　色标与光电传感器

如图5-46所示：第1色组印刷的色标作为基准色标，不需要进行套色控制，从第2色组及其后面的各色组需要进行套色控制，当印刷材料经过第1色组以后，第1色组的色标块连同图案一起印刷到印刷材料上，第1色组的色标块将作为套色系统的基准，其他色组的色标块与其进行比较，比较的偏差经过套色控制器计算后输出套色控制信号。例如：印刷材料经过第2色组以后，第2色组的色标块连同第2色组图案一起印刷到印刷材料上，套色系统电眼将检测第2色组与第1色组色标块的位置偏差并反馈给套色控制器，套色控制器经过PID计算后输出套色控制信号，该控制信号施加到版辊对版辊进行微调，以实现套色控制。

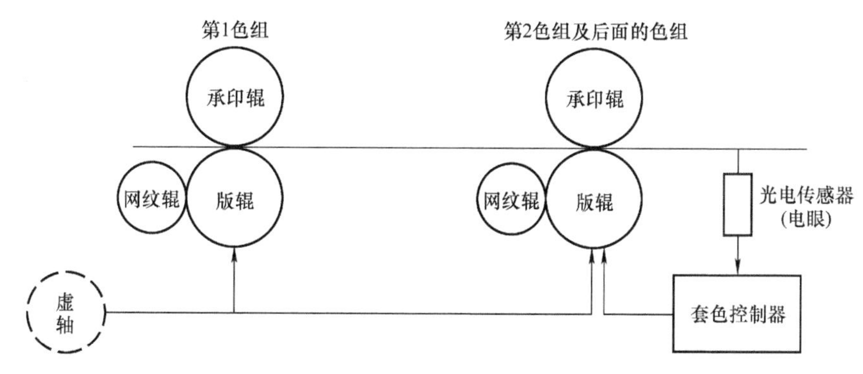

图5-46　套色控制

6. 收卷系统

收卷系统主要由收卷电机、张力传感器、纠偏系统等组成，如图5-47所示。使用张力传感器构成张力闭环控制，保证收卷过程中的张力稳定性，另外根据印刷材料拉伸特性的不同，可选择是否启动张力锥度功能，纠偏系统可以保证在收卷过程中印刷材料可以整齐成卷。

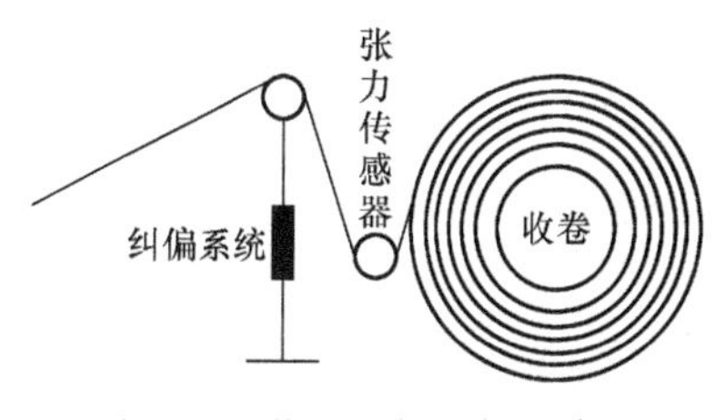

图5-47　收卷系统结构示意图

5.3.4　柔版印刷机运动控制技术要点解析

1）在项目开发过程中，使用了西门子标准印刷包“Print Standard”及SIMOTION项目生成器工具“SIMOTION EasyProject”，如图5-48所示。借助于项目生成器向导，可以配置集成应用程序所有必要参数。在生成的项目中，即创建所需的工艺对象，也集成了源程序所需的库，提高了项目开发效率。

2）SIMOTION控制器仿真SIMOSIM可以进行SIMOTION程序的仿真运行，如图5-49所示。配合Web- Server功能，可以帮助快速理解PrintStandard印刷包的控制逻辑。

同时，SIMOSIM可以在离线状态下进行整个程序逻辑测试，提高调试效率的同时也有效地保证了设备的安全，借助HMI Runtime可以提前完成（HMI）人机界面的开发和调试。

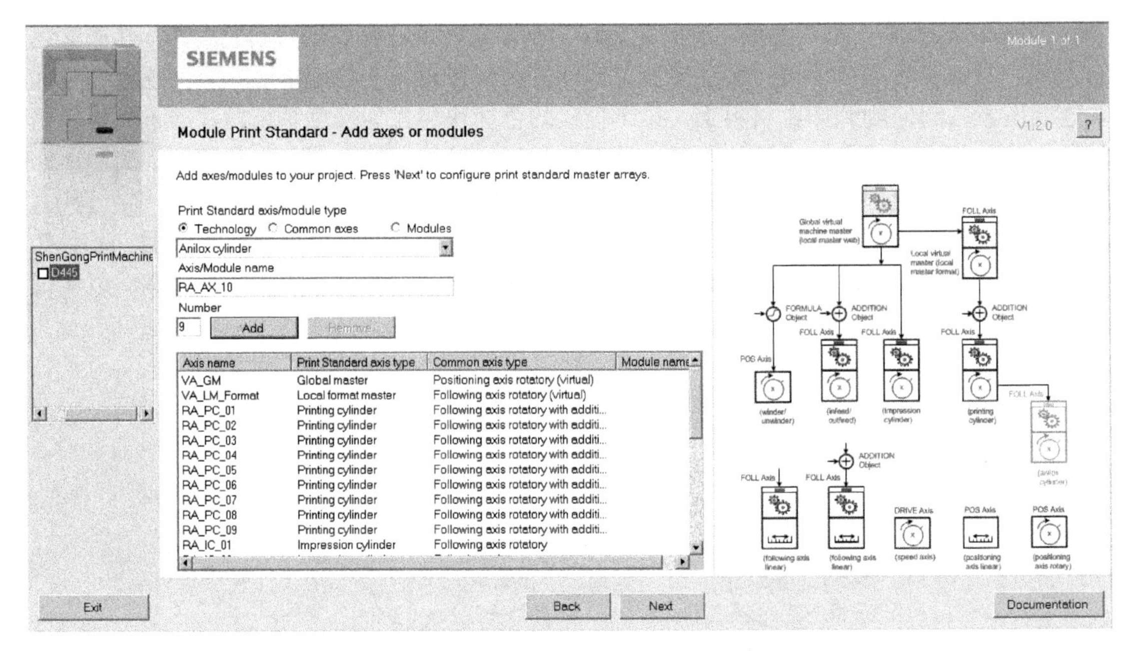

图 5-48　SIMOTION EasyProject 自动生成项目

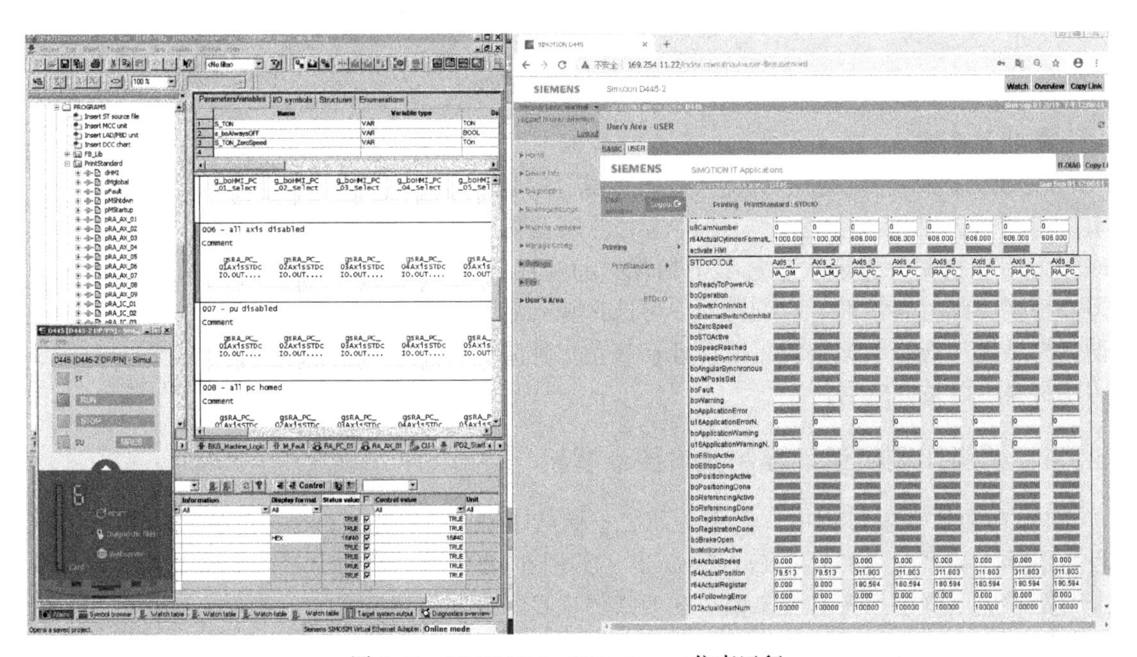

图 5-49　SIMOSIM + Web-Server 仿真运行

第6章 实例应用2

6.1 枕式包装机

6.1.1 枕式包装机设备概述

1. 设备简介

枕式包装机，因其成品中间鼓两端扁，形状像枕头，所以称它为枕式包装机，又因为成品的形状是条状且是一包一包的，所以也称它为条包机，如图 6-1 所示。

起初枕式包装机应用于食品包装行业，随着社会发展和人们对美观、卫生方面的要求，包装机逐渐应用于食品行业、医用品行业、五金行业、日用品行业、数码用品行业等。包装机不但包装效率高而且包装出来的产品外包装平整美观、包装封口严密无气泄露，包装机有自动充气功能，起到保鲜保质作用。常见的产品有袋装奶粉、颗粒药品、袋装制剂药品等，如图 6-2 所示。

图 6-1　枕式包装机

图 6-2　加工后的成品药袋

2. 控制要求

设备控制要求如下：

1）整机速度可调，最大速度达到 43 袋 /min（以单路计算）。

2）14 路 PID 控制，包括 12 路纵封与 2 路横封，温度控制精度在 1° 以内。

3）12 路 SINAMICS V90 伺服驱动器控制进料流量，且电机上无回零开关。

4）根据袋长和速度，自动生成 CAM 曲线。

5）色标纠偏功能。

6）HMI 实现审计追踪、数据归档等。

6.1.2 枕式包装机电气系统配置

整个设备的控制采用 S7-1516T-3 PN 控制器，SINAMICS S120 伺服驱动器和 SINAMICS V90 伺服驱动器的硬件架构，系统配置示意图如图 6-3 所示。

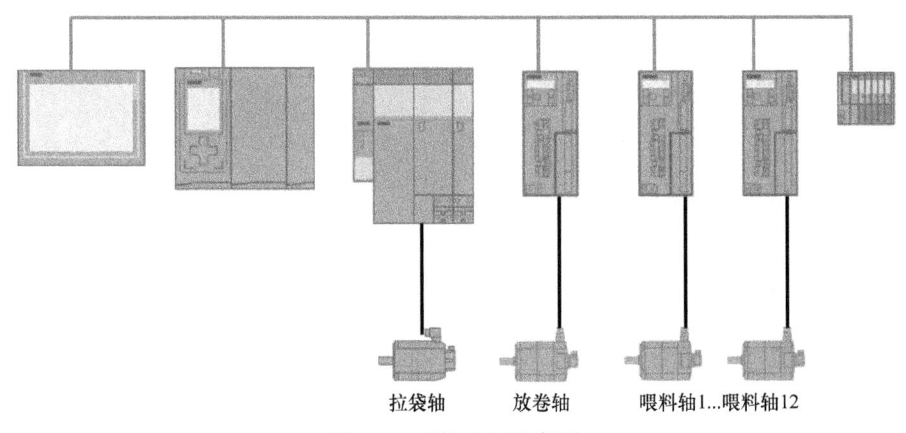

图 6-3 系统配置示意图

6.1.3 枕式包装机运动控制解决方案

1. 工艺流程简析

枕式包装机加工的原材料是整卷的薄膜包装材料和药品，成品是装有一定重量药品的药袋，其工艺流程如图 6-4 所示。

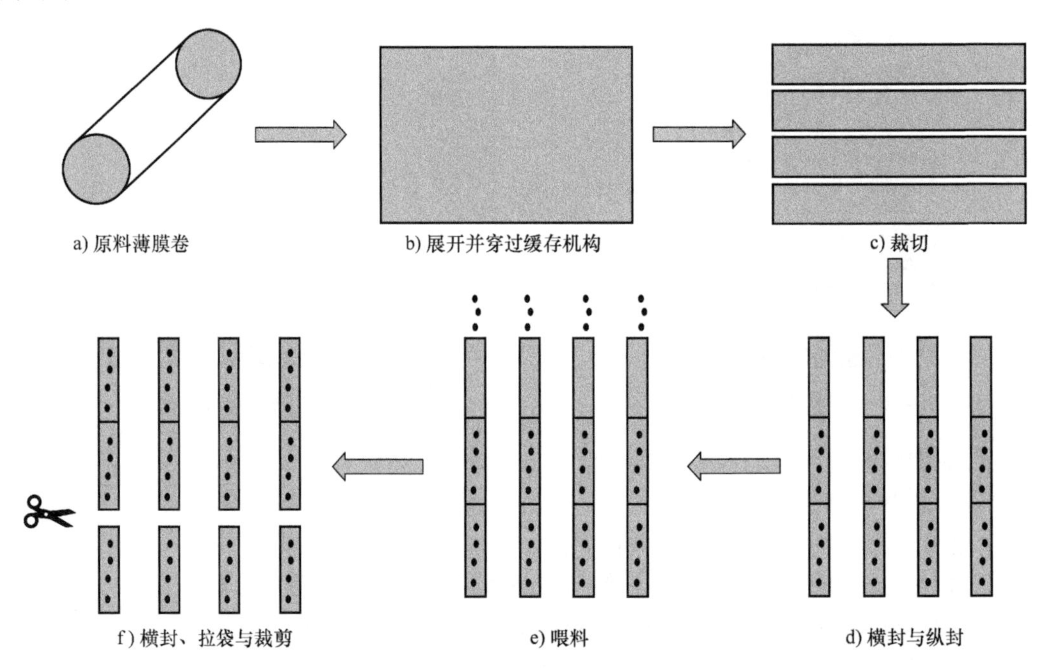

图 6-4 枕式包装机加工流程示意简图

具体工艺流程如下：首先薄膜包装材料放卷机构展开，随后薄膜材料经过缓存、色标检测、裁切、横封纵封加热、喂料、拉袋，最终经过裁剪机构后出来成品，成品如图6-2所示，其中拉袋机构是成品袋向下运行的动力源。

喂料机构是将物料（固体状药品或液体状药品）装入到经底部横封和两侧边纵封后形成的袋子中，喂料完成后，再经过一道顶部横封对其上开口进行密封，这一连续动作如图6-5所示。

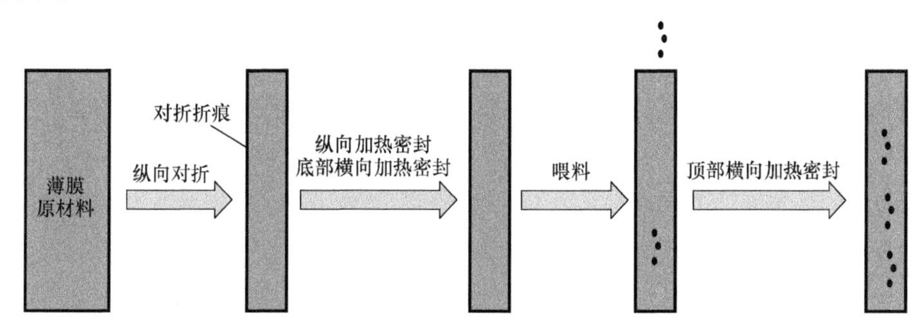

图6-5　喂料、纵封、横封示意简图

2. 系统控制方案

1）12路由SINAMICS V90伺服驱动器控制的喂料轴，通过EPOS控制，报文选择111号标准报文。

2）拉袋轴配成位置同步轴，选择105号报文。

3）放卷轴配成速度轴。

4）14路温度控制采用PLC中的PID工艺对象结合自整定功能进行温度控制。

5）采用3个485通信模块和称重模块通信，以轮询的方式将12路称重值传递到PLC中。

6）通过人机界面完成参数设置、状态查看、审计追踪和数据记录等人机交互功能。

6.1.4　枕式包装机运动控制技术要点解析

在整个工艺过程中，对喂料轴和拉袋轴的控制是该设备的核心，下面将重点介绍喂料轴和拉袋轴的控制方法。

1. 喂料轴的控制

如图6-6所示是喂料机构示意简图，其工作原理与注射器类似，由电机直接连接丝杆，丝杆螺母做直线运动，驱动执行部件。电机正转时，液体药物从腔体B口排出，注入到药袋中；电机反转时，液体药物从A口吸入腔体。通过对电机的定位控制可以实现腔体容积变化，从而实现了液体药物的注入量和吸入量大小的调整，所以对电机定位精度的控制，一定程度上也决定了产品的合格率。

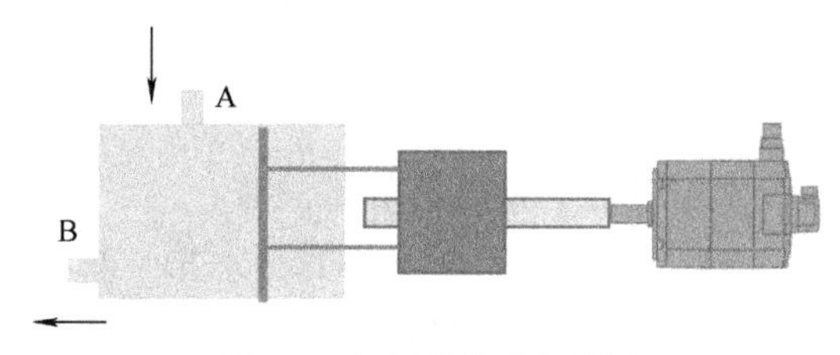

图6-6　喂料机构示意简图

在控制策略上，有两种方式：位置环在PLC中和位置环在驱动器中，考虑到位置环在PLC的方式会占用CPU资源，这里选用位置环在驱动器中的方案，即采用EPOS基本定位功能。

回零问题，由于喂料机构上没有安装回零开关，每次上电后的回零操作也成了一个难点。为了解决这一难题，采用 Fixed_Stop 功能，其控制方法如下：

1）上电后，首先将当前点设为原点，然后将当前模式更改为 Fixed_Stop；

2）起动后，电机一直慢速正转，直到碰到腔底，当轴到达固定挡块的信号到来时，再将当前模式更改为相对定位，让电机反方向旋转一圈。

3）到达位置后，将当前点设为原点，这个原点就是当前实际工作中的原点。

喂料是整个过程非常重要的环节，其过程如下：

1）根据下面公式，可以计算出当前需要注入的药品重量所对应的电机行走距离。

$$l = \frac{m}{\rho s}$$

式中 l——电机移动距离（m）；

m——需要注入的液体药品重量（kg）；

s——喂料机构腔体截面积（m^2）；

ρ——药品的密度（kg/m^{-3}）。

2）每次横封完成并收到信号后，电机以绝对定位的方式，定位到 l，完成向药袋中注入药品，定位完成后，电机重新回到原点，回原点的过程也同时完成从药品罐中吸入药品。

2. 拉袋轴的控制

枕式包装机的拉袋轴机构动作示意简图如图 6-7 所示。

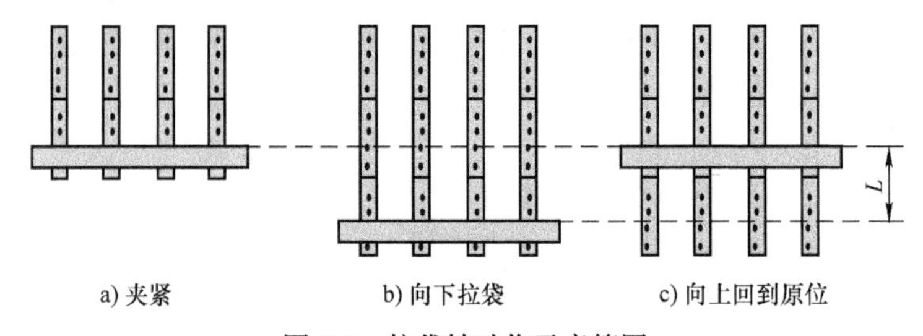

图 6-7 拉袋轴动作示意简图

拉袋轴动作过程：在最高点位置时，夹紧机构上的夹具会夹住连成条的包装袋；然后往底端运动，向下拉包装袋；当运行到最低点时，夹具会松开包装袋，然后反向回到最高点，最高点到最低点间的距离是一个袋长的距离，拉袋轴的动作就是带着夹具如此往复循环。

对拉袋轴控制的常规方法有：

1）简单定位：拉袋轴直接走绝对定位，定位长度是袋长 L，这种控制方式运行平稳和简单，但无法保证与其他工序的同步运行，需要严密的逻辑判断，效率不高。

2）通过关键点生成凸轮曲线：这种控制方式虽然可以做到同步，但生成的曲线会导致加速度较大，并且容易突变，外在表现是机械运动噪声大，所需的电机峰值电流大，电机发热严重。同时，往往为了寻找一条合适的凸轮曲线，需要经验丰富的工程师花较长时间来完成。

本例采用了一种新的控制方法，它的凸轮曲线由正弦曲线组成。于是拉袋轴运行的位置、速度、加速度、加加速度都可以保证是连续且平滑的正余弦曲线，所以运行会非常平稳。下面将介绍生成这种正弦凸轮曲线的方法。

根据正弦曲线公式：$y = A\sin(\omega t)$，本例中袋长 L、速度 V 已知，V 为每分钟拉袋的次数。可计算出这条正弦曲线，其系数如下：

$$A = L/2$$

$$T = V/60$$

$$\omega = 2\pi/T$$

综上，从原理上只需通过速度 V 与袋 L 能描绘出这条正弦曲线，而这两个量是已知量，y 是拉袋轴的位置值。

如何在西门子 S7-1516T CPU 中生成正弦凸轮曲线，本例中主要使用了 LcamHdl 库，其操作过程如下：

1）将 LcamHdl 库导入到项目中，新建两个 TO 轴，主轴是虚轴，从轴是同步位置轴。

2）新建FB块，并将LcamHdl中的FB31150块添加进来，并按照要求连接引脚如图6-8所示。

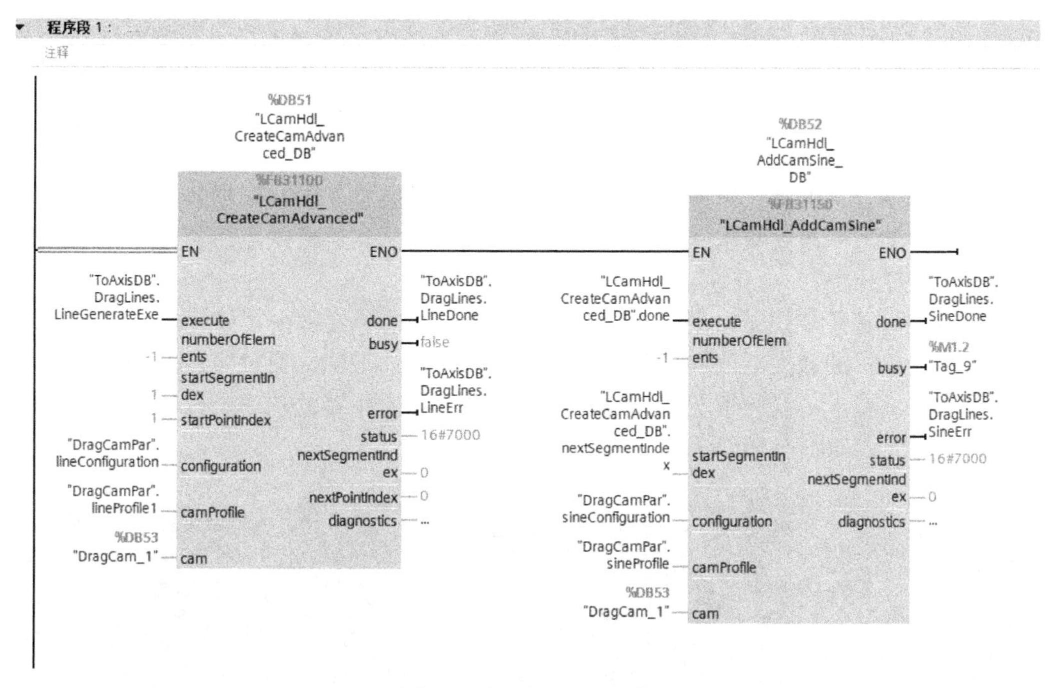

图 6-8 调用 FB31150 块

3）在 FB31150 的引脚 camProfile 中配置以下参数，例：

"CAM".sineProfile[1].leadingValueStart: = 0；// 主轴起点

"CAM".sineProfile[1].leadingValueEnd: = 36000// 主轴终点

"CAM".sineProfile[1].amplitude: = 120；// 正弦曲线的幅值

"CAM".sineProfile[1].periodLength: = "CAM".sineProfile[1].leadingValueEnd；// 周期长度

"CAM".sineProfile[1].phaseStart: = −90 ；// 有效曲线的相位初端
"CAM".sineProfile[1].phaseEnd: = 270 ；// 有效曲线的相位末端

4）执行 FB31150 后，生成的 CAM 曲线如图 6-9 所示。

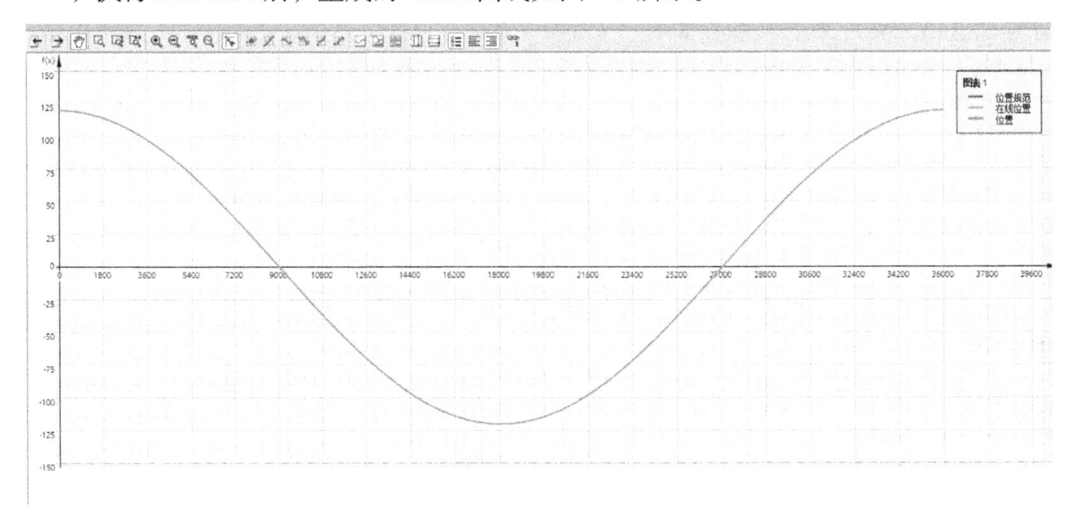

图 6-9　生成的 CAM 曲线

5）插补生成曲线后，采用相对循环同步，拉袋轴就可以按照正弦曲线来运行。

对于这种控制方式还可以根据实际控制需要，采用多条幅值相同但周期不同的正弦曲线来组合，例如：下降段是一条正弦曲线，上升段是另一条正弦曲线。于是在下降过程中进行拉袋动作时，速度可以降低；而在上升时，夹具松开往上运动时，速度可以加快。这种一快一慢的结合，可以在保证效率的同时不影响产品质量。同时根据实际需要，还可以在两段曲线中加入一段直线来完成等待的动作，例如夹具到达最低点后，停顿一段时间保证夹具的充分打开。

通过以上几步绘制出了合适的 CAM 曲线，拉袋轴按照这种由正弦组成的凸轮曲线运行，可以降低电机的最大电流和等效电流，并且运行更加平稳。通过对比发现，采用这种方法在整机速度要求不变的情况下，还可以降低电机和变频器的功率，以节省成本。拉袋轴运行的速度曲线如图 6-10 所示。

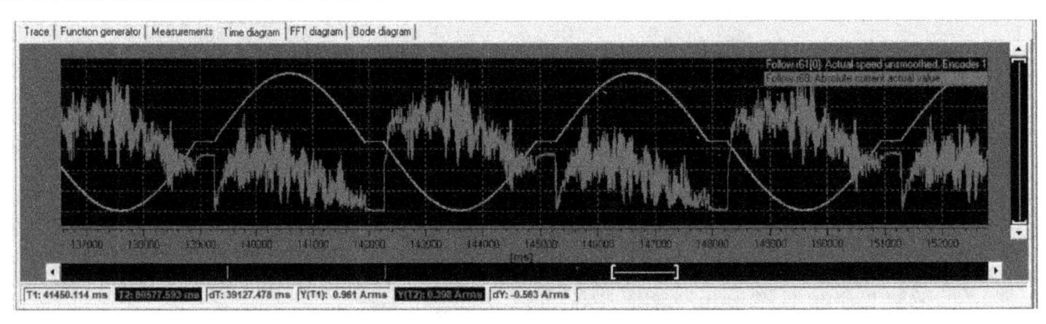

图 6-10　拉袋轴运行的速度曲线

图 6-11 所示为主虚轴与拉袋轴的位置关系。虚轴一直以固定的速度 V 运动，拉袋轴保持与主虚轴相对循环的位置同步。

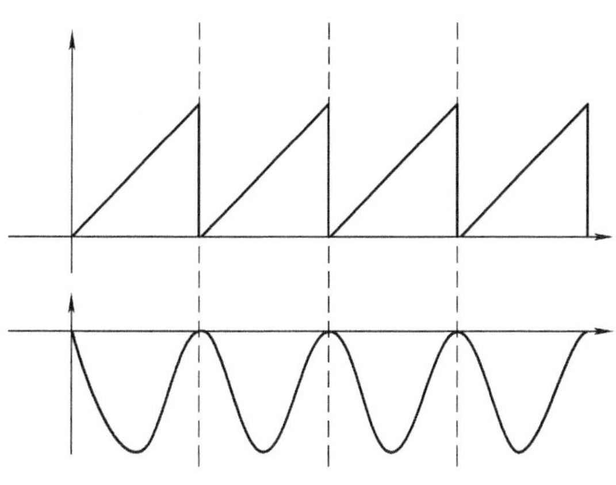

图 6-11　虚轴与拉袋轴的位置关系

6.2　糖果包装机

6.2.1　糖果包装机设备概述

1. 设备简介

在糖果包装生产中，糖类种类繁多，主要分为颗粒状和条状。本项目为颗粒状糖果包装机械，其机械结构主要包括糖盘、链条、辅助拉膜、纵封、横封、出糖等部分组成，其设备总体结构图如图 6-12 所示。

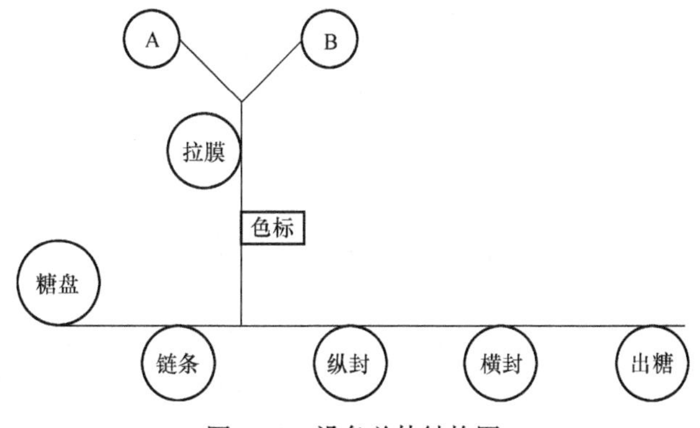

图 6-12　设备总体结构图

2. 控制要求

1）最高速度为 2000 颗 /min。

2）双工位放卷，要求完成双工位不停机自动切换。

3）色标控制精度为 ±2mm。

4）温度控制精度为 ±5℃。

5）控制要求有一键启停，手动自动随时切换，报警实时输出，安全防护等功能。

6）可用范围广，可以应用于各类糖型，需要开放到人机界面随时修改必要参数。

6.2.2 糖果包装机电气系统配置

针对设备要求，采用SIMOTION D435运动控制器、SINAMICS S120伺服驱动器、SINAMICS V90伺服驱动器、SINAMICS G120伺服驱动器的硬件架构，其电气系统拓扑图如图6-13所示。

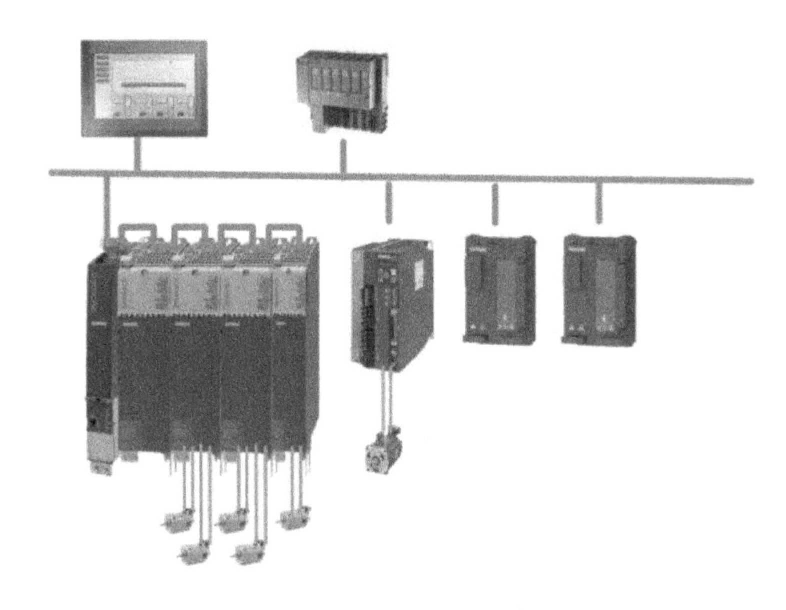

图6-13 电气系统拓扑图

SIMOTION D435运动控制器内部CU320-2带5个SINAMICS S120伺服驱动器同步轴，通过PN连接ET200SP控制IO逻辑，TP700触摸屏实现操作显示等人机交互功能，SINAMICS V90伺服驱动器控制出糖皮带，2个SINAMICS G120伺服驱动器分别控制糖盘盖和毛刷辅助单元。

6.2.3 糖果包装机运动控制解决方案

按照设备工作工艺流程，设备结构分布如图6-14所示。

1. 糖果运行

主要完成糖果的入料，将糖果从料斗中倒入，通过振动的方式将糖果滑入糖盘盖中，糖盘盖不停地转动将糖果一颗颗分入到带有孔的糖盘中。糖盘和链条需要同步配合，如图6-15所示。

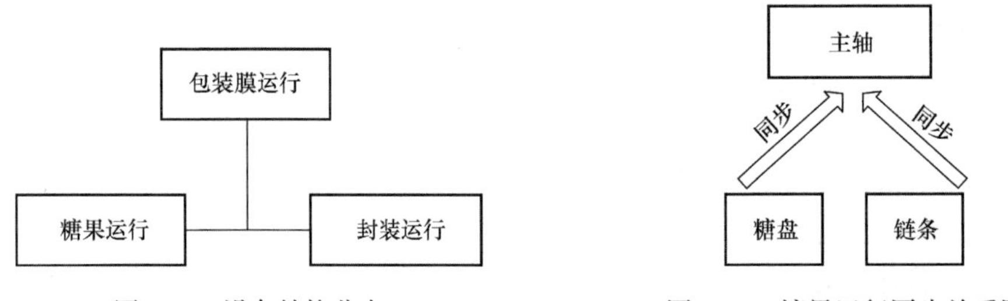

图6-14 设备结构分布

图6-15 糖果运行同步关系图

在此需要计算糖盘和链条对应的齿轮比，保证一颗糖从一个糖孔滑落下去，每一颗糖果落入链条的卡扣中去，节距、糖孔、糖果必须一一对应。

2. 包装膜运行

主要完成包装膜的输送，本设备为双工位设备，一个工位包装膜用完后，自动接料机构动作，实现整机不停机生产。膜在输送过程中通过光电传感器检测色标，实时调整纵封和辅助拉膜的运动，实现膜位置的调节。

在包装糖果的过程中，包装膜上有前道工序印好的图案，在纵封过程中没有影响，而在横封切断包装膜时，必须使每一颗糖果均匀地分布在每一版图案中去，包装膜上印有色标，色标传感器读取该色标，实时在线进行色标位置调节。色标控制精度的高低直接影响到废品率的高低，本文采用高速IO通道和MEASURING INPUT功能将色标传感器信号反馈到控制器中，如图6-16所示。

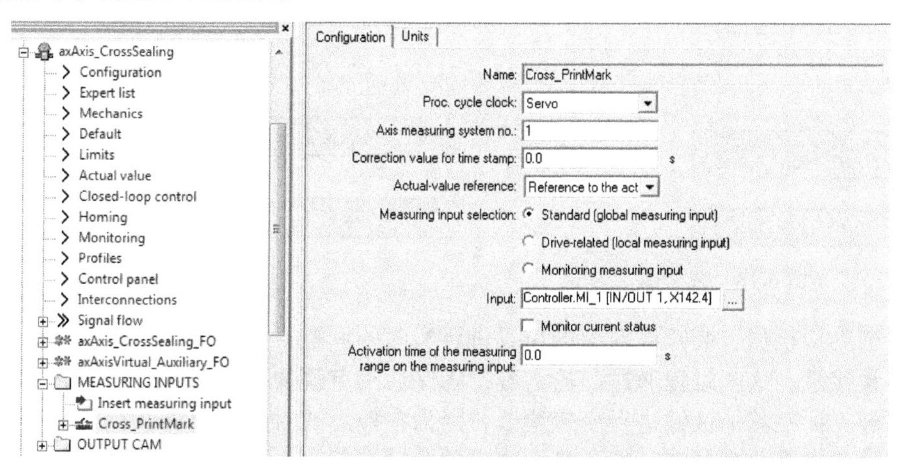

图6-16　MEASURING INPUT信号连接

每个色标的上升沿计数一次，同时记录此时横封刀的位置，通过设定横封的位置，通过实际位置和设定位置的差值叠加调整横封的位置，通过分析并修改设定位置值达到控制的目的，最终使横封刀的切点在膜上色标左右，精度 ±2mm，如图6-17所示。

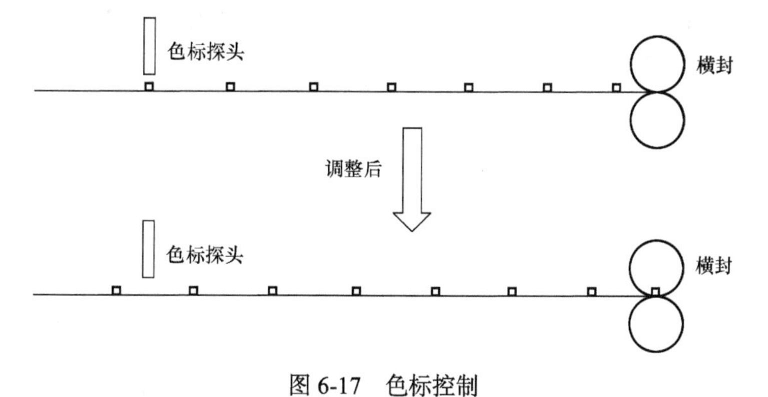

图6-17　色标控制

3. 封装运行

主要完成糖果的密封，由纵封和横封完成包装膜的纵向和横向切割及密封，主要控制如下。

1）预热：糖果包装首先需要将纵封和横封的机械结构预热，在实际温度达到设定温度后，先将包装膜纵封，然后横封，达到挤压密封，分离包糖的效果。

2）纵封：通过机械机构将包装膜向下对折，将糖果包进膜中，再通过纵向轮挤压进行纵向封闭，如图 6-18 所示。

3）横封：通过横封刀结构将包装膜切断并密封，形成最终一颗颗包装完成的糖果，如图 6-19 所示。

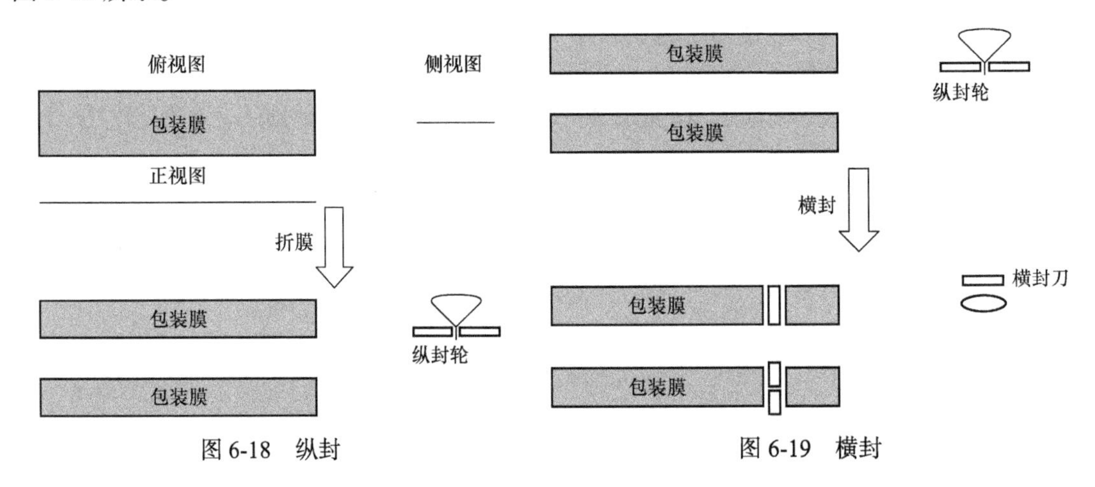

图 6-18　纵封　　　　图 6-19　横封

对于横封应根据包装长度对刀的位置进行实时的调整，使包装膜的长度和两把刀之间的弧长尽量接近，这一过程通过凸轮实现，确保切割点膜的线速度与刀的线速度达到同步即同步区域，而在其他区域进行变速调节，因为在极短的时间变速调节，所以对于控制和电机性能的要求都非常的高，这也是本项目的关键点所在，在后文的关键点分析会有详细的解析。

4）温度控制：在包装的过程中，纵封轮和横封刀都是通过挤压将膜封合，在纵封、横封机构中必须有足够的温度才能达到封合效果，所以在正式生产前应对两个机构进行温度控制，只有实际温度达到设定的温度，满足工艺需要时才可以开机生产。在该机型中，温度控制通过固态继电器控制加热管对机构进行加热，通过 PID 调节固态继电器的开关时间完成温度的精确控制，控制精度可达 ±5℃，如图 6-20 所示。

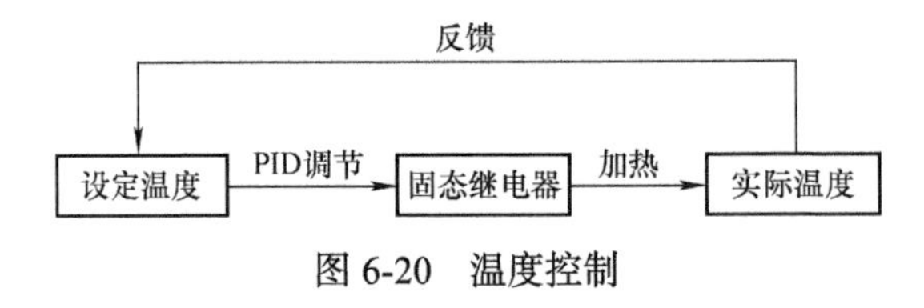

图 6-20　温度控制

4. 设备整体操作

根据行业的操作习惯和需求，做出相应的操作控制方案，如图 6-21 所示。

设备在第一次上电或急停状态下启动，需要先自动将糖盘、链条和横封回零，当回零完成后，设备自动加速到设定速度，如果在自动模式下，则要求三部分机构同步运行；如果在手动模式下，则要求糖果运行部分停止，手动自动可以在任何时间切换。

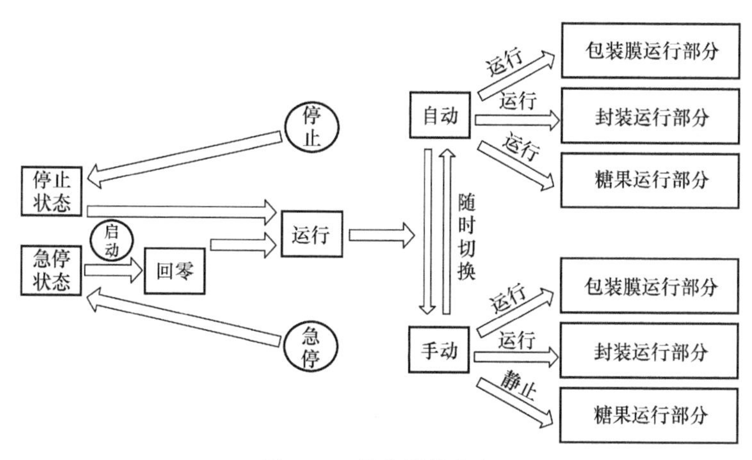

图 6-21　设备操作方案

6.2.4　糖果包装机运动控制技术要点解析

在设备调试过程中，充分利用 SIMOTION RotaryKnife 标准功能，给调试带来很大的便利，下面对一些关键点进行分析。

1. 横封凸轮同步

横封刀的周长及个数在机械设计时已经确定，在运动过程中，横封刀片切断包装膜的长度与糖果包装袋的长度必须一致，且在切的过程中保证料膜张力稳定。这就需要在横封刀接触料膜时的线速度需与料膜速度保持一致，通常将横封刀与料膜接触的区域称之为同步区，其他区域称之为非同步区，所以会出现以下三种情况。

1）横封刀弧长大于包装袋长度：横封刀在非同步区的平均速度应大于同步区的速度，横封刀在非同步区需要由同步区速度加速到最高速度再减速到同步区速度，相应的横封刀位置与料膜位置关系如图 6-22 所示。

2）横封刀弧长等于包装袋长度：横封刀在非同步区的平均速度等于同步区的速度，横封刀在非同步区和同步区匀速运动，相应的横封刀位置与料膜位置关系如图 6-23 所示。

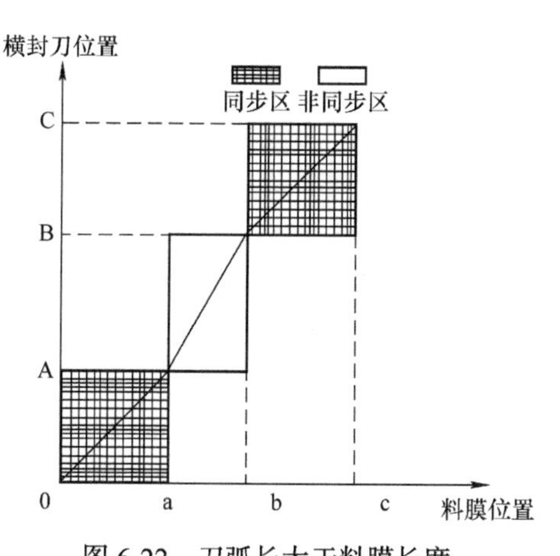

图 6-22　刀弧长大于料膜长度

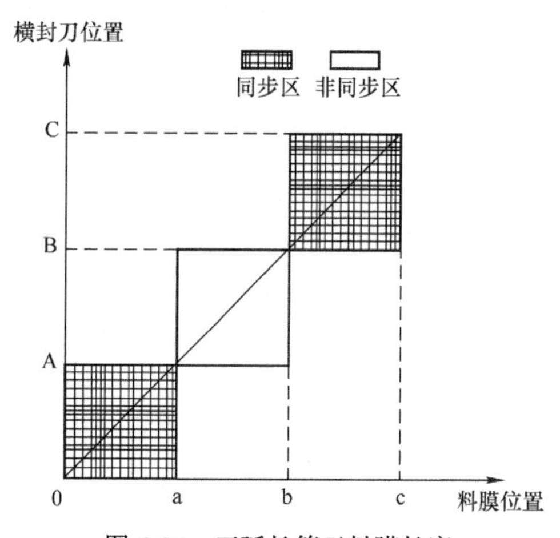

图 6-23　刀弧长等于料膜长度

3）横封刀弧长小于包装袋长度：横封刀在非同步区的平均速度小于同步区的速度，横封刀在非同步区需要由同步区速度减速到最低速度再加速到同步区速度，相应的横封刀位置与料膜位置关系如图 6-24 所示。

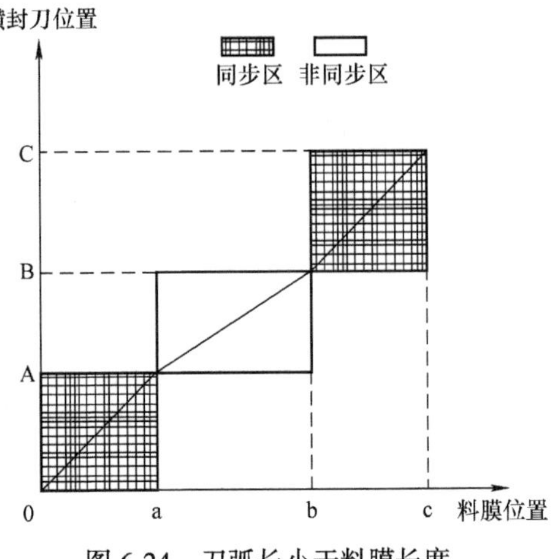

图 6-24　刀弧长小于料膜长度

以上 3 种情况对应的参数包含横封刀的周长、横封刀的个数、料膜长度、同步区域大小等都需要根据实际情况做相应的调整。

2. 合理的同步区域设定

上面叙述了同步区的 3 种情况，而在实际中由于整机运行速度的不同，包装膜长度的不同，电机出现比较严重发热的问题，经过大量实验和数据记录分析得出最优控制结果。

测试的条件：横封刀周长为 267.035mm，刀数为 5 把刀，每把刀的弧长为 53.4mm。1FK7 电机额定转矩为 10Nm，额定转速为 2000r/min。

1）实验包装膜长为 45.3mm，同步区域为 120°：分别比较在 1500 颗 /min、1800 颗 /min、2000 颗 /min 情况下电机的工作数据，发现速度越高电机需要的转速和转矩就越大，电机虽然转速未达到额定，但是转矩已经超过额定，长时间在过载状态下运行，电机发热较为严重。下面以 1800 颗 /min 的放大曲线进行分析，如图 6-25 所示。

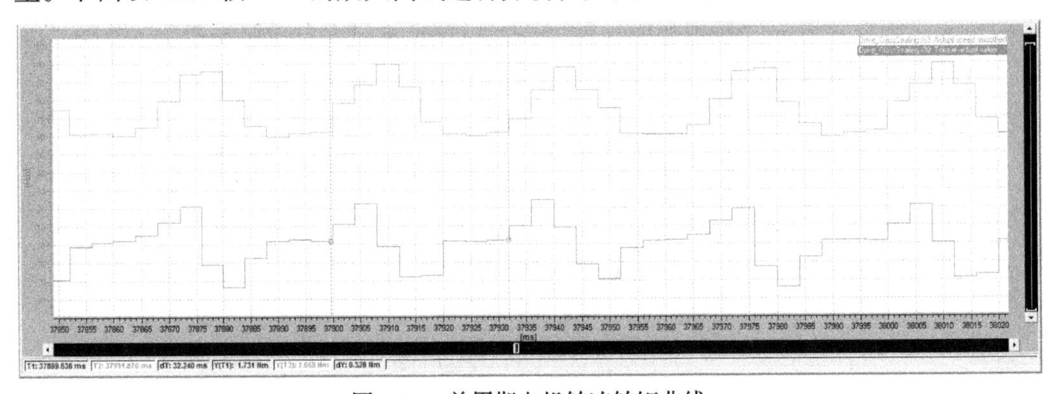

图 6-25　单周期电机转速转矩曲线

以一颗糖为一个周期来计算，在 1800 颗 /min 时，一个糖运动所需时间为 33ms。同步区域为 120°，即 1/3 时间内，材料运行速度与刀轴运行线速度保持一致即匀速阶段，此时电机转矩仅为 1-2Nm，未达到电机额定转矩。由于刀轴之间距离为 53.4mm，材料所需切长为 45.3mm，所以刀轴需要有频繁加减速来保证最终切长 45.3mm。根据监控可知，加减速所需的转矩达到 20Nm，超出了额定转矩，那么由于电机长时间运行在此状态下，电机必定会有较高的温升。

通过上述分析我们可以得出，电机发热现象是由于在运行过程中频繁地加减速导致的，为了改善这一现象做出以下分析，如图 6-26 所示。

由图 6-26 中可以看出，曲线 1 为第一条运动曲线，最大速度为 v_1，加减速运动时间为 T_1，曲线 1 所包含区域面积即为电机所运动的距离，而同步速度需要与材料速度保持一致，总运行时间也需要保持一致，只能将同步时间缩短，使加减速时间增长，使得运动过程的最高速度变小，得到曲线2的运动状态，$v_2 < v_1$，$T_2 > T_1$，$S_1 = S_2$。于是可以最大限度地降低电机加减速产生的转矩。

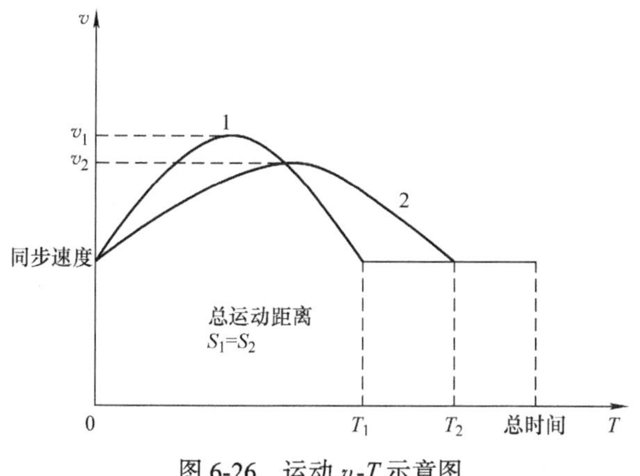

图6-26 运动 v-T 示意图

2）实验包装膜长为45.3mm，同步区域为60°：通过同步区域调整后，缩短了匀速运动时间，增加了加减速时间。使电机最高速度下降，加速度和加速转矩也就下降，同样以1800颗/min为例，转矩峰值降低至为15Nm，且超出额定的时间变短，电机总体温升下降，能够稳定运行，如图6-27所示。

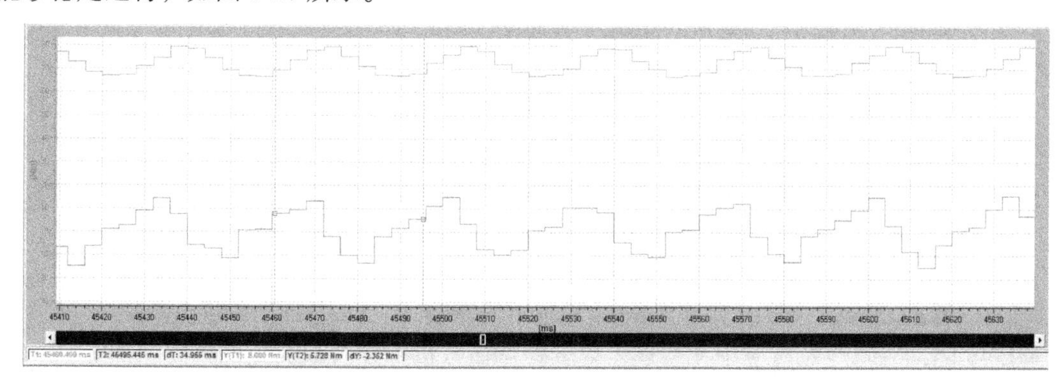

图6-27 单周期电机转速转矩曲线

3）实验包装膜长为53.4mm，同步区域为120°：由图6-28可以看出，当膜长和刀长相同或者接近时，因为电机在同步区和非同步区的速度基本一致，为匀速运动，电机所需的转矩比较小。

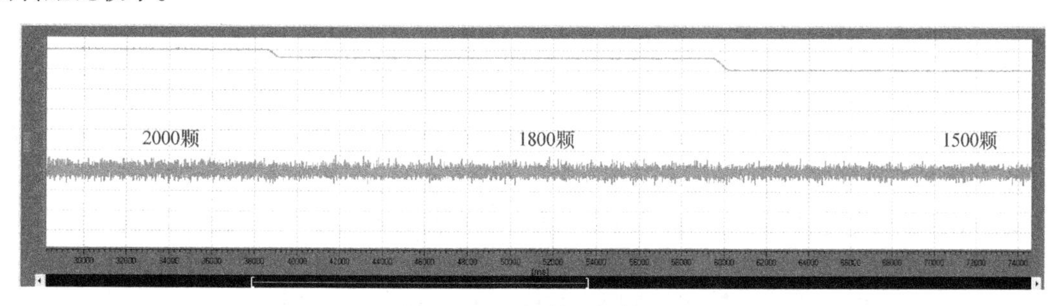

图6-28 电机转速与转矩

6.3 多列立式条状包装机

6.3.1 多列立式条状包装机设备概述

1. 设备简述

随着现代轻工业的发展，食品、药品、日用化工等行业大量应用全自动包装机，以提高生产效率，节约时间以及人力成本。

本设备为多列立式条包机（见图 6-29），能适用于流动性较好的各种颗粒、粉剂物料的连续高速包装，多用于食品、保健品及药品行业。

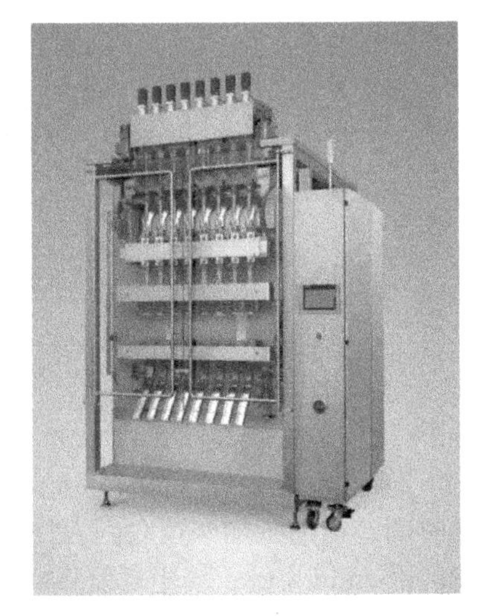

图 6-29　条包机设备图

2. 控制要求

1）设备设计速度为 40 ~ 60 拉 /min，最大裁切长度为 190mm 左右，物料灌装重量一般在 20g 以内，裁切精度为 ± 0.5mm。

2）根据包装膜类型，设备采用光标裁切和定长裁切两种模式，可自由切换，没有色标的包装膜采用定长裁切，反之采用光标裁切。

3）系统设有 < 充填 > 按钮，用于启停灌粉功能，可在正常生产与空包生产间随时切换。

4）手动界面内，所有伺服轴的点动、增量点动、标零等操作，各气缸、变频器的点动操作。

5）自动界面内，可设定节拍、裁切（拉膜）长度、灌粉质量等自动运行参数。

6）参数界面内，可设定各热封阀动作参数、凸轮曲线特征参数、温度控制参数、物料参数、辅助机构运行参数等。

7）报警画面内，显示当前停机故障和非停机警告内，其中驱动故障界面内，显示有 SIEMENS 驱动故障号及对应中文描述，以方便调试人员快速获取及定位故障原因。

6.3.2 多列立式条状包装机电气系统配置

采用全套西门子配置，各组件之间通过 PROFINET 总线通信连接，其电气系统拓扑如图 6-30 所示。

6.3.3 多列立式条状包装机运动控制解决方案

1. 设备工艺

设备工艺流程如图 6-31 所示，按流程顺序主要分为放卷送膜、色标检测、灌粉、热封、拉膜和裁切等工艺。

1）放卷送膜工序由 SINAMICS G120 伺服驱动器驱动异步电动机进行包装薄膜的放卷控制。

2）通过色标传感器检测色标，利用高速输入 IO 传输到控制器。

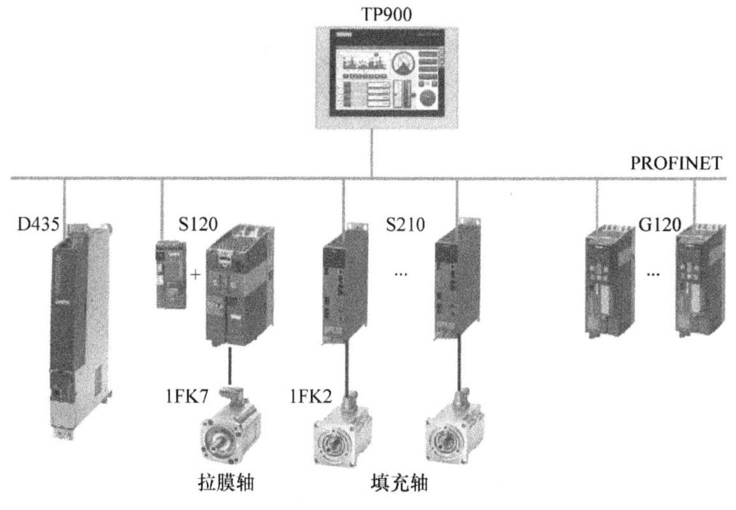

图 6-30 系统原理图

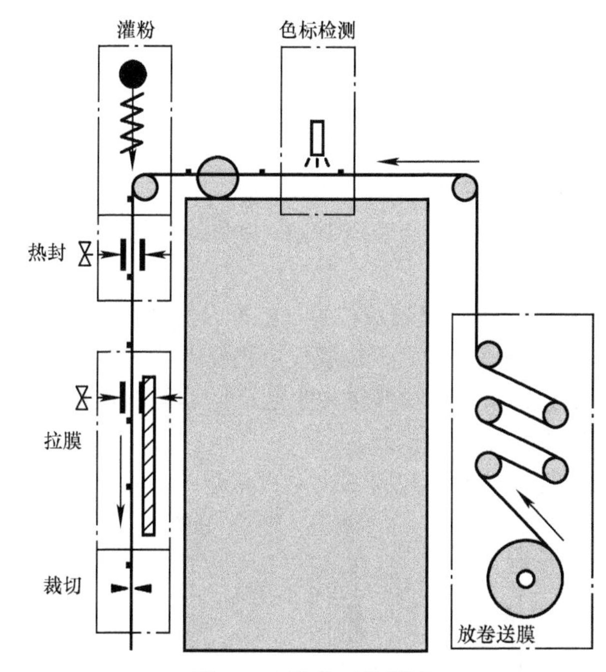

图 6-31 设备工艺简图

3）灌粉工序由 SINAMICS S210 伺服驱动器驱动垂直螺杆进行设定重量的物料填充。

4）热封工序通过 SIMOTION D435 运动控制器快速输出功能对各阀进行控制，包括纵封和横封。

5）拉膜工序由 SINAMICS S120 伺服驱动器驱动配合拉膜气缸进行整机的拉膜动作，并精确地控制整机生产的节拍。

2. 程序功能

根据整机的工艺流程，利用 SIMOTION D435 运动控制器的系统功能，整机的主要功能如图 6-32 所示。

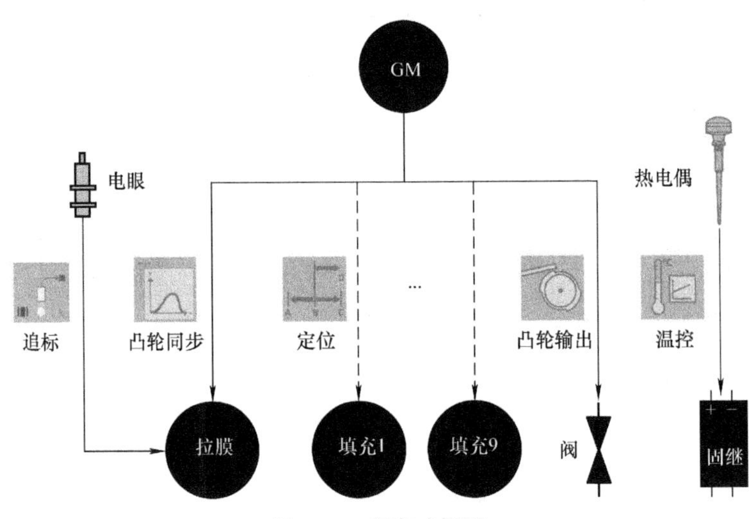

图 6-32 程序功能图

1）拉膜轴根据特定凸轮曲线跟随主虚轴（GM）同步运行，同时依据电眼信号对拉膜轴微调实现追标功能。

2）填充轴根据主虚轴位置及其他条件，启动定位运动。

3）纵封、拉膜气缸利用系统凸轮输出功能控制。

4）系统通过自主编程，利用 Q 点输出 PWM 信号给固态继电器，实现热封温度控制。

3. 拉膜工艺

在机械结构上，拉膜动作由拉膜轴及拉膜气缸配合完成，流程如图 6-33 所示。

A）夹膜：拉膜轴在上起点位置处，拉膜气缸由松开变为夹紧。

B）拉膜：拉膜气缸保持夹紧，拉膜轴由上起点运动至下止点。

C）松膜：拉膜气缸由夹紧变为松开。

D）回退：拉膜气缸保持松开，拉膜轴由下止点返回上起点。

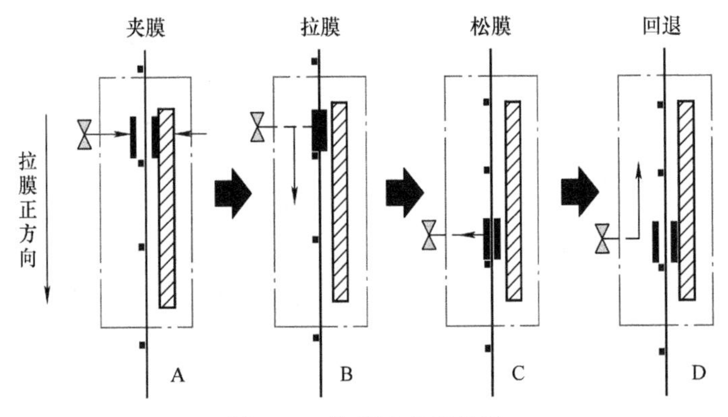

图 6-33 拉膜流程示意图

1）凸轮曲线周期的选择：为了使拉膜平稳起停及节拍的精确控制。拉膜伺服轴通过凸轮曲线同步跟随系统主虚轴，正常的凸轮周期选择如图 6-34 中 ABCD 顺序或 CDAB 顺序。

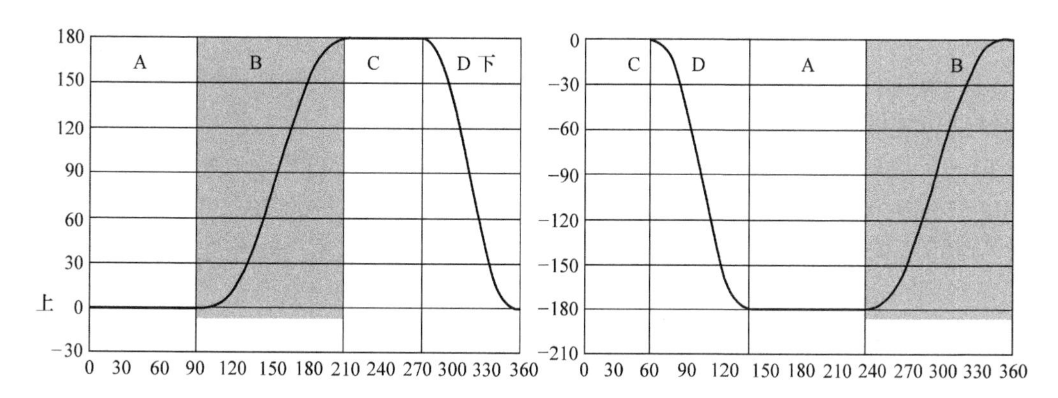

图 6-34 凸轮周期选择对比

在图 6-34 中，B 拉膜阶段也是色标检测阶段，而追标采用的是凸轮纵向缩放方式。

如果采用 ABCD 凸轮周期，位置补偿是通过下止点的位置偏移实现的，即 B 阶段末完成补偿。可以理解为通过调整拉膜终点调整拉膜量。在 B 阶段色标检测时，上一次需要的位置补偿值实际未补偿完成，检测得到的色标偏差值是不准确的。如果要测得准确的偏差需要等下一凸轮周期。

如果采用 CDAB 凸轮周期，位置补偿是通过上起点的位置偏移实现的，即 D 阶段末完成补偿。可以理解为通过调整拉膜起点调整拉膜量。在 B 阶段色标检测时，上一次需要的位置补偿值实际已通过拉膜起点的调整得到实现，因此再次检测得到的色标偏差值是比较准确的。

综上所述，拉膜轴的凸轮曲线周期选择为 CDAB 顺序。

2）凸轮曲线的生成：西门子 SIMOTION LCamHdl 库函数，可以支持用户创建符合 VDI2143 凸轮机构运动规则的高质量、无冲击的凸轮曲线。其 FBLCamHdlCreateCam 函数支持生成三阶、五阶、七阶多项式等 10 数种曲线，以适应不同的生产加工需求。

因为包装薄膜的伸缩性比较大，为了防止拉膜起停时过大的加速度突变引起过大的薄膜伸缩，因此采用了 5 阶多项式凸轮曲线，如图 6-35 所示。利用上起点和下止点位置及对应主虚轴位置，可方便地生成符合工艺需求的曲线，且可以通过 HMI 方便修改。

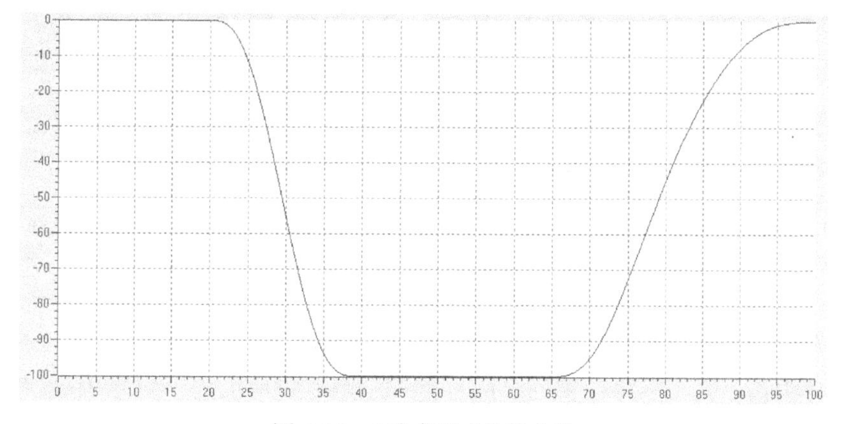

图 6-35 5 阶多项式凸轮曲线

4. 追标工艺

因为包装膜在急速牵引之下存在不定量的拉伸，因此需要利用膜上印刷的色标位置，对拉膜轴行程进行调整，使得横封及裁切作用在指定位置，所以追标功能对于高节拍下，采用易拉伸包装材料进行的生产至关重要。

追标工艺要求快速检测到光标的位置，需尽量排除程序运行周期长短对检测精度的影响。SIMOTION 自带 DI 的快速输入功能 Measuring input 能很好地解决上述问题。

利用西门子 SIMOTION 控制器，传统的追标工艺一般选用 _pos 指令的 superimposed 功能或是利用 addition object 工艺对象（如 SIMOTION Print Standard），原理都是将测得的偏差作为一个位移叠加补偿到牵引伺服上，该工艺多运用在连续运行的生产，如印刷等。

本设备的拉膜动作区别于上述连续生产，包装膜是间歇性运动。而拉膜伺服是线性运行，具有行程范围。当某个方向的补偿累计超过一定限值，使牵引伺服运行到限位时，便会中断生产。而实际生产中包装膜的拉伸量不可测且不固定。手动输入的拉膜距离与实际膜的运动距离总存在偏差，偏差不断积累并补偿到拉膜伺服的相位上，最终会导致伺服超出限位，引起故障。

传统追标工艺，额外的偏移基本叠加在牵引的匀速运行中，转速、转矩波动不大，实时补偿效果都是一致的。而拉膜伺服根据凸轮曲线运行，速度、加速度都是在不断变化，高节拍下，速度、转矩会有瞬时达到极大值，实时补偿如果出现在速度或转矩的峰值时，对伺服的性能有一定影响。所以，综合以上因素，本设备的追标功能利用凸轮曲线的纵向（从轴位置）缩放实现。

利用凸轮纵向缩放的好处是：其一，凸轮整体缩放，补偿量不是额外的叠加，速度、加速度等仍然平滑变化，不会有额外突变；其二，如图 6-36 所示，缩放的凸轮可以使得下止点位置保持不变，即使不停追标补偿偏差，也不会因为累积原因造成拉膜轴某个方向上的超限。

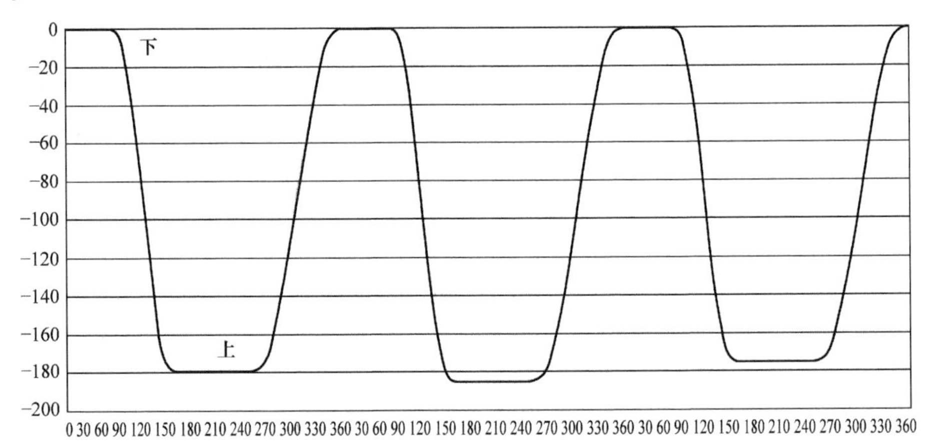

图 6-36　追标凸轮缩放示意图

5. 纵封 / 拉膜气缸工艺

根据设备工艺，纵封气缸及拉膜气缸的控制与拉膜伺服的运动位置息息相关，而且上述气缸的精准控制也关系到整机的节拍速度。拉膜气缸夹紧时，拉膜伺服才能向下止点运行；拉膜气缸松开时，拉膜伺服才能向上起点返回，而拉膜伺服将膜拉至下止点后，纵封气缸才能夹紧开始热封。所以，纵封气缸及拉膜气缸的动作时机与拉膜伺服运动周期相对固定。

因为程序扫描周期、通信时间、程序运行等影响，通过编写程序去输出气缸信号或多或少会滞后于对应的拉膜伺服运动位置，而 SIMOTION 的快速输出点功能可以最大程度地减少上述的滞后时间，提升整机运行的连贯性和节拍，同时也能优化程序结构。

根据工艺，热封气缸选用基于时间的 Cam_track 快速输出功能，拉膜气缸选用基于位置的 Cam_track 快速输出功能，软件配置如图 6-37 所示。

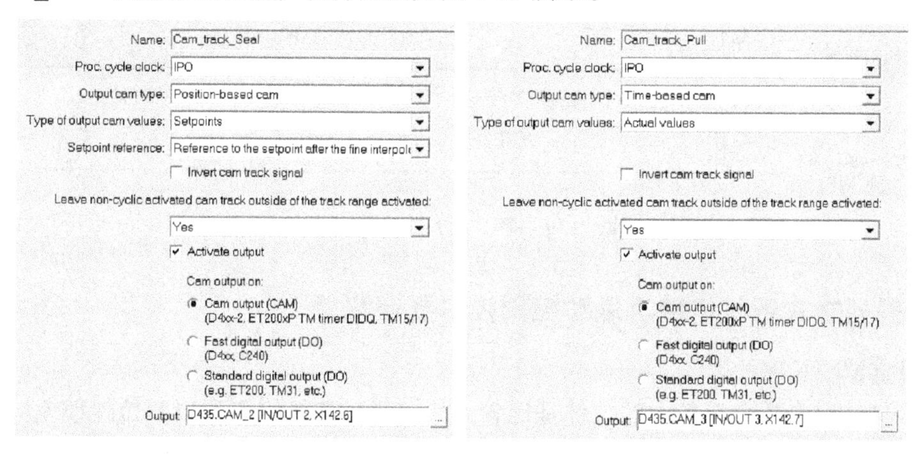

图 6-37　Cam_track 配置

6. 灌粉工艺

多通道灌粉是通过 SINAMICS S210 伺服驱动器特制螺杆，旋转指定角度精确地控制罐装重量。

根据工艺要求，按照横封、灌粉、横封的顺序循环运动。每次新的横封都必须在一次拉膜之后。随着灌装重量的不同，灌装的时长也不尽相同，导致横封气缸的动作时机不同于纵封和拉膜气缸那样相对固定于拉膜伺服运动周期，而是可能相对变化的。

所以灌粉及横封逻辑对于整机的控制流程相对独立，又相互牵连，灌粉逻辑流程如图 6-38 所示。

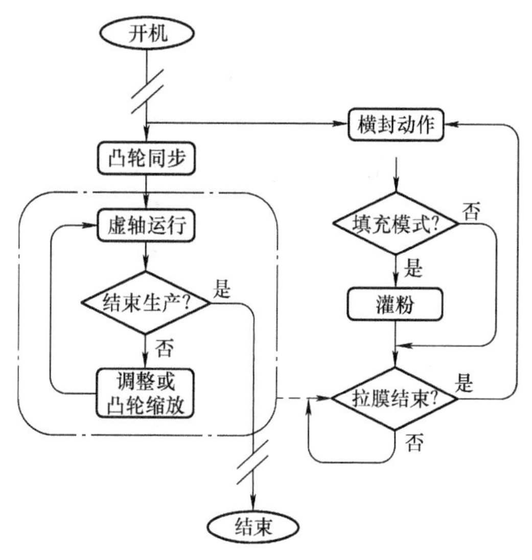

图 6-38　灌粉流程简图

7. 温控工艺

设备横封和纵封处，共埋有 14 组加热电阻及对应的测温热电偶。SIMOTION 程序利用反馈回的温度信号，对加热电阻进行 PID 控制，PID 输出值经过（PWM）脉宽调制处理后，经由 Q 点输出控制固态继电器关断闭合。这种热电偶 + 固继的温控方案，相比传统温控器方案的集成度更高，硬件成本更低。

温控 PID 及（PWM）脉宽调制分别利用 SIMOTION 系统函数 _CTRL_*pid[FB]* 和 _

CTRL_*pwm[FB]* 实现。因本身算法需求，上述两个函数需要在系统的定时中断任务中调用。_CTRL_*pid* 和 _CTRL_*pwm* 的运行需要占用一定的系统运算负载。当同时调用 14 个 _CTRL_*pid* 和 14 个 _CTRL_*pwm* 时，会在中断内对系统造成较大的运算负载，也不利于控制器整体运行时的负载平衡。

在定时中断内，采取分批调用的策略（见图 6-39），可以很好地解决上述问题，温控效果不变，但使得系统整体负载更加平衡。

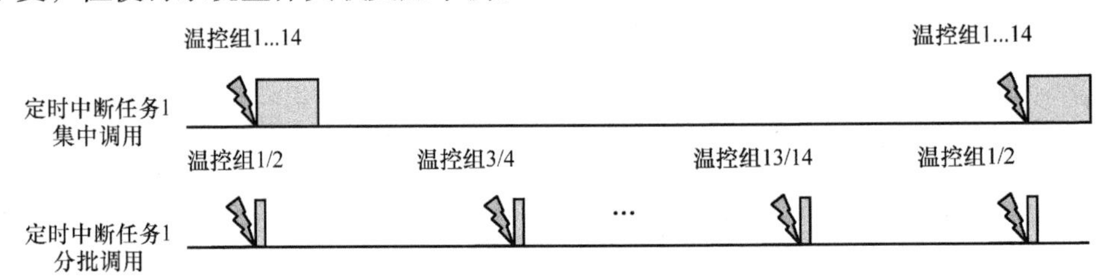

图 6-39　集中 / 分批调用对比

6.3.4　多列立式条状包装机运动控制技术要点解析

1. 设定拉膜长度补偿

有些包装膜在整个设备中的拉伸是比较大的，通过色标检测可以对拉伸偏差值进行补偿，但膜的拉伸是一直存在的，因此对其补偿也一直存在。所以在连续运行、补偿稳定时，可以观察到偏差值会稳定在一个数值上，这个值其实就是接近与膜的拉伸量。

为了更好地使设备运行，在连续检测到偏差值稳定时，可以在程序中以一定的比例值去小幅度修正拉膜设定长度，从而使得测得的偏差变小，拉膜的长度更准确。

2. 色标判断

通过 SIMOTION 快速输入（Measuring input）功能，不仅可以检测到色标上升沿位置，还可以检测到下降沿位置。利用两个位置的差可以算出色标的宽度，根据宽度的大小可以判断出是传感器误触发、标准色标还是接膜用的宽胶带。

1）当判断是传感器误触发时，不进行偏差计算和补偿。

2）当判断是标准色标时，进行正常处理。

3）当判断是接膜用的宽胶带时，不进行偏差计算和补偿，但需要将其输入到一个用于记录每个条包位置的先入先出的堆栈中。

当判断出带有胶带的条包被拉倒灌装工位时，系统需暂停灌装，作为空包处理；同样当判断其被拉到裁切工位时，系统裁切完后自动排包，作为废报包处理。

3. 膜放卷

因为膜的运动是急起、急停的，因此在放卷处不适合采用 SIMOTION 标准的收放卷控制，放卷送膜上方有储料机构，储料机构上安装有角度传感器，可以间接判断机构内料的减少量，利用 PID 或其他算法更合理地控制放卷变频电机的速度。

第7章 实例应用3

7.1 大型高速薄膜分切机

7.1.1 薄膜分切机设备概述

1. 设备简述

分切机属于包装类设备，种类繁多，其主要功能是将幅宽比较宽的大卷，经过放卷、牵引、刀辊和收卷等过程，按照客户的需求分切成不同规格的小卷，便于后续生产加工使用，如图 7-1 所示。分切机通常有分切纸和分切薄膜两大类型，相对于纸来说，薄膜材料比较薄，一般为几 μm 到几十 μm，易于拉伸，由于有些薄膜材料很容易打滑，所以薄膜分切相对难度较大。

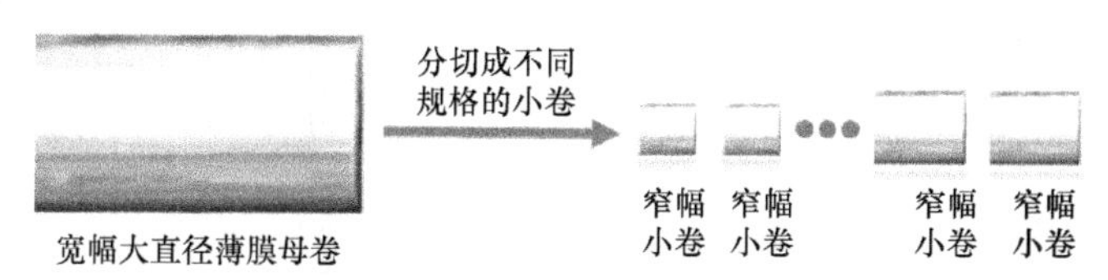

图 7-1　薄膜分切母卷和成品小卷示意图

薄膜分切机有不同的分类方法，为了便于理解，通常按照分切的幅宽和机器运行速度来分类。按照分切薄膜的幅宽，通常可分为小型机（幅宽小于 2m）、中型机（幅宽为 2 ~ 4m）、中大型机（幅宽为 4 ~ 6m）、大型机（幅宽为 6 ~ 9m）、超大型机（幅宽为大于 9m）。

按分切机的运行速度分类，通常可分为低速机（速度小于 200m/min）、中速机（速度为 200 ~ 600m/min）、高速机（速度为 600 ~ 900m/min）、超高速机（速度大于 900m/min）。

国内的薄膜分切机都集中在中低端市场，高端市场被国外几家公司垄断，高端市场不仅对机械部分是一个严峻的考验，对电气设计及调试更是挑战，随着高端制造智能制造定为国家战略，越来越多的国内厂家将高端分切机作为自己的发展方向，不断地探索和更新技术，将运动控制作为分切机的必要条件。

该设备的生产工艺大致可描述为：将幅宽为 8.5m 的薄膜母卷，经过放卷单元放料、主牵引、刀辊和分牵引后，将材料按要求的幅宽分切并牵引到各自的收卷区。收卷单元根据客户要求的长度及张力，将分切后的材料收卷起来。分切后的边料由收边单元负责收好。

2. 控制要求

对于一台成功的薄膜分切机，各性能指标都有严格要求。经过和 OEM 及最终客户的充分沟通，这台分切机的具体要求如下：

1）最大工作运行速度为 800m/min。

2）在整个分切过程中，保持张力稳定，膜的表面没有拉伸。

3）要求成品卷端面整齐，小直径时没有明显的底皱，加减速过程无面皱。

4）必要停车功能如：到长度停车，到直径停车，快停，急停，断料检测等。

5）在线修改加减速时间。

6）操作工可以不定期地更新摩擦补偿曲线。

7）实时监控所有电机的状态，包括速度、电流、转矩及故障报警。

7.1.2 薄膜分切机电气系统配置

本方案使用的仍然是 S7-315-2DP + SINAMICS S120 伺服驱动器的解决方案。PLC 主要完成整机逻辑，SINAMICS S120 伺服驱动器完成收卷、放卷、定位等相关的运动控制功能，各单元之间通过 PROFIBUS-DP 网络连接。现在新的解决方案的配置已经换成 S7-1500 + SINAMICS S120 伺服驱动器。系统配置示意图如图 7-2 所示。

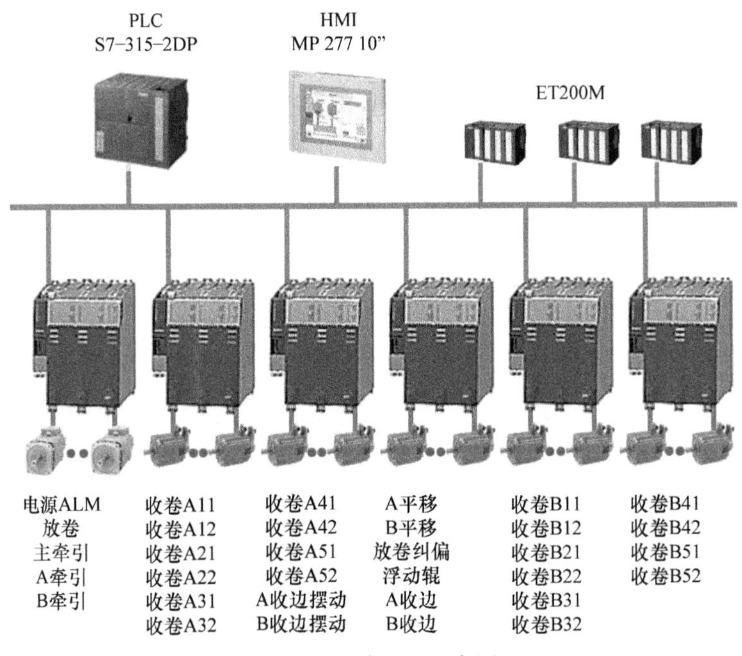

图 7-2 系统配置示意图

7.1.3 薄膜分切机运动控制解决方案

薄膜分切机通常由四部分组成，按照生产过程中的薄膜运行方向，依次为放卷、牵引、收卷及收边等四大部分，如图 7-3 所示。由于各部分的控制要求不同，在机器运行时，要求这四部分的控制既要独立又要相互协调，每个部分的控制都非常关键。

1. 放卷单元

主要负责将薄膜材料从母卷放出。将需要分切的薄膜母卷放在放卷架上，随着机器运行指令，放卷电机转动将母卷上的薄膜主动放出，并要求在整个运行过程中，保持放卷速度及张力稳定，如图 7-4 所示。

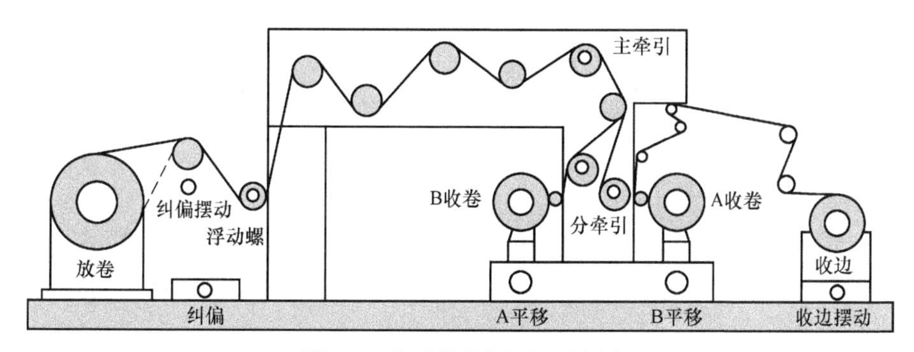

图 7-3 大型薄膜分切机示意图

(1)放卷单元

放卷单元包括放卷架、纠偏、纠偏摆动和浮动辊。

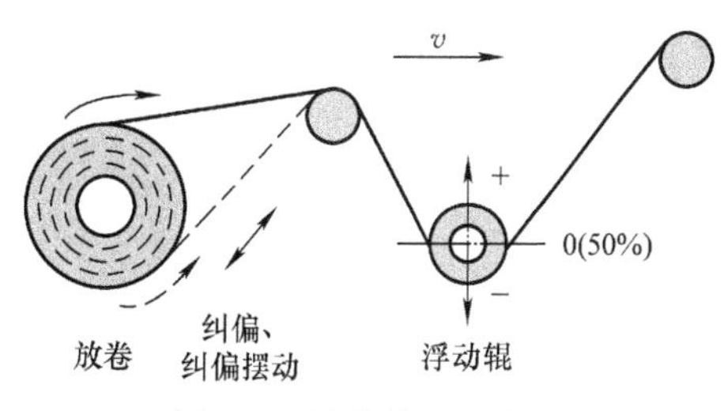

图 7-4 放卷单元示意图

1)放卷架用于装卸母卷材料并能够根据指令自动地将材料放出。放卷架通常用一台放卷电机通过减速比驱动。有时为了保持放卷架两端受力均匀，会在放卷架的两侧各安装一台电机，用两台电机实现转矩同步来控制放卷。

放卷速度由生产线速度、放卷直径及浮动辊位置共同决定。放卷张力的稳定是通过监控浮动辊实际位置并实时地微调放卷电机的速度实现的。

2)纠偏与纠偏摆动的配合使用是为了材料在收卷时更均匀。纠偏摆动通常是指摆动机构带着光电眼在薄膜的边沿与薄膜垂直方向小范围的左右来回摆动。同时纠偏机构会根据光电眼与薄膜的位置变化，控制放卷架左右自动摆动，从而能很好地追踪光电眼，使得材料在分切前更均匀。

3)浮动辊是用来实时地反馈放卷实际张力与设定张力之间的大小，目的是在整个生产过程中确保放卷张力相对稳定。

浮动辊通常是通过气压来控制的，气压值代表放卷张力设定值。高档机器是通过伺服电动机控制的，电机的转矩值代表放卷张力设定值，电机转动的角度反应放卷张力的变化。

本方案的浮动辊是通过气压来控制，浮动辊会随着材料张力的变化而上下移动。浮动辊上下移动位置值通过模拟量反馈给控制器或驱动器，且位置值与放卷张力的大小相对应。通常设定浮动辊的中间位置为理想位置，正常生产时应保持浮动辊在中间位置，不能有太大的波动，否则张力波动太大。

(2)放卷控制

放卷控制主要从以下几个方面考虑：

1)放卷速度匹配：放卷的转速与生产线速度的匹配是最基础和最关键的一步，在没有任何负载的情况下，即放卷在最小直径，根据公式(7-1)标定放卷的转速给定。

$$n=\frac{iv}{\pi D} \quad (7\text{-}1)$$

式中 n——放卷电机的速度给定（r/min）；

i——放卷电机与机械的传动比；

v——放卷表面的线速度（m/min）；

D——放卷实时直径（m）。

通过公式（7-1）进行速度标定，能够确保放卷电机的转速与生产线速度的匹配关系，该标定通常需要借助测速表进行检验。

2）放卷直径的计算：放卷直径会随着生产的不断进行而变得越来越小，放卷电机的速度与直径有直接的关系，直径的变化会引起放卷电机速度的变化，所以直径的准确与稳定对放卷来说非常重要。

关于直径计算有很多种方法，请参阅第4章公式（6-3）的详细描述，在本方案中采取的是实时速度计算法。相对其他的方法，这种方法计算简单、明了、直接，而且不需要准确地知道初始直径，缺点是低速及加减速时，计算得到的直径波动比较大。

$$D = \frac{iV}{\pi n} \tag{7-2}$$

式中 n——放卷电机的实际速度（r/min），其他参数的含义同公式（7-1）。

由公式（7-2）可知，放卷的实时直径与电机实际转速有关。在加减速过程中，速度的波动相对比较大，尤其是快停、急停及断料处理。同时，电机的实际转速是直接从编码器获得，编码器很容易受外界干扰。所以，为了使计算出的实时直径相对稳定，在本方案实施过程中，将做如下处理：

a）对电机实际速度及计算后的直径加适当地滤波。

b）在低速、正常加减速、停车、快停、急停、断料处理等过程中，适当地暂停直径计算。

直径计算可以在控制器里进行也可以在驱动器里完成，通常取决于放卷的张力控制是在上位的控制器还是在驱动器里实现。

本方案的放卷和收卷控制都是在驱动器里完成的，驱动器采用西门子综合型高端驱动装置 SINAMICS S120 伺服驱动器。直径计算是通过 SINAMICS S120 伺服驱动器内部集成的可编程的 DCC 功能来完成，标准 DCC 库里的 DCA 功能块用于收放卷的直径计算。根据定义的输入输出参数含义，连接恰当的参数，该 DCA 功能块就能自动地算出实际直径，如图 7-5 所示。有关 DCC 的使用说明参阅相关资料。当然作为实际应用，可能需要考虑在输入输出侧加上一些辅助程序。

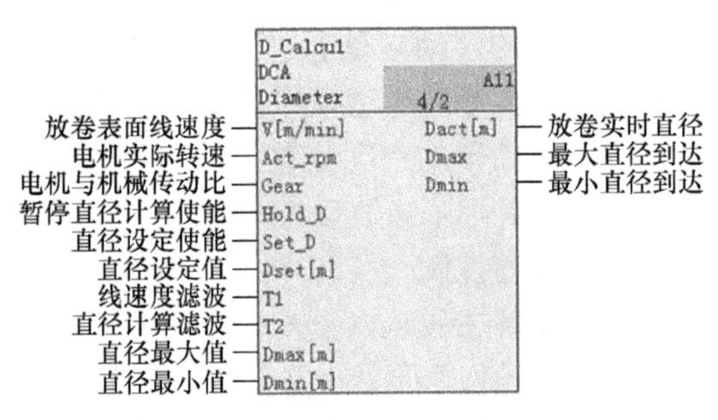

图 7-5 放卷直径计算

3）放卷张力控制：正如前面描述的那样，放卷张力控制是通过浮动辊的上下位置，微调放卷电机速度进行的，控制过程如图 7-6 所示。

放卷张力控制的核心是调节张力控制器，张力控制器是 PID 调节器。本案是采用 SINAMICS S120 伺服驱动器内部集成的 PID 调节器，具体实施如下：

a）放卷张力的设定值通过模拟量输出来控制浮动辊气阀的开度，注意各数值之间的匹配关系。

b）将浮动辊的目标位置设为固定值，如50%，连接到PID调节器的输入端1。

c）将浮动辊的实际位置即模拟量的输入与PID调节器的输入端2相连接，作为PID调节器输入的实际值。为了数值的稳定，可以适当地加一点滤波时间，但不易太长，否则会影响动态反应。

d）PID调节器通常为设为PI调节，但如果放卷的惯量很大而且不太均匀，可能需要适当地加一点D调节。由于薄膜分切机的加减速时间比较长，如600m/min生产速度的机器，总的加速时间一般都会在70s以上，有些薄膜需要更长。所以，除了按照常规的调试思路来调节PI参数外，最好适当地减小Kp，而增大Tn，有时还需要将Kp做成与直径或速度关联的曲线。

e）PID调节器的输出，通过一定的转换关系转换成线速度，作为放卷线速度的额外给定，而不是放卷线速度的全部给定。所以，放卷电机的转速设定由两部分产生，一部分是生产线速度，另一部分是浮动辊的位置偏差产生的附加速度。也就是说PID调节器的输出将会微调放卷电机的速度，从而使放卷张力保持稳定。

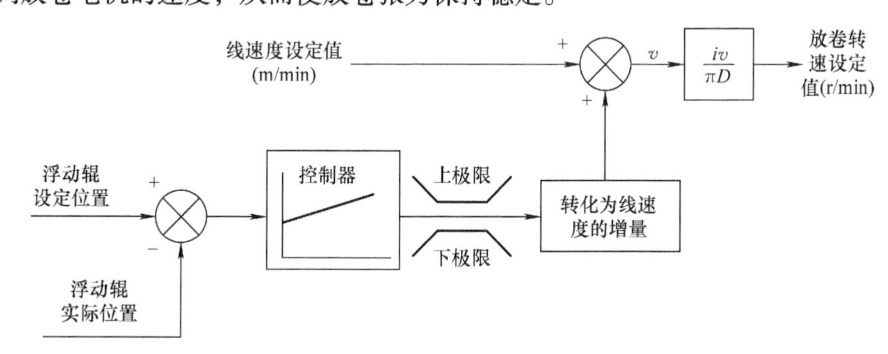

图7-6　放卷张力控制示意图

2. 牵引

牵引主要负责将薄膜从放卷侧牵引到收卷侧，在牵引过程中进行展平，再根据工艺要求将材料分切成窄幅，牵引是薄膜从放卷侧到收卷侧的原动力如图7-3所示。

（1）牵引的组成及各自的功能

1）牵引辊是主要部件，对于一些小型分切机来说，通常只有一个主牵引驱动，其他的传动辊都通过皮带与主牵引辊相连接。而对于大型或超大型分切机来说，由于辊筒比较粗，惯量大而且速度比较快，通常会有三个牵引驱动，一个主牵引，另外两个是收卷A/B两侧的分牵引，A/B分牵引负责将刀辊分切下来的材料，分别牵向收卷两侧。

2）展平是将运动中的薄膜由中间向两侧驱赶，更有利于材料的分切。

3）分切是根据加工工艺的要求，依据不同的材料加工宽度，在经过刀辊时，将宽幅分切成窄幅。

4）分牵引是将分切后的材料，牵引到各自的收卷单元，以便后面的收卷。

（2）牵引的控制

牵引的控制应从以下几方面考虑：

1）主牵引及分牵引的速度匹配：与放卷类似，各牵引辊转速与生产线速度的匹配是最基础、最关键的一步。根据各辊的机械传动比、辊筒直径等，算出主牵引和分牵引的各自速度给定，保证在相同的线速度给定时，各牵引辊表面的线速度相同并和给定速度一致。这需要借助于测速表来实际测量并校对。

2）牵引之间的速度同步：各辊筒之间的速度同步对于分切机来说非常关键，整体同步思路通常有两种模式：

a）利用虚轴的概念将虚轴设定为主轴，各牵引辊与虚轴之间实现相对位置同步。只要控制器运行速度足够快且带有常用的运动控制功能，就可以借助于控制器通过高速网络实现各轴之间的位置同步。运行的加减速时间及加加速度的设定都可以在控制器里完成，并且可以在线修改，这是目前中高端常用的控制方式。

b）也可以利用传统的纯速度同步模式，速度给定由控制器里设定的斜坡发生器输出给每个牵引驱动器，而斜坡发生器通常在定时中断里执行。为了避免速度变化的突变，可以适当地增加一些圆弧转角。这种控制方式对控制器的要求不太高，很容易被人们所接受，但对各牵引辊筒的特性要求比较高，否则会影响速度的一致性。生产线速度给定曲线如图 7-7 所示。

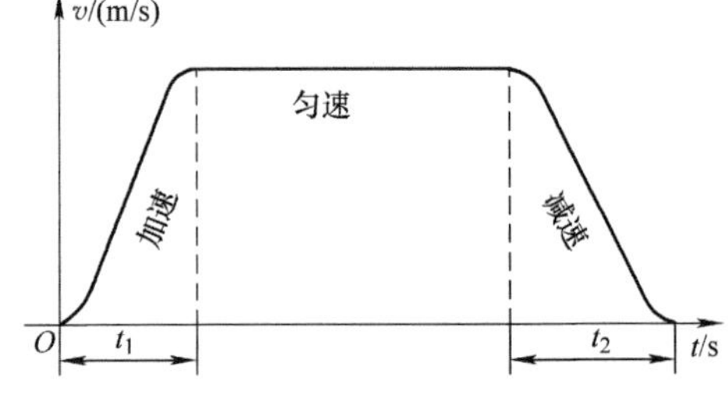

图 7-7 生产线速度给定曲线

c）由于 S7-315-DP 没有集成运动控制功能，本方案采用的是纯速度同步模式，速度给定的斜坡发生器由 PLC 完成，加减速时间由用户在操作屏幕上自行设定。由于驱动器是采用的 SINAMICS S120 伺服驱动器，其多轴控制器 CU320-2DP 可以实现一个控制器控制多达 6 个驱动器，同时还集成 DCC 用户编程功能。各牵引辊的速度同步是在同一个 CU320-2DP 里利用 DCC 来完成，如图 7-8 所示。为了更方便地微调分牵引的速度，在操作屏幕上，增加了分牵引速度的微调窗口，供操作工根据实际情况来使用。

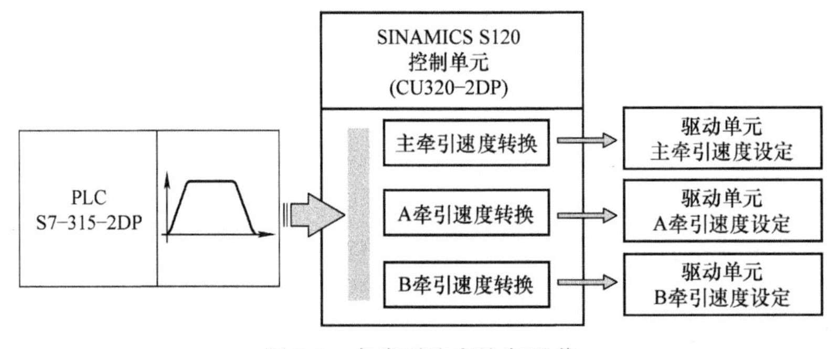

图 7-8 各牵引速度给定通道

3. 收卷单元

主要负责将分切后的薄膜材料卷绕起来，在收卷过程中，要保持端面平整、表面无皱、张力稳定。

（1）收卷单元

收卷单元包括平移、压辊及收卷装置，如图 7-9 所示。

1）平移是控制收卷架向里外移动。随着收卷直径的不断增加，收卷装置会动态地自动向外移动。在机器收卷单元的两端各装有一对红外装置，实时地检测收卷材料被遮挡的状态，被遮挡多少通过模拟量来表示，根据模拟量值的大小来控制平移电机向外的速度。另外，平移还用于装卸料，本方案是采用 SINMAICS S120 伺服驱动器集成基本定位功能实现平移的所有功能。

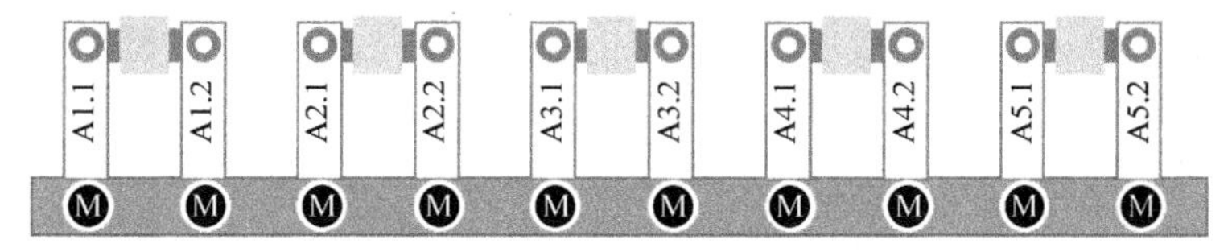

图 7-9　收卷单元

2）压辊用于在收卷过程中排出空气，压辊压在收卷上，通过气压控制压辊压力的大小，根据不同的材料和工艺要求在屏幕上设定不同的压力 - 直径和压力 - 速度曲线。压辊类型的选择和压力的控制非常重要，否则很容易出现端面不齐。

3）收卷装置是实现卷曲的部分，根据分切的宽度调整两个收卷臂之间的距离。很多设备只在一个收卷臂上装收卷电机作为主动臂，另外一个作为被动臂。本方案是在两个收卷臂上都装有收卷电机，这样更容易保证收卷臂两端的受力均匀。

（2）收卷控制

收卷控制应从以下几个方面考虑：

1）收卷控制模式的选择：在收卷整个运行过程中，要求保持收卷表面的张力恒定，没有拉伸，所以收卷通常工作在转矩模式或速度控制转矩极限模式，同时还需要有手动和自动模式。在手动模式下，收卷臂的两个电机都能独立运转，而且速度在触摸屏上可以设置；在自动模式下，两个电机跟随整机运行速度，并且之间保持转矩同步。

本方案采用的是速度控制下的转矩极限模式，后面的收卷控制部分会详细讲述速度控制转矩极限的概念以及如何利用速度控制转矩极限实现收卷功能。

2）直径计算：与上面的放卷直径计算非常类似，这一部分内容请参阅前面讲述的放卷直径计算。由于收卷的表面张力控制用的是间接张力控制，没有张力测量装置，张力的大小完全通过电机的转矩来体现。电机转矩有几个部分组成，而张力大小与收卷半径的乘积是电机转矩的主要部分，所以直径的准确和稳定对收卷的表面张力非常关键。

3）摩擦补偿：电机与收卷负载之间通过同步带连接，且有一定的机械传动比，而电机本身也有一定的空载转矩，也就是说电机转矩包含电机本身的空载转矩、机械传动机构等转矩、用于收卷卷曲的转矩和加减速过程中的加减速转矩。摩擦补偿力矩是指电机本身的空载转矩和传动机构的转矩，只有当电机产生的电动转矩大于摩擦转矩时，电机才有可能运转。而摩擦补偿就是额外增加一个附加转矩，用来补偿因电机本身及传动机构的损耗而产生的摩擦转矩，其大小需要在线测量，每当连接的传动机构发生变化时，都需要重新测量。对于间接张力控制，没有实际张力检测装置，张力的大小完全依赖于计算，所以摩擦补偿就显得非常重要。

测量结果是一个转矩 - 速度（M-n）的对应曲线，一般需要在整个速度范围内去进行测量，测出每个速度采样点相对应的转矩值，然后根据趋势拟合成曲线。这种测量既可以通过上位的 PLC 或运动控制器编辑用户程序来测量，也可以通过伺服控制器本身集成的摩擦补偿功能自动完成测量。本方案是通过 SINAMICS S120 伺服驱动器内部集成的摩擦补偿功能实现的，如图 7-10 所示。

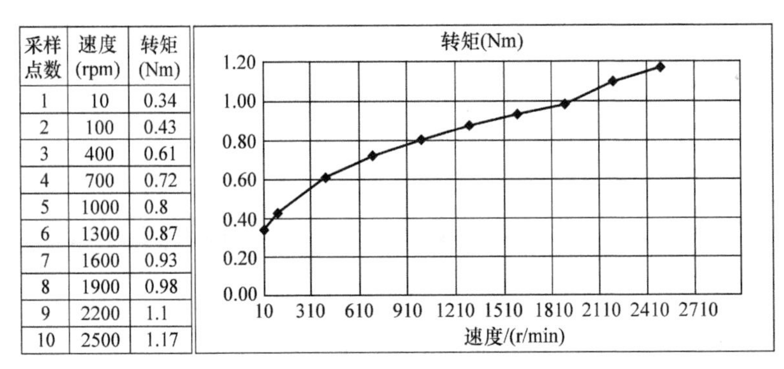

采样点数	速度(rpm)	转矩(Nm)
1	10	0.34
2	100	0.43
3	400	0.61
4	700	0.72
5	1000	0.8
6	1300	0.87
7	1600	0.93
8	1900	0.98
9	2200	1.1
10	2500	1.17

图 7-10 摩擦补偿曲线

4）收卷张力控制：目前常用的收卷张力控制有：带有张力传感器的直接张力控制、有浮动辊检测位置的浮动辊位置控制、没有任何检测装置的间接张力控制等，三种控制模式各有优缺点，根据不同的应用场合来选择相应的控制模式。由于间接张力控制的方便和灵活性，不需要增加额外检测装置，已经成为分切机的首选。收卷张力控制示意图如图 7-11 所示。

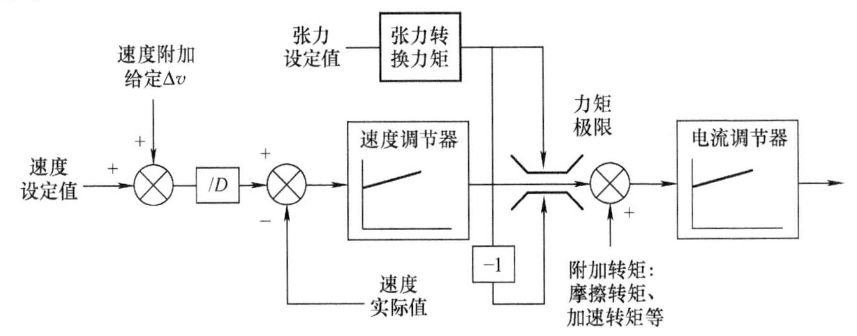

图 7-11 收卷张力控制示意图

间接张力控制通常有两种模式：转矩控制和速度控制转矩极限。

转矩控制是将设定的张力转换成转矩，作为转矩给定直接作用于电流环。优点是简单、直接、明了、动态反应快等。缺点是：

a）速度不容易受控。因为电流环是在速度环之后，只要设定转矩大于实际转矩，电机的速度就会一直上升，直至最大速度。有些厂家为了解决这一缺点，增加速度限幅功能，但需要动态实时修改最大速度，这种方式使用起来有些勉强。

b）控制模式切换不方便。对于收卷轴，至少工作在两种模式下即手动和自动。当在手动模式时，电机可以手动运转，手动可调；当工作在自动模式下，速度完全由收卷张力决定。所以，即使自动模式是直接转矩控制，但手动模式时一定要切换成速度控制模式。

间接转矩控制是将设定的张力转换成转矩，作为转矩极限值的给定值，同时需要有一个 Δv 的速度附加值。

收卷张力按 7-3 公式转换成电机转矩：

$$M_F = \frac{i \times F \times D}{2} \tag{7-3}$$

式中　M_F——收卷电机的转矩（Nm）；

i——收卷电机与机械之间的传动比；

F——收卷表面张力（N）；

D——收卷实时直径（m）。

附加转矩中的摩擦转矩见前面的摩擦补偿部分，加速转矩按7-4公式计算：

$$M_{acc}=J\alpha \quad (7\text{-}4)$$

式中　M_{acc}——收卷电机的加速转矩（Nm）；

J——收卷电机及负载的惯量总和（kgm^2）；

α——角加速度（rad/s^2）。

关于间接张力控制的要点如下：

a）在整个控制过程中，必须保证速度环一直工作在饱和状态。

b）对于高精度小张力的间接张力控制，一定要加摩擦补偿，尤其像塑料薄膜等。

c）当加速度比较大时，一定加上加速转矩。

d）在加减速过程中，要保持直径的相对稳定。

4. 收边单元

主要负责将分切下来的边料均匀地绕好。收边单元共分为收边装置、收边摆动及浮动辊三个部分。收边的控制方式与放卷非常类似，是通过浮动辊的摆动位置来调整收边电机的速度，从而保证收边的张力稳定，请参阅前面讲述的放卷控制部分。在收边过程中，收边装置同时会左右最大行程的摆动，应确保边料能够均匀地绕好。

收边摆动常用有两种方式：第一种是变频器控制普通的三相异步电动机，通过左右减速开关和限位开关控制收边装置在两个行程限位开关之间来回运动。这是一种非常经济的方案，基本能够满足绝大数客户的需求。第二种是通过伺服的定位功能控制收边装置在正负限位之间来回运动。这是比较高端的方案，不需要减速开关，完全靠伺服本身的定位功能来实现，本方案采用的是第二种方案。

7.1.4　薄膜分切机运动控制技术要点解析

对于大型高速薄膜分切机来说，无论是起初的方案确立、系统的配置选型、后期的现场调试和各种特定功能的实现以及使用过程中用户体验等，每个环节都非常重要。要点介绍如下。

1. 方案确立

考虑大型高速分切机的特点、用户的接受度和以后的升级维护，本方案采用PLC加驱动器的解决方案，如图7-12所示，具体描述如下：

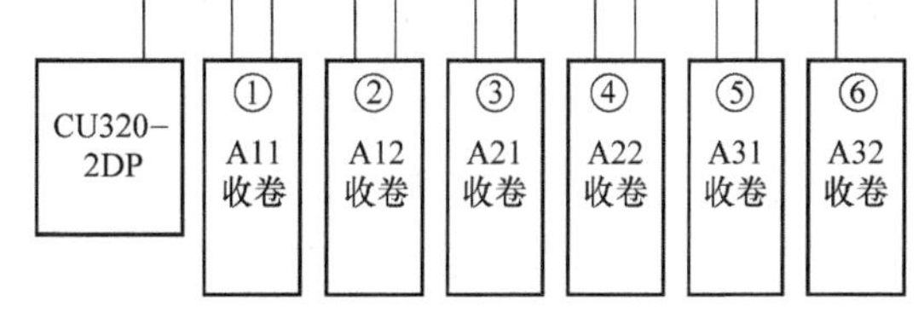

图7-12　一个控制单元CU320-2DP控制6根伺服轴

1）PLC当时采用的是S7-315-2DP，通过Profibus-DP与驱动器通信。PLC主要负责整个设备的逻辑及常规的运算控制。现在控制器都改为S7-1500，通过Profinet与驱动器通信。

2）伺服驱动器采用的是SINAMICS S120，一个CU320-2DP能够控制多达6根伺服轴，这样能够大大减少网线连接，并且集成了DCC软件编程及运动控制功能。SINAMICS

S120伺服驱动器除了平移及收边摆动的定位功能，还要完成牵引轴之间的速度同步及收放卷功能。

3）电机为1PH8/1FK7伺服电动机，利用1PH8异步伺服电动机惯量大的特点，将1PH8用于牵引和放卷，并且放卷还能够实现弱磁。由于空间的限制，收卷当时只能用1FK7同步伺服电动机。

4）驱动器的类型为整流加逆变的形式。由于放卷长期工作在发电状态，而收卷则工作在电动状态，所以最理想的解决方案是采用公共直流母线，实现能量共享，不仅能省掉制动单元和制动电阻而且还能省电。

2. 系统的配置选型

在系统方案确定的同时，已经开始进行配置选型了。对于收放卷的应用，最关键的是收放卷电机的选择及整流单元的选择。主要思路如下：

1）收放卷有一个显著的特点，当小卷径时，速度快，但转矩小；当大卷径时，速度慢，但转矩大。所以可以充分利用这一特点，在小卷径时，让电机工作在弱磁区；在大卷径时，电机工作在正常工作区。

基于这些特征，常常选择极对数相对高的电机做收放卷电机，如6极或8极电机。这样能够用较小的电流获得较大的转矩，同时驱动器的选择也会随之减小。

对于薄膜分切机的间接张力控制来说，如果要求的张力特别小，且材料容易拉伸起皱，此时一定要注意摩擦转矩不能太大，否则会影响张力控制精度及表面的平整度。

收放卷电机的选择，根据收放卷的最小和最大直径、收放卷张力、机器运行的最高速度等因数，再根据可行的传动比和能提供的电机规格，最终放卷电机选择6极的1PH8异步伺服电动机作为牵引，20只收卷电机选择1FK7103同步伺服电动机作为收卷。

2）整流电元的选择。

通常是基于以下几个因素选择如下：

a）输出的直流母线电压是否需要可调，且保持稳定。

b）是否需要有回馈电网的功能。

c）功率大小是由直流母线上的各驱动器的实际工作情况来决定，而不是简单的所有驱动器的功率总和。

根据实际工艺的需要，最后选择80kW主动型的电源模块（见图7-13），既能保证整流输出的电压稳定在600V，不受电网波动的影响，让各电机能够发挥最大的作用；又能够在减速或停车过程中，将负载的能量回馈给电网，最大限度地减少能耗。

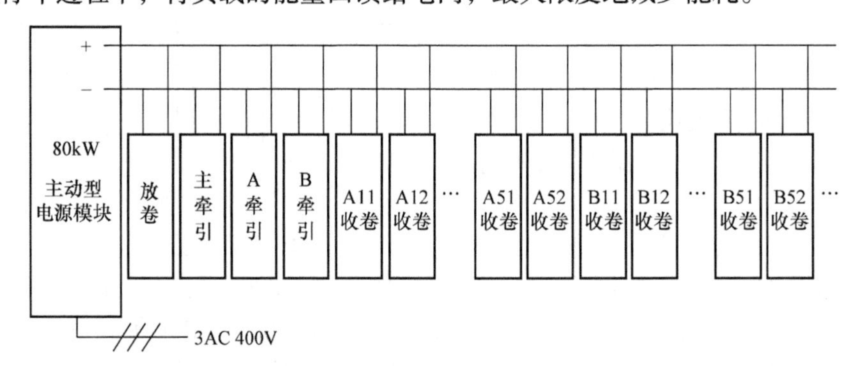

图7-13 SINAMICS S120伺服驱动器功率单元公共直流母线连接示意图

3. 功能实现及现场调试

对于薄膜分切机，客户关注的是在整个分切过程中，保持收卷表面张力稳定，端面整齐，无面皱，小卷径时无底皱。为了实现这些功能，必须保证各牵引之间的速度同步，收卷电机的转矩稳定，以及各驱动器之间的数据快速交换。应从以下几个方面考虑：

1）SINAMICS S120 伺服驱动器的多轴控制单元 CU320-2DP 将所有的牵引轴由同一个 CU320-2DP 控制，很容易实现各牵引轴之间的速度同步。相对于通过 PLC 或运动控制器建 TO 的方法，这种模式更简单、更直接和更快。

2）每个收卷工位上的两个收卷电机保持转矩同步，如 A1 工位上的 A11 和 A12 为转矩同步。为了防止飞车，收卷的间接张力控制采用的是速度控制转矩极限，具体实施方法参阅前面章节。每个工位上的两个收卷电机连接在同一个 CU 控制单元上。

3）SINAMICS S120 伺服驱动器集成了 DCC 编程功能，DCC 编程既有常规的逻辑运算功能，又有运动控制的特点，所有程序块的执行都可以被定义相应的时序和顺序，非常适合于运动控制功能。与上位的 PLC 或运动控制器相比，DCC 编程的优势不仅在于能够非常灵活地编程逻辑及运动控制程序，而且最小的执行周期为 1ms，能够很轻松地关联、读、写同一个 CU 控制器上的任意轴的参数。

SINAMICS S120 伺服驱动器用 DCC 实现运动控制示意图如图 7-14 所示。

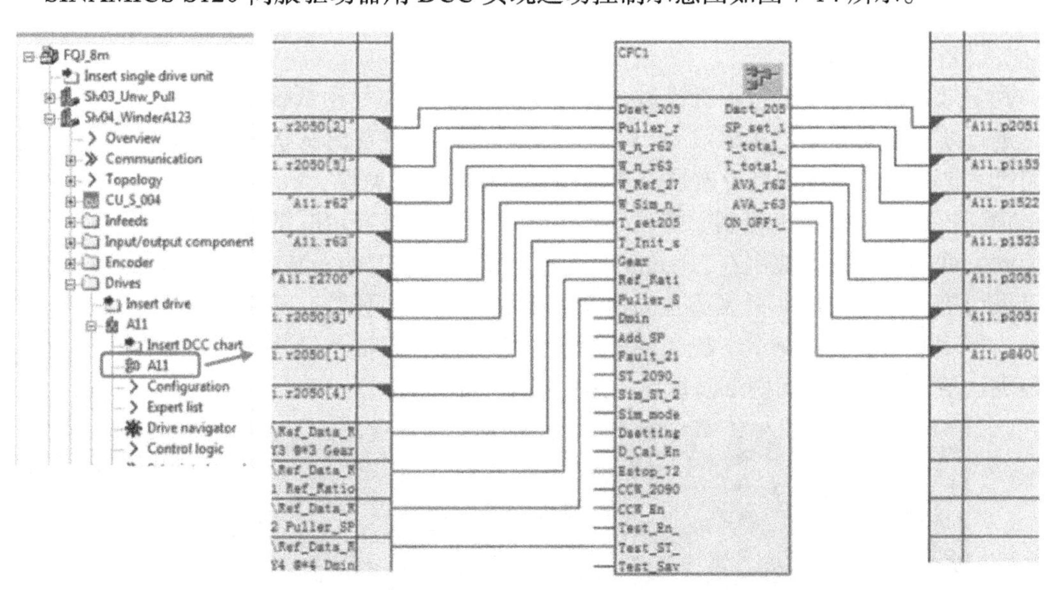

图 7-14　SINAMICS S120 伺服驱动器用 DCC 实现运动控制示意图

4）放卷及收边的浮动辊控制，通过 SINAMICS S120 伺服驱动器集成的 PID 功能，能够很轻松地实现，既简单又方便，为系统的调试带来极大的便利。

5）间接张力控制的实施完全在 CU320-2DP 里执行，比如逻辑控制、数据运算、直径计算、张力极限的实时计算、摩擦补差等，DCC 编程的所有程序块的执行都可以被定义相应的时序和顺序，非常适合于运动控制功能。

由于直径计算是 DCC 的标准功能块，而摩擦补偿是 SINAMICS S120 伺服驱动器的标准功能，所以张力的极限值在驱动器里计算并完成（见图 7-15），所以，在驱动器里完成的间接张力控制既平稳又精准，对于多轴高速机来说非常有利。

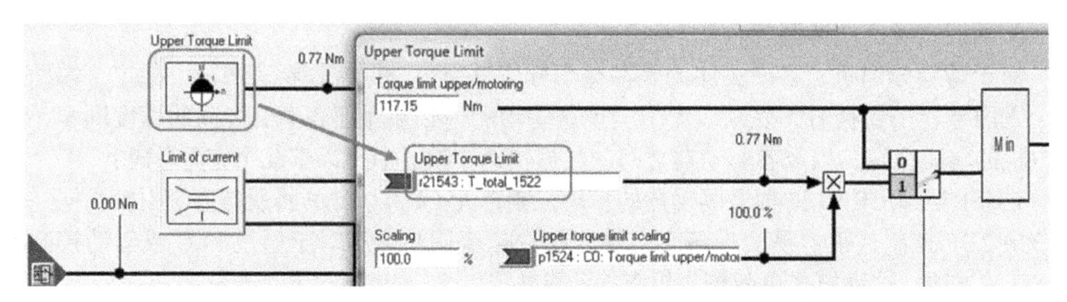

图 7-15　SINAMICS S120 伺服驱动器间接张力控制转矩极限示意图

6）DCC 功能也可以像 PLC 那样形成标准的功能块，所以在写程序时，应注意通用性，也就是说如果完成一根轴的调试，可以直接复制到其他轴，不需要进行任何修改，非常方便，用户可以根据需要对 DCC 块进行加密以保护知识产权。

7.2　横切机

7.2.1　横切机设备概述

1. 设备简述

瓦楞纸横切机属于纸箱加工机械，如图 7-16 所示。在瓦楞纸板生产线中，瓦楞纸横切机是进行纸板成品裁切的机械设备，它的技术性能以及设备调试状况直接影响成品纸板的裁切尺寸是否精确、压线是否破裂以及切口外观是否光滑美观。

横切机是通过计算机控制，按设定长度控制刀轴运转并切断纸板，加之机械部分的精密传动，可将切纸误差控制在 ±1mm 范围内。横切机按刀的安装方式分为螺旋刀横切机、直刀横切机。螺旋刀横切机更适合高速切厚纸板，且切纸平稳，刀片寿命长；按照驱动方式分为单驱横切机、双驱横切机、四驱横切机等；按照刀轴上安装的切刀个数又分为单刀横切机、多刀横切机。瓦楞纸横切设备之一如图 7-16 所示。

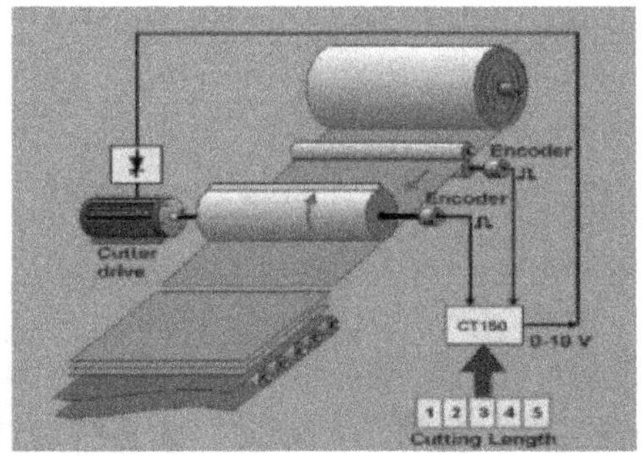

图 7-16　瓦楞纸横切设备之一

本节讲述的横切机为双驱单刀横切机，主要由入料传输、横切、出料传输三部分组成。其中入料和出料传输带由变频器驱动，实现纸的输送；横切轴由两电机驱动，在横切轴上只安装一把切刀，因此称之为双驱单刀横切机。其工作原理：纸张由左向右通过进纸传送机构传输到中间横切轴正中间，然后切刀按照设定切长或光眼追标计算出的切长完成横切，切完后的纸由出纸传输机构传输到下一环节，如图7-17所示。在此过程中，应确保进纸、横切瞬间及出纸线速度一致性，否则将严重影响横切。

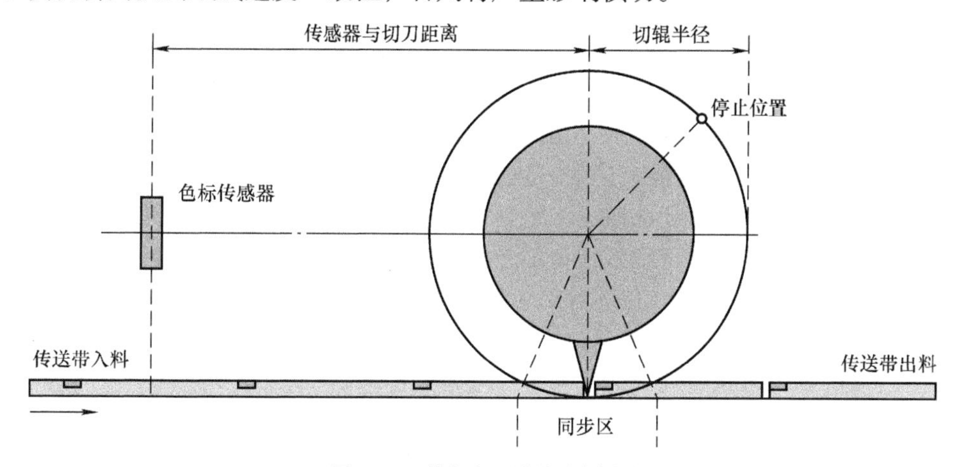

图7-17 横切机示侧视图意图

2. 控制要求

1）支持设定切长和光眼自动追标两种切纸方式。

2）支持在线修改切长。

3）支持远近编码器的切换。

4）支持模拟切。

5）支持本地和PC两种订单模式。

6）效率：切长为500mm、120m/min，横切精度：±1mm。

7.2.2 横切机电气系统配置

根据工艺要求，该系统选择SIMOTION D435控制器＋ SINAMICS S120伺服驱动器系列产品方案，具体配置与电气系统拓扑如图7-18所示。

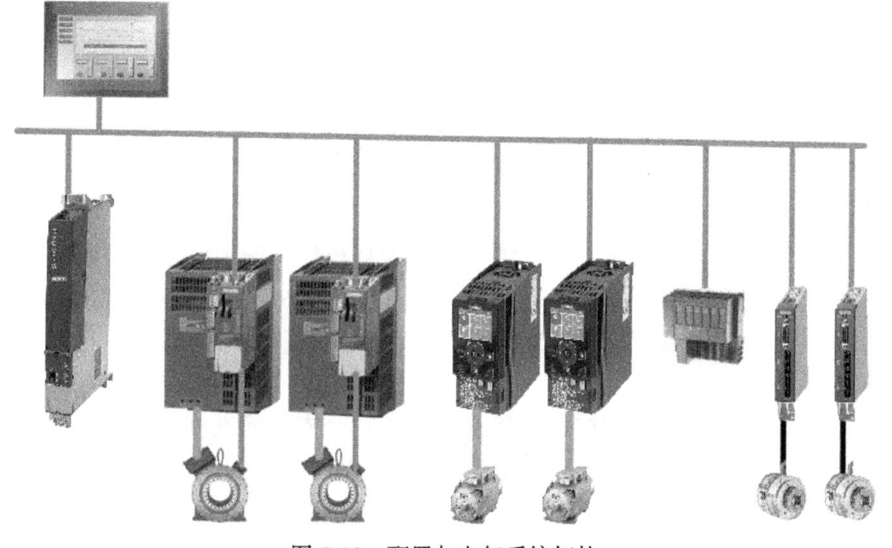

图7-18 配置与电气系统拓扑

7.2.3 横切机运动控制解决方案

1. 设备组成

如图 7-17 所示，该系统主要有远近编码器、进纸输送、光标识别电眼、横切单元、出纸输送等组成，各部分主要功能如下：

1）远近编码器测定输纸的实际速度，然后系统自动设定进纸、横切单元和出纸的速度，确保其速度设定与实际的输纸速度一致。

2）进纸输送是用来传输纸从前段工艺到横切单元内，由普通变频器控制。

3）光标识别电眼是用来识别纸板上的光标，通过追标的形式进行切断作业。

4）横切单元是该系统的核心部分，一般是同步电机驱动横切轴，按照设定长度或者光标识别的方式进行切断作业，需要建立同步关系。

5）出纸输送是将切断后的纸输出到下一段生产工艺。

2. 控制方案

如图 7-19 所示为各轴之间的运动关系示意图，编码器采集到前一段入纸的速度后，系统自动按照比例设定好进出纸传输带的速度；横切单元通过虚轴与编码器建立 Gear（齿轮）同步关系，当模拟切时，即不需要与编码器同步，直接给定虚轴速度和启动命令即可，当实际生产时，即与编码器建立 Gear 同步，按照入纸速度进行切段作业；由于需要在线修改切段的长度，飞剪轴与虚轴之间是通过 CAM（凸轮）实现同步关系，当切段长度变化时，CAM 在线修改后挂入；本文的横切轴是由双电机驱动，为了更好地建立主从驱动关系，本文对从轴采用转矩控制的方式实现主从控制。

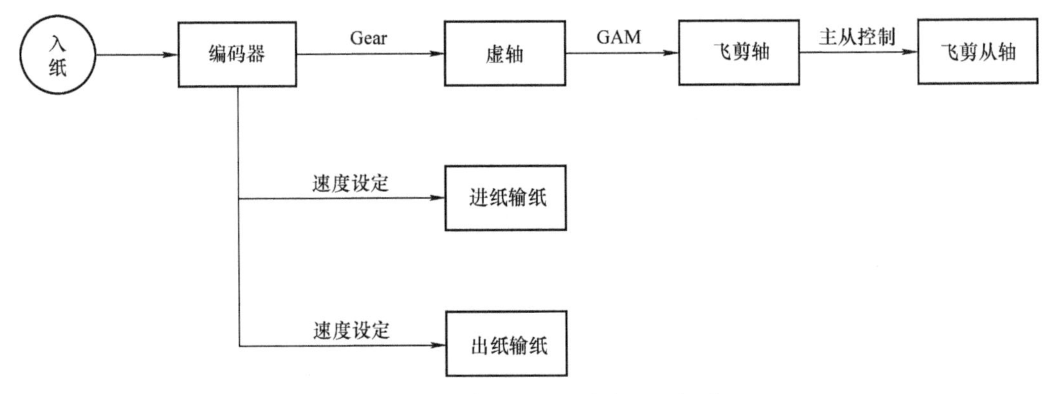

图 7-19　各轴之间的运动关系示意图

（1）主从控制

在变频器应用中，有很多应用场景需要进行主从控制，所谓的主从控制是指当一个传动设备或机构是由两个或多个电机驱动，通过主从控制来分配各个电机间的负载使其达到均匀平衡，以满足对传动点的控制精度。在此类应用的控制方式为主从传动是典型的速度控制，而从传动是速度或转矩控制。

当主传动和从传动的电机轴通过齿轮或者链条相互固定的硬连接时，从传动通常工作在转矩控制模式下；当主传动与从传动电机之间通过柔性连接时，从传动通常工作在带有转矩极限的速度控制模式。

本文中的双驱电机属于第一种硬连接方式，结构示意图如图7-20所示，图中左侧为主驱动电机与底辊通过联轴器连接，右侧为从驱动电机与顶辊通过联轴器连接，顶辊和低辊两端通过齿轮硬连接。通过两个电机驱动顶辊和底辊旋转实现对纸张的切断作业。

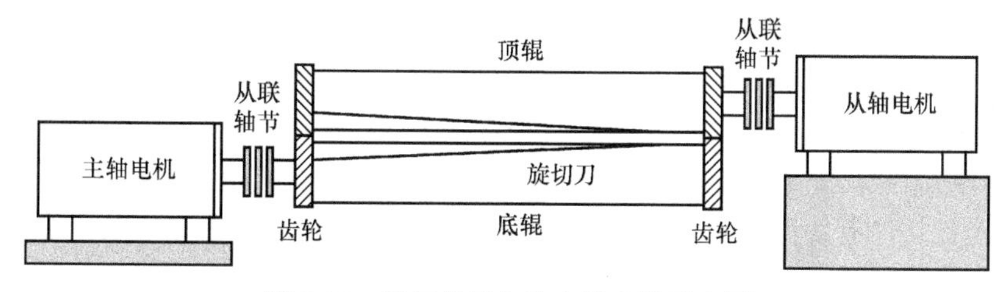

图7-20 横切单元主从电机安装示意图

基于以上阐述，结合西门子SIMOTION的控制特点，本文拟以下两种方式实现对主从驱动的控制：

1）主驱动速度模式，从驱动转矩模式。在软件配置中，直接将主驱动配置成速度模式，从驱动配置成转矩模式 + 比例控制，将主驱动的转矩实际值（设定值）链接到从驱动的转矩给定值，比例值的大小代表了从驱动分配的转矩大小。

优点：驱动层直接配置即可，无需其他特殊操作。

缺点：如果负载出现突然丢失情况下，从驱动电机容易飞车。

2）主驱动速度模式，从驱动速度饱和转矩限幅模式。在软件配置中，同时将主从驱动配置成速度模式，从驱动的速度值需要附加一个速度分量，确保从驱动的速度是饱和的，再将主驱动的电机实际转矩作为从驱动的转矩限幅值，通过转矩限幅的方式实现主从速度输出一致。

优点：驱动层直接配置；避免了直接转矩方式的飞车。

缺点：需要加速度饱和，对运动控制要有一定的理解。

由于本文阐述的机械结构上属于硬连接，且不存在负载丢失的问题，通过对比两种控制方式，拟选定第一种方式直接转矩模式控制从轴电机。通过设置和调试，主从驱动转矩、电流和速度曲线如图7-21所示，从图中可以看出主从电机转矩、电流和速度一致性较好。

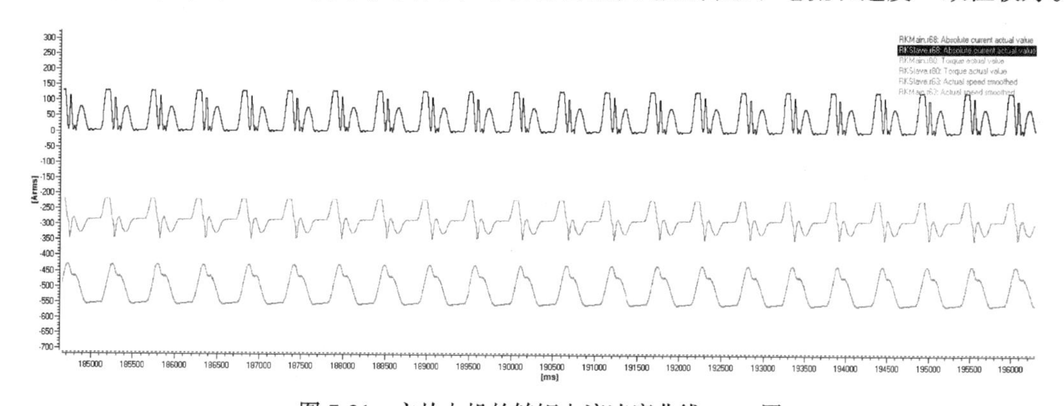

图7-21 主从电机的转矩电流速度曲线trace图

长度和数量下发给横切系统，在完成该订单的生产加工后，下一订单能自动地进入生产环节，确保生产效率。

（2）横切工艺的模拟生产

横切功能的实现是基于西门子 RotaryKnife 库，其包含了凸轮曲线的创建以及各种模式的切换等函数。本文的凸轮曲线采用该库的 FB 接口，外围的同步即及逻辑控制由编程者完成。综合以上叙述和函数库的说明，关于横切系统的调试主要内容如下：

1）参数设定：根据 RotaryKnife 函数说明，将刀周、刀的个数、同步角、超速比、切长等变量建立好接口并按要求设定好各个参数的值。

2）横切轴基准点设定：在工艺实现之前，刀轴的基准点至关重要。根据工艺要求，应将刀位在最下方时定义为0°。该处可以采用两种方式，方式一是刀位在最下方位置点处，加装外置光电开关；方式二是通过电机编码器的零脉冲信号，如果捕捉到零脉冲时，此时刀在其他位置处，需要通过找到零脉冲后再加入一段偏置实现。基于零脉冲的便捷性，本文通过采用零脉冲 + 位置偏置的主动找零方式，实现刀的基准定义。

3）刀轴回初始位置：在刀轴完成基准定位的同时，为了确保每次刀轴的起始位置是相同的，本文中将刀在最上方时定义为刀的起始位置，即 180° 位置，通过一个定位命令使刀轴按照设定的速度运行到 180° 位置，然后在该初始位置处等待模拟启动命令或编码器速度信号。

4）模拟生产：根据设定的切长，西门子标准轮切（RotaryKnife）功能库可以自动创建整个过程的凸轮曲线，为切电机的运动规划好了路径。

在完成刀轴回到初始位置的同时，生成正常横切段的凸轮曲线。等待系统启动命令，模拟运行按下时，横切轴先执行起始凸轮曲线运行到剪切点，然后自动地切换到横切段的凸轮曲线，横切完成后切换到回初始位置的凸轮曲线。随着主轴的运行，横切轴一直和虚轴同步，按照凸轮曲线运行。

图 7-22 所示为横切系统模拟运行在整个生产过程中的 trace 图，图中上侧曲线代表虚轴的位置，虚轴按照设定速度匀速运行，下侧曲线表示横切轴的位置变化情况。最左侧一小段为起始凸轮，紧跟着是切长稍大于刀轴，后半段在线修改了切长，并使切长远大于刀轴，发现此时横切轴在起始位置停止运行一段时间。

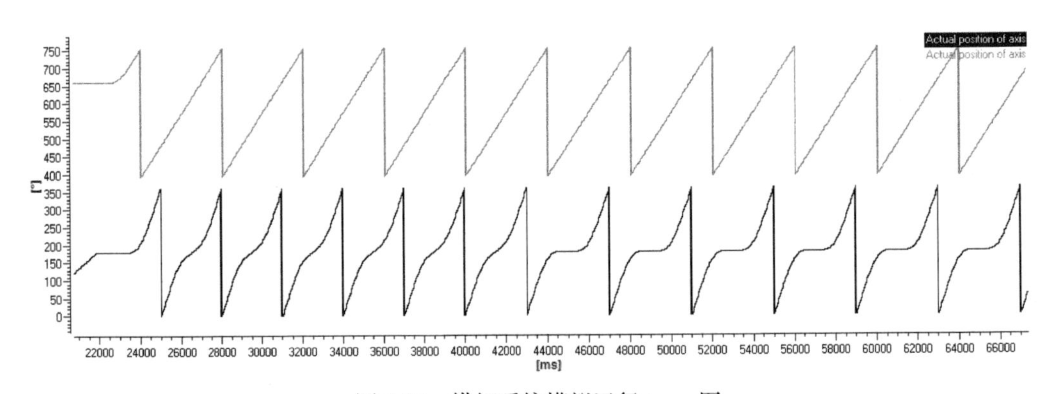

图 7-22 横切系统模拟运行 trace 图

（3）横切工艺的生产模式

在生产模式下，虚轴应与外部编码器建立 Gear 同步关系，当检测到编码器有速度变化时即执行同步命令，编码器的速度是通过检测材料输送速度变化而变化的。当无材料时，编码器停止运行，虚轴同步解除，横切轴也按照设定速度停止。

7.2.4　横切机技术要点解析

本例的控制器为 SIMOTION D435，因此该案例的技术要点是在 Scout 中开发完成，在此部分结合设备工艺及要求来介绍关键核心技术的实现方式。

1. 远近编码器的切换

在该类应用中有两个编码器，分别为远端编码器和近端编码器，该编码器安装在测米轮上，通过测米轮边缘与材料接触并产生旋转，从而带动编码器的旋转测速。此处的远端和近端是相对于横切轴距离的远近，并且远近测米轮的前边缘都装一个光电开关，该光电开关的目的是为了检测有无材料在传输带上，一般的编码器及光电编码器分布如图 7-23 所示。

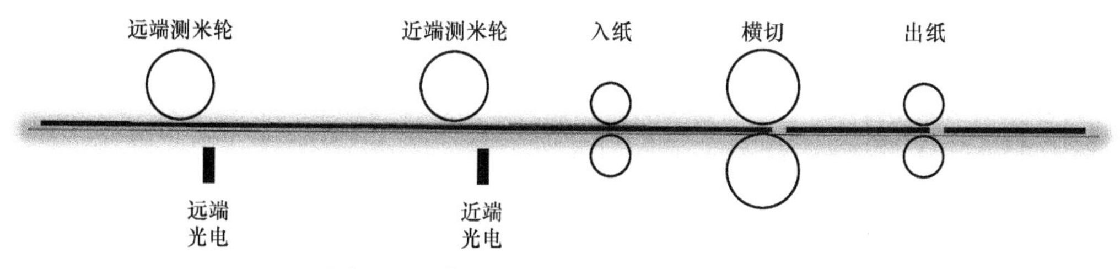

图 7-23　编码器和远近编码器分布示意图

安装远近端编码器，主要是为了更好地控制该横切系统和减少材料的浪费。关于远近端编码器的切换逻辑是，当机器起动时，远近端光电开关处均无材料；随着材料的传输，远端光电要早于近端编码器先接触到材料，但此时横切系统仍不能起动，直到材料传输到近端光电处时，此时系统跟随远端编码器；当剪切接近尾声时，即远端光电开关处无材料，此时将编码器切换到近端编码器；有时由于材料的特殊性，材料在远端处速度波动比较大，可以选择近端编码器。

2. 测米轮周长修改

测米轮周长即测米轮旋转一圈的长度，也就是编码器一圈的长度，这个值决定材料速度计算是否正确，一般为固定值，但对于客户开发多种机型时或者更换测米轮时应满足修改的需求。修改测米轮的周长即是修改编码器一圈所代表的长度，如图 7-24 所示中的参数。

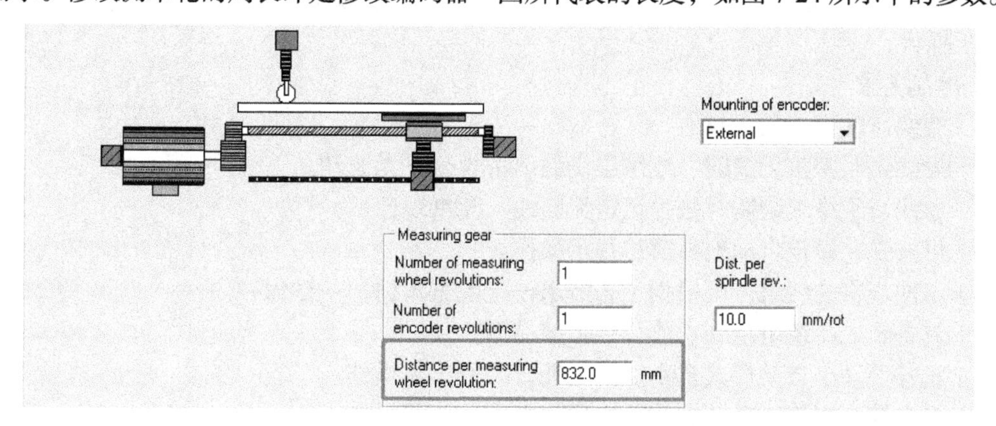

图 7-24　测米轮周长对应编码器配置中的参数

该参数属于编码器配置中的参数，需要编码器功能在不启用的条件下才可以修改，在编码器使用过程中是不能修改的，以免引起系统的故障或损坏，修改测米轮周长的步骤如下：

1）断使能要修改的编码器：如上所述，在修改编码器参数前，请确保机器是停止状态，编写程序，执行需要修改的编码器去使能操作，确认编码器使能后才可以执行下一步。

2）检测编码器是否有故障：通过程序功能块自动获取当前的编码器是否有错误或者告警代码，如果有应执行清除报警信号。

3）执行重新定义该参数：根据用户需求，该定义参数支持两种输入方式，一是用户输入的测米轮的直径需要计算成周长，二是用户输入测米轮的周长可以直接赋值。

4）完成修改后保存配置：在完成参数赋值后，需要执行保存到 ROM 区动作，否则下次掉电重起后，该值将存在丢失的问题。

7.3 恒张力绕线机

7.3.1 恒张力绕线机设备概述

1. 设备简述

随着国民经济的发展，对电力需求越来越大，无论是电力输配电的变压器还是各种改善电能质量的滤波器电感，需求都是越来越大。变压器和滤波电感的主要部件是绕组，它是由硅钢片、导线和绝缘层等绕制而成，传统人工绕制绕组的方式，产量小、生产效率低、设备可靠性也参差不齐。伴随生产自动化的浪潮，使用自动化技术解放人力、提高生产效率的需求越来越迫切。恒张力绕线机的推出，顺应了产业的需求，得到了广大电力设备生产厂家的认可。

恒张力绕线机是按照一定的工艺要求，自动地将绝缘纸、导线一层层地绕制成绕组的设备。它可以实现导线密实缠绕，无缝隙，绝缘纸按设定斜率规律排列，无波动，按工艺设定，自动提示工人操作，人机交互友好。该恒张力绕线机具备两种绕制工艺：窄绝缘纸带排纸绕制绝缘层工艺，简称排纸工艺；宽纸纸带整体缠绕工艺，简称宽纸工艺，如图 7-25 所示。

2. 控制要求

1）缠绕速度达 500r/min。

2）导线绕制密实无缝隙、绝缘层绕制斜率规律、无波动。

3）导线、绝缘纸绕制时张力恒定无断线、断纸现象。

4）可按工艺设定自动地弹窗，提示操作。

5）不同规格的绕组，可根据工艺需求设定配方数据，一键保存。

6）具备半成品绕组绕制功能，减少废品率。

7）具备手动、自动模式自由切换功能，方便工人操作。

8）具备缠绕主轴正反转功能，方便绕组出抽头等操作。

9）满足排纸工艺和宽纸工艺两种工艺方式绕制。

图 7-25 恒张力绕线机

7.3.2 恒张力绕线机电气系统配置

恒张力绕线机，采用 SIMOTION D425 运动控制器 + SINAMICS S120 伺服驱动器解决方案，系统配置如图 7-26 所示。

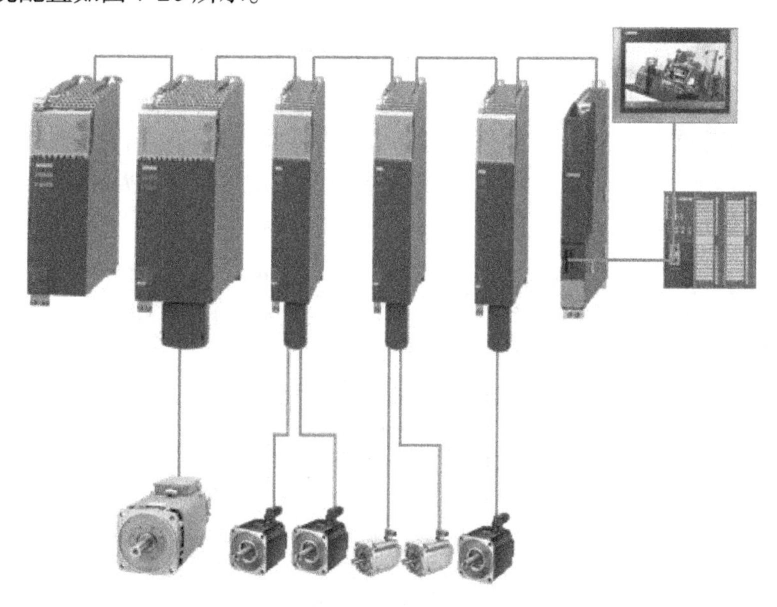

图 7-26 恒张力绕线机系统配置图

运动控制器：SIMOTION D425。伺服驱动器：SINAMICS S120。伺服电动机：1FK7、1PH8。人机界面：TP1200 Comfort。远程 I/O 模块：ET200M、分布式 IO 系统。

7.3.3 恒张力绕线机运动控制解决方案

恒张力绕线机主要由缠绕主轴、排线轴、导线牵引轴、压扁线设备、断线检测、绝缘纸排纸轴、绝缘纸放纸轴、宽绝缘纸放卷、人机界面和调速脚踏板等组成。

1. 导线牵引

导线牵引是指将放在放线桶内的成卷导线直接抽出，导线抽出后，经断线检测传感器进入压扁线设备，将截面为圆形的导线压扁，压扁后由线牵引轴驱动，经气缸摆杆及引导轮后绕制到绕组上，如图 7-27 所示。

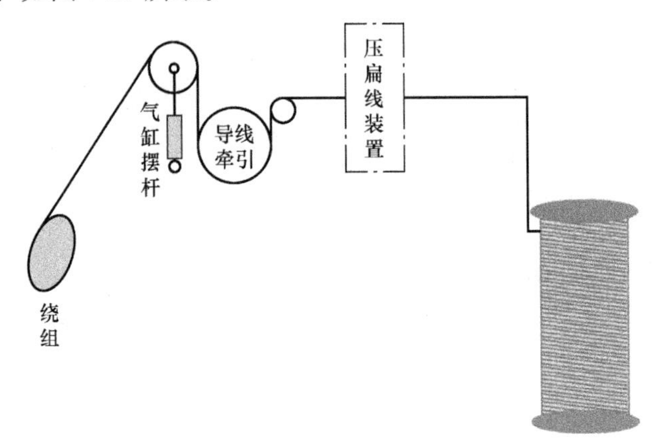

图 7-27　恒张力线牵引结构示意图

在此过程中，导线压扁是便于绕制，且绕制过程中不易出现缝隙，而带有位置传感器的气缸摆杆，实时反馈气缸活塞的实际位置，用于摆杆张力闭环控制系统，以确保在绕组绕制过程中导线张力的恒定。

在气缸摆杆张力闭环控制系统中，气缸采用精密调压阀或者接大容量的储气罐，保证气缸在整个行程中压力保持恒定，气缸气压的大小体现了线张力的大小。张力闭环控制系统是通过气缸的设定位置（通常为中间位置）与实际位置的差值进行比较，经过 PID 控制器控制导线牵引的速度，通过控制气缸活塞始终保持在设定位置，从而保证了导线的张力恒定，如图 7-28 所示。

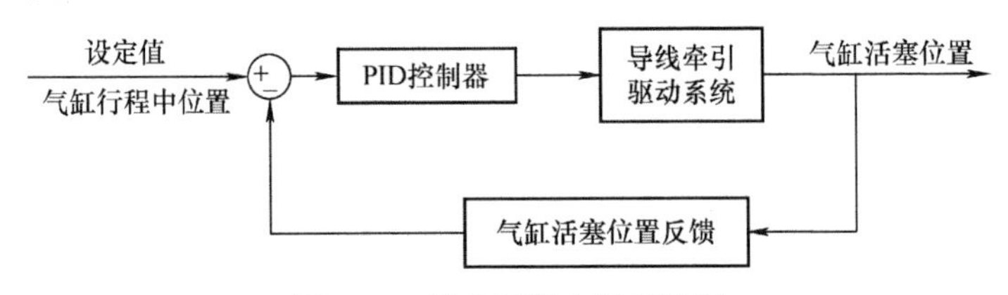

图 7-28　线牵引张力闭环控制

2. 排线系统

排线系统与导线牵引组成一个整体的机械结构，由排线轴带动，可实现绕制过程中导线左右排线操作，排线轴由伺服电动机驱动丝杠机构实现左右排线的目的，如图 7-29 所示。

为了保证排线过程均匀、流畅，排线轴采用电子齿轮同步模式。排线轴同步于缠绕主轴，保证缠绕主轴每旋转一圈，排线轴位移为一个线宽的距离。

3. 绝缘纸恒张力放卷

图 7-30 为绝缘纸放卷部分示意图，放卷电机驱动窄绝缘纸进行主动放卷，绝缘纸放卷

后经过气缸摆杆及导纸轮后缠绕在绕组上。在缠绕期间，绝缘纸要求保持张力恒定，其控制方法与线牵引部分的气缸摆杆一样，气缸摆杆反馈活塞的位置构成恒张力闭环控制系统，如图 7-31 所示。

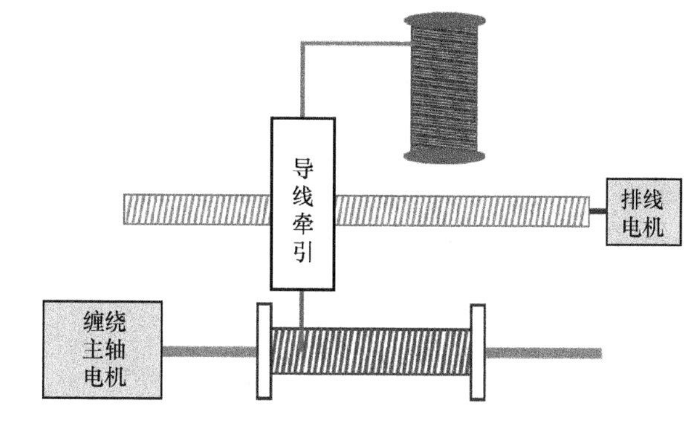

图 7-29 排线系统结构示意图

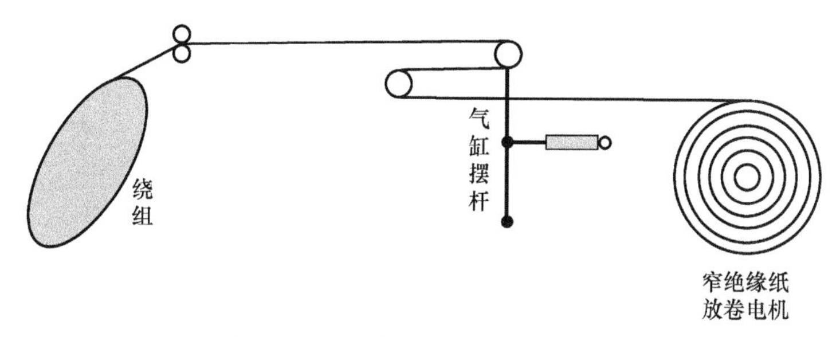

图 7-30 恒张力放卷结构示意图

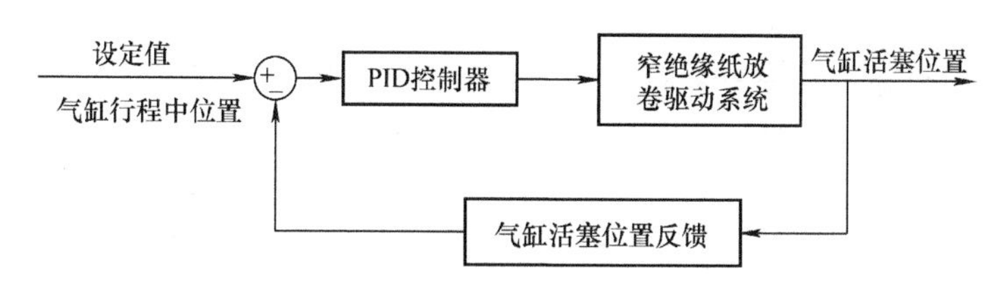

图 7-31 绝缘纸放卷张力闭环控制

绝缘纸恒张力放卷系统有两套，其结构和控制原理相同。在需要增加绝缘强度的绕组时，会同时缠绕两层绝缘纸，因此采用两套放卷系统。

4. 排纸系统

排纸系统与上文所述的两套绝缘纸放卷系统构成一个机械整体，由排纸轴带动可实现绕制过程中绝缘纸左右排纸操作，排线轴是一台伺服电动机驱动的丝杠机械机构，如图 7-32 所示。

根据窄绝缘纸绕制工艺的要求，绝缘纸的重叠率要求按斜率变化。从左往右缠绕时，左边重叠率低，右边重叠率高；从右往左缠绕时，右边重叠率低，左边重叠率高，如图 7-33 所示。

因此，采用 CAM 凸轮同步方式，绝缘纸排纸轴与缠绕主轴同步，缠绕主轴作为 CAM 主轴，排纸轴作为从轴，按照 CAM 曲线进行运动。

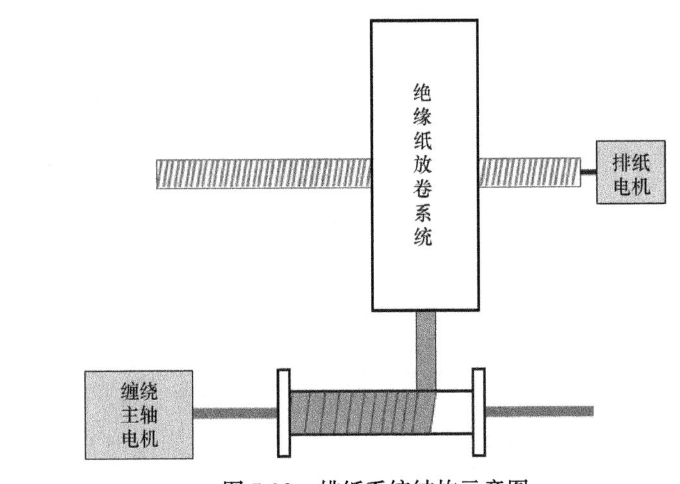

图 7-32　排纸系统结构示意图

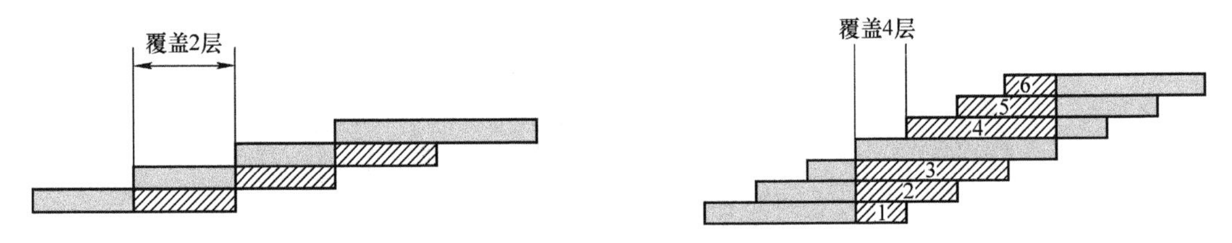

图 7-33　不同重叠率示意图

当缠绕方向从左往右时，排纸方向为正方向，缠绕主轴做正向相对定位运动。开始位置重叠率低，相应排纸速度快，斜率大；结束位置重叠率高，相应排纸速度慢，斜率小。如图 7-34 所示。横坐标为缠绕主轴旋转角度，纵坐标为排纸轴位移。

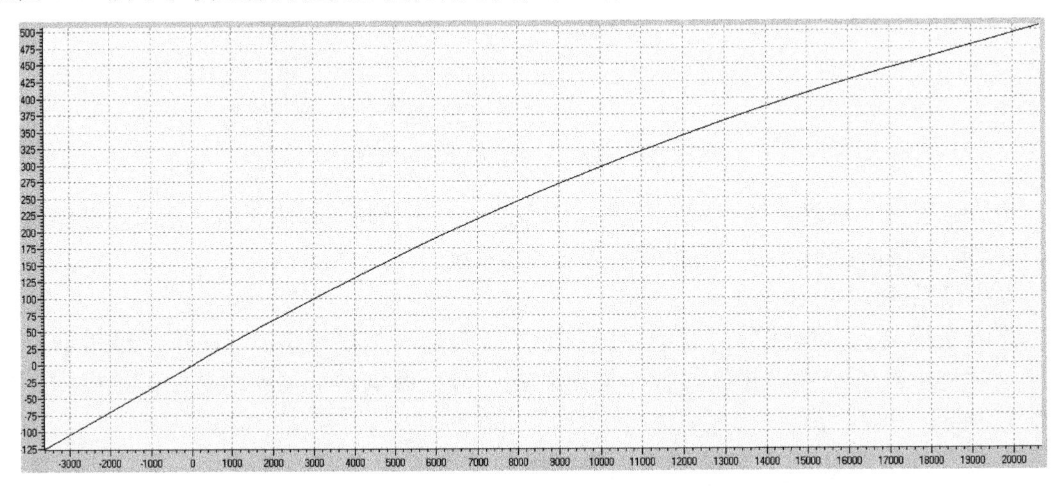

图 7-34　从左侧往右侧缠绕时的 CAM 曲线

当缠绕方向从右往左时，排纸方向为负方向，缠绕主轴做正向相对定位运动。开始位置重叠率低，相应排纸速度快，斜率大；结束位置重叠率高，相应排纸速度慢，斜率小。如图 7-35 所示：横坐标为缠绕主轴旋转角度，纵坐标为排纸轴位移。

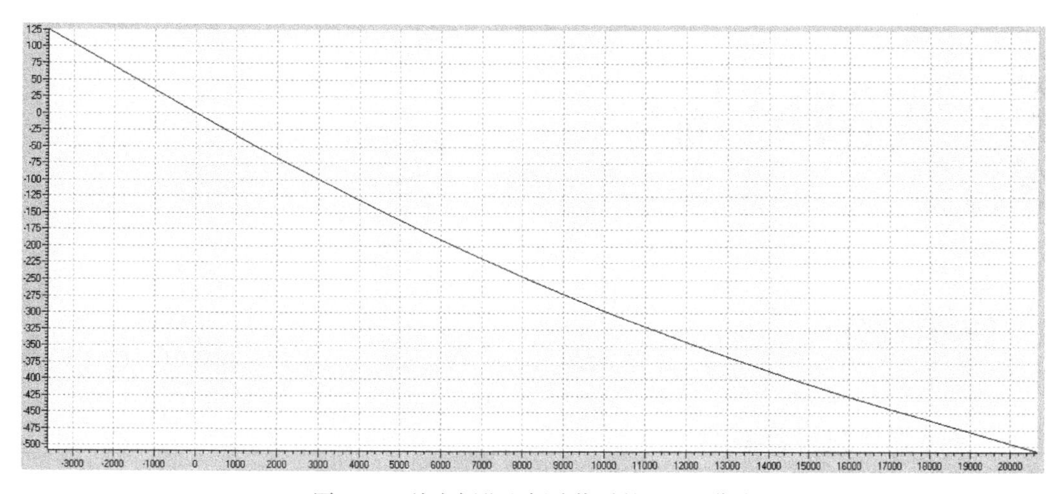

图 7-35 从右侧往左侧缠绕时的 CAM 曲线

5. 宽纸被动放卷

在使用宽纸工艺进行绕组绕制时，绝缘层采用宽绝缘纸带绕制。宽绝缘纸带一般与绕组宽度等宽，每层按要求缠绕 1 ~ 2 层或更多层宽绝缘纸。宽绝缘纸采用被动放卷方式放卷，放卷轴为一根带气动刹车的气涨轴，如图 7-36 所示。放纸张力大小由控制气动刹车的调压阀控制，旋转调压阀调节气压改变刹车力度，从而控制改变放卷张力。

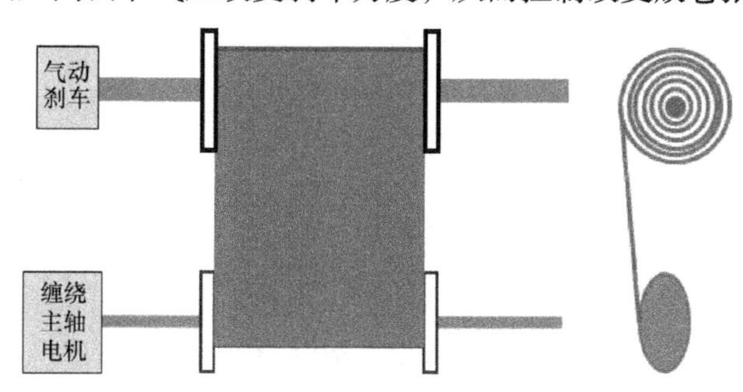

图 7-36 宽绝缘纸带放卷结构示意图

7.3.4 恒张力绕线机运动控制技术要点解析

1）恒张力控制在运行过程中需实时计算放卷的卷径，特别是窄绝缘纸带放卷。当出现卷径计算错误时容易造成断纸等现象。在该项目中，放卷卷径计算采用积分法，在实际运行中卷径计算误差较小，可以满足设备运行的需求。

2）根据客户操作需求，该设备应可以在自动缠绕和手动缠绕模式进行自由切换，使操作人员可以完成出抽头等操作，因此该设备属于半自动运行状态，在模式切换时应记录当前的运行数据，以便恢复自动模式时能够继续进行缠绕，不能影响缠绕计数、排纸、排线等操作，因此需要大量的逻辑编程工作。

3）上一代产品的排纸操作采用定位控制，变重叠率的排纸操作存在不稳定现象，常出现绕制重叠率不齐。新的恒张力绕线机，排纸操作采用 CAM 凸轮同步方式，排纸重叠率满足设计要求，良品率大幅度提高。

第8章 实例应用4

8.1 袋装弹簧机

8.1.1 袋装弹簧机设备概述

1. 设备简述

装袋弹簧机主要用来生产弹簧床垫中的单条弹簧，其工艺流程：首先通过放线架将钢丝送入机头将弹簧成型，然后经过链条输送带进行热处理，风机冷却，最后通过无纺布装袋经超声波焊接，生产成固定个数的装袋弹簧。高速弹簧机结构如图8-1所示。

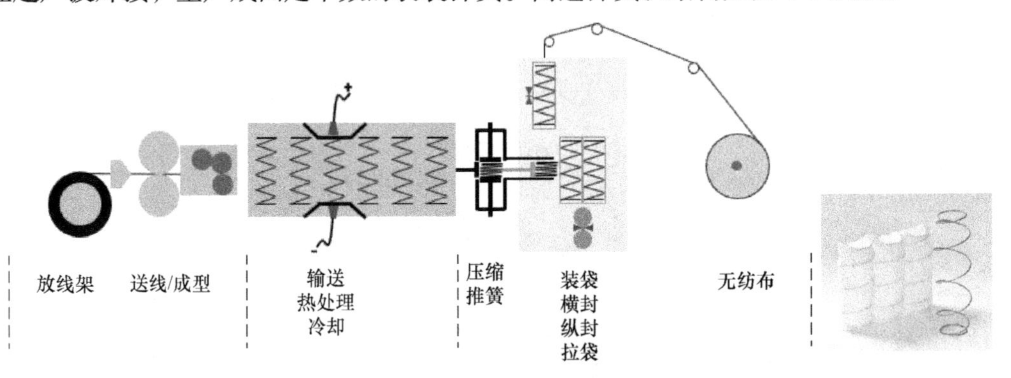

图8-1　高速弹簧机结构图

如图8-2所示，其工艺流程为送线伺服将设定长度的钢丝送到成型机构，成型伺服根据设定的成型参数，控制成型机构将钢丝最终形成弹簧形状并切断掉入输送带，输送带由输送伺服控制，每个循环周期输送一个弹簧，触发高压装置对弹簧进行热处理，风机冷却，弹簧经过压缩，推簧到固定位置，装袋伺服将弹簧推入经过纵封的无纺布袋内，下拉伺服将无纺布下拉一个弹簧位置，然后横封，形成图8-1中一节一节的袋装弹簧。

图8-2　弹簧机工艺图

2. 控制要求

1）各轴可单独回零，也可一键回零。

2）每个轴可以单独进行点动。

3）可根据需要对成型部分、装袋包装部分进行单独调试。

4）支持在线调整弹簧长度、形状，在线修改运动控制曲线，在线切换运动控制曲线。

5）根据设定的条数和每条个数进行自动生产。

6）运行效率：120个/min。

8.1.2　袋装弹簧机电气系统配置

由于设备需要较高的运动控制性能和生产速度，该设备选用西门子运动控制器SIMOTIOND425控制器和经济型总线伺服驱动系统的SINAMICS V90伺服驱动器配置方案，具体配置和系统框图如图8-3所示。

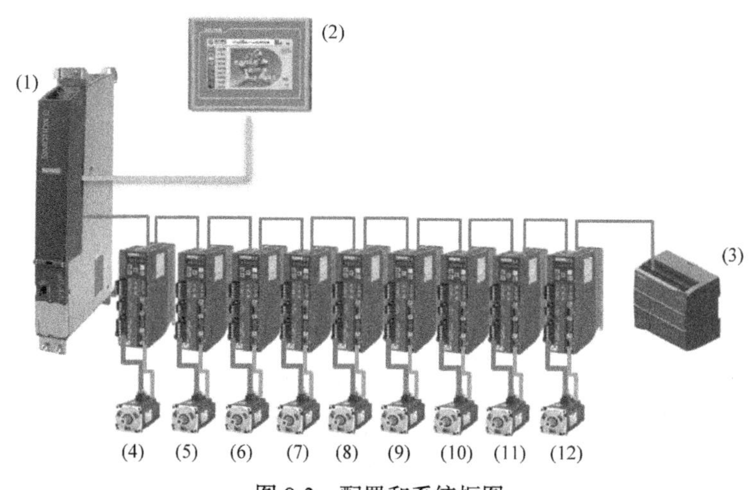

图8-3　配置和系统框图

8.1.3　袋装弹簧机运动控制解决方案

高速装袋弹簧机根据工艺流程主要由三部分组成：机头弹簧成型、弹簧输送热处理以及冷却和弹簧装袋焊接。下面将介绍各个组成部分和控制工艺。

1. 机头弹簧成型

机头由钢丝放线架、送线以及成型组成，如图8-4所示。

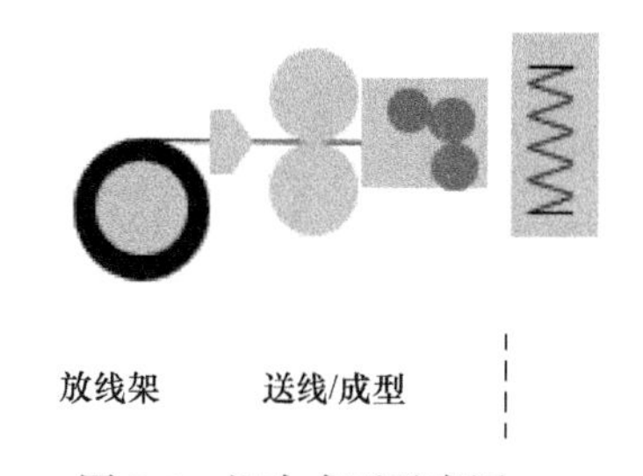

图8-4　机头成型示意图

钢丝放线架实现钢线进给功能，由一台变频器控制异步电动机放线。变频器的放线频率根据整机的运行速度实时变化，实现速度同步，从而实现放线架与机头的同步配合。

弹簧成型由送线伺服驱动器和成型伺服系统组成，同步关系图8-5所示，机头虚轴和主虚轴Gear同步，送线伺服和成型伺服与机头虚轴Cam同步。

根据工艺要求，机头虚轴与主虚轴之间需要有一定的偏移关系，因此采用相对同步，偏移位置可根据编程需要进行设定，如图8-6所示。

送线伺服轴、成型伺服轴分别与机头虚轴之间采用Cam同步，它们的Cam曲线分别如图8-7、图8-8所示。

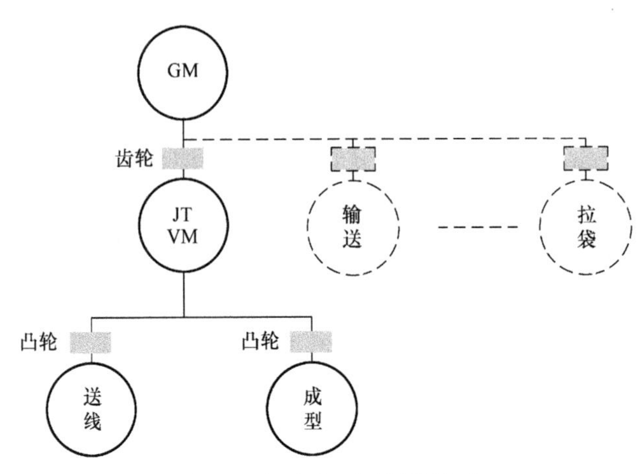

图 8-5 机头成型伺服轴关系

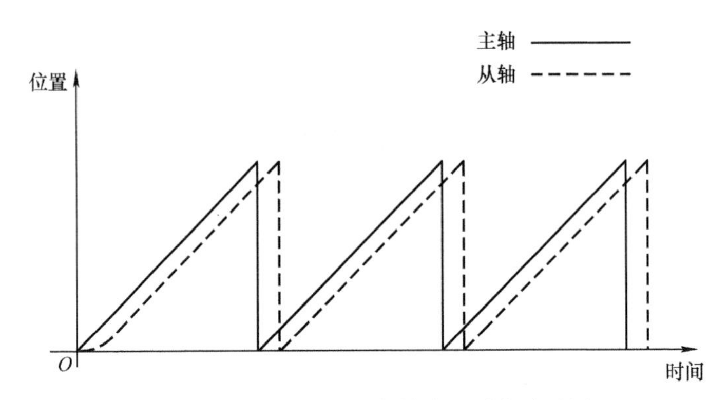

图 8-6 机头虚轴与主虚轴位置同步关系图

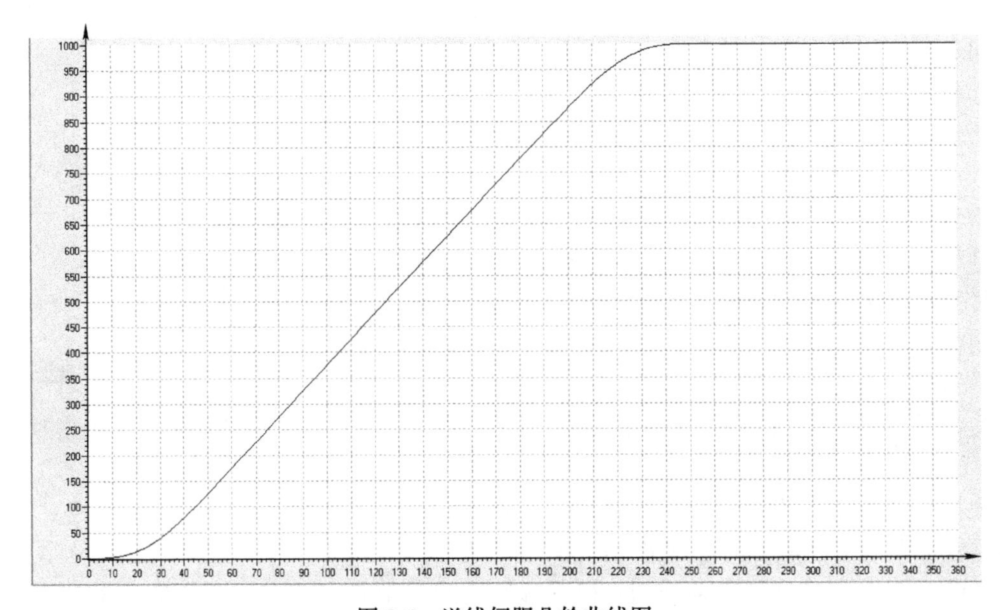

图 8-7 送线伺服凸轮曲线图

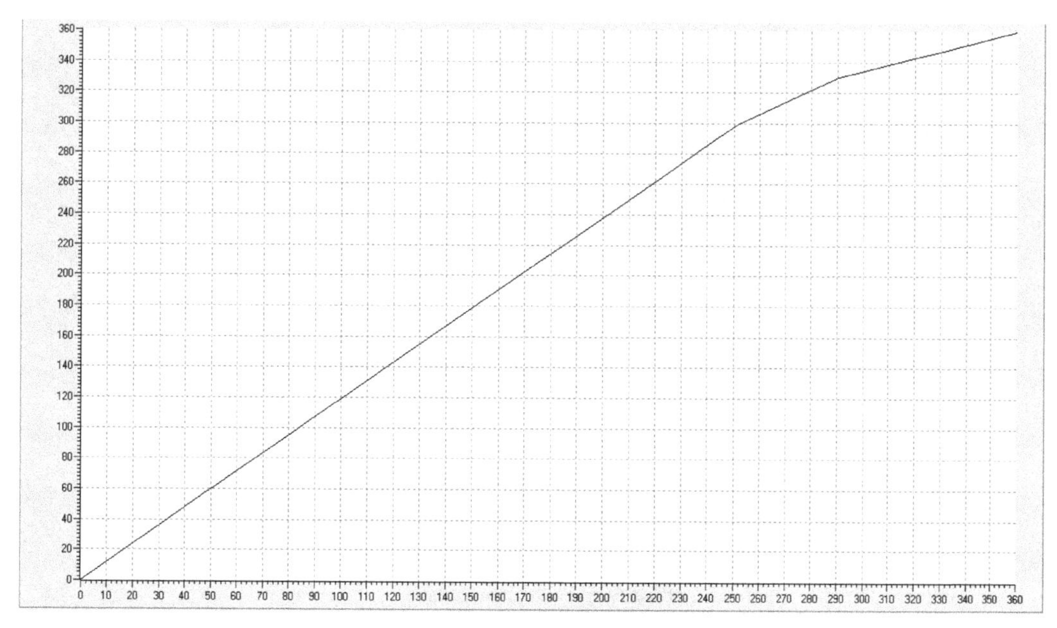

图 8-8　成型伺服凸轮曲线图

钢丝经过机头成型机构，送线伺服轴与成型伺服轴根据上述凸轮曲线，同步控制共同完成弹簧的成型工艺，包括弹簧的长度、弹簧高度、弹簧的头尾形状。

弹簧基本形状主要靠机械凸轮调节实现，成型轴主要通过设置凸轮相对主轴位置点的坐标值来调节弹簧首圈与第二圈的形状微调；送线轴则通过改变从轴曲线缩放来改变弹簧的长度。

弹簧成型主要工艺难点在于弹簧首尾的形状（首圈直径和首圈与第二圈弹簧的过渡形状），如图 8-9 弹簧形状，通常需要反复调整工艺参数甚至微调机械才能生产出合格的弹簧产品。

2. 输送热处理及冷却

输送热处理及冷却包括输送伺服轴、高压电弧热处理和冷却风机。

弹簧输送伺服轴与主虚轴进行 Cam 同步，与主虚轴关系如图 8-10 所示。

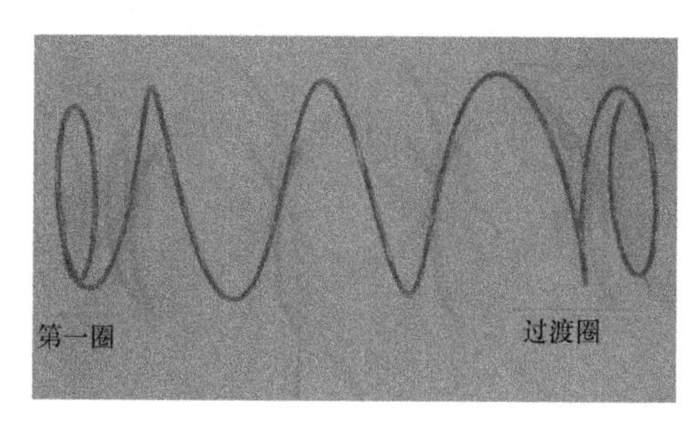

图 8-9　弹簧形状

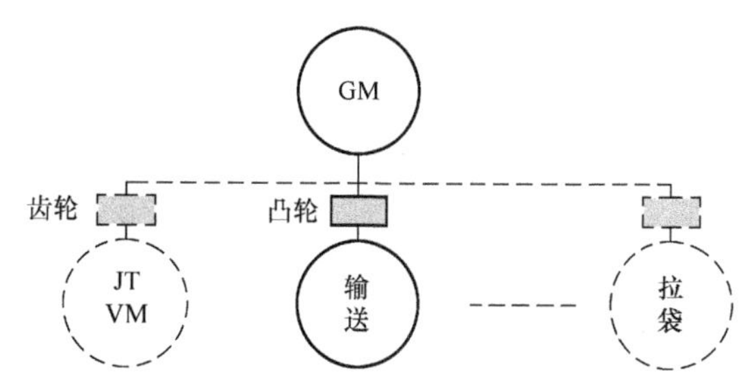

图 8-10　输送伺服轴与主虚轴的关系

根据工艺要求，弹簧输送伺服轴与主虚轴具有一定的偏移关系，输送伺服轴与主虚轴在同步过程正都采用相对（RELATIVE）模式，具体相关同步参考关系如图 8-11 所示。

```
ginstFBDeliverySyncCtrl(
    enable := gboAllwaysOn
    ,toMaster := VA_GM
    ,toFollowingObject := RA_Delivery_FO
    ,toCam1 := DeliveryCam1
    ,StartSync := gboDeliveryStartSync
    ,StartDeSync := gboDeliveryDeSync
    ,MasterMode := RELATIVE
    ,SlaveMode := RELATIVE
    ,CamScalingFactor := 1
    ,SyncProfileReference := RELATE_SYNC_PROFILE_TO_LEADING_VALUE
    ,SynchronizingModeCamming := ON_MASTER_POSITION
    ,SyncPositionReference := SYNCHRONIZE_WHEN_POSITION_REACHED
    ,SyncLength := 5.0
    ,LeadingAxisPosition :=145.0//35.0
    ,SyncOffModeCamming := AT_THE_END_OF_CAM_CYCLE
    ,SyncOffProfileReference := RELATE_SYNC_PROFILE_TO_TIME
    ,SyncOffPositionReference := BEGIN_TO_STOP_WHEN_POSITION_REACHED
    ,axisSyncd => gsDeliveryStatus.synced
    ,activeCam => gsDeliveryStatus.activeCam
);
```

图 8-11　输送伺服轴与主虚轴 Cam 同步

由于输送轴旋转一圈包含三个弹簧输送工位，所以在一个主虚轴循环周期（一个弹簧成型周期）之中，输送轴伺服只需选择 120° 即可，其凸轮曲线如图 8-12 所示。

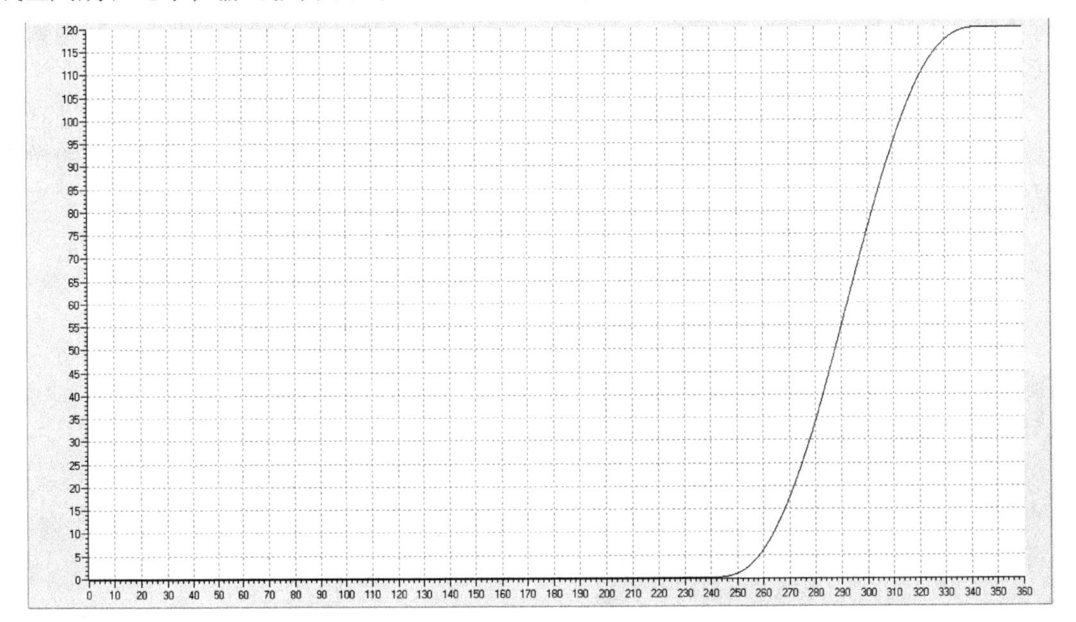

图 8-12　输送伺服轴凸轮曲线图

弹簧热处理控制通过检测主虚轴实时位置与设定位置相比较，实时位置到达设定位置触发快速输出点控制接通高压电弧，延时时间到断开，弹簧热处理每周期且执行一次。弹簧热处理起始位置应参考弹簧输送是否送到位置。

冷却风机在自动运行中自动开启，自动停止运行之后关闭。

3. 弹簧装袋

弹簧装袋是整机的重要部分，包括弹簧压缩、推簧、装袋、纵向超声波焊接、横向超声波焊接、拉袋和无纺布进料等，其中压缩、推簧、装袋、纵向/横向超声波焊接、拉袋由伺服电动机控制，无纺布进料由普通电机控制。

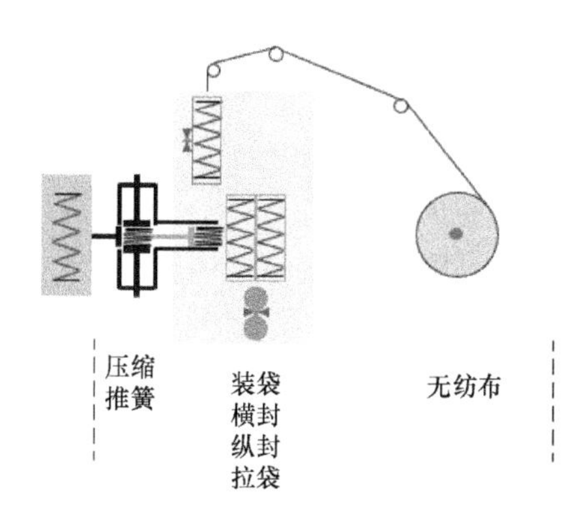

图 8-13　弹簧装袋部分示意图

弹簧装袋根据工艺需求选择跳间隔装袋工艺模式，操作人员选择跳间隔工艺模式后，弹簧装袋完成设定个数后，拉袋伺服轴、横向/纵向超声波焊接伺服轴切换到跳间隔工艺曲线，完成跳间隔工艺之后，相关的伺服轴切换回正常装袋的工艺，继续生产过程。

弹簧装袋各伺服轴与主虚轴都是通过 Cam 进行相对同步，且都有一定的偏移关系，同步关系如图 8-14 所示。

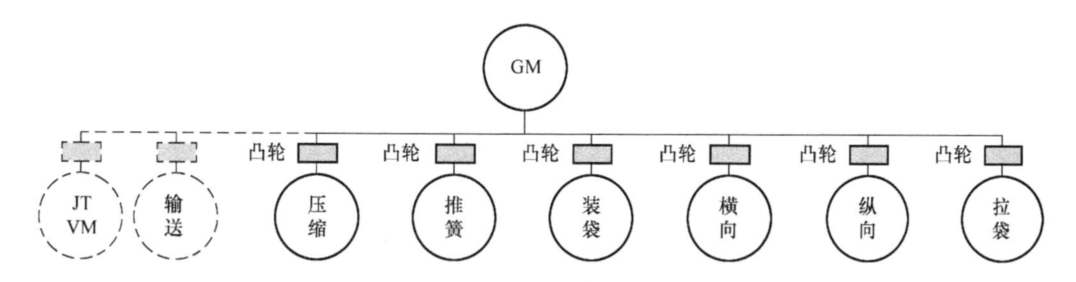

图 8-14　弹簧装袋伺服轴与主虚轴同步关系示意图

压缩伺服轴、推簧伺服轴、装袋伺服轴这三个伺服轴与主虚轴的同步关系与输送伺服轴一样，在此不对这三个伺服轴的同步参考做说明，只对凸轮曲线做说明。

（1）压缩伺服轴工艺曲线

压缩伺服轴控制的机构进行往返运动，其凸轮曲线过程是主虚轴 0°→360° 对应于压缩轴 0mm→140mm（设定参数）→0mm，如图 8-15 所示。

（2）推簧伺服轴工艺曲线

推簧机构是圆形机构，伺服电动机驱动圆形机械机构，带动曲柄将压缩后的弹簧推到装袋位置，旋转一周带动曲柄机构推一次弹簧，其凸轮曲线过程是主虚轴 0°→360° 对应于推簧轴 0°→360°，如图 8-16 所示。

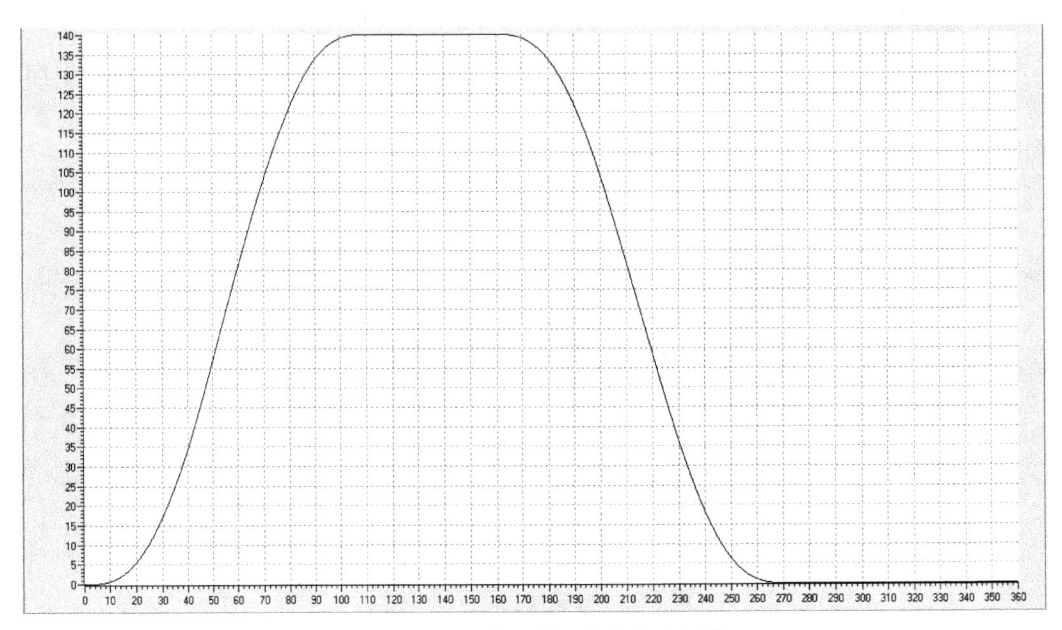

图 8-15 压缩伺服轴凸轮曲线示意图

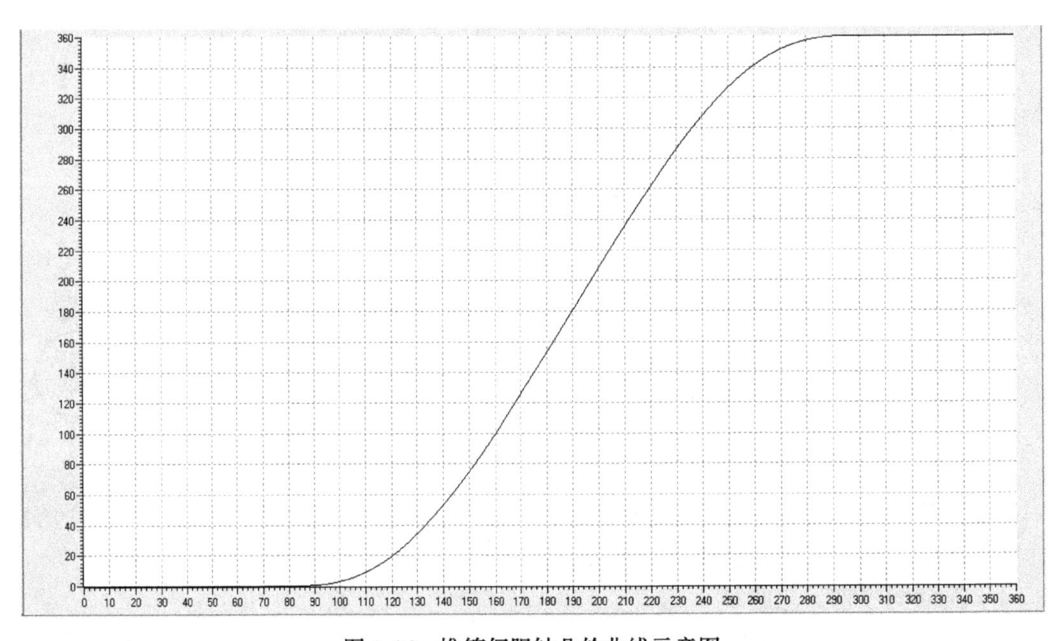

图 8-16 推簧伺服轴凸轮曲线示意图

（3）装袋伺服轴工艺曲线

装袋机构和推簧机构类似，伺服电动机驱动圆形机械机构，带动曲柄将推到位的弹簧装到无纺布袋中，旋转一周带动曲柄机构装一次弹簧，其凸轮曲线过程是主虚轴 0° → 360° 对应于推簧轴 0° → 360°，如图 8-17 所示。

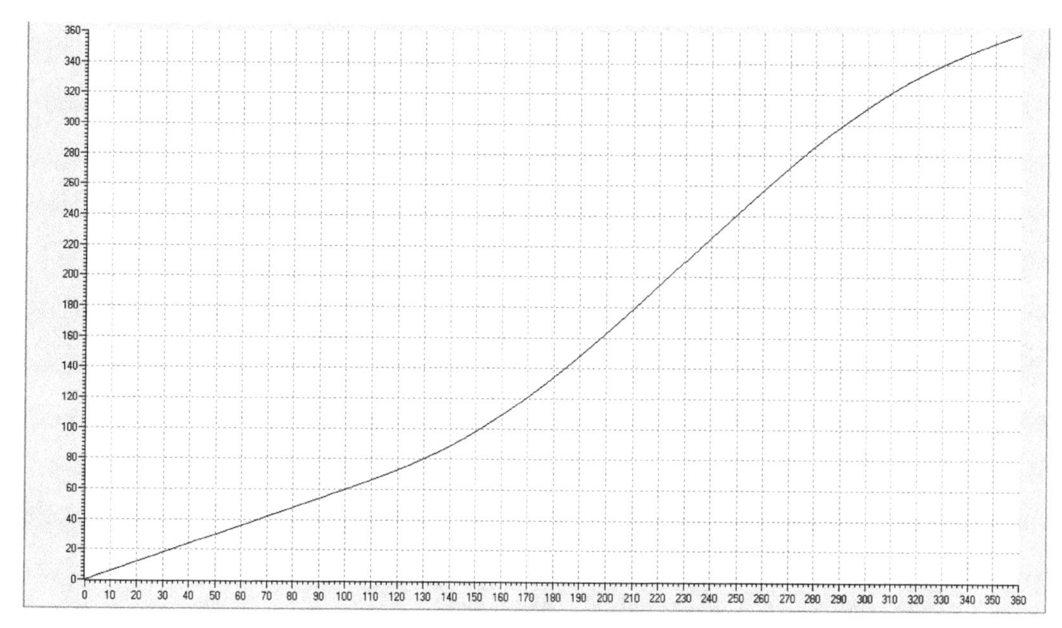

图 8-17　装袋伺服轴凸轮曲线示意图

通过凸轮曲线看出，装袋伺服轴位置曲线在主轴 0° 位置和 360° 位置时是有一定的斜率，这就需要在凸轮曲线的参数中，需要设定合适的速度参数，这个参数需要经过多次调试，监控实际速度有没有突变，实际运行是否平滑等直到决定。

拉袋伺服轴、横向超声波焊接伺服轴、纵向超声波焊接伺服轴这三个伺服轴具有特殊工艺（跳间隔工艺）曲线。在生产过程中，如果选择了跳间隔工艺，装袋到设定弹簧数量（n）的前一个（$n-1$）的过程中，程序给出切换到跳间隔工艺曲线指令，此时当前弹簧（$n-1$）还未装袋完成，跳间隔工艺凸轮曲线未能激活（同步指令设置的同步模式需要等到凸轮结束之后，新的凸轮曲线才能生效，具体设置如图 8-18 所示）；当第 $n-1$ 个弹簧装袋完成，新的凸轮曲线自动激活，开始以跳间隔工艺装袋第 n 个弹簧。

```
i32CamSwitchSyncRetDINT := _enableCamming(
    followingObject := toFollowingObject
    , direction := POSITIVE
    , masterMode := MasterMode //RELATIVE
    , slaveMode := SlaveMode //RELATIVE
    , cammingMode := CYCLIC
    , cam := toNextCam
    , synchronizingMode := AT_THE_END_OF_CAM_CYCLE
    , syncPositionReference := SYNCHRONIZE_WHEN_POSITION_REACHED
    , syncProfileReference := RELATE_SYNC_PROFILE_TO_TIME//RELATE_SYNC_PROFILE_TO_LEADING_VALUE //RELATE_SYNC_PROFILE_TO_TIME
    , camStartPositionMasterType := DIRECT
    , camStartPositionMaster := 0.0
    , synchronizingDirection :=  SHORTEST_WAY //POSITIVE_DIRECTION // SHORTEST_WAY
    , mergeMode := IMMEDIATELY
    , nextCommand := IMMEDIATELY
    , commandId := _getCommandId()
);
```

图 8-18　凸轮同步指令示例图

横向超声波焊接伺服同步控制程序（见图 8-19）可以根据需要进行凸轮曲线切换，在生产过程中给出“camSwitch”指令，程序将当前凸轮和下一个凸轮进行交换（见图 8-20），等待当前凸轮结束之后激活新的凸轮。

```
ginstFBLargeModuliSyncCtrl(
    enable := gboAllwaysOn
    ,toMaster := VA_GM
    ,toFollowingObject := RA_LargeModuli_FO
    ,toCam1 := LargeModuliCam1
    ,toCam2 := LargeModuliCam2
    ,StartSync := gboLargeModuliStartSync
    ,StartDeSync := gboLargeModuliDeSync
    ,MasterMode := RELATIVE //RELATIVE
    ,SlaveMode :=  RELATIVE
    ,camSwitch := gboLargeModuliCamSwitch
    ,CamScalingFactor := 1.0
    ,SyncProfileReference := RELATE_SYNC_PROFILE_TO_LEADING_VALUE
    ,SynchronizingModeCamming := ON_MASTER_POSITION
    ,SyncPositionReference := SYNCHRONIZE_WHEN_POSITION_REACHED
    ,SyncLength := 5.0
    ,LeadingAxisPosition :=70 //55.0//285.0
    ,SyncOffModeCamming := AT_THE_END_OF_CAM_CYCLE
    ,SyncOffProfileReference := RELATE_SYNC_PROFILE_TO_TIME
    ,SyncOffPositionReference := BEGIN_TO_STOP_WHEN_POSITION_REACHED
    ,axisSyncd => gsLargeModuliStatus.synced
    ,activeCam => gsLargeModuliStatus.activeCam
);
```

图 8-19　横向超声波焊接同步控制程序示例

```
// 两个Cam都连接
IF toCam1 <> TO#NIL AND toCam2 <> TO#NIL THEN
    // Cam1 Cam2 Switch
    instFBCamSwitchRTrig(CLK := camSwitch);

    IF instFBCamSwitchRTrig.q AND eSyncMode = IN_CAMMING_SYNC THEN

        IF toFollowingObject.activeCam = toCam1 THEN
            toPreCam := toCam1;
            toNextCam := toCam2;
        ELSIF toFollowingObject.activeCam = toCam2 THEN
            toPreCam := toCam2;
            toNextCam := toCam1;
        ELSE
            ;
        END_IF;

        eSyncMode := SWITCHING_CAMMING_SET_MASTER;
    END_IF;
END_IF;
//------------------------------------------------------------
//================================================================
```

图 8-20　凸轮切换示例

纵向超声波焊接伺服轴和拉袋伺服同步控制和横向超声波焊接同步控制类似，在此不再描述。

横向超声波焊接伺服工艺曲线如图 8-21 所示。

拉袋伺服工艺曲线如图 8-22 所示。

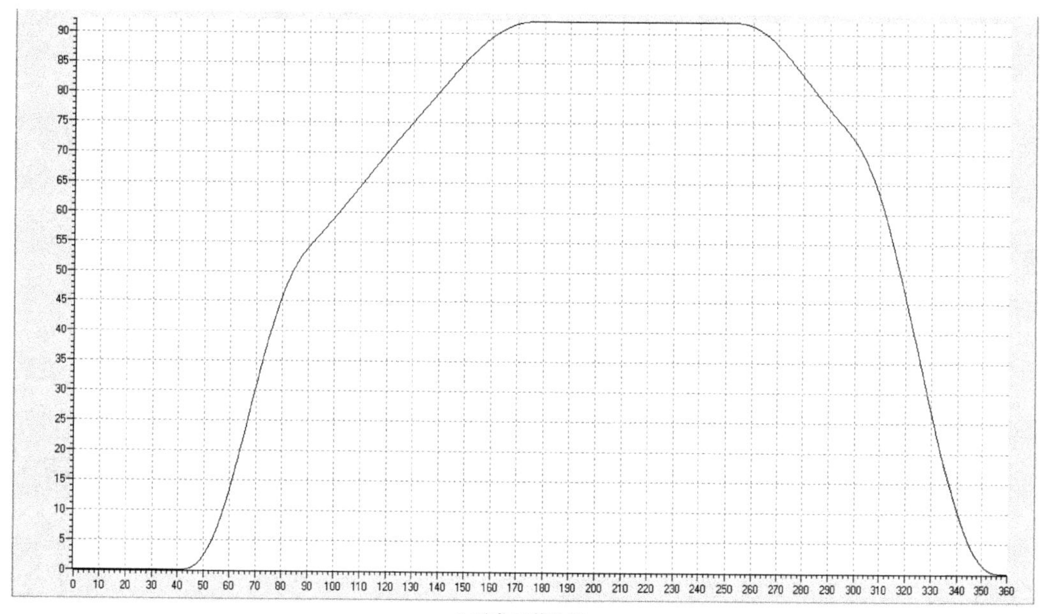

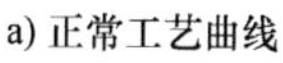
a) 正常工艺曲线

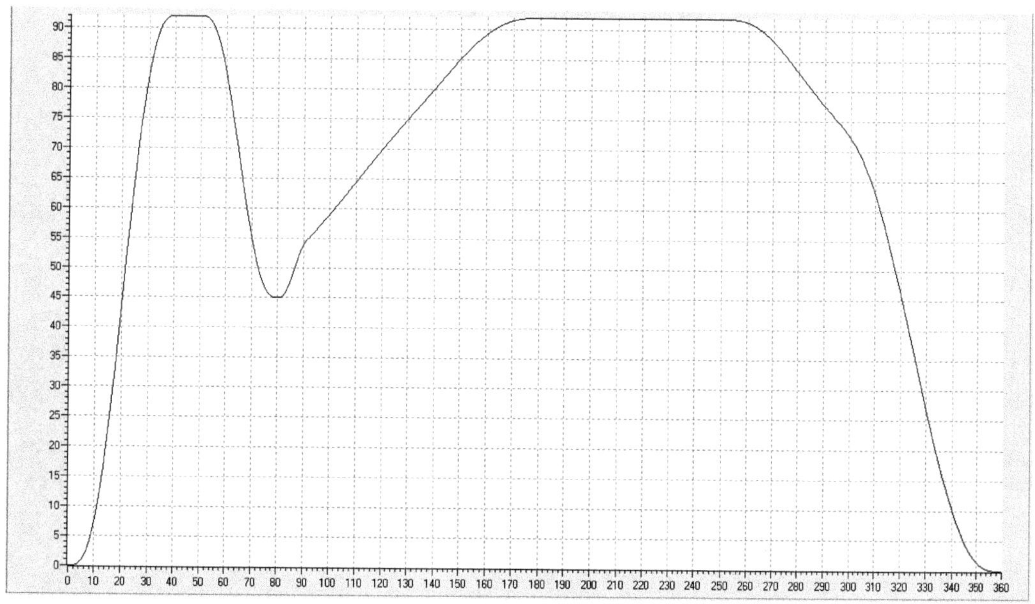

b) 跳间隔工艺曲线

图 8-21　横向超声波焊接伺服工艺曲线

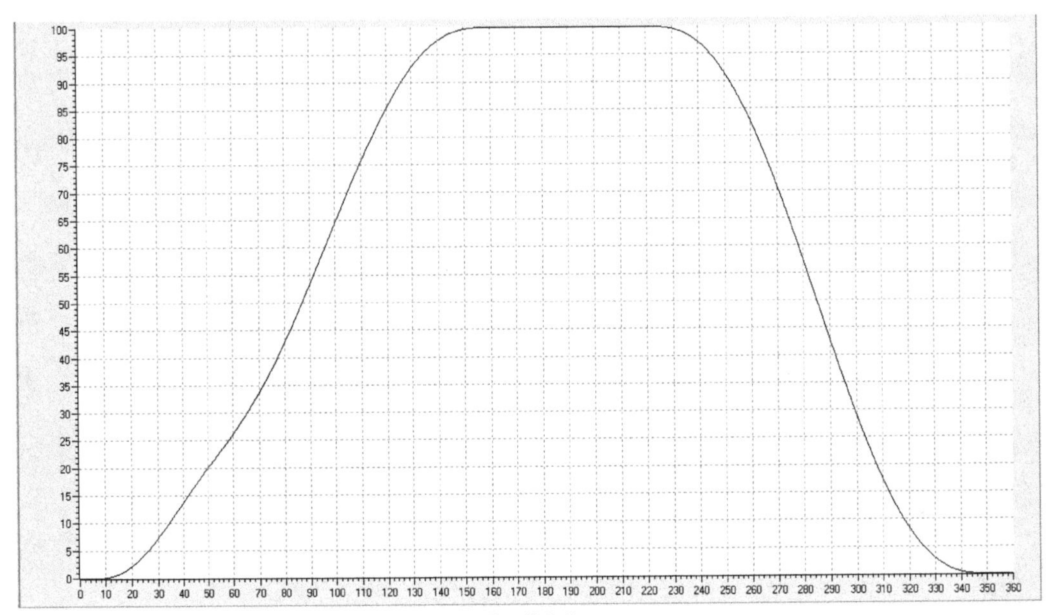

a) 正常工艺曲线

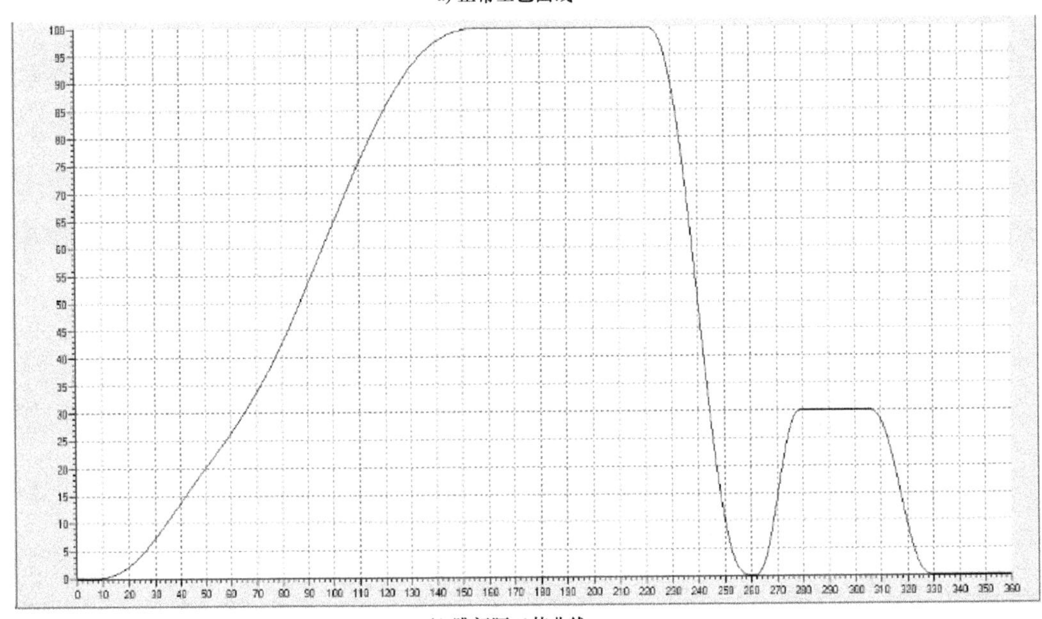

b) 跳间隔工艺曲线

图 8-22　拉袋伺服工艺曲线

8.1.4　袋装弹簧机运动控制技术要点解析

高速装袋弹簧机在调试过程中应注意以下几点。

1. 凸轮曲线的动态挂入

由于装袋弹簧机各轴工艺衔接的特殊性，设备自动起动过程中需要动态挂入凸轮，保证各轴之间的无缝衔接。

各轴在主虚轴低速运行周期中挂入凸轮跟随主轴同步运动，可以使各轴顺利进入同步运行状态，如果主虚轴速度太快，从轴容易报故障。挂入时从轴的加减速尽量设置较大，通过调试设置到一个合适的值，保证较少的同步偏差，也保证不发生位置速度突变的情况。

2. 凸轮曲线的动态切换

因为工艺的要求，在生产完一条装袋弹簧之后需要焊接固定的间隔来区分每条弹簧，所以在装袋焊接时，需要在这段工艺上增加跳间隔焊机的动作，称之为跳间隔。很显然，需要焊接工艺在跳间隔周期内需完成两次焊接，即正常弹簧的焊接和空袋的焊接。通过程序验证，使用凸轮曲线切换实现此功能为最佳选择。根据焊接动作的要求，跳间隔时间需要拉袋、横向超声波焊接、纵向超声波焊接三轴配合动作，以横向超声波焊接轴和拉袋轴配合为例，程序调试后跳间隔曲线如图 8-23 所示，从跳间隔曲线可以看出，两个轴在跳间隔周期内完成了正常弹簧与空袋弹簧的焊接动作。

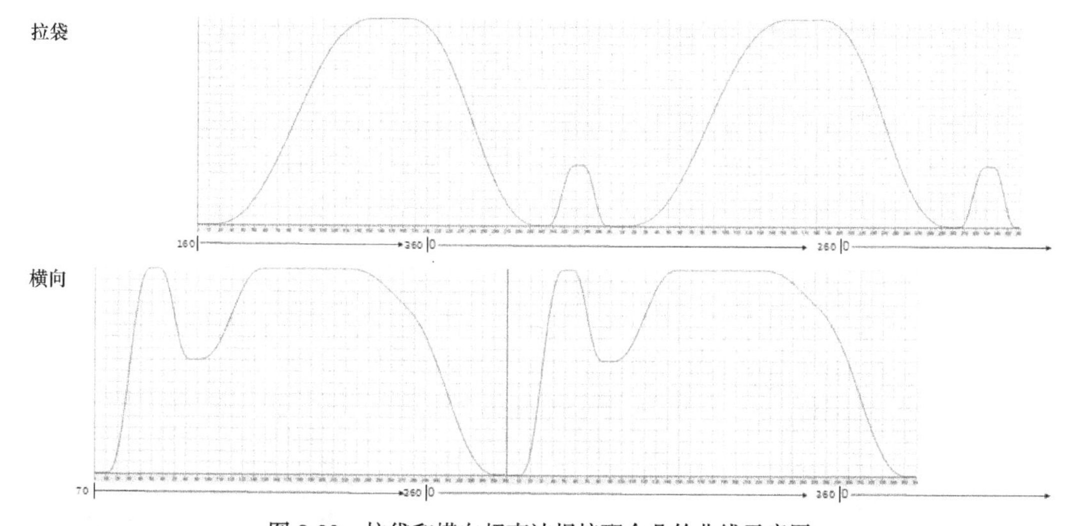

图 8-23　拉袋和横向超声波焊接配合凸轮曲线示意图

注：横向超声波先挂入同步，同步时主轴角度为 70°，拉袋挂入时主轴角度为 160°。

在凸轮曲线动态切换的过程中还应当满足凸轮动态挂入的所有条件，最重要的一点是合适的切入点，切入点应满足在改点从轴绝对位置应与曲线在该点的位置一致，并且主轴在接下来的运动过程中，从主轴为静止状态，等曲线完全切换完成后，从虚轴才有加速过程，此时主从轴已经完成同步切换，保证从轴平稳运行。

3. 凸轮曲线的描绘

对于高速运行的设备，各轴单独运行的流畅程度和各轴之间的同步时序非常重要。

对与单轴来说，凸轮曲线应该保持加速的平稳，避免速度出现突变，满足工艺要求的同时应合理地安排周期运行中的加减速。从凸轮表上直观地看就是避免出现斜率很大的曲线。

轴与轴之间曲线的配合应根据产品生产工艺要求和实际效果相结合，通过不断地调试修改，达到最佳效果。

总之，整机的工艺淋漓尽致地体现在各轴的曲线上，只有在对设备的工艺特别熟悉的情况下，才能画出满足设备工艺的凸轮曲线，再通过有经验的工程师调试，使设备达到最佳效果。

8.2 水车式多轴组合加工专机

8.2.1 水车式多轴组合加工专机设备概述

1. 设备简述

在伺服技术、自动控制技术日益发展的今天，多轴、多工位一体的阀门加工设备成为很多阀门设备厂家关注的对象。几年前流行的是攻丝、攻牙机，随着自动化技术的日益发展，多工位一体、多功能化的水车问世，它具有多种功能，是集镗孔、钻孔、拉槽、攻牙、攻丝和挑螺纹于一身的全自动化设备。

本文将介绍运用西门子 SIMOTION 运动控制器、SINAMICS V90PN 伺服驱动器以及 1FL6 伺服电动机在伺服水车式多轴组合加工专机（以下简称伺服水车）中实现挑螺纹工艺。

设备工作台为 8 分度转盘，对应 8 个转盘工位，转盘工位为上料 / 卸料工位，转盘工位 2 ~ 8 为工件加工工位。工作台左、右和中间分布了 11 个加工工位，由液压进给工位、钻孔功能、攻牙功能，其中 3 个工位为全伺服工位，每个工位包含主轴、进给轴、伺服展刀轴 3 个伺服轴；全伺服加工工位原则上可实现所有工艺功能。

产品在转盘 2 ~ 8 工位均可加工，相当于在同时做 7 个产品，加工工位 1 ~ 11 工位可同时运行不同的工艺功能，每个产品从转盘第一工位到第八工位，每经过一个工位，可对该产品进行右侧、左侧以及中间三个方向进行钻孔、攻牙、挑螺纹等工艺操作，完成 7 个工位的加工，该产品转回转盘第一工位，卸料完成后安装新的待加工产品，如图 8-24 所示。

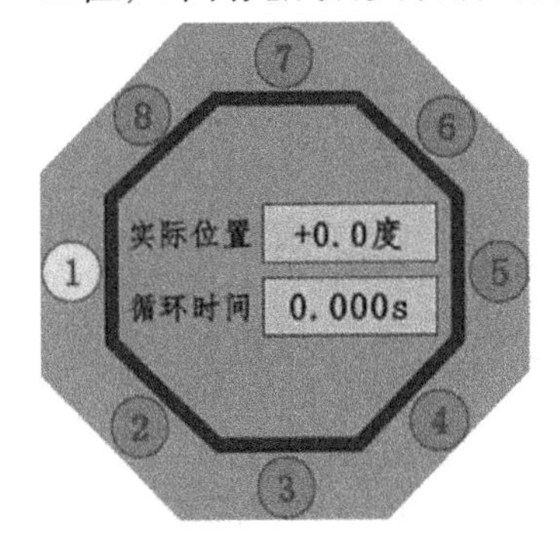

图 8-24　工作台及加工成品

2. 控制要求

1）工作台采用 8 分度伺服转盘（1/8 = 1s），转盘定位带液压锁紧装置。

2）每个加工工位可单独点动。

3）每个加工工位可以单独运行。

4）加工工位 3、6 两个工位可实现钻孔 / 攻牙功能。

5）加工工位 4、7、11 三个工位为全伺服工位，通过选择可实现拉槽 / 挑螺纹功能。

8.2.2 水车式多轴组合加工专机电气系统配置

由于设备需要较高的运动控制性能和生产速度，该设备选用西门子 SIMOTION D 运动控制器和经济型总线 SINAMICS V90PN 伺服驱动系统配置方案，具体配置和系统框图如图 8-25 所示。

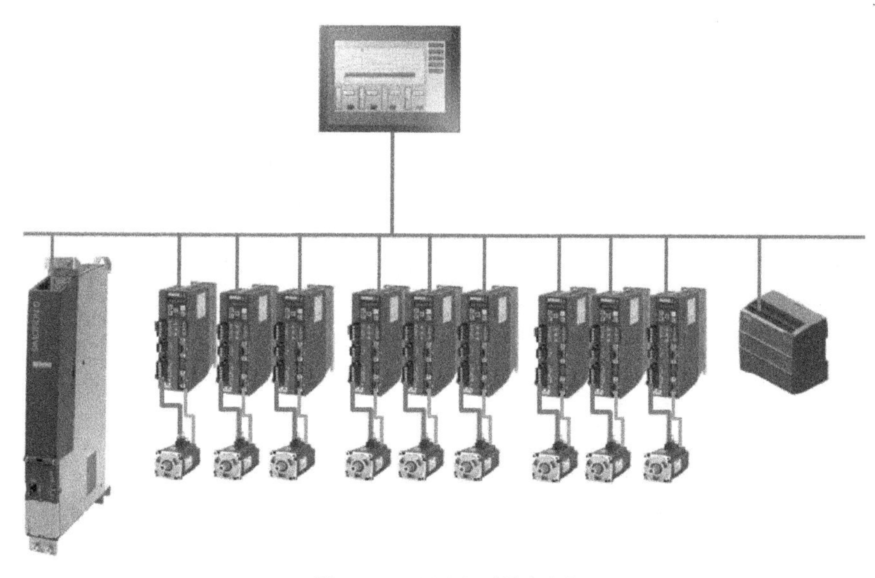

图 8-25 配置和系统框图

8.2.3 水车式多轴组合加工专机运动控制解决方案

伺服水车控制系统主要分为工作台控制和加工工位工艺控制两部分，介绍如下。

1. 旋转工作台控制

工作台旋转由直驱电机控制，直驱电机伺服控制器通过接收 PLC 发来的带方向的脉冲信号和使能信号进行定位，由于工作台为 8 分度转盘，所以正常工作时工作台每次旋转 45°，定位完成之后，PLC 控制液压锁紧装置锁紧定位。下面将介绍直驱电机伺服控制器 PLC 控制配置。

通过 Portal 建立定位轴工艺对象，如图 8-26 所示，选择 PTO，按照硬件连接进行配置，如图 8-27、图 8-28、图 8-29 所示。

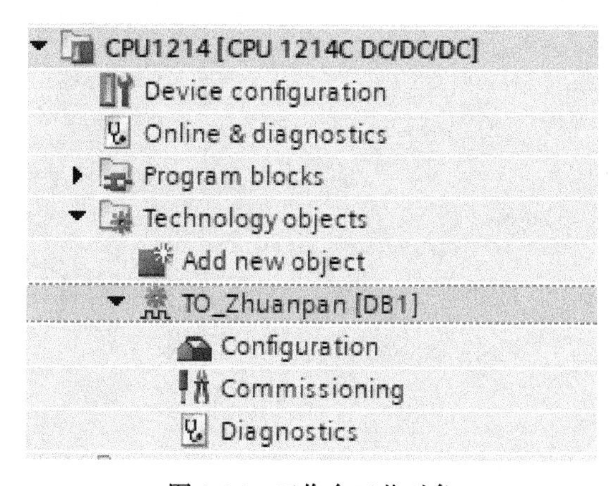

图 8-26 工作台工艺对象

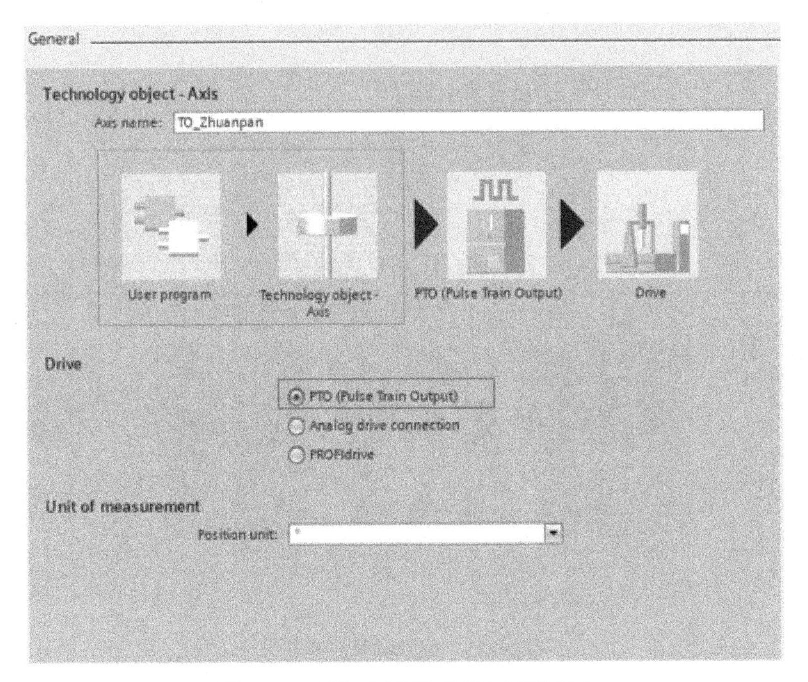

图 8-27 工作台转盘工艺对象配置 1

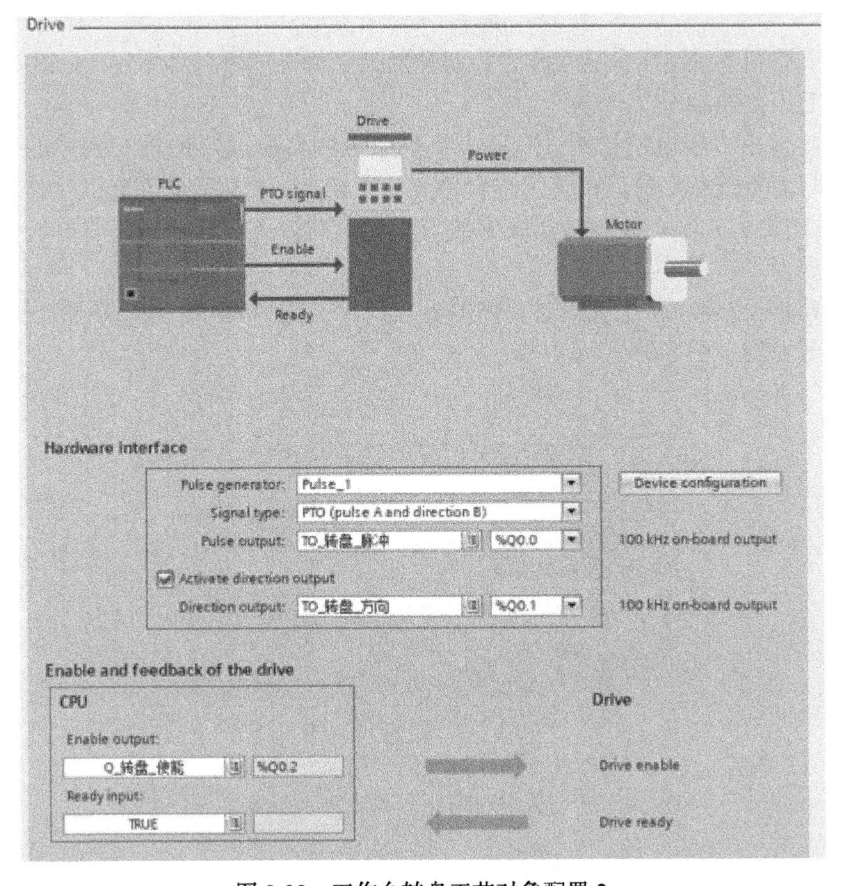

图 8-28 工作台转盘工艺对象配置 2

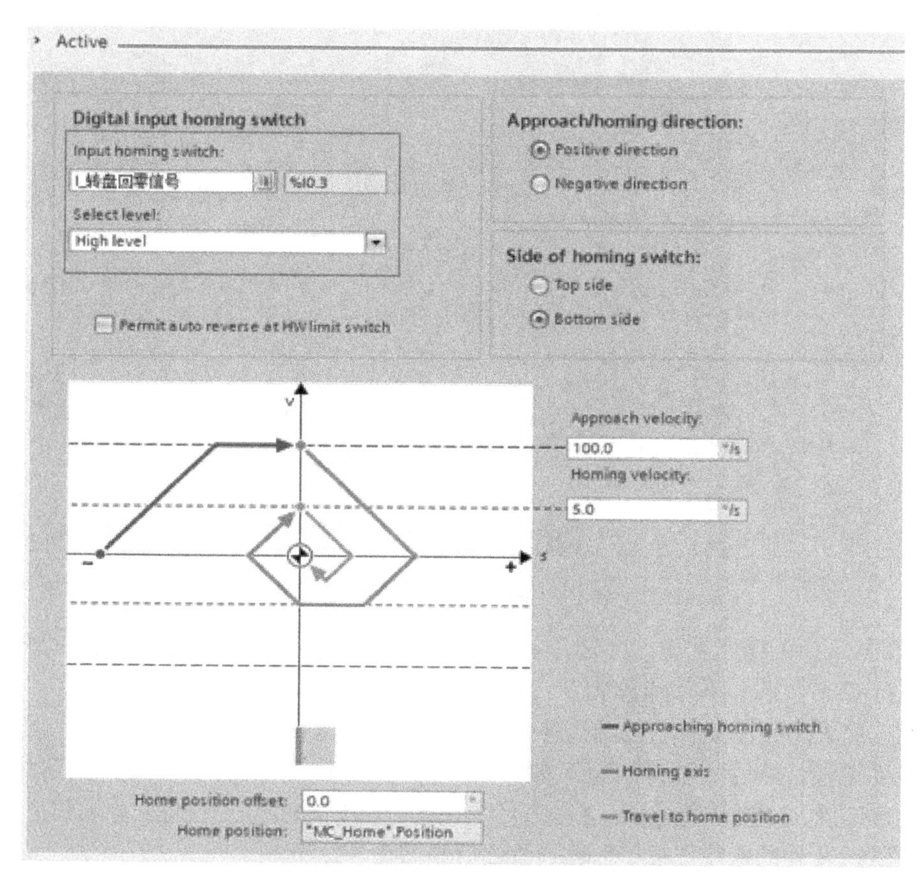

图 8-29　工作台转盘工艺对象配置 3

在工艺对象配置完成之后，通过调用运动控制指令对直驱电机进行定位控制。

2. 加工工位

本文中的伺服水车加工工位可分为液压控制工位和全伺服控制工位两种。

（1）液压控制工位

液压控制工位主要实现钻孔工艺，该工艺中进给轴由液压控制，工位旋转由接触器控制的普通异步电动机控制，液压钻孔工位手动控制操作和监控。

该设备的液压工位 3 和液压工位 10 除了钻孔工艺外，还可以实现攻牙工艺。当选择攻牙工艺时，该工位液压进给和旋转电机无效，主要由攻牙电机控制，攻牙电机可实现正向/反向和高速/慢速运转，从而实现攻牙中的进给和反向退出操作。攻牙选择和监控界面如图 8-30 所示。

（2）全伺服控制工位

全伺服控制工位可以实现所有工艺功能，该设备中全伺服控制工位主要实现拉单槽、拉宽（锥）槽、挑螺纹三种工艺。在全伺服控制工位中，A 轴作为主轴，进给轴 X 和展刀轴 Z 作为同步轴。

1）在拉单槽工艺中，A 轴、X 轴、Z 轴没有同步关系，A 轴按照给定的速度旋转，X 轴定位设定的位置，然后 Z 轴开始拉槽，到达设定的位置之后，Z 轴开始退出到等待位置，Z 轴退出到位之后 X 轴开始返回到等待位置，X 轴到达等待位置之后，整个拉槽循环结束。

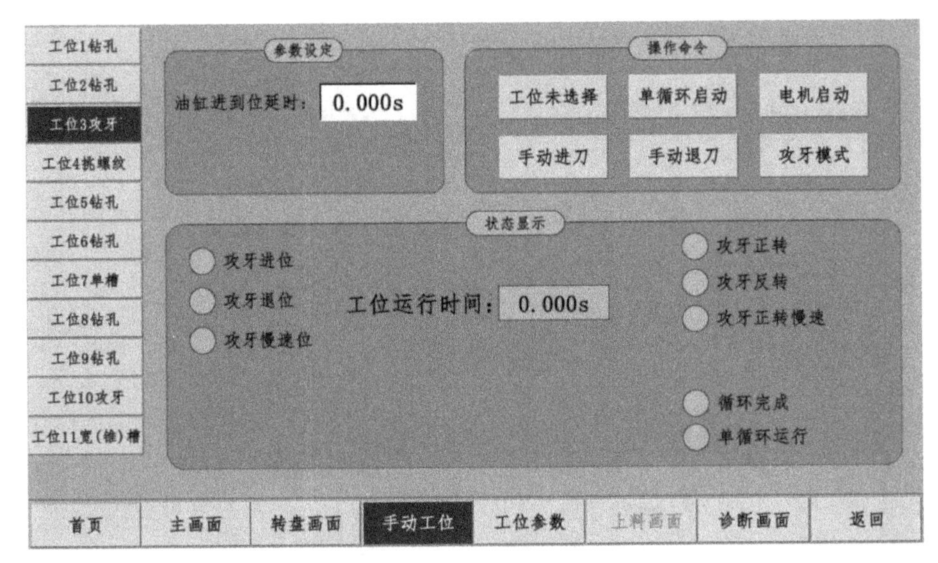

图 8-30　攻牙工艺选择和监控

2）拉宽（锥）槽工艺中，X 轴作为同步轴 Z 轴的主轴，Z 轴与 X 轴按照设定锥度工艺曲线进行 Cam 同步，具体流程如下：

A 轴按照设定速度旋转，X 轴从等待位定位到起始位置，到位后 Z 轴从等待位置定位到加工长度位置，然后 Z 轴开始与 X 轴 Cam 同步，同步完成之后，X 轴开始定位到 X 轴的加工长度位置，Z 轴解除同步，Z 轴开始退出定位到 Z 轴的等待位置，Z 轴到位之后，X 轴开始返回到 X 轴的等待位置，X 轴到位之后，该循环结束。

3）在挑螺纹工艺中，A 轴作为主轴，X 轴和 Z 轴作为同步轴分别与 A 轴进行 Cam 同步，挑螺纹工艺流程如下：

A 轴按照设定的速度启动旋转，X 轴和 Z 轴定位到等待位置，X 轴和 Z 轴分别与 A 轴 Cam 同步，完成设定的挑刀工艺之后，X 轴和 Z 轴分别与 A 轴解除同步，完全解除同步之后，整个循环完成，如图 8-31、图 8-32 所示。

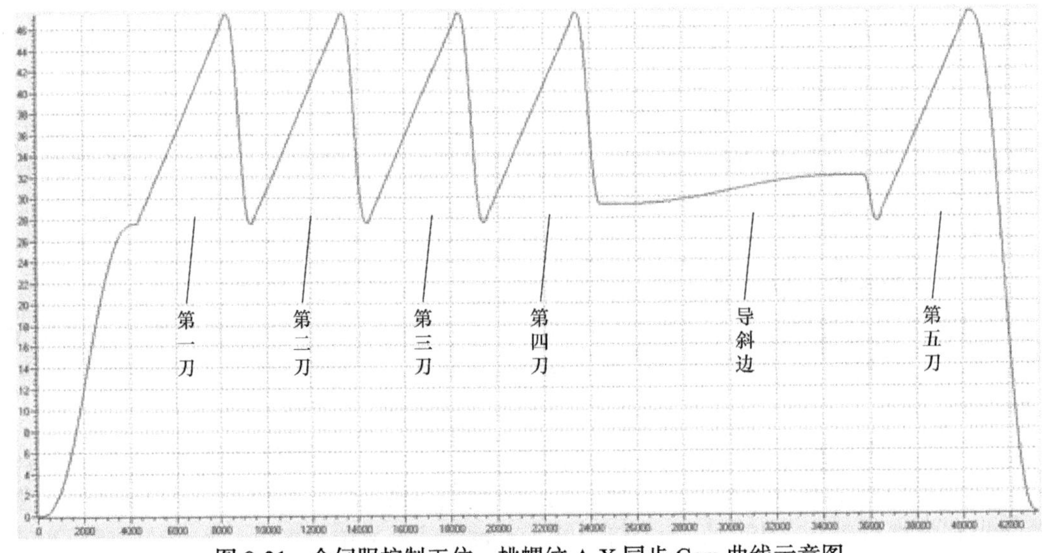

图 8-31　全伺服控制工位—挑螺纹 A-X 同步 Cam 曲线示意图

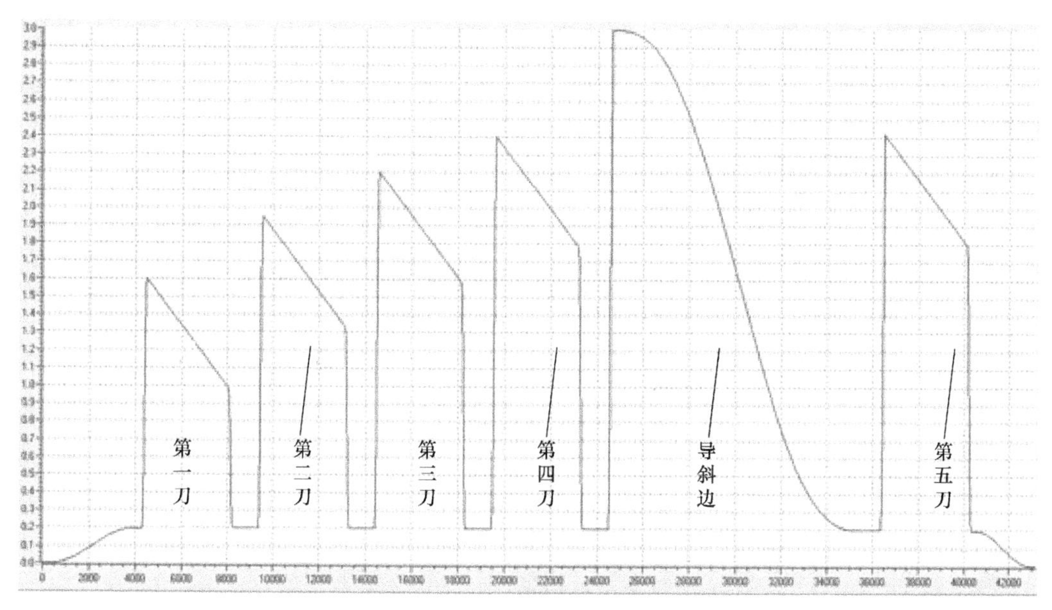

图 8-32 全伺服控制工位—挑螺纹 A-Z 同步 Cam 曲线示意图

8.2.4 水车式多轴组合加工专机运动控制技术要点解析

伺服水车在调试过程中应注意以下几点：

1. 挑螺纹工艺中 X 轴和 Z 轴工艺曲线的生成

X 轴 Cam 曲线返回段工艺很关键，如果返回点选择不合适，容易造成 X 轴和 Z 轴返回过程中出现伺服故障。

由于整个挑螺纹曲线是一条曲线，在计算主轴同步长度（挑螺纹过程中 A 轴旋转的总角度）尤为关键，而且这个长度应根据设定的挑刀次数和导斜边参数结合，如果数据计算不正确，将导致挑出来的螺纹不合格，产品报废。

X 轴曲线和 Z 轴曲线横坐标（主轴角度）必须保持一致，这样生成曲线的同步一致性才能有保证。

2. 挑螺纹工艺中 X 轴和 Z 轴 Cam 同步时挂入角度

根据挑螺纹工艺的要求，每个产品必须保证进入的角度一致，所以对 X 轴和 Z 轴同步点有严格要求。

8.3 金属制罐机械

8.3.1 金属制罐机械设备概述

1. 设备简述

制罐机作为包装工业重要组成部分的金属包装，广泛应用在饮料、化工、罐头、食品、药品及化妆品等行业。金属包装产品可分为印铁制品、易拉罐、气雾罐、食品罐、花兰桶和小方罐等。

该设备是生产小方罐，其生产工艺流程：马口铁→印花→开料→罐身卷圆→焊接氮化→烘干→寻焊缝→胀方→翻底边→封底盖→翻顶边→封顶盖→捡漏→包装→入库。设备实物如图 8-33 所示。

图 8-33　设备实物图

2. 设备控制要求

1）多轴同步连续控制，在线修改凸轮曲线。

2）效率提升，生产效率为 80 罐 /min。

3）稳定性，设备高效运转时，需高效平稳。

8.3.2　金属制罐机械电气系统配置

根据制罐工艺的要求，该系统选择 SIMOTION D435 控制器 + SINAMICS S120 伺服驱动器系列产品方案，具体配置与电气系统拓扑如图 8-34 所示。

图 8-34　配置与电气系统拓扑图

8.3.3 金属制罐机械运动控制解决方案

根据工艺流程，各轴之间的关系如图8-35所示，除寻焊缝是定位外，其他的实轴跟随虚轴运动。

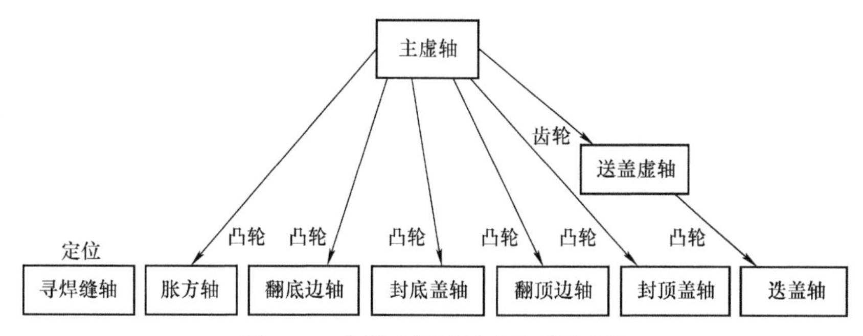

图8-35　各轴之间的运动关系示意图

1. 寻焊缝

焊缝的位置，不但影响最终成型之后的罐子美观而且还关系罐子的质量问题，所以寻焊缝在制罐工艺中起着举足轻重的作用。在焊机上将马口铁罐身卷圆后，经过输送带，送入制罐机。如图8-36所示，当检测机构检测到罐子到达转盘后，转盘高速旋转，开始寻焊缝，在检测到焊缝后，转盘以指定的速度旋转到某个指定的位置。其工作原理如图8-37所示，罐身经过寻焊缝的工艺步骤之后，将整齐划一地进入下一道工序。

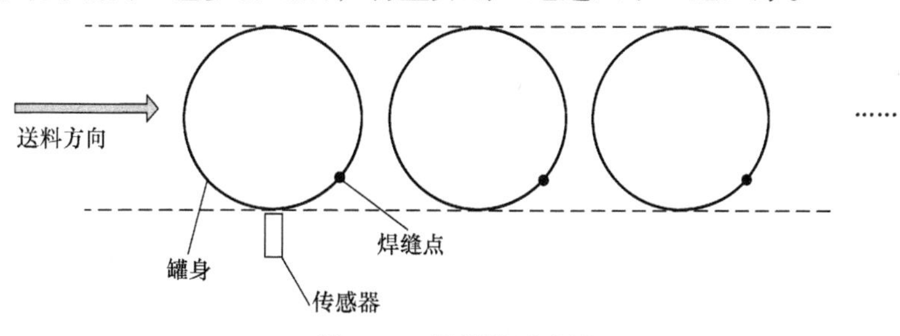

图8-36　寻焊缝示意图

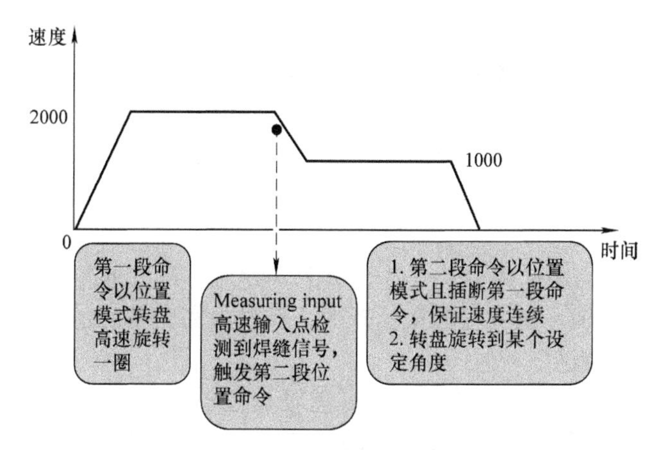

图8-37　寻焊缝工作原理

2. 胀方

寻焊缝完成后，罐子到达胀方工艺段。胀方，顾名思义，就是将马口铁罐身卷圆后，变成所需要的方形，如图 8-38 所示。

图 8-38 胀方示意图

如图 8-39 所示，胀方轴和虚轴均定义为 0~360° 的模态轴。胀方曲线是一条近似直线的凸轮曲线。在完成凸轮曲线生成、回零、挂凸轮同步操作后，启动虚轴后，胀方轴跟随虚轴运动，跟随轴胀方轴驱动胀方机构运动，当虚轴运动到一定的角度，胀方轴将提速，快速驱动胀方机构将圆桶形状胀成方形，完成一个罐身的胀方，当下一个罐体到达胀方工位之后，也进行相同的操作，如此循环。

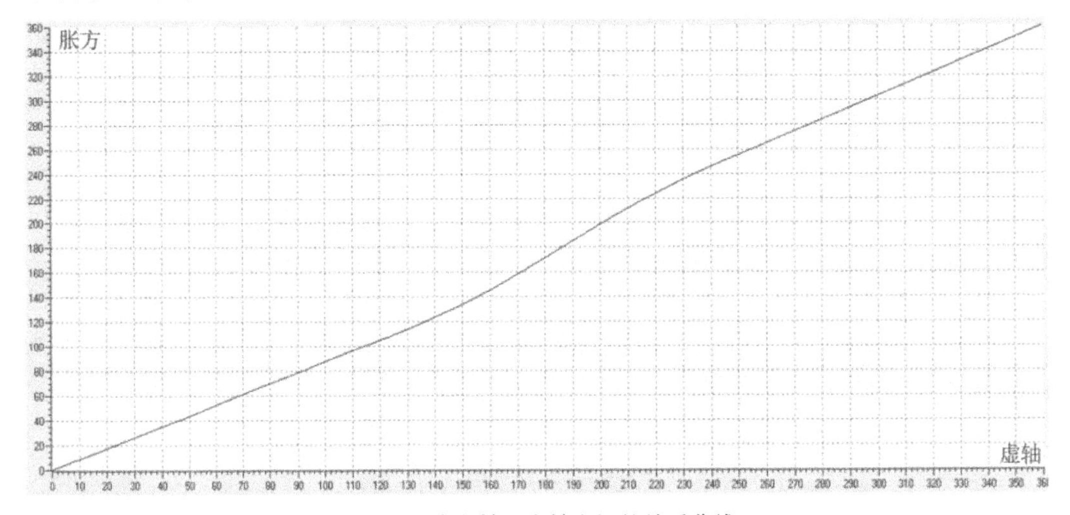

图 8-39 胀方轴和虚轴之间的关系曲线

3. 翻底边

翻底边的作用就是将底边的罐口向外胀一个锥度，以便后续的封底盖工序的执行，锥度的大小可以通过调整机械角度改变，如图 8-40 所示。

图 8-40 翻底边示意图

翻底边轴，经过凸轮曲线生成、回零、挂凸轮同步操作后，启动虚轴。如图 8-41 所示，翻底边轴也为模态轴，翻底边轴跟随虚轴运动。当虚轴运动到一定角度时，翻底边轴驱动翻底边机构按照设定的曲线运动，翻底边也可以根据翻边的要求，在人机界面中修改凸轮曲线，改变翻底边轴的运动，当翻底边运动到 360°，即完成一个罐身的翻边工序。

4. 封底盖

封底盖，即把罐子的底部用另外一片金属盖子封底。封底的要求，达到内外至少 3 层的金属包边，如图 8-42 所示的封盖截面示意图，经过封底盖轴的加工后，盖子将紧紧贴着罐身，保证盛装液体不漏液。

如图 8-43 是封底盖轴的运行曲线，封底盖轴也是模态轴，封底盖轴跟随主轴 1∶1 的速度快速、平稳的运动，保证罐身与盖子的每个接触面一样，达到密不透风的效果。

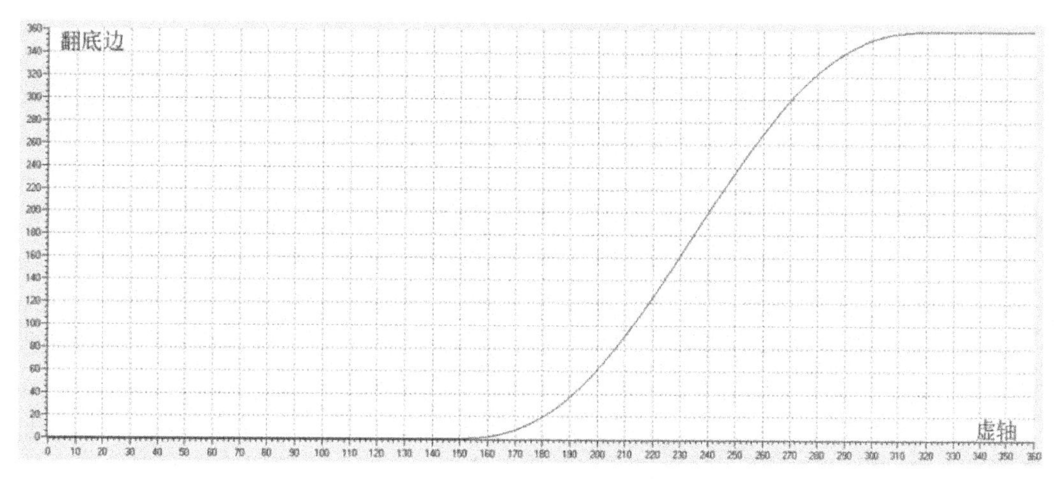

图 8-41 翻底边轴和虚轴之间的关系曲线

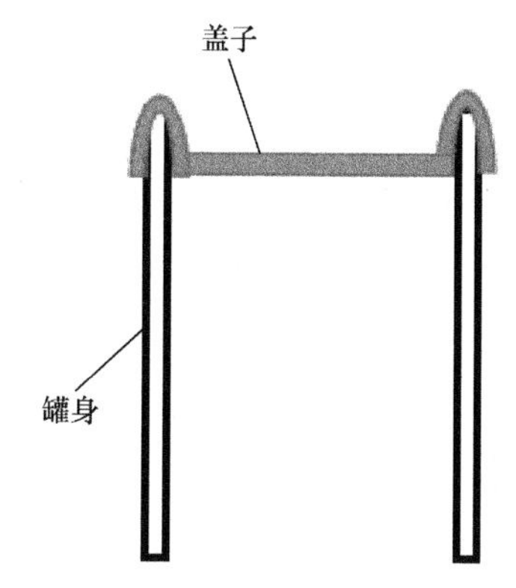

图 8-42 封底盖示意图

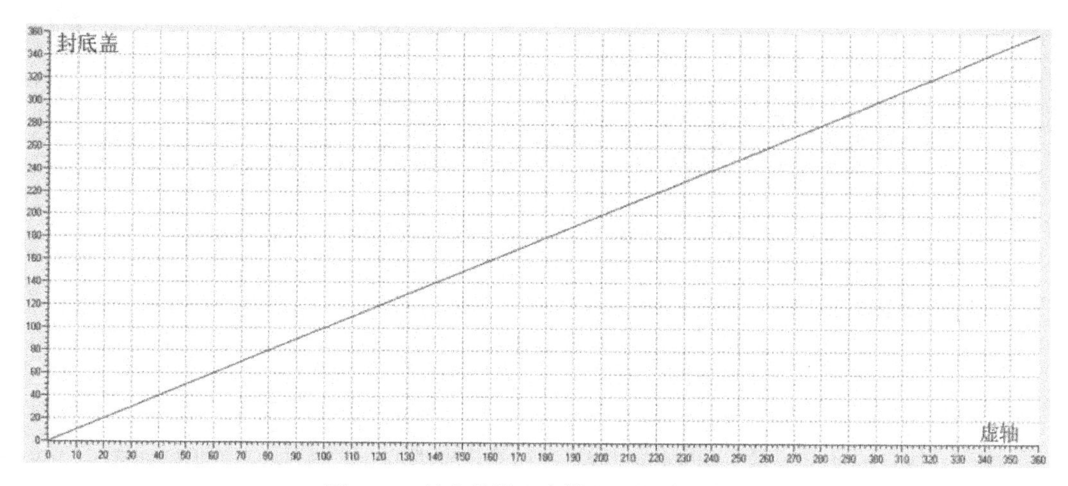

图 8-43 封底盖轴和虚轴之间的关系曲线

8.3.4 金属制罐机械运动控制技术要点解析

1. 快速测量输入 Measuring Input 功能

根据客户对工艺的要求，对原始的铁皮要有寻焊缝的功能，保证焊缝不能在罐的面筋上，同时要保证设备节拍，转盘要高速旋转寻找焊缝并定位。

主要难点是转盘高速运行寻找焊缝，用高速 input 且触发第二段位置命令，与第一段命令速度连续。

西门子 Measuring Input TO 功能用于快速、准确地记录某一时刻轴的位置值。Measuring Input 功能可根据支持硬件及功能的不同，分为 Local Measuring Input 和 Global Measuring Input。Local Measuring Input 用于对单个轴或编码器的位置值进行记录，其测量点是固定的，通常是通过集成在驱动中的测量点来完成，在系统配置时通过 Measuring Input Number 来确定相应的测量点。Global Measuring Input 可对单个或多个轴或编码器的位置值进行记录，并且带有时间戳功能，可精确地记录位置信息。它对应的测量点通过设置硬件地址来确定。制罐机械寻焊缝定位的 Measuring Input 采用了 Global Measuring Input，其功能如图 8-44 所示。

图 8-44 中 Global Measuring Input 触发信号为 All Edges，采用循环测量时的监控曲线：

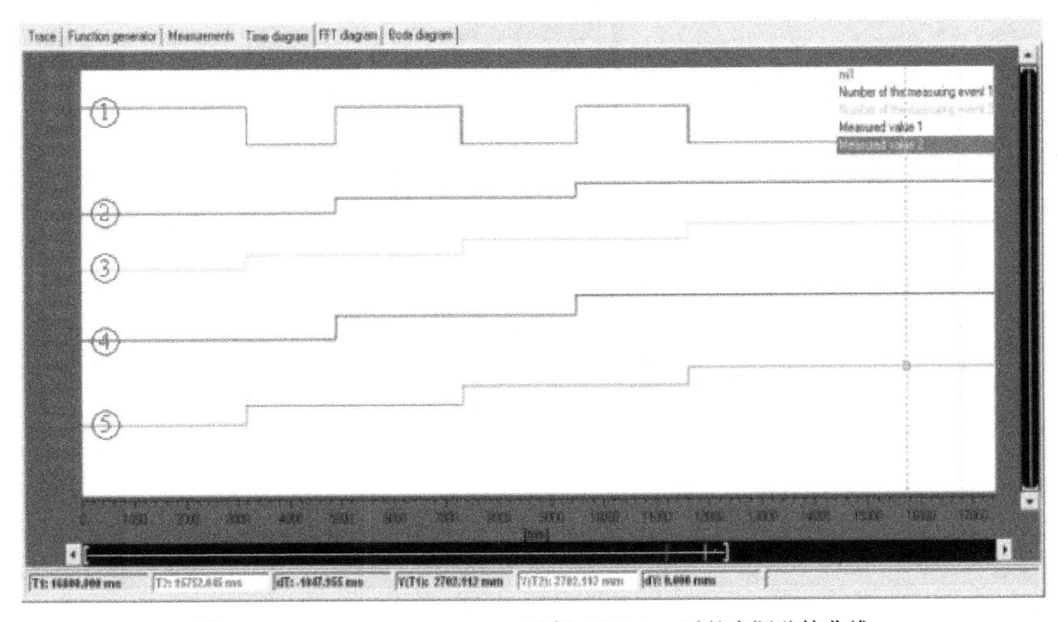

图 8-44 Global Measuring Input 选择 All Edges 时的实际监控曲线

①—Measuring Input 测量信号，即 DI/DO9 信号 ②—_to.Measuring_input_1.countermeasuredvalue_1
③—_to.Measuring_input_1.countermeasuredvalue_2 ④—_to.Measuring_input_1.measuredvalue_1
⑤—_to.Measuring_input_1.measuredvalue_2

从图中可以看出，Measuring Input 对每个上升沿和下降沿都进行了触发，上升沿时的位置存 Measuring_input_1.measuredvalue_1，Measuring_input_1.countermeasuredvalue_1 加 1，下降沿时的位置存入 Measuring_input_1.countermeasuredvalue_2，同时 Measuring_ input_1.-measuredvalue_2 加 1，只要有测量信号，测量值就能马上被记录，保证了定位的高精度。

2. 回同步点功能

什么是回同步点功能？这个功能需求比较特殊，在制罐的生产过程中，当某个工位出现卡罐现象时，这时需要人工手动点动该工位对应的轴离开一段距离，以便处理卡罐问题。处理完故障之后，设备要接着原来停止时的位置继续生产。如何实现这个功能呢？对于电气控制来说，在经过 SIMOTION 计算后，通过 PROFINET 网络传送，SINAMICS S120 伺服驱动器接收到指令后，立即执行到位，如图 8-45 所示。它根据送罐轴此时停止的位置，通过 _getCamLeadingValue 命令，反推出虚主轴对应的位置，再通过虚主轴对应的位置和 _getCamFollowingValue 命令，反推出其他实轴对应的目标位置。在执行回同步点的操作后，各个实轴回到此目标位置，再次启动设备，设备将继续在原来停止时的位置继续生产。

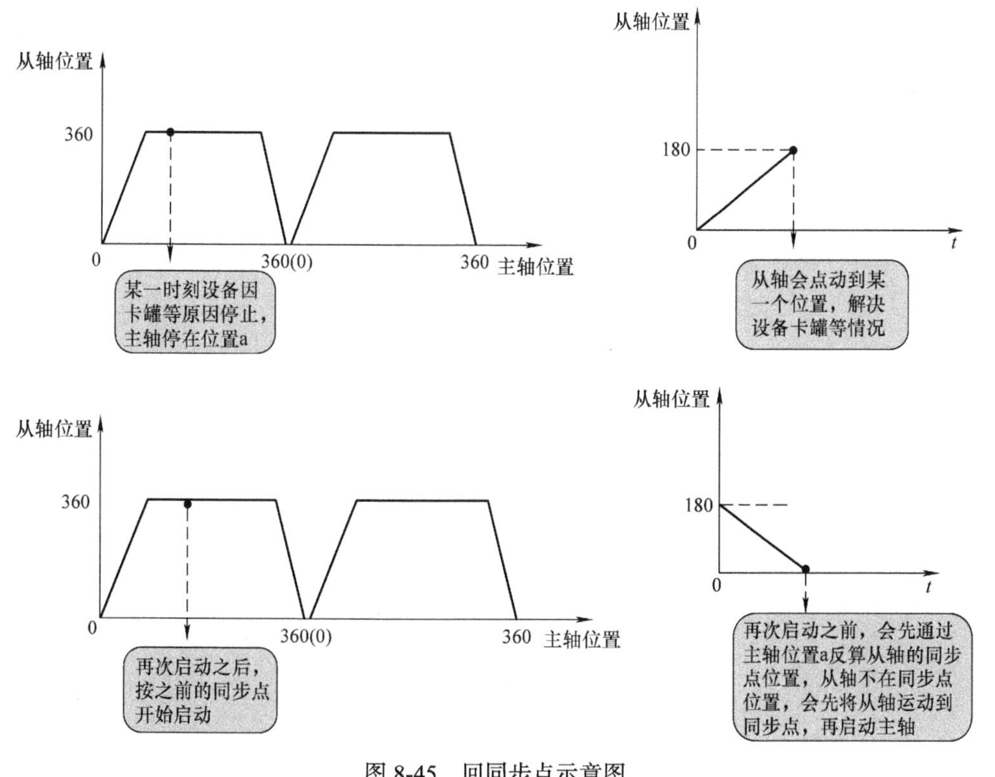

图 8-45 回同步点示意图

3. HMI 动态实时创建和生成凸轮曲线

在现场使用过程中，如果有更改制罐工艺曲线的需求，非常有必要在 HMI 进行操作，方便、快捷，节省调试的时间。这个功能如何实现呢？

在 SIMOTION 中，通过标准库 FBCreateCam 和 FBGetCamValueForHMI 可以满足其功能要求。

通过标准库 FBCreateCam 和 FBGetCamValueForHMI，不但满足动态实时创建凸轮曲线的要求，还可以显示生成的凸轮曲线在 HMI 上，非常方便快捷，如图 8-46 所示。

4. 跨周期同步

跨周期同步指的是主轴和从轴建立同步关系时，两个轴不是在当前的同步周期内建立的同步关系。因为在某些特殊的应用场合，比如：制罐机需要主轴提前把罐子运送到位后，才能进行送盖子，完成封盖的工艺要求。在此应用下，送盖虚轴与主虚轴之间保持一定偏移的位置，并通过主虚轴的位置，计数出送盖虚轴的位置后，再通过 _homing 指令，标定送盖虚轴的偏移位置。

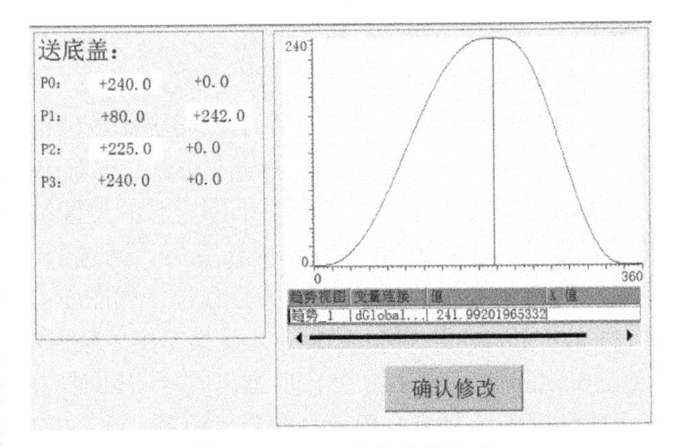

图 8-46 HMI 凸轮曲线生成

先送盖虚轴标定角度后，主虚轴与送盖虚轴立即建立同步，并且主虚轴与送盖虚轴之间始终保持 1∶1 的 Gear 同步关系，最后，在设备正常运行的情况下，通过非周期触发的方式，送盖虚轴与送盖实轴之间建立单周期的 Cam 同步关系，完成一次送盖动作。另外，如果设备停止运行后，再次启动情况下，如果检测到送盖实轴不在零点位置，则需要触发一次 Cam 同步命令，设备运行后，通过送盖虚轴把送盖实轴带回零点位置，如图 8-47、图 8-48 所示。

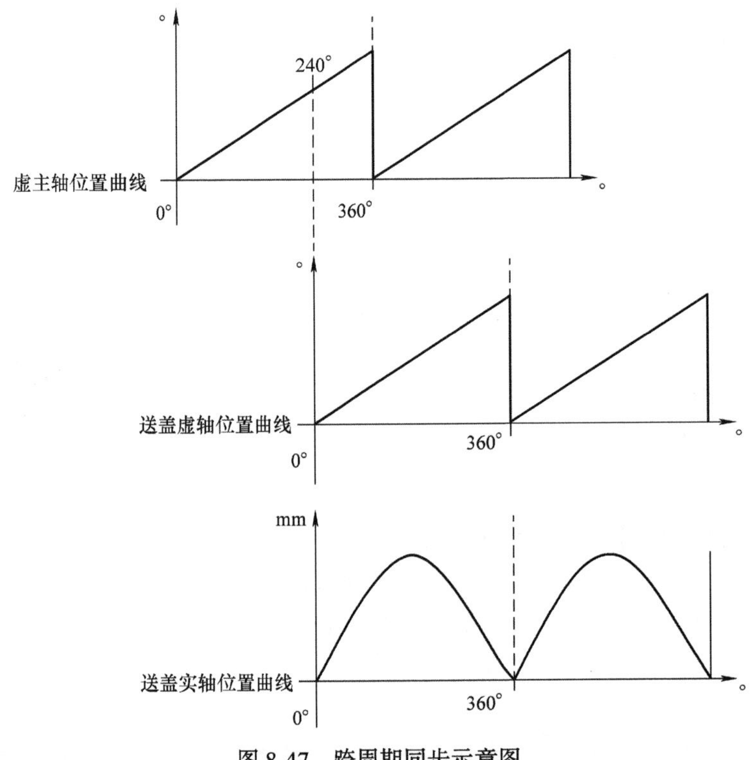

图 8-47 跨周期同步示意图

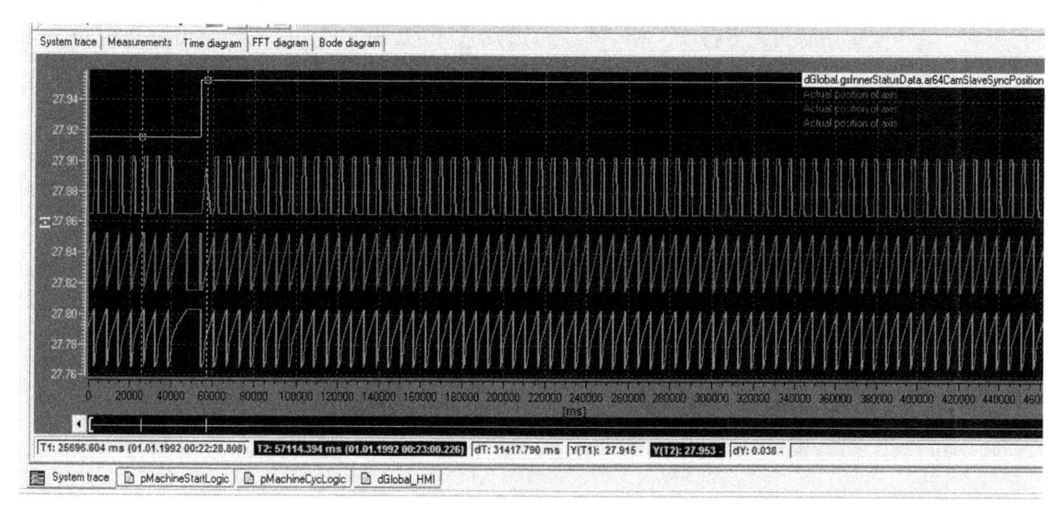

图 8-48 各轴实际位置关系曲线

8.4 冲压机械手

8.4.1 冲压机械手设备概述

1. 设备简述

冲床是完成金属工件成型的加工设备，如图 8-49 所示。冲床按冲压轴类型可分为电子冲床、油压冲床等，按自动化程度可分为手动、半自动和全自动等类型。针对汽车配件等金属行业的冲床应用，由于配件生产量大，要求生产效率高等，该行业的冲床逐渐由手动和半自动向全自动化发展。本文将介绍全自动冲床上下料设备，其工作原理是在冲床下压前，将待冲压的工件取放至冲压工位，待工件冲压成型后，将成型好的工件取放至输出输送带，同时将新的待冲压工件取放至冲压工位，如此循环。

图 8-49 金属加工成型冲床设备

本文讲述的冲压机械手结构如图 8-50 所示。该上下料机械手由左机架、中间连臂、右机架三部分组成。中间连壁安装于左右支架的横向支撑臂上，其上可安装不同类型的夹具；左支架包括可以左右运动的横移连杆 X1 和 X2，内外运动的夹紧连杆 Y1 和 Y2，上下运动的升降连杆 Z1 和 Z2；右支架包括可以随动的左右运动的横向连杆，内外运动的夹紧连杆

Y3 和 Y4，上下运动的升降连杆 Z3 和 Z4，通过对左右机架的同步控制，实现连臂的左右、开合、上下运动，从而实现工件的上下料。

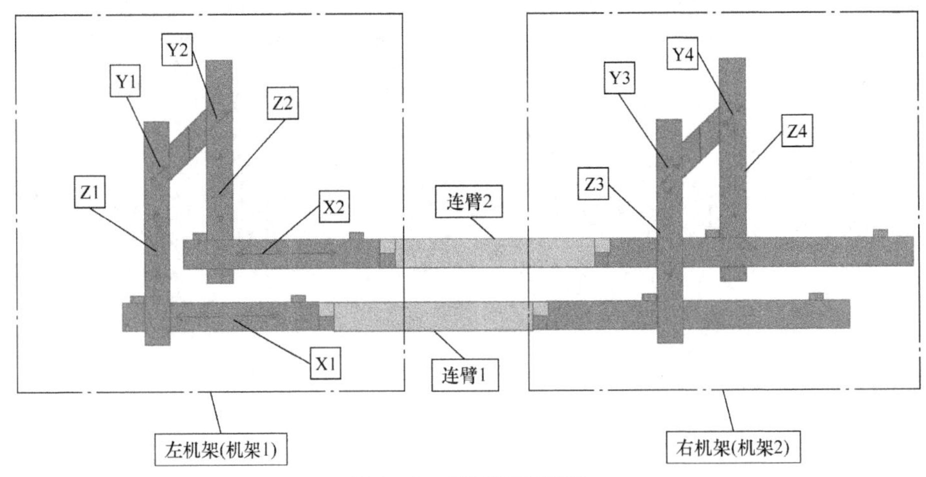

图 8-50 机械手示意图

2. 控制要求

1）各轴可以单独点动，X1 和 X2 同步点动，Y1 和 Y3 同步点动，Y2 和 Y4 同步点动，Y1-Y4 同步点动，Z1 和 Z3 同步点动，Z2 和 Z4 同步点动，Z1-Z4 同步点动；

2）支持各轴运动起始点的在线修改；

3）手动模式、自动模式、模拟模式等多种工作模式；

4）运行平稳可靠；

5）运行效率：最大为 25 次 /min。

8.4.2 冲压机械手电气系统配置

根据工艺要求，该系统选择 SINAMICS S120 驱动器系列产品方案，具体配置与系统电气拓扑如图 8-51 所示。

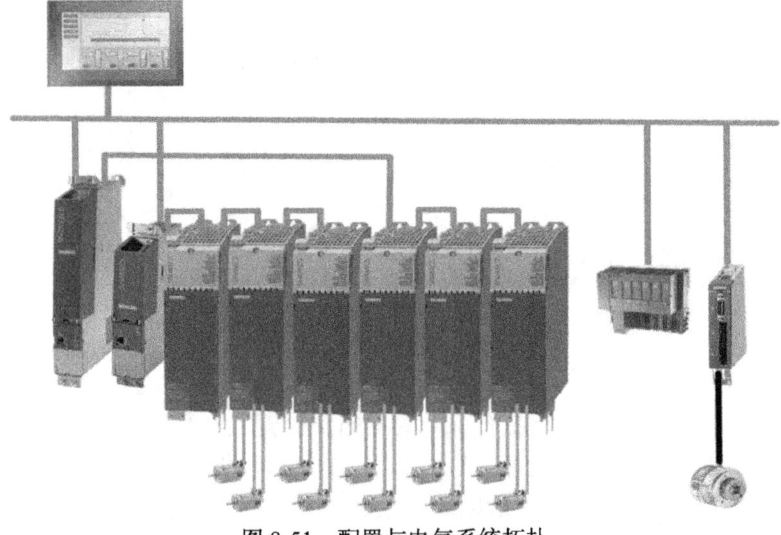

图 8-51 配置与电气系统拓扑

8.4.3 冲压机械手运动控制解决方案

根据工艺要求：左右运动的横移连杆 X1 与 X2，内外运动的夹紧连杆 Y1~Y4，上下运动的升降连杆 Z1~Z4 的同步运动实现连臂的左右、夹松、上下的控制，从而实现工件的上下料。在每个主动运动连杆上分别有一个驱动电机，作为驱动响应连杆的动力源。

根据以上工艺指标和工艺流程，各轴之间的关系如图 8-52 所示，在模拟模式下，冲床不起动，所有实轴跟随虚轴运动。在自动生产模式下，此时冲床起动，虚轴跟随冲床编码器信号运动，所有实轴保持原有的运动关系跟随虚轴运动。

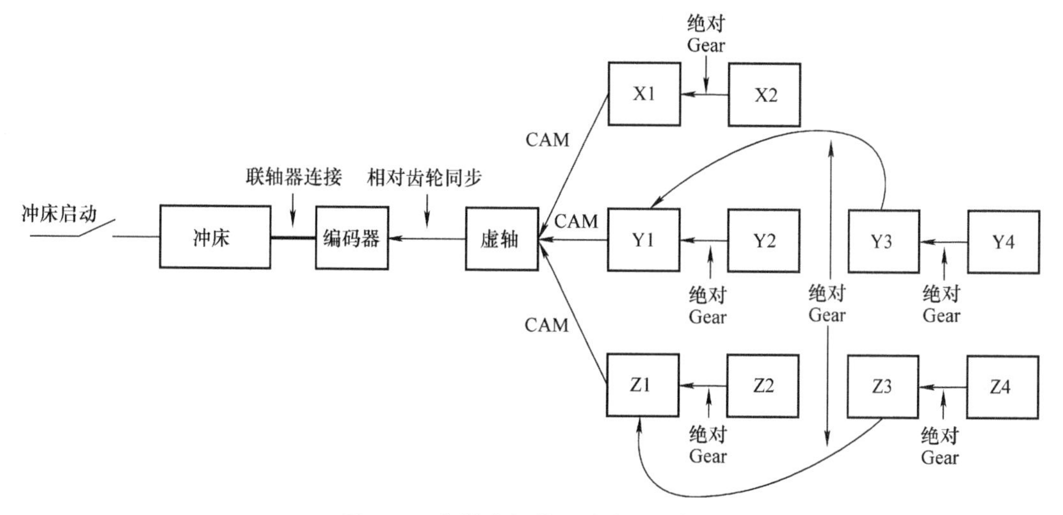

图 8-52 各轴之间的运动关系示意图

1. 轴基准点设置

在需要位置定位的运动控制系统应用中，零点基准一般是必要的，针对不同的伺服编码器类型，零点设置方式也存在差异。

对于增量型或单圈绝对值编码器，一般需要每次上电重新找零，常见的实现方式是以设备某处固定的光电开关或挡块为基准。

对于多圈绝对值类型的编码器是可以掉电记忆编码器的位置值，不需要每次上电重新找零，一般在机构和程序调试完成后，通过软件设置零点即可。

本文所采用的均为多圈绝对值式编码器，在程序中通过软件方式实现零点基准的设置，利用软件中的 PLC Open 标准功能块将当前点设零的方式完成，具体操作如下：

将轴点动到基准位置，设定 _homing（ ）块各个变量的值，然后执行该功能块，即可将当前点设为零点，零点设置完成。

为了方便操作及调试，现将各轴的零点基准示意如下，X 轴需要左右移动，向左定义为工作点，右侧为起始点，故将其零点设置在最右侧，即向左为正方向；Y 轴需要内外运动，向内定义为夹紧点，外侧为起始点，故将其零点设置在最外侧，即向内为正；Z 轴需要上下运动，向下定义为工作点，上侧为起始点，故将其零点设置在最上侧，即向下为正。桁架各轴正方向示意图如图 8-53 所示。

图 8-53　轴正方向示意图

2. 中间连臂安装

中间连臂是用来安装工装夹具的，共需内外两根连臂，连臂应安装在左右机架的水平连杆上，为了确保连臂的安装效果，左右机架的各轴需要单独点动，也需要同侧的机构 Y1 和 Y3，Y2 和 Y4，Z1 和 Z3，Z2 和 Z4 同步点动，依次确保连臂在水平、上下、内外的一致性，否则容易造成连臂的损坏。

在连臂安装上，系统必须处于手动模式，通过单独点动 X、Y、Z 实现连臂安装位置点的一致性，然后安装连臂。待安装完毕后，通过点动 X1，确认机构在水平方向上的柔顺性；通过点动 Y1、Y3 或 Y2、Y4 同步运动，确认机构在内外方向上运动的一致性；通过点动 Z1、Z3 或 Z2、Z4 同步运动，确认机构在上下升降过程中的稳定性。最后通过点动 X1X2、Y1Y2Y3Y4、Z1Z2Z3Z4 同步运动，确认整个机构在 X 方向、Y 方向、Z 方向运行的一致性和稳定性，并确认内外夹具在水平高度的一致性。确认连臂安装完成后，即可通过点动的方式，安装需要的夹具。

3. 模拟运行

根据工艺要求，冲压机械手需要实现向左运动取料，向右运动放料的过程，通过分解各轴动作，整个工作流程如图 8-54 所示。

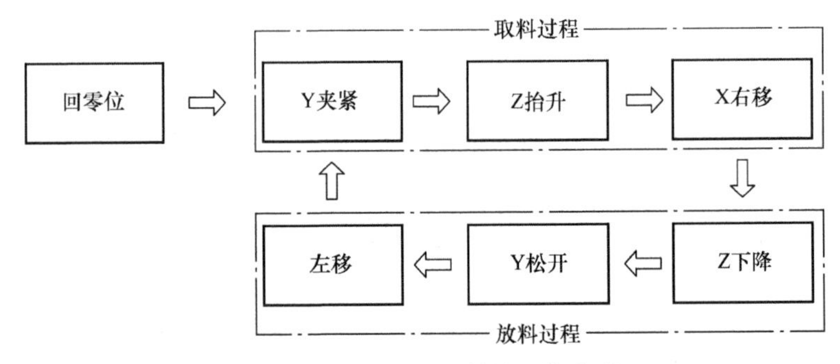

图 8-54　机械手上下料的工作流程

根据工艺过程描述，各个轴分别有 2 个定位点，一个是起始位置，另一个是工作位置（取料位置），如 X 左移是指 X 从起始位置运行到取料位置，X 右移是指 X 从取料位置运行到起始位置；Y 夹紧是指从起始位置运行到取料位置，Y 松开是指从放料位置运行到起始位置，其取料和放料位置可在 Y 轴为同一点即为工作位位置；Z 轴下降是指从起始位置到取料位置，Z 轴上升是指从取料位置到起始位置。

通过工艺过程和图 8-55 的控制方案，在模拟运行时，是通过虚轴带动所有的实轴进行运动，其中虚轴转一圈即 360°，实现一个上下料过程。因此，本文将虚轴作为主轴，X1、Y1、Z1 作为从轴，通过 CAM 同步的方式建立虚轴和 X1、Y1、Z1 之间的运动关系。

X1、Y1、Z1 与虚轴之间的位置关系如图 8-55 所示，其中横轴代表虚轴的位置，纵轴分别表示 X1、Y1、Z1 的值随着虚轴变化的过程，由于每个轴的工作位置（纵轴的值）会根据实际的加工工件做调整，因此该凸轮曲线需支持在线修改，不能是固定的运动关系。因此，实现该工艺过程需要凸轮曲线创建和凸轮同步两部分完成。

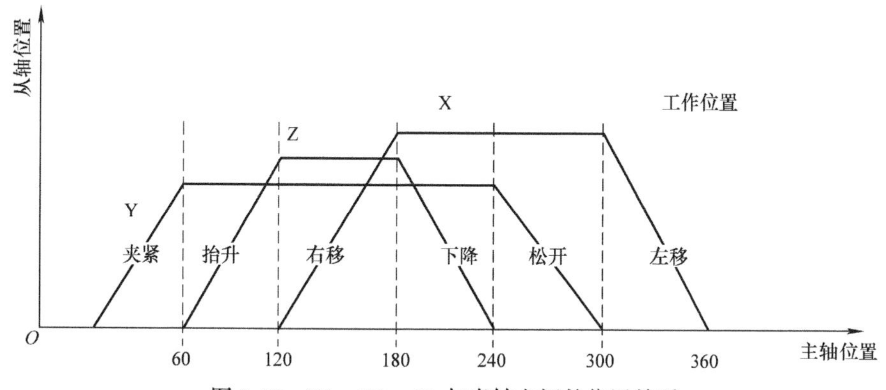

图 8-55 X1、Y1、Z1 与虚轴之间的位置关系

由于 X1 和 X2 在水平方向，应保持绝对的一致性，因此 X1 和 X2 应绝对的同步，其通过 X2 与 X1 建立绝对的（Gear）齿轮同步关系，同理，Y3 与 Y1 在同一侧，亦需要建立绝对的同步，其之间亦是建立绝对的（Gear）齿轮同步关系，Y2 与 Y4 在同一侧，为了确保同步的一致性，此处 Y2 与 Y1 建立绝对的（Gear）齿轮同步关系，Z1、Z2、Z3、Z4 之间的同步关系建立同理于 Y1、Y2、Y3、Y4。

根据以上描述，建立模拟运行的步骤如下：

（1）创建各同步轴凸轮曲线

根据控制方案中的同步关系可知，需要创建 X1、Y1、Z1 轴与虚轴之间的凸轮同步关系曲线，结合 Scout 软件及凸轮生成方式，凸轮曲线的创建如下所述。

1）利用西门子凸轮专用库 LCamHdl，创建封装 FB_CamCreate，并定义 FB 相关的接口。由于 X1、Y1、Z1 均需要创建凸轮曲线，且所创建的凸轮曲线外形轮廓类似一样，因此适合封装成通用的 FB 功能块，通过 FB 接口传输凸轮曲线所需的凸轮数据，创建凸轮命令及创建结果输出等。

2）定义凸轮曲线、关键点和各段的插补类型。根据图 8-56 所示的凸轮关系，以 X1 轴为例，需要定义主从之间的位置点及之间的插补方式，如图 8-57 所示。

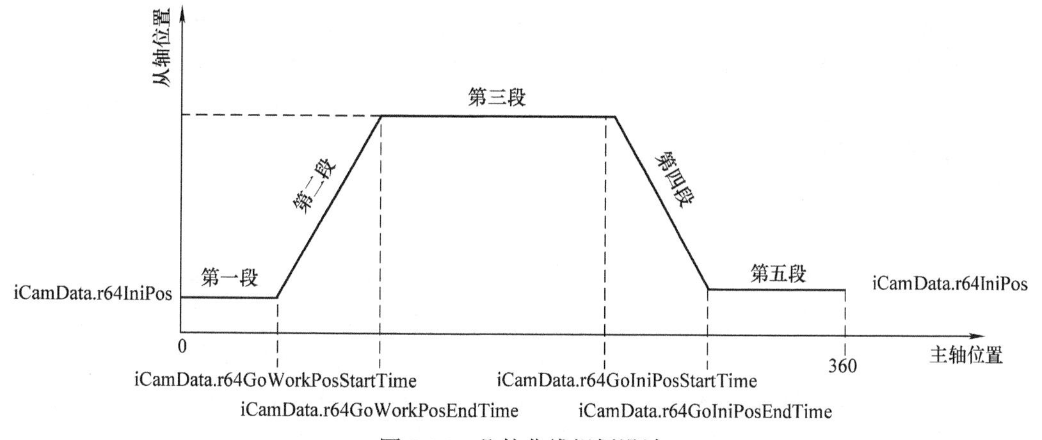

图 8-56 凸轮曲线规划设计

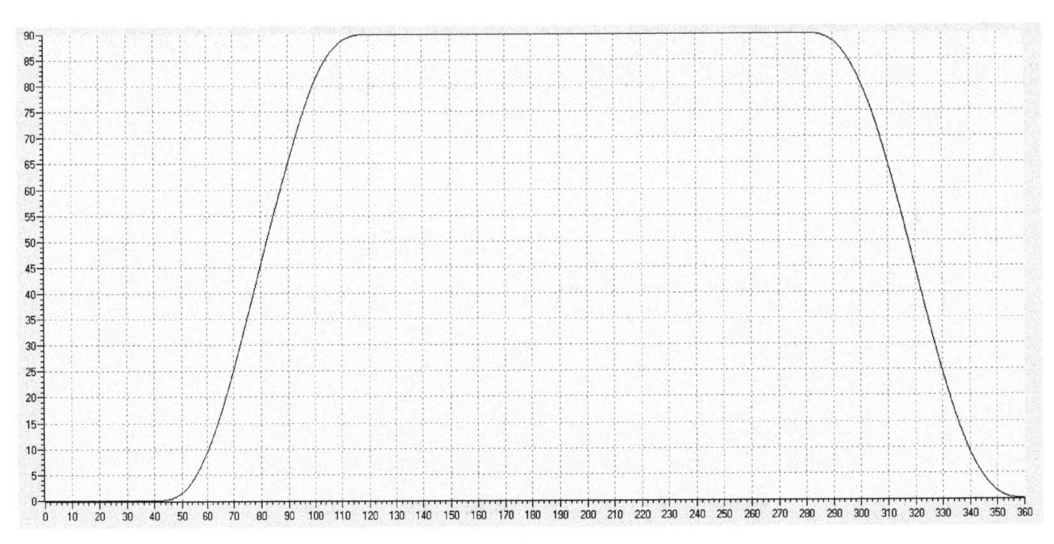

图 8-57　Scout 中上载生成的凸轮曲线

第一段：主轴从 0 到 iCamData.r64GoWorkPosStartTime 区间内，根据工艺要求，从轴 X1 一直在起始位置 iCamData.r64IniPos 处，因此该段的插补方式为 Dwell。

第二段：主轴从 iCamData.r64GoWorkPosStartTime 到 iCamData.r64GoWorkPosEnd-Time 区间内，从轴 X1 需要从起始位置 iCamData.r64IniPos 运行到工作位置 iCamData.r64WorkPos EndTime 处，由于该区间内从轴的位置随着主轴变化而变化，为了从静止到运动，再由运动到静止平滑地运动，按照凸轮设计规则，该段选用 Poly5 样条插值方式。

第三段：主轴从 iCamData.r64GoWorkPosEndTime 到 iCamData.r64GoIniPosStartTime 区间内，根据工艺要求，这段时间内 X1 应处于静止不动状态，该段同第一段一样选择插补方式为 Dwell。

第四段：主轴从 iCamData.r64GoIniPosStartTime 到 iCamData.r64GoInikPosEndTime 区间内，从轴 X1 需要从起始位置 iCamData.r64WorkPos 运行到工作位置 iCamData.r64IniPos 处，由于该区间内从轴的位置随着主轴变化而变化，为了从静止到运动，再由运动到静止平滑地运动，按照凸轮设计规则，该段同样选用 Poly5 样条插值方式。

第五段：主轴从 iCamData.r64GoInikPosEndTime 到 360 区间内，根据工艺要求，从轴 X1 一直在起始位置 iCamData.r64IniPos 处，因此该段的插补方式为 Dwell。

3）利用库的 FBLCamHdlCreateCam（ ）函数生产曲线。在完成上述各段曲线的设计后，通过调用库函数实现凸轮曲线的生成，如图 8-57 所示，在主轴点位给定不恰当或者错误时，或造成凸轮创建错误，应检查凸轮点是否符合预设的凸轮曲线，如果不符合应修改凸轮点位后重新生成凸轮曲线。

（2）各轴运行到初始位置

在同步之前，所有轴要运行到起始位置，以确保从轴能“追上”主轴，从而建立同步关系，否则容易造成机构的损坏。对于运行到初始位置，一般有两种方式，第一种方式是通过绝对定位的方式，利用函数库的绝对定位指令，按照一定的逻辑顺序执行回初始位置；第二种方式是通过同步函数指令中的“追”同步前，需要按照设定的速度运行到同步起始点，然后再建立同步。这两种方式各有优缺点，第一种方式由用户自己写逻辑程序，按照指定的逻辑顺序执行逐一回初始位。其优点是有利于空间狭小且需要按照特定的顺序回初始位的应用，缺点是需要绝对定位和编写特定的逻辑程序，以确保特定回初始位的顺序正确性。第二种方式对于凸轮功能块特别熟悉的用户，恰当设置凸轮同步功能的接口变量，设定合适的“追”同步速度即可，在执行同步命令后，程序会自动执行相关的同步轴按照设定的同步速度运行到同步点。其优点是不需要定位功能和编写特定的逻辑程序，即可实现同步轴先回到初始位置，缺点是轴与轴之间回初始位的顺序难以指定，不适于空间狭小或者需要特定顺序回初始位的应用。

结合以上两种回初始位的方法，由于该机构需要按照特定的顺序回初始位，否则容易造成设备碰撞而损坏设备，因此本文通过绝对定位和编写特定的逻辑程序实现各轴的回初始位。按照先Y轴松开到达Y的起始位置，其次X右移到达X轴起始位置，然后Z下降到达Z轴的起始位置。

（3）X1、Y1和Z1与虚轴分别建立凸轮同步

在完成凸轮创建并且各从轴运行到初始位置时，即可开始进行凸轮同步。本文中，主轴和虚轴之间的同步类型均是绝对位置型，同步方式为立即同步，即当主轴开始运行时，从轴按照设定的加速度执行“追”同步动作，如果从轴在起始位置，即很容易实现同步，同步完成后，从轴即跟随主轴按照凸轮曲线继续执行，如图8-58所示。但如果从轴不在起始位置，且同步的加速度设置不合适时，可能会出现“追”同步失败现象。

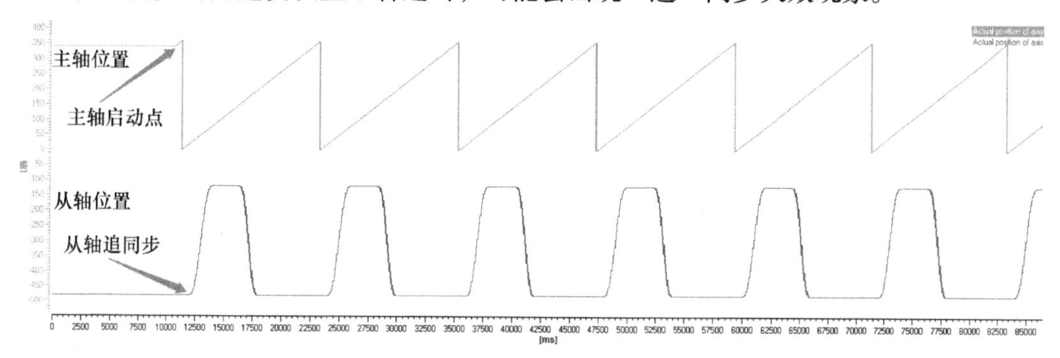

图8-58 在起始位置建立同步

（4）X2与X1，Y2、Y3与Y1，Y4与Y1，Z2、Z3与Z1，Z4与Z1分别建立齿轮同步关系

通过电子齿轮功能（Gearing）完成主轴与从轴间线性传递函数的功能，与机械中使用的齿轮功能相同，其主值和从值按以下的公式进行计算：

Slave value =Gear ratio * Master value +offset

本文中X1，Y1，Z1分别作为X2，Y2、Y3，Z2和Z3的主轴，且其之间满足在点动模式下，是相对的齿轮同步，在自动模式下满足绝对同步，齿轮比为1∶1，偏移为0。按照以上要求设置好_enableGearing（）功能块，通过不同的条件，给定同步类型和同步命令。

1）设定每个从轴的主轴同步对象。

2）设定同步类型，基于时间的立即同步，主轴和从轴均为绝对类型。

3）设定同步过程中的动态参数，如齿轮比、同步速度、同步加速度和减速带、同步

加加速度等。

4）将各从轴运行到初始位置。

5）给定齿轮同步命令。

6）建立同步关系，跟随主轴运行。

（5）同步完成，设定生产速度，启动运行

各轴建立同步完毕后，即可给定虚轴速度，然后启动虚轴运动，本文中的虚轴是一个旋转型位置轴，并且建成了模态轴，模态的长度为 360°。虚轴的模态配置如图 8-59 所示。

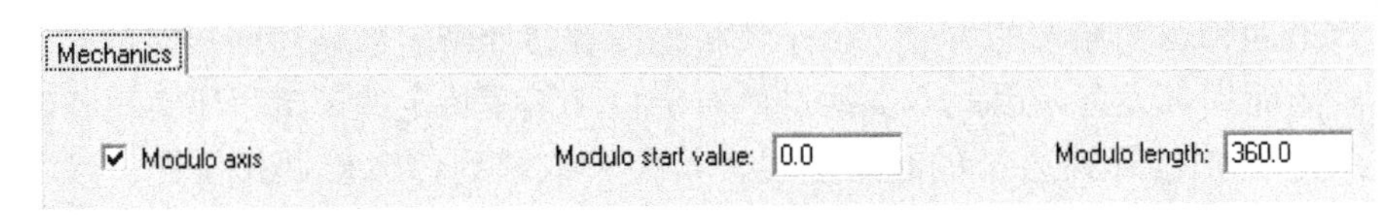

图 8-59　虚轴的模态配置

由于需要的效率是 n 次 / 分，而虚轴的速度 V 的单位是 °/s，且虚轴没运行 1 圈，即完成一次上下料，其单位转换为 $V = n*360/60$ 。

通过单位转换后，本文对虚轴的控制采用的是速度控制，虚轴按照给定的速度一直运行，当到达模态长度后，虚轴位置值自动变成 0，即开启下一次循环。给定停止命令后，虚轴按照设定的加速度停止，确保设备的平稳停机，如图 8-60 所示。

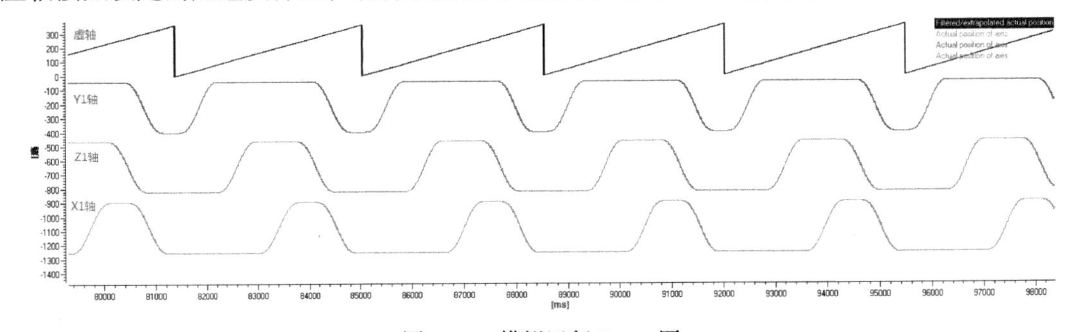

图 8-60　模拟运行 Trace 图

4. 自动运行

在自动运行模式下，即冲床和机械手同步运行，冲床的实时位置通过编码器采集到控制器，虚轴与编码器建立同步关系，即冲床完成一次冲压动作，机械手也完成一次上下料动作。

在该模式下，编码器与虚轴建立齿轮同步关系，编码器也配置成旋转轴，模态长度为 360°，由于编码器转一圈，冲床完成一次冲压动作，因此与虚轴的齿轮比是 1∶1。

在实际调试中，编码器信号一定要稳定可靠且无干扰，否则容易引起机构的振动或损坏。本文在实际调试中，编码器的干扰问题确实存在，为了得到较好的编码器信号，可采取的消除方式如下：

1）选择品牌性的编码器。

2）选择编码器接线为差分类型。

3）软件滤波，消除干扰。

8.4.4　冲压机械手运动控制技术要点解析

本案例的控制器为SIMOTION D435，因此该案例的技术要点是在Scout中开发完成，在此部分主要结合设备工艺及要求，介绍关键核心技术的实现方式。

1. 凸轮曲线过零问题

在凸轮同步过程中，有时需要合理地分配从轴运动时间，避免因提高运行效率而导致凸轮曲线跨周期的现象，针对这一现象，应采取特殊的处理方式。

在一般的凸轮设计中，在主轴运行的一个周期内，从轴完成一个动作，如图8-61中实线所示，在0~360°期间，主轴从0~360°的运行，从轴完成一个往复运行，但有时为了提前从轴的动作，需要从轴在上一周期尾部即开始运行，然后到下一周期中间停止，如图8-61虚线所示。

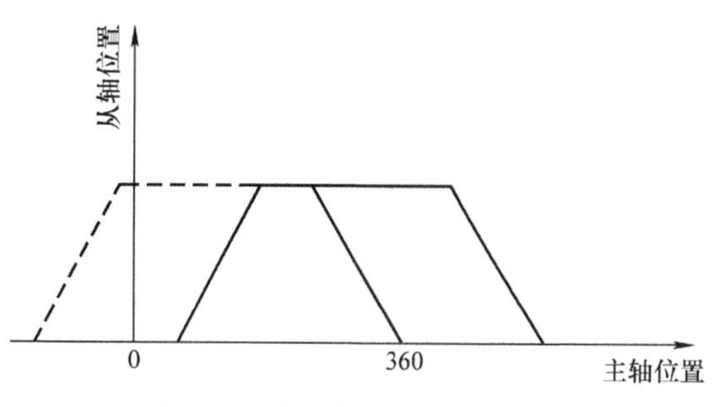

图8-61　单周期和跨周期示意图

为了解决该现象，本文提出了两种解决方法：

1）通过程序直接偏移法：该方法是凸轮设计仍按照单周期设计，在需要跨周期时，设定偏移值，通过偏移指令实现凸轮的整体偏移，不需要在凸轮点设计时做其他处理，如图8-62所示，左侧为单周期凸轮，右侧为偏移后的凸轮曲线。

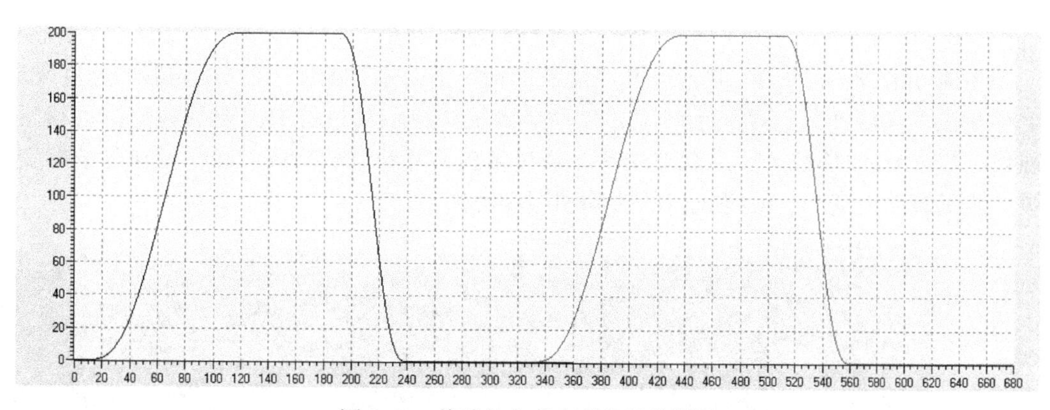

图8-62　偏移的方式实现凸轮跨周期

优点：该方法简单易懂，程序也简单易写。

缺点：在操作时，需要计算偏移值和知道偏移值的正负反向，对操作者有一定的要求。

2）对凸轮点做计算：该方法是判读输入的凸轮点值，当凸轮点设计是单周期，则正常执行；当凸轮点出现跨周期时，需要对各个点做一个偏移，用偏移后的点生成凸轮。

优点：操作者不需要计算偏移值，只需要规划输入凸轮点即可，操作简单。

缺点：在程序上需要判断输入点是否跨周期，分情况讨论，程序逻辑稍微复杂。

2. 外部编码器的干扰问题

由于机械手是根据冲床的运动做跟随运动，因此机械手需要实时地知道冲床的位置变化，根据冲床的位置变化而变化，冲床的输出端转一圈（360°），冲床刚好完成一个上下冲压动作，机械手也同样完成一次上下料过程。因此，在冲床的输出端安装一个外置编码器，当实际生产时，虚轴可以根据编码器变化做跟随运动。

由于外界信号干扰等原因会导致机械运行不平稳甚至出现抖动，对于外部编码器信号干扰的问题，SIMOTION 有个专用的滤波功能，可以在现场调试，设置合理的滤波时间，如图 8-63 所示，可以有效地减少甚至消除干扰，让编码器速度变得平滑，从而使系统运动效果更加柔顺平稳。

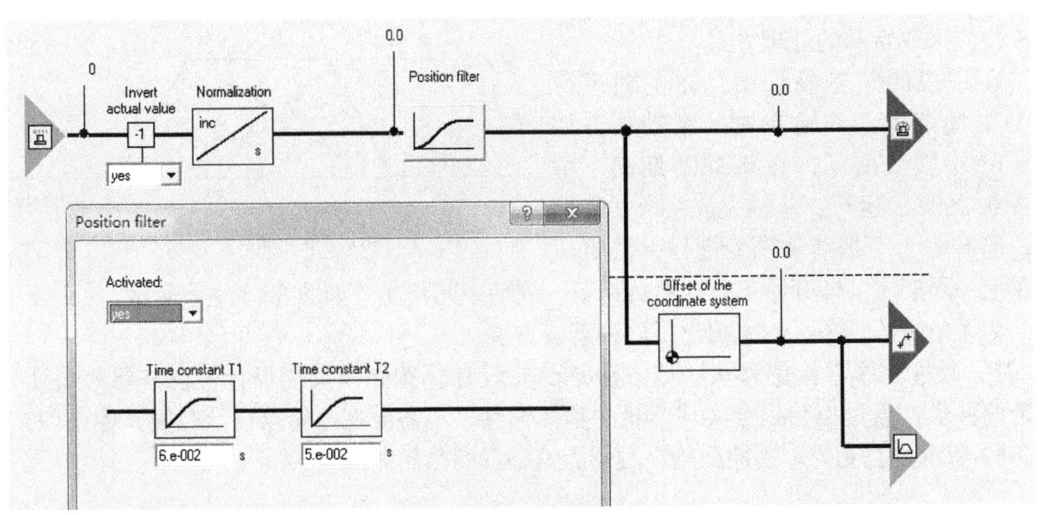

图 8-63　位置滤波时间的设定

图 8-64 和图 8-65 所示，在没有开启滤波的情况下，通过 trace 外部编码器的速度发现，速度存在很多尖峰而且速度波动较大，从而导致机构在运动过程中出现明显的抖动和振动等现象。结合 trace 曲线，开启滤波功能，经过多次反复地调试滤波时间，使速度波形变得平缓，速度波动也变小，最终机构的抖动和振动消失。

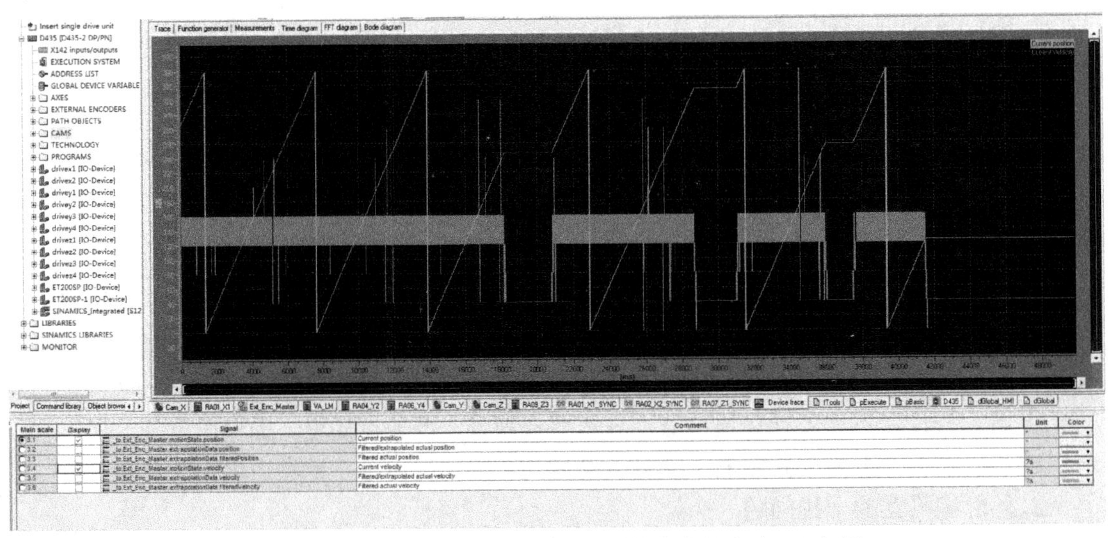

图 8-64　未开启滤波时，外部编码器的速度跟踪（trace）图

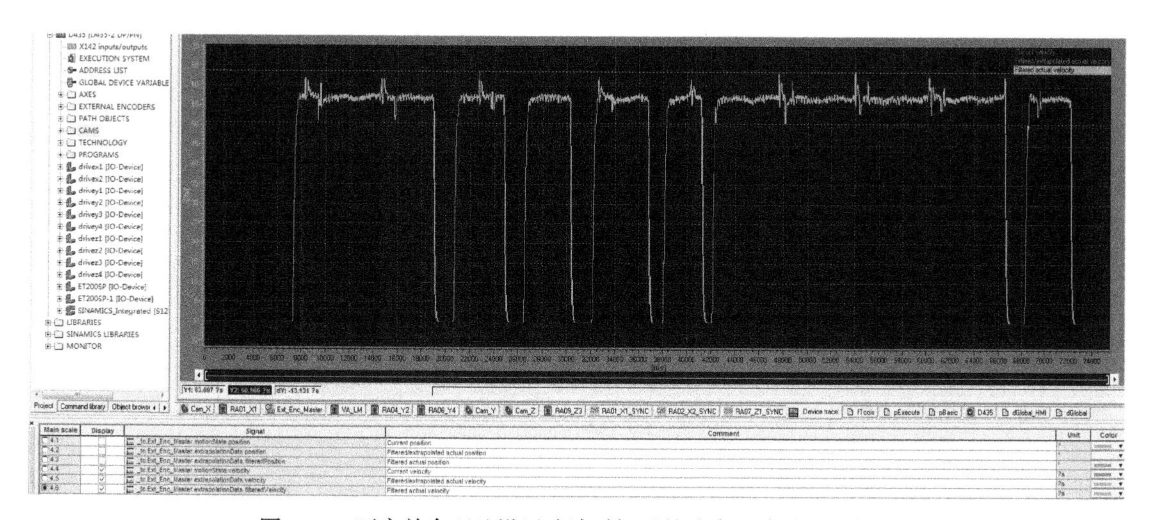

图 8-65 开启并合理地设置滤波时间后的速度跟踪（trace）图

第9章 实例应用5

9.1 立体仓库提升机

9.1.1 立体仓库提升机设备概述

1. 设备简述

该项目为自动化立体仓库项目，自动化立体仓库是现代企业物流仓储中技术水平较高的革命性成果，其通过计算机系统控制完成单元货物的自动存取。该项目中的自动化立体仓库有4个巷道，每个巷道25层，每一巷道配置一台提升机，每一台提升机搭载一台高速输送小车，现场设备如图9-1所示。

提升机的作用是将运送小车和承载的货物提升到设定的高度，该提升机相比于普通提升机其特殊之处在于，一台提升机由两台电机共同控制，正常情况下两台电机控制可实现满负载运行，当其中一台电机出现故障，另一台电机可以单独控制，低负载运行，能够保证持续生产状态。

图9-1 提升机搭载小车

2. 控制要求

提升高度：最大为30m，提升重量：最大为600kg，提升速度：最大为4m/s，提升加速度：最大为$1m/s^2$。

9.1.2 立体仓库提升机电气系统配置

针对客户的需求，采用西门子S7-1512SP PLC控制搭配2台SINAMICS S120伺服驱动器的硬件、网络架构，TP700触摸屏实现操作、显示等人机交互功能，如图9-2所示。

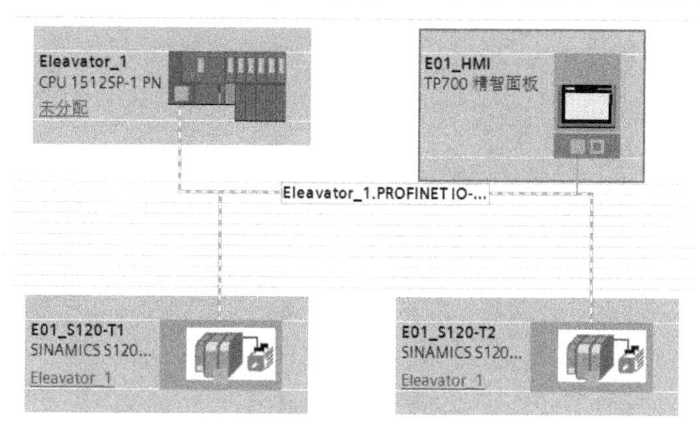

图9-2　硬件、网络架构

9.1.3　立体仓库提升机运动控制解决方案

该项目的关键是两台电机的主从控制，通过两台电机分配转矩，在相同的速度下共同提升负载。常见的转矩同步控制方式有两种，一是直接转矩控制，二是速度饱和转矩限幅控制。

1）直接转矩控制：主轴为速度模式，从轴为转矩模式。通常用于两根轴硬连接，主轴将转矩给定值发给从轴作为转矩输入，即负载转矩平均分配到两个电机上，保证转矩同步。

2）速度饱和转矩限幅控制：主轴和从轴都为速度模式，以主轴速度为基准，从轴速度在主轴速度的基础上叠加一定的增量，同时将主轴的转矩作为从轴的转矩限幅值，使从轴速度环饱和，保证转矩同步。

现场机械连接方式为硬连接，可以用直接转矩控制模式，但客户需求是：如果任意一台电机有故障时，另外一台电机能够继续工作，所以采用速度饱和转矩限幅的方式较为方便。

正常情况下，如果主轴和从轴是用同一个驱动控制单元CU320-2PN控制，两根轴之间可以交互数据，从轴转矩可以直接从CU320-2PN取得而实现转矩同步。但是这台设备的控制单元为CU310-2PN，是单轴控制器，主轴和从轴分别是用两块CU310-2PN控制，它们之间不能直接交互数据，所以只能通过上位机PLC传递。该系统配置111报文并增加拓展报文，将主轴转矩传给PLC，将PLC计算的饱和速度及主轴的转矩给定值传给从轴驱动，如图9-3、图9-4所示。

通过上述主从控制方式，设备可以稳定运行，如果主轴出现故障，需要从轴转化为主轴工作时，只需要把转矩限幅值赋值为电机最大转矩，速度给定不叠加增量即可。

9.1.4　立体仓库提升机运动控制技术要点解析

在调试过程中，遇到几个关键问题，下面将逐一分析。

1. 选择合适的PLC执行周期

在开始调试时，设备工作时振动较大，主从轴的转矩和速度监控曲线如图9-5、图9-6所示。

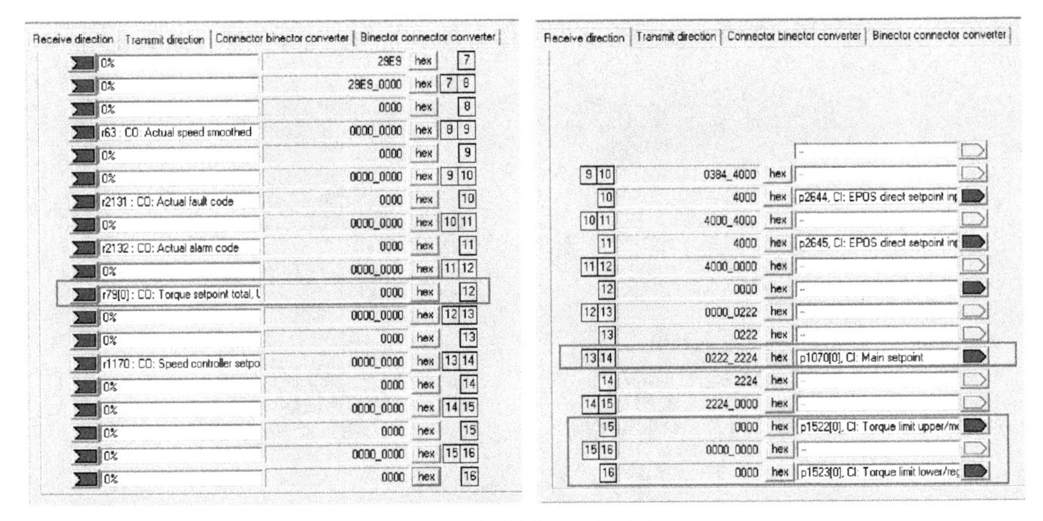

图 9-3　主轴从轴拓展报文

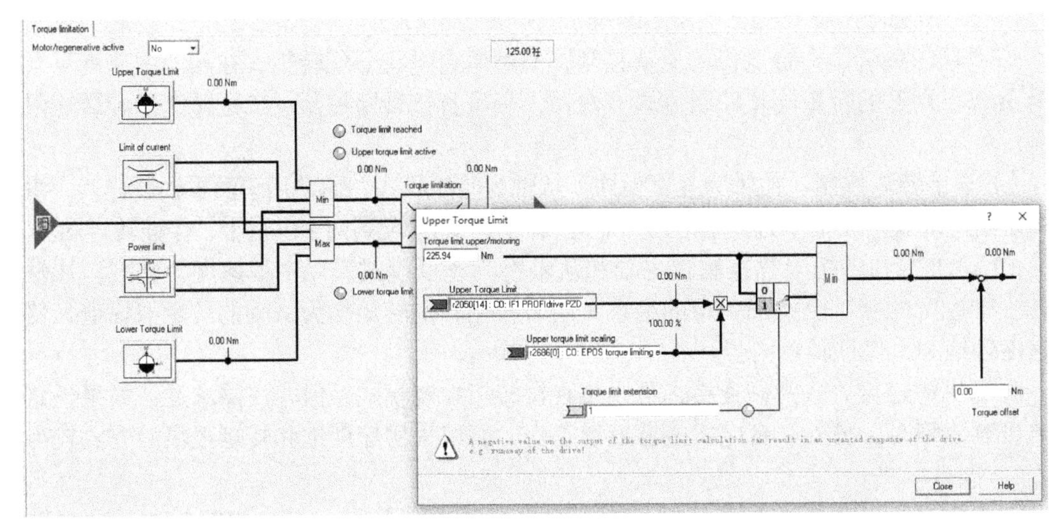

图 9-4　从轴转矩限幅

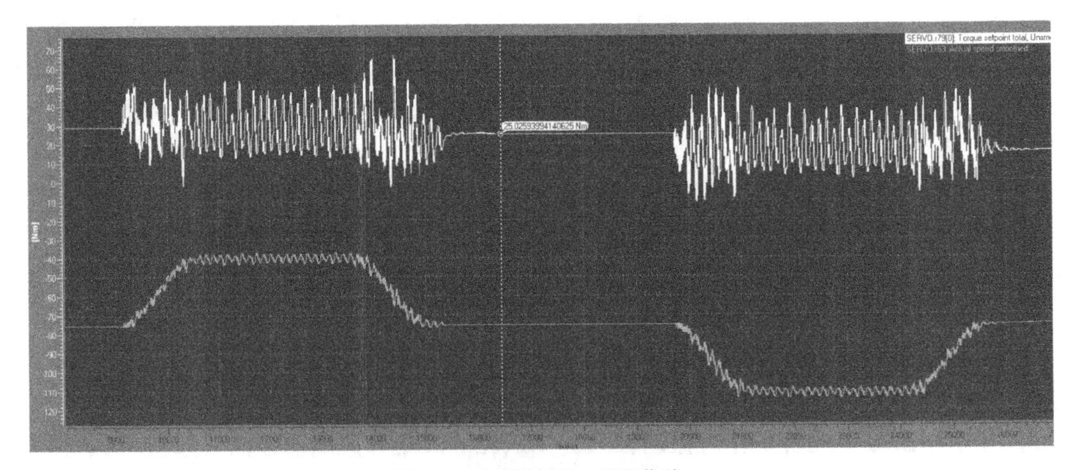

图 9-5　主轴转矩 - 速度曲线

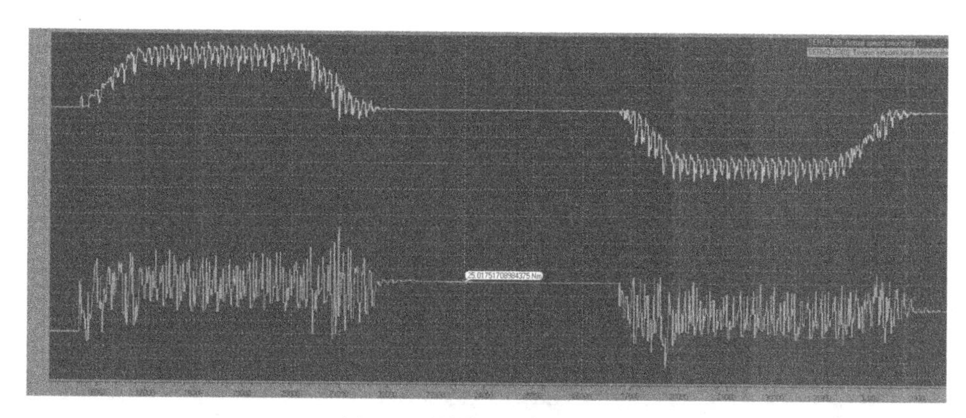

图 9-6　从轴速度 - 转矩曲线

在图 9-6 中，左侧曲线为向上提升曲线，右侧为向下运动曲线。可以看出不管是在上升还是下降过程中，主轴和从轴的转矩和速度都有很大的波动，达到了 ±20Nm，所以引起了实际的振动。

经过检查发现，程序中转矩和速度的数据计算和传输都写在了 OB1 中，因为 OB1 的扫描周期不固定且时间长，于是会因为延迟传输造成转矩的波动。修改并将程序写入 OB30 定时中断中，情况有了很大的改善，修改后进行监控，如图 9-7、图 9-8 所示。

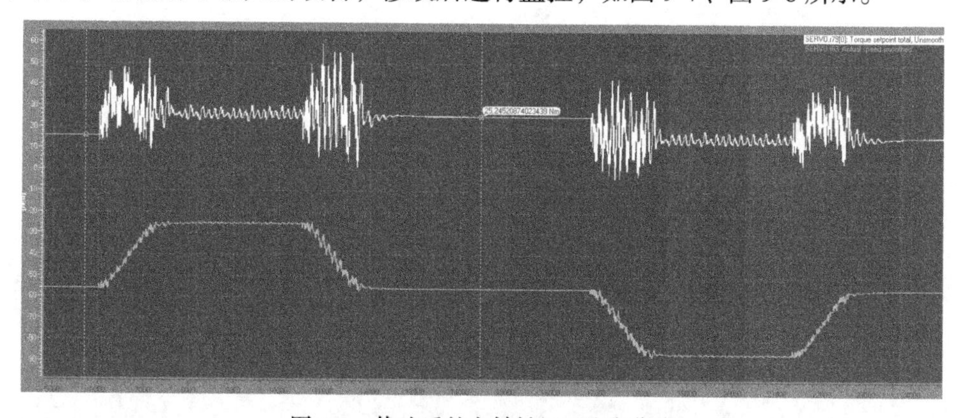

图 9-7　修改后的主轴转矩 - 速度曲线

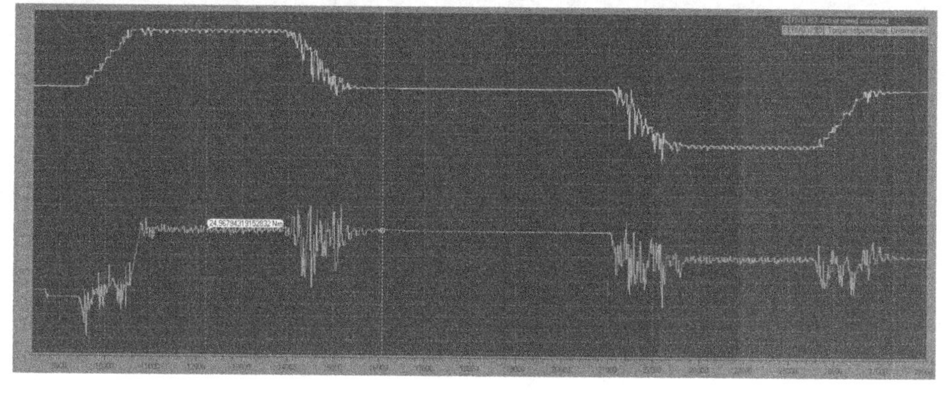

图 9-8　修改后的从轴速度 - 转矩曲线

由图 9-8 中可以看出，整个运动过程中的振动有了明显的减小，匀速段的曲线较好，但是在加减速阶段依然存在较大的波动。因为在加减速过程中，电机转矩持续变化，而传输的转矩存在滞后，由于两电机出力不均导致了波动。

2. 转矩限幅滤波

针对加减速转矩波动大的现象，对主轴发给从轴的转矩做了一些处理，如适当地增加一些滤波处理，将主轴转矩值乘以系数再传给从轴，使从轴在加减速过程中出力稍小一些，削弱从轴的力以减小振动，测试并监控如图 9-9、图 9-10 所示。

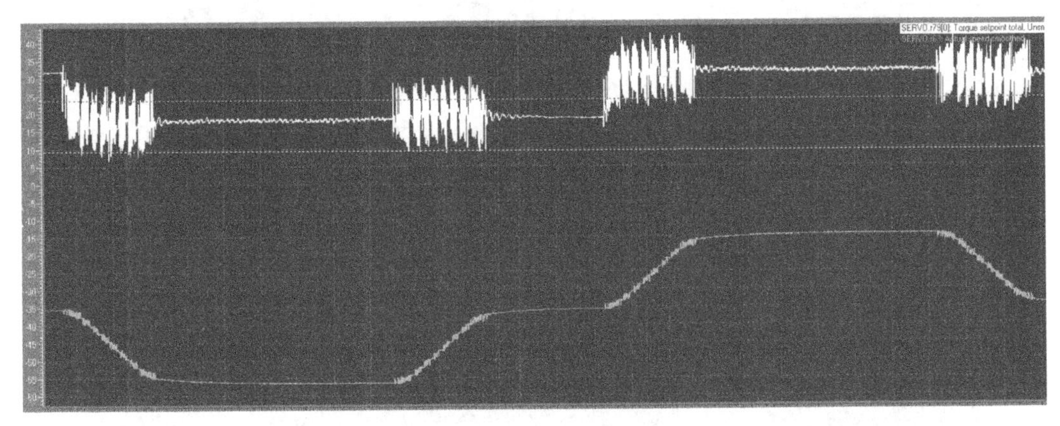

图 9-9　主轴转矩 - 速度曲线

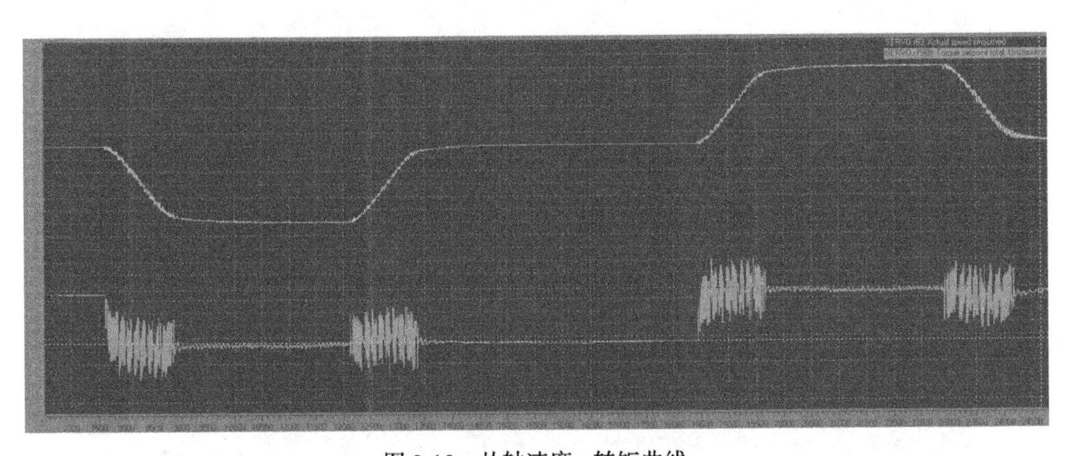

图 9-10　从轴速度 - 转矩曲线

从曲线看，振动现象确实有了减小，从转矩波动来看也减小了 10Nm 左右的波动，运行较为平稳。但是这么做有一个弊端，因为是将主轴转矩值打了折扣发给从轴，于是在低速、低负载没有任何影响，没有充分发挥从轴电机性能。

为了充分发挥从轴电机性能，将主轴加减速时的转矩值进行平均值滤波后再发给从轴。经测试并监控，如图 9-11、图 9-12 所示。

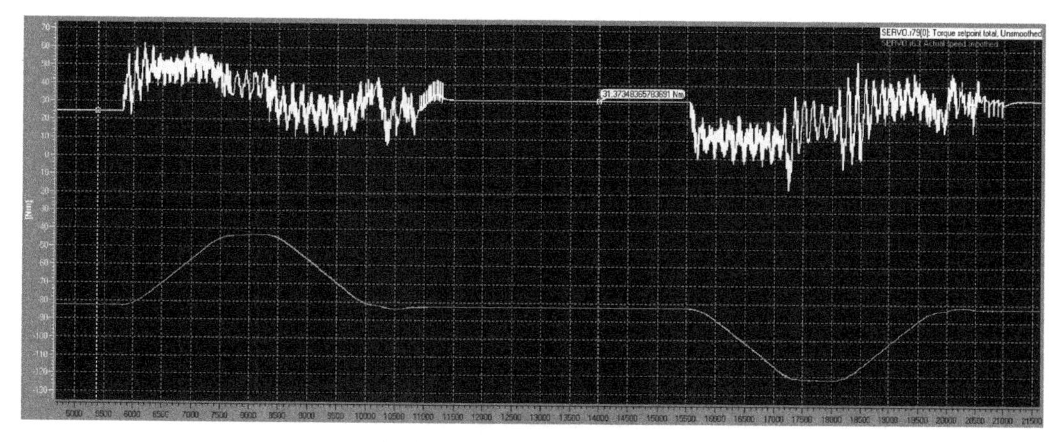

图 9-11 主轴转矩 - 速度曲线

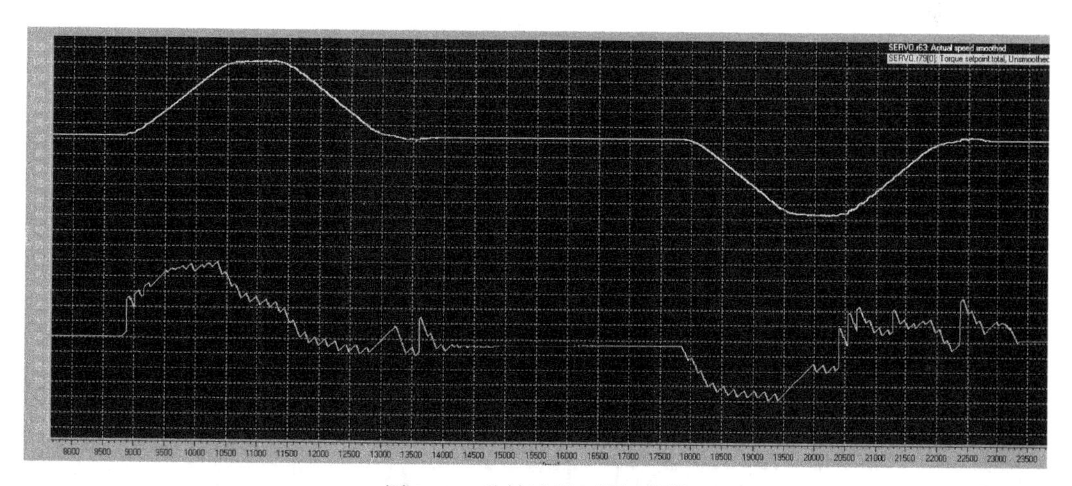

图 9-12 从轴速度 - 转矩曲线

由图 9-12 中可以看出，从轴的转矩值为连续的曲线，趋势与主轴趋势类似，而且是波动较小，通过这样的滤波方式，加减速过程中的振动得到了抑制，并且可以充分发挥电机的性能。

3. 驱动多轴控制单元 CU320–2 方案

根据以上分析，振动主要是由于转矩通过 PLC 传输有延迟造成的，那么如果能够减少延时，振动应该会进一步减小。通过配置 CU320-2PN 控制单元带两台电机，电流环的传输周期为 125μs，通过直接转矩控制的方式进行测试。

不需要拓展报文也不经过 PLC 运算。将从轴配置为转矩模式，将主轴的转矩直接传递给从轴转矩的输入，如图 9-13、图 9-14 所示。

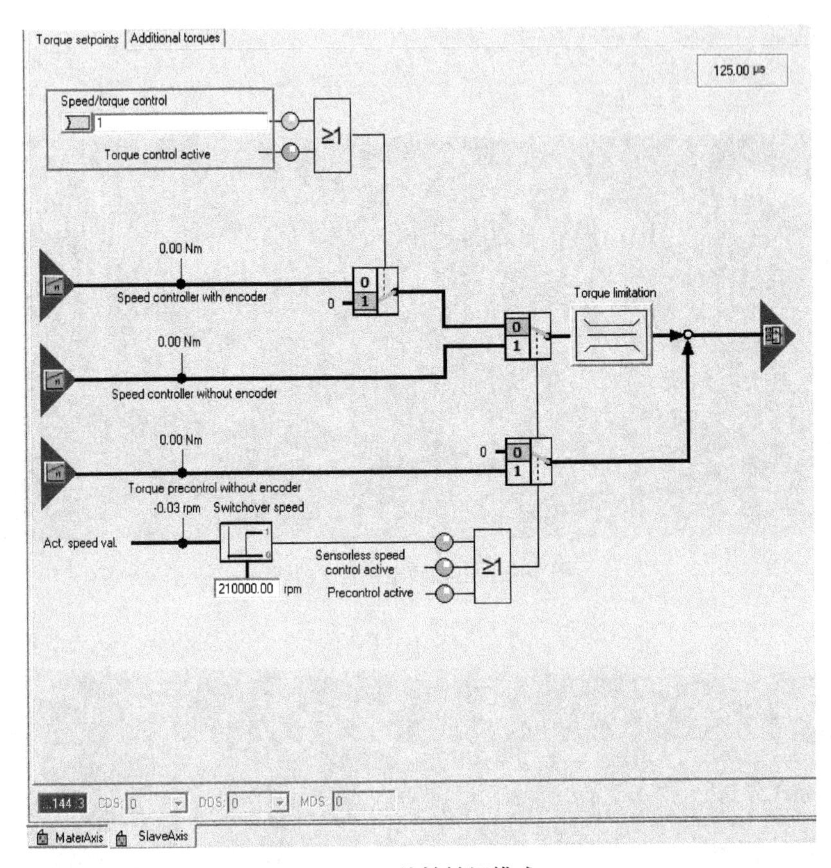

图 9-13 从轴转矩模式

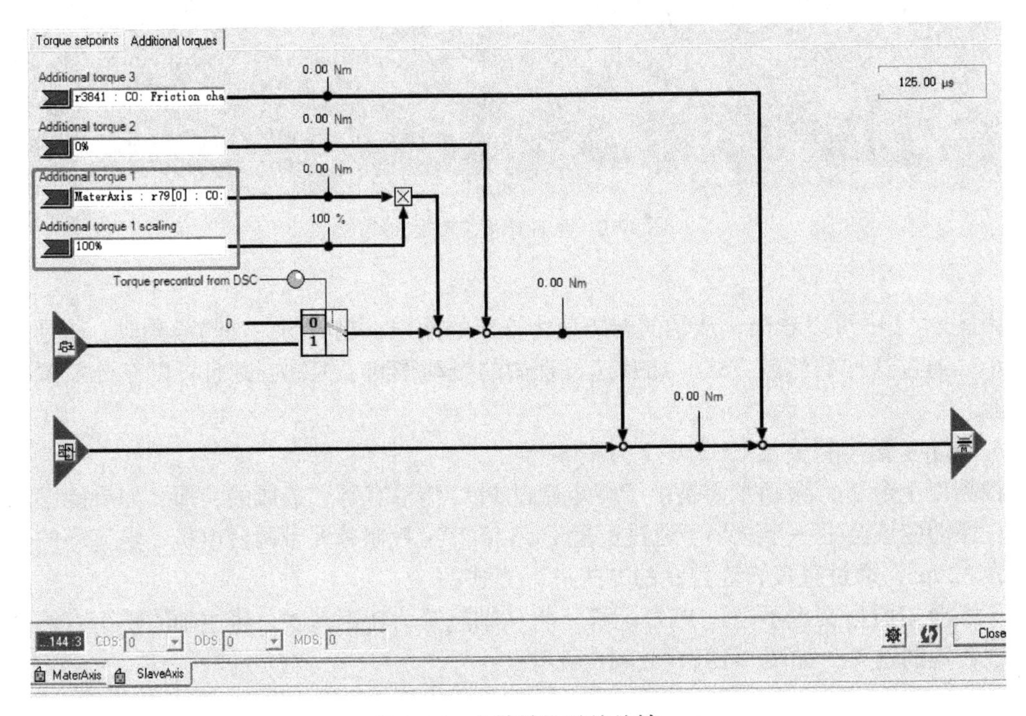

图 9-14 主轴转矩赋给从轴

通过上述主从控制方式，设备可以稳定运行，如果主轴出现故障，需要从轴转化为主轴工作时，只需将工作模式修改为速度模式，并将转矩叠加系数设为0即可。

实际测试并监控如图9-15所示。

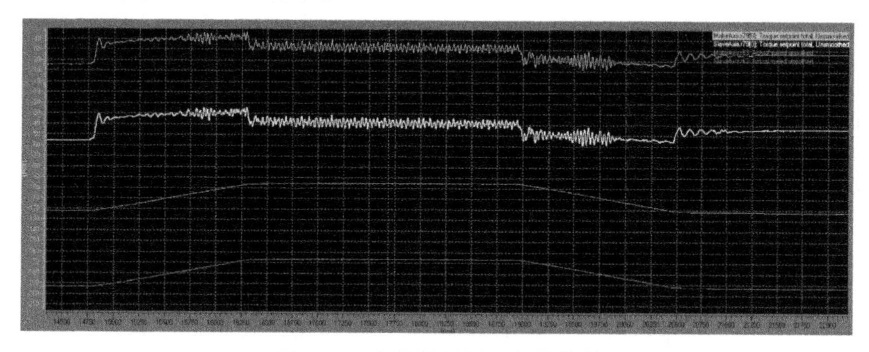

图9-15　主从轴转矩-速度曲线

由图9-15可以看出，无论匀速还是加减速状态下，主从轴的跟随性都非常好，充分发挥了电机的性能。

9.2　堆垛机

9.2.1　堆垛机设备概述

1. 设备简述

堆垛机是自动化立体仓库中主要起重运输设备。主要用途是通过在立体库的巷道内往返穿梭运行及载货台的上下起升运行，将位于巷道口的货物存入指定的货格位置，并将货格中的货物取出运送到巷道口。

堆垛机主要运动机构分为水平方向沿巷道内轨道运行、垂直方向载货台的升降运行和左右方向上的货叉取放货物运行三个部分，常见堆垛机的结构如图9-16所示。

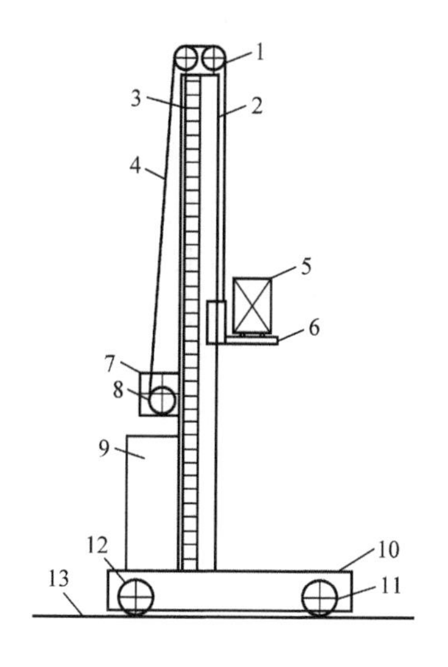

单立柱有轨巷道堆垛机结构	
1	起升滑轮
2	立柱
3	维修梯
4	吊装缆绳
5	货箱
6	载货台
7	检修平台
8	提升机构
9	电气控制柜
10	水平机构
11	前轮驱动
12	后轮驱动
13	轨道

图9-16　堆垛机结构图

2. 控制要求

1）性能指标：性能指标见表 9-1。

表 9-1　性能指标

内容	最大速度 /（m/min）	最大加速度 /（m/s^2）	最大距离 /m
水平行走	240	2.0	100
垂直升降	120	1.5	25
货叉伸缩	80/50（空载 / 满载）	1.5/0.5（空载 / 满载）	2

2）驱动方式：水平方向由两个伺服电动机共同驱动，要求做主从同步控制。电气系统配置如图 9-17 所示。

9.2.2　堆垛机运动控制

在堆垛机应用中，水平方向采用两个电机主从同步进行负载分配的需求很多，西门子驱动产品中常用的解决方案如下：

1）位置环计算在 PLC 内，采用 TO（工艺对象）方式或自主编辑运动算法，周期输出电机速度设定值同时对主从电机进行给定。外部编码器的位置值作为位置环的实际值对电机进行位置控制，而两个电机之间没有其他信息交互，很容易出现两台电机的转矩不均等情况，主从轴相互牵制影响，而且编程较为复杂。

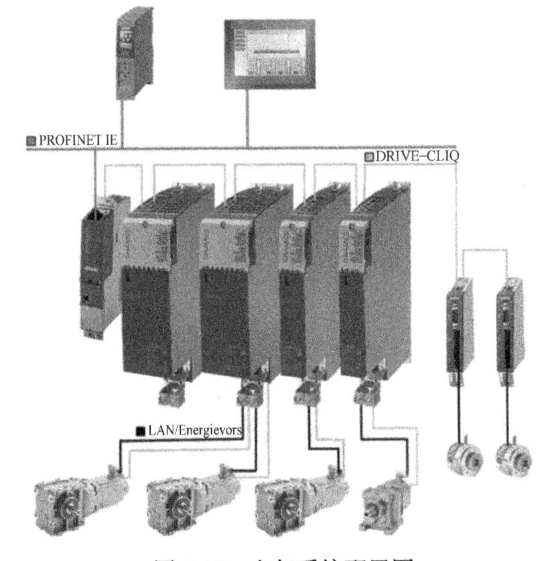

图 9-17　电气系统配置图

2）主轴位置环在变频器内，主从轴变频器采用 SINAMICS G120 系列变频方案，主轴位置环输出速度关联到从轴速度设定，主轴转矩输出关联到从轴转矩限幅。这种方案不需要 PLC 内编程，控制简单，成本低廉。但由于两台变频器不能直接通信交互信号，需要通过 PLC 中转，造成信号延时，影响同步效果。有时会用模拟量直接硬线相连传递信号，同步效果较好，但模拟量存在零飘移问题，容易被干扰，影响效果。

3）主轴位置环在变频器内，主从轴变频器采用 SINAMICS S120 伺服驱动器方案，主从轴共用同一控制单元 CU320-2PN，内部直接对信号进行直接互联，实现信号完全同步。通过将主轴转速设定值关联到从轴转速附加设定，主轴转速控制器积分输出分量关联到从轴速度控制器积分设定。

本例通过综合考虑选用第三种解决方案。

9.2.3　堆垛机运动控制技术要点解析

在实际系统中，通常由于设备磨损、机械容差、温度变化等原因而引起误差偏移。例如，从轴轮系半径比主轴小，造成主从轴出力不同，进而引起不良形变，导致效率降低和磨损增大。上述的第三种解决方案能够较好地解决这些问题，下面将进行详细介绍。

该解决方案是将主轴经过斜波函数发生器后的速度设定值 r62 关联到从轴的速度设定，实现同速度给定。同时，主轴速度环控制器的转矩分量关联到从轴速度环控制器的转矩积分分量，根据实际情况，还可以在从轴的转矩积分分量适当的乘以系数。当主从轴转矩变化不同时，通过主轴积分输出量对从轴积分进行调节，如图 9-18 所示。

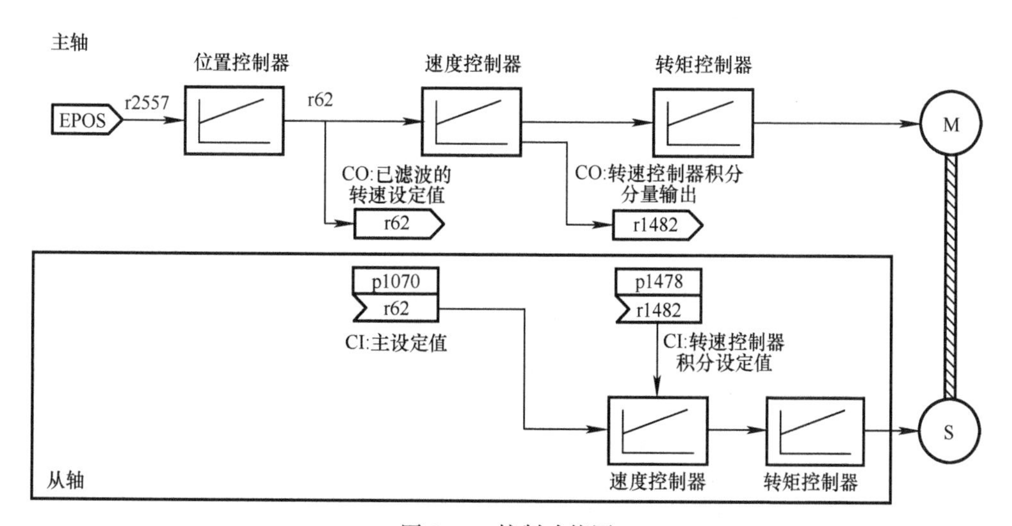

图 9-18　控制功能图

图 9-19 是在客户现场进行的测试及曲线监控，可见主从轴的速度跟随与转矩分配效果较好，设备运行平稳，定位快速、准确。

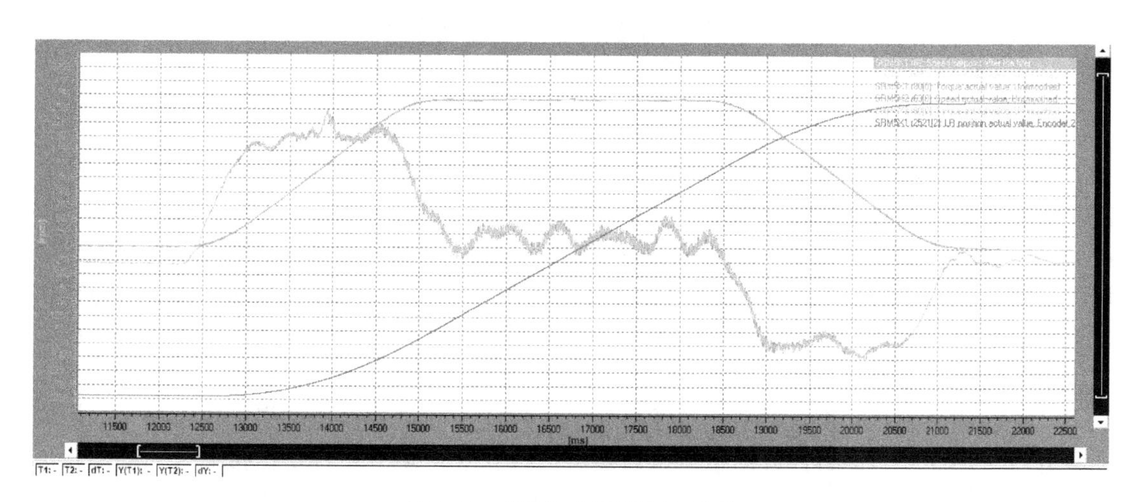

图 9-19　实际运行速度运行曲线

在主从同步过程中，还需要注意主轴或从轴报警时的停车方式处理。当主轴报警，从轴正常时，主轴按具体报警的反应方式进行停车，从轴会同步停止；当主轴正常，从轴报警时，由于主轴运动不受从轴控制，会正常运行，而从轴报警停车会起到阻碍作用，这时就需要根据从轴报警反应对主轴进行停车控制，保护设备防止磨损。

9.3 环形轨道穿梭车

9.3.1 环形轨道穿梭车设备概述

环形轨道穿梭车（见图 9-20）是轨道式自动导引车的一种，又称为环形轨道 RGV、环形穿梭车等，简称环穿车。环形轨道穿梭车的轨道在平面内呈环状布置，轨道内可同时以循环往复地运行多台环行轨道穿梭车，一般要求环行轨道穿梭车只能朝一个方向运行。

环形轨道穿梭车可根据需要将托盘进行横、纵向运送，多台可以同时工作，输送能力较强，大大提高了立体仓库系统的整体效率。目前，广泛应用于密集型立体仓库、输送系统、分拣系统和智能工厂。

图 9-20 环形轨道穿梭车

该项目的环穿车由前后轮共同驱动，前轮和后轮分别经过各自减速机与电机相连接，同时两减速机输出轴通过轴硬连接。

图 9-21 为环形轨道穿梭车平面简易图，其中 A 区域为进货区、B 区域为运行区、C 区域为出货区。1-8 号为小车在环行轨道穿梭车中运行区域，9 号为小车检修区域，当环行轨道穿梭车有故障无法运行时，可以先将它移出环形轨道，停在检修区域。待检修完成后，再推进环形轨道。

工作流程是环行轨道穿梭车接到任务后，先定位运行到 A 区域的指定输送带处，提取完货物后，环穿车会逆时针方向运行，再定位运行到 B 区域的目标传输带处。当环行轨道穿梭车上的货物通过传动带完全传输到 C 区域的输送带后，这一次的任务就结束了，环穿车继续等待新的任务指令。

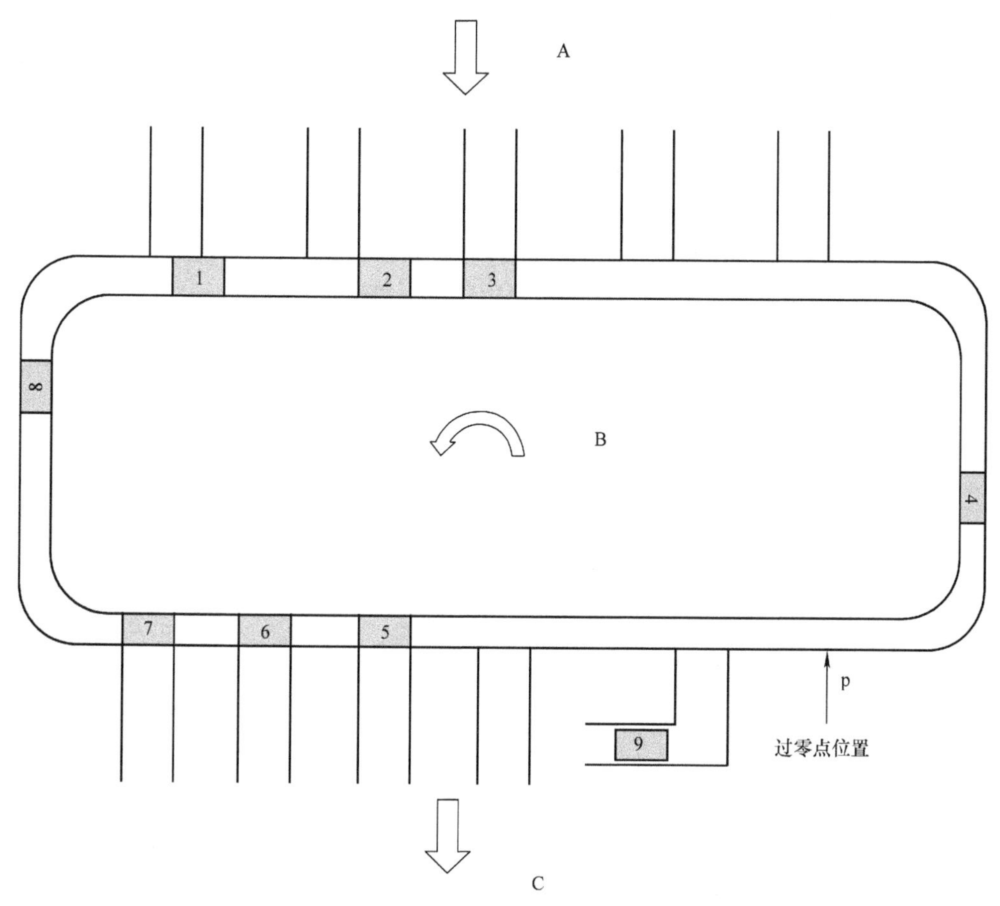

图 9-21　环形轨道穿梭车平面简易图

9.3.2　环形轨道穿梭车电气系统配置

系统采用西门子 S7-1511PLC+ SINAMICS S120 伺服驱动器 + SINAMICS V20 伺服驱动器的配置方案，SINAMICS S120 伺服驱动器采用主从控制的方式实现负载平衡，共同驱动环形轨道穿梭车，SINAMICS V20 驱动环形轨道穿梭车上的输送带。

主轴配成带编码器的速度控制，并选择 EPOS 功能；从轴配置带编码器的速度控制，S7-1511 PLC 中调用 FB284 对主轴定位控制，通过在 DCC 中将环形轨道虚拟成超长的直线轨道，从而避开跨越零点时的位置突变问题。

此外环穿车上还装置有距离检测传感器和防撞块，系统配置示意图如图 9-22 所示。

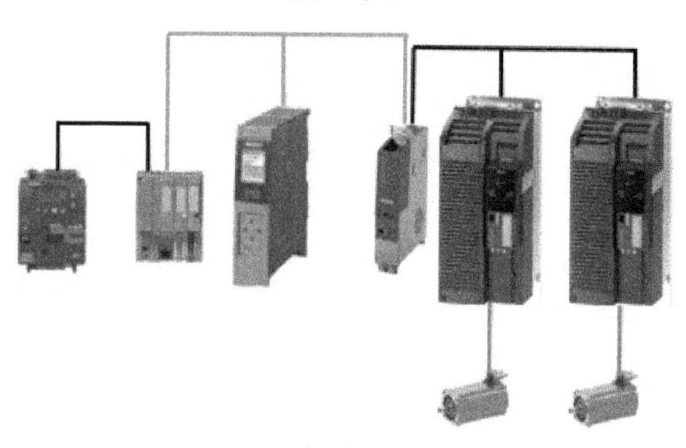

图 9-22　系统配置示意图

9.3.3 环形轨道穿梭车运动控制技术要点解析

1. 主从控制

主轴在 SINAMICS S120 伺服驱动器内配置成速度控制，勾选 SINAMICS S120 伺服驱动器集成的 EPOS 功能，报文为 111 号报文。根据设计指标，计算并设置基本定位的最大速度、加速度、减速度和加加速度等值。

环穿车由两台电机通过硬连接的方式驱动，该设备采用速度饱和转矩限幅的主从控制方式。借助于 DCC 程序计算并转换，将主轴转矩设定值的绝对值连到从轴的转矩正限幅，主轴转矩设定值绝对值取反后连到从轴的转矩负限幅，如图 9-23 所示。

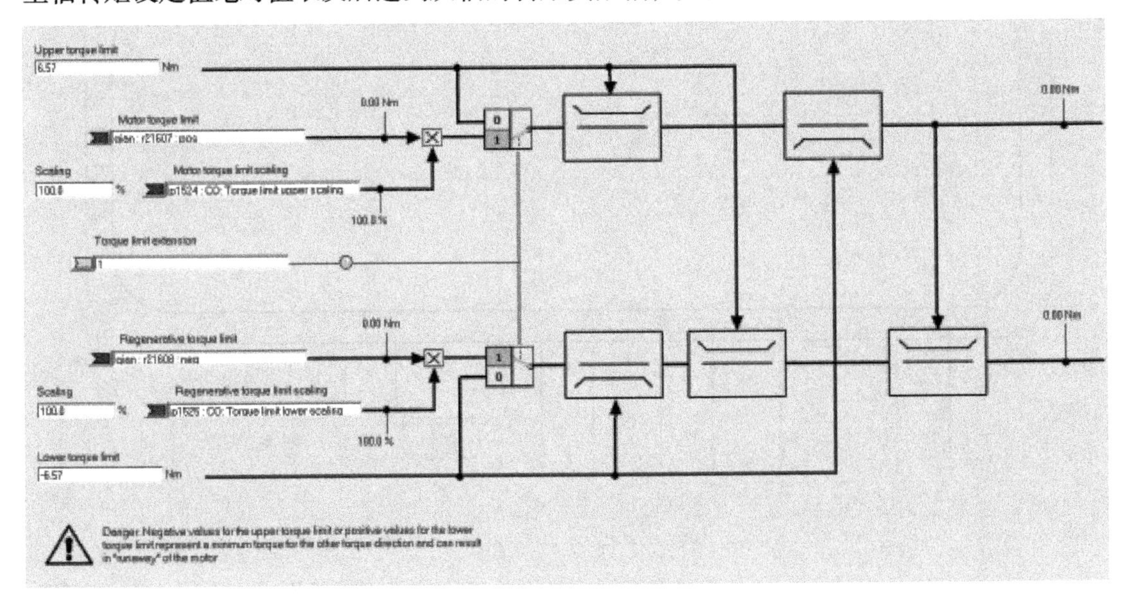

图 9-23　转矩限幅设置

如图 9-24 为速度饱和的设置，在主轴输出正向转矩的时候，将主轴的速度设定值叠加 5% 的分量作为从轴的速度设定值；在主轴输出负向转矩的时候，将主轴的速度设定值减去 5% 的分量作为从轴的速度设定值。

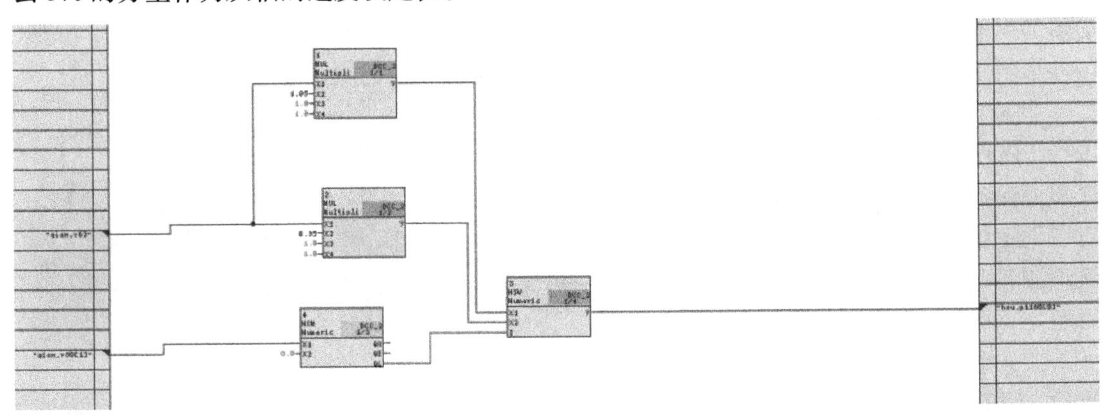

图 9-24　速度饱和的设置

由于环穿车上两电机是硬连接，所以环穿车上两电机的速度实际值可以看作是一样的，主轴输出正向转矩的时候，从轴的速度设定值比实际值大5%，从轴通过速度环的PID调节增加输出转矩以期望达到速度设定值，但从轴的转矩限幅又和主轴实际转矩值一样导致从轴的实际输出转矩只能和主轴一致。主轴输出负向转矩的时候，从轴的速度设定值比实际值小5%，从轴通过速度环的PID调节增加负向输出转矩以期望达到速度设定值，但从轴的转矩限幅又和主轴实际转矩值一样导致从轴的实际输出转矩只能和主轴一致。通过这种方式，不管主轴处于哪种情况，都能实现主轴和从轴的负载平衡。

2. 过零点处理

一般的直线轨道，环穿车在轨道上运行，只需要按照上面的参数设置就可以满足要求，但环穿车仅按照上面的参数设置是无法实现环形运行的。如图9-25所示，在零点处，条码零点和条码最大值挨着，通过trace可以发现穿过零点时，会形成一个位置值突变，环穿车每次经过该点，检测到位置突变后会触发F7452故障而停机。

图9-25 零点位置

下面采用一种方法来处理过零点的问题，它主要是将环形的轨道，虚拟成一条由2147483647圈环形轨道长度组成的直线轨道，这里将环形轨道长度记为L，如图9-26为虚拟的轨道。

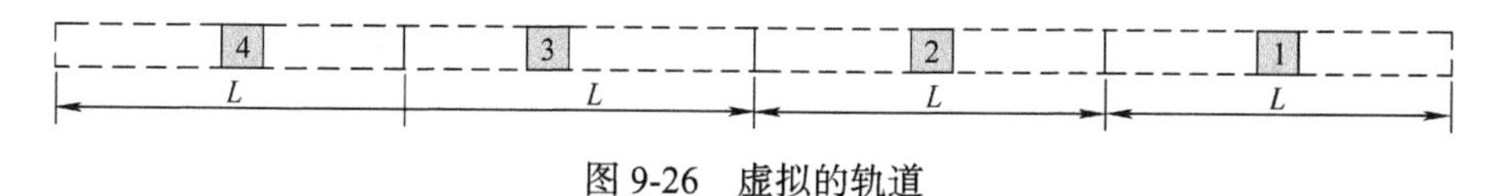

图9-26 虚拟的轨道

一般EPOS基本定位控制中，通过Basic positioner将位置设定值、速度设定值、当前位置实际值传给位置环Position control，如图9-27所示，但针对环穿车，需要将位置设定值和位置实际值进行处理，如图9-28所示，r21816是将r2050.6目标位置设定值处理过的新的目标位置设定值，r21763是将实际位置值进行处理过的新的实际位置值。

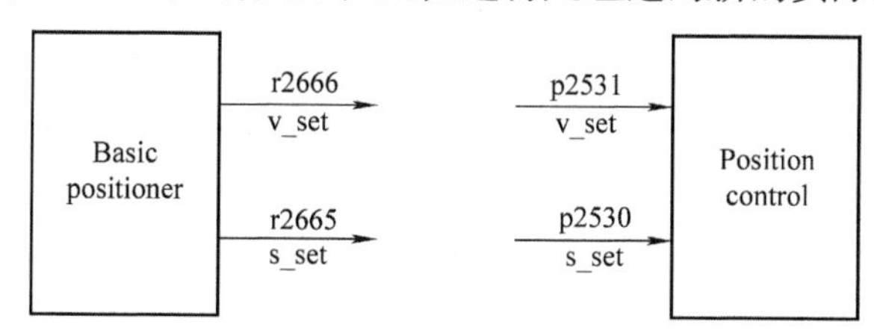

图9-27 常规EPOS控制

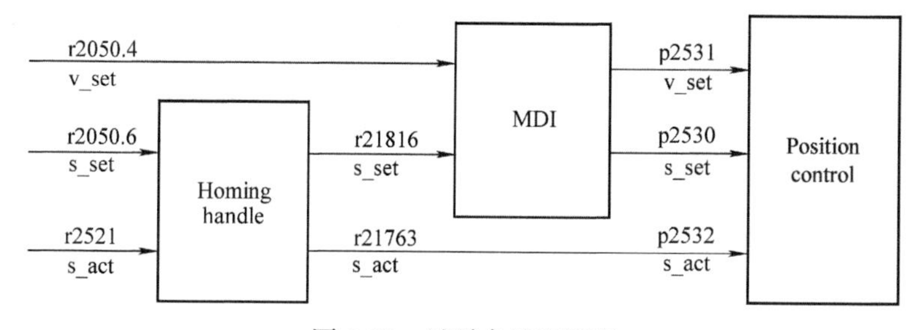

图9-28 过零点处理原理

实际位置值处理过程如下：首先比较当前位置值 r2521 与 100000LU（10mm = 10000LU），当 r2521 在 < 100000LU 的上升沿时，表示此时环穿车穿过了零点，计算当前圈数 $n=n+1$，将当前位置值 r2521 加上累加的环形圈数可以得出新的实际位置值，流程图如图 9-29 所示。

位置设定值处理过程如下：首先比较当前位置值 r2521 与 100000LU（10mm = 10000LU），当 r2521 在 < 100000LU 的上升沿时，表示此时环穿车穿过了零点，计算当前圈数 $n=n+1$，将当前位置目标值 p2060.5 加上累加的环形圈数记为 r21817。再比较目标设定值 p2060.5 和当前位置值 r2521，如果目标设定值大于当前位置值，则新的位置目标值等于 r21817。如果目标设定值小于当前位置值，由于环穿车只能朝一个方向运行，此时说明环穿车需要穿过零点后才能定位到目标设定值，此时新的位置目标值等于 r21817 累加一圈的环形长度 L。图 9-29 与图 9-30 中，n 为累计的环形圈数，L 为环形轨道的一圈的长度值。r21763、r21817、r21816 为 DCC 编程过程中新创建的参数，图 9-31 是通过 DCC 实现的程序。

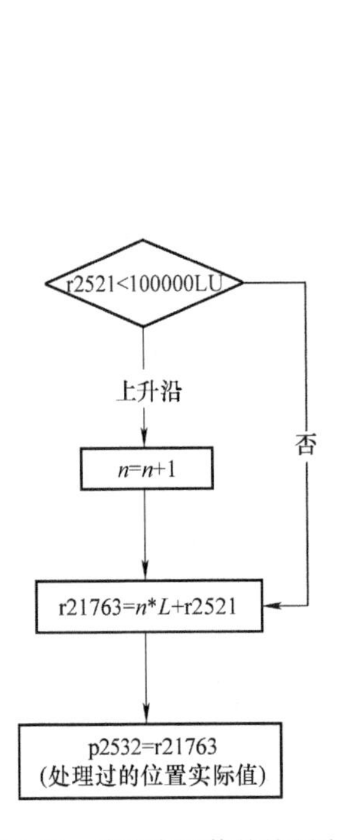

图 9-29　位置实际值的处理流程

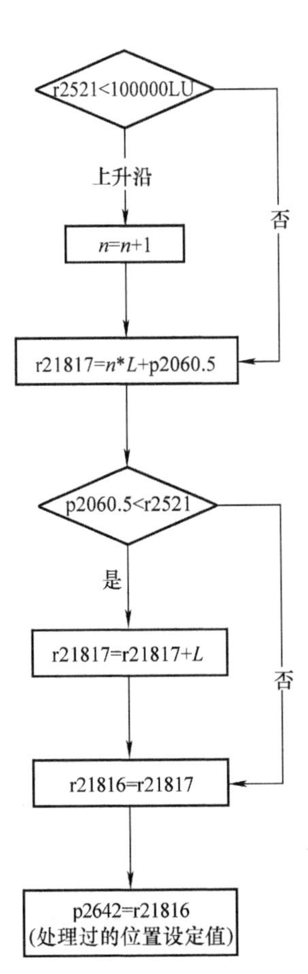

图 9-30　位置设定值的处理流程

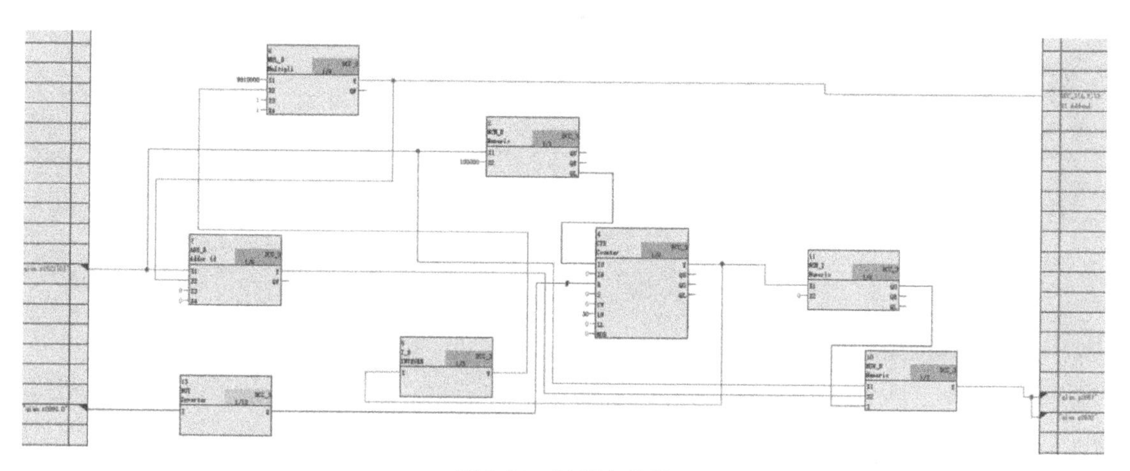

图 9-31　过零点处理

实际运行效果如测量监控的曲线，图 9-32 为环穿车重载时的转矩曲线，可以看到主轴与从轴的转矩大小一样，趋势也一致。图 9-33 为环穿车重载时的位置曲线和速度曲线，可以看到定位过程中速度波动较小、运行平稳。

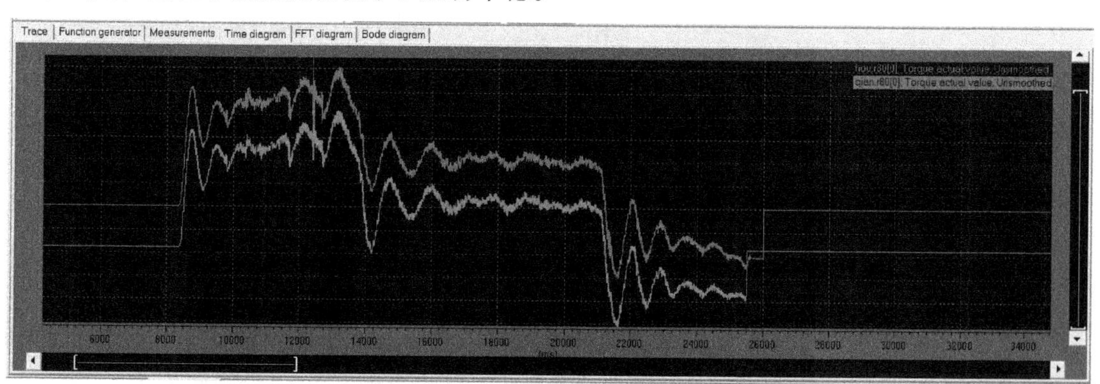

图 9-32　重载定位过程中的转矩曲线

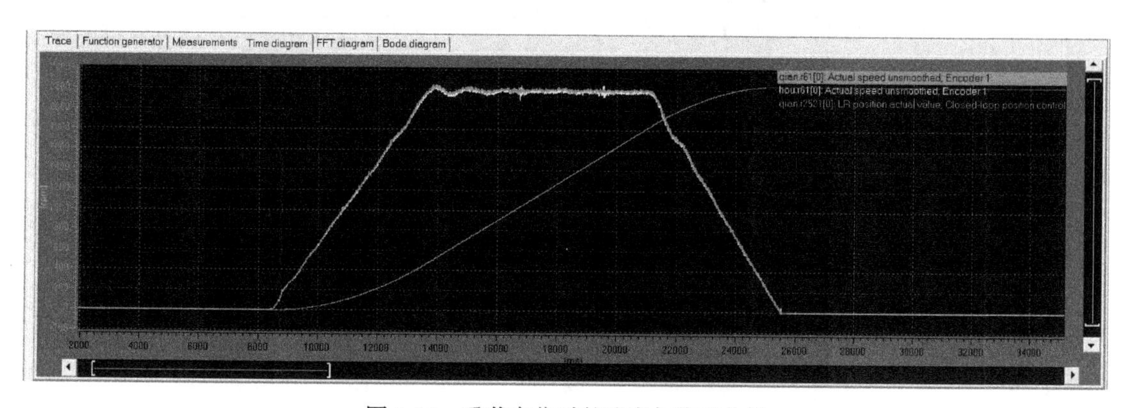

图 9-33　重载定位时的速度与位置曲线

第10章 实例应用6

10.1 塔式起重机

10.1.1 塔式起重机设备概述

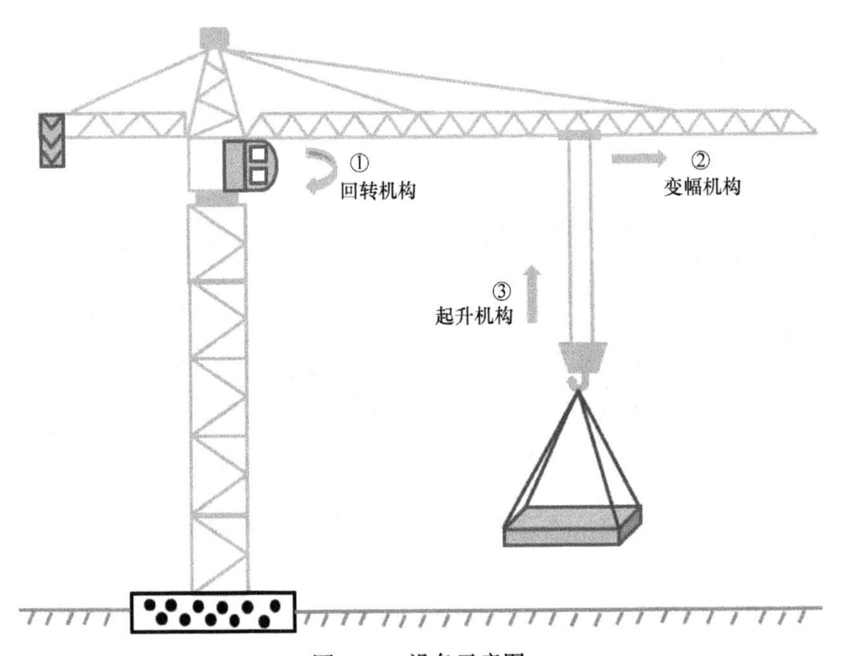

图 10-1 设备示意图

塔式起重机（见图10-1）是建筑领域最常用的一种起重设备，又称为“塔机”“塔吊”，用来运输钢筋、混凝土、钢管等施工原材料，在基础设施建设领域，包括铁路、公路、水利等，以及房地产领域都有广泛的应用。

塔吊由于重物负载大、提升高度高、回转半径大，且多在人员密集区域工作，因此对安全要求越来越高，随着塔吊行业的激烈竞争以及驱动技术的发展，生产企业依托于电气系统开发了越来越多的新功能，不仅大大提高了塔吊的安全系数，还提高了塔吊的工作效率。

10.1.2 塔式起重机电气系统配置

塔式起重机驱动系统主要由三部分构成，①回转机构，②变幅机构，③起升机构。相对于操作人员，回转机构控制大臂围绕塔身做左右旋转运动，变幅机构控制小车沿大臂做前后运动，起升机构使物体做上下运动，从而将物体准确地运输到三维空间内的任一点。每一部分由一个或多个电机驱动。本例主要以西门子电气控制系统为例介绍，如图 10-2 所示，控制器采用西门子 S7-1200PLC，变频器采用西门子 SINAMICS G 系列。G 系列变频器可根据负载特性的不同选择不同的控制单元，起升机构因为带有编码器，所以选择矢量控制 CU250S-2；回转机构采用 V/F 控制且转动惯量大，选用 CU240E-2；变幅机构采用功率单元与控制单元集成在一起的 G120C。

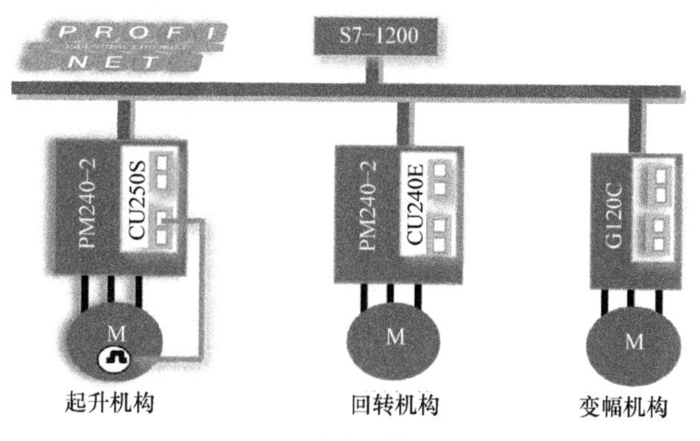

图 10-2　电气系统配置图

10.1.3　塔式起重机运动控制解决方案

塔吊的电气控制系统相对简单，通过端子采用多段速的方式控制，司机室内的档位开关连接至变频器的输入端子，不同档位选择不同的运行速度，如图 10-3 所示。起升机构一般分为 5 段速，采用闭环矢量控制方式；回转机构一般分为 4 段速，采用 V/F 控制；变幅机构一般分为 3 段速，也采用 V/F 控制。起升变频器多段速选择如图 10-4 所示。PLC 主要进行塔吊的安全逻辑控制、采集驱动器数据上传至操作显示屏以及工业互联网，操作显示屏会显示各个机构的一些状态，以及向驾驶员提供一些功能选择开关。

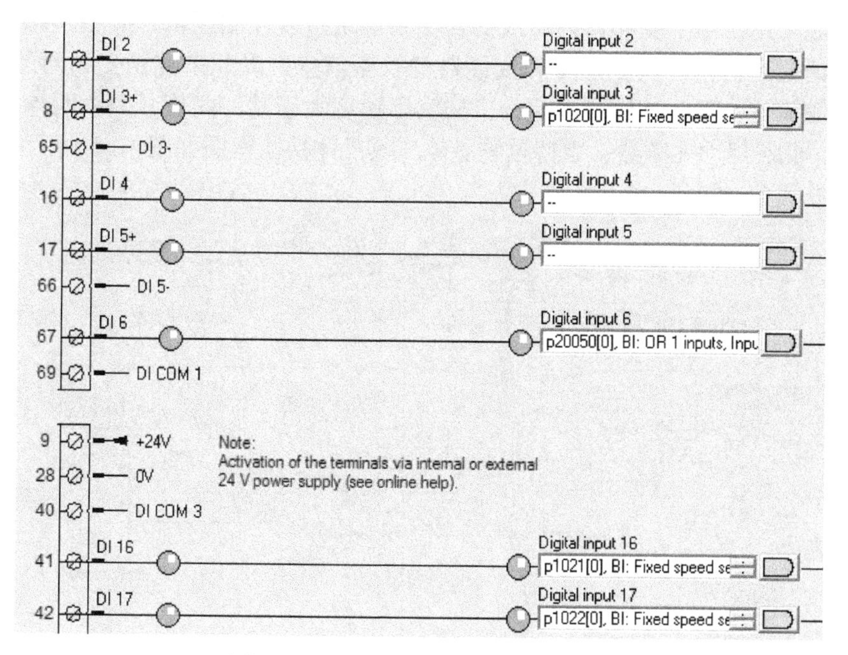

图 10-3　起升变频器数字量输入连接

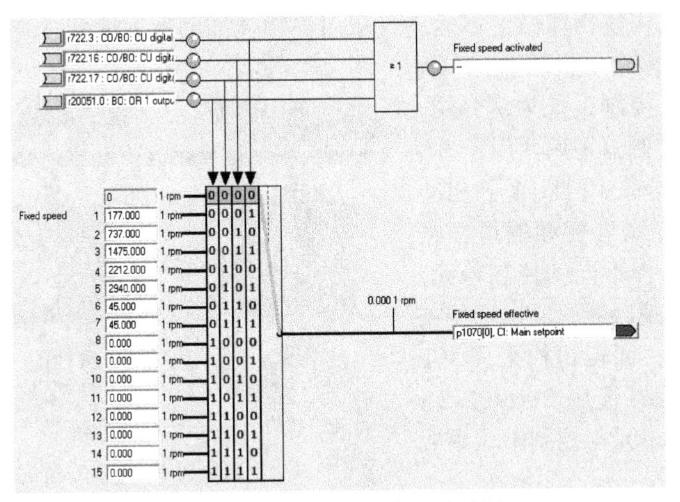

图 10-4 起升变频器多段速选择

10.1.4 塔式起重机运动控制技术要点解析

1. 防坠

由于塔式起重机对安全要求较高，因此在电气驱动系统开发了许多设备故障时的冗余保障功能，例如本节介绍的防坠功能。当起重机不工作时，电气驱动系统并不会使能，若此时提升机构抱闸失效，所提升的重物将无法在空中维持悬停，就会不受控地自由落地，此时若没有人员操作或操作不及时，不但会造成重物的损坏，而且会带来巨大的安全风险和经济损失。

防坠功能采用西门子变频器内集成的自由功能块搭建控制逻辑，应用于起升机构变频器，通过判断起升机构的实际速度和变频器的状态信息，以此来控制变频器的启动信号。当变频器未使能时，若此时检测到起升机构实际速度大于某一阈值，则说明抱闸失效，重物开始下落，此时启动变频器，维持重物悬停，其具体功能框图如图 10-5 所示。

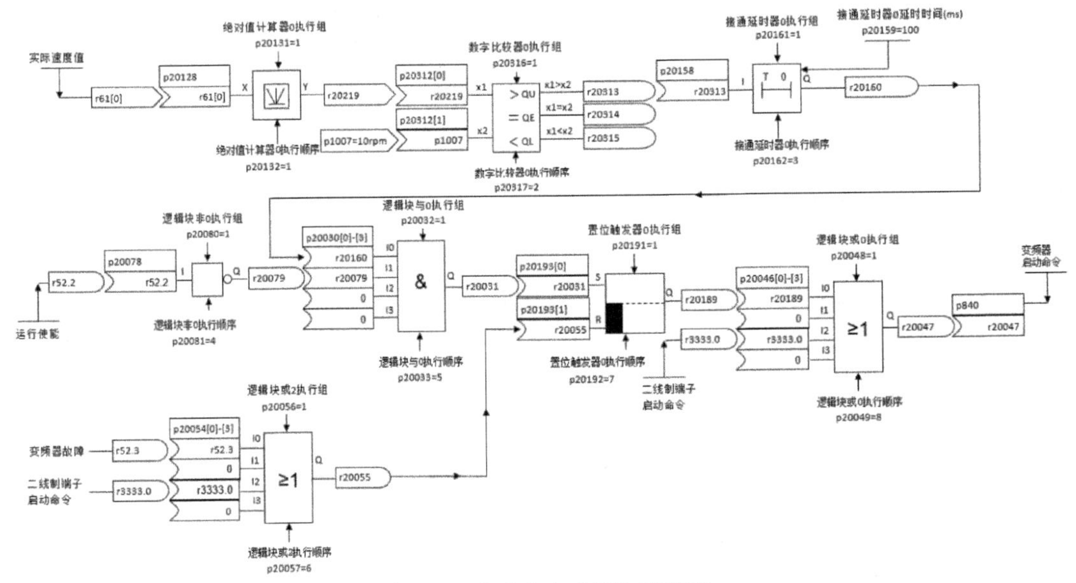

图 10-5 防坠自由功能块逻辑图

2. 防摇

对于塔吊的回转和变幅机构，在静止状态下，重物所受的重力和绳子的拉力是平衡的，若要改变重物的运动状态，使其从静止到加速，必须施加一个外力。以变幅为例，外力就是电机向前的驱动力，所以当变幅小车向前运动时，绳子跟重物之间的夹角必然由0°变为一定角度，如图10-6所示。当重物由加速状态变为匀速状态时，此时横向的外力消失，重物与绳子就构成了一个类似单摆系统，会摆动很长时间才会停止。而塔吊设备多安装于人员密集区域，这种摆动是非常危险的，所以需要开发相应的防摇功能来减小摆动。

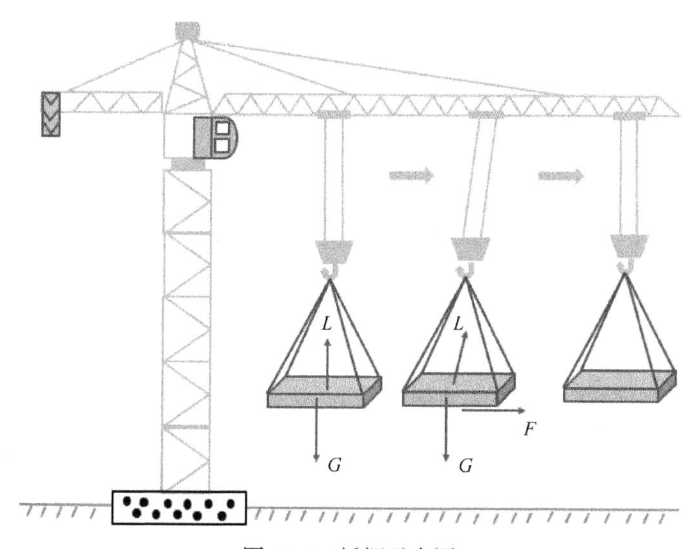

图10-6 摇摆示意图

防摇方法主要有机械防摇摆、电气控制防摇摆，机械防摇摆需要增加机械设备，造价昂贵，因此很少采用。电气控制防摇摆又分为开环控制和闭环控制，闭环控制需要增加摆角测量装置，配合控制算法实现。开环控制无需增加额外设备，仅通过控制算法实现，是目前使用最广泛的防摇方法。

本例介绍的是利用西门子S7-1200PLC与SINAMICS G120变频器开发的防摇功能为开环控制，利用PLC计算加速度并最终生成速度曲线发送到变频器，可以有效地减小摆动。

单摆的摆动周期仅与绳长有关：

$$T = 2\pi\sqrt{l / g}$$

以变幅机构为例，在PLC中，根据当前的运行速度以及档位的给定速度，重新生成速度的防摇曲线，如图10-7所示，通过Profinet通信发送给变频器。

防摇曲线主要分为三部分，以变幅机构起动时为例，即从静止开始加速到匀速，具体描述如下：

第一部分为加速度加速曲线，根据速度差以及加速时间计算所需的加速度。

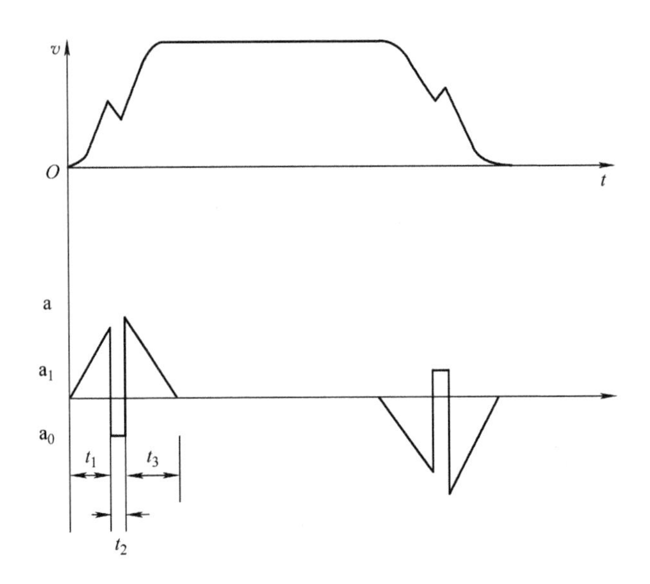

图 10-7 防摇曲线

第二部分为抑制摆动曲线，根据绳长计算摇摆周期，生成此时的加速度以及持续时间，该加速度的幅值以及持续时间可以根据经验适当地进行手动调整，绳长由PLC读取起升机构的电机速度计算出，如图10-8所示。

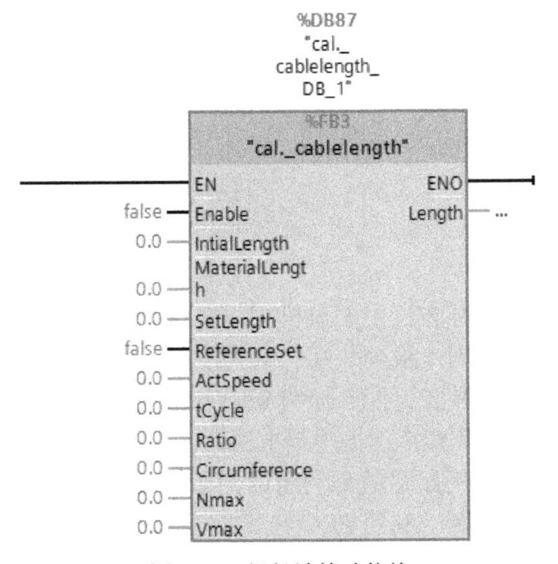

图 10-8 绳长计算功能块

第三部分为加速度减速曲线，最终到达所需的档位速度。

变幅机构停止时，即从匀速到减速至停止，曲线计算原理一致，只是第二部分抑制摆动曲线，加速度的幅值以及持续时间与加速时有些不同。

该功能可通过操作显示屏自由开启关闭，当新司机逐渐成长为老司机时，手动防摇也能达到很好的效果，此时可关闭自动防摇功能。

回转机构与变幅机构类似，采用同样的防摇功能块。

该绳长计算功能块可设置绳长参考点，当触碰上限位接近开关时，此时绳长设为零，同时可以设置初始绳长、材料绳长、设定绳长，设定2倍率或4倍率开关，通过读取电机的实际速度，根据最大线速度与最大电机速度的比值确定当前的线速度，从而计算绳长。

3. 平稳起升

塔吊重物多为不规则物体，因此在快速起升的过程中，当重物离开地面时，由于重心不稳造成重物晃动从而带动大臂的晃动，这种情况非常危险。通常会由驾驶员肉眼观察，当重物将要离地时降低起升速度，缓慢提升，稳定重物，这种方法会受限于驾驶员的观察视角且效率较低。

本例介绍的是通过西门子 PLC 开发的平稳起升功能，自动地控制重物离地速度。通过检测电机转矩，当重物将要离地时，迅速降低提升速度，使重物平稳地离地，这种方法准确率高，且提高了提升效率。平稳起升示意图如图 10-9 所示。

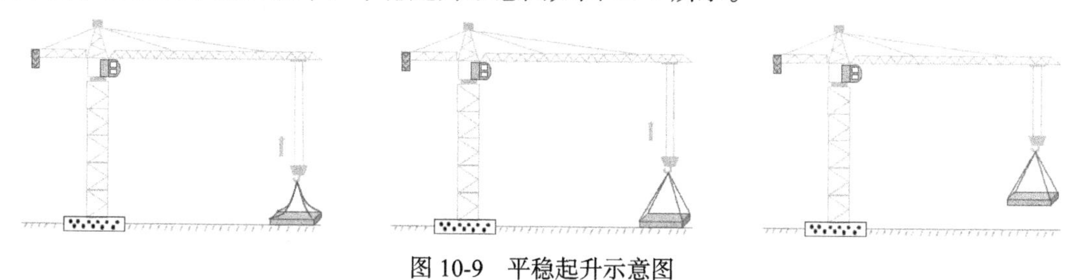

图 10-9 平稳起升示意图

该平稳起升功能块如图 10-10 所示，可设置起升空钩转矩、加速转矩以及加载转矩，通过判断电机实际转矩与这些转矩的关系，确定起升机构处于空钩状态、加速状态还是加载状态，在由空钩或者加速状态变为加载状态时，将离地速度发送到变频器，并减小斜坡下降时间，迅速减速至离地速度，待重物离地后，再将重物加速至档位速度。该功能块可以有效地防止空钩状态以及重物在空中起升时等非离地状态下的误触发。

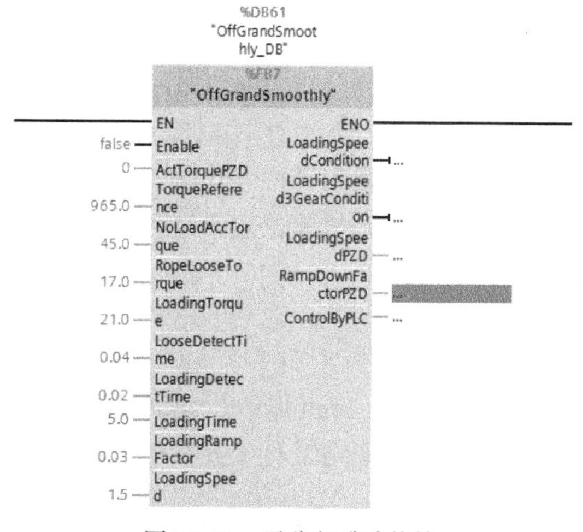

图 10-10 平稳起升功能块

10.2 汽车高速滚床

10.2.1 汽车高速滚床设备概述

1. 设备简述

高速滚床作为汽车行业中自动化连续生产线的定点输送设备，主要应用于焊装车间。焊装车间普遍有 300 多个焊接机器人，这些机器人分布在五六十个工位上，每个工位会焊接几十个焊点，完成不同的焊接任务，这些工位之间的输送就依赖于高速滚床。如图 10-11 所示，高速滚床主要包括四部分，床身、滚轮、滚轮电动机和滑撬，其中床身、滚轮和滚轮电机都是与焊接机器人一起固定于焊装工位上，而滑撬则带着各种汽车零部件输送到各个滚床。当 A 滚床上的汽车零部件焊接完成，滑撬会与零部件一起输送到下个工位，此时 A 滚床处于空位，B 滚床的零部件完成焊接后，滑撬及零部件即可以输送到 A 滚床进行下一步的焊装作业。在汽车行业 JPH（可达 72JPH，即每小时生产 72 台车）日益提高的需求下，焊装车间的生产效率不仅与机器人的焊接效率有关，也与高速滚床的输送效率密切相关。

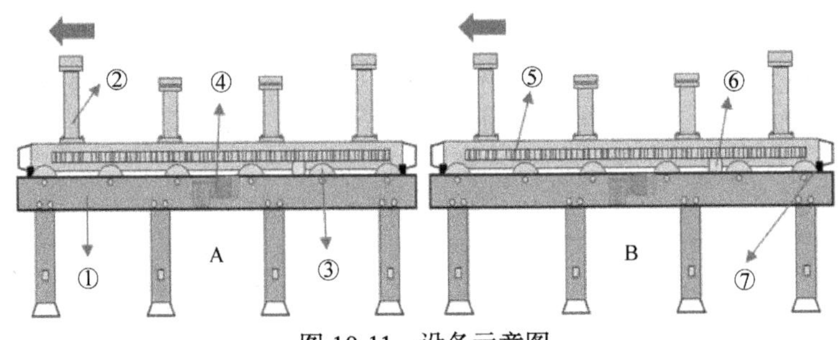

图 10-11　设备示意图

①—床身　②—滑橇　③—滚轮　④—滚轮电动机　⑤—编码尺　⑥—编码器读头　⑦—接近开关

传统的低速滚床采用接近开关减速的方式定位，滚轮电动机采用普通三相异步电动机，驱动滚轮电动机的变频器采用矢量控制。在床身上安装4个接近开关，占位接近开关、一减接近开关、二减接近开关以及到位停止接近开关，变频器依靠接近开关减速最终停止在焊装位置。传统的低速滚床控制方式不仅输送效率低，而且定位不够准确，误差较大，已经逐步淘汰，而高速滚床在不改变机械结构和控制逻辑的情况下，采用位置控制的方式，取消了一减、二减和到位停止接近开关，直接通过变频器自身的位置控制，将滑橇与汽车零部件准确运行到焊装位置，这种方式不仅输送效率高而且定位准确，在汽车行业逐渐得到广泛的应用。

2. 控制要求

滑橇与负载最大质量为1800kg，行走节距为6m，传统的低速滚床输送时间大约为10s，定位精度在2mm以内，而高速滚床可以将输送时间提高到6s以内，高速滚床的定位精度可以控制在编码器的分辨率0.8mm以内。

10.2.2　汽车高速滚床电气系统配置

本文主要介绍了采用西门子PLC以及西门子G系列变频器G120驱动滚轮电机控制高速滚床的解决方案，如图10-12所示，上位机采用西门子S7-1500 PLC，通过Profinet网络连接十几台滚床，PLC的主要作用是控制焊接机器人及生产线的自动化控制，滚床控制只占用其中很小一部分资源。变频器采用其自身的基本定位器进行位置控制。

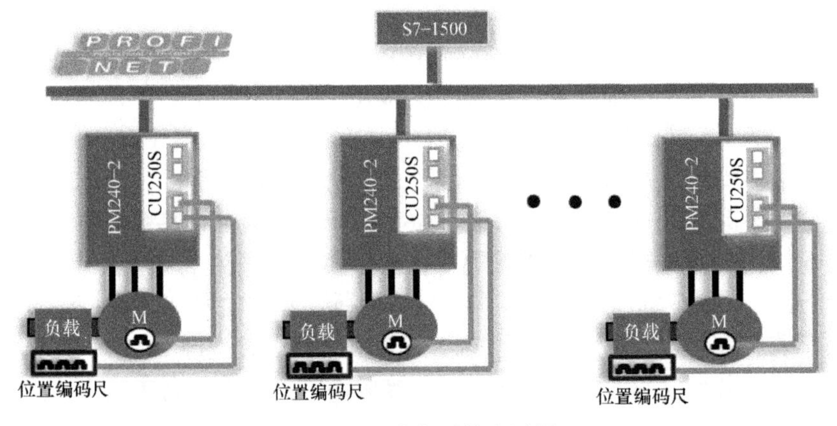

图 10-12　电气系统配置图

10.2.3 汽车高速滚床运动控制技术要点解析

滑撬与负载较重，因此在加减速时会有打滑的现象，导致电动机侧的编码器出现位置偏差从而使变频器位置控制器出现故障，这是该系统的主要控制难点。本章将从不同的角度分别介绍两种解决方案，一种为现阶段普遍采用的解决方案，即增加外部位置编码器；另一种为西门子公司开发的经济型解决方案。

1. 增加外部位置编码器

行业通用的解决方案是在滑撬上安装另一个位置编码器来检测滑撬的实际位置，电动机侧的编码器只做速度控制使用。要检测滑撬的实际位置，就需要将编码尺安装在滑撬上，而编码器读数需要连接到变频器，将位置读数发送到变频器，应固定在床身上。本文中采用的编码器是倍加福 WCS3B-LS311D，19 位 SSI 绝对值编码器，分辨率为 0.8mm，其配置信息如图 10-13 所示。

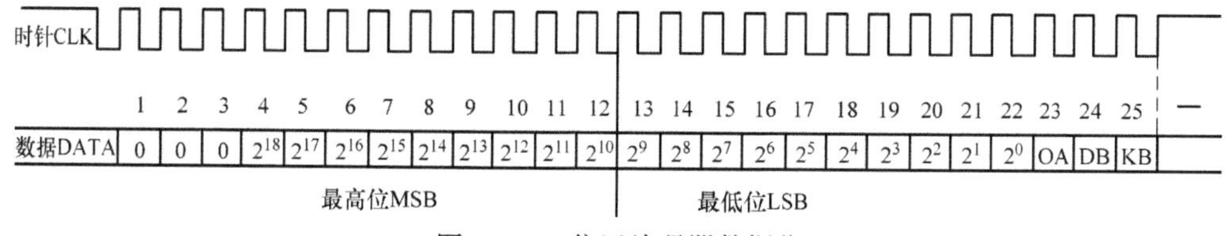

图 10-13 位置编码器数据位

因为编码尺会随着滑撬在各个滚床间移动，因此经常会出现编码尺不在编码器读数范围内的情况，由此带来两个新的问题。

（1）编码器故障

当编码尺不在读数范围内时，此时编码器会显示固定的位置值。随着编码器厂家的不同而读数不同，本例所用的倍加福编码器在这种情况下，19 位数据位会全部为 1，转化为十进制即显示 $2^{19}-1$，即 524287。在测试另外的编码器时，其不在读数范围内时的值为 0。市场上普遍采用倍加福编码器，因此在位置控制时就会存在问题。比如当编码尺进入读数范围内，此时编码器的读数会剧烈变化，会从 524287 变为 0，因此变频器的位置控制器会不可避免地报故障、报跟随误差故障或位置实际值处理错误。

位置跟随误差故障可以通过设置屏蔽，将检测值设为 0 即可屏蔽如图 10-14 所示。

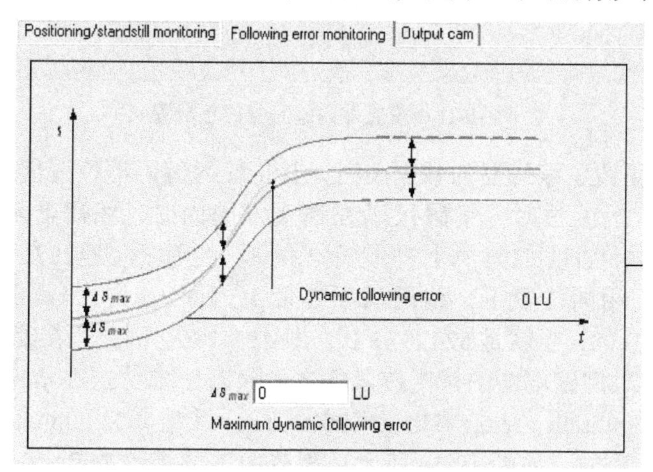

图 10-14 跟随误差故障屏蔽

位置实际值处理错误不能屏蔽，该故障是由于位置实际值的溢出导致的，当按照编码器的设置进行变频器内编码器的配置时，变频器分配给位置实际值的数据位为 19 位，如图 10-15 所示。

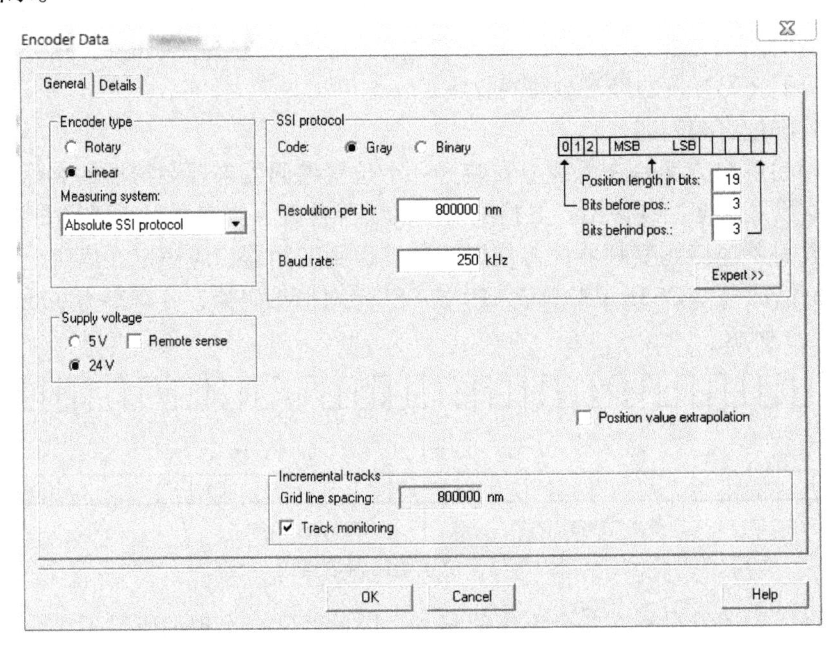

图 10-15 编码器正常配置

当编码尺不在读头范围内时，变频器读到的读数为 524287，而当编码尺进入到读头范围内时，此时 19 位的数据位会溢出，会出现位置实际值处理错误。因此需要进行额外的配置扩大编码器的数据位来避免故障，配置如图 10-16 所示。

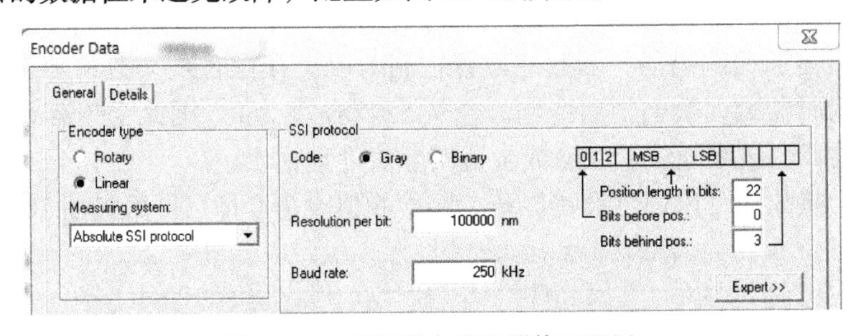

图 10-16 变频器内编码器修正配置

需要注意：当更改了编码器的数据位时，其传输的编码器位置值也会随着变化。举例来说，当数据位为 19 位时，编码尺不在读头范围内时，编码器传输的位置值全为 1 的位置值 1111111111111111111，十进制为 $2^{19}-1$，也就是 524287。而当编码器数据位设置为 22 位时，相同位置下，编码尺不在读头范围内时，编码器传输的位置值为 1111111111111111111000，也就是 524287×2^{3}，即 4194296。因此，在编码器配置时需要将 Resolution per bit 参数即编码器的精度按照样本值除以 $2^{多余位数}$。在本例当中，如图 10-16 所示，编码器的 Resolution per bit 参数为 800000nm，即精度为 0.8mm，数据位为 19 位，将数据位更改为 22 位时，如图 10-16 所示，相应的需要将参数 Resolution per bit 修改为

100000nm，这样编码器传输的位置值就与实际值相同。

（2）速度位置切换故障

当编码尺不在读头范围内时，此时变频器只能采用速度控制，而编码尺进入读头范围内，要迅速切换为位置控制，才能通过位置控制器最终定位到正确的位置，而速度位置的切换会导致位置值的计算出现偏差，给定位置值会从速度为零开始计算，而此时的实际速度并不为零，因此实际位置会比给定位置大很多，导致变频器会迅速减速去追给定的位置，如图10-17所示，甚至会导致反转。

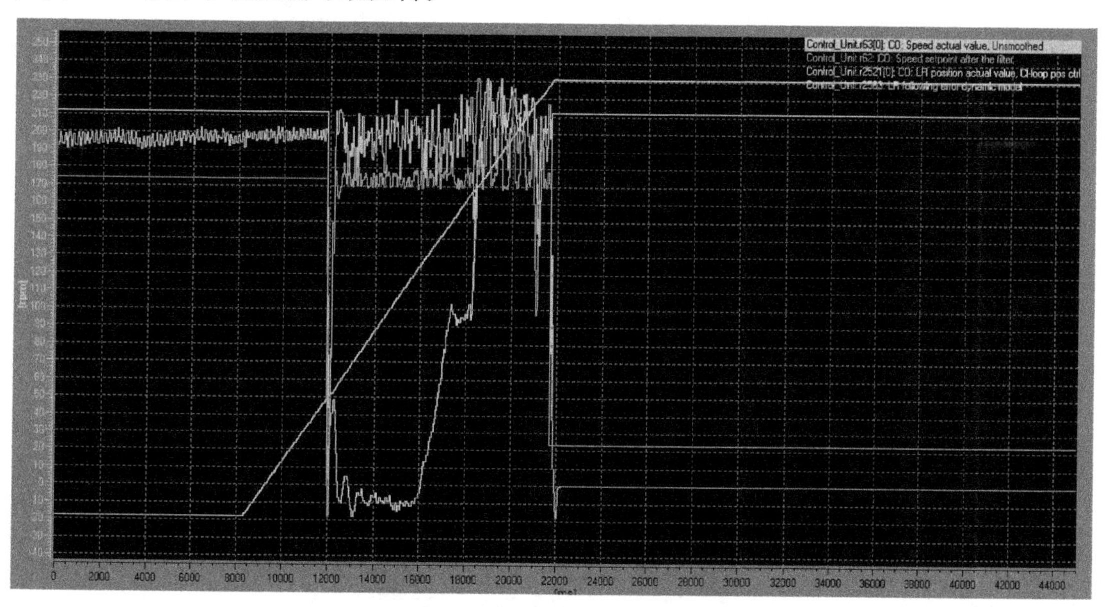

图10-17　位置控制切换时运动曲线

从图10-17可以看出，此时的滚床电机速度仅为200多转，当速度控制切换为位置控制时，实际速度迅速降低到了反向20转，此时可以明显地观察到滚床停止再加速的过程。

此时的解决方案需要切换速度环的速度给定值通道，如图10-18所示，变频器的速度给定值包括Speed setpoint 2的位置环给定值通道和下方的经过斜坡函数发生器的速度环给定值通道（见图10-18）。直接切换这两个给定值通道时会造成变频器反转，因此在切换时需要进行相应的处理，达到一定条件后再切换，步骤如下：

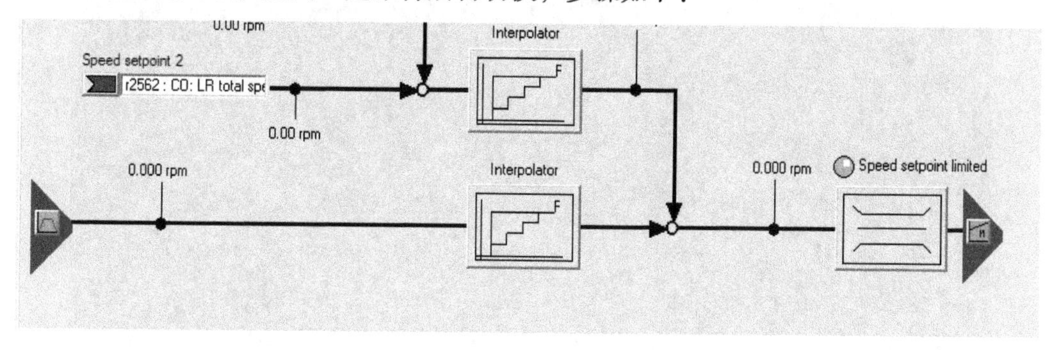

图10-18　速度给定值总和

1）使能位置环，此时速度环给定通道仍然有效，需要做一些适当处理，使得变频器的总速度与 PLC 设定的速度值相同。

2）判断位置环的给定位置值和实际位置值偏差，当该偏差小于某个阈值时，说明位置环输出的速度与实际的速度基本相同，通过取消斜坡函数发生器的使能将速度环给定值通道取消，如图 10-19、图 10-20 所示。

3）通过位置环进行设备的定位控制。

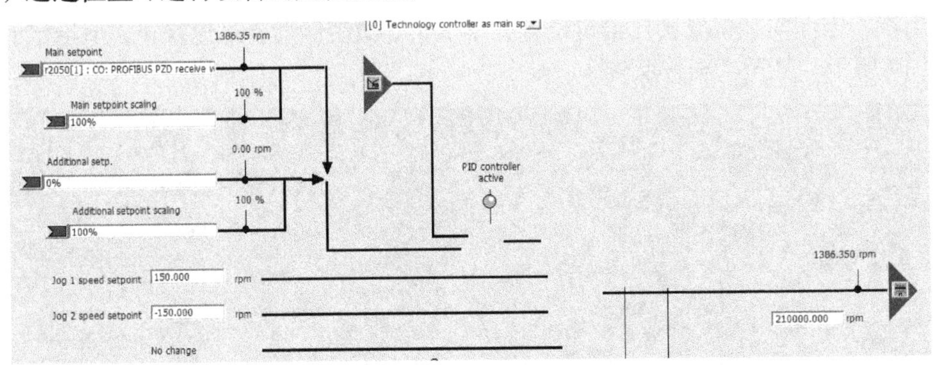

图 10-19 速度环给定值通道

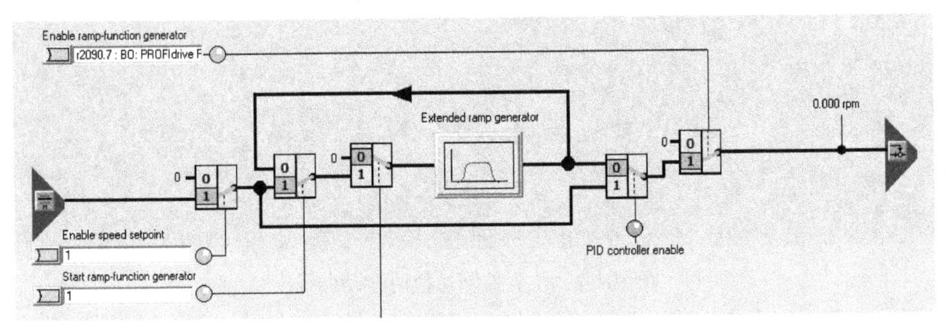

图 10-20 速度给定值通道切换

通过处理后，滚床的运动曲线如图 10-21 所示。

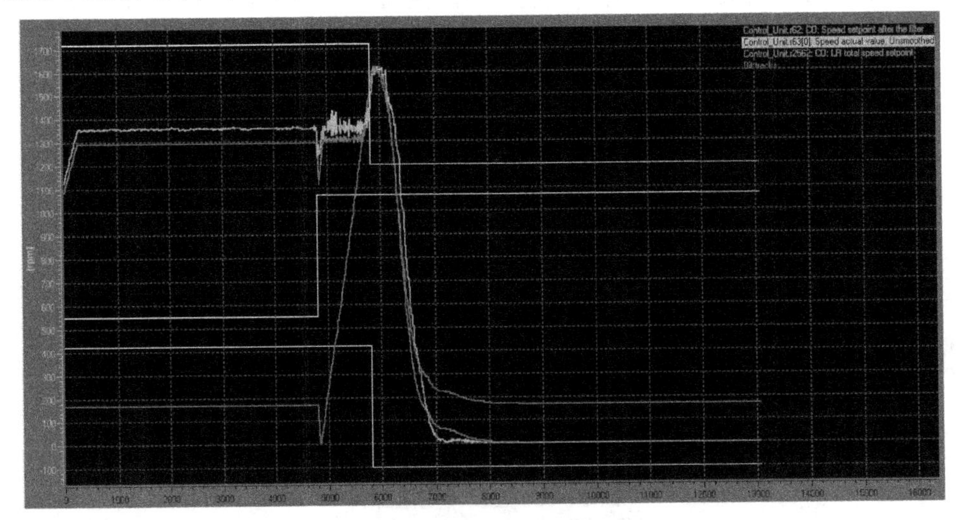

图 10-21 调试后速度位置切换

2. 被动回零

从上面的分析可以看出，这种解决方案虽然控制精度高，但是需要额外安装编码尺和读头分离的位置编码器，大大增加了设备成本，增加位置编码器的同时也提高了编码器的故障率，且无法从根本上消除速度波动。

下面将介绍另一种解决方案，即由西门子运动控制应用技术中心（MC GMCAT）开发的经济型解决方案。采用的电气系统配置与上一种解决方案相同，但是不需要额外的位置编码器。

利用变频器自身基本定位器的被动回零功能，在滑撬开始减速的位置安装接近开关，接入变频器的快速输入输出点，作为被动回零的触发点。此时将接近开关在滚床的实际位置作为变频器位置控制器的参考点进行最后的定位控制，变频器内配置如图 10-22 所示，“Meas. Probe 1 input terminal”作为被动回零的触发点，连接变频器的快速输入输出点“[25] DI/DO 25（X208.4）”，即端子排 208 的 4 号端子，“reference point coordinate signal source”作为回零的参考点坐标连接 r2060[6]，即由 PLC 发送的通信字 PZD 7+8。

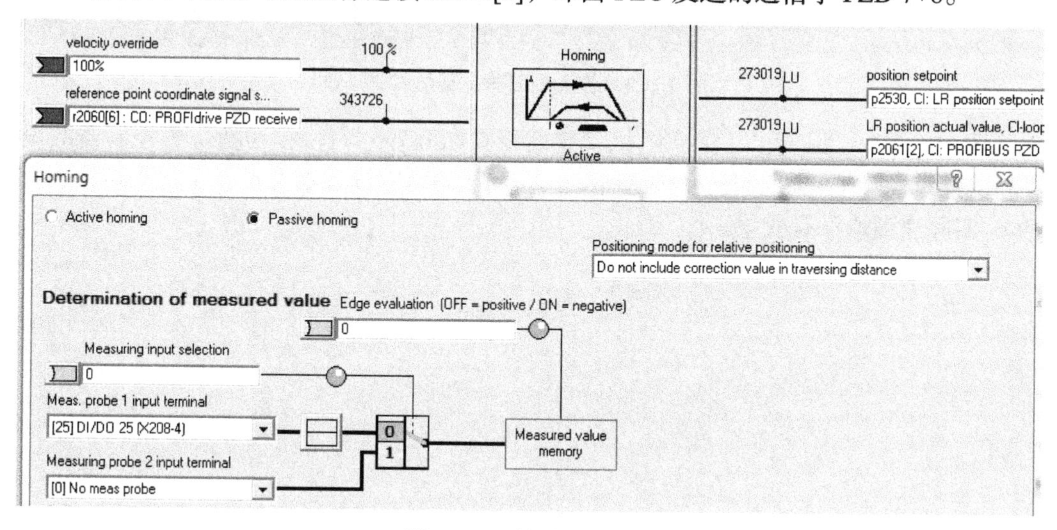

图 10-22 被动回零设置

该控制方法实施步骤如下：

1）在检测到占位接近开关之前，采用位置控制器的设置模式（即位置控制的速度模式），此时相当于未使能位置环的定位控制。

2）测到占位开关后，改为位置控制器的位置模式，并将最终定位位置发送给位置给定值。因为都是在位置控制器使能的状态下切换，所以其位置实际值并不会发生变化，因此也就不会发生速度波动，而且因为没有外部位置编码器，所以其编码器实际值处理错误的故障也不会出现。

3）检测到被动回零接近开关时，将实际位置作为变频器位置控制器的参考点进行位置修正，将该接近开关的实际位置值作为被动回零的参考点坐标。

4）按照新的目标位置完成定位。

因为滑撬在加减速以及从一个滚床到另一个滚床的时候最容易打滑，该控制方法可以消除被动回零接近开关之前的设备打滑偏差，在接近开关位置时统一进行修正，于是大大地提高了定位精度。但是该模式没有外部位置编码器，因此在减速过程中设备打滑并不能及时补偿，因此其定位精度要弱于第一种解决方案，但是其精度也满足使用需求，其运动曲线如图 10-23 所示。

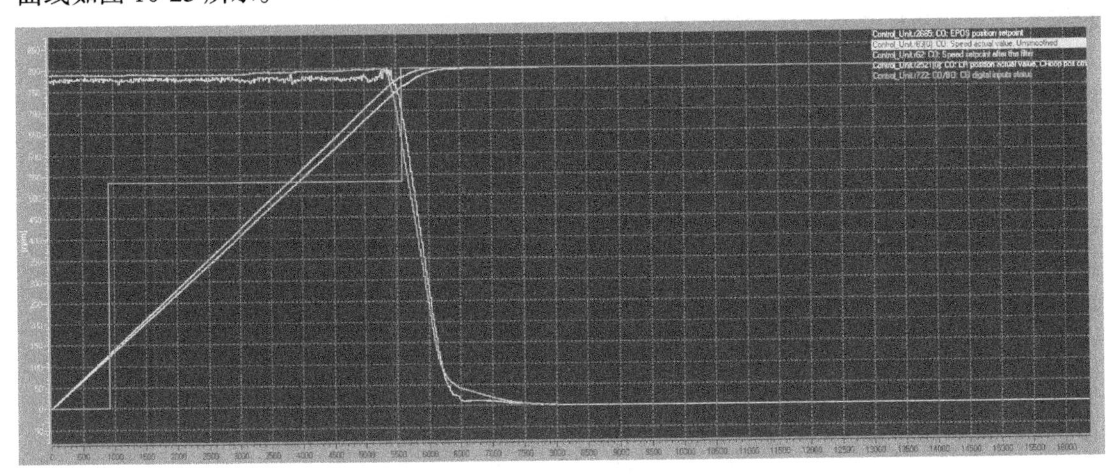

图 10-23　被动回零滚床运动曲线

从图 10-23 中可以看出，滚床电机稳定运行在 780 转左右，在切换位置控制器的设置模式和位置模式时（状态字第一次阶跃时），以及被动回零设置参考点时（状态字第二次阶跃时），实际速度均没有变化。

第11章 实例应用7

11.1 电池模拟器

11.1.1 电池模拟器设备概述

1. 设备简述

电动汽车动力总成由电机、逆变器和减速箱构成，是纯电动汽车驱动系统的主要组成部分，其品质的优劣直接关系到电动汽车的整体性能，因此对电动汽车动力总成的性能测试具有重要意义。将其作为一个驱动单元进行组合测试，可以节省部件和相关的连接电缆，结构更为紧凑，因此对电动汽车动力总成的系统性能测试有了更高的要求，如图 11-1 展示了电动汽车动力总成台架框图，整个系统包括提供直流母线电压的 ALM，Active Line Module 主动型电源模块及 AIM，Active Interface Module 主动型接口模块、电机驱动模块、1PH8 电机、电池模拟器、电压检测模块 VSM10 及纯电汽车动力总成等部件。

本例将主要介绍电池模拟器的应用解决方案。

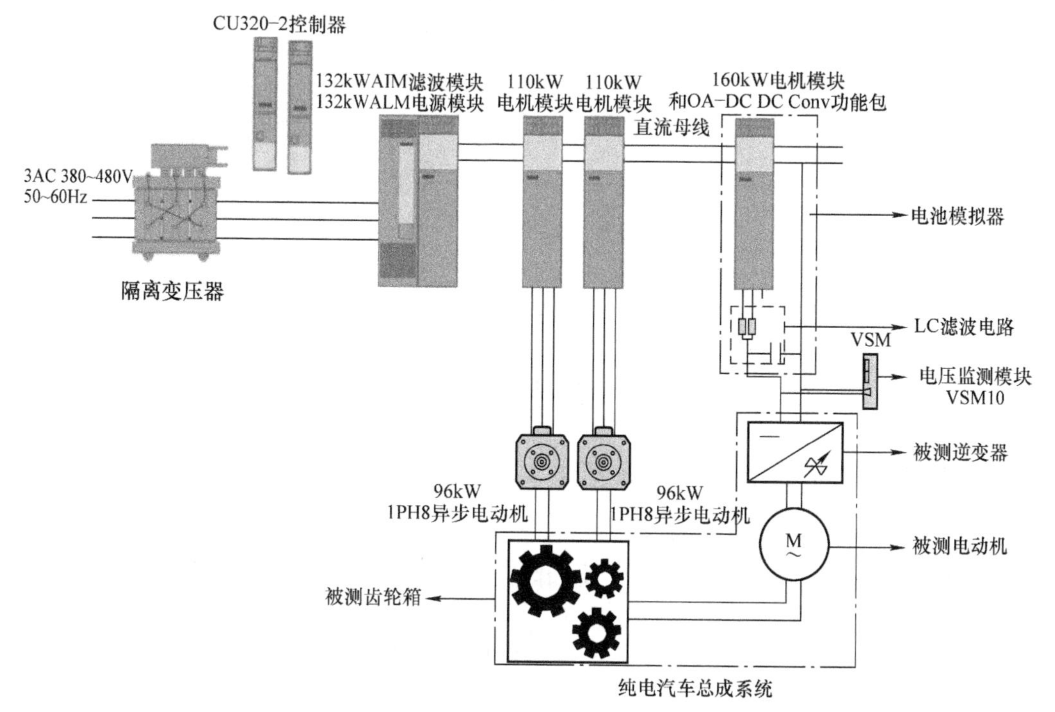

图 11-1　电动汽车动力总成台架的系统图

2. 控制要求

1）使用电机模块和 SINAMICS S120 伺服驱动器的扩展功能 DCDCCONV 作为电池模拟器，提供稳定的且可调整的直流电压。

2）电池模拟器输出电压的调整范围：20~1000V。

11.1.2 电池模拟器电气系统配置

根据电动汽车动力总成的测试要求，该系统选择 SINAMICS S120 伺服驱动器系列产品，具体配置如图 11-2 所示。

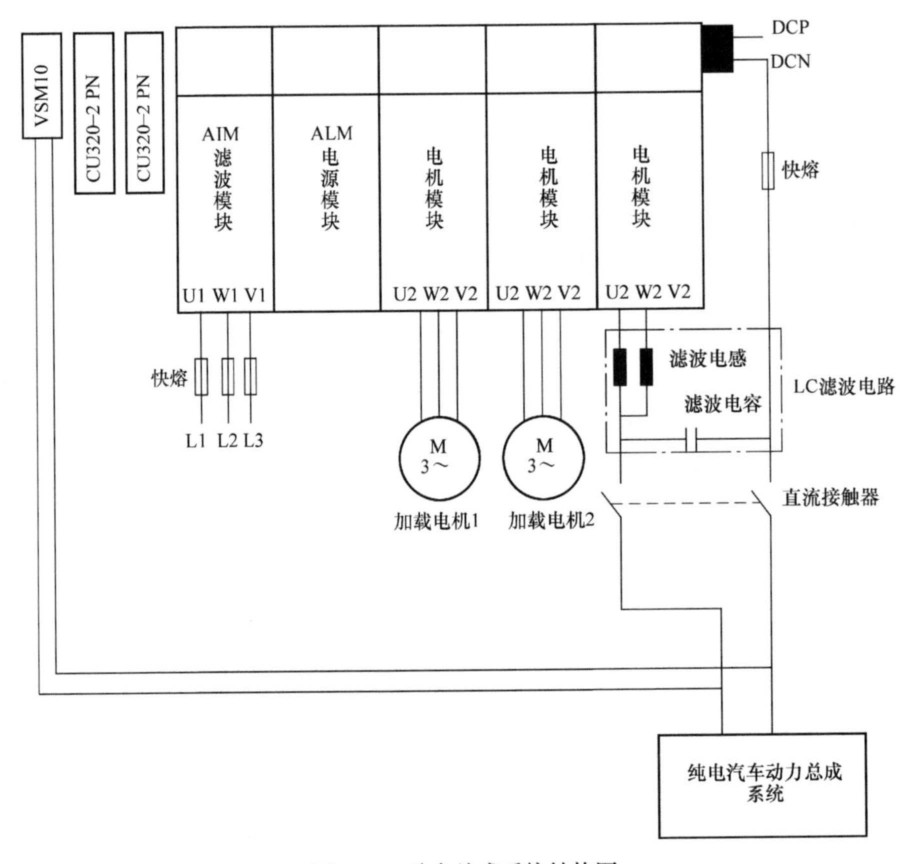

图 11-2 动力总成系统结构图

11.1.3 电池模拟器运动控制解决方案

1. 电池模拟器的构成及工作原理

电池模拟器具有电池的一些特性，比如能充电、放电和保持电压平稳等。本文讲述的电池模拟器解决方案是采用 SINAMICS S120 伺服驱动器的电机模块，配以相应的外部扩展电路和专用软件功能库来实现，其中软件功能库是基于 SINAMICS 平台上开发的扩展功能。

电机模块用作电池模拟器使用，可与其他电机模块共同并联在直流母线上，其硬件配置与 SINAMICS S120 伺服驱动器常用的共直流母线配置类似，如图 11-2 所示。

电机模块用作电池模拟器使用，其充、放电过程体现在直流电流双向流动，外部需要增加LC滤波回路，其原理图如图11-3所示。

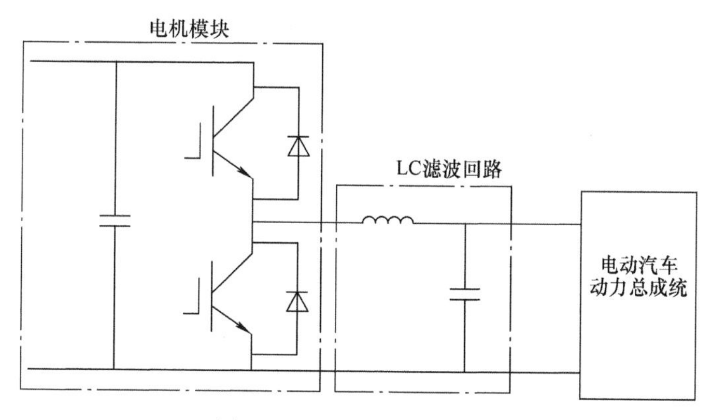

图11-3 电池模拟器原理图

此外，为了获得较为理想的直流电压，在此电机模块的输出应配置相应的滤波电感，过滤掉直流电压中的脉动成分，从而获得较为理想的直流电压。

在接线方面，电机模块的输出U2、W2、V2其中两相接电抗器，然后短接，作为直流输出的正端，直流母线的DCN作为直流输出的负端，并在直流输出端有快熔，根据实际应用情况，可在输出端加直流接触器，此外还需要配置电压检测模块VSM10作为电压反馈模块。

SINAMICS S120伺服驱动器的电机模块其进线电压在380~480V及500~690V，都能满足电池模拟器的应用，其过载曲线如图11-4所示。

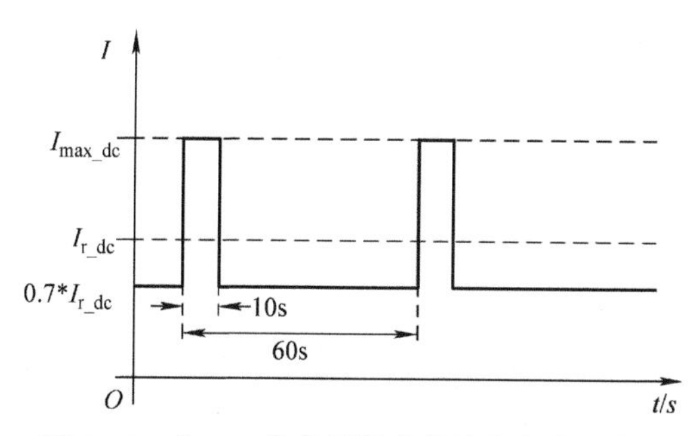

图11-4 在60s负载周期内的最大电流示意图

SINAMICS S120伺服驱动器的控制器CU320-2用作电池模拟器的控制器，在控制器中，包括采样电路、转换电路及电压、电流闭环控制等控制回路。电池模拟器为双闭环控制，外环控制为电压闭环控制，内环控制为电流闭环控制，如图11-5所示。

电压检测模块VSM10测得的电压作为电压闭环控制的实际值，电压的采集频率很大程度上影响电池模拟器输出电压的准确度，电流闭环控制所需要的电流实际值来自于集成在电机模块上的电流互感器。

电压闭环控制是利用比例积分（PI）调节器，控制并动态地调整电池模拟器的输出电压值，调节器输出值作为电流闭环控制的给定值；同样，电流闭环控制也采用比例积分（PI）调节器，控制并动态调节电流，电流闭环控制的输出作为PWM控制回路的输入信号，此输出量控制IGBT的占空比，达到调节电池模拟器的输出电压的作用。

这种集成在CU320-2中电流电压的双环控制，通常执行周期为125μs，其动态响应快、性能稳定、静态误差小而且调试方便，只需要调整很少的变频器参数就能实现。

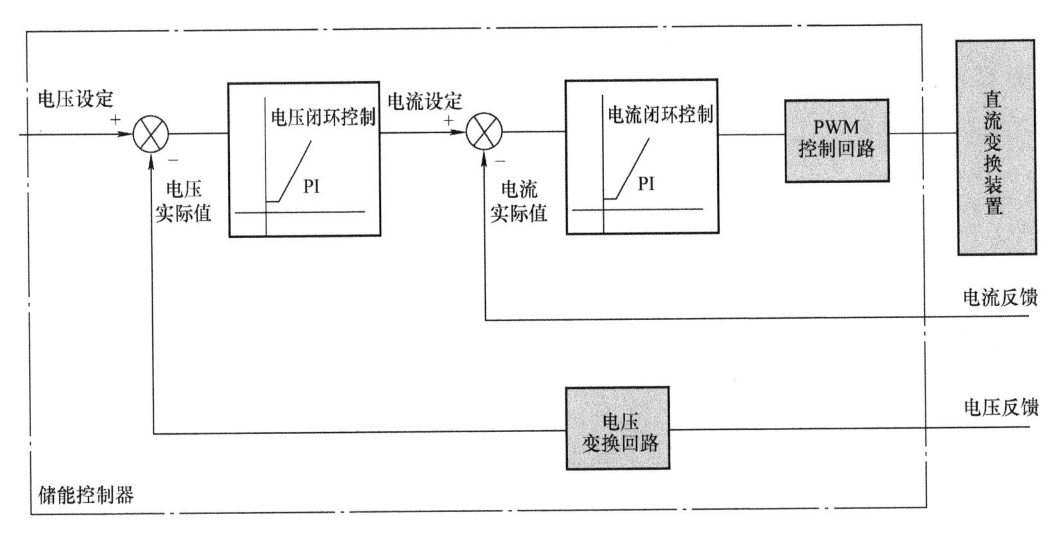

图 11-5 电池模拟器控制器的双闭环控制图

2. 电池模拟器 LC 滤波电路及快熔的配置

电池模拟器在工作过程中，直流电压是经过 PWM 斩波控制之后产生的，含有较大的脉动成分，这也是经常提到的纹波，为了获得较为理想的直流电压，需要使用具有储能功能的元器件（如电感），过滤掉直流电压中的脉动成分。

滤波电感的大小直接影响了电池模拟器的制作成本、工作效率以及机箱体积，因此需要选择合适的滤波电感。选择滤波电感，需要确定它的电流、电感量等参数，在电池模拟器正常工作时，要求其电感工作在连续电流模式下，其需求的电流可依据负载超级电容进行选择，滤波电感的电感量可根据下列公式计算得到

$$L_n = \frac{U_{\text{dclink}}}{I_{\text{max-dc}} f_{\text{pulses}}}$$

式中 U_{dclink}——直流母线电压；

$I_{\text{max-dc}}$——电池模拟器的最大电流；

f_{pulses}——电池模拟器所设定的载波频率。

如果选定电机模块后，就能计算出滤波电感的参数，根据公式计算的电感量是系统需要的最小值，根据 SINAMIS S120 伺服驱动器书本型电机模块的基本参数，经过计算得出所需配置的电感量，见表 11-1。

表 11-1 与电机模块相对应的电感数据

序号	订货号	额定交流电流 /A	电抗器额定直流电流 /A	电抗器饱和电流 /A	电感量（DC 600V）/mH	电感量（DC 360V）/mH
1	6SL3120-1TE23-0AC0	30	21	44	3.8	2.3
2	6SL3120-1TE23-0AD0	30	30	68	2.5	1.5
3	6SL3120-1TE24-5AA3	45	23	49	3.5	2.1

（续）

序号	订货号	额定交流电流 /A	电抗器额定直流电流 /A	电抗器饱和电流 /A	电感量（DC 600V）/mH	电感量（DC 360V）/mH
4	6SL3120-1TE26-0AA3	60	30	64	2.7	1.6
5	6SL3120-1TE28-5AA3	85	43	79	2.1	1.3
6	6SL3120-1TE31-3AA3	132	66	118	1.4	0.8
7	6SL3120-1TE32-0AA4	200	100	159	1.1	0.7

直流快熔的作用是为了更好地避免半导体功率器件遭到损坏，表 11-2 列出与 SINAMIS S120 伺服驱动器书本型电机模块相对应的快熔型号，供参考。

表 11-2 与电机模块相对应的快熔型号

序号	订货号	额定交流电流 /A	快熔额定直流电流 /A	快熔西门子型号
1	6SL3120-1TE23-0AC0	30	100	3NE3221
2	6SL3120-1TE23-0AD0	30	125	3NE3222
3	6SL3120-1TE24-5AA3	45	100	3NE3221
4	6SL3120-1TE26-0AA3	60	125	3NE3222
5	6SL3120-1TE28-5AA3	85	160	3NE3224
6	6SL3120-1TE31-3AA3	132	250	3NE3227
7	6SL3120-1TE32-0AA4	200	315	3NE3230-0B

3. 电池模拟器应用效果

电动车动力总成测试台架是提供模拟动力总成运行环境的试验场所，根据加减速时间及车速大小的不同，电动机车动力总成的测试曲线如图 11-6 所示。

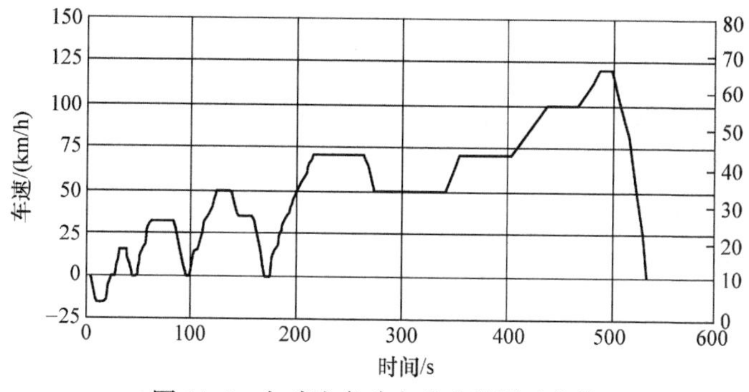

图 11-6 电动汽车动力总成的测试曲线

在速度变化及达到稳定的过程中，电池模拟器的输出电压波动范围是在 ±1V 之内，使用 STARTER 调试软件监控电池模拟器输出电压波形如图 11-7 所示。

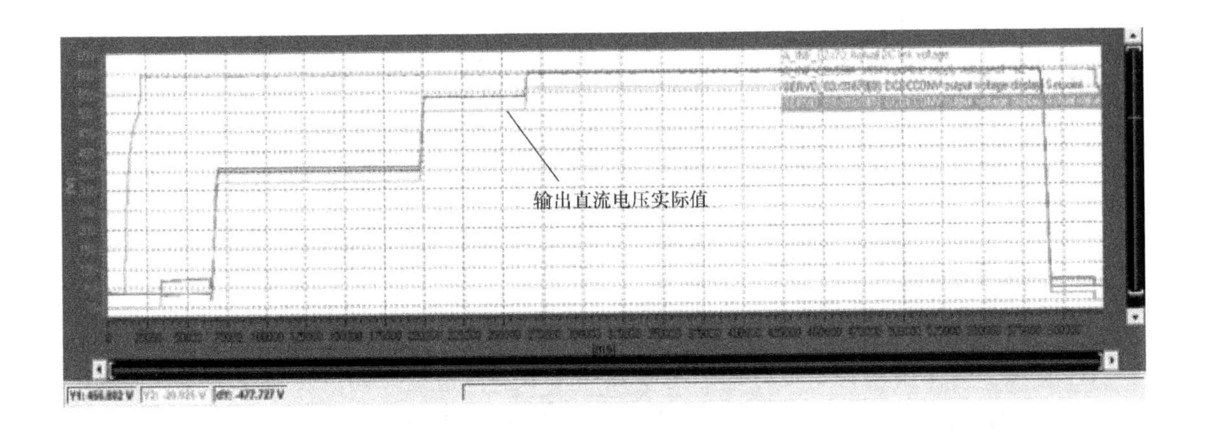

图 11-7 电池模拟器输出电压波形

从监控可知，输出电压实际值的波动范围很小，在 ±1V 之内，能满足测试需要。

11.2 卷绕功能和张力控制功能综合解析

11.2.1 卷绕功能和张力控制的应用问题

卷绕和张力控制在一个设备中，通常是同时出现的。这种类型的设备中通常包含放卷、主牵引、调节张力的牵引、被动辊和收卷等部分。在西门子技术应用分类中，卷绕和张力控制被划分到连续物料加工行业（Converting）。除了 Converting，在其他的应用中，卷绕和张力控制也是重要的组成部分，例如印刷、包装、分切、金属开卷和线切割等。

卷绕和张力控制系统中的材料种类繁多，如线类、薄膜类、纸类和金属类等，张力范围从 5~10000N，速度范围从 1~4000m/min，包含了多种控制方式、间接张力控制、张力传感器闭环张力控制、摆杆闭环控制等。机械结构、材料、速度、控制方式的多样性决定了卷绕是一种复杂的应用。

在各种卷绕和张力控制应用中，有下列一些共性的问题。

1）在匀速运行中，张力精度难以达到要求。

2）在加减速过程中，张力波动大，或者摆杆的摆动角度过大。

3）建张过程中，容易出现超调。

本文将通过卷绕选型、传动比计算、匀速张力和加减速张力处理等几个角度，综合地分析并解决上述问题。图 11-8 为常用的卷绕场景。

a) 金属开卷机变压器线圈卷绕

b) 印刷机光伏切片机

图 11-8　常用的卷绕场景

11.2.2　卷绕选型时的注意事项

1. 控制方式

常用的卷绕场景见表 11-3。

表 11-3　常用的卷绕场景

内容	间接张力控制	带张力传感器的闭环张力控制	带张力摆杆的闭环张力控制
控制方式	1）电机处于速度饱和转矩限幅工作状态 2）张力开环控制 3）没有张力反馈	1）电机处于速度饱和转矩限幅工作状态 2）张力闭环控制 3）使用张力传感器检测实际张力	1）电机处于速度控制状态 2）摆杆位置闭环控制 3）张力大小由摆杆的推力决定
控制要点	需要摩擦补偿和加减速惯量补偿	需要摩擦补偿和加减速惯量补偿	张力范围受限于摆杆的推力，常见于 1000N 以下的应用中
电机要求	要求电机有高转矩精度及转矩波动低	要求电机有高转矩精度	要求电机有高转速精度
常用材料	金属、纸、薄膜	纸	纸、薄膜、线材

2. 调试流程

调试流程如图 11-9 所示。

图 11-9　调试流程

（1）电机带负载运转测试

此处负载是指与电机相连的减速机和传输辊子，不包括材料。对于连续物料加工（Converting）类型设备，例如印刷机上的同步轴、收放卷轴等。电机空载运行体现了电机本身的特性，而电机带负载运行体现了整个结构的特性。后期工艺调试中发现的很多问题，例如张力波动，套印不准等现象，很多都和电机的特性不理想有关系。如果在调试的初期，能够发现机械和电机之间存在的问题，那么就能比较快地解决问题。

1）速度稳定性：用程序或控制面板控制电机速度闭环运行，从低转速如 100r/min 到高转速如 1500r/min，逐渐升高。用趋势图（Trace）工具观察速度实际值 r63（或 r61[0]），速度稳定性越高越好，波动应小于 1%。如果达不到这一标准，应检查机械部分，或者优化电机，或者电机选型不合适，例如高精度的应用选择了低分辨率的编码器。

2）转矩平稳：控制电机速度闭环运行，如果转矩波动很大，例如出现 ±20% 的波动，并且波动是有规律的，则说明负载阻力有较大的波动。在收放卷、印刷等工艺中，负载阻力波动会明显影响张力精度和印刷的精度。

（2）同步运行

在连续物料加工和印刷行业中，有一个术语称为“打同步”，即所有电机按照相同的线速度运行。通过以下步骤实现：

1）检测设备的传动比设置及辊（版）周长是否正确：关闭所有 PID 调节器，锁定卷径，不需要穿材料。在中、低速匀速运行，用测速表测量所有主动辊的线速度。测速表可以选用图 11-10 所示的接触式测速表，接触式测速表的精度为 2% 以内，可以大致看出速度是否符合要求。使用接触式测速表时应注意安全。

图 11-10 测速表

2）所有电机的加减速特性是否一致：控制设备从最低速开到最高速，再减速。所有电机的加减速时间应该是一致的。注意，对有位置控制同步运行的设备，由于控制是多个从轴和一个主轴同步，因此从轴斜坡时间不生效，加减速时间指的是主轴加减速时间，即加速度，如图 11-11 所示。

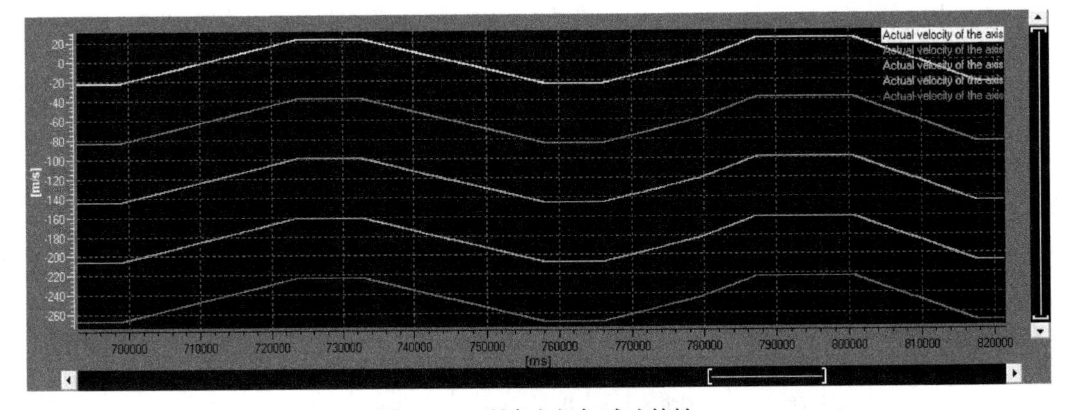

图 11-11 所有电机加减速特性

3）测试急停特性是否一致：将设备运转到最高转速，按下急停开关，检查所有电机的制动曲线是否一致。部分连续物料加工类型的设备要求急停时材料不断，通常不使用驱动器 Off3 急停方式，因此给主斜坡发生器一个更短的减速时间，或者给主轴更大的加速度实现快速停机。

（3）卷径计算测试

参见 4.6.3 中卷曲功能部分。

（4）PID 调节器调试

张力的闭环控制，通常都是通过 PID 调节器实现闭环控制。在此，以摆杆控制的收卷为例，在带材料进行测试前，应对 PID 调节器相关参数进行检查。

1）标定 PID 调节器设定值和 PID 调节器实际值：PID 调节器设定值为固定值 50.0，处理后的实际值应该在 0~100.0 的区间内。以模拟量电位器为例，推动摆杆在两个端点之间运动，检查模拟量的变化是否连续，模拟量采样的速度是否满足线速度的要求等，如图 11-12 所示。

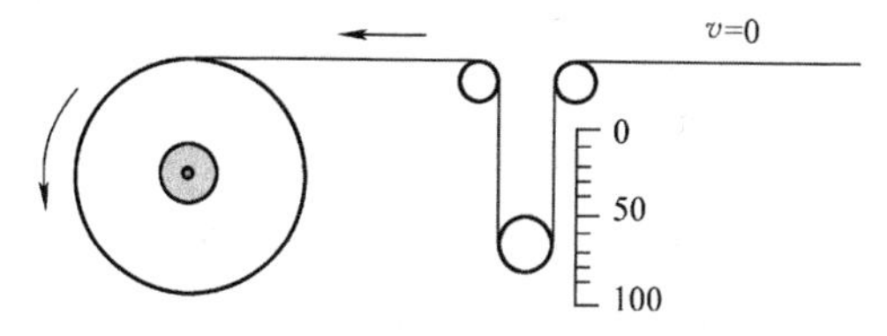

图 11-12 所有电机加减速特性

2）验证 PID 调节器方向：在图 11-12 中，线速度设置为 0，关闭卷径计算，开启 PID 调节器。推动摆杆在 50.0 的附近摆动，观察收卷电机的旋转方向。对于收卷而言，摆杆相当于一个储料装置，如果摆杆上材料的材料过长，图中摆杆在 70 附近，收卷应该将材料回收。如果收卷的材料过短，收卷应该将材料放出。

3）初步核定 PID 调节器参数：推动摆杆，观察收卷轴的转动速度，调节 PID 调节器参数，使收转轴的反应适中。在张力运行前，PID 调节器可以使用比较保守的参数。

（5）张力运行

上述几个步骤测试完成后，可以让设备带料按照设定的张力运行。通常会有零速建立张力的过程，观察张力是否能够达到稳定值。零速建张完成后，机器可以按照低速开始运行。

11.2.3 匀速运动时张力的处理

匀速张力主要由机械平稳程度决定，如主动辊、被动辊的阻力，传动辊的跳动量。

1. 传动辊跳动量

用百分表打辊子的跳动量，机器低速运转。不同类型的设备其要求会有不同，在机组式柔印刷机中，辊子的跳动量标准是 2 丝，即 0.02mm。如果辊子跳动较大应进行机械的处理，如检查安装方式，螺钉是否拧紧等，如图 11-13 所示。

图 11-13 辊子跳动打表方式

案例：机组式柔印机图案跳动

在一台 10 色机组式柔印机测试过程中，发现匀速印刷跳动大，检查伺服系统的跟随误差等都是符合要求的。分析认为，纸路长度的变化会影响印刷效果，而印刷色组底辊的跳动量会影响纸路长度。在机器的所有底辊上测量跳动，发现有 3 根底辊的跳动量大于 5 丝，远大于跳动量标准。OEM 厂家在改善了辊子安装方式之后，印刷效果得到了改善。

2. 主动辊的阻力

1）从电机侧检查阻力：通过电机匀速转动来监控转矩曲线，可以发现联轴器、减速机、辊子所存在的问题。良好的摩擦力特性应该是与运动方向相反，并且基本稳定的。检测的方法是电机速度控制，即匀速旋转，观察电机转速和转矩的波动量。如果转矩波动大于平均值的 50%，或者出现从 +5Nm 到 −5Nm 这样的周期性波动，说明阻力不平稳，机械上需要调整。电机速度和转矩的监控如图 11-14 所示。

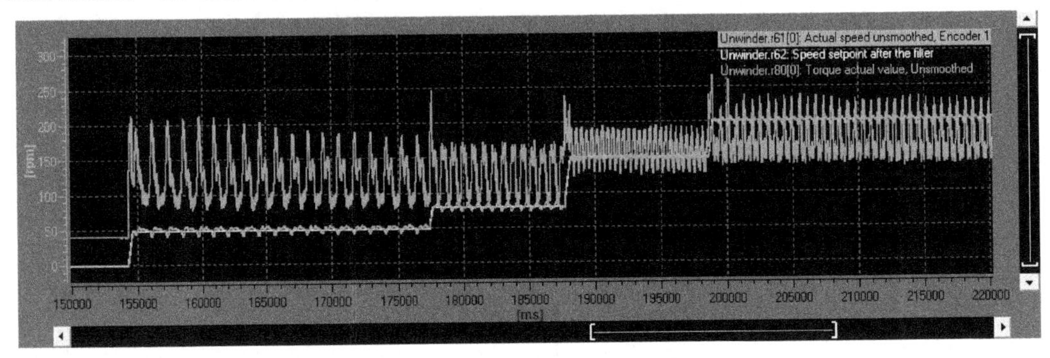

图 11-14 电机速度和转矩的监控

案例：铜板酸洗线张力跳动大

在一条铜板酸洗线调试过程中，收卷张力波动量达到设定张力的 50%。去除掉材料，使用驱动控制面板空转电机，发现电机的转矩波动量有周期性的波动，约为 ±20Nm。将电机和减速机的联轴器断开，仍然发现电机转矩有 20Nm 的波动。该电机为带机械抱闸的电机，拆开电机后发现，机械抱闸无法完全打开，与电机转子有摩擦。维修电机后，故障现象消除。

2）从负载侧检查阻力：在减速比较大的场合（例如减速比大于 10），从电机侧可能无法发现负载的问题。此时，可以通过材料、纸或薄膜等，从负载侧拉动放卷机构或者主动辊。通常使用拉力计来检验，有时也通过人拉动来感受。拉力计实物如图 11-15 所示。

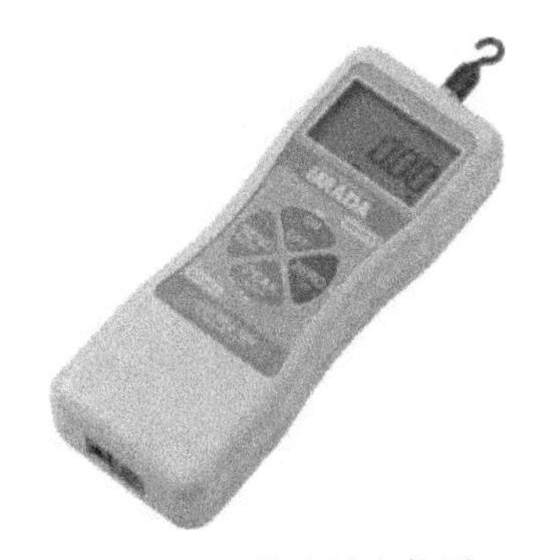

图 11-15 拉力计实物图

案例：变压器绕线机放卷阻力过大

放卷电机使用速度饱和转矩限幅的方式，即使转矩限幅值很小的时候，仍然频繁地发生断纸。断开电机使能，从材料测用张力计拉动放卷轴，发现需要 600N 才能够拉动，大于了材料破断张力。经过检查，发现放卷电机使用的减速机为 1∶35 的减速比，用于被动放卷时，阻力过大。用户将减速结构更换为 1∶12 的皮带减速，故障现象消除。

11.2.4 加减速时张力的处理

1. 检查电机的同步性

设备的速度快，加速度大，要求主轴电机和放卷电机的同步性高。为了衡量同步性，需要有一个衡量同步性的手段。在控制器中，轴的位置单位是角度，不同轴的版周不同，不方便进行位置比较。通过程序将模态角度转化为非模态，再将角度通过版周换算为线性位置。切片机线网结构如图 11-16 所示。

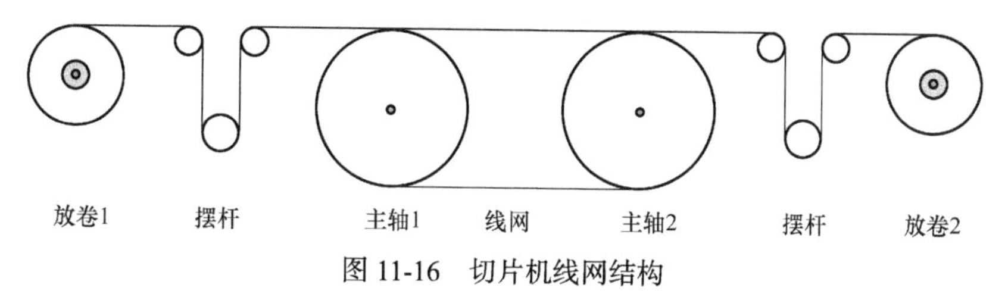

图 11-16　切片机线网结构

案例：硅片金刚线切割机的电机同步性

切割机运行的线速度为 2400m/min，加减速时间均为 4s。放卷轴采用摆杆位置反馈，调节电机速度的控制方式。摆杆的长度为 200mm，工艺要求在加速、减速过程中，摆杆的摆动角度小于 0.2°。

使用程序将各轴的位置从旋转角度转换为直线长度，并通过 Trace 进行记录。通过比较发现放卷轴和主轴的位置有一定偏差。经过分析，由于主轴使用同步控制，放卷使用标准的程序包控制，命令值的发送并不能保证完全一致。解决方法是通过主虚轴的实际值外推，将位置滞后的轴向前调整。经过调整后，摆杆的摆动幅度明显减小。

2. 对牵引辊直径进行补偿

典型的印刷机主要包括放卷、牵引和印刷色组，如图 11-17 所示。放卷和收卷使用摆杆作为张力闭环。牵引电机使用张力传感器作为张力闭环。由于不同材料的拉伸程度不同，牵引张力会产生较大的波动。

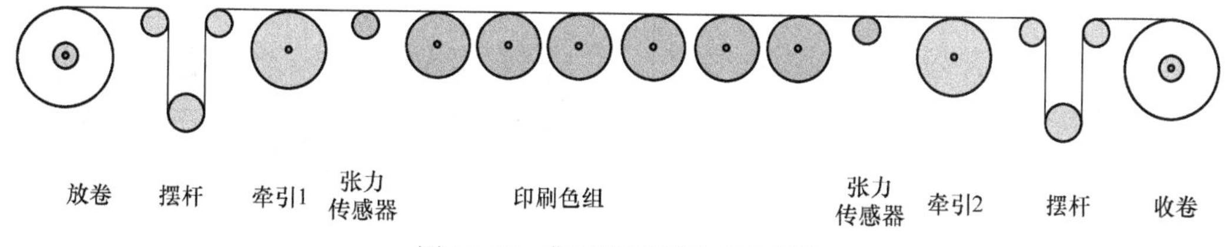

图 11-17　典型印刷机组成示意图

减小加减速阶段的张力超调，使牵引 PID 调节器在匀速阶段输出值接近为 0。为了实现匀速阶段 PID 调节器输出接近 0，应根据 PID 调节器输出，动态地调节牵引版周。常见的逻辑是，如果 PID 调节器输出值大于阈值；则将版周修正一个增量；当 PID 调节器输出值小于阈值后，停止修正。

第12章 数字化虚拟调试

12.1 概述及解决方案

1. 概述

随着智能制造的发展以及日益激烈的市场竞争，对新样机新设备的灵活性、柔性化和智能化提出了更高的要求。在智能制造的环境下，对机电一体化的概念也有更深层次的要求。传统新设备的开发流程已经无法适应当今智能制造的发展速度，对机械设计和电气设计的融合提出了更加迫切的要求。

传统自动化设备的开发一般是按照机械设计、电气设计和自动化设计依次进行的，即先了解设备需求，完成需求调研，开始机械模型样机打样。在基于实物样机的基础上进行电气系统的开发与调试，在调试过程中验证程序的逻辑控制和工艺流程，发现问题并进行机械的拆装、修改，然后重新验证，经过反复调试才可以完成设备的交付。传统样机开发过程中，如果机械干涉或行程导致工艺无法实现等问题在设计阶段没有及时发现并解决，而是在后期传统的调试过程中才发现，必然会导致样机开发周期延长，增加人力和物力等成本的消耗。

基于传统样机开发流程的弊端，西门子公司推出了基于机电概念设计 NX MCD 软件和 TIA 博途软件等电气自动化软件相结合的虚拟调试综合解决方案，如图 12-1 所示。虚拟调试就是构建样机的数字化双胞胎，在基于虚拟物理模型的基础上，通过 NX MCD 软件实现可视化的调试和验证工作。该虚拟调试综合解决方案很好地将机械设计、电气设计和自动化设计等开发过程并行进行，通过模拟和测试可以在设备开发阶段修改完善机械方案的可行性，在验证设备机构和软件控制逻辑的基础上，帮用户节约了试错资源，减少了设备开发周期，由于虚拟调试过程重复利用率高，可以快速地验证设备升级和柔性化需求，提高了样机开发的整体效率，缩短了样机产品的上市时间。

图 12-1　虚拟调试软件及驱动系统综合解决方案

2. 虚拟调试综合解决方案

如图 12-2 所示，在自动化仿真层级中，可以分为电气层面的“PLC/HMI 仿真”“单个元件或设备”的仿真，再到“生成单元 / 生产线 / 工厂”级的仿真，西门子数字化均有相应的软件仿真环境和解决方案。

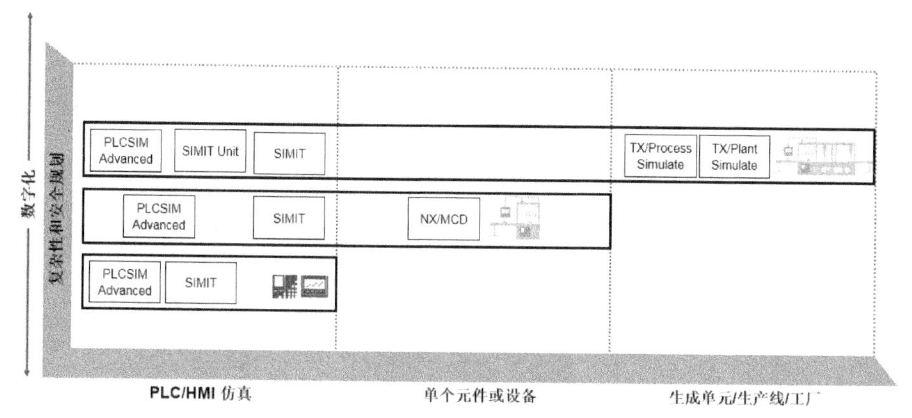

图 12-2　虚拟调试综合解决方案

（1）自动化逻辑与可视化仿真

通过集成的自动化 TIA 博途软件环境，可以使用 PLCSIM 或 PLCSIM Advanced 软件实现对程序的模拟与逻辑控制验证，而不需要实际的控制器为载体。另外，西门子公司推出了 SIMIT 软件与虚拟控制器 PLCSIM Advanced V2.0 软件相结合，可以实现多种接口的模拟和信息交互功能。

（2）机电一体化相结合的仿真

在 NX MCD 软件机电一体化概念设计中，对样机的 3D 模型赋予机电概念的属性，通过 PLCSIM Advanced 软件进行虚拟控制器的模拟，并建立机电一体化的虚拟映射，也可以在触摸屏模拟环境中进行人机交互的操作模拟。结合 SIMIT 软件建立行为仿真，可以更好地实现软件或硬件的在环调试。

（3）设备单元 / 生产线或工厂过程的仿真

在提供单个元件或设备的基础上，西门子公司还提供了 TECNOMATIX Process Simulate 软件，以实现对机器人单元或生产线虚拟化调试，采用标准化的通信协议，如 OPC UA 等，用于在机器人、设备和工厂间数据交换，以实现在实际调试之前可以模拟逻辑控制与流程的优化。

在此虚拟调试的背景下，本文重点阐述机电一体化相结合的仿真功能，针对自动化逻辑和生产线及工厂的仿真，本文不做展开讨论。

针对机电一体化概念设计的虚拟调试，实现方式如图 12-3 所示，在该图中展示了两种方式实现机电一体化的虚拟调试。第一种是基于 TIA 博途软件和 NX MCD 软件实现的，在 TIA 博途软件中建立自动化程序和模拟仿真，在 NX MCD 软件中建立物理和运动机构的仿真模型，通过 PLCSIM Advanced 软件建立两个软件通信接口，实现 TIA 博途软件和 NX MCD 软件数据的交换。第二种是通过 SIMIT 实现软件在环的或 SIMIT+SIMIT Unit 实现硬件在环的调试，其中软件在环，控制器的仿真调试仍通过 PLCSIM Advanced 软件实现，驱动报文及 IO 信息通过 SIMIT 软件建立行为仿真的形式传递，硬件在环是借助于 SIMIT Unit 软件建立实物控制器连接，以实现在真实控制器和虚拟物理模型之间调试过程。

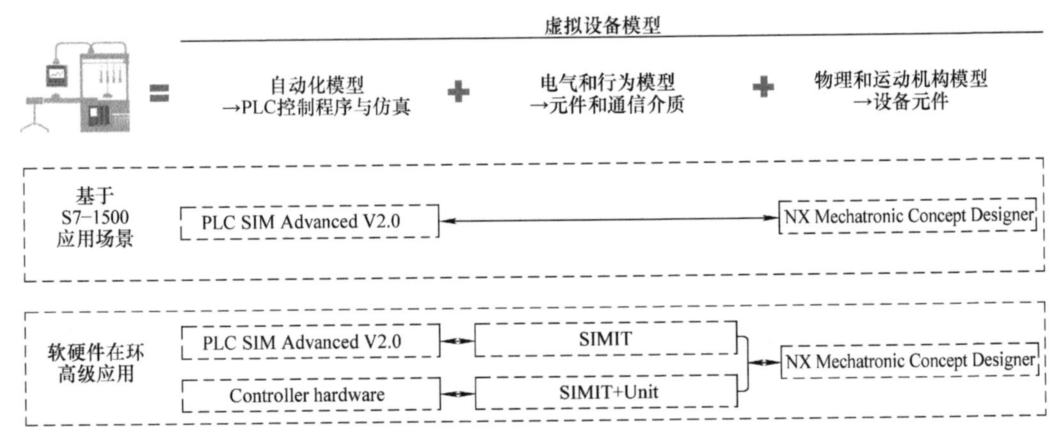

图 12-3 基于 NX MCD 软件虚拟调试实现的方式

12.2 NX MCD 软件

1. NX MCD 软件简介

NX MCD 是 NX 软件解决方案的重要组成部分，在 NX 软件或其他 3D 绘图软件中完成机械建模，可将 3D 模型导入到 NX MCD 软件中，然后在 NX MCD 软件环境中完成机械仿真、机电一体仿真，通过机械仿真验证机械的合理性，结合电气仿真以可视化的方式验证工艺流程的可行性。

在 NX MCD 软件中，通过单击新建，选择机电概念设计选项后即可进入 NX MCD 软件开发界面，如图 12-4 所示。在软件界面中，导航一栏主要包含系统导航器、机电导航器、装配导航器等三部分。系统导航器是项目管理的总导航器，主要包含项目的需求、功能和逻辑等管理内容，对于需要多人协调类的项目开发，能够显示其优势，对于一般的样机开发，可以不使用该部分内容；装配导航器是通过 NX MCD 或其他建模软件完成的机械模型部分；机电导航器是 NX MCD 软件的重要部分，主要包含基本机电对象、运动副和约束、材料、耦合副、传感器和执行器、运行时行为、信号及信号连接等，在进行机电仿真时，需要按照每部分的功能一一完成配置。

2. NX MCD 软件常用功能

在 NX MCD 软件中，常用的功能主要包括基本机电对象、运动副和约束、材料、耦合副、传感器和执行器、运行时行为、信号及信号连接概念和内容。

（1）基本机电对象

在完成机械模型导入后，需要对机械模型赋予电气的特征，在赋予特征之前需要建立基本的机电对象，在 NX MCD 软件中基本的机电对象包括刚体、碰撞体、传输面和对象源以及对象源收集器。

1）刚体：在对部件未添加任何属性之前，部件在 NX MCD 软件环境中仅是一个虚拟可视的存在。添加刚体属性后，部件即具有了刚体的属性，例如定义了刚体的几何体受重力影响会落下。如果几何体未定义刚体对象，那么这个几何体将完全静止。在 NX MCD 软件中定义的刚体，一般它具有质量、惯性、平动、转动速度、质心位置和方位等属性，如图 12-5 所示，见表 12-1。

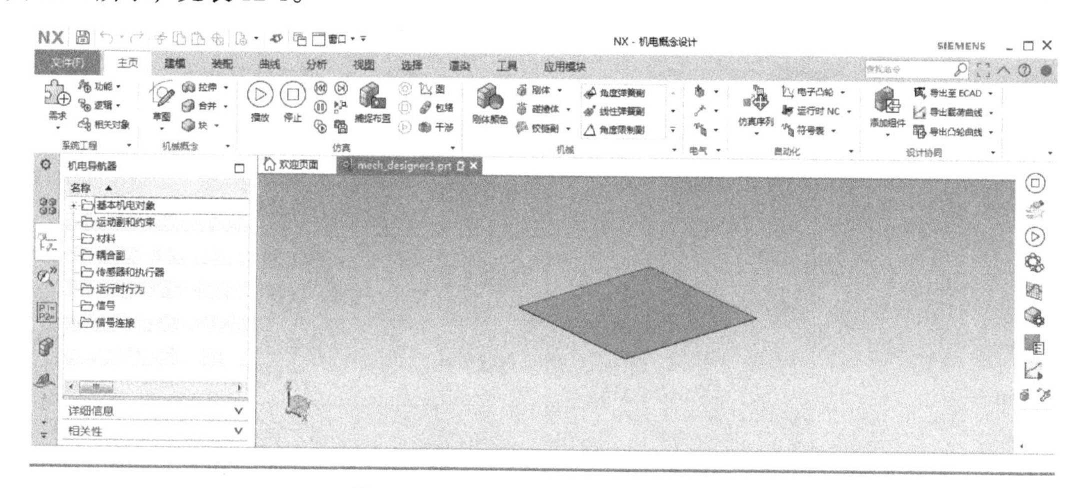

图 12-4　NX MCD 软件开发环境界面

图 12-5　刚体属性

表 12-1　刚体属性

序号	参数	描述
1	选择对象	择一个或者多个对象。所选择的对象将会生成一个刚体
2	质量属性	可以选择自动和用户定义两种模式
3	指定质心	自动模式，系统自动计算，用户定义，用户指定
4	指定对象的坐标系	自动模式，系统自动计算，用户定义，用户指定
5	质量	所选刚体的质量，自动计算和用户定义
6	惯性矩	围绕各个坐标旋转的惯性转矩
7	初始平移速度	定义刚体平移速度和方向
8	初始旋转速度	定义刚体转动速度和方向
9	刚体颜色	定义刚体颜色
10	标记	定义刚体标记
11	名称	定义刚体名称

2）碰撞体：在两个对象之间有碰撞或者接触时，添加碰撞体属性可表示部件在真实物理状态下的碰撞和接触（接触力）的状态，如图 12-6 所示，见表 12-2，添加碰撞体属性的前提是它首先具有刚体的属性。在 NX MCD 软件中，可以设置碰撞体的类型，同类型的碰撞体相互作用会产生碰撞效果，在物理模拟中，没有碰撞体的刚体会彼此相互穿过。在

NX MCD 软件中，支持方块、球、胶囊、凸面体、网格面等多种碰撞形状的设定，如图 12-7 所示。

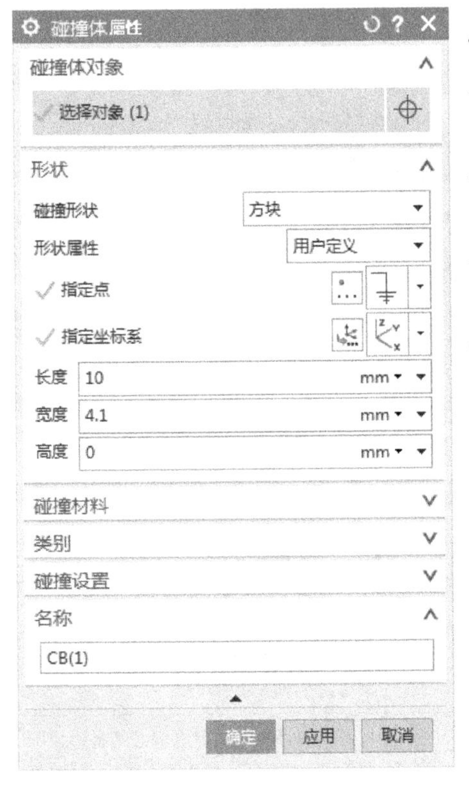

图 12-6　碰撞体属性

表 12-2　碰撞体属性

序号	参数	描述
1	选择对象	择一个或者多个几何体。根据所选几何体计算碰撞形状
2	碰撞形状	可以根据需要选择方块、球、圆柱、胶囊、凸多面体等形状
3	形状属性	自动模式，系统自动计算，用户定义，用户设定相关参数
4	指定点	用户定义模式时指定，自动模式不需要设置
5	指定坐标系	用户定义模式时设定，自动模式不要设置
6	碰撞外形尺寸	用户模式定义
7	碰撞材料	定义碰撞时的材料
8	类别	将碰撞体编号，分为不同类型
9	碰撞设置	碰撞时是否高亮显示，是否产生粘连
10	名称	定义碰撞体的名称

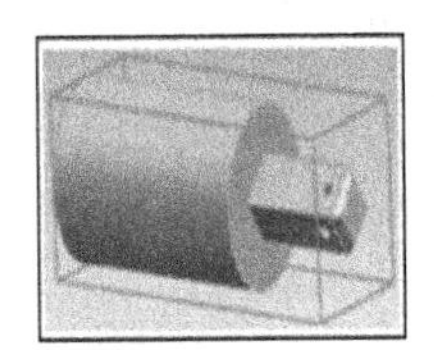
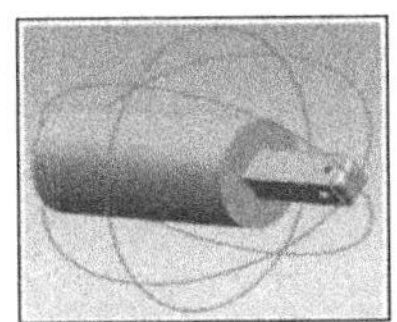
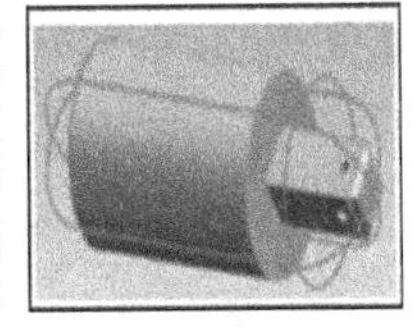

图 12-7　碰撞体形状的设定类型

3）传输面：如图 12-8，在物理世界中，传送带具有速度和方向属性，对某一平面添加传输面的属性之后，可以设置传输面的方向和速度，该平面具有了传输带属性，能对位于该平面上的刚体进行运输，如图 12-9 所示，见表 12-3。传输面需要和碰撞体结合使用，否则物体无法在传输面上传输，而是因重力作用会直接掉落。

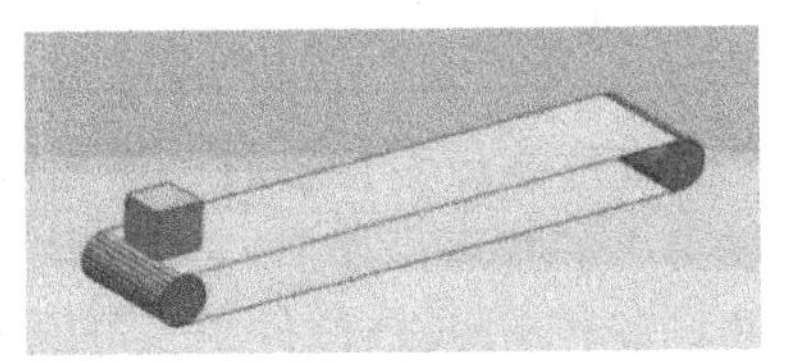

图 12-8　传输面示意图

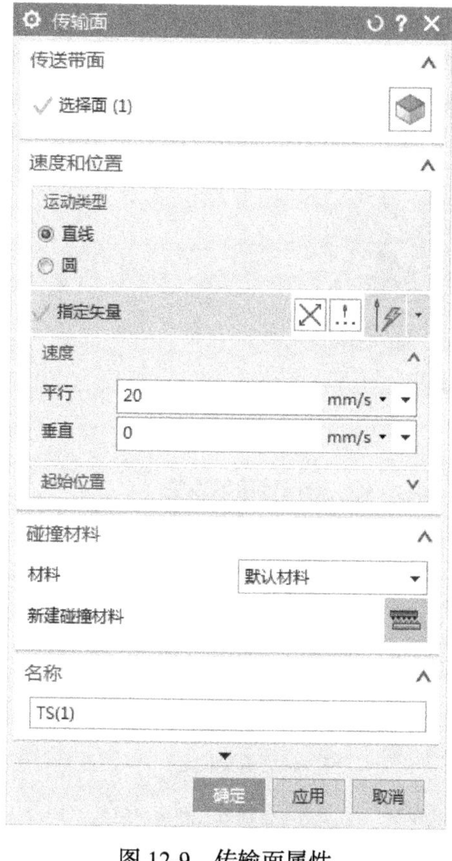

图 12-9　传输面属性

表 12-3　传输面属性

序号	参数	描述
1	选择面	选择要作为传输的面，通过选择设定
2	运动类型	支持直线和圆两种形状的传输面，根据实际情况选择
3	指定矢量	指定传输的方向，根据实际需要设定
4	速度	设定传输面的传输速度，分为平行和垂直两种合成方式
5	起始位置	设定传输面的初始位置，分为水平和垂直的位置
6	碰撞材料	通过选定碰撞材料，设定传输面和被传输面之间的摩擦力
7	名称	定义传输面的名称

4）对象源：对刚体添加对象源属性后，可以实现刚体按照设定的时间或者触发的方式重复出现，以模拟物体源源不断地出现的效果。如图 12-10 所示，见表 12-4。

图 12-10　对象源属性

表 12-4　对象源属性

序号	参数	描述
1	选择对象	在刚体对象中，选择相应的刚体作为对象源
2	触发	基于时间和每次激活，基于时间根据时间激活，每次激活类似基于事件的方式
3	时间间隔	设定对象源出现的间隔时间
4	起始偏置	基于时间的偏置，设定对象源第一次出现的时间
5	名称	对象源的名称设置

该功能的作用主要用于生产线或托盘上工件重复多次出现，模拟工件的传输或抓取作业流程。

5）碰撞传感器：利用碰撞产生一个事件，该信号可以理解为电气系统中的光电传感器，如图 12-11 所示。当该传感器发生碰撞产生碰撞事件时，该事件也可以用于触发或停止某项操作。碰撞传感器的属性如图 12-12 所示，见表 12-5。

图 12-11　碰撞传感器示意图

图 12-12　碰撞传感器属性

表 12-5　碰撞传感器属性

序号	参数	描述
1	类型	包含触发和切换两种类型
2	选择对象	刚体对象，选择作为碰撞传感器的对象
3	碰撞形状	支持方块、球、直线和圆柱类型，根据需要设定
4	形状属性	支持自动模式和用户定义模式
5	指定点	用户定义模式设置
6	指定坐标系	用户定义模式设置
7	传感器外形	用户定义模式设置
8	类别	可以定义不同的碰撞类型
9	碰撞时高亮显示	当发生碰撞事件时，传感器高亮显示
10	检测类型	支持系统和用户两种模式
11	名称	定义碰撞传感器名称

6）对象收集器：当对象源与碰撞传感器碰撞时，对象源会自动消失，相当于对象源进入收集器。从该功能的定义看，该对象源收集器必须与对象源和碰撞传感器三者结合才可以使用，缺一不可，其中对象源是要收集的对象，碰撞传感器是收集器。对象收集器的属性如图 12-13 所示，见表 12-6。

（2）运动副和约束

两构件直接接触并能产生运动的活动联接。两构件分别是基本件和连接件，在 NX MCD 软件中常见的运动副及约束主要包括固定副、铰链副、滑动副、平面副及球副等。在 NX MCD 软件中给物体添加对应的运动副可以实现相应的运动效果。

图 12-13 对象收集器属性

表 12-6 对象收集器属性

序号	参数	描述
1	选择碰撞传感器	先创建碰撞传感器，然后选择相应的传感器作为触碰收集器
2	收集的来源	收集器手机的对象，该处须选择的目标为对象源，支持任意和选定两种模式，任意即所有对象源均收集，选定仅支持该选定的对象源
3	名称	定义对象源名称

1）固定副：将一个刚体固定到另一个刚体上，固定副所有自由度均被约束，自由度个数为零。固定副常用在以下两种场景：第一种是机构的安装底座，即将刚体固定在一个固定的位置，如当基本件为空时，即是将该刚体固定在大地上。第二种是需要两个刚体一起运动时，将两个刚体固定在一起。固定副属性如图 12-14 所示，见表 12-7。

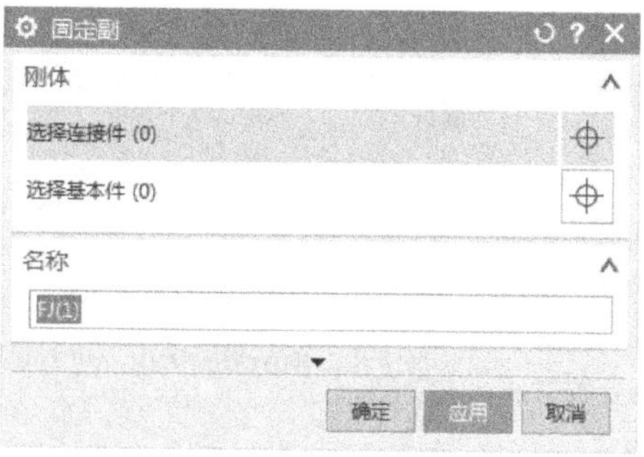

图 12-14 固定副属性

表 12-7 固定副属性

序号	参数	描述
1	选择连接件	刚体对象是指被固定的刚体对象，根据实际需求手动选择刚体实体
2	选择基本体	刚体对象，当默认不选时，指的是大地为参考基体
3	名称	定义固定副名称

2）铰链副：对于两个部件间和某一个公共轴建立关系，该运动副的两个构件只能绕该轴线作相对转动的运动副，铰链副具有一个旋转自由度，相当于销钉连接。铰链副属性如图 12-15 所示，见表 12-8。

3）滑动副：组成运动副的两个构件之间只能按照某一指定方向做相对移动，滑动副具有一个平移自由度，相当于导轨与滑块的关系。滑动副属性如图 12-16 所示，见表 12-9。

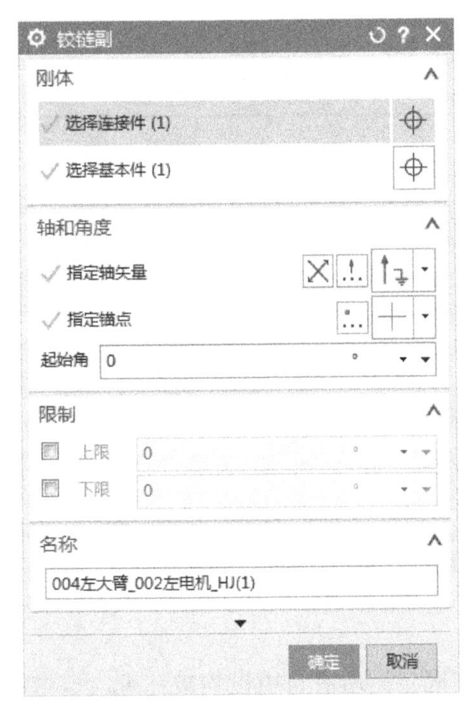

图 12-15 铰链副属性

表 12-8 铰链副属性

序号	参数	描述
1	选择连接件	刚体对象，选择铰链副的从动部件
2	选择基本件	刚体对象，选择铰链副的主动部件
3	指定轴矢量	指定铰链副旋转的绕轴和方向
4	指定锚点	确定主从部件的锚接点，以此点所在的直线为旋转轴
5	起始角	定义零点偏移
6	限制	包含上下限，限制旋转轴的转动范围
7	名称	定义铰链副的名称

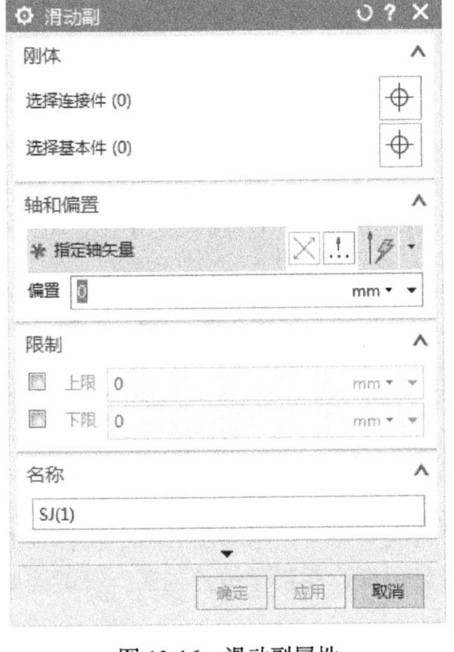

图 12-16 滑动副属性

表 12-9 滑动副属性

序号	参数	描述
1	选择连接件	刚体对象，选择滑动副的从动部件
2	选择基本件	刚体对象，选择滑动副的基体部件
3	指定轴矢量	指定滑动副的滑动方向，可直接取反方向
4	偏置	定义零点偏移
5	限制	限制部件滑动的范围，相当于软限位
6	名称	定义铰链副的名称

4）平面副：连接的对象以使他们能够在保持平面接触的同时实现自由地滑动或旋转运动。平面副具有一个旋转或者滑动的自由度。平面副属性如图 12-17 所示，见表 12-10。

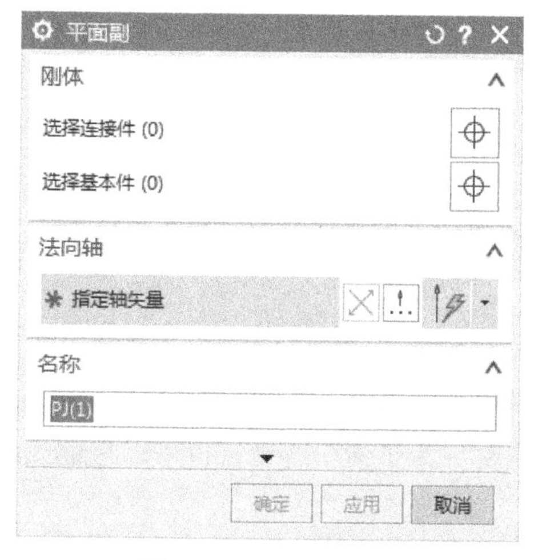

图 12-17 平面副属性

表 12-10 平面副属性

序号	参数	描述
1	选择连接件	刚体对象，选择要在平面上滑动或旋转的刚体对象
2	选择基本体	刚体对象，选择所需的平面基体，默认不选时，此时平面为大地平面
3	指定轴矢量	设定旋转或滑动的方向
4	名称	定义平面副的名称

5）虚拟轴运动副：虚拟的运动副，意义等同于电气控制中的虚轴概念。虚拟轴运动副如图 12-18 所示，见表 12-11。

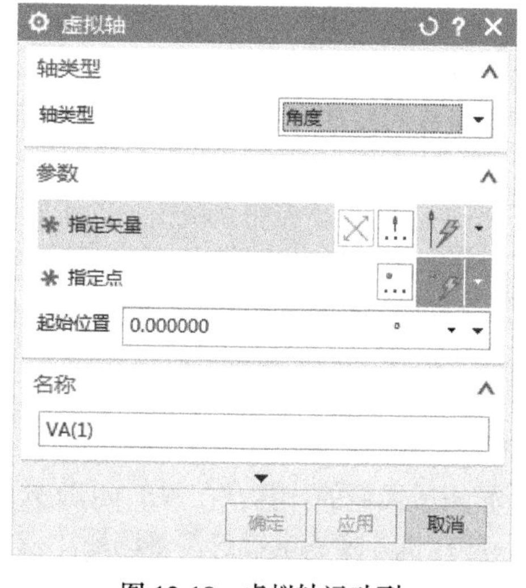

图 12-18 虚拟轴运动副

表 12-11 虚拟轴运动副属性

序号	参数	描述
1	轴类型	支持线性和角度两种类型，根据实际需要选择
2	指定矢量	指定虚轴运动副的运动方向，旋转轴和线性平移方向
3	指定点	指定虚轴运动副的固定位置
4	起始位置	定义零点偏移位置
5	名称	定义虚拟轴运动副的名称

（3）耦合副

耦合副是指轴与轴之间的耦合关系，常见的耦合副是指齿轮与齿轮的耦合、齿轮与齿条的耦合、电子凸轮耦合等，在 NX MCD 软件中提供常见电气控制中的电子齿轮耦合和电子凸轮耦合，通过设定电子齿轮比即建立两个轴之间的同步关系。通过在 NX MCD 软件中描点或导入的方式创建凸轮曲线，执行电子凸轮命令实现轴与轴之间的位置关系耦合。

（4）传感器和执行器

在该选项中，主要包含传感器和执行器两部分。在 NX MCD 软件中传感器即模拟物理世界中常见的碰撞传感器、限位开关、继电器、距离传感器、速度传感器、倾角传感器、加速度传感器等，可以直接在该项中创建相应的传感器，不同类型的传感器可以输出不同的信号，如碰撞传感器和限位开关在触发时可以输出布尔量信号，在仿真序列或者通过信号的形式将传感器的结果直接反馈出来。

在执行器中，主要是对执行机构而言，如常见运动副的速度控制、位置控制、转矩控制等，也有物理世界中的液压缸和气缸等执行元件，可以根据实际的项目需要进行创建和使用。

（5）运行时行为

在 NX MCD 软件中也提供了运行时的行为，用于监控机构运行时的行为，常用的主要是运行时的轨迹和运行时一些变量的监控，该功能常用于对多轴机构耦合后的运动轨迹进行监控，以检测算法正确与否。

（6）信号与信号连接

为了方便信号的传递和控制，NX MCD 软件提供了变量的转换和再定义功能，通过该信号选项可以创建信号别名或者经一定运算后的值名称，为了便于查看，也可以将定义的信号归类到一个信号表中。

信号连接功能是用于虚拟调试时，需要将 NX MCD 软件的信号与虚拟或者物理控制器建立信号的传递，该处主要体现了各个信号的传递与连接情况。

（7）仿真序列

在 NX MCD 软件中，为了实现一些简单的顺序逻辑控制，可以通过仿真序列实现。在 NX MCD 软件定义的仿真对象中，每个对象都有一个或者多个参数，可以通过创建仿真序列进行修改预设值。常见的有通过仿真序列实现对执行机构的速度和位置控制，也可以实现两个刚体对象的物理连接，也可以通过一些传感器的条件触发某些动作或操作等。

（8）凸轮曲线的导入与导出

NX MCD 软件支持与 SCOUT 软件的互通，在一些复杂的运动控制系统中，为了验证一些算法实现的可能性，可以通过在 SCOUT 中编写程序，生成相应的凸轮曲线，通过 NX MCD 软件导入的功能将凸轮曲线导入到仿真环境中，通过搭建机械模型以可视化的方式验证算法的可行性。

（9）优化选型

在一些新的样机开发过程中，电机的选型是样机开发过程中重要的一个环节，但由于一些机构的复杂性，无法通过计算的方式实现对负载转矩或惯量的计算，在 NX MCD 软件中提供了载荷曲线导出功能，此功能很好地解决了一些样机开发中电机选型等问题。在机械模型下建立仿真，按要求设定运行轨迹和节拍，导出载荷曲线，然后将曲线导入到选型软件 SIZER 中，即可辅助选出合适的电机型号。

12.3 NX MCD 软件的仿真序列实现

在 NX MCD 软件中可以完成基本动作或简单逻辑的仿真程序，本节基于一个实例阐述 NX MCD 软件仿真序列的实现过程与步骤。

1. 打开或导入机械模型

NX MCD 软件兼容多种三维软件文件格式，如常见 X_T、STEP、IGS 等格式的 3D 模型，通过导入或者打开的方式导入机械模型，如图 12-19 所示。选定用户模型格式，找到相应的文件后，单击“OK”，即将模型导入到 NX MCD 软件的环境中，如图 12-20 所示。

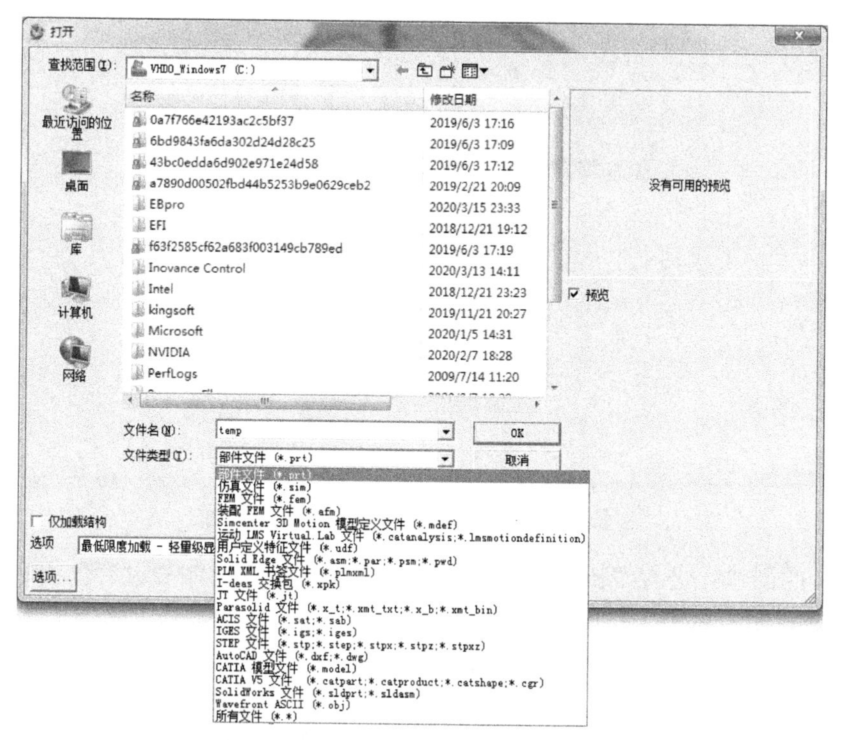

图 12-19　NX MCD 软件支持的文件格式

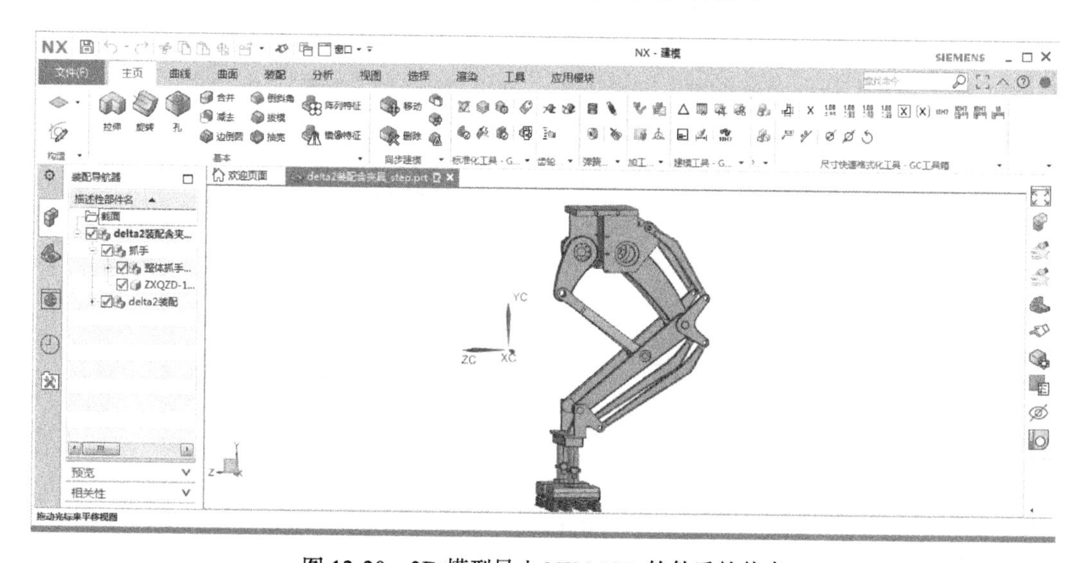

图 12-20　3D 模型导入 NX MCD 软件后的状态

2. 进入 NX MCD 软件设计环境

在打开模型后，软件系统仍处于 NX MCD 软件的建模环境中，并没有自动切换到机电仿真环境，如图 12-21 所示，需要通过用户自主进入机电概念设计环境中，通过单击主菜单栏“应用模块”并选中“更多”选型，打开下拉菜单，选中“机电概念设计”，即可进入 NX MCD 软件开发主界面。

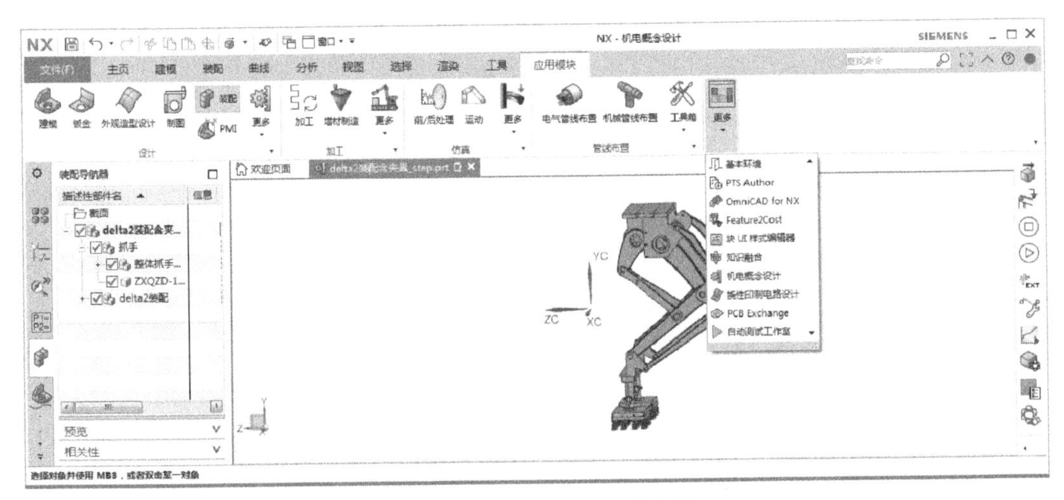

图 12-21　NX MCD 软件开发主界面

1）刚体的创建：进入“机电概念设计”主界面后，该物体是没有任何物理属性的，需要创建基本的机电对象，在创建基本的机电对象时，需要明确各个物理单元的组成，确保各个组件的独立性，如固定部分、运动连杆、传感器等需要独立，否则影响后续操作。在明确各部分的组成和作用后，即可按照需求进行刚体的创建，本文为了便于后期的查找和操作，将刚体名称定义为“00x+ 名称”形式，以主体的安装板为例，分别选中各个安装板，定义为 001 主体安装板，按照规则，依次将该结构中的左电机、右电机、左大臂、左小臂、右大臂、右小臂、夹具安装板、夹具、内外侧上辅助臂、内外侧三角板、内外侧下辅助臂等逐一定义为独立的刚体基本机电对象，结果如图 12-22 所示。

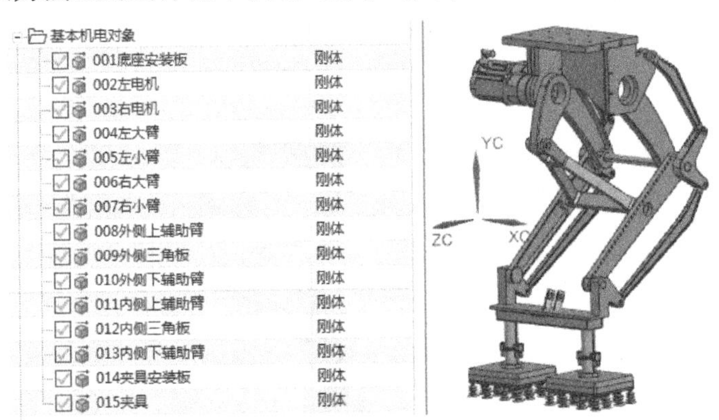

图 12-22　基本机电对象的创建

为了与实际相符合，在定义刚体前需要将模型的各部件逐一按照实际的材料要求进行材料的指定。

2）运动副的创建：在完成基本的机电对象创建后，应明确各刚体的连接方式，应对刚体与刚体之间建立约束关系，使各刚体组成一个有运动关系的整体。

在本文中，除了 001 底座安装板、002 左电机及 003 右电机、014 夹具固定副外，其余两两之间均为铰链副。在配置 001 底座安装板时，基体不需要选择，默认为大地，连接件选择为 001 底座安装板；002 左电机和 003 右电机基体选择为“001 底座安装板，

FJ（1）”即电机固定在安装板上，014 夹具需要固定在 015 夹具安装板上，完成运动副添加后的结果如图 12-23 所示。“运动副及约束”的添加如图 12-24 所示。

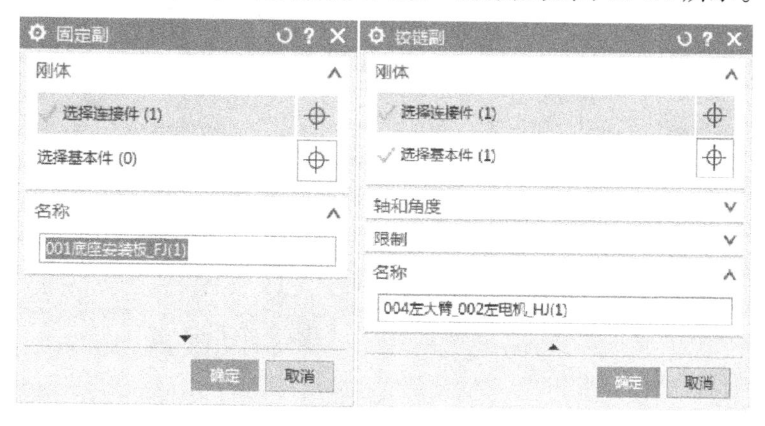

图 12-23 固定副与铰链副添加

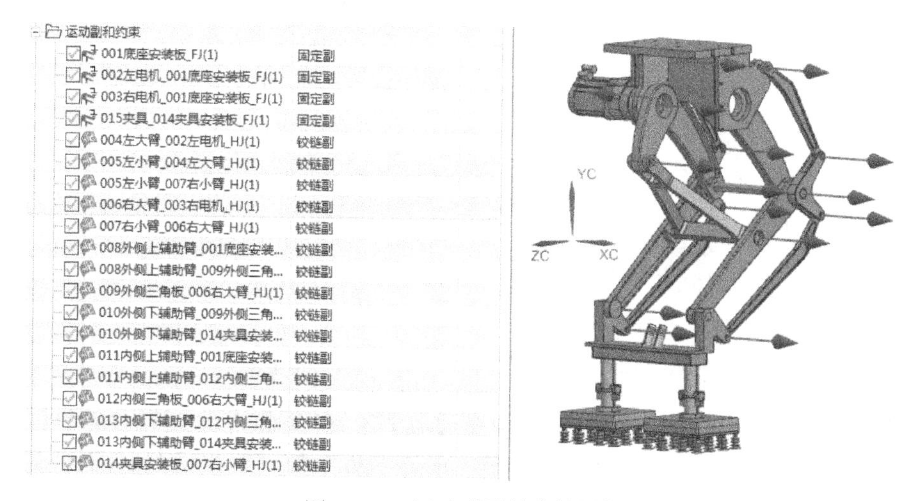

图 12-24 运动副及约束的添加

3）传感器和执行器的创建：在完成运动副及约束创建后，可以按照机构的需求添加相关的传感器，如轴运行的限位开关，运行过程中的光电开关或接近开关检测信号。在运动机构中，需要对运动的轴进行定义，在 NX MCD 软件中对运动的轴，可以定义常见的速度控制、位置控制及转矩控制等方式。在本文介绍的机构中，限位由机械限位构成，不需要设置额外的传感器。对于运动机构的定义中，在该机构中左右电机为主动运动，其他连杆均为从动机构，由于该机构需要在可达范围内任意位置定位，因此将左右电机定义为位置控制。

在定义位置控制时，“角路径选项”为“跟踪多圈”的方式，根据需要设置“目标位置”和“速度”，“限制加速度”和“限制扭矩”等选项的设置，如图 12-25 所示。

4）仿真序列创建：在完成位置后，可以通过给定目标位置和速度，执行轴的单独运动，也可以通过创建仿真序列进行仿真运动，也可以通过多轴以耦合的方式实现多轴的联动运动。本文为了阐述仿真序列的创建，现以仿真序列为例演示了仿真序列的创建和仿真过程。

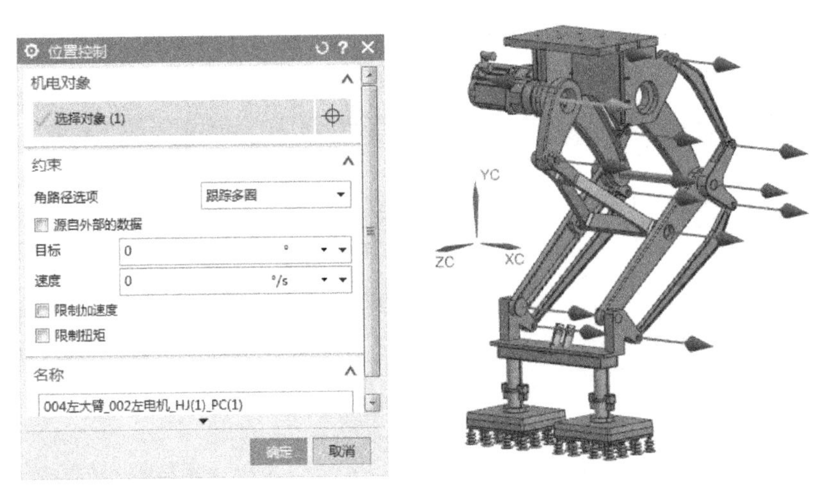

图 12-25 位置控制添加

本文以一个简单序列展示该位置控制过程，序列运行为左电机以 10°/s 速度正向旋转 20 度，右电机以 10°/s 的速度反向旋转 10 度，等待延时 1s，两电机再以 10°/s 速度同时回到初始零位，即动作序列完成，通过 NX MCD 软件建立的序列如图 12-26 所示。

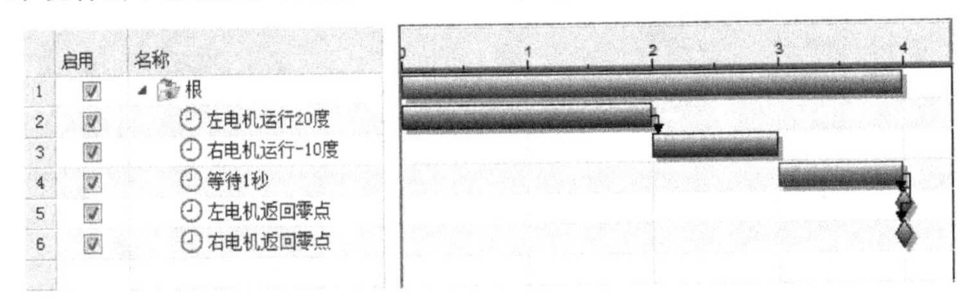

图 12-26 NX MCD 软件中创建的序列展示

5）执行仿真：在完成序列定以后，即可通过 NX MCD 软件的仿真功能执行该序列，可通过查看器查看各轴的位置、速度、转矩、加速度等参数的变化情况。图 12-27 为左右电机仿真实时位置曲线图。

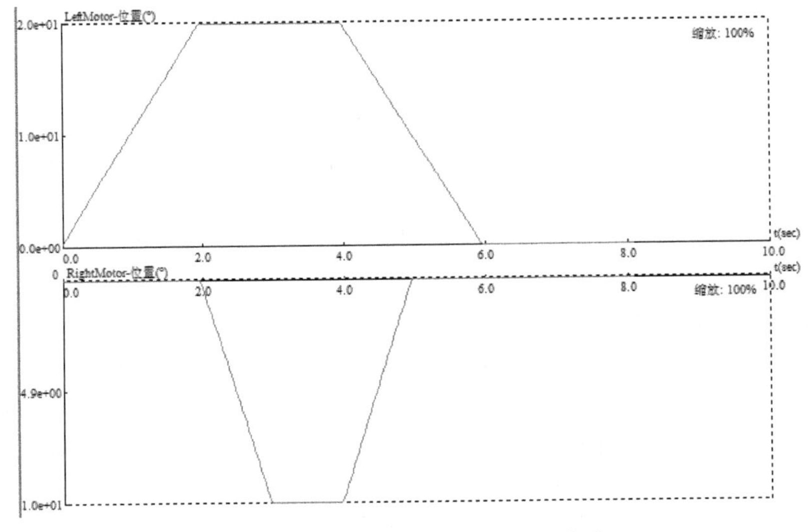

图 12-27 左右电机仿真实时位置曲线

12.4 TIA博途软件与NX MCD软件的虚拟调试

在真实设备调试过程中，设备的工艺实现逻辑由控制器控制，相关的执行部件执行，一般是控制器按照设定周期运行程序，根据工艺过程进行指令输出，当执行部件收到指令后执行相应的动作，同时反馈给控制器一个信息以告诉控制器执行机构的实时状态，控制器根据反馈的信号进行下一步指令动作，同样在TIA博途软件和NX MCD软件体系下建立虚拟调试也是如此，在TIA博途软件环境中编写程序，通过PLCSIM Advanced仿真器建立虚拟控制器，在NX MCD软件中建立机电仿真模型，两个软件环境以通信方式实现数据的交互，因此虚拟调试的实现步骤总结如下：

1）在NX MCD软件中建立机电仿真对象。

2）在TIA博途软件中完成自动化程序。

3）建立TIA博途软件与NX MCD软件之间的信号通信。

4）进行虚拟调试。

为了进一步阐述虚拟调试实现过程，如图12-28以流程图的形式阐述该虚拟调试实现过程。

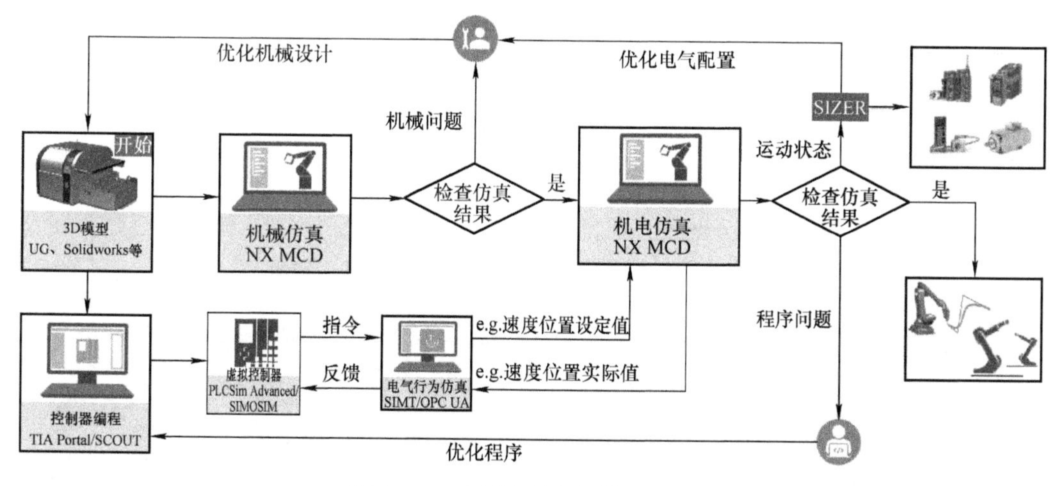

图12-28 虚拟调试的具体实现流程

本节将通过一个实际的虚拟调试项目案例，介绍通过TIA博途和NX MCD等软件实现虚拟调试的过程。

（1）在NX MCD软件中建立虚拟调试机电对象

根据项目的3D图，在了解项目机械机构动作的逻辑及工艺基础上，将3D模型导入到NX MCD软件中，在NX MCD软件中建立虚拟调试的机电对象，本文仍以2D Delta机器人为例。

该2D Delta主要由两个电机驱动两个机械臂实现末端夹具按照一定的轨迹进行取放产品的过程，各臂之间是通过铰链进行铰接实现的，当模型导入到NX MCD软件中，并通过建立刚体、铰链副，位置控制等，建立虚拟调试的仿真模型，如图12-29所示。

（2）在TIA博途软件中建立程序编写

经分析，该2D Delta为非标准模型，用户需要在TIA博途软件中自行编写正逆解算法，根据各个臂之间的几何关系，编写PLC程序，在TIA博途软件中完成程序编写，如图12-30所示。

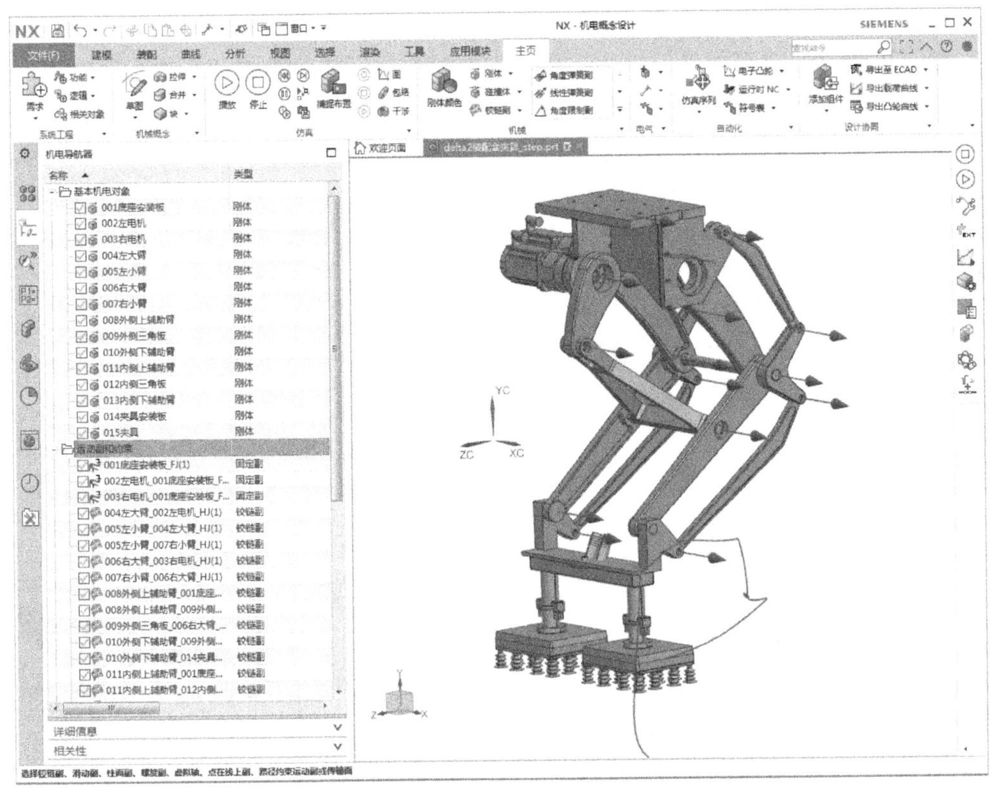

图12-29 在NX MCD软件中建立虚拟调试机电对象

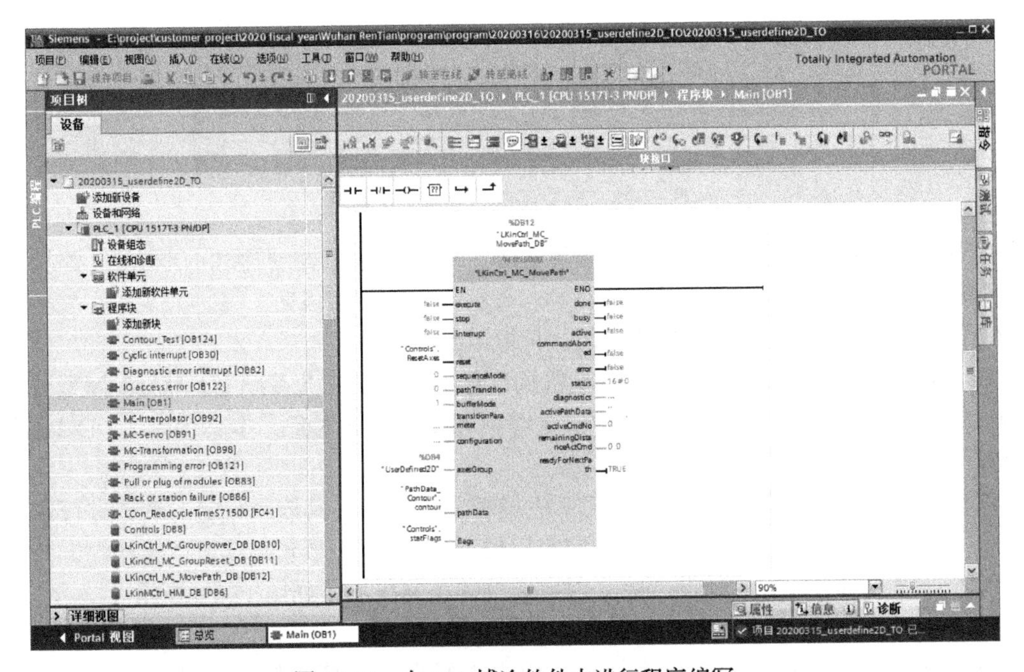

图12-30 在TIA博途软件中进行程序编写

（3）建立 TIA 博途软件与 NX MCD 软件中的信号映射

在完成程序编写和 NX MCD 软件中机电对象创建后，即可建立双方信号的映射关系，本文是以 S7- PLCSIM Advanced 2.0 软件的方式进行 PLC 仿真和信号的映射，在完成程序编写后，可以通过运行 S7- PLCSIM Advanced 2.0 软件进行程序的仿真和轨迹验证。

在图 12-31 中，运行 S7-PLCSIM Advanced 2.0 软件。

1）Online Access，选择默认的 PLCSIM 即可；

2）Instance name，输入要仿真的 PLC 名字；

3）Start，单击 Start 即启动了虚拟的 PLC。

完成虚拟 PLC 启动后，即可在 NX MCD 软件中查找到正在仿真的 PLC 的名称，如图 12-32 所示，从上到下分别是通信方式、实例的 PLC 的名字及状态、实例的变量选择、选择具体的变量等。

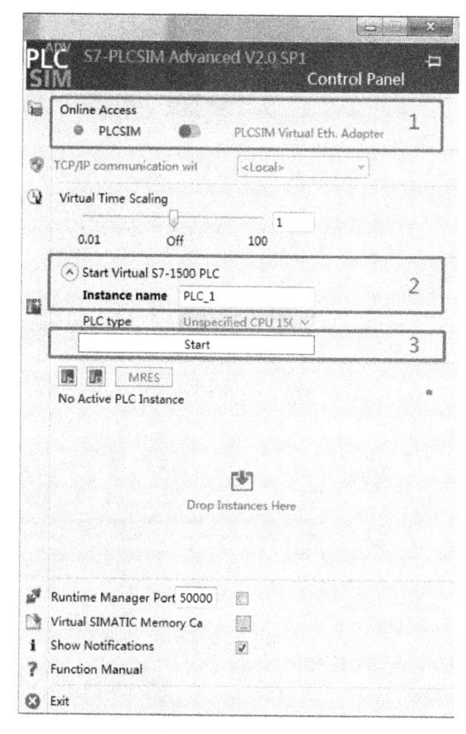

图 12-31　PLC 模拟仿真

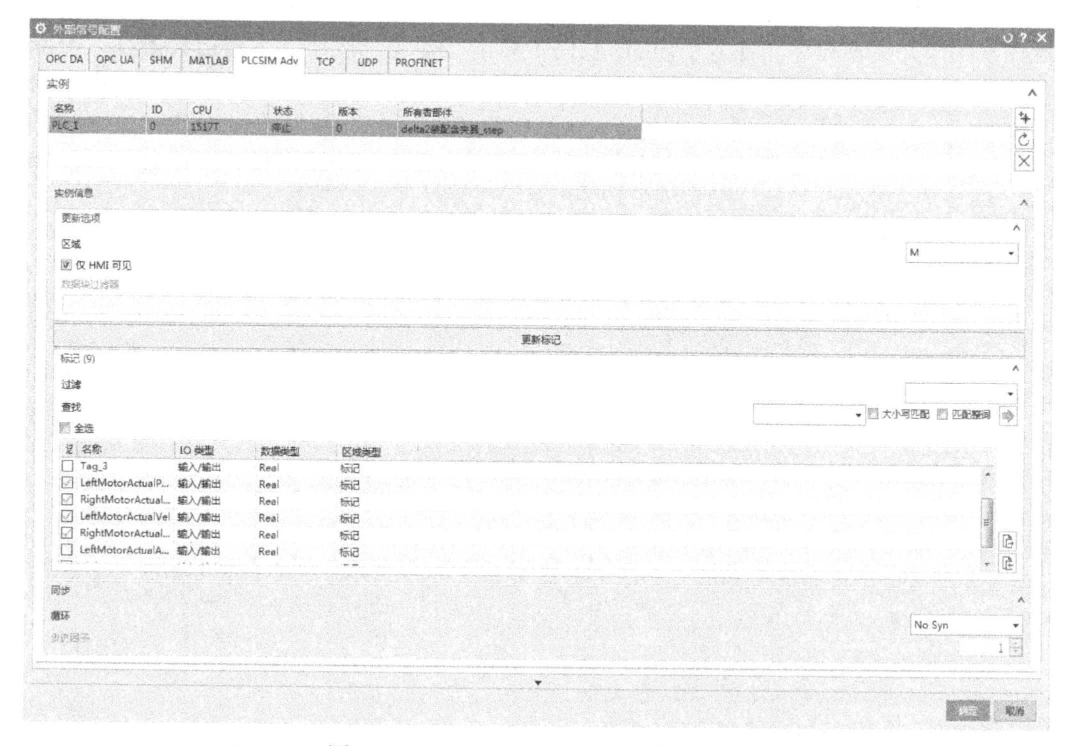

图 12-32　NX MCD 软件中外部信号配置

在 NX MCD 软件中完成控制器更新及变量选择后，即可进行 PLC 中输入输出与 NX MCD 软件中输入输出信号映射，从而实现 PLC 的输出信号作为驱动 NX MCD 软件中元件的输入信号的作用，如图 12-33 所示。

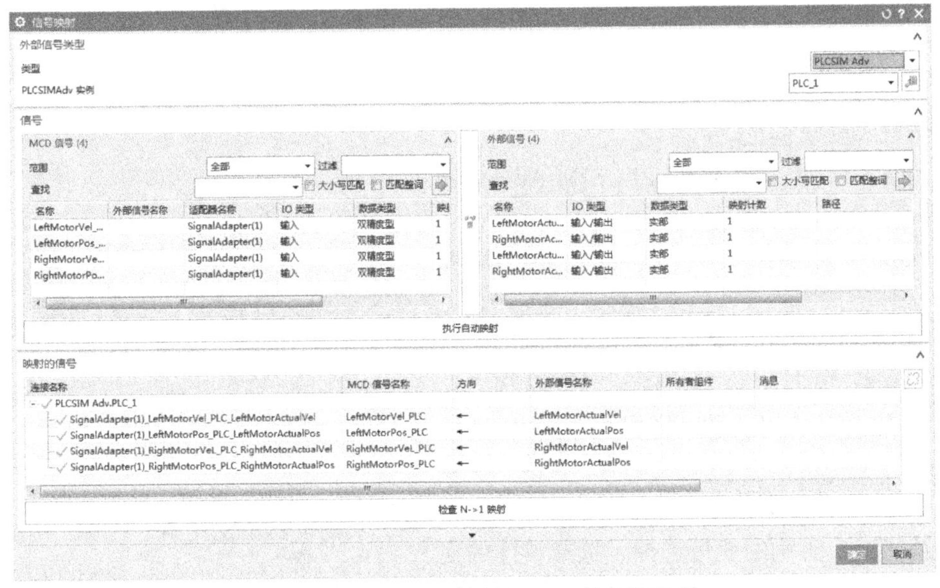

图 12-33　NX MCD 软件与 PLC 的信号映射

（4）运行程序验证逻辑控制与工艺流程

运行 S7-PLCSIM Advanced 2.0 软件并启动 PLC 程序在线，运行 PLC，程序开始运行，执行找零操作并启动程序。在 NX MCD 软件中单击“播放”按钮，运行仿真模型，可以通过查看器观察各个轴的位置、速度、加速度、转矩等参数变化情况及实时监控曲线，如图 12-34 所示。

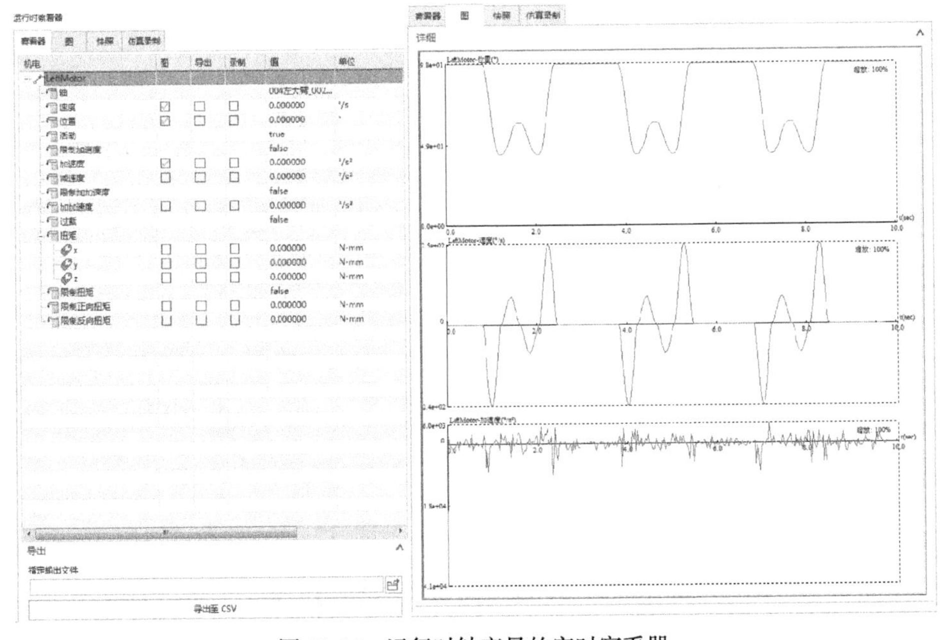

图 12-34　运行时轴变量的实时察看器

（5）优化机械结构与程序

通过可视化的仿真流程，根据虚拟调试的结果检查程序的执行情况和适当地修改程序，以达到优化机械机构和程序的目的。

12.5 TIA 博途软件、SIMIT 软件和 NX MCD 软件在环虚拟调试

为了进一步实现软件在环的仿真，本节将结合 SIMIT 软件，阐述软件在环仿真的实现过程，在加入 SIMIT 软件后，可以实现 PLCSIM Advanced 软件和 NX MCD 软件的同步数据交换，同时在 SIMIT 软件中可以创建驱动及传感器模型，实现对驱动和传感器的行为仿真。

1. 创建 MCD 项目

1）创建项目，打开准备好的 3D 模型，如图 12-35 所示。

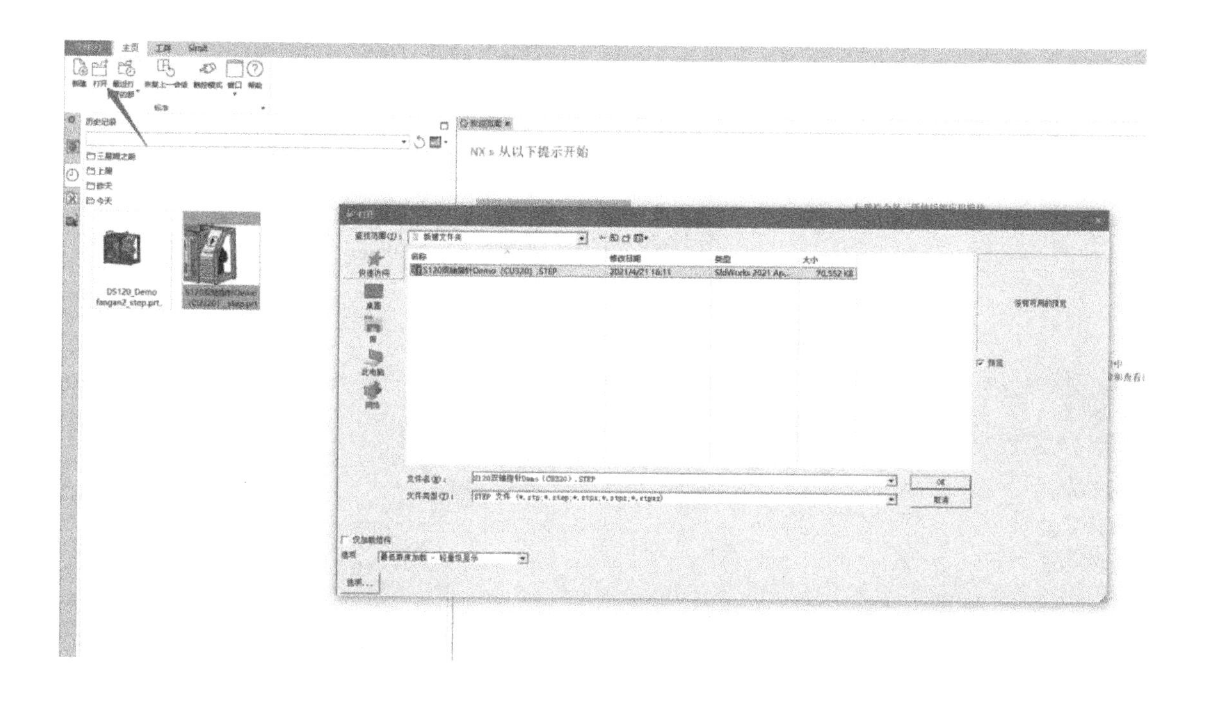

图 12-35　添加 3D 模型

2）单击装配导航器，可以看到 3D 模型的各个组件，如图 12-36 所示。

3）找到机电设计概念进行设置，如图 12-37 所示。

4）建立刚体，如图 12-38 所示。

5）选中刚体，建立铰链副，如图 12-39 所示。

6）选中铰链副，建立速度控制，如图 12-40 所示。

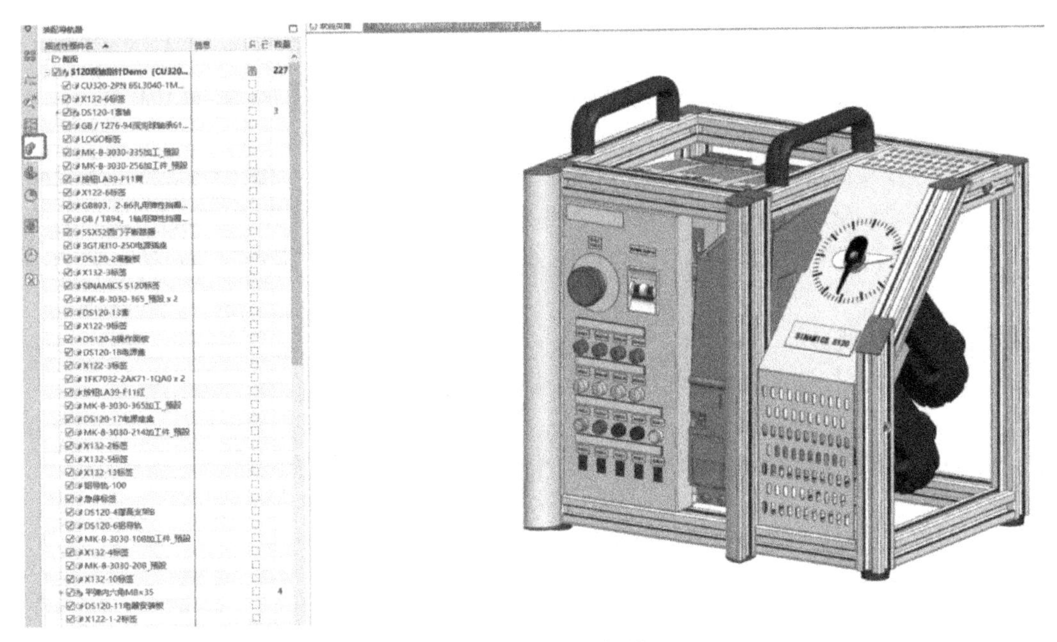

图 12-36　装配导航器

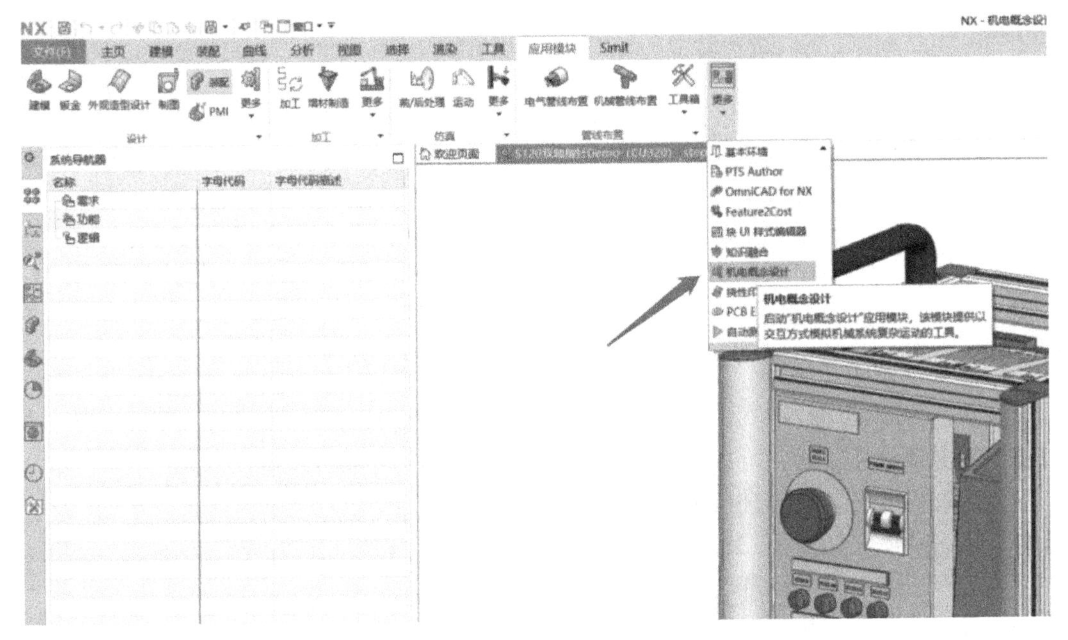

图 12-37　机电概念设计

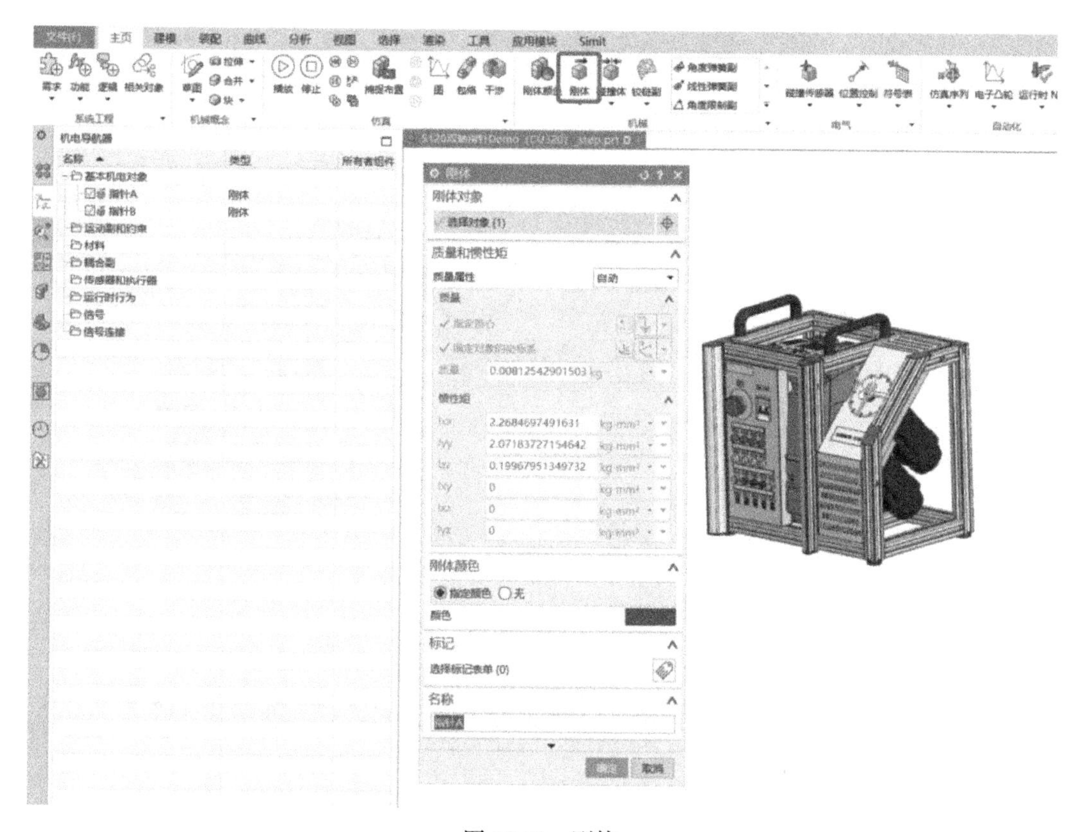

图 12-38 刚体

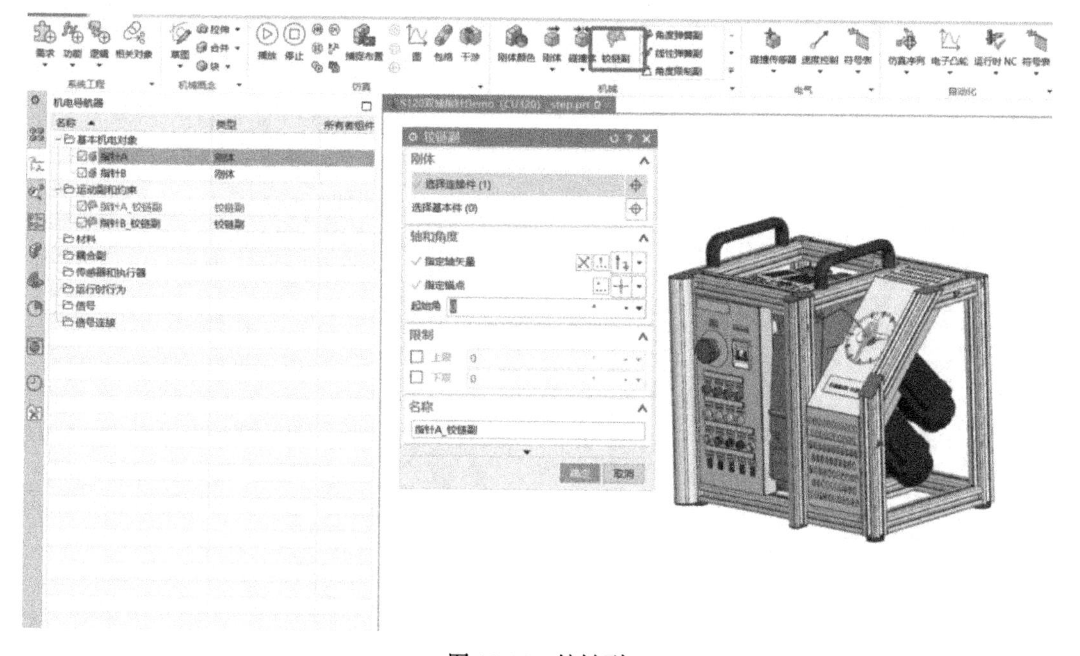

图 12-39 铰链副

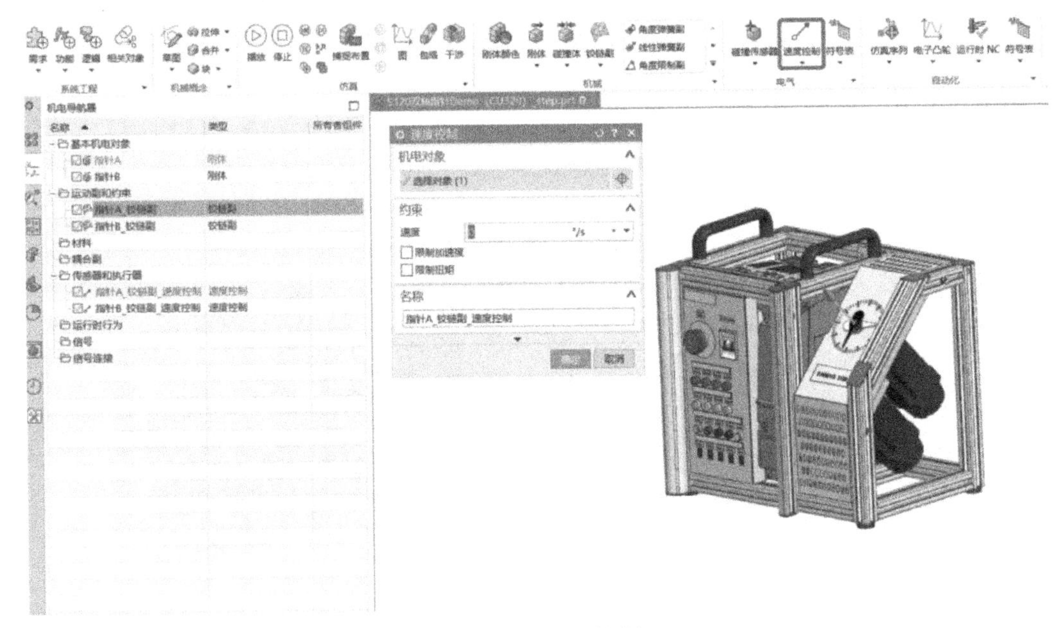

图 12-40　速度控制

至此，在 NX MCD 软件中建立机电概念设计完成，在下一步需要在 TIA 博途软件中创建轴的工艺对象。

2. 编写 PLC 程序

1）打开 TIA 博途软件创建 PLC 项目，添加硬件进行组态，如图 12-41 所示。

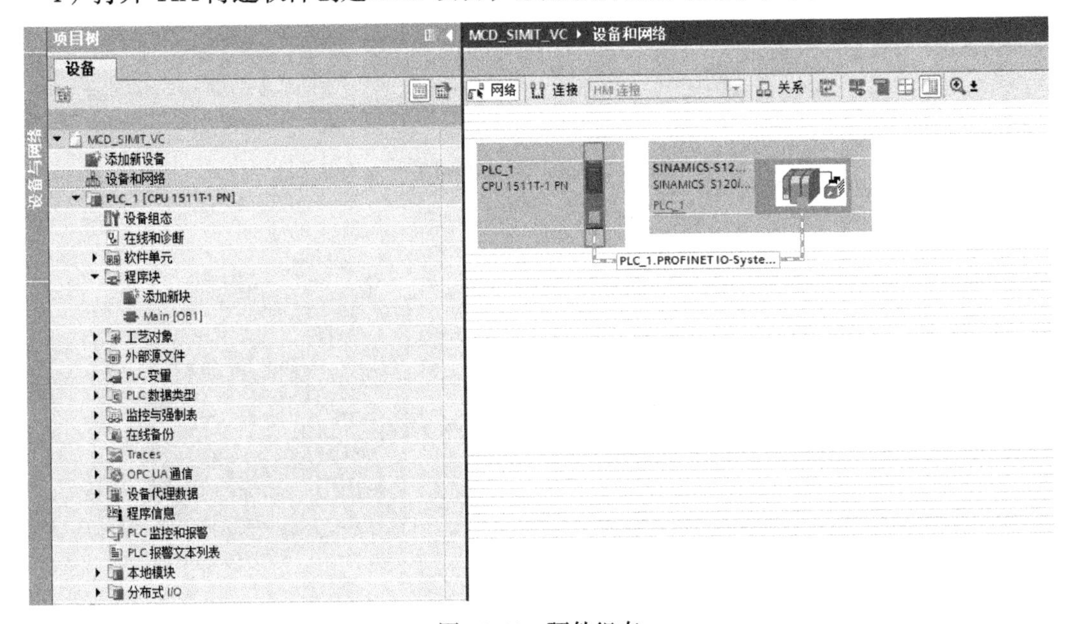

图 12-41　硬件组态

2）添加伺服轴和标准报文 105，如图 12-42 所示。

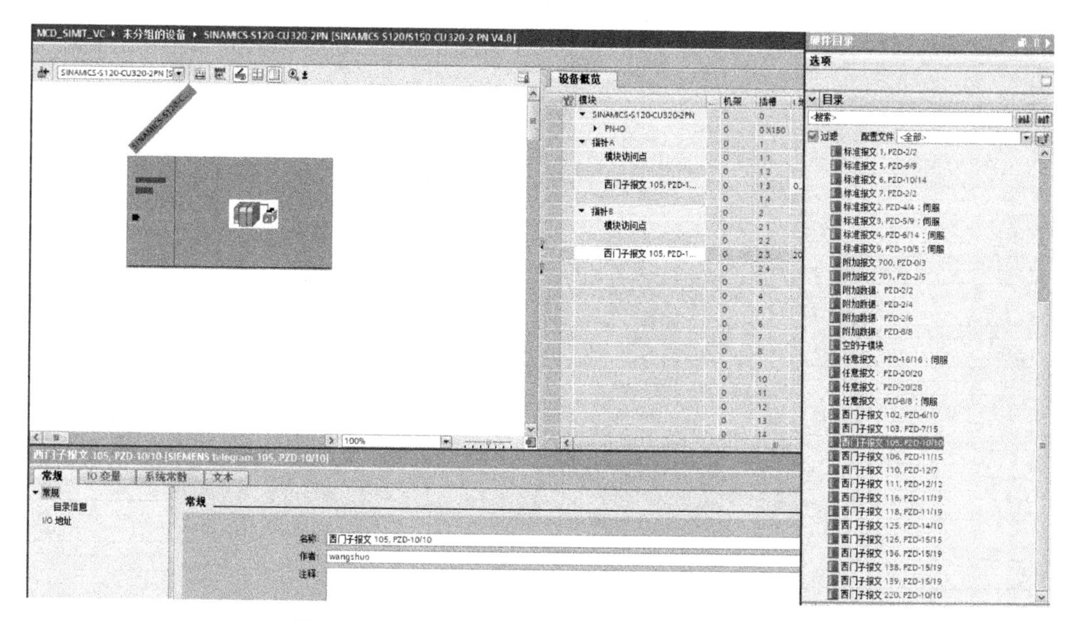

图 12-42 SINAMICS S120 伺服驱动器设备概览

3）选中同步域连接，设置同步主站、同步从站，发送时钟时间为 4ms，同时在拓扑视图里连接好设备，如图 12-43 所示。

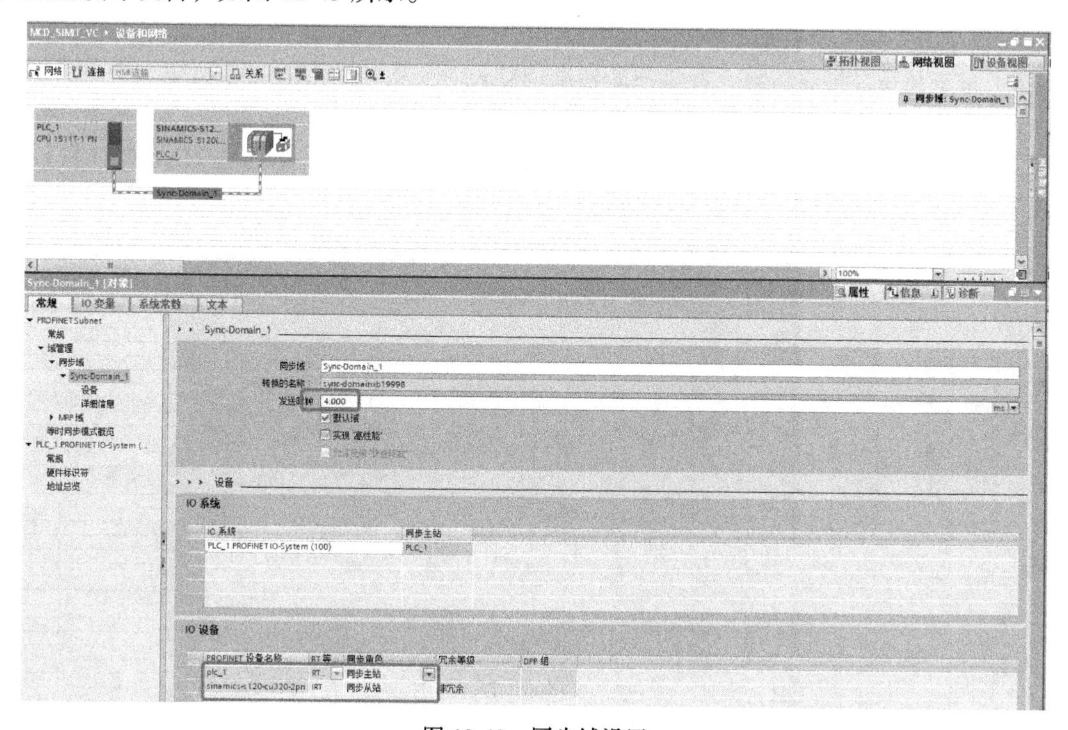

图 12-43 同步域设置

4）新建工艺对象定位轴，并在工艺对象组态里连接驱动以及编码器，如图 12-44 所示。

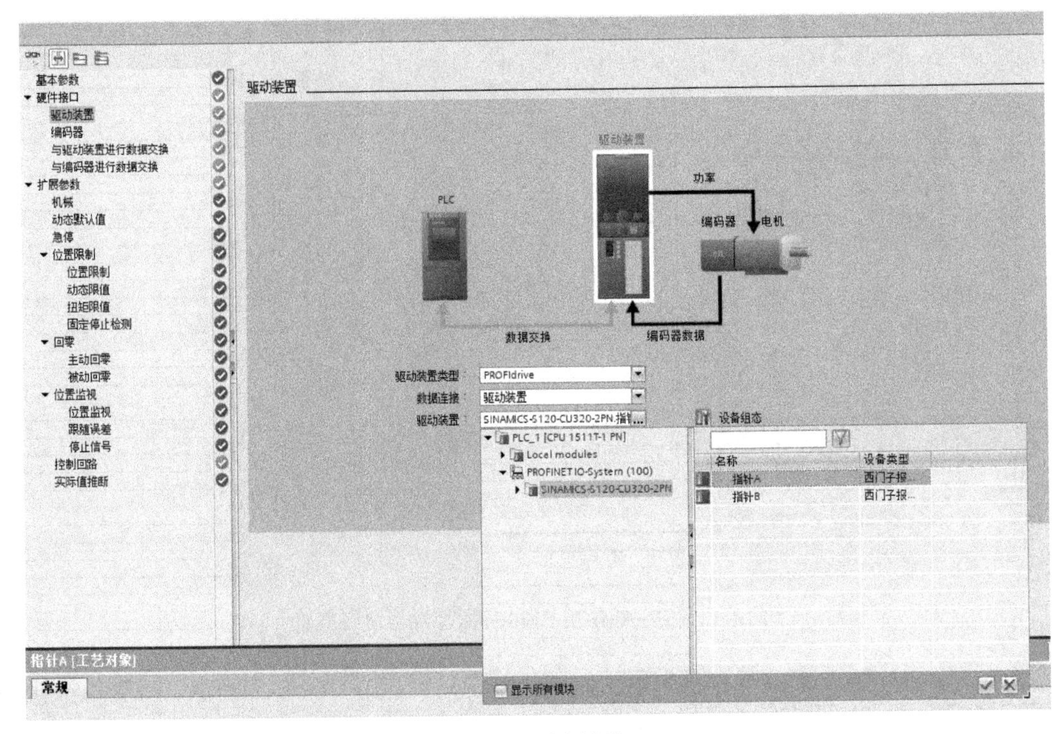

图 12-44　同步域设置

5）由于是通过报文仿真，在组态的控制回路设置里取消 DSC 功能。

3. 在 SIMIT 软件中建立信号连接

1）创建新的 Coupling，导入 MCD 信号，单击导入按钮，需要在 NX MCD 软件的 SIMIT 软件菜单栏里单击“send signals to simit”按钮，如图 12-45 所示。

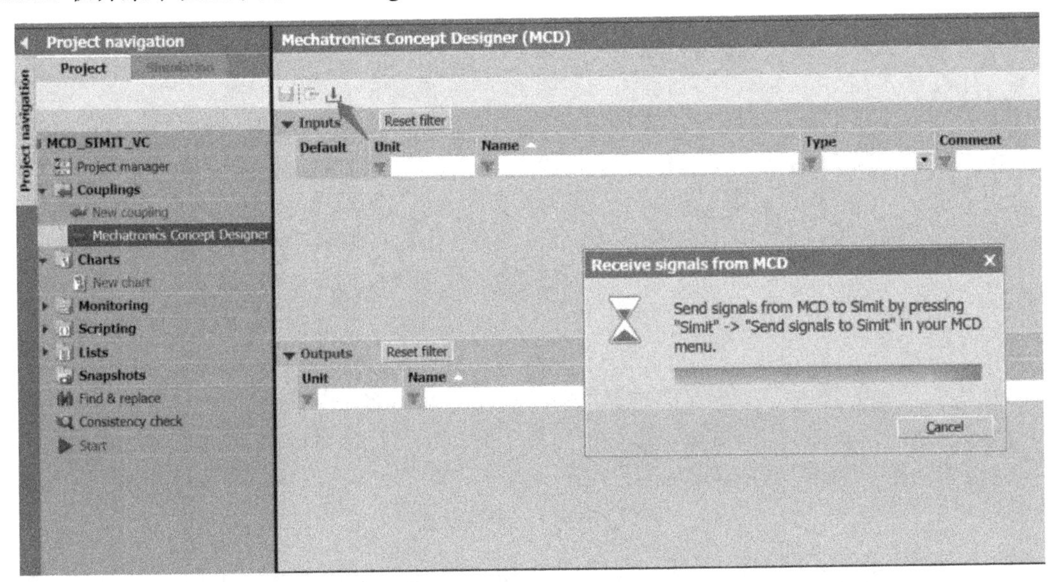

图 12-45　导入 MCD 信号

2）在 SIMIT 软件中，设置 MCD 变量的单位与 NX MCD 软件保持一致，如图 12-46

所示。

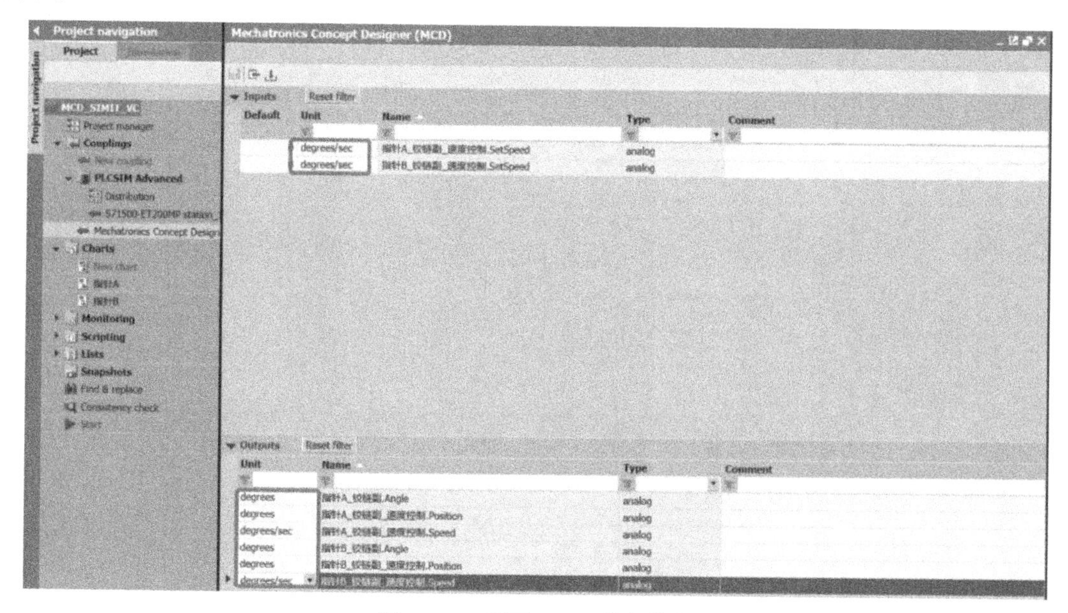

图 12-46　设置 MCD 信号单位

3）设置“Time slice”，与时钟周期一致，如图 12-47 所示。

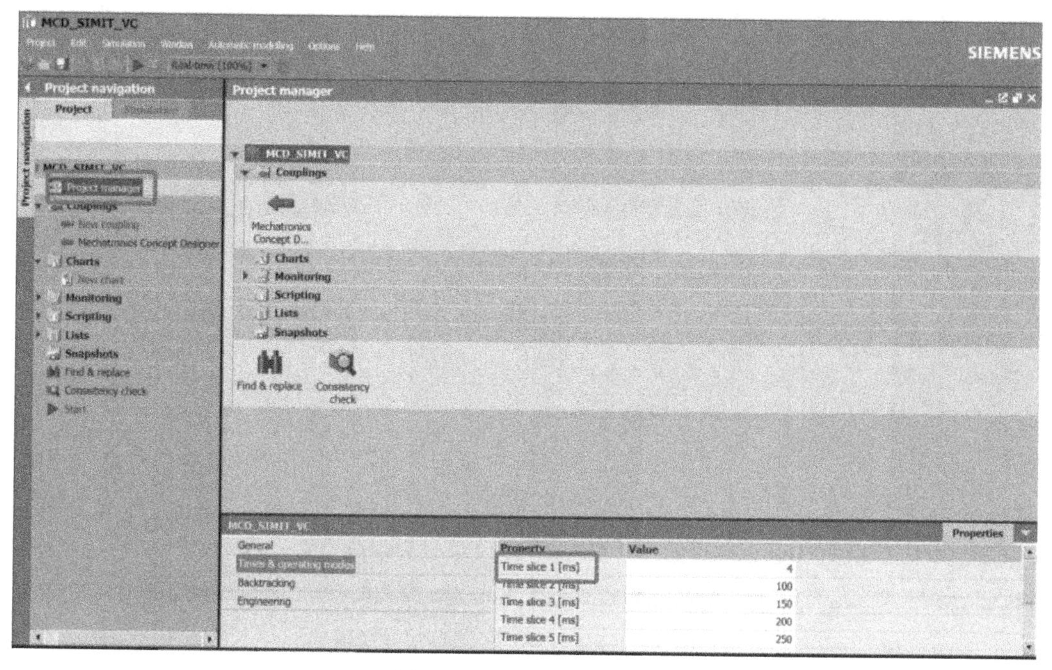

图 12-47　设置 Time slice

4）在 NX MCD 软件的 coupling 里勾选“Bus synchronous”，并且选择前面设置的“Time slice”通道 1。

5）创建新的 Coupling，导入 PLC 变量，同样在属性里选择“Time slice”“通道 1”，如图 12-48 所示。

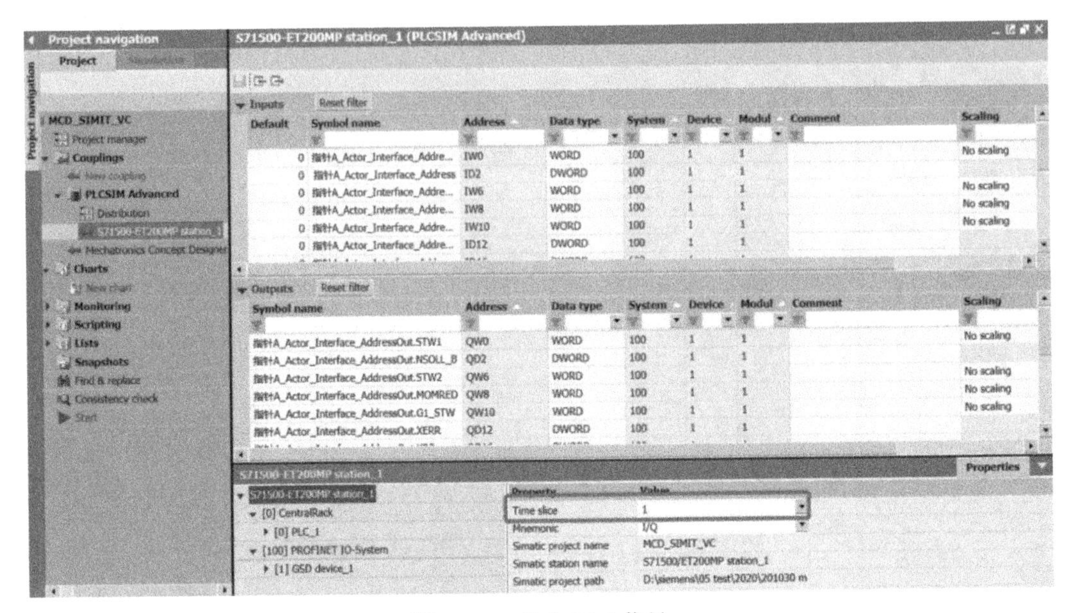

图 12-48　导入 PLC 信号

6）创建 chart，从右侧选择组件组态报文连接 NX MCD 软件与 PLC 变量，如图 12-49 所示。

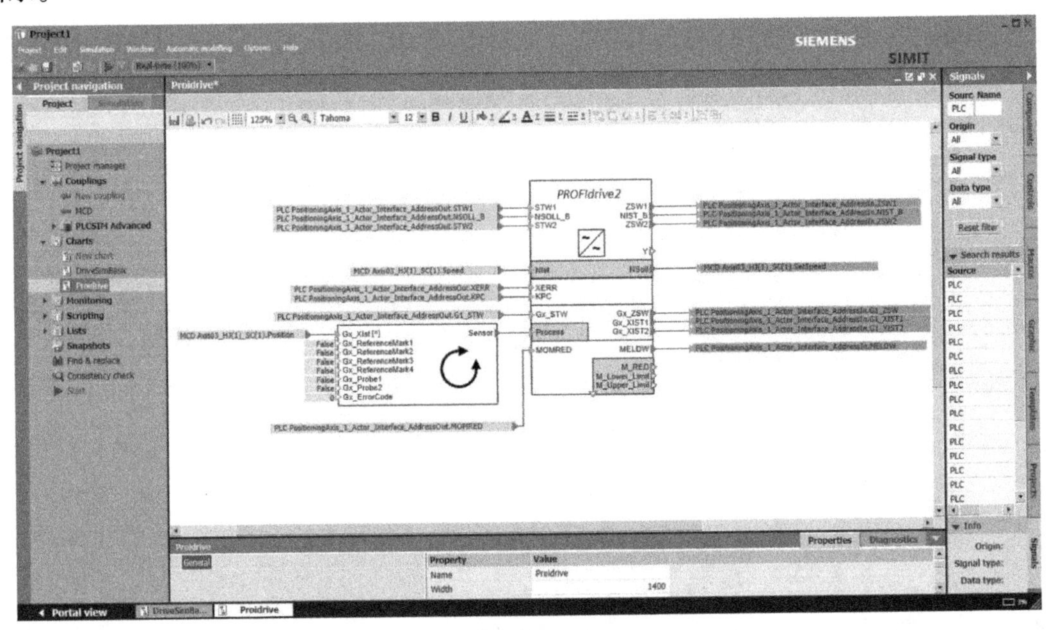

图 12-49　建立 MCD 与 PLC 信号连接

4. 打开 PLCSIM Advanced 软件开始仿真

1）打开“PLCSIM Advanced”软件，不需要创建实例。

2）在 SIMIT 软件中，单击仿真按钮开始仿真，当 SIMIT 软件显示为橙色则仿真启动成功，如图 12-50 所示。

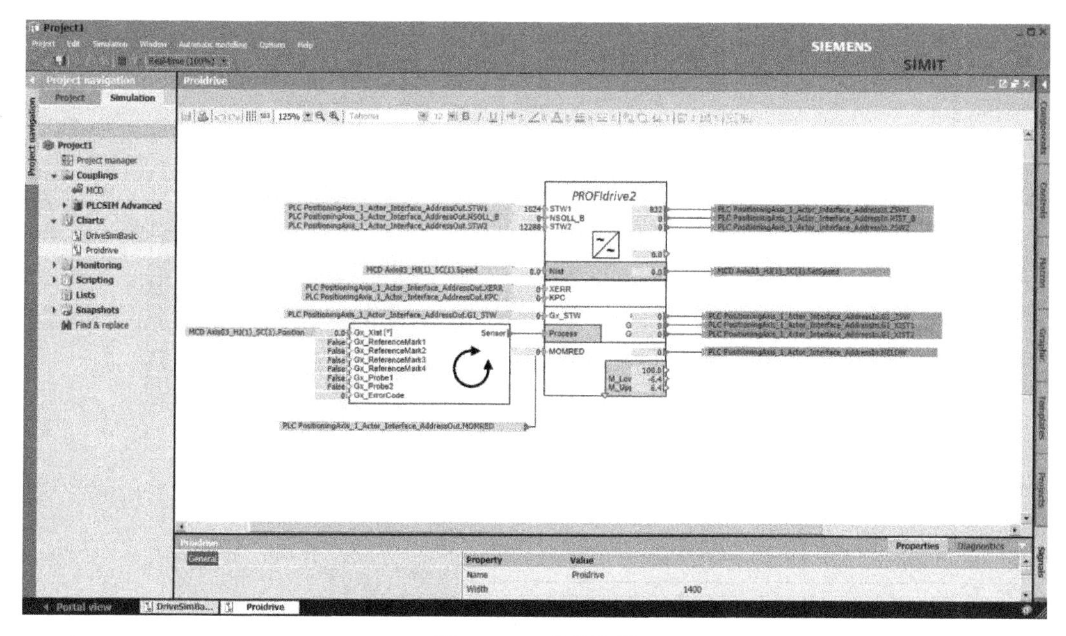

图 12-50 启动仿真

3）打开 TIA 博途软件，将程序下载至仿真 PLC 当中。

4）打开控制面板，使能指针 A 所在的轴，设置好其实位置后选择绝对定位模式，设置 180° 观察 NX MCD 软件中的指针 A 是否动作 180°，如图 12-51 和图 12-52 所示。

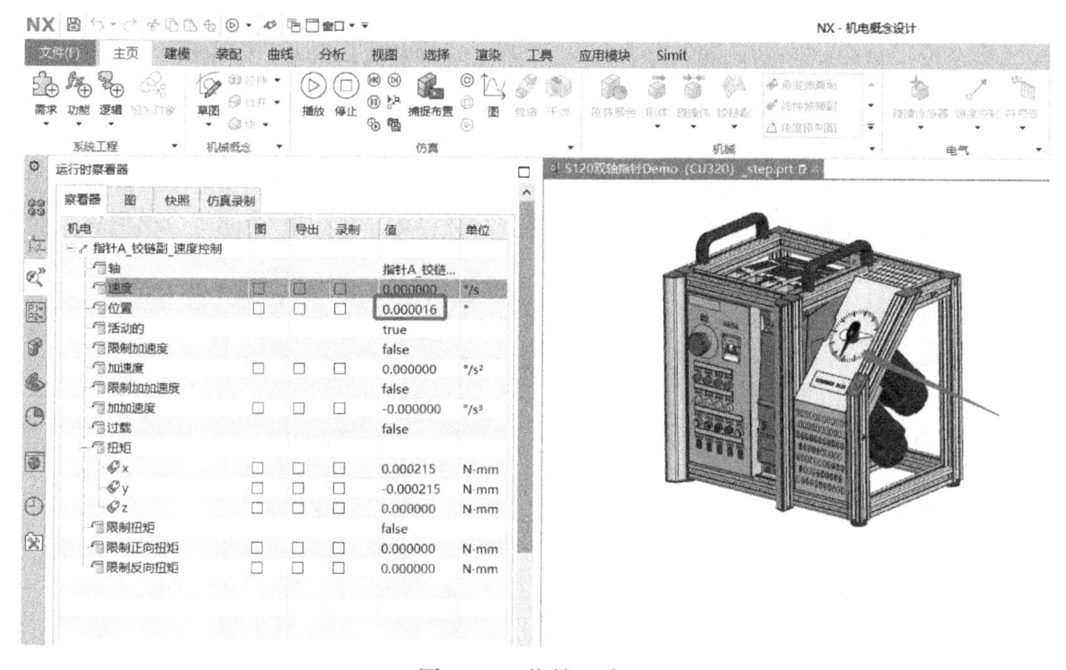

图 12-51 指针 A 在 0°

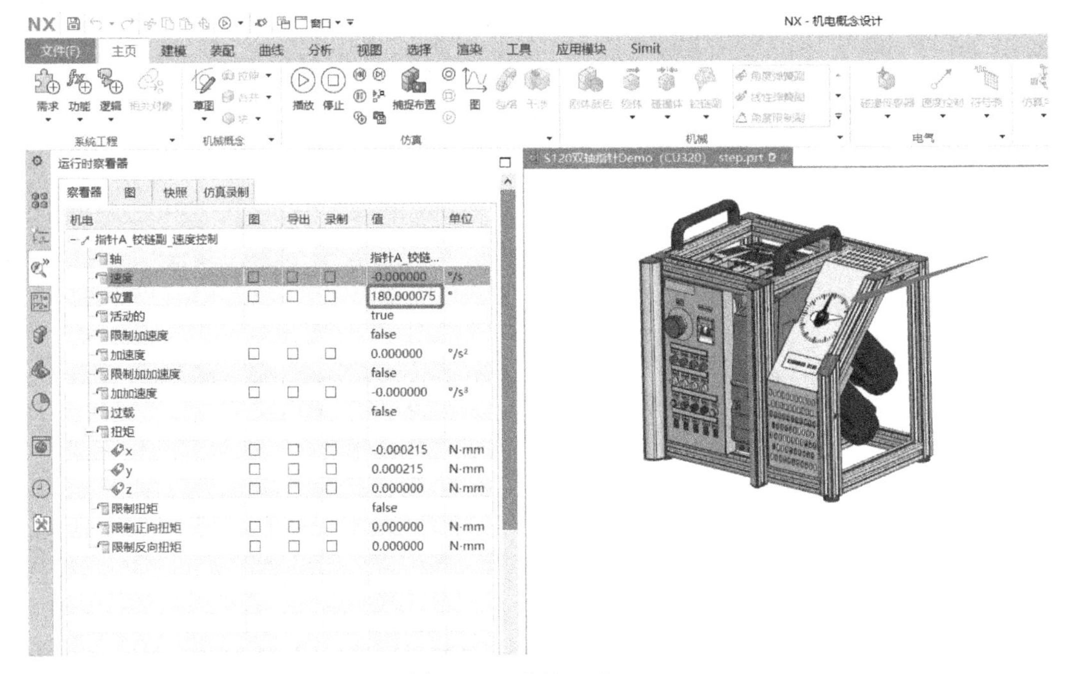

图 12-52　指针 A 在 180°

12.6　NX MCD 软件与 SIZER 软件优化驱动配置

1. 概述

在样机开发过程中，电机选型是样机设计阶段重要的环节之一。在传统的电机选型中，一般是根据机械传动结构和负载的大小，计算出所选电机的转矩和惯量，然后根据厂家提供的选型手册进行电机选型，但对于一些传动机构复杂，无法通过常规计算得到电机转矩和惯量，针对类似复杂的样机开发，电机选型也就成了一个难题。

NX MCD 软件与西门子的选型软件 SIZER 有高度的融合，在 NX MCD 软件虚拟调试过程中的速度和转矩载荷曲线可以直接导入 SIZER 软件中，SIZER 软件可以根据导入的曲线进行最优电机的选型，很好地解决了在复杂样机开发过程中电机选型的难题。

本节将通过一个非标 2D delta 电机的选型实例，阐述如何通过 NX MCD 软件虚拟调试与 SIZER 软件结合实现对电机选型的过程。

2. 项目需求与介绍

如图 12-53 为该 2D delta 的正视图和运行轨迹，电机 M1 驱动连杆 L1 和 L3 运动，电机 M2 驱动 L2 和 L4 运动，L3 末端与 L5 在中间处铰接。针对该机构，用

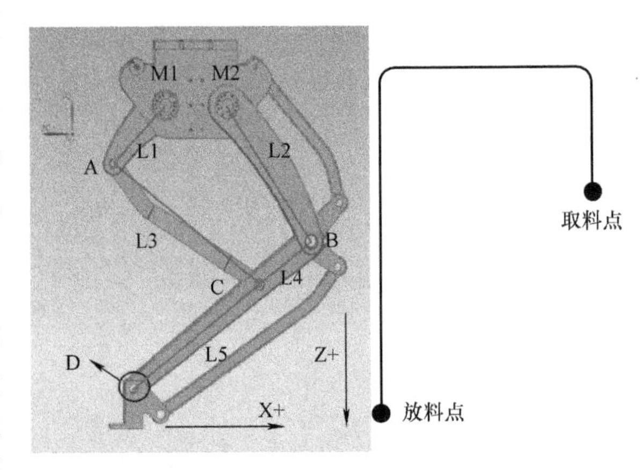

图 12-53　2D delta 的正视图和运行轨迹示意图

户提出了机构末端点D按照图12-53右的轨迹，节拍为20次/min，负载为20kg，电机的选型问题。对于该类复杂的机械传动机构，通过一般计算方式得到电机的转矩、惯量和转速是比较困难的，因此本文阐述通过NX MCD软件虚拟调试，结合西门子选型软件SIZER，给出合理的电机选型。

3. 建立仿真模型与虚拟调试

在了解机械机构各部分之间的关系和运动需求后，即可根据实际的要求将3D模型导入NX MCD软件中。在NX MCD软件开发环境中，建立虚拟调试的仿真模型，该仿真模型的建立主要包含以下几个步骤：

1）导入3D模型，NX MCD软件模型支持常见的三维建模软件设计的模型，如常见的SolidWorks，Pro_E等，.step，.stp，.IGS等格式。

2）在NX MCD软件环境中，逐一指定各个机械部分的材料，赋予真实的材料属性，否则仿真结果与实际偏差较大，NX MCD软件中的刚体默认是按钢的密度计算质量。

3）进入NX MCD软件机电概念设计环境中，进行机电设计。

4）建立刚体，根据机械机构各部分之间的关系，逐一建立刚体，赋予各部分元件具有物理属性。

5）根据各个机构之间的运动关系，建立刚体之间的连接方式，常见的是固定副、滑动副、铰链副等运动方式，本案例中主要是固定副和铰链副，不存在其他运动连接方式。

6）定义电机轴的运动方式，即执行机构的运动方式，两个电机轴均为位置控制方式。

7）在NX MCD软件中定义信号接口，即M1和M2的位置、速度、加速度、减速度等变量，作为虚拟调试的信号接口。

8）在TIA博途软件中建立运动机构模型，编写程序，启动S7-PLCSIMAdvanced 2.0，作为虚拟控制器，运行模拟仿真程序。

9）在NX MCD软件中建立外部信号配置，并做好信号映射。

10）开始虚拟调试，验证仿真程序和动作轨迹。

基于以上步骤，即完成了TIA博途软件与NX MCD软件的虚拟调试过程，通过运行程序，并设定运行时行为，得到如图12-54所示的仿真运行轨迹结果。

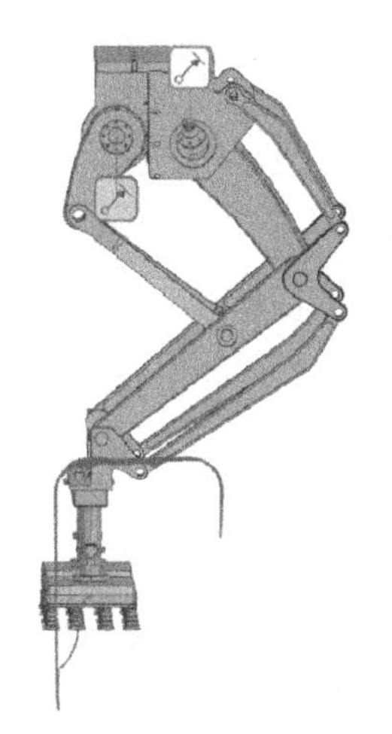

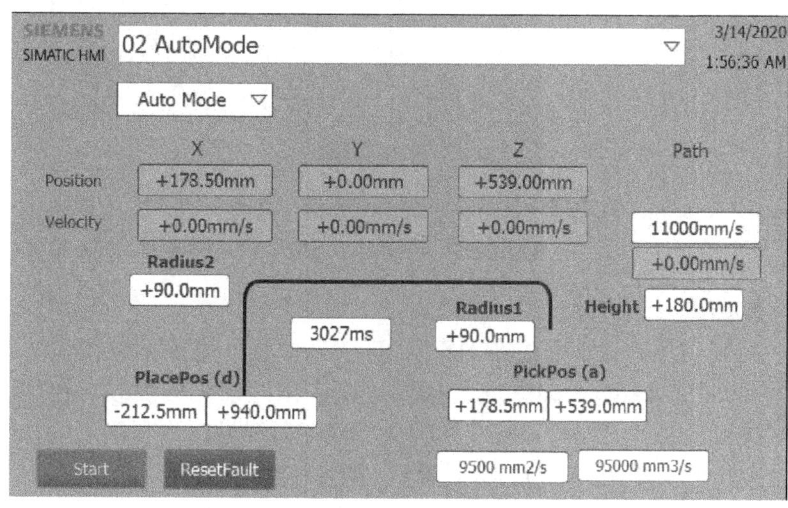

图12-54　仿真与虚拟调试结果

4. 电机选型

根据虚拟调试过程，可以通过 NX MCD 软件直接导出各轴的载荷曲线，在 NX MCD 软件中支持一次导入 1 个或多个轴的载荷曲线，如图 12-43 所示，是按照图 12-55 右的中轨迹，节拍为 20 次 /min，负载为 20kg 需求将该实例中的 M1 电机的载荷曲线导出结果。

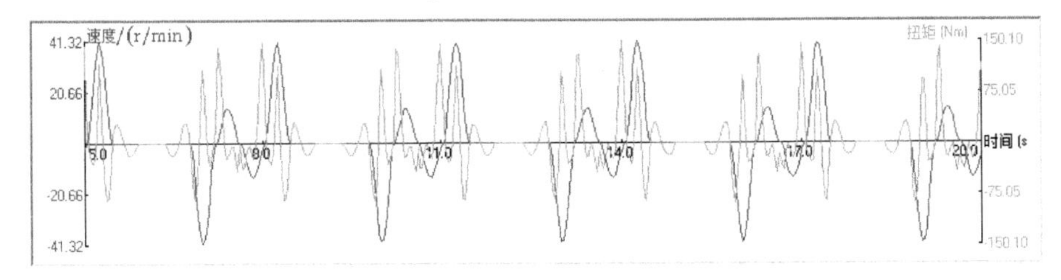

图 12-55　M1 电机的载荷曲线

利用 NX MCD 软件中输出载荷曲线功能，可以导出格式为 .mdix 的文件。打开 SIZER 软件建立机械模型项目，选中从 NX MCD 软件中导出的 .mdix 文件，初步设定减速比为 20，导入的转速与转矩曲线如图 12-56 所示，根据实际需要进行电机选型配置，SIZER 软件选定 1FK2308-4AB10-0MB0 的伺服电动机。

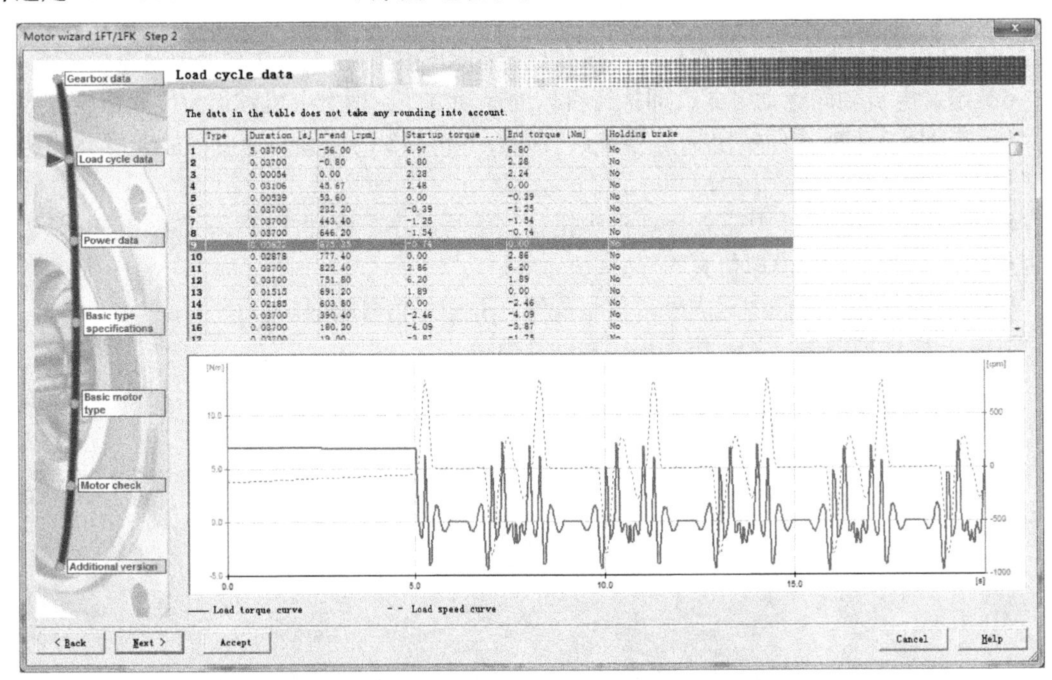

图 12-56　导入到 SIZER 软件中的转速与转矩曲线

5. 结论

经该实例验证，通过在 NX MCD 软件中建立虚拟调试模型，结合 TIA 博途软件编程与 S7-PLCSIMAdvanced 仿真，模型可以在按照设定的负载、速度、轨迹、指定的程序动作中进行运动。同时可以将实际的运行载荷曲线导出，利用选型软件 SIZER 可以很好地辅助复杂机械机构无法通过常规计算进行电机选型的难题。